기
시작하는
PLC

멜섹Q

초급 실무부터 통신까지

한빛아카데미
Hanbit Academy, Inc.

지은이 **정완보** jwbrambo@kopo.ac.kr

경남대학교 공과대학 전자공학과에서 학사와 석사학위를 취득했으며, 현재 한국폴리텍Ⅱ대학 인천캠퍼스 메카트로닉스학과 교수로 재직 중이다. 주 관심 분야는 PLC와 마이크로프로세서를 이용한 공장자동화 분야이며, 주요 강의 과목은 PLC, 공유압, 마이크로프로세서 등이다. 주요 저서로 『위치결정(모션)제어』(2007년, 한국폴리텍대학), 『멜섹Q PLC IN/OUT 프로그래밍 방법』(2012년, 복두출판사), 『멜섹Q PLC 인버터, A/D, D/A, CC-Link 프로그래밍 방법』(2013년, 복두출판사), 『멜섹Q PLC 이론과 실습(3판)』(2015년, 복두출판사), 『실전에 강한 PLC』(2015년, 한빛아카데미), 『지멘스 S7-300 PLC 이론과 실습(2판)』(2015년, 복두출판사)이 있다.

기초부터 시작하는 PLC : 멜섹Q

초판발행 2017년 4월 28일
7쇄발행 2023년 1월 9일

지은이 정완보 / **펴낸이** 전태호
펴낸곳 한빛아카데미(주) / **주소** 서울시 서대문구 연희로2길 62 한빛아카데미(주) 2층
전화 02-336-7112 / **팩스** 02-336-7199
등록 2013년 1월 14일 제2017-000063호 / **ISBN** 979-11-5664-320-3 93560

책임편집 박현진 / **기획** 김은정 / **편집** 김은정, 김희진 / **진행** 임여울
디자인 표지 여동일 / 표지 이미지 한국미쓰비시전기오토메이션(주) / **전산편집** 태을기획 / **제작** 박성우, 김정우
영업 김태진, 김성삼, 이정훈, 임현기, 이성훈, 김주성 / **마케팅** 길진철, 김호철

이 책에 대한 의견이나 오탈자 및 잘못된 내용에 대한 수정 정보는 아래 이메일로 알려주십시오.
잘못된 책은 구입하신 서점에서 교환해 드립니다. 책값은 뒤표지에 표시되어 있습니다.
홈페이지 www.hanbit.co.kr / **이메일** question@hanbit.co.kr

Published by HANBIT Academy, Inc. Printed in Korea

지은이 머리말

4차 산업혁명을 위한 PLC 기초부터 통신까지

요즘 산업계의 핫이슈가 4차 산업혁명이다. 4차 산업혁명은, 사물인터넷(IoT)Internet of Things을 통해 생산기기와 생산품 상호 소통 체계를 구축하고 전체 생산과정의 최적화를 구축하는 과정이다. 4차 산업의 중심이 될 공장자동화는, 이더넷Ethernet이라는 네트워크를 기반으로 하여 사무실과 현장으로 구분되던 기존 체제는 사라지고, 사무실에서 발생되는 여러 가지 생산정보가 생산현장에 즉시 반영되어 제품이 만들어지는 새로운 형태로 진화하고 있다. 이 공장자동화의 핵심에 바로 PLC 제어기술이 있다.

오늘날의 공장자동화에 로봇을 사용하는 이유는 인간의 노동력을 대체하기 위한 용도가 아닌 인간의 능력으로 만들 수 없는 최첨단 제품을 만들기 위함이다. 스마트폰에 들어가는 복잡한 PCB 기판에 돋보기로 보아야 할 만큼 작은 전자부품을 고정하는 납땜 작업이나, μm 단위의 정밀도를 요하는 반도체 부품의 조립과 OLED 패널의 조립 등에 로봇을 필요로 한다. 로봇은 독립적으로 동작할 수 있지만, 공장자동화에 사용될 때에는 PLC의 제어지령에 의해 동작한다.

공장자동화에 사용되는 수많은 자동화 장치와 로봇이 동작하기 위한 프로그램은 여전히 사람만 작성 가능하고, 자동화 장치와 로봇의 점검과 유지보수도 사람만이 할 수 있다. 그러므로 4차 산업혁명으로 대표되는 공장자동화의 기술이 확대되고 발전할수록 이 분야의 인력 수요는 꾸준히 증가할 것이다. 따라서 새로운 형태의 공장자동화에 필요로 하는 기술 인력은, 고전적인 방식의 PLC 입출력을 이용한 제어기술과 통신을 이용한 원격제어 기술 능력을 갖춘 인재라고 할 수 있다. 4차 산업에 필요한 인재 양성을 위해, 이 책에서는 그러한 인재가 갖추어야 할 PLC 입출력을 이용한 제어기술과 기본적인 PLC 통신기술에 대해 자세히 다룬다.

이 책의 특징

이 책에서는 PLC가 세상에 출현한 계기부터 PLC를 잘하기 위해 갖추어야 할 기본 지식, 그리고 멜섹Q PLC를 사용하기 위한 결선법과 GX Works2의 사용법, 자동화 장치를 제어하기 위한 시퀀스 제어 프로그램 작성법에 대해 학습한다. 그리고 다른 책에서는 설명하지 않았던, 산업현장에서 필수적으로 사용해야 하는 선입선출(FIFO), 후입선출(LIFO)과 같은 메모리 구조와 데이터 처리를 위한 명령어 사용법에 대해 자세히 다룬다. 또한 실제 산업현장에서 사용되는 풍부한 실습과제를 통해 데이터 처리를 위한 프로그램 작성법을 직접 익힘으로써 PLC 입문자부터 현장의 초급 기술자까지 두루 활용할 수 있다.

이 책의 화룡점정은 통신에 있다. 4차 산업의 공장자동화에 필요로 하는 통신을 학습할 수 있도록, 기존 PLC 관련 서적에서는 전혀 언급되지 않았던 RS232 통신과 RS485 통신, 그리고 모드버스 통신으로 원격제어할 수 있는 통신기술을 포함하였다. RS485 및 모드버스 통신으로 인버터를 원격제어하고 온도값을 모니터링하는 등의 다양한 실습과제를 통해 실제 산업현장에 바로 적용할 수 있는 능력을 기를 수 있다.

감사의 글

PLC에 입문한 이후 20여 년 동안 부족한 지식으로 여러 권의 PLC 관련 도서를 출간하였는데, 독자들의 감사 메일이 새로운 책을 집필할 용기를 갖게 했습니다. 이 자리를 빌어 모든 독자들께 감사인사를 드립니다. 이번 집필에서, 산업체 재직자들의 교육과 현장기술 지원 현장에서 많이 요구됐던 자동화 분야에서의 PLC 제어기술과 시리얼 통신에 대해 가능한 한 쉽고 정확하게 배울 수 있도록 최선을 다했고, 가급적 실제적이고 다양한 실습과제를 다루고자 했습니다. 이 책이 세상에 나올 수 있도록 도움을 주신 한국폴리텍 학교법인과 동료 교직원, 한빛아카데미(주) 편집자 및 관계자 여러분께 감사의 마음을 전합니다.

지은이 **정완보**

이 책의 구성

PART 1_멜섹Q PLC 개요

- **1장** : PLC가 세상에 출현한 계기와 자동화 시스템 구성에 필요한 자동화 5대 요소, PLC에서의 수의 표현방법에 대해 학습한다.
- **2장** : 멜섹 PLC의 역사와 PLC의 종류, 입출력 결선법, 그리고 프로그램 작성에 필요한 디바이스의 종류와 기능에 대해 학습한다.

PART 2_멜섹Q PLC 프로그래밍 기초

- **3장** : PLC의 동작 원리와 PLC 프로그램을 작성할 때의 주의사항에 대해 학습한다.
- **4장** : PLC 프로그램 작성툴인 GX Works2의 기능과 사용법, 그리고 PC와 PLC의 USB 및 이더넷 연결법에 대해 살펴보고, 실습을 위한 PLC의 초기화 방법에 대해 학습한다.

PART 3_PLC 명령어 사용법

- **5장** : 릴레이 시퀀스 회로를 대체하기 위한 시퀀스 접점과 다양한 종류의 타이머, 카운터의 사용법을 학습한다.
- **6장** : PLC의 프로그램 작성에 필요로 하는 기본적인 명령어의 사용법과 데이터 처리 및 표현을 위한 다양한 명령어의 사용법을 실습과제를 통해 학습한다.

PART 4_공압 실린더 제어

- **7장** : PLC로 공압 실린더 제어를 위한 공압 시스템의 구성과 공압 밸브의 종류와 사용법에 대해 학습한다.
- **8장** : 공압 실린더를 사용해 기계동작을 위한 시퀀스 제어 프로그램을 자기유지, SFT, BSFL, DECO와 같은 다양한 명령어를 사용해 작성하는 방법에 대해 학습한다.

PART 5_시리얼 통신

- **9장** : PLC 통신의 가장 기본인 시리얼 통신의 개념과 시리얼 통신을 위한 준비, 그리고 통신 테스트 방법에 대해 학습한다.
- **10장** : C24N 통신모듈을 사용하기 위한 RS232 통신과 RS422/485 통신을 위한 파라미터 설정법, 그리고 전광판 제어와 전자저울과의 통신 실습과제를 통해 시리얼 통신 프로그램 작성법에 대해 학습한다.
- **11장** : 산업체에서 널리 사용되는 모드버스 통신의 개념과 통신의 절차에 대해 살펴보고, 미쓰비시 FR-E700 인버터 제어와 오토닉스의 온도 컨트롤러 제어를 위한 통신 실습과제를 통해 모드버스 통신을 위한 프로그램 작성법에 대해 학습한다.

목차

PART 2 멜섹Q PLC 프로그래밍 기초

PART 3 PLC 명령어 사용법

Chapter 10 QJ71C24N 통신모듈 • 337

Chapter 11 모드버스 통신 • 403

실습과제 목차

Chapter 10

Chapter 11

PART 1

멜섹Q PLC 개요

국내의 자동화 산업 현장에서 사용하는 PLC의 종류를 살펴보면, 일본 미쓰비시의 멜섹 시리즈, LS산전의 XGK 및 XGI 시리즈, 오므론의 NJ 및 NX 시리즈, 지멘스의 S7-300, 400, 1200, 1500 시리즈, 로크웰 오토메이션의 Allen-Bradley CompactLogix, ControlLogix 시리즈가 대부분을 차지하고 있다. 그 중에서 미쓰비시의 멜섹 시리즈가 국내 최대 자동화 산업인 삼성 및 LG의 평판 디스플레이 분야의 제어기로 선택되면서 국내 PLC 시장에서 가장 높은 점유율을 보이게 되었다. 멜섹 시리즈의 사용 범위가 평판 디스플레이 분야 이외에도 자동차, 수처리 분야에까지 확대되면서, 멜섹Q PLC를 다룰 수 있는 인재를 찾는 기업이 늘고 있다.

PART 1에서는 PLC가 세상에 출현하게 된 계기는 무엇인지, 그리고 PLC를 사용하기 위한 기본 지식에는 어떤 것들이 있는지를 자동화의 5대 요소를 통해 살펴본다. 그리고 실습에 사용할 멜섹Q PLC의 종류와, PLC 시스템을 구성하는 입출력 및 특수 모듈에 대해 간략히 소개하고, 입출력 전기회로의 구성 방법에 대해 설명한다. 또한 PLC 프로그램 작성에 필요한 메모리의 종류와 용도에 대해 살펴본다. PART 1의 학습을 마치면, 자동화 산업 현장에서의 PLC의 필요성을 이해하고, 실습에 사용하는 멜섹Q PLC의 시스템 구성 및 프로그램 작성에 필요한 사전 지식을 습득하게 될 것이다.

Chapter 01

PLC 개요

이 장에서는 PLC에 대한 전반적인 개요와 기본 개념을 학습한다. 우선 PLC가 세상에 출현하게 된 계기와 국내 PLC의 산업 현황에 대해 간략하게 살펴본다. 그리고 PLC에 의해 제어되는 자동화 시스템 구성에 필요한 자동화 5대 요소가 무엇인지, 각각의 구성요소에는 어떤 종류가 있는지 알아본다. 그 후에 PLC에서 처리하는 숫자나 문자와 같은 데이터 표현 단위의 기본인 2진수의 표현 방법과, 2진수를 이용한 10진수, 16진수, BCD 코드에 대해 학습한다.

1.1 PLC의 발전사

세계 최초의 PLC Programmable Logic Controller 는 1969년 베드퍼드 Bedford 사에서 개발한 모디콘(MODICON) Modular Digital Controller 이라는 명칭의 'MODICON 084'이다([그림 1-1]). 1958년부터 PLC가 개발되기 직전까지 약 10년간은 디지털 IC Integrated Circuit 기술을 적용한 제어 기술이 크게 발전한 시기이다. 1965년에 IC를 적용한 미니컴퓨터가 제어용 컴퓨터로 실용화되면서, 시퀀스 sequence 제어에도 미니컴퓨터와 같은 컨트롤러의 적용을 검토하기 시작하였다([그림 1-2]).

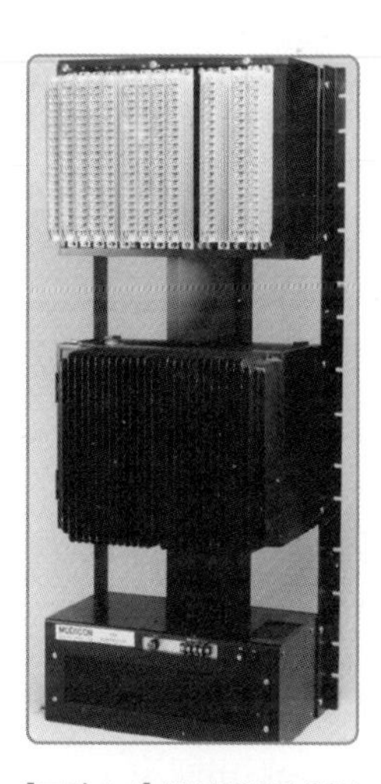

[그림 1-1] MODICON 084

1947년	1958년	1965년	1969년	1971년
트랜지스터 발명	IC 발명	IC를 이용한 미니컴퓨터 개발	PLC 개발	Intel 4004 CPU 개발

[그림 1-2] 1940 ~ 1970년대 PLC 개발을 위한 전자 기술의 발전 현황

1969년 PLC 개발 이전에는 대부분의 자동화 라인에 릴레이relay를 이용한 시퀀스 제어를 적용했는데, 이는 다음과 같은 문제점을 가지고 있었다.

- 복잡한 시퀀스 배선 작업을 위한 숙련된 기술자가 필요함.
- 기능 변경 시에 시퀀스 회로 변경이 어려움.
- 시퀀스 회로 기술에 대한 보안이 불가능함.
- 설계에서 시운전까지 많은 시간이 소요됨.
- 제어반의 부피가 커서 많은 공간이 필요함.
- 장시간 사용 시, 릴레이 접점의 마모로 유지보수가 필요함.
- 릴레이 동작 속도가 느려서 고속 설비에는 적용이 불가능함.
- 산술연산, 비교 등과 같은 기능 구현을 하지 못함.

이러한 문제점을 해결하기 위해 1968년 GMGeneral Motor은, 자동차 조립라인의 복잡한 릴레이 제어반 시스템을 교체할 때 발생하는 비용을 줄이고자, [표 1-1]과 같이 자동차 조립라인 제어반의 설계 및 제작을 위한 10대 조건을 제시하였다. 베드퍼드에서 이 10대 조건에 맞추어 제작한 제어장치가 PLC이다.

[표 1-1] **GM의 자동차 조립라인 제어반 설계 및 제작 10대 조건**

순번	제어기 설계 조건
1	프로그램 작성 및 변경이 용이하고, 시퀀스 변경이 용이할 것
2	점검 및 유지보수가 용이하고, 플러그 인(plug-in) 방식일 것
3	유닛(unit)은 플랜트(plant)의 주위 환경 속에서 릴레이 시퀀스 제어반보다 신뢰성이 높을 것
4	릴레이 시퀀스 제어반보다 소형이며, 바닥 면적이 적을 것
5	출력 데이터는 중앙 데이터 수집 시스템에 연결될 것
6	입력은 AC 115[V]를 받아들일 것
7	전동기 주회로 전자 개폐기를 움직일 수 있도록 출력은 최저 2[A]로 AC 115[V]일 것
8	기본 유닛은 확장이 가능할 것
9	최저 4K 워드에 확장 가능한 프로그램 메모리를 가질 것
10	릴레이 제어반보다 가격에서 유리할 것

PLC는 처음에는 릴레이 제어반을 대체하기 위한 제어장치에서 출발하였으나, 릴레이 제어반에 비해 PLC의 경제성, 신뢰성, 편의성이 향상되면서 자동차, 철강, 화학 등의 대형 공장 및 소규모 공장까지 PLC가 급격하게 보급되기 시작하였다. 1970년대 중반부터 통신 기능에 대한 요구가 나타나기 시작했는데, 그에 따른 최초의 PLC 통신 기술이, 모디콘에서 RS232 통신을 사용하여 통신 프로토콜을 정한 MODBUS이다. MODBUS 통신 기술은 수차례의 성능 및 통신 규약 개정을 통해 현재에도 PLC 통신에서 널리 사용되고 있다.

국내에서는 1980년대 초반 PLC가 장착된 자동화 장치가 일본, 미국, 유럽으로부터 도입되면서 PLC 사용이 시작되었다. 이때부터 금성계전(현재의 LS산전), 삼성항공, 동양화학 등에서도 PLC를 개발하여 판매하였지만, 현재는 LS산전의 PLC가 유일하다고 할 수 있다. 현재 국내 시장 대부분은 외국 브랜드의 PLC가 차지하고 있으며, 그중에서도 일본의 미쓰비시 PLC의 멜섹Q 시리즈가 가장 높은 점유율을 보이고 있다. 국내에서 PLC를 사용하는 분야를 크게 구분하면, 독일의 지멘스와 미국의 AB가 주도하는 PA^Process Automation^(계장제어) 분야와, 일본 및 국내의 LS산전이 주도하는 부품 조립과 가공 기계 및 설비의 자동화와 관련한 FA^Factory Automation^(공장자동화) 분야로 나눌 수 있다.

2000년대 초반부터는 산업용으로 사용되던 PC와 PLC의 장점이 결합되고, 개방성, 유연성, 확장성이 강화되어, 기존의 PLC에서는 처리하지 못했던 다양한 제어 기능(머신 비전, 데이터베이스 등)을 처리할 수 있는 한층 진화된 PAC^Programmable Automation Controller^라는 명칭을 가진 제어기가 등장하였다. 오늘날에는 4차 산업혁명을 통해 사물인터넷(IoT)^Internet of Things^과 스마트 팩토리^Smart Factory^ 구현에 PAC의 사용 범위가 점차 확대되고 있다.

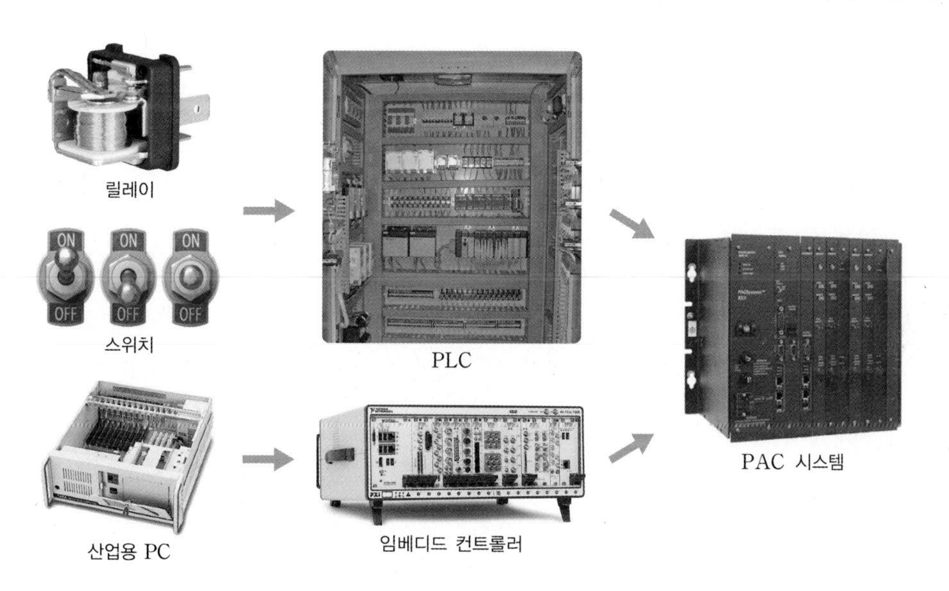

[그림 1-3] **릴레이 제어에서 PAC까지 PLC 기술의 발전 동향**

1993년 IEC에서 표준으로 정한 『IEC 1131-3의 PLC 프로그램 언어에서의 의미와 문장 구조의 정의』에 따르면, PLC의 하드웨어 기술의 발전과 더불어 PLC 프로그램 작성을 위한 소프트웨어도 아래와 같이 다섯 가지의 프로그래밍 언어로 통합되고 표준화되었다.

❶ IL^Instruction List^ : 종래 '니모닉^mnemonic^'이라고 불렸던 언어를 표준화한 것으로, 주로 지멘스 또는 AB PLC 프로그램을 작성할 때 사용된다.

❷ LD^Ladder Diagram^ : 시퀀스 제어에서 사용하던 릴레이 로직을 표현하기 위해 만들어

진 표준 언어로, 우리나라에서 많이 사용된다.

❸ FBD^Function Block Diagram : 프로그램의 요소를 블록으로 표현하고, 그들을 서로 연결하여 로직을 표현하는 것으로, 제어요소 간에 정보나 데이터의 흐름이 있는 시스템에서 사용된다.

❹ ST^Structured Text : 파스칼^Pascal과 비슷한 고수준의 언어로, 복잡한 수식 계산이 필요한 시스템에서 사용된다.

❺ SFC^Sequential Function Chart : 전체 시스템을 액션과 트랜지션^transition으로 구조화시켜 나타낸다. 각각의 액션과 트랜지션은 앞에서 설명한 언어(IL, LD, FBD, ST)로 프로그램하는데, 각각의 액션들을 완전히 분리하여 표현하므로, 프로그램에서 오류가 발생할 때 쉽게 디버깅(오류 수정)^debugging할 수 있다.

이제 PLC 프로그래밍 언어는 서로 통합되고 표준화되었다. 하지만 PLC를 제조하는 회사별로 각각 다른 프로그래밍 툴을 갖추고 있기 때문에 실질적으로 그렇게 보기는 어려운 면이 있다. 그러나 각 언어에서 명령어의 의미와 문장 구조가 유사하기 때문에 PLC를 공부하다 보면 PLC의 제조사에 관계없이 그 사용법이 유사하거나 동일함을 알 수 있다.

1.2 자동화의 5대 요소

PLC를 잘 알기 위해서는 먼저 자동화의 5대 요소에 대해 이해해야 한다. 자동화의 5대 요소는 산업 현장의 자동화 제어기기의 제작과 운영에 필요한 핵심 요소를 의미한다. 이 핵심 요소에는 기계 시스템을 구성하고 있는 기본적인 기계구조^mechanism와 기계의 구동을 위한 액추에이터^actuator, 기계의 동작을 감시하기 위한 센서^sensor, PLC에 해당되는 프로세서^processor, 여러 대의 기계장치 간의 연동을 위한 네트워크^network가 포함된다.

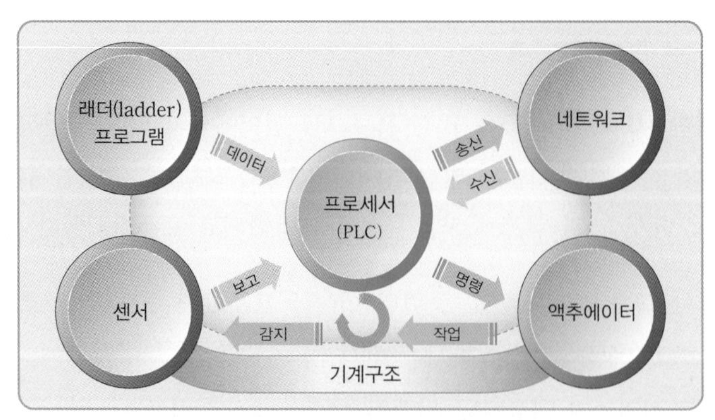

[그림 1-4] 자동화 5대 요소의 연관성

1.2.1 기계구조

기계란 '다수의 부품으로 구성된 것으로, 일정한 상태 운동에 의해 유용한 일을 하는 동적 장치[1]'를 말한다. 18세기 중반부터 시작된 산업혁명에서 물품의 대량생산을 위해 출현한 기계장치는, 19세기에는 인간의 노동력을 보조했고, 20세기에는 인간의 노동력을 대체하였다. 21세기 오늘날에는 인간의 작업 능력으로는 만들 수 없는 반도체, OLED, 휴대전화와 같은 최첨단 제품을 기계장치들이 만들어내고 있다.

PLC의 프로그램은 그러한 기계의 동작을 제어하기 위한 것으로, 기계의 동작 조건은 이미 기계장치를 설계할 때부터 정해져 있다. 따라서 PLC 프로그래머는 기계 설계자가 기계를 설계할 때 정해놓은 기계 동작의 순서대로 기계 장치가 움직일 수 있도록 프로그램을 작성하면 된다. 따라서 PLC 프로그램을 작성하기 위해서는 PLC로 제어할 기계장치의 구동 원리나 동작 순서를 잘 파악하고 있어야 한다.

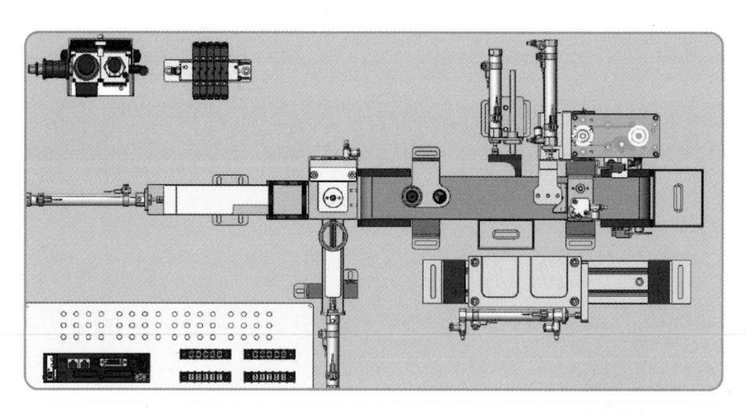

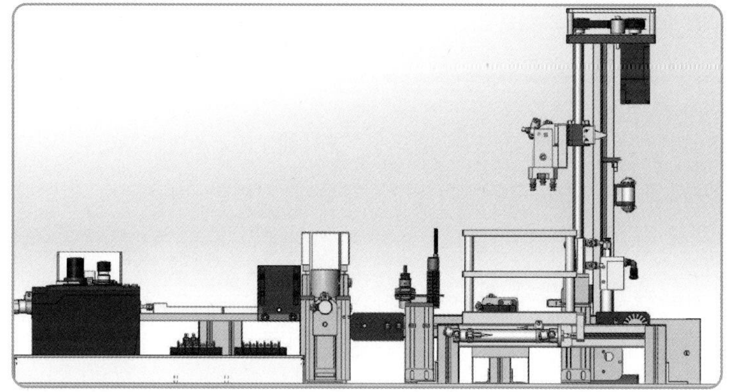

[그림 1-5] 생산 자동화 산업기사 검정용 MPS 장비의 구성도

1 출처 : 네이버 지식백과(문학비평용어사전)

기계장치의 동작 순서는 어떻게 파악해야 하는 걸까? 기계 설계자는 기계장치를 설계할 때 제일 먼저 기계장치의 목적이 무엇인지를 생각하고, 그 목적에 적합한 기계장치를 만들어내는 데 필요한 모든 조건을 생각한다. 그 다음으로 기계의 크기를 정한 후, 기계장치를 움직이기 위한 액추에이터를 결정하고, 동작을 구현할 수 있는 기계구조를 결정한 후에 기계 도면을 작성한다.

따라서 PLC 프로그래머는 기계 설계자처럼 기계의 모든 구성요소에 대해 알 필요까지는 없어도, 최소한 기계 도면 또는 기계장치 실물을 보고 기계의 동작 순서를 파악할 수 있을 정도로는 기계에 대한 지식을 갖추어야 기계장치를 정확하게 구동시키는 PLC 프로그램을 작성할 수 있다.

1.2.2 액추에이터

액추에이터는 외부로부터 에너지를 공급받아 기계를 움직이는 동력을 생산하는 기기를 의미한다. 자동화 장치에 사용하는 액추에이터는 크게 모터motor와 실린더cylinder로 구분할 수 있다. 실린더는 자동화 장치에서 주로 정해진 일정 거리를 왕복 운동할 때 많이 사용되는 액추에이터로, 사용하는 에너지의 종류에 따라 압축된 공기를 사용하여 움직이는 공압 실린더와, 압축된 기름oil을 사용하는 유압 실린더로 구분된다.

그렇다면 공압 실린더 또는 유압 실린더를 어떤 기계장치에 사용해야 할까? 이 질문에 아마도 독자들 대부분은 큰 힘이 필요한 곳에는 유압을 사용하고, 작은 힘이 필요한 곳에는 공압을 사용한다고 할 것 같다. 큰 힘이 필요하다고 무조건 유압 실린더를 사용하는 게 과연 정답일까?

제약회사에서 가루 분말로 단단한 알약을 만드는 경우를 생각해보자. 이때 유압 실린더를 사용하면 간단한 기계구조로 큰 힘을 얻을 수 있기 때문에 저렴한 비용으로 알약을 제조하는 기계장치를 만들 수 있을 것이다. 그러나 유압 실린더에 사용한 기름이 누설되어 알약에 기름 성분이 포함된다면, 약품의 제조 과정에서 인체에 해로운 기름이 약품에 포함되었다는 사실 하나만으로도 제약회사는 엄청난 손실을 입게 될 것이다.

이처럼 자동화 장치에 공압 또는 유압의 사용 여부를 결정하는 가장 중요한 변수는 자동화 장치로 생산하는 제품의 오염 여부이다. 제철 공장에서 1000℃에 가까운 고온으로 달구어진 금속 덩어리를 큰 힘으로 눌러서 얇은 강판을 만드는 경우라면, 유압 실린더를 이용한 프레스를 사용하는 게 좋다. 소량의 유압유가 누출되어도 높은 온도에 의해 증발 또는 소멸되어 제품 오염의 문제가 발생하지 않고, 기계구조 또한 간단해지기 때문이다. 한편 OLED를 생산하는 디스플레이 패널 공장과 같은 경우에서는 유압 실린더를 사용하다가 유압유가 누출되면, 공기 중의 미세한 유압 분진으로 인해 공장에서 생산하는 OLED 제품 전부에서 화소 불량과 같은 문제가 발생할 수 있다.

생산하는 제품의 오염 문제로 유압을 사용할 수 없다면 공압 또는 모터가 정답이다. 하지만 공압은 유압 또는 모터에 비하면 아주 작은 힘이 필요한 곳에만 사용할 수 있다. 한편 모터를 사용하면, 유압에 비해 기계장치가 복잡해지고, 큰 힘을 얻기 위해서는 모터의 크기가 커지는 단점이 있지만, 제품 오염의 문제없이 큰 힘을 얻을 수 있다. 따라서 OLED 제품을 생산하는 디스플레이 공장의 자동화 장치에 사용되는 액추에이터는 공압 또는 모터를 사용한다.

모터의 종류는 수백 가지로 다양하지만, 모터는 전기를 사용하는 제품이기 때문에 DC 모터와 AC 모터로 구분할 수 있다.

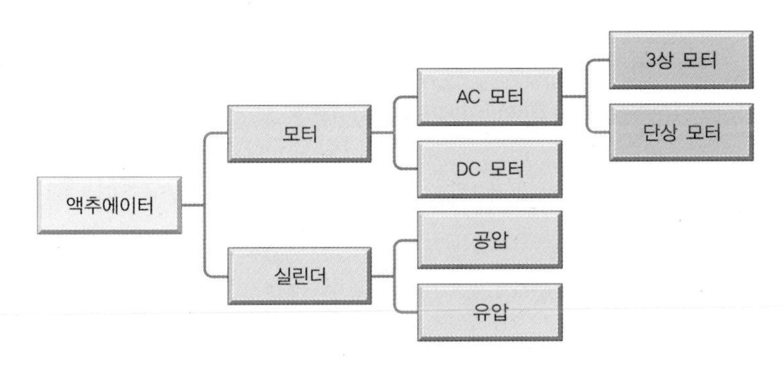

[그림 1-6] PLC로 제어하는 액추에이터의 종류

AC 모터는 가정용 전기인 단상을 사용하는 AC 단상용 모터와, 공업용 전기인 3상 전원을 사용하는 AC 3상 모터로 구분할 수 있다. 산업 현장에서 AC 3상 모터를 사용하는 경우에 MC^Magnetic Contactor^를 사용해서 모터를 제어하는 경우도 있지만, 자동화 장치에 사용되는 대부분의 AC 3상 모터는 인버터를 사용해서 모터의 회전속도를 제어한다.

PLC 프로그램으로 자동화 장치를 제어한다는 것은 PLC의 출력 신호로 액추에이터를 제어한다는 것이다. 유압 및 공압 실린더를 제어하기 위해서는 솔레노이드 밸브^solenoid valve^의 제어 방법을, AC 3상 모터를 제어하기 위해서는 인버터의 제어 방법을 파악하고 있어야 한다. 따라서 PLC 프로그램을 잘 작성하기 위해서는 자동화 장치에 사용되는 액추에이터의 종류와 제어 방법을 잘 이해하고 있어야 한다.

1.2.3 센서

기계장치와 액추에이터가 결합되면, 액추에이터의 동작에 의해 기계장치가 움직이게 된다. 모터는 한쪽 방향으로 계속 회전할 수 있지만, [그림 1-7]과 같이 모터에 의해 동작하는 기계장치는 그럴 수 없기 때문에, 기계장치가 정해진 동작 범위를 초과하여 움직이는 것을 검출하기 위해 리밋 스위치limit switch나 센서를 사용한다.

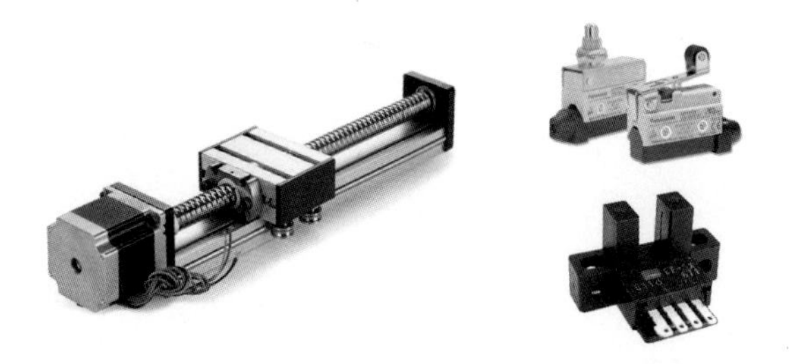

[그림 1-7] **모터와 스크루의 조합에 의한 좌우이동 기계장치와 위치 검출용 센서**

센서는 PLC의 출력에 의해 제어되는 액추에이터의 움직임을 감시하고, 기계의 움직임을 감시한 결과를 전기 신호로 변환하여 PLC의 입력에 전달한다. 즉 센서는 기계의 움직임 또는 다양한 계측의 결과를 PLC에 알리기 위해 사용되는 것이다.

그러면 PLC의 관점에서 센서를 구분해보자. 센서는 PLC의 입력 모듈에 연결되는데, PLC의 입력 모듈은 ON/OFF의 입력 신호를 받아들이는 디지털 입력 모듈과, 아날로그 신호를 입력 받는 아날로그 입력 모듈로 구분된다. 그에 따라 센서도 아날로그 센서와 디지털 센서로 구분된다. 아날로그 센서는 또한 전압형과 전류형으로 구분되는데, 전압형은 아날로그 센서의 전압 발생 범위에 따라 0~5V, 1~5V, -10~10V로 구분되고, 전류형은 4~20mA, 0~20mA로 구분된다. 한편 ON/OFF 신호 출력 디지털 센서는 NPN 타입과 PNP 타입으로 구분된다. 최근의 센서는 임베디드 시스템과 결합하여 복잡한 센싱까지 가능한 스마트 센서로 진화하고 있다.

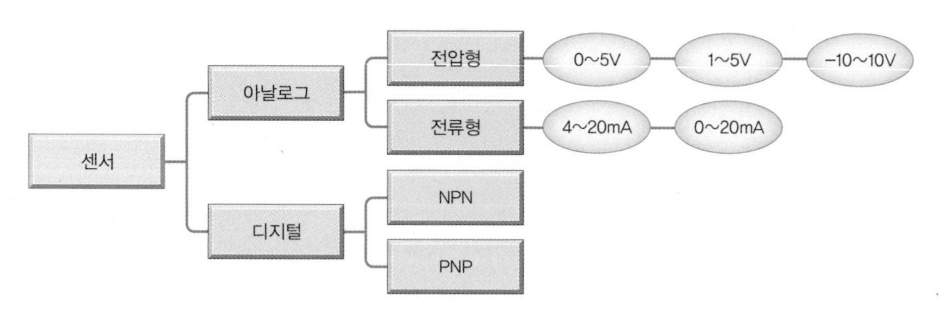

[그림 1-8] **PLC 관점에서 분류한 센서의 종류**

1.2.4 프로세서

프로세서processor는 CPU에 의해 연속적으로 실행되는 프로그램을 의미한다. 프로그램은 일반적으로 메모리 등에 저장되어 있는 CPU가 실행할 수 있는 기계어 코드이다. 프로그램의 상태가 메모리에서 실행되는 작업 단위를 프로세서라 하는데, PLC에서는 사용자가 작성한 프로그램 이외에도 PLC의 O/S에 의해 여러 개의 프로세서가 실행된다. 자동화에서는 프로세서가 PLC 자체를 의미하는 것이라 생각하면 된다.

1.2.5 네트워크

앞에서 살펴본 기계구조, 액추에이터, 센서, 프로세서만을 가지고도 자동화 장치를 제어할 수 있다. 하지만 오늘날의 자동화 장치는 한 대의 기계장치가 아니라, 앞의 4개의 구성요소로 만들어진 수많은 기계장치가 네트워크로 연결되어 동작한다. 네트워크를 기반으로 고객 맞춤형 다품종, 고정밀, 고품질의 소량 생산 시스템이 제조업의 핵심이 되면서, 앞으로의 자동화는 제조공정에 ICTInformation and Communications Technologies를 적용하여 스마트 공장을 구현하는 방향으로 나아갈 것으로 보인다. 현재는 대기업 중심으로 ICT 기술이 접목된 자동화 기술이 적용되고 있지만, 몇 년 이내에 수많은 기업이 이를 따라갈 것이다.

따라서 PLC의 네트워크는 선택이 아닌 필수이다. PLC의 네트워크는 기존의 컴퓨터 네트워크에 회사별로 표준화한 프로토콜을 사용하고, 회사별로 네트워크 명칭도 각각 다르게 부여하고 있다. 그러나 기본 통신 기술은 RS232 또는 RS485 통신을 사용하기 때문에, 한 종류의 PLC 통신 사용법만 익혀도 프로토콜이 다른 통신을 쉽게 사용할 수 있다. [표 1-2]는 PLC에서 사용하는 통신 프로토콜을 통신 방식에 따라 구분한 것이다. PLC에서는 명칭이 다른 여러 종류의 프로토콜이 사용되지만, RS232C를 기본으로 발전된 3개의 통신 방식이 사용되고 있기 때문에, PLC 통신을 잘하기 위해서는 RS232C 통신 방식에 대한 이해가 필요하다.

[표 1-2] PLC 네트워크의 종류

PLC 제조사 / 통신 방법	RS232C	RS422/485	Ethernet
슈나이더	Modbus	Modbus	Modbus/TCP
미쓰비시	-	CC-Link	CC-Link/IE
지멘스	-	Profibus-DP	Profinet
AB	-	Device-net	EtherNet/IP
오므론	-	-	EtherCAT

PLC를 잘 사용하기 위해서는 PLC와 연관된 기술도 함께 공부해야 한다는 의미에서 자동화의 5대 요소에 대해 간략히 알아보았다. PLC 분야에 입문하여 계속해서 일할 생각이라면, 앞에서 언급한 자동화 5대 요소에 대해 많이 공부하고 실전 경험을 쌓아야 한다.

1.3 PLC에서의 수의 표현

1.3.1 PLC에서 사용하는 수 체계

PLC는 0과 1로 구성된 2진수를 이용하여 사람이 사용하는 숫자와 문자를 표현한다. PLC에서 사용하는 숫자의 종류와 표기 방법, 그리고 2진수로 표현 가능한 숫자나 문자의 종류에는 어떤 것이 있는지 살펴보자.

10진수(DEC)

PLC는 모든 정보의 표현에 2진수를 사용하지만, PLC 프로그램을 작성하고 모니터링하는 주체는 '사람'이므로, 사람의 편리함을 위해 PLC에서도 10진수decimal number를 사용할 수 있도록 하였다. 멜섹 PLC에서는 16진수와 10진수를 사용하기 때문에, 사용하는 수의 표기법을 구분하기 위해 숫자 앞에 식별 문자 기호를 함께 사용한다.

10진수는 문자 K를 사용한다. 예를 들어 10진수 숫자 10을 멜섹Q PLC에서는 K10으로 표현한다. PLC 프로그램에서 10진수의 사용 용도는 다음과 같다.

- 타이머, 카운터 설정값
- 보조 릴레이(M), 타이머(T), 카운터(C) 등의 디바이스 번호 표기
- 응용 명령의 오퍼랜드operand[2] 중에서 수의 지정이나 명령 동작의 지정

2진수(BIN)

타이머, 카운터 혹은 디바이스에서 설정되는 모든 숫자는 10진수 또는 16진수로 표현되

2 PLC의 명령어는 명령부(오퍼레이션)와 오퍼랜드로 구성된다. 오퍼랜드는 명령부에서 처리할 데이터가 저장된 주소 번지 또는 숫자를 의미한다.

지만, PLC에서 해당 숫자와 관련된 실행과 결과는 2진수binary number로 변환되어 사용된다. 2진수는 '0'과 '1'만을 사용해 모든 수를 표현한다. 10진수에서 0, 1, 2, …, 8, 9 다음의 숫자는 자리올림을 하여 10이 되는 것처럼, 2진수에서는 0, 1 다음에 자리올림이 발생하여 $(10)_2$이 된다. 또한 10진수에서 99 다음에 100이 되는 것처럼, 2진수에서는 $(11)_2$ 다음에 $(100)_2$이 된다.

2진수를 2의 거듭제곱 꼴(2^N)로 표현하면 10진수로 변환할 수 있다. 2진수 110101은 다른 수 체계와 구분하기 위해서 $(110101)_2$로 표현하며, 이는 다음과 같은 의미를 갖는다.

$$(110101)_2 = 1\times2^5 + 1\times2^4 + 0\times2^3 + 1\times2^2 + 0\times2^1 + 1\times2^0$$

결과적으로 2진수 $(110101)_2$은 다음과 같은 10진수와 동일한 값이 된다.

$$(110101)_2 = (53)_{10}$$

16진수(HEX)

PLC 프로그램에서 모든 데이터는 2진수로 표현 가능한 1비트, 4비트(니블nibble), 8비트(바이트byte), 16비트(워드word), 32비트(더블워드double word) 단위로 사용되기 때문에, 0과 1이 길게 나열된 형태인 2진수 데이터를 사람이 읽거나 쓰기는 무척 어렵다. 이를 해결하기 위해 2진수를 네 자리씩 나누어 각각을 16진수 한 자리로 표현한다.

16진수hexadecimal number는 10진수 0~9까지의 숫자와 영문자 A, B, C, D, E, F를 사용하여, 10진수 0~15까지의 숫자를 16진수의 0~F로 표현한다. 10진수에서는 9 다음이 자리올림으로 10이 되지만, 16진수에서는 F 다음에서 자리올림이 발생하여 10이 된다. 16진수를 16의 거듭제곱 꼴(16^N)로 표현하면 10진수로 변환할 수 있다.

$$(FA)_{16} = 15\times16^1 + 10\times16^0 = (250)_{10}$$

PLC에서 16진수는 응용명령 오퍼랜드 중에서 숫자를 지정하거나 명령 동작을 지정할 때 사용된다. 16진수는 다른 숫자와의 구별을 위해 **16진수 숫자 앞에 'H'를 붙여 사용**한다.

BCD 코드

10진수 한 자리를 표현하기 위해 2진수 네 자리를 사용하고, 2진수 네 자리로 표현 가능한 숫자 중 0000~1001까지만 사용하고 나머지는 사용하지 않겠다고 약속한 표기법을 'BCD 코드'라 한다. 즉 BCD 코드는 10진수를 2진수 형태로 부호화하는 방법이다. BCD 코드로 10진수 한 자리 숫자는 2진수 네 자리로 표현된다.

[표 1-3]은 여러 수 체계 간의 대응 관계를 나타낸 것이다. BCD 코드를 만드는 첫 번째 규칙은, 앞에서 언급한 대로 10진수 한 자리를 2진수 네 자리로 표현하고, 그 다음의 2진수 표현인 1010~1111은 사용하지 않는다는 것이다. 두 번째 규칙은, BCD 코드는 음수를 표현할 수 없다는 것이다. 이때 주의해야 할 점은 BCD 코드에는 숫자 본래의 산술적인 의미가 담겨져 있지 않다는 것이다. '코드'라는 용어가 말해주듯이, BCD 코드는 단지 필요에 의해 임의로 만들어진 10진수와의 대응 관계일 뿐이다.

[표 1-3] **10진수, 2진수, 8진수, 16진수, BCD 코드의 표현 방법**

10진수	2진수	8진수	16진수	BCD 코드	참고
0	0000 0000	00	00	0000	
1	0000 0001	01	01	0001	
2	0000 0010	02	02	0010	
3	0000 0011	03	03	0011	
4	0000 0100	04	04	0100	
5	0000 0101	05	05	0101	
6	0000 0110	06	06	0110	
7	0000 0111	07	07	0111	
8	0000 1000	10	08	1000	
9	0000 1001	11	09	1001	
10	0000 1010	12	0A	1010	사용하지 않음
11	0000 1011	13	0B	1011	사용하지 않음
12	0000 1100	14	0C	1100	사용하지 않음
13	0000 1101	15	0D	1101	사용하지 않음
14	0000 1110	16	0E	1110	사용하지 않음
15	0000 1111	17	0F	1111	사용하지 않음
16	0001 0000	20	10	-	-
…	…	…	…	-	-
255	1111 1111	377	FF	-	-

[표 1-4]는 10진수를 BCD 코드로 변환하는 예를 보여준다. 10진수 243을 2진수로 표현하면 '11110011'이지만, BCD 코드로 표현하면 '0010 0100 0011'이다.

[표 1-4] **10진수를 BCD 코드로 변환하는 방법 예시**

10진수	2진수	BCD 코드			
9	1001	코드			1001
		10진수			9
26	11010	코드		0010	0110
		10진수		2	6
243	11110011	코드	0010	0100	0011
		10진수	2	4	3

BCD 코드를 사용하는 이유는 2진수만을 취급하는 PLC에 사람이 사용하는 10진수의 숫자를 쉽게 입력하기 위함이다. PLC에 설정값을 입력할 때에는 스위치를 사용하고, 설정값을 표시할 때에는 FND 디스플레이를 사용하는데, 이러한 입출력 장치들은 BCD 코드를 사용한다. PLC에 BCD 코드로 숫자를 입력하면, PLC에서는 이를 2진수로 변환한다. 예를 들어 BCD 코드로 1000 1001 0000(10진수로 890)을 입력하면, PLC 내부에서는 2진수 0011 0111 1010[3]으로 변환해서 연산하거나, 아니면 BCD 코드 연산 명령을 사용해서 연산한다.

[그림 1-9]는 BCD 코드를 표현할 수 있는 썸휠 스위치thumbwheel switch의 모습과 사용 사례를 나타낸 것이다. 썸휠 스위치는 [그림 1-9(a)]처럼 숫자판을 회전시켜 0 ~ 9의 숫자를 선택하면 썸휠 스위치의 내부에 만들어진 4개의 스위치 접점을 사용해서 BCD 코드가 출력되는 기능을 가진 스위치로, 국내에서는 회전형 스위치 또는 로터리 스위치라는 용어를 함께 사용하기도 한다.

(a) BCD 코드를 사용하는 썸휠 스위치

(b) 썸휠 스위치를 사용한 카운터 모듈

[그림 1-9] **BCD 코드를 사용하는 썸휠 스위치**

3 890을 2진수로 바꾼 수인 1101111010을 네 자리씩 띄어 쓰고, 앞에 00을 붙인 것이다.

[그림 1-10]은, BCD 코드를 PLC에 입력했을 때 입력된 BCD 코드가 대응하는 2진수 BIN 값으로 변환되는 모습을 나타낸 것이다. 멜섹 PLC에는 입력받은 BCD 코드를 2진수로 변환하는 명령어로 'BIN'이 있다.

[그림 1-10] BIN 명령어

1.3.2 변수와 상수

PLC 프로그램을 작성하다 보면 '변수'와 '상수'라는 용어를 접하게 된다. 변수와 상수는 간단히 다음과 같이 표현할 수 있다.

- **변수** : 변할 수 있는 값
- **상수** : 변하지 않는 값

변수의 필요성은 데이터의 보존과 관리에 있다. PLC 프로그램은 PLC의 메인 메모리인 RAM에 데이터를 보존(저장)하거나 관리(변경)한다. 변수의 사전적 의미가 어떠한 관계나 범위 안에서 여러 값으로 변할 수 있는 수라면, 변수의 프로그램적 의미는 데이터를 저장할 수 있는 메모리 공간이다. 즉 변수란 프로그램 실행 중에 변하는 값을 처리(읽기/쓰기)할 수 있는 데이터 공간을 의미한다.

멜섹Q PLC 프로그램에서 변수는 비트 크기의 데이터를 저장하는, M 또는 L로 시작하는 메모리와, 16비트 또는 32비트 크기의 데이터를 저장하는, D 또는 R로 시작하는 메모리가 대표적이다. D나 R로 시작하는 메모리를 사용할 때에는 메모리에 저장되는 데이터가 논리연산을 위한 워드형인지, 산술연산을 위한 정수형인지를 구분해서 사용해야 한다. 만약 32비트를 사용하는 경우에는 32비트 크기의 정수형인지 실수형인지를 구분해야 한다.

상수의 사전적 의미는 '변수의 상대적 의미로, 어떠한 상황에서도 변하지 않는 수'이지만, 프로그램에서의 의미는 '프로그램 실행 중에는 변경할 수 없는 데이터'이다. PLC 프로그램에서는 10진 상수와 16진 상수를 사용한다. 10진 상수는 숫자 앞에 식별자 K를 붙여 숫자 K-1, K0, K1, K2 등으로 표현되는 일반적인 수이다. 16진 상수는 앞에 식별자 H를 붙여 H09, H0B와 같이 표현한다.

1.3.3 정수의 표현

PLC 프로그램에서는 정수 및 실수를 사용하여 산술연산을 실행한다. 따라서 PLC 프로그램에서 산술연산 명령을 사용하기 위해서는 정수와 실수가 어떻게 표현되고 사용되는지를 알고 있어야 한다.

실습에 사용하는 PLC에서는 워드 메모리(2바이트)와 더블워드 메모리(4바이트)를 이용하여 '0'과 '1'로 모든 정수를 표현한다. 이때 PLC는 정수의 크기에 따라 2바이트 메모리, 또는 4바이트 메모리를 구분하여 사용하며, 각각의 메모리를 사용하는 명령어도 서로 다르다. 일단 여기에서는 2바이트 메모리를 이용하여 정수를 표현하는 방법에 대해 설명하겠다. 4바이트의 메모리를 이용해서 정수를 표현하는 방법도 2바이트 메모리의 방법과 동일하다.

양수와 음수의 표현 방법

2바이트의 메모리 공간에 정수 +3을 저장하려 한다. 그렇다면 할당된 메모리에는 어떤 값이 저장될까? [표 1-5]에서 보듯이 PLC는 2바이트(16비트) 메모리에 2진수를 사용해 정수를 표현한다. 숫자의 +/-의 부호 표현의 경우에는 가장 왼쪽에 존재하는 비트를 음수나 양수를 구분하는 부호비트로 사용한다. 표현하고자 하는 정수가 양수이면 부호비트는 '0', 정수가 음수이면 부호비트는 '1'이 된다. 이 비트를 MSB Most Significant Bit 라고 하는데, 이는 가장 중요한 비트라는 뜻이다. 이 비트의 설정에 따라서 값의 크기가 +에서 -로, -에서 +로 변경되기 때문에 가장 중요한 비트임에 틀림없다.

[표 1-5] **16비트 워드 메모리를 이용한 정수 3의 표현 방법**

2^{15} 부호	2^{14}	2^{13}	2^{12}	2^{11}	2^{10}	2^{9}	2^{8}	2^{7}	2^{6}	2^{5}	2^{4}	2^{3}	2^{2}	2^{1}	2^{0}
0	0	0	0	0	0	0	0	0	0	0	0	0	0	1	1

부호비트를 제외한 나머지 비트들은 정수의 크기를 나타내는 데 사용된다. 그렇다면 '0000 0000 0000 0011'[4]은 어떤 정수를 2진수로 표현한 것일까? MSB가 0이기 때문에 양수이고, 수의 크기는 3이기 때문에 +3이다. 이러한 방식으로 양의 정수를 표현할 수 있다.

4 확인하기 쉽도록 4비트씩 구분하여 표시하였다.

그렇다면 음수는 어떻게 표현할까? −3을 앞에서 설명한 방식으로 표현하면, '1000 0000 0000 0011'이 된다. 그런데 이 값은 −3이 아닌 −32,765를 2진수로 표현한 값이다.[5] 그렇다면 2진수를 이용하여 음의 정수를 어떻게 표현해야 할까?

2의 보수를 이용한 음수의 표현

−3을 2진수 '1000 0000 0000 0011'로 표현한 것이 왜 잘못되었는지는 [그림 1-11]을 보면 알 수 있다. 단순하게 부호비트만 변경한(그래서 잘못 표현된) −3의 값과 +3의 값을 더해 보면, 우리가 원하는 결과인 '0'이 아닌 엉뚱한 값이 나타나고 있다.

```
    0000 0000 0000 0011 (+3)
  + 1000 0000 0000 0011 (−3)
  ---------------------------
    1000 0000 0000 0110
```

[그림 1-11] −3의 잘못된 표현

이 문제는 음수의 표현 방법을 우리가 잘못 이해했기 때문에 발생한 오류이다. 그렇다면 음수는 어떻게 표현해야 정확한 것일까? PLC에서 음수는 2의 보수로 표현한다. 2진수에서 보수는 1의 보수와 2의 보수가 있는데, 여기서는 2의 보수를 사용한다.

[그림 1-12]는 +3을 기준으로 2의 보수를 사용하여 −3을 표현하는 방법을 설명한다. 여기서 표현한 것처럼 +3을 표현한 2진수의 값에서 각각의 비트를 반전(1→0, 0→1로 변경하는 것을 의미함)시켜 1의 보수를 구한다. 1의 보수 결과에 1을 더하면 +3의 2의 보수에 해당하는 값을 구할 수 있는데, 이렇게 해서 얻은 '1111 1111 1111 1101'이 바로 −3이 되는 것이다.

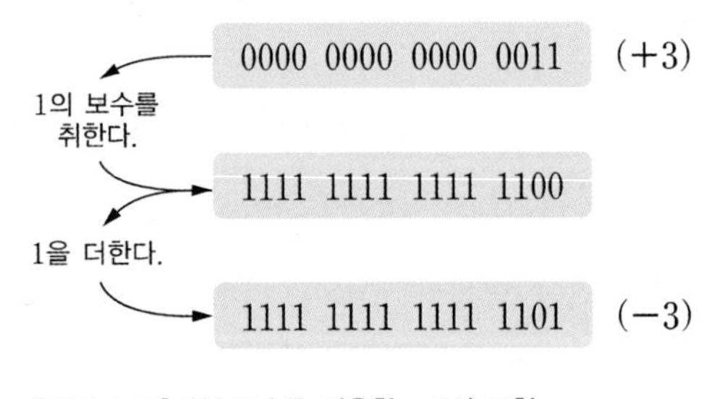

[그림 1-12] 2의 보수를 이용한 −3의 표현

5 1000 0000 0000 0011에서 최상위 비트가 1이기 때문에 음수 값이 된다. 또한 1000 0000 0000 0011을 2의 보수로 변경하면 0111 1111 1111 1101이 되고, 이 값을 10진수로 변환하면 32765이기 때문에 -32765가 된다.

그렇다면 실제로 이 수가 −3인지를 확인해보자. [그림 1−13]에서 두 수를 더한 결과를 보면 올림수가 발생하는데, 2의 보수로 산술연산을 할 때에는 이 올림수를 무시한다.

```
          0000 0000 0000 0011   (+3)
        + 1111 1111 1111 1101   (−3)
        ─────────────────────
        ① 0000 0000 0000 0000   (3−3의 결과값)
올림수(carry)는 버림
```

[그림 1−13] **2의 보수를 이용한 산술연산**

[그림 1−13]은 +3과, 2의 보수로 표현한 −3을 덧셈한 결과가 '0'임을 증명하고 있다. 따라서 **PLC에서의 음수 표현은 해당 양수를 2의 보수로 변환한 값**이다. 2의 보수를 이용하여 음수를 표현하면 여러 가지 장점이 있다. 제일 먼저 꼽을 수 있는 장점은 '0'에 대한 표현이 하나밖에 없다는 점이다. [그림 1−14]와 같이 0의 값을 2의 보수로 변환하면, 그 결과는 보수 변환하기 전의 0의 값과 동일하다.

```
          0000 0000 0000 0000   (+0)
                  ↓
          1111 1111 1111 1111   (1의 보수)
        + 0000 0000 0000 0001   (1을 더함)
        ─────────────────────
        ① 0000 0000 0000 0000   (+0을 2의 보수로 취한 값)
올림수(carry)는 버림
```

[그림 1−14] **0을 2의 보수로 변환한 표현**

또 다른 장점은 덧셈을 이용하여 +, −, ×, ÷의 사칙연산을 실행할 수 있다는 것이다. 2의 보수를 이용해서 뺄셈을 덧셈으로 계산해보자. 예를 들면 '5−4=1'은 (+5)+(+4에 대한 2의 보수)=(+1)이다. [그림 1−15]를 보면 +4의 값에 2의 보수를 취해서 +5와 덧셈한 결과가 +1이 됨을 알 수 있다.

```
          0000 0000 0000 0101   (+5)
        + 1111 1111 1111 1100   (+4의 2의 보수값)
        ─────────────────────
        ① 0000 0000 0000 0001   (5−4의 결과값)
올림수(carry)는 버림
```

[그림 1−15] **2의 보수를 이용하여 덧셈처럼 계산한 뺄셈 연산**

PLC에서는 [표 1−6]과 같이 2바이트로 정수 −32768 ~ +32767까지 표현할 수 있으며, 최상위 비트 MSB는 부호비트로 사용된다. 음수는 해당 양수의 값에 2의 보수를 취하면 구할 수 있다. 이처럼 PLC는 단순히 기존의 전기 시퀀스 회로를 대체할 뿐만 아니라 전기 시퀀스에서 구현하지 못하는 산술연산 또는 논리연산을 실행할 수 있기 때문에, 전기 시퀀스에서 불가능했던 많은 일들을 할 수 있다. PLC를 이용하여 산술연산을 할 때에는 앞에서 학습한 내용을 잘 기억하기 바란다.

[표 1-6] **부호비트가 있는 16비트 크기의 2진수 표현**

10진수	2진수
+32767	0111 1111 1111 1111
+32766	0111 1111 1111 1110
⋮	⋮
+2	0000 0000 0000 0010
+1	0000 0000 0000 0001
0	0000 0000 0000 0000
−1	1111 1111 1111 1111
−2	1111 1111 1111 1110
⋮	⋮
−32767	1000 0000 0000 0001
−32768	1000 0000 0000 0000

1.3.4 실수의 표현

PLC에서 실수를 표현하는 방법은 조금 복잡하다. 사실 실수 자체가 정수보다 복잡한 수이다. 그러나 걱정하지 말자. PLC에서는 실수를 표현하는 방식을 개념적으로 이해하면 되기 때문이다.

10진 실수를 2진수로 변환하기

소수점 이하의 값을 갖는 10진수를 2진수로 표현하기 위해서는 소수점을 기준으로 정수와 소수점 이하의 값을 구분하여 2진수로 변환한다. 10진 정수의 2진수 변환은 [그림 1-16]과 같이 2의 연속적인 나눗셈에서 얻어지는 나머지를 이용한다. 그러나 소수점 이하의 10진수는 연속적인 2의 나눗셈의 반대 개념으로 2의 곱셈을 이용한다. 즉 연속적인 2의 곱셈을 실행하면서 생기는 정수 부분으로의 자리 올림수가 소수점 이하 2진수의 값이 된다는 것이다. 한 예로 10진수 $(23.625)_{10}$를 2진수로 변환하는 방법에 대해서 살펴보자.

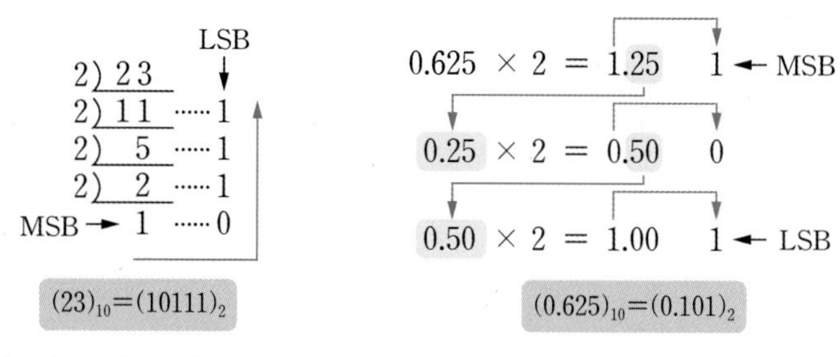

(a) 정수 23을 2진수로 변환 (b) 소수 0.625를 2진수로 변환

[그림 1-16] **10진 실수를 2진수로 변환하는 방법**

23과 0.625를 합해서 23.625를 만들듯이 [그림 1-16]에서 변환된 2진수를 합하면, 23.625에 해당되는 2진수의 표현은 '10111.101'이 된다.

$$(23.625)_{10} = (10111)_2 + (0.101)_2 = (10111.101)_2$$

2진수로 표현된 실수를 10진수의 실수로 변환하기

소수점을 포함하고 있는 2진수를 10진수로 변환할 때, 정수 부분은 앞에서 살펴보았듯이 2의 승수를 이용하면 된다. 소수점 이하의 수는 2의 (−)승수를 사용하여 10진수로 변환한다.

[표 1-7] **2진수 실수 표현을 10진수로 변환하기**

가중치	16	8	4	2	1		0.5	0.25	0.125
2의 승수	2^4	2^3	2^2	2^1	2^0		2^{-1}	2^{-2}	2^{-3}
2진수	1	0	1	1	1	.	1	0	1

$$(10111.101)_2 = 1\times2^4 + 1\times2^2 + 1\times2^1 + 1\times2^0 + 1\times2^{-1} + 1\times2^{-3}$$
$$= 16+4+2+1+0.5+0.125 = 23.625$$

멜섹Q PLC에서의 실수 표현 방법

앞에서 10진 실수의 2진수 표현 원리를 설명하였다. 멜섹Q PLC에서는 32비트 크기의 2진수를, 부동소수점floating-point 표현 방식을 이용하여 실수로 표현한다. 이 방법은 지수exponent를 사용하여 소수점의 위치를 이동시킬 수 있는 과학적 표현 방법이다. 다음은 10진수에 대한 부동소수점 표현을 나타낸 예이다.

$$176000 = 1.76 \times 10^{5}$$

$$0.000176 = 1.76 \times 10^{-4}$$

부동소수점 표현 방식은 수의 크기를 나타내는 가수 부분과, 소수점이 이동해야 하는 자릿수를 나타내는 지수 부분, 수의 부호를 나타내는 부호 부분으로 구성되어 있다. 멜섹Q PLC에서는 32비트 크기의 단정밀도single precision 부동소수점과 64비트 크기의 배정밀도 부동소수점 표현 방법을 이용하여 실수를 표현하는데, 이 책에서는 단정밀도 부동소수점 방식을 이용한 실수 표현 방법을 설명한다.

단정밀도 부동소수점 표현에서 수의 형식은 [표 1-8]에 나타낸 것처럼 가장 왼쪽의 비트는 부호비트로 1비트가 사용되고, 다음 8비트는 지수 표현을 위한 비트이며, 그리고 나머지 23비트는 가수를 나타내는 부분이다. 가수 부분의 경우, 23비트 왼쪽에 2진 소수점이 있는 것으로 이해하면 된다. 지수 부분의 8비트는 실제 지수에 127을 더한 편중 지수biased exponent를 나타낸다. 편중 지수를 사용하는 이유는 지수에 별도의 부호비트를 사용하지 않고도 매우 큰 수 혹은 작은 수를 표현하기 위한 것이다. 편중 지수에 의해 −127에서 +128까지의 실제 지수를 나타낼 수 있다.

[표 1-8] **단정밀도 부동소수점 표현 방법**

$$-1.76 \times 10^{5}$$

부호 가수부 지수부

부호	지수(exponent)	가수(mantissa)
1비트	8비트	23비트

예를 들어 2진수 1011010010001을 멜섹Q PLC에서 사용하는 부동소수점을 이용하여 표현해보자. 우선 소수점 12자리를 왼쪽으로 이동시키고 2의 거듭제곱 꼴을 곱해줌으로써 다음과 같이 1011010010001을 지수와 가수를 구분한 소수의 표현으로 나타낼 수 있다.

$$1011010010001 = 1.011010010001 \times 2^{12}$$

양수이므로 부호비트는 0이다. 지수 12는 127을 더한 편중지수 139의 2진수 10001011로 표현되며, 가수부는 2진수 소수 부분인 .011010010001이 된다. 위와 같은 지수 표현에서 소수점의 왼쪽은 항상 1이므로 가수에는 포함되지 않는다. 따라서 2진수 1011010010001에 대한 부동소수점 표현은 다음과 같다.

[표 1-9] 단정밀도 부동소수점 표현 방법

부호	지수(exponent)	가수(mantissa)
0	10001011	01101001000100000000000

❶ 십진수 10을 멜섹Q PLC의 단정밀도 부동소수점 표현으로 나타내는 방법

$(10)_{10} = (1010)_2 = (1.010 \times 2^3)_2$

부호비트 : 양수 → 0

지수 부분 : $3 + 127 = 130 = (10000010)_2$

가수 부분 : 010 → $(01000000000000000000000)_2$

따라서 10을 실수로 표현한 2진수 데이터는 다음과 같다.

$(0100\ 0001\ 0010\ 0000\ 0000\ 0000\ 0000\ 0000)_2 = (41200000)_{16}$

❷ 십진수 0.75를 멜섹Q PLC의 단정밀도 부동소수점 표현으로 나타내는 방법

$(0.75)_{10} = (0.11)_2 = (1.1 \times 2^{-1})_2$

부호비트 : 양수 → 0

지수 부분 : $-1 + 127 = 126 = (01111110)_2$

가수 부분 : 1 → $(10000000000000000000000)_2$

따라서 0.75를 2진수 데이터로 표현하면 다음과 같다.

$(0011\ 1111\ 0100\ 0000\ 0000\ 0000\ 0000\ 0000)_2 = (3F400000)_{16}$

❸ 십진수 −10을 멜섹Q PLC의 단정밀도 부동소수점 표현으로 나타내는 방법

$(10)_{10} = (1010)_2 = (1.010 \times 2^3)_2$

부호비트 : 음수 → 1

지수 부분 : $3 + 127 = 130 = (10000010)_2$

가수 부분 : 010 → $(01000000000000000000000)_2$

따라서 −10을 2진수 데이터로 표현하면 다음과 같다.

$(1100\ 0001\ 0010\ 0000\ 0000\ 0000\ 0000\ 0000)_2 = (C1200000)_{16}$

❹ 단정밀도 부동소수점 형식으로 표현된 2진수 '1100 0010 1100 1000 0000 0000 0000 0000'을 10진수의 값으로 환원하는 방법

- 부호비트, 지수 부분, 가수 부분을 구분하면 다음과 같다.

  부호비트 : 1 → 음수

  지수 부분 : $10000101 = 133 - 127 = 6$

  가수 부분 : 100 1000 0000 00000000 0000

• '1.(가수 부분)×2^(지수 부분)'에 대입하면 다음과 같다.

$1.10010000000000000000000 \times 2^6 = (1100100)_2 = (100)_{10}$

• 10진수 −100에 해당되는 값이다.

❺ 단정밀도 부동소수점 형식으로 표현된 2진수 '1100 0001 1011 1101 0000 0000 0000 0000'을 10진수의 값으로 환원하는 방법

• 부호비트, 지수 부분, 가수 부분을 구분하면 다음과 같다.

부호비트 : 1 → 음수

지수 부분 : 10000011 = 131 − 127 = 4

가수 부분 : 011 1101 0000 00000000 0000

• '1.(가수 부분)×2^(지수 부분)'에 대입하면 다음과 같다.

$1.01111010000000000000000 \times 2^4 = (10111.101)_2 = (23.625)_{10}$

• 10진수 −23.625에 해당되는 값이다.

Chapter 02

멜섹 PLC 개요

미쓰비시는 1973년 MELSEC-310 PLC를 처음 개발한 이후부터 현재의 MELSEC iQ-R 시리즈까지 다양한 PLC를 개발해왔다. 이 장에서는 국내의 자동화 산업현장에서 사용되는 멜섹 PLC의 종류에 대해 살펴보고, 멜섹Q PLC의 입출력 결선 방법과 PLC 프로그램 작성에 필요한 디바이스의 종류와 기능에 대해 학습한다.

2.1 멜섹 PLC의 종류

미쓰비시는 1973년 MELSEC-310 PLC를 처음 개발한 이후, 1980년에 MELSEC-K 시리즈(LS산전이 MASTER-K 시리즈 개발 당시 기술제휴를 받았던 PLC)부터 2016년 현재 MELSEC IQ-R 시리즈까지 개발하였다. 산업현장에서는 MELSEC-A 시리즈부터 최신의 PLC까지 여러 종류의 PLC가 사용되기 때문에, 멜섹MELSEC PLC의 종류를 알아두어야 자료를 찾거나 기술 도움을 요청할 때 유리하다.

[그림 2-1]은 미쓰비시에서 개발한 PLC의 종류를 연도별로 나타낸 것이다. 현재 국내에서 많이 사용하는 PLC 제품은 [그림 2-2]의 멜섹 QnU CPU로, OLED, 자동차, 반도체와 같은 산업 분야에 사용된다. 그리고 Q-시리즈 이외에도 중소형 시스템 제어 분야에 사용되는 L 및 F-시리즈, 안전 PLC가 있다.

멜섹 L-시리즈는 CPU와 함께 위치 결정, 고속 카운터, 인터럽트, CC-Link 통신 기능을 하나의 모듈로 만들어, 구매비용 부담은 줄이면서 다양한 제어 기능을 구현할 수 있는 PLC이다. L-시리즈의 경우, CPU에 있는 LCD 모니터 창을 통해 시스템의 동작 상태를 간단하게 확인할 수 있다.

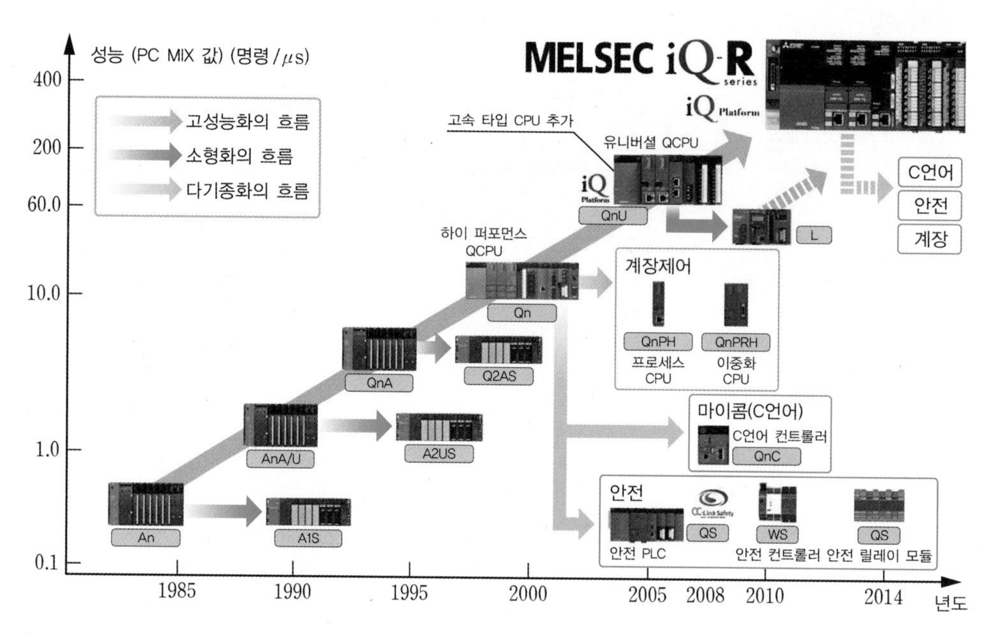

[그림 2-1] **멜섹 PLC의 출시 년도와 종류 및 성능**

(a) MELSEC-Q (b) MELSEC-L (c) MELSEC-F (d) MELSEC-QS/WS

[그림 2-2] **산업현장에 널리 사용되는 멜섹 PLC의 종류**

멜섹 F-시리즈를 국내에서는 FX-시리즈라 한다. 전원, CPU 및 I/O를 하나의 콤팩트한 사각 박스에 통합한 PLC로, 주로 고기능이 필요치 않고, 입출력 점수가 적은 소형 장비를 제작할 때 많이 사용한다.

멜섹 QS/WS-시리즈는 국제 안전 규격에 적합한 안전 제어를 구축하기 위해 개발된 PLC로, PLC 자체에 고장이 발생한 경우에 자기 진단에 의해 고장을 검출하여 안전 출력을 강제 OFF하는 안전 기능을 갖추고 있다는 점에서 일반 PLC와 가장 큰 차이를 보인다. 생산 공정에서 로봇의 사용이 증가하면서, 현장에서 발생하는 각종 재해로부터 근로자를 보호하기 위한 안전 PLC의 사용이 점차 늘어나는 추세이다. 따라서 앞으로는 안전 PLC와 그 주변장치에 대해서도 관심을 가지고 공부해야 한다. 안전 PLC는 독자적으로 동작하기보다는 [그림 2-3]과 같이 안전 필드 네트워크를 이용한 분산 제어와 안전 컨트롤러, 안전 릴레이 모듈로 구성된 시스템으로 동작한다.

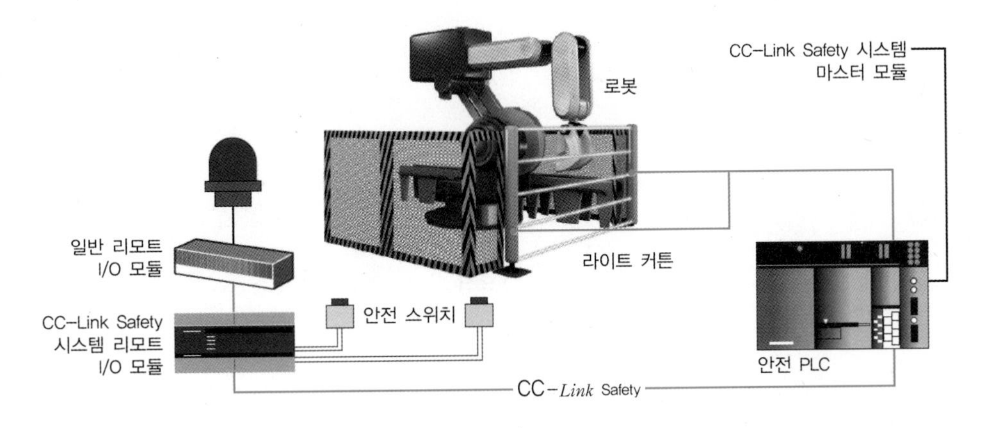

[그림 2-3] **안전 PLC를 이용한 로봇제어 사례**

2.2 멜섹Q PLC의 시스템 구성

멜섹 시리즈의 PLC 중에서 멜섹Q PLC는 국내의 자동화 관련 사업을 주도하는 OLED Organic Light Emitting Diode 생산 기업인 삼성전자와 LG 디스플레이에서 가장 많이 사용하는 PLC로, 국내 PLC 시장에서 점유율이 가장 높다. 멜섹Q PLC는 1999년에 출시된 이후 여러 차례의 성능 향상을 거쳐, 최신 모델인 QnU 시리즈까지 이르렀다.

[표 2-1] **멜섹Q CPU의 종류**

CPU 종류	베이직	하이 퍼포먼스	유니버설	프로세스	이중화
CPU 명칭	QnJ CPU Qn CPU	QnH CPU	QnU CPU	QnPH CPU	QnPRH CPU

베이직 Basic, 하이 퍼포먼스 High Performance, 유니버설 Universal 모델은 주로 FA 용도로 사용되며, 프로세스 및 이중화 모델은 PA Process Automation 용도로 사용된다. 이 책에서 사용하는 CPU 모델은, 이더넷 Ethernet 과 USB 통신 포트가 내장된 유니버설 QnU CPU이다.

멜섹Q PLC는 [그림 2-4]와 같이 베이스 유닛에 전원 공급 모듈, CPU 모듈, I/O 모듈, 특수기능 모듈, 네트워크 모듈로 구성된다.

베이스 유닛

베이스 유닛 Base Unit 은 PLC 모듈에 필요한 전원을 공급하고, CPU와 각종 모듈 간의 전기 신호를 연결하는 역할을 한다. 컴퓨터로 따지면 메인 보드와 같은 역할이다.

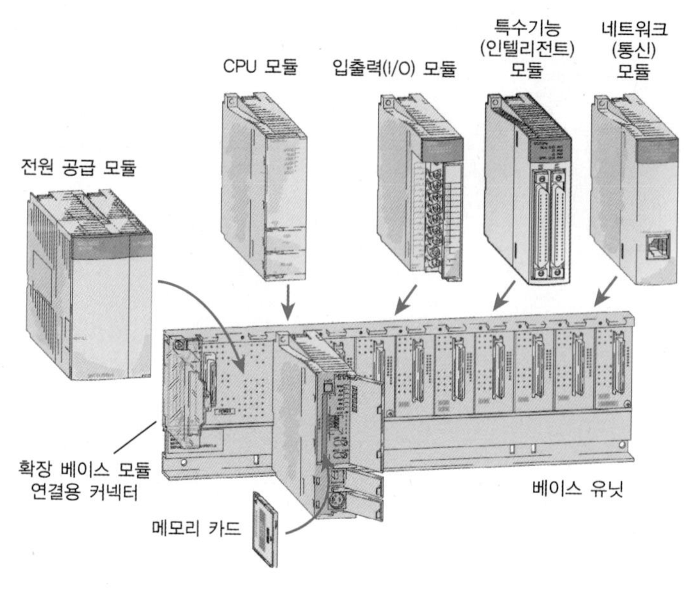

[그림 2-4] **멜섹Q PLC의 시스템 구성**

전원 공급 모듈

전원 공급 모듈Power Supply Module은 CPU, I/O 모듈, 특수기능 모듈, 네트워크 모듈의 동작에 필요한 전원을 공급한다. AC 220V의 전원을 입력받아 DC 5V로 변환한다. 일부 전원 공급 모듈에는 간단한 전기회로 구성에 사용할 수 있는 DC 24V의 전원 출력 단자가 있다.

CPU 모듈

멜섹Q PLC에는 [표 2-1]처럼 다양한 종류의 CPU가 있다. 베이직은 소규모 기계장치 제어를 위한 것이고, 하이 퍼포먼스는 고속처리와 시스템 확장성을 중시한 중대형 CPU이다. 유니버설은 하이 퍼포먼스 CPU의 RS232 포트를 없앤 대신 이더넷 포트를 표준으로 추가하고, 명령어 처리 속도를 높였으며, 메모리의 용량을 높였다. 그 결과, 유니버설은 프로그램의 개수를 최대 124개까지 확장하여 공정별로 프로그램을 작성할 수 있도록 함으로써 프로그램의 부품화와 구조화를 가능케 했다.

I/O 모듈

입력 및 출력 모듈을 줄여서 I/O 모듈이라 한다. 입력 모듈은 ON/OFF 형태의 전기 신호를 만들어내는 푸시 버튼push button, 로터리 스위치rotary switch, 키 스위치key switch, 리밋 스위치limit switch, 레벨 센서, 광센서, 근접 센서와 같은 부품을 연결하여 CPU에 입력 신호를 전달하는 모듈로, 입력 전압의 종류에 따라 [그림 2-5]와 같은 다양한 모듈이 존재한다. 출력 모듈은 릴레이relay, 전자 접촉기magnetic contactor, 램프, 솔레노이드solenoid와 같은 전기 제품을 ON/OFF하는 출력 신호를 발생시키는 모듈이다([그림 2-6]).

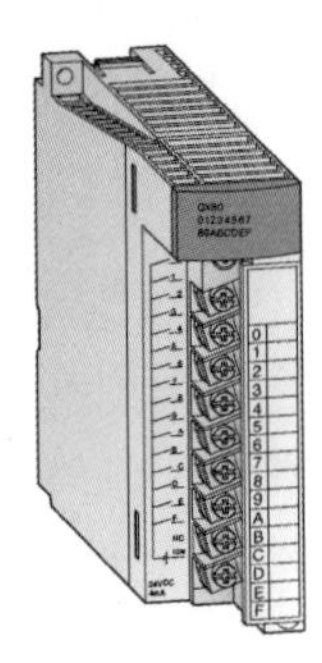

입력 전압 \ 입력 모듈 점수	멜섹Q PLC의 입력 모듈			
	8	16	32	64
5-12V DC		QX70	QX71	QX72
24V DC		QX40 QX80	QX41 QX81	QX42 QX82
24V DC (인터럽트 모듈)		QI60		
48V AC/DC		QX50		
100-120V AC		QX10		
100-240V AC	QX28			

[그림 2-5] **입력 모듈의 전압 입력 조건에 따른 모듈의 품명**

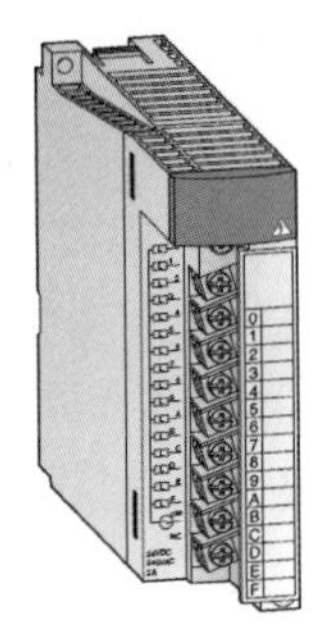

출력용 부품	출력 전압 \ 출력 모듈 점수	멜섹Q PLC의 출력 모듈			
		8	16	32	64
릴레이	24V DC/240V AC	QY18A	QY10		
트라이악	100-240V AC		QY22		
트랜지스터	5/12V DC		QY70	QY71	
	12/24V DC		QY40P QY50 QY80	QY41P QY81P	QY42P
	5-24V DC	QY68A			

[그림 2-6] **출력 모듈의 전압 출력 조건에 따른 모듈의 품명**

특수기능 모듈

멜섹에서는 특수기능 모듈Special Function Module을 인텔리전트 모듈intelligent module이라고도 한다. 특수기능 모듈에는 디지털 입출력 신호를 처리하는 입력 및 출력 모듈을 제외한 아날로그 입력 모듈(또는 A/D 컨버터), 아날로그 출력 모듈(또는 D/A 컨버터), PID 온도 제어 모듈, 고속 카운터, 위치 결정 모듈 등이 있다.

네트워크 모듈

[그림 2-7]과 [그림 2-8]은 자동화된 산업현장에서 사용하는 네트워크 환경을 나타낸 것이다. [그림 2-7]은 미쓰비시 PLC의 전용 통신으로 구성한 네트워크 환경이고, [그림 2-8]은 미쓰비시 PLC에서 지원하는 다양한 통신으로 구성한 네트워크 환경이다. 그림에서 알 수 있듯이 자동화에서는 네트워크를 기능별로 3개의 레벨로 구분한다.

[그림 2-7]과 [그림 2-8]의 **생산 레벨**은 각종 액추에이터 및 센서 등을 네트워크로 제어하거나 모니터링하기 위한 레벨로, 제어 레벨의 PLC에 종속된 네트워크이다. 생산 레벨에서는 미쓰비시에서 주관하여 만든 필드버스fieldbus CC-Link 통신을 주로 사용하지만, 표준화된 다른 필드버스 통신도 사용할 수 있다.

제어 레벨은 각각의 장비에 설치된 PLC 간에 데이터를 교환하면서 자동화 시스템을 제어하기 위한 레벨이다. 주로 CC-Link 또는 광통신을 적용한 MELSECNET/H와 같은 방식을 많이 사용하지만, 최근에는 이더넷 통신 기술의 발전으로 제어 레벨에서도 이더넷 통신 방식을 많이 사용하는 추세이다. 앞으로는 최상단의 관리 및 지령 레벨과 제어 레벨의 통신이 이더넷으로 통합될 것으로 전망된다.

관리 및 지령 레벨은 PLC에서 생산된 데이터를 데이터베이스에 등록하기 위한 이더넷 통신 네트워크로, 회사의 전산 시스템에 연결하고 데이터베이스에 등록된 정보를 분석하고 판별하여, 제품 생산을 위한 제어 지령을 다시 제어 레벨로 전송해 전체 시스템을 제어 및 관리하는 역할을 한다.

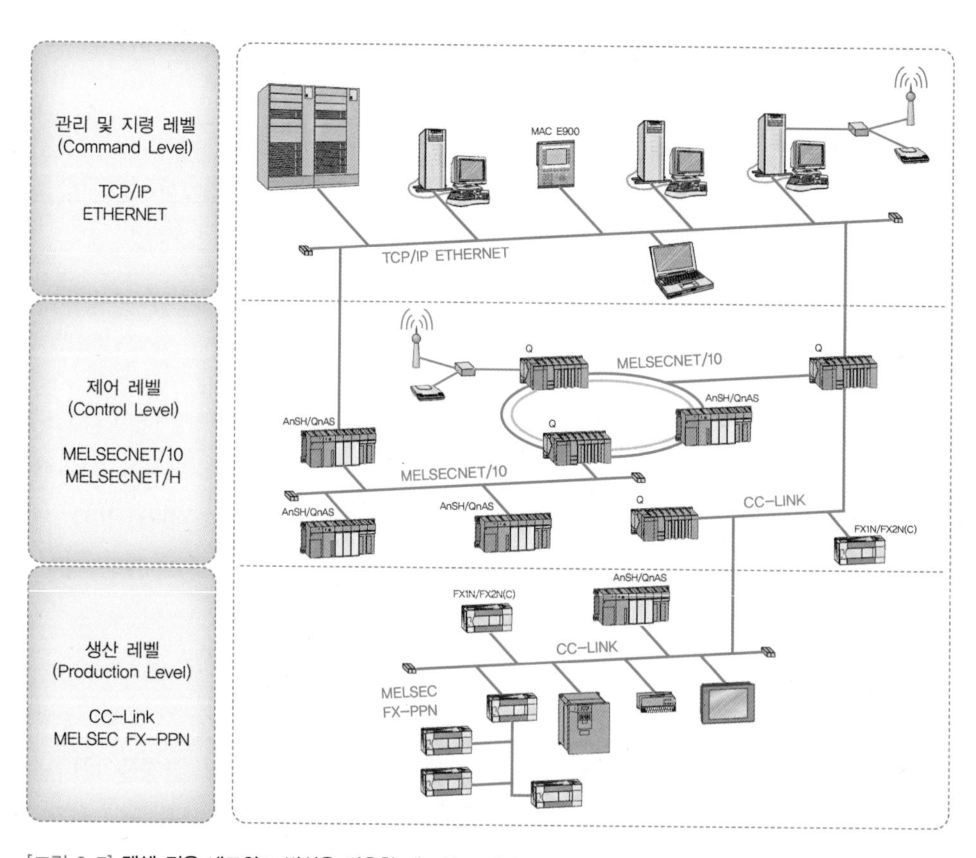

[그림 2-7] **멜섹 전용 네트워크 방식을 적용한 네트워크 전체 구성**

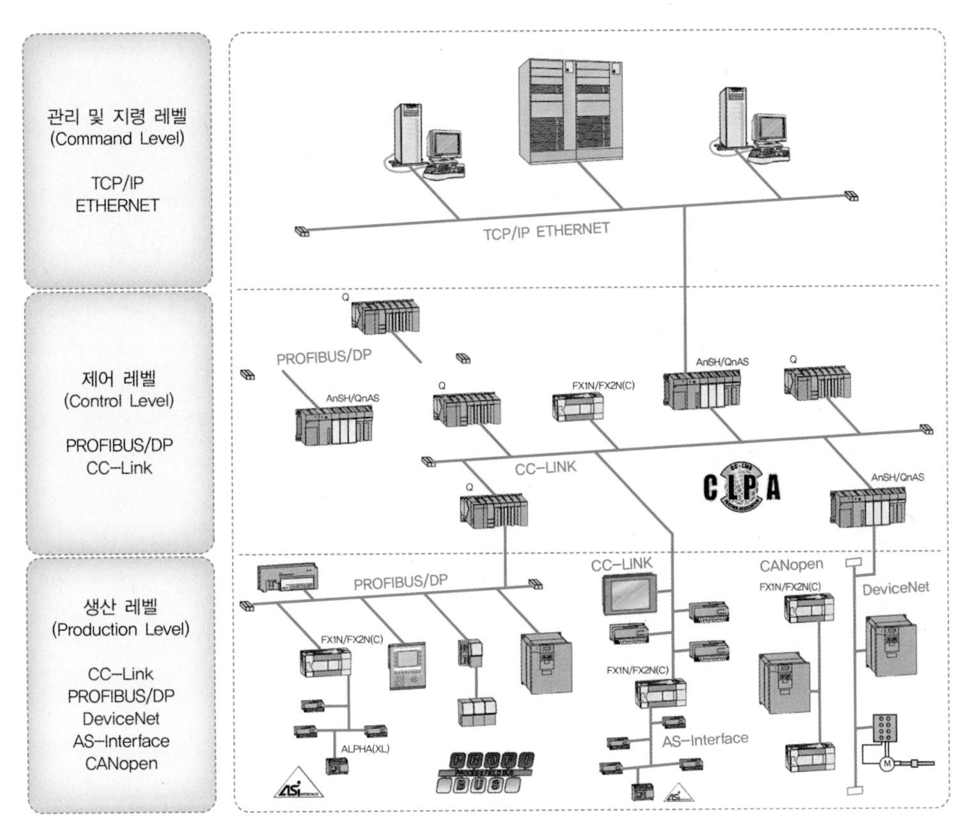

[그림 2-8] **다양한 필드버스 통신 방식을 적용한 네트워크 전체 구성**

멜섹 PLC에는 [그림 2-8]과 같이 생산 레벨에서 사용할 다양한 필드버스 네트워크 모듈이 준비되어 있다. 네트워크 모듈을 살펴보면, CC-Link, Profibus-DP Master, DeviceNet Master, AS Interface Master, Web Server와 같은 통신 모듈이 갖추어져 있다. 필드버스 통신 중에서 PROFIBUS/DP, DeviceNet, CANopen 통신은 입출력 및 인버터와 같은 디바이스를 제어하기 위한 것이고, AS-Interface는 센서 및 액추에이터를 제어하기 위해 만들어진 개방형 필드버스 네트워크이다.

이 책에서는 필드버스 통신을 세세하게 다루지 않지만, 책의 뒷부분에서 RS485 통신과 Modbus 통신을 통해 인버터 제어와 리모트 입출력에 대해 살펴볼 것이다.

2.3 PLC의 입출력 결선법

PLC를 사용하여 자동화 장치를 제어하기 위해서는 입력 모듈에는 스위치와 센서를 연결해야 하고, 출력 모듈에는 솔레노이드 밸브, 램프, 릴레이와 같은 출력 장치들을 연결해야 한다. PLC의 입출력 결선 방법은 싱크 방식과 소스 방식으로 구분된다. 이러한 PLC의 입출력 결선법에 대해 학습해보자.

2.3.1 실습용 멜섹Q PLC의 구성 및 입출력 주소번지 할당

이 책에서 사용할 멜섹Q PLC는 유니버설 타입의 Q03UDE CPU와 32점 디지털 입출력, A/D, D/A 컨버터, RS232/485 통신을 위한 QJ71C24N 모듈로 구성된다.

[그림 2-9] **실습에 사용할 멜섹 Q PLC의 구성**

PLC의 입출력 번지 할당

PLC의 입출력 번지는 PLC 프로그램을 실행하는 데 필요한 입출력 ON/OFF 신호의 위치 번호를 나타내기 위한 것이다. 다음의 예를 생각해보자. 택배회사에서 고객에게 물품을 배달하기 위해서는 배달 받을 건물의 주소가 필요하다. 대한민국에 존재하는 모든 건물에는 중복되지 않으면서도 명확하게 구분되는 각각의 주소번지가 부여되어 있기 때문에, 택배회사에서는 물품의 배달 주소만 가지고도 물품을 목적지까지 정확하게 배달할 수 있다. 이와 유사하게 PLC도 적게는 수백에서 많게는 수천 개의 입출력을 사용하기 때문에, 각각의 입출력을 구분할 수 있는 주소번지가 있어야 한다. CPU가 외부로부터 연결된 수없이 많은 입력신호 중 어떤 신호를 받을 것인지, 또는 출력신호를 보낼 때에는 어떤 출력 신호선으로 신호를 보낼 것인지를 결정할 수 있도록 각각의 입출력을 구분할 수 있는 주소번지가 있어야 하는 것이다.

멜섹Q PLC에서는 입출력 주소를 16진수로 표현하는데, 입력과 출력 주소를 구분하기 위하여 입력 주소의 선두에는 'X', 출력 주소의 선두에는 'Y'를 덧붙인다. 입출력 주소는 0번 슬롯부터 순차적으로 부여된다. [그림 2-10]은 베이스 모듈에 장착된 입출력 모듈의 접점 수에 따라 입출력 주소를 할당한 것이다.

슬롯 번호	0	1	2	3	4	5	6	7
	입력 모듈	입력 모듈	입력 모듈	빈 슬롯	출력 모듈	출력 모듈	인텔리전트 기능 모듈	인텔리전트 기능 모듈
입출력 점수	32점	32점	32점	16점	32점	32점	32점	32점
입출력 번호	X00 ~ X1F	X20 ~ X3F	X40 ~ X5F	60 ~ 6F	Y70 ~ Y8F	Y90 ~ YAF	B0 ~ CF	D0 ~ EF

[그림 2-10] PLC의 입출력 주소번지 할당 방법

입출력 주소는 CPU 모듈의 전원 투입 또는 리셋 해제 시에 할당된다. 입출력 주소 할당은 자동모드로 설정하여 자동으로 할당하는 방법과, GX Works2를 이용하여 사용자가 할당하는 방법이 있는데, 대부분의 경우에는 자동 할당 방법을 사용한다. 만약 모듈을 장착하는 슬롯을 공백으로 두면, 해당 슬롯에는 16점의 주소가 할당된다. [그림 2-10]에서 슬롯 번호 3번을 빈 슬롯으로 두었기 때문에, 3번에 60~6F까지 16점의 주소번지가 할당되었음을 확인할 수 있다. 인텔리전트 모듈은 모듈의 종류에 따라 16점 또는 32점의 입력 및 출력 주소가 함께 지정된다. 인텔리전트 모듈이 장착된 슬롯 6번의 입출력 주소로 X0B0 ~ X0CF/Y0B0 ~ Y0CF의 32점의 입출력 번지가 할당되었다.

실습용 PLC의 입출력 번지 할당

실습에 사용하는 PLC의 입출력 주소는 자동으로 할당되며, [표 2-2]의 색칠된 부분이 그 할당된 주소이다. A/D, D/A, 통신 모듈은 인텔리전트 모듈이기 때문에 입력 및 출력번지를 모두 사용한다.

[표 2-2] 실습에 사용할 PLC의 입출력 번지 할당

모듈 명칭	모델명	슬롯 번호	입력번지	출력번지
전원	Q61P-A2	-	-	-
CPU	Q03UDE CPU	-	-	-
INPUT	QX41	0	X00 ~ X1F	Y00 ~ Y1F
OUTPUT	QY41P	1	X20 ~ X3F	Y20 ~ Y3F
A/D	Q64AD	2	X40 ~ X4F	Y40 ~ Y4F
D/A	Q62DA	3	X50 ~ X5F	Y50 ~ Y5F
통신	QJ71C24N	4	X60 ~ X7F	Y60 ~ Y7F

2.3.2 PLC의 입력신호 결선

PLC의 입출력 모듈에 AC 전원을 사용하는 경우도 있지만, 대부분의 산업현장에서는 PLC를 유지 및 보수하는 작업자의 안전을 위해 인체에 안전한 DC 24V 전원의 입출력 모듈을 사용한다. DC 전원을 이용하여 전기회로를 구성하는 경우는 싱크sink와 소스source 타입으로 구분된다.

스위치를 이용한 싱크 및 소스 전기회로 결선

[그림 2-11]은 DC 전원을 이용하여 램프를 점등하기 위한 결선 방법을 나타낸 것이다. 전기회로는 DC 전원의 극성 방향에 따라 싱크나 소스 전기회로로 구분된다.

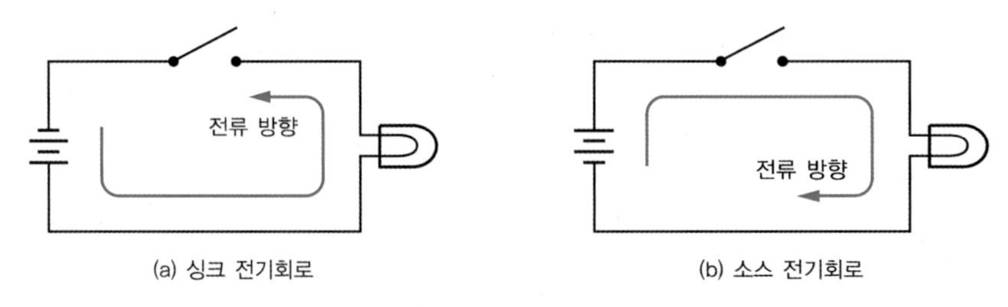

[그림 2-11] **싱크 전기회로와 소스 전기회로**

싱크 전기회로(줄여서 '싱크 회로')는 [그림 2-11(a)]처럼 (+)극에서 출발한 전류가 부하를 거쳐 전기 스위치에 의해 (−)극으로 흡수되는 전기회로를 의미한다. 반대로 **소스 전기회로**(줄여서 '소스 회로')는 (+)극에서 출발한 전류가 전기 스위치를 거쳐 부하로 공급되는 회로이다. DC 전원을 이용한 전기회로를 구성할 때에는 제일 먼저 싱크 타입의 전기회로를 구성할 것인지, 아니면 소스 타입의 전기회로를 구성할 것인지를 결정해야 한다.

트랜지스터를 이용한 전기회로 결선

전기 릴레이와 70년대 이전에 사용되던 진공관 앰프를 대체하기 위해 개발된 트랜지스터transistor는 트랜스퍼(신호를 전달하다)transfer와 레지스터(저항)register의 합성어이다. 트랜지스터는 증폭작용과 스위칭 기능을 가지는데, 자동화 전기회로에서는 트랜지스터의 스위칭 기능을 주로 많이 활용한다. 트랜지스터는 구조에 따라 NPN과 PNP로 구분된다.

■ 트랜지스터의 종류

❶ **NPN 트랜지스터** : [그림 2-12(a)]는 NPN 트랜지스터를 스위치로 형상화하여 나타

냰 것이다. 트랜지스터의 주요 기능 중 하나가 스위칭 기능이다. 스위칭 기능을 하는 트랜지스터의 동작을 스위치와 비교해보면, 전기 스위치에 다이오드diode(전류를 한 쪽 방향으로만 흐르게 하는 전자부품)가 직렬로 연결된 형태임을 알 수 있다. NPN은 컬렉터collector에서 이미터emitter 방향으로 전류가 흐르는 전기 조작 스위치이다.

❷ **PNP 트랜지스터** : [그림 2-12(b)]는 PNP 트랜지스터를 나타낸 것이다. PNP의 다이오드의 방향은 NPN과 반대이다. 따라서 PNP는 전류의 방향으로 보아 이미터에서 컬렉터 방향으로 전류가 흐르는 전기 조작 스위치임을 알 수 있다.

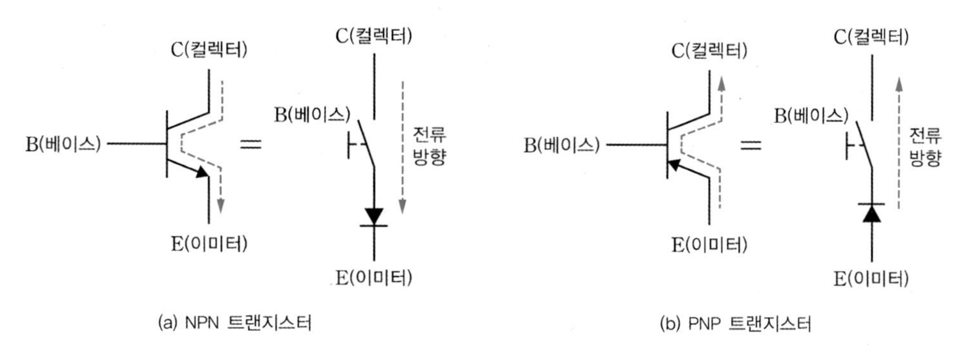

[그림 2-12] **트랜지스터의 스위칭 동작원리**

■ NPN과 PNP로 구분하는 이유

트랜지스터는 한쪽 방향(컬렉터 → 이미터, 또는 이미터 → 컬렉터)으로만 전류를 흐르게 하는 전기 스위치로, DC 전원을 이용한 전기회로에서만 사용할 수 있는 전기 조작 스위치이다. 트랜지스터를 NPN과 PNP로 구분하는 이유는 싱크 및 소스 전기회로에 사용되는 수동 조작 스위치를 트랜지스터로 대체하기 위함이다. 트랜지스터는 DC 전원의 직류로만 ON/OFF가 가능하기 때문에, 전류의 방향에 따라 NPN과 PNP 타입을 선택하여 사용해야 한다. 간단히 말하면, 싱크 전기회로에는 수동 조작 전기 스위치 대신 전기 조작 스위치인 NPN을, 소스 전기회로에는 PNP를 사용한다.

[그림 2-13]은 트랜지스터를 이용하여 구현한 싱크 및 소스 전기회로의 구성을 나타낸 것이다. 트랜지스터를 이용하여 부하를 제어할 때에는 트랜지스터의 컬렉터를 부하에 연결하는 방법을 사용하는데, 이러한 방법은 오픈 컬렉터Open Collector, 줄여서 O.C.라 한다. 자동화 산업현장에서 오픈 컬렉터 방식을 사용하는 이유는 트랜지스터의 동작전원 전압과 부하의 동작전원 전압이 달라도 제어가 가능하기 때문이다. [그림 2-13]에서 트랜지스터의 컬렉터 단자가 부하인 램프에 연결되어 있고, 전류의 방향에 따라 PNP, NPN을 구분해서 사용했음을 알 수 있다.

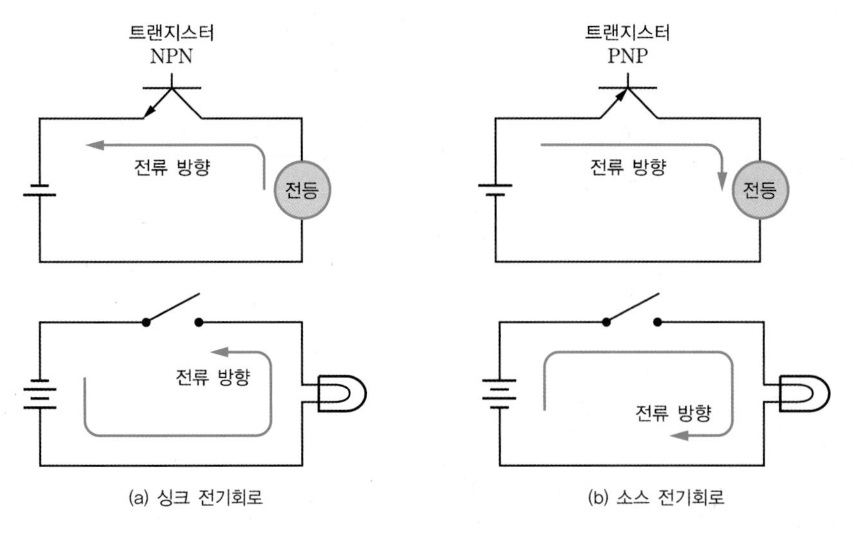

(a) 싱크 전기회로 (b) 소스 전기회로

[그림 2-13] **트랜지스터로 구현한 싱크 및 소스 전기회로**

PLC의 입력신호 결선에 COM이 필요한 이유

PLC 입력 모듈은 16개, 32개, 64개의 입력에 1개 이상의 COM을 가지고 있다. COM은 'common'의 약자로, 같은 극의 여러 개의 전선을 한 개의 선으로 만든 것을 의미한다. 일부 박스 타입으로 된 소형 PLC에는 여러 개의 COM이 있는 경우도 있지만, 대부분의 입력 모듈은 1개의 COM을 가지고 있다. 만약 COM이 없다면, PLC에 입력을 연결하기 위해서는 [그림 2-14(a)]와 같이 4개의 입력에 8개의 전선 연결이 필요할 것이다. [그림 2-14(b)]와 같이 COM이 정해져 있는 경우에는 5개의 전선 연결만으로도 충분하다. 전기회로를 구현하는 데 문제가 발생하지 않는 한, 결선의 개수가 적은 것이 작업의 효율성이 높기 때문에 PLC의 입력에 COM을 추가하는 것이다.

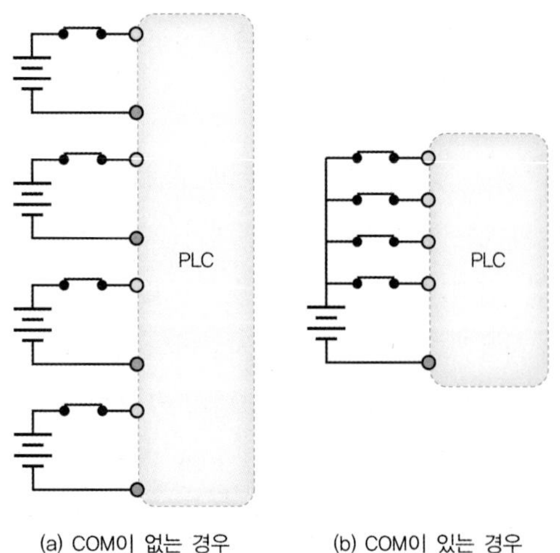

(a) COM이 없는 경우 (b) COM이 있는 경우 [그림 2-14] **COM 단자가 필요한 이유**

소스 방식의 PLC 입력회로 결선

소스 방식의 PLC 입력회로 결선이란, PLC 입력 모듈의 COM이 DC 전원의 0V에 연결되고, 입력에 연결되는 스위치의 COM이 +24V에 연결되는 형태의 결선 방식을 의미한다. PLC의 COM이 0V에 연결된다 하여 네거티브 커먼 연결Negative common connection 방식이라고도 한다.

소스 연결에서는 PLC 입력 모듈의 COM이 0V에 연결되고, 스위치의 COM이 +24V에 연결되어 있다. 따라서 스위치가 ON되면 PLC 내부로 전류가 흘러 들어가서 옵토커플러Opto-coupler의 LED를 ON시킴으로써 CPU에서 해당 입력이 ON되었음을 확인할 수 있도록 전기회로가 구성된다. 그리고 COM 단자에는 전압의 극성이 잘못 연결되었을 경우에 전류가 흐르지 않도록 다이오드가 설치되어 있다.

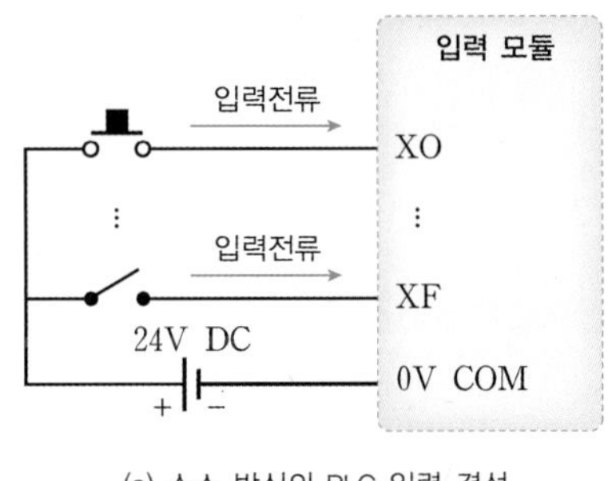

(a) 소스 방식의 PLC 입력 결선

(b) 소스 방식의 PLC 내부 회로

[그림 2-15] **소스 방식의 PLC 입력회로 결선 방법**

싱크 방식의 PLC 입력회로 결선

싱크 방식의 PLC 입력회로 결선이란, PLC 입력 모듈의 COM이 DC 전원의 +24V에 연결되고, 입력에 연결되는 스위치의 COM이 0V에 연결되는 형태의 결선 방식을 의미한다. PLC의 COM이 +24V에 연결된다 하여 포지티브 커먼 연결Positive common connection 방식이라 한다.

싱크 연결에서는 PLC 입력 모듈의 COM이 +24V에 연결되고, 스위치의 COM이 0V에 연결되어 있다. 따라서 스위치가 ON되면 COM을 통해서 PLC 내부로 흘러 들어간 전류가 옵토커플러Opto-coupler의 LED를 ON시키므로, CPU에서 해당 입력이 ON되었음을 확인할 수 있다. 그리고 역시 COM 단자에는 역전압 방지 다이오드가 설치된다.

실습에 사용하는 입력 모듈은 QX41 모듈로 **싱크 타입의 결선 방식을 사용**하도록 되어 있다. 따라서 [그림 2-16]와 같은 형태로 결선이 이루어져야 한다.

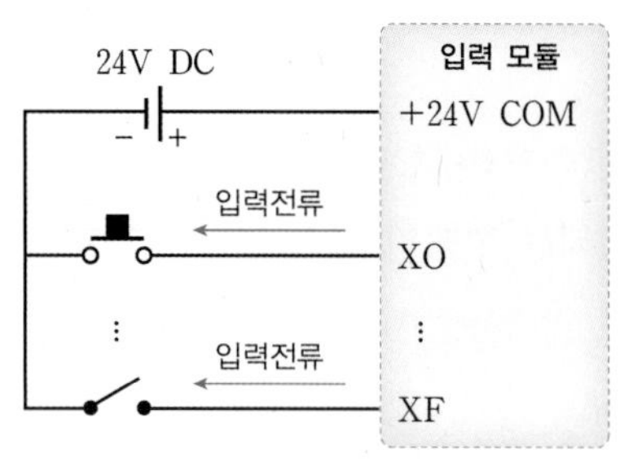

(a) 싱크 방식의 PLC 입력 결선

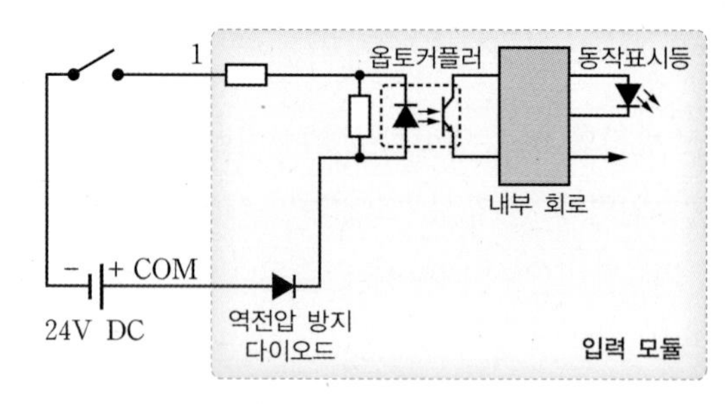

(b) 싱크 방식의 PLC 내부 회로

[그림 2-16] **싱크 방식의 PLC 입력회로 결선 방법**

PLC의 입력에 디지털 센서 연결하기

PLC 입력에 디지털 출력 센서를 연결할 때, 센서의 종류가 NPN이면 싱크 방식의 결선, PNP이면 소스 방식의 결선을 한다.

싱크 타입의 입력 모듈의 경우, PLC 입력 COM에 +24V의 전원이 연결되기 때문에, 입력에는 NPN 타입의 디지털 센서가 연결되어야 한다.

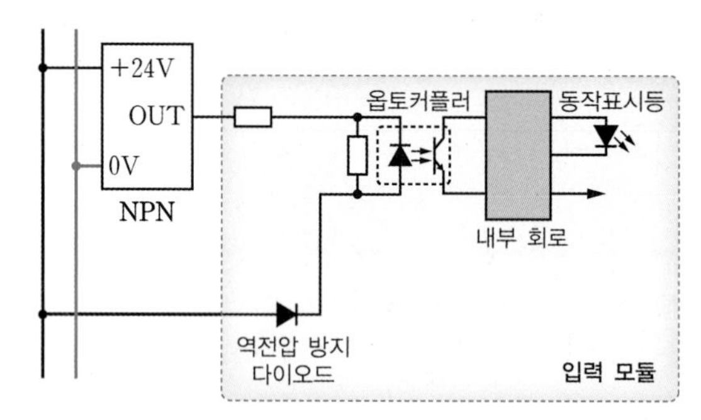

[그림 2-17] **싱크 타입 입력 모듈에 NPN 센서 연결**

소스 타입의 입력 모듈의 경우, PLC 입력 COM에 0V의 전원이 연결되기 때문에, 입력에는 PNP 타입의 디지털 센서가 연결되어야 한다.

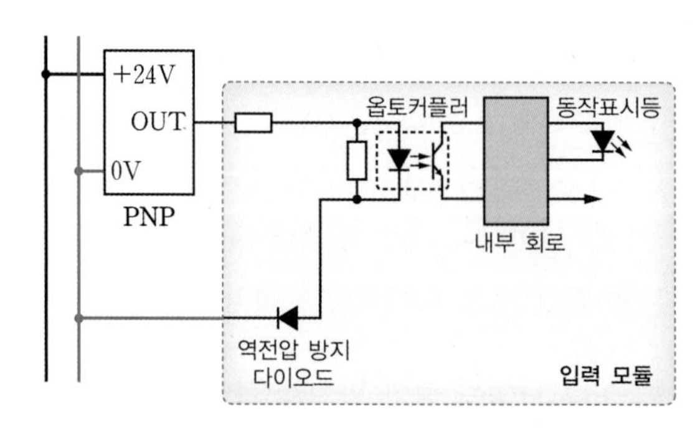

[그림 2-18] **소스 타입 입력 모듈에 PNP 센서 연결**

2.3.3 PLC의 출력신호 결선

PLC의 출력 모듈은, AC 전압을 사용하는 전기제품 제어를 위한 릴레이 및 트라이악triac 출력 모듈과, DC 전압을 사용하는 전기장치 제어를 위한 트랜지스터 출력 모듈로 구분된다. 또 트랜지스터 출력 모듈은 PNP 타입과 NPN 타입으로 구분된다.

릴레이 및 트라이악 출력 모듈 신호 결선

릴레이 출력 모듈은 트랜지스터 출력 모듈로 제어하기 어려운 큰 전류를 필요로 하는 출력장치를 제어할 때 주로 사용하는 모듈이다. 릴레이에는 기계적인 동작 부분이 있기 때문에 오랜 시간 ON/OFF가 반복되면 릴레이 접점이 손상되거나 또는 동작 부위가 마모되어 필연적으로 고장이 발생하게 된다. 따라서 릴레이는 산업현장에서는 특별한 경우를 제외하고는 잘 사용하지 않는 모듈이다.

트라이악 출력 모듈은 AC 전압을 사용하는 출력장치를 제어할 때 사용하는 AC 전원 ON/OFF 제어 전용 모듈이다.

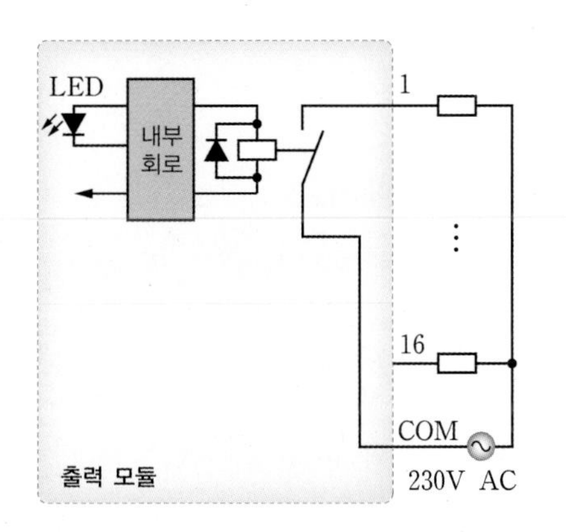

(a) 릴레이 출력 모듈의 내부 회로도

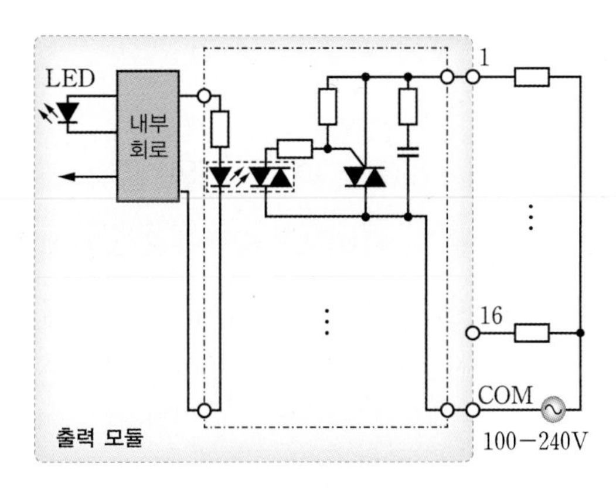

(b) 트라이악 출력 모듈의 내부 회로도

[그림 2-19] AC 전원을 제어하기 위한 출력 모듈 결선 방법

트랜지스터 출력 모듈

트랜지스터 출력 모듈은 입력 모듈과는 달리, [그림 2-20]처럼 내부 전기회로의 동작을 위해 외부에서 DC 24V의 전원이 공급되어야 한다. 예전에는 트랜지스터 출력 모듈 제어에 트랜지스터가 사용됐지만, 오늘날의 출력 모듈에서는 전계효과 트랜지스터인 FETField Effect Transistor가 사용된다. FET는 트랜지스터의 일종으로서 전압 구동형이고, 잡

음이 적으며, 입력 임피던스가 높기 때문에 전류 손실 없이 출력을 제어할 수 있다.

FET도 트랜지스터의 일종이기 때문에 DC 전원을 ON/OFF하기 위한 전기회로를 구성할 때에는 싱크 방식과 소스 방식의 결선 방법으로 구분된다. 싱크 방식에서는 출력으로 제어하기 위한 부하의 COM이 +24V에 연결되고, 출력에 연결된 MOS-FET[1]을 사용해서 0V의 전압 출력을 제어한다. 소스 방식은 출력으로 제어하기 위한 부하의 COM이 0V에 연결되고, 출력에 연결된 MOSFET을 사용해서 +24V의 전압 출력을 제어한다.

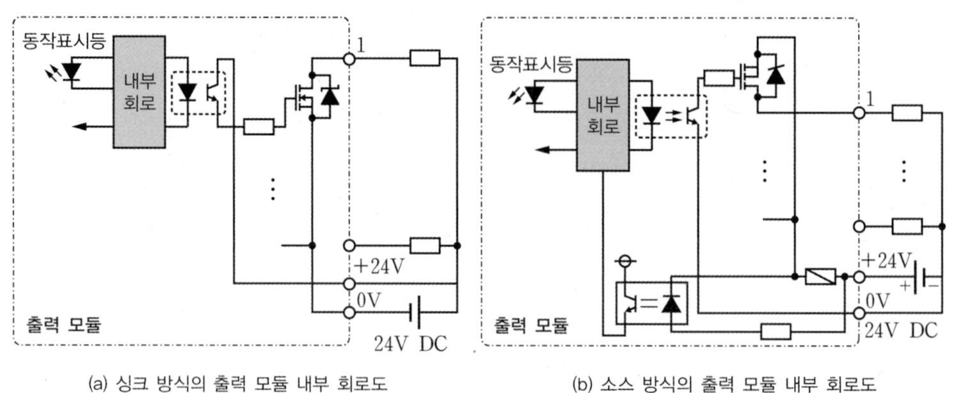

(a) 싱크 방식의 출력 모듈 내부 회로도

(b) 소스 방식의 출력 모듈 내부 회로도

[그림 2-20] **싱크와 소스 방식의 출력 모듈 결선 방법**

지락사고가 생겼을 때 싱크와 소스 출력 모듈의 차이점

[그림 2-11]의 싱크와 소스 방식 출력 모듈의 내부 회로를 비교해보면 이 둘의 차이를 발견할 수 있을 것이다. 왜 전기회로의 구성에 차이가 있을까? 오늘날의 자동화 장비에서는 전원을 차단하지 않고 유지보수를 해야 하는 경우가 종종 발생한다. 이때 유지보수를 하다가 기술자 본인도 모르게 지락사고를 발생시키는 경우가 있을 수 있다. 지락은 전류가 흐르는 상태에서 절연 부분이 열화 또는 손상된 상태로 타물체와 접촉하여 대지로 전류가 흐르는 현상으로서 누전도 지락에 해당된다.

■ 싱크 출력 모듈의 지락사고

[그림 2-21]은 싱크 출력 모듈에서 지락사고가 생겼을 때의 동작 상태를 나타낸 것이다.

❶ 지락사고, 즉 출력이 접지 또는 DC 전원의 0V와 연결되는 사고가 발생하였다.

1 MOS-FET(Metal Oxide Semiconductor FET)은 '전계효과 트랜지스터'라 한다. 이는 일반 쌍극성 트랜지스터에 비해 많은 장점을 가지고 있는데, 그 중에서 높은 속도로 ON/OFF 제어가 가능하고, 출력 손실이 없기 때문에 PLC의 출력에 사용된다.

❷ 부하의 COM이 +24V에 연결되어 있기 때문에 부하를 통해 전류가 흐르게 된다.
❸ 작업자의 의도와 관계없이 부하가 동작하면서 안전사고가 발생할 수 있다.

[그림 2-21]은 지락사고가 발생한 상태에서 PLC의 해당 출력이 ON되어도 MOSFET에는 아무런 문제가 발생하지 않는 구조이다. 싱크 출력 모듈에서 장비의 전원을 ON한 상태에서 유지보수 작업을 하는 경우에는 안전사고가 발생하지 않도록 주의해야 한다.

■ 소스 출력 모듈의 지락사고

소스 출력 모듈에서 지락사고가 생겼을 때는 어떤 문제점이 발생하는지 살펴보자.

❶ 지락사고, 즉 출력이 접지 또는 DC 전원의 0V와 연결되는 사고가 발생한 경우에 부하의 COM이 0V에 연결되어 있기 때문에 아무런 문제가 발생하지 않는다.

❷ 지락사고가 발생한 상태에서 출력이 ON되면 과도한 전류가 흘러([그림 2-22]의 점선이 과전류의 흐름이다) 출력소자인 MOS-FET이 파손될 수 있기 때문에, 일정 전류 이상의 전류가 흐를 경우에는 출력 모듈 내부에 설치된 퓨즈가 끊겨 과전류가 차단된다.

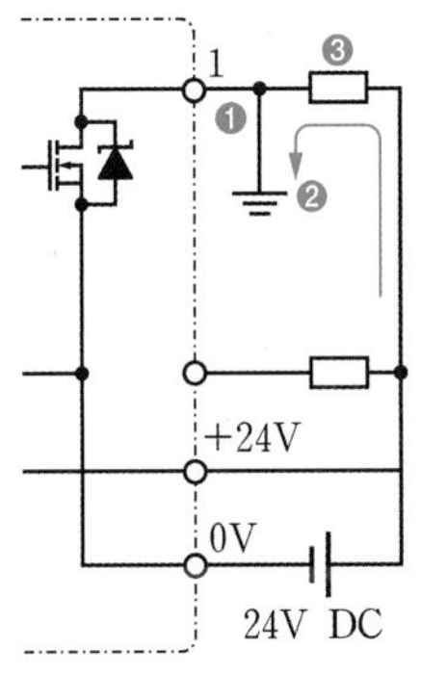

[그림 2-21] 싱크 모듈의 지락사고 발생

❸ 퓨즈가 차단되면 출력이 작동할 수 없기 때문에 퓨즈가 차단되었음을 알리는 신호([그림 2-22]의 파란색 실선의 흐름)를 만들어 CPU에서 출력 모듈의 이상을 확인할 수 있도록 한다.

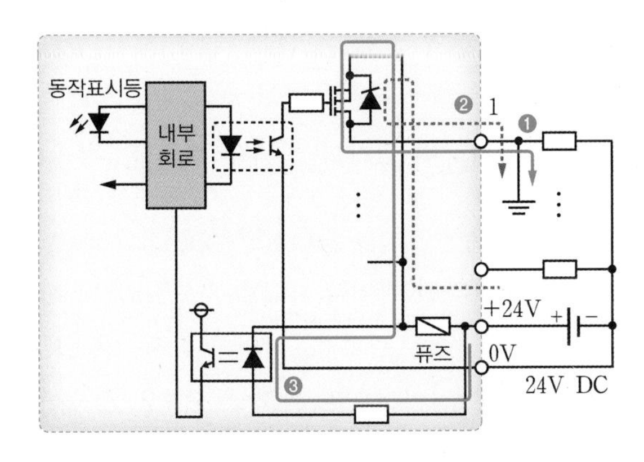

[그림 2-22] 소스 모듈의 지락사고 발생

소스 출력 모듈은 지락사고가 발생해도 출력에 연결된 부하에는 아무런 영향을 미치지 않기 때문에 장비의 전원을 ON한 상태에서 유지보수 작업을 해도 안전사고가 발생하지 않는 구조이다(물론 그래도 항상 안전사고가 발생하지 않도록 사전에 유의해야 한다). 하지만 지락사고가 발생한 상태에서 해당 출력이 ON되면 과도한 전류가 흐르게 되어 출력 모듈을 파손할 수 있기 때문에, 이를 막는 회로가 내장되어 있는 것이다.

입출력 모듈에 옵토커플러를 사용하는 이유

1개의 반도체에, 빛을 만드는 발광부에 해당되는 LED와, 빛을 검출하여 전기신호를 만드는 포토트랜지스터를 조합하여 만든 소자를 '옵토커플러Opto-coupler'라 한다. 즉 옵토커플러는 전기신호 → 빛 신호 → 전기신호의 변환을 이루어내는 반도체 소자이다. PLC의 입력과 출력에 옵토커플러를 사용하는 이유는, 입력과 출력 모듈에서 발생할 수 있는 전기적 충격(쇼트 또는 단락 등)에 의한 PLC의 CPU 손상을 방지하기 위한 것이다.

옵토커플러의 실생활 사용 예를 살펴보면 리모컨으로 동작하는 TV를 들 수 있다. 리모컨의 동작전압은 DC 3V이고, TV의 동작전압은 AC 220V이다. 리모컨과 TV 사이가 전선으로 연결되어 있지 않아도 서로 간의 신호 전달에 의해 리모컨으로 TV를 맘대로 조작할 수 있다. 즉 리모컨과 TV 사이가 절연(전기적으로 연결되어 있지 않은 상태)되어 있어도 전기신호는 잘 전달된다는 의미이다. 절연되어 있다는 것은 TV에 전기적인 문제가 발생해도 리모컨에는 그 영향이 미치지 못한다는 뜻이다.

이와 유사하게 PLC 입력은 DC 24V 전원에 의해 동작하지만, PLC CPU와 내부의 전자회로는 별도의 DC 5V 전원에 의해 동작하도록 설계되어 있다. 즉 DC 24V의 전원과 DC 5V의 전원은 절연되어 있으므로, DC 24V를 사용하는 입력에 전기적 문제가 발생해도 별개의 DC 5V로 동작하는 CPU 동작전원에는 아무런 영향을 미치지 않는다. 오늘날 시판되는 대부분의 디지털 제어기기의 입력에 옵토커플러를 사용하여 신호절연 상태를 만듦으로써, 사용자의 실수로 발생할 수 있는 입출력단의 전기적 문제가 제어기기의 핵심인 CPU에 영향을 미치지 못하도록 하고 있다.

[그림 2-23]은 옵토커플러의 사용 예와 그 종류를 나타낸 것이다. [그림 2-23(a)]의 사용 사례에서 옵토커플러의 LED 구동전압은 DC 24V, 옵토트랜지스터의 구동전압은 DC 5V(그림에서 V_{CC}와 0V의 표기)이고, 두 개의 전원은 전기적으로 완전히 절연된 상태이다. 그림의 왼쪽에 있는 입력 스위치를 누르면 LED 램프가 점등된다. 즉 전기스위치의 ON/OFF 상태가 LED에 의해 빛 신호로 변환된 것이다. 이때 그림의 오른쪽에 있는 옵토트랜지스터는 LED의 빛을 검출하여 V_{out} 단자를 통해 DC 5V의 ON/OFF 전기신호를 만들어낸다.

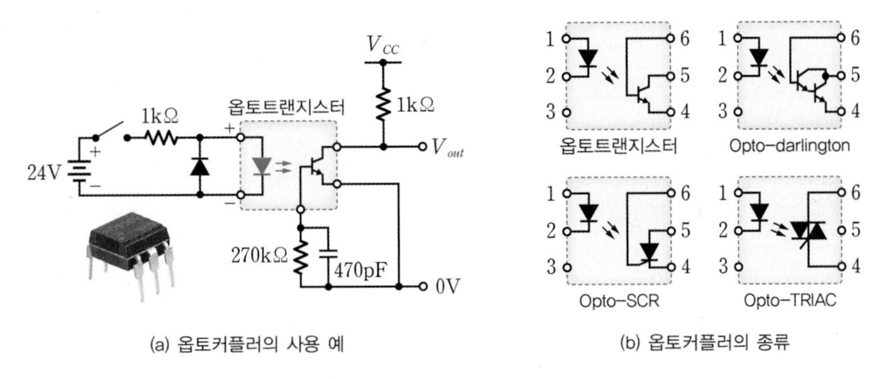

(a) 옵토커플러의 사용 예 (b) 옵토커플러의 종류

[그림 2-23] **옵토커플러**

2.4 멜섹Q PLC의 메모리

PLC의 프로그램은 메모리에 저장되어 있는 데이터를 조작한 후, 원하는 메모리에 다시 이를 저장하는 역할을 한다. 따라서 프로그램을 작성하기 위해서는 PLC가 가지고 있는 메모리의 종류와 크기, 사용법에 대해 잘 알고 있어야 한다. 이번에는 멜섹Q PLC의 메모리에 대해 학습해보자.

2.4.1 멜섹Q PLC의 메모리 구성

PLC에는 프로그램의 저장과 실행을 위한 ROM과 RAM이라는 두 종류의 메모리가 있다. ROM은 PLC 전원의 ON/OFF와 관계없이 프로그램과 데이터를 저장할 때 사용하는 메모리이고, RAM은 PLC의 전원이 ON된 상태에서 프로그램의 실행에 사용하는 메모리이다.

멜섹Q PLC의 메모리는 [그림 2-24]와 같이 CPU 모듈에 포함된 프로그램 메모리, 표준 ROM, 표준 RAM으로 구분되고, 또한 CPU의 메모리 슬롯에 장착하여 필요에 따라 선택적으로 사용되는 메모리 카드로 구분된다.

프로그램 메모리는 프로그램의 실행과 관련된 프로그램과 파라미터를 저장하는 메모리로, 가장 중요한 메모리이다. 표준 RAM은 프로그램 실행에 필요한 대용량의 데이터를 저장하기 위한 용도로 주로 사용된다. 표준 ROM은 PLC의 전원이 OFF되거나 백업 배터리를 사용하지 않았을 경우, 프로그램 메모리에 저장된 프로그램이 삭제될 때를 대비하여 프로그램 실행에 관계된 각종 프로그램과 파라미터 등을 백업하기 위한 용도로 사용된다. 즉

컴퓨터에 비교한다면 표준 ROM은 하드디스크와 같은 개념이라 생각하면 된다.

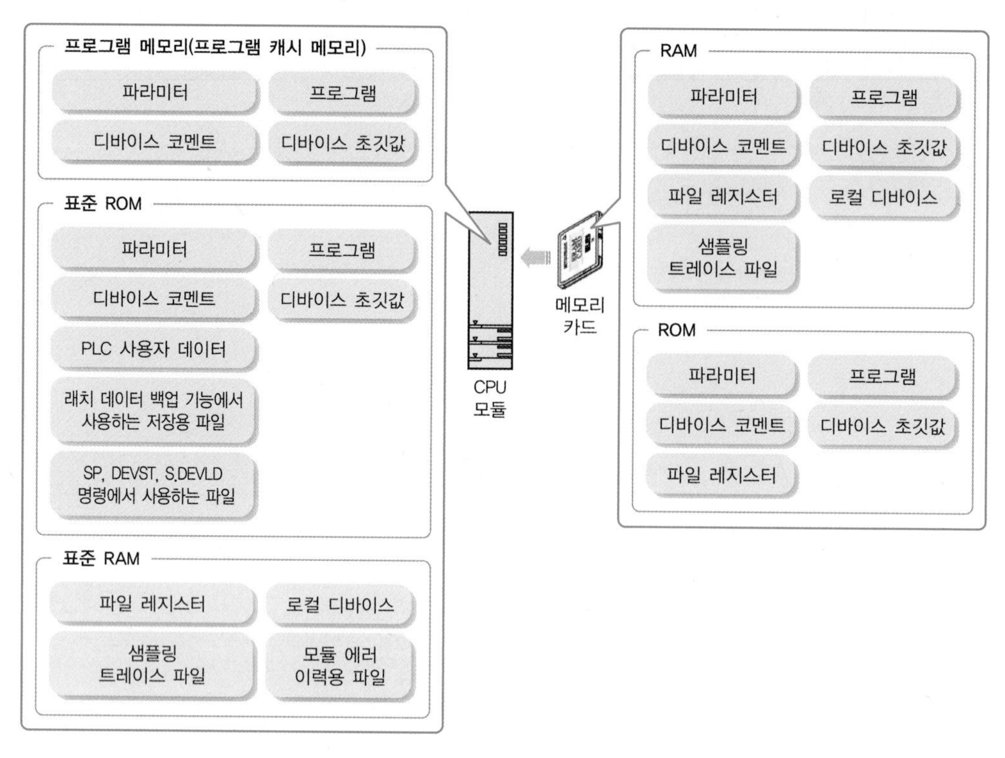

[그림 2-24] **멜섹Q PLC의 메모리 및 저장 데이터의 종류**

PLC의 프로그램은 메모리에 저장된 데이터를 처리하기 위해 PLC CPU가 인식할 수 있는 명령어를 사용하여 구성된 순서화된 절차이다. PLC의 프로그램 메모리는 그러한 프로그램과 데이터를 저장하고 실행하기 위한 도구에 해당되는 것이다. 멜섹Q PLC에서 사용되는 메모리의 종류는 어떤 것이 있는지 살펴보자.

메모리의 최소 기본 단위는 비트이다. 비트를 조합해서 니블nibble, 바이트byte, 워드word, 더블워드double word로 사용할 수 있고, 반대로 워드 단위의 데이터를 쪼개서 비트, 니블, 바이트 단위로 사용할 수도 있다. 또는 워드를 조합해서 더블워드 단위로 사용할 수도 있다. 메모리 크기에 따라 16진수 표현과 정수 및 실수를 데이터로 저장할 수 있는데, 메모리의 크기에 따라 저장할 수 있는 값의 범위가 다르기 때문에 [표 2-3]을 참고하기 바란다.

[표 2-3] 멜섹Q PLC에서 취급하는 메모리의 크기 및 데이터 표현 범위

메모리 단위	크기 (비트)	범위		
		16진수 표현	정수 표현	실수 표현
비트(Bit)	1	0, 1	-	-
니블(Nibble)	4	16#0 ~ 16#F	-	-
바이트(Byte)	8	16#00 ~ 16#FF	-	-
워드(Word)	16	16#0000 ~ 16#FFFF	−32768 ~ +32767	-
더블워드 (Dword)	32	16#00000000 ~ 16#FFFFFFFF	−2,147,483,648 ~ +2,147,483,647	$\pm 1.18 \times 10^{-38}$ ~ $\pm 3.40 \times 10^{38}$

2.4.2 멜섹Q PLC의 디바이스 종류

PLC 프로그램은 명령어와 데이터로 구성된다. 프로그래머는 주어진 데이터를 가지고 원하는 데이터를 얻기 위해 PLC CPU가 인식할 수 있는 명령어를 사용해서 프로그램을 작성한다. 프로그램 작성 시에는 데이터를 저장할 수 있는 메모리 공간이 필수적인데, 미쓰비시에서는 이러한 메모리를 디바이스device라 한다.

[표 2-4] 멜섹Q PLC에서 사용하는 디바이스의 종류

분류	종류	디바이스명	메모리 크기(초기 설정)		
			점수	사용 범위	진법
내부 사용자 디바이스	비트 디바이스	입력 Input	8192점	X0 ~ 1FFF	16진
		출력 Output	8192점	Y0 ~ 1FFF	16진
		내부 릴레이 Internal relay	8192점	M0 ~ 8191	10진
		래치 릴레이 Latch relay	8192점	L0 ~ 8191	10진
		어넌시에이터 Annunciator	2048점	F0 ~ 2047	10진
		에지 릴레이 Edge relay	2048점	V0 ~ 2047	10진
		스텝 릴레이 Step relay	8192점	S0 ~511/블록	10진
		링크 릴레이 Link relay	8192점	B0 ~ 1FFF	16진
		링크 특수 릴레이 Special Link relay	2048점	SB0 ~ 7FF	16진
	워드 디바이스	타이머 Timer	2048점	T0 ~ 2047	10진
		적산 타이머 Retentive timer	0점	(ST0 ~ 2047)	10진
		카운터 Counter	1024점	C0 ~ 1023	10진
		데이터 레지스터 Data register	12288점	D0 ~ 12287	10진
		링크 레지스터 Link register	8192점	W0 ~ 1FFF	16진
		링크 특수 레지스터 Link Special register	2048점	SW0 ~ 7FF	16진

프로그램 작성에 사용되는 디바이스는 용도별로 구분되어 각각의 명칭이 부여되어 있다. 멜섹 CPU에는 다양한 디바이스가 있지만, 이 책에서는 실습에 필요한 내부 사용자 디바이스만 살펴보고, 다른 디바이스는 실습 시 필요할 때에 언급하도록 한다. 디바이스에 대한 자세한 내용은 미쓰비시 매뉴얼을 참고하기 바란다. 디바이스는 CPU 모듈의 프로그램 메모리 영역에 위치한다.

디바이스는 비트 단위로 처리 가능한 비트 디바이스와, 워드 단위로 처리 가능한 워드 디바이스로 구분된다. 데이터 레지스터는 워드와 비트 단위로 처리 가능하다. [표 2-4]에서 색칠된 디바이스는 프로그램 작성에 기본적으로 필요한 디바이스이다. 내부 사용자 디바이스는 사용자의 설정에 의해 사용 메모리의 크기 조정이 가능하다.

입력 디바이스(X)

입력 디바이스는 PLC 입력에 연결된 푸시 버튼, 셀렉터 스위치, 리밋 스위치, 디지털 스위치, 디지털 센서 등의 ON/OFF 상태를 기억하는 메모리이다. 실습에 사용하는 PLC의 입력 릴레이로는 X00~X1F까지 32점을 사용한다.

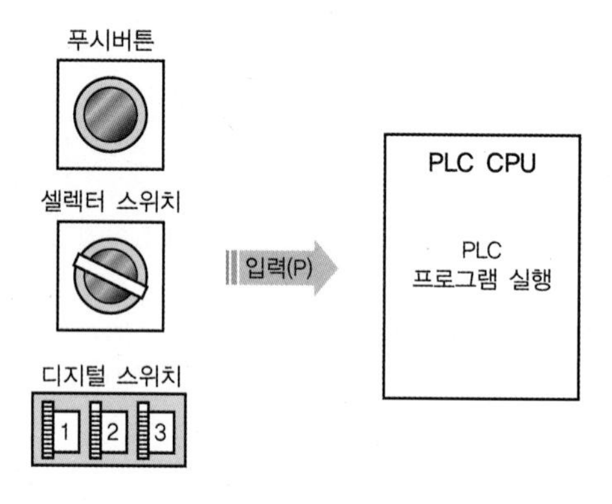

[그림 2-25] **PLC 입력 디바이스**

PLC는 입력에 연결된 스위치 또는 센서의 ON/OFF 상태를 직접 읽어서 프로그램을 실행하는 것이 아니라, 입력 스위치의 상태를 기억하고 있는 내부 입력 디바이스 X_n의 상태를 읽어서 프로그램을 실행한다. 입력(X)의 동작 상태를 살펴보면, [그림 2-26]과 같이 각각의 입력이 가상의 릴레이 X_n(비트 메모리를 의미함)을 내장하고 있다고 가정하고, 프로그램에서는 X_n의 ON/OFF 상태를 이용하여 각 입력을 a접점 또는 b접점으로 활용한다. X_n의 상태를 그대로 사용하는 접점을 a접점이라 하고, X_n의 상태를 반전하여 사용하는 접점을 b접점이라 한다.

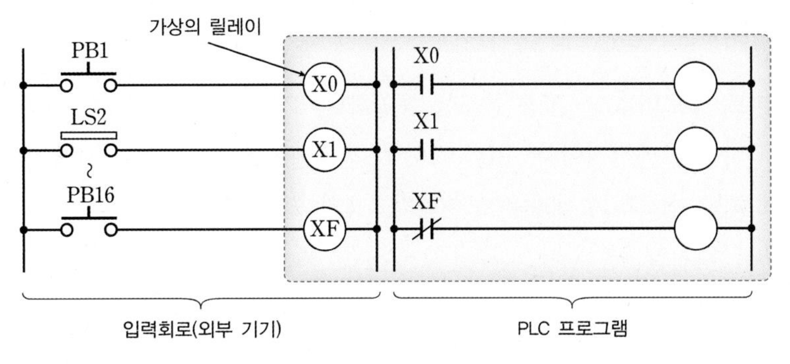

[그림 2-26] **입력(X) 디바이스의 역할**

출력 디바이스(Y)

출력 디바이스는 프로그램의 제어 결과를 기억하는 비트 제어 가능 메모리로, 출력 단자에 연결된 램프, 디지털 표시기, 전자 개폐기(접촉기), 솔레노이드 밸브 등을 ON/OFF 한다. 출력 디바이스는 1a 접점에 해당하는 접점을 사용할 수 있다. 실습에 사용하는 PLC는 Y20~Y3F까지 32점의 출력을 사용할 수 있다.

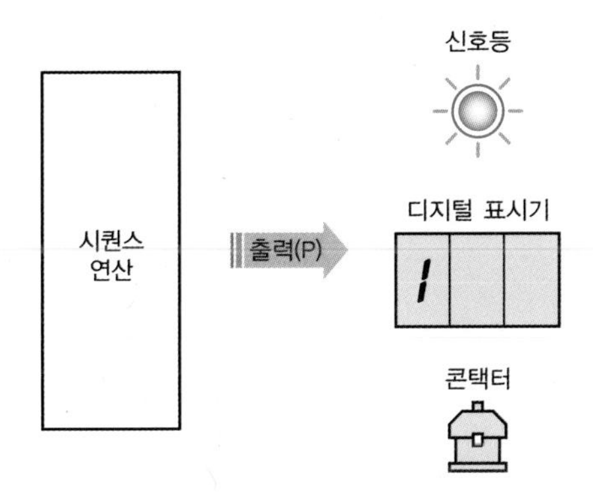

[그림 2-27] **PLC 출력 디바이스**

내부 비트 디바이스(M)

내부 비트 메모리는 프로그램 실행 중 필요한 비트 정보를 저장해 두기 위한 비트 메모리로, 읽기 및 쓰기가 가능한 메모리이다. 내부 비트 메모리는 입출력 메모리와는 달리 외부 입력을 받아들이거나, 출력을 ON/OFF할 수 없는 프로그램 전용 비트 메모리이다. CPU의 전원이 OFF → ON될 때나 리셋 조작 시, 래치 클리어 시에 비트에 저장된 모든 내용이 0으로 클리어된다.

래치(정전 유지) 디바이스(L)

래치 디바이스는 내부 비트 메모리 M과 사용 용도는 동일하나, PLC의 전원 ON/OFF에 관계없이 데이터 보존이 가능한 메모리이다. PLC CPU의 전원이 OFF되면 CPU 모듈에 장착되어 있는 배터리로 해당 메모리의 내용을 보존한다. 래치 릴레이는 래치 클리어 조작으로 설정값을 0으로 클리어할 수 있다. [그림 2-28]은 프로그램 메모리 및 표준 RAM의 메모리 백업을 위해 CPU 모듈에 내장되는 백업 배터리를 교체하는 방법을 나타낸 것이다. 백업 배터리의 수명이 다 되면, CPU 모듈의 BAT, 황색 램프가 점등되는데, 이때 백업 배터리를 교체해야 한다.

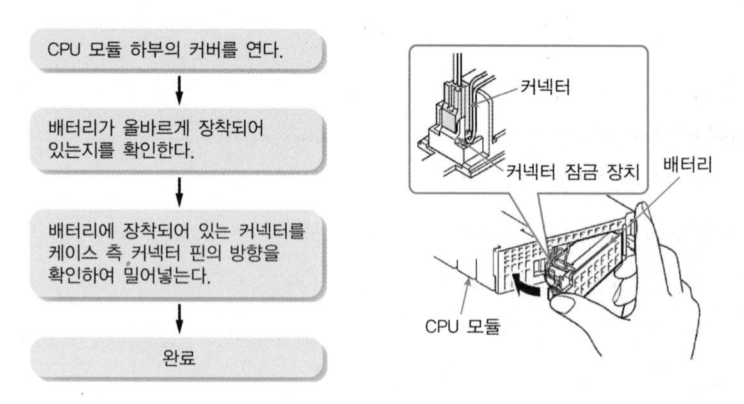

[그림 2-28] PLC CPU 모듈의 백업 배터리 교체 방법

데이터 디바이스(D)

데이터 레지스터는 수치 데이터(−32,768 ~ +32,767, 또는 0000h ~ FFFFh)를 저장하는 16비트 크기의 메모리이다. 필요에 따라 데이터 디바이스 2개를 조합하여 32비트 크기의 메모리로 사용할 수 있다. [그림 2-29]처럼 데이터 디바이스는 '데이터 디바이스 번호.비트 위치'의 형식으로 비트화하여 사용할 수 있다.

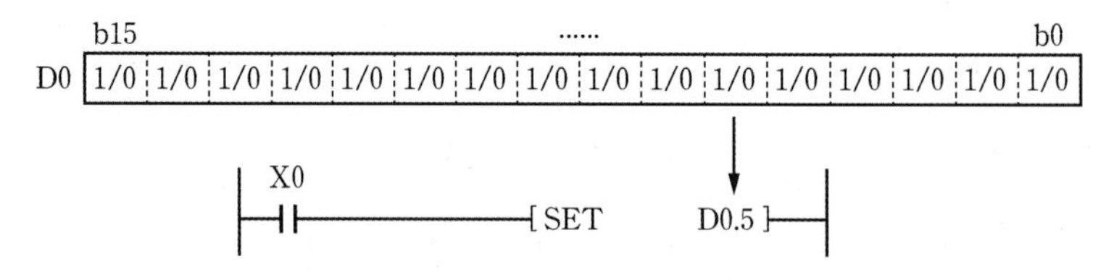

[그림 2-29] 데이터 레지스터를 비트로 사용하는 방법

PART 2

멜섹Q PLC 프로그래밍 기초

PLC 프로그램을 작성하기 위해서는 GX Works2라는 소프트웨어 툴을 사용해야 한다. 예전에 PLC 프로그램을 작성할 때에는 GX Developer를 사용했는데, 이 툴은 인텔리전트 기능 모듈의 파라미터 설정과 간단한 동작 테스트를 위한 GX Configurator를 별도로 사용하도록 되어 있었다. 이를 통합하여 사용할 수 있도록 GX Works2라는 프로그램 작성용 툴이 새롭게 출시되었다. GX Works2와 기존의 GX Developer 간에 사용방법에는 큰 차이가 없지만, 윈도우 운영체제 32비트용과 64비트용이 구분되어 있기 때문에, 프로그램을 설치할 때 해당 PC의 윈도우 버전을 확인한 후에 GX Works2를 설치하기 바란다. 또한 이더넷 통신을 이용하여 PC와 PLC를 통신 연결할 때에도 주의해야 한다. 예전에는 PC와 PLC를 연결할 때 RS232 또는 USB 통신을 사용했지만, 최근에는 이더넷을 이용한 통신 연결이 대세이다. 따라서 별도로 이더넷 관련 책자 등을 통해 이더넷에 대한 기본 지식을 갖춘 후에 이더넷 연결을 사용해보기를 권한다.

PART 2는 멜섹Q PLC를 처음 접하는 초보자에게 매우 중요한 내용이므로, 이 책에 있는 내용을 자세히 읽어보고 반드시 이를 실습을 통해 확인해보기 바란다. PLC를 처음 접하는 초보자일수록 프로그램에 문제가 발생하면 어떤 문제로 인해 오류가 생겼는지를 파악하기가 어렵다. 따라서 PART 2의 내용을 잘 이해하여 오류가 발생하지 않는 프로그램을 작성할 수 있도록 해보자.

Chapter 03

PLC 프로그램 및 동작 원리

직접 작성한 PLC 프로그램이 어떤 순서로 실행되는지 잘 알고 있어야 프로그램 실행에서 문제가 발생했을 때 해결 방법을 찾을 수 있다. 지금부터 PLC 프로그램이 어떤 원리로 실행되는지, 즉 PLC의 동작 원리를 이해해보자.

3.1 스캔 처리

[표 3-1] **프로그램 처리 순서**

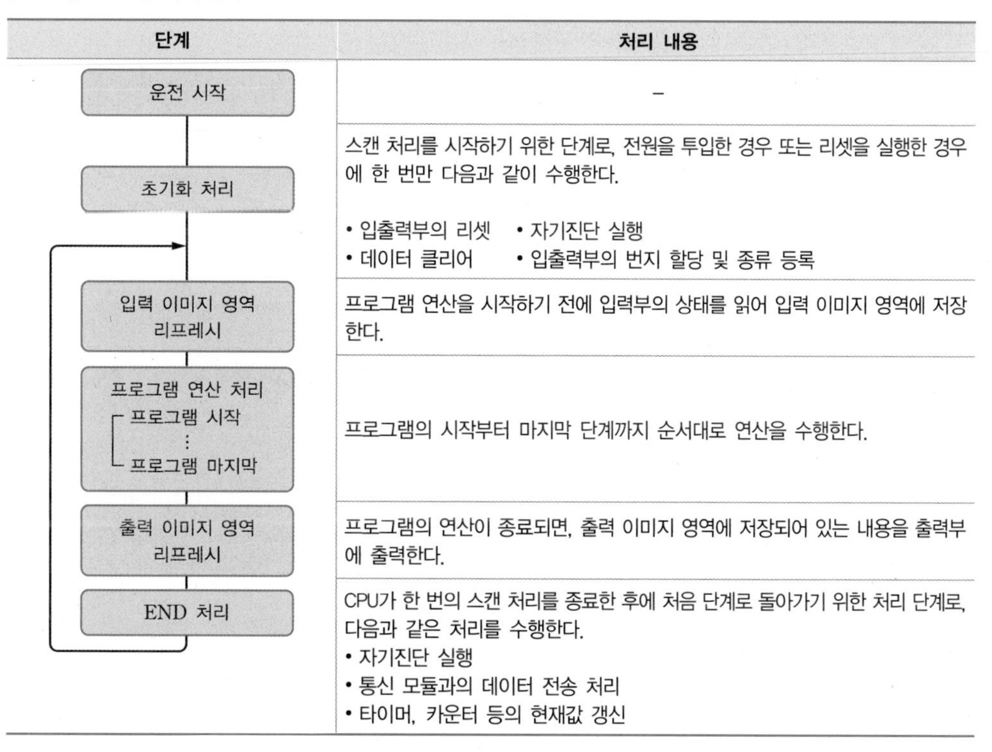

단계	처리 내용
운전 시작	-
초기화 처리	스캔 처리를 시작하기 위한 단계로, 전원을 투입한 경우 또는 리셋을 실행한 경우에 한 번만 다음과 같이 수행한다. • 입출력부의 리셋 • 자기진단 실행 • 데이터 클리어 • 입출력부의 번지 할당 및 종류 등록
입력 이미지 영역 리프레시	프로그램 연산을 시작하기 전에 입력부의 상태를 읽어 입력 이미지 영역에 저장한다.
프로그램 연산 처리 프로그램 시작 ⋮ 프로그램 마지막	프로그램의 시작부터 마지막 단계까지 순서대로 연산을 수행한다.
출력 이미지 영역 리프레시	프로그램의 연산이 종료되면, 출력 이미지 영역에 저장되어 있는 내용을 출력부에 출력한다.
END 처리	CPU가 한 번의 스캔 처리를 종료한 후에 처음 단계로 돌아가기 위한 처리 단계로, 다음과 같은 처리를 수행한다. • 자기진단 실행 • 통신 모듈과의 데이터 전송 처리 • 타이머, 카운터 등의 현재값 갱신

PLC CPU는 프로그램을 시작부터 끝까지 정해진 순서대로 실행하고, 이러한 동작을 반복한다. 정해진 순서대로 프로그램을 처리한다고 해서 이러한 방식을 스캔scan 처리 방식이라 한다. 스캔 처리 방식을 좀 더 자세히 살펴보면, [그림 3-1]에서 ❶ ~ ❻까지 정해진 순서를 연속해서 반복 처리하는 방식이라 할 수 있다. ❶ ~ ❻까지 순차적으로 실행하는 동작을 스캔이라 하고, ❶ ~ ❻까지 1회 실행하는 데 걸리는 시간을 1스캔타임이라 한다.

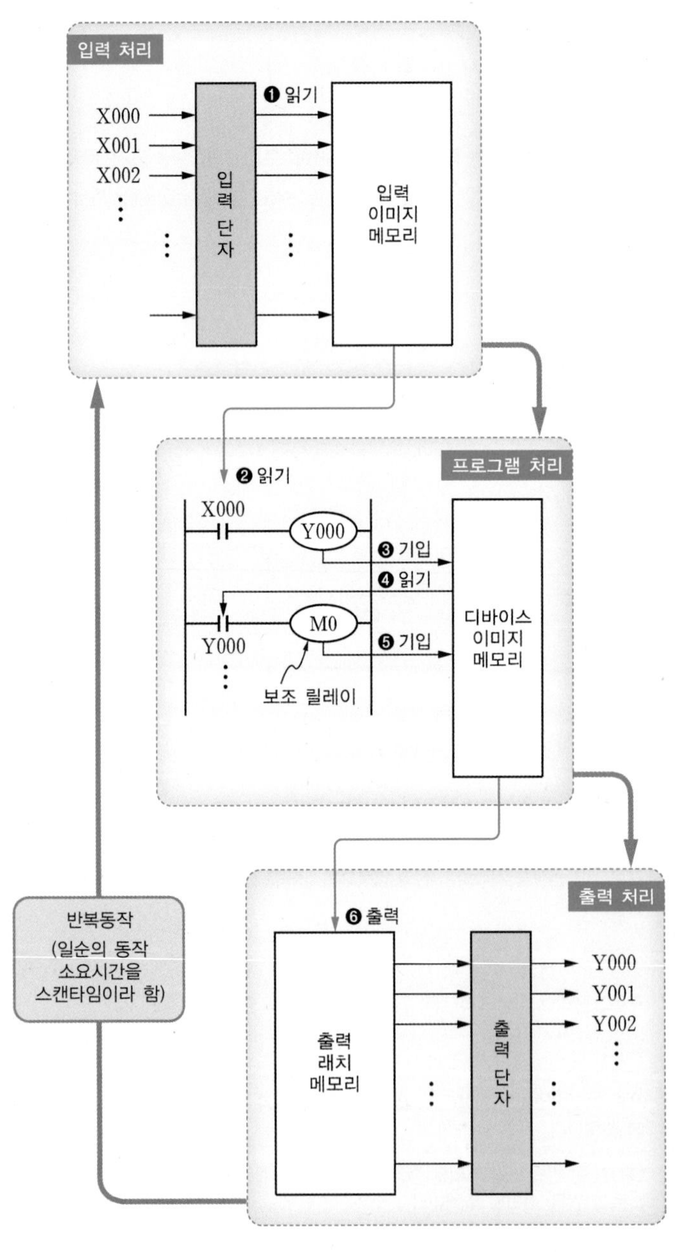

[그림 3-1] PLC 프로그램의 스캔 처리 방식

3.1.1 입력 처리

PLC는 프로그램 실행 전에 PLC의 모든 입력단자에 연결된 스위치 또는 센서의 ON/OFF 상태를 입력 이미지 메모리image memory에 저장해둔다. 이때 사용되는 이미지 메모리가 입력 메모리(X)이다. 프로그램 실행 중에는 스위치의 입력이 변경되어도 입력 이미지 메모리의 내용은 변하지 않으며, 다음 스캔 사이클을 입력 처리할 때 변경된 입력이 입력 이미지 메모리에 저장된다. 한편 입력 접점이 ON → OFF, OFF → ON으로 변화해도, ON/OFF 판정까지 입력필터 시간 설정(변경 가능)에 의해 응답이 지연되면서 시간지연이 발생한다. 입력필터 시간 설정은 GX Works2의 내비게이션에서 [PLC Parameter] → [I/O Assignment] → [Read PLC Data]를 선택해서 PLC의 구성을 확인한 후에 [Detailed Setting] 항목을 클릭하면 확인할 수 있다.

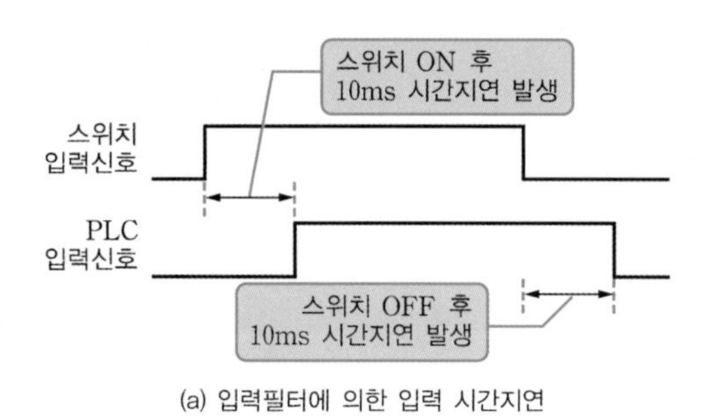

(a) 입력필터에 의한 입력 시간지연

	Slot	Type	I/O Response Time
0	PLC	PLC	
1	0(0-0)	Input	10ms
2	1(0-1)	Output	1ms
3	2(0-2)	Intelligent	5ms
4	3(0-3)	Intelligent	10ms 20ms
5	4(0-4)	Intelligent	70ms

(b) 입력필터 시간 설정

[그림 3-2] PLC의 입력 처리

3.1.2 프로그램 처리

PLC는 프로그램 메모리에 저장된 내용에 따라 입력 이미지 메모리나 그 외 디바이스 이미지 메모리로부터 각 디바이스의 ON/OFF 상태를 읽어내고, 프로그램의 0스텝부터 순차연산을 행하여 그때마다 결과를 출력 이미지 메모리에 기록한다. 따라서 각 디바이스의 이미지 메모리 내용은 프로그램의 실행에 따라 순서대로 변한다. 프로그램 처리 중에는 출력값이 변하더라도 출력 이미지 메모리의 내용만 변경되고 실제 출력 메모리의 내용은 변경되지 않는다.

3.1.3 출력 처리

프로그램의 모든 과정이 종료되면, 출력의 이미지 메모리의 ON/OFF 상태가 출력 래치 메모리(Y00 ~ Y0F)로 전송되는데, 이것이 PLC의 실제 출력이 된다. PLC의 외부 출력용 접점은 출력용 소자의 응답 지연시간을 두고 동작하게 된다.

3.2 일괄 입출력 방식에서 발생하는 문제점

정해진 순서대로 프로그램을 실행하기 때문에 이와 같은 PLC의 처리 방식을 스캔 방식이나 (입력과 출력을 일괄 처리한다는 의미로) '일괄 입출력 처리 방식', 또는 '리프레시 refresh 방식'이라 한다. 일괄 입출력 방식으로 입력과 출력을 처리하면, 프로그램을 분석하기 쉽고 모든 출력이 동시에 변경되기 때문에, 출력의 시점을 예측해서 언제 어떤 출력이 ON/OFF될지 알 수 있다. 하지만 단점도 존재한다. 일괄 입출력 방식에 어떤 단점이 있는지 살펴보자.

❶ 입력의 ON 시간은 '1스캔타임 + 입력필터 시간'보다 길어야 한다.

PLC는 전체 프로그램 실행시간 중에서 [그림 3-1]의 ❶에 해당되는 시간에만 입력신호의 ON/OFF 상태를 입력 이미지 메모리에 저장하기 때문에, 입력신호를 처리하는 데 'PLC의 스캔타임 + 입력필터 시간'보다 더 긴 시간을 필요로 한다.

예를 들어 입력필터 시간이 10ms, 프로그램 스캔타임이 10ms라 하면, 입력신호의 ON 시간과 OFF 시간으로 각각 최소 20ms가 필요하다. 또한 PLC의 입력 스위치의 ON 신호와 OFF 신호를 각각 인식하는 데 최소 20ms+20ms=40ms가 소요된다. 식 (3.1)은 PLC가 1초에 몇 번의 스위치 입력을 처리할 수 있는지를 나타낸 식이다.

$$\frac{1000\ \text{ms}}{20\ \text{ms} + 20\ \text{ms}} = 25\ [\text{Hz}] \tag{3.1}$$

이 경우, PLC는 1초에 25회 이상 ON/OFF되는 스위치 입력은 처리하지 못하므로, 신호 펄스가 25Hz 이하가 되도록 해야 한다. [그림 3-3]은 이러한 문제를 나타낸 것으로, 입력신호의 ON/OFF 시간이 PLC 스캔타임보다 짧으면 입력신호를 처리할 수 없음을 보여준다. 단, PLC의 특수 기능이나 응용명령어를 이용하면 이러한 문제를 해결할 수 있다.

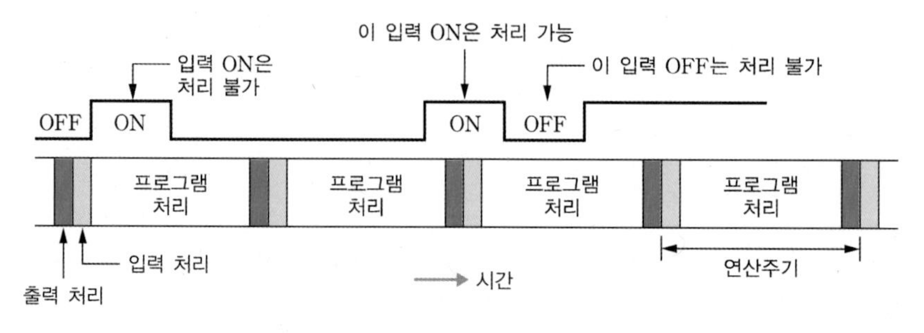

[그림 3-3] PLC 프로그램 처리 방식에 의한 입력신호 처리

❷ PLC의 입력신호는 4종류로 구분하여 사용한다.

PLC는 매 스캔마다 입력 처리 시간에 입력신호의 상태를 일괄적으로 해당 입력 이미지 메모리에 저장하며, 그 이후에는 입력신호를 받아들이지 않고 저장된 입력 이미지 메모리의 정보를 이용해 프로그램을 실행한다. 따라서 [그림 3-4]와 같이 X00의 입력신호는 스위치의 OFF 상태, 스위치가 눌린 순간(상승펄스), 스위치가 눌린 상태, 스위치가 떨어지는 순간(하강펄스)의 4가지로 구분하여 처리되는 것이다. a접점은 X00의 입력신호와 최대 1스캔타임의 차이를 가지고 ON 상태를 유지하는 입력접점이며, b접점은 a접점과 정반대로 동작한다. 상승펄스 신호와 하강펄스 신호는 X00의 입력신호가 ON 또는 OFF 된 후 1스캔타임 동안에만 ON 상태를 유지하는 접점이다.

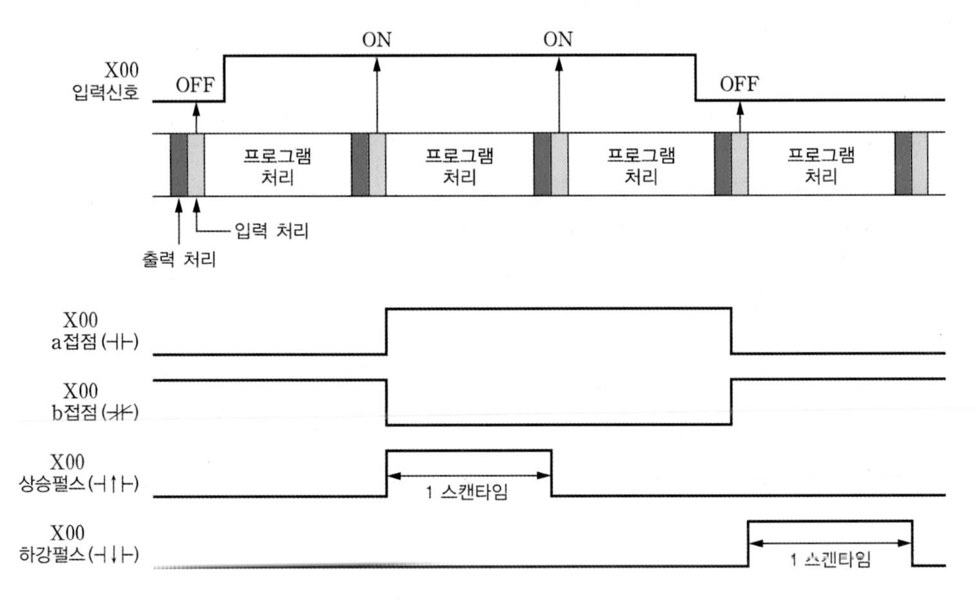

[그림 3-4] PLC 프로그램 처리 방식에 의한 입력신호 구분 방법

3.3 PLC 프로그램 작성

3.3.1 PLC 프로그램의 실행 순서

PLC의 프로그램은 '스캔' 처리 방식으로 [그림 3-5]와 같이 PLC 래더ladder 프로그램의 실행 순서는 왼쪽에서 오른쪽으로, 위에서 아래로 순차적으로 진행된다.

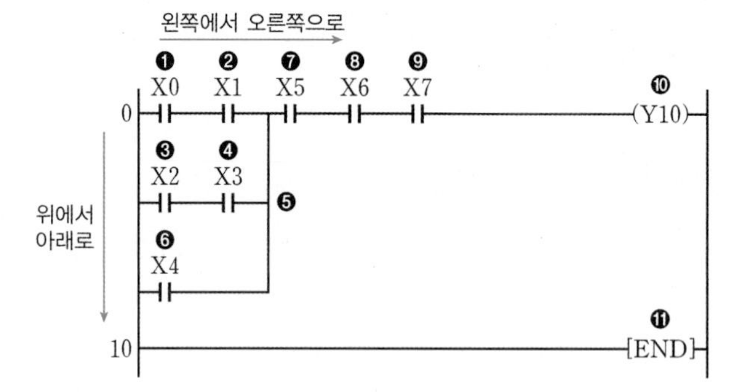

[그림 3-5] PLC 프로그램의 실행 순서

3.3.2 프로그램 작성 시 주의사항

PLC 프로그램을 작성할 때 다음의 주의사항을 잘 준수하면, 보다 효율적으로 PLC 프로그램을 작성할 수 있다. 같은 동작의 PLC 프로그램이라고 하더라도 접점의 구성 방법에 따라 프로그램을 더욱 단순화하고, 스텝 수를 최소화할 수 있기 때문이다.

❶ 스텝 수를 줄이는 방안 1 : 직렬 접점이 많은 회로는 위에 쓴다.

[그림 3-6]의 (a)처럼 직렬로 연결된 접점이 많은 회로를 그림 (b)와 같이 위로 올리면 프로그램의 스텝 수를 줄일 수 있다.

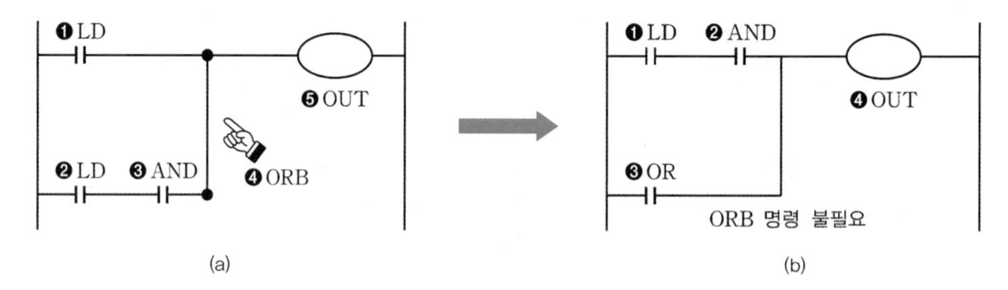

[그림 3-6] 스텝 수를 줄이는 프로그램 작성법 1

❷ 스텝 수를 줄이는 방안 2 : 병렬 접점이 많은 회로는 왼쪽에 쓴다.

[그림 3-7]의 (a)처럼 병렬로 연결된 접점을 그림 (b)와 같이 왼쪽으로 옮기면 프로그램의 스텝 수를 줄일 수 있다.

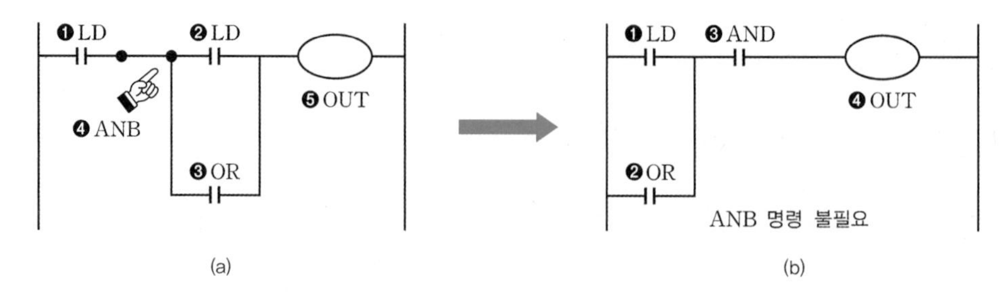

[그림 3-7] 스텝 수를 줄이는 프로그램 작성법 2

❸ 이중 출력 동작 문제와 해결방법

PLC의 일괄 입출력 방식으로 인해 PLC 프로그램에서는 동일한 출력번호를 한 번밖에 사용하지 못한다. 동일한 출력번호를 한 번 이상 사용하는 것을 "이중 코일double coil을 사용한다."고 하는데, 이중 코일을 사용한 출력접점은 항상 ON, 또는 항상 OFF된다.

[그림 3-8]과 같이 동일 출력 Y20이 두 번에 걸쳐 사용되는 경우를 살펴보자. 이때 X00=ON, X01=OFF라고 가정한다. 프로그램 첫 번째 줄의 Y20은 X00이 ON이기 때문에 Y20의 출력 이미지 메모리가 ON되고, Y21의 출력 이미지 메모리도 ON된다. 그러나 일괄 입출력 처리 방식 때문에 프로그램 수행 도중에 출력 이미지 메모리 값이 변경되었다고 해도 실제 출력은 변하지 않는다는 사실을 상기하자.

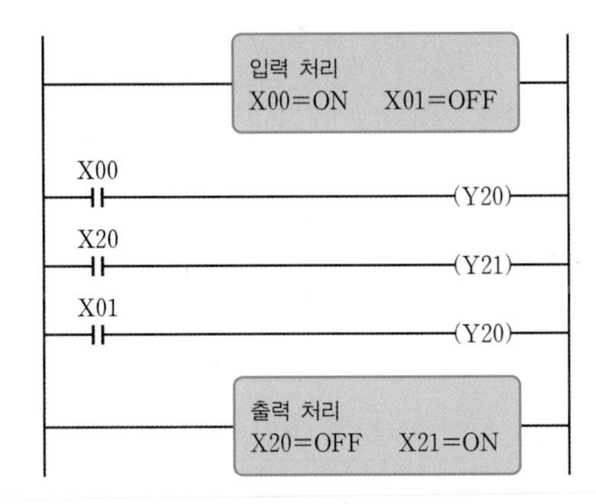

[그림 3-8] **이중 출력의 문제점**

세 번째 줄의 Y20의 경우, X01이 OFF이기 때문에 앞에서 ON되었던 Y20의 출력 이미지 메모리 내용이 다시 OFF로 저장된다. 따라서 프로그램이 종료된 후에 출력되는 Y20의 실제 출력은 OFF 상태가 되는 것이다.

이처럼 PLC 프로그램을 실행했을 때 입력신호의 ON/OFF에 관계없이 출력이 항상 ON, 또는 항상 OFF라면, 이때에는 이중 출력을 의심해보아야 한다. 일괄 입출력 처리방식 때문에 이중 출력을 사용할 수 없으므로, [그림 3-9]처럼 프로그램을 작성해야 한다. 이와 같이 프로그램을 작성할 때에는 이중 코일을 사용하지 않도록 주의한다.

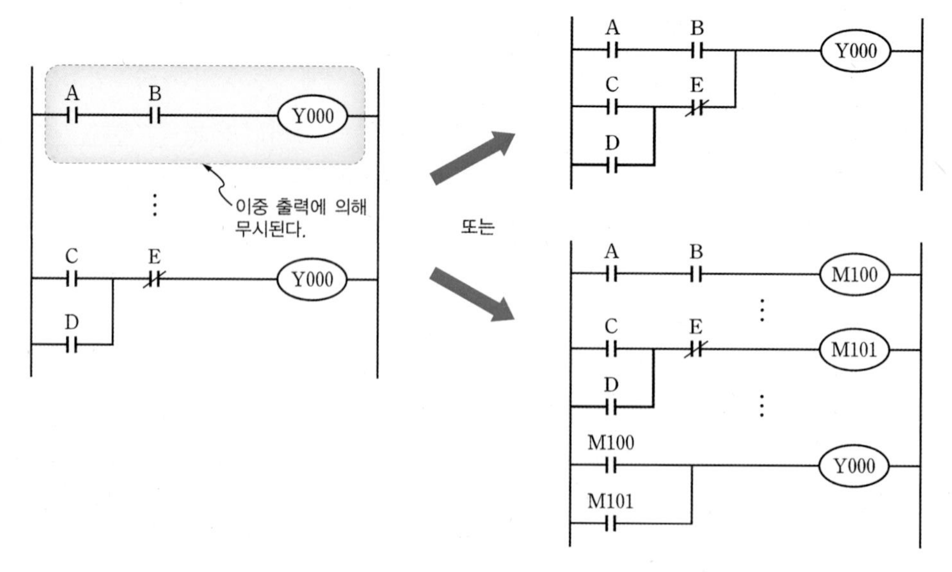

[그림 3-9] **이중 출력 문제점 해결 방법**

❹ 프로그램할 수 없는 회로와 해결방법

PLC 래더 프로그램에서 접점의 상하 연결은 불가능하기 때문에, [그림 3-10]의 (a)와 같은 래더 회로는 그림 (b)와 같이 표현해야 한다.

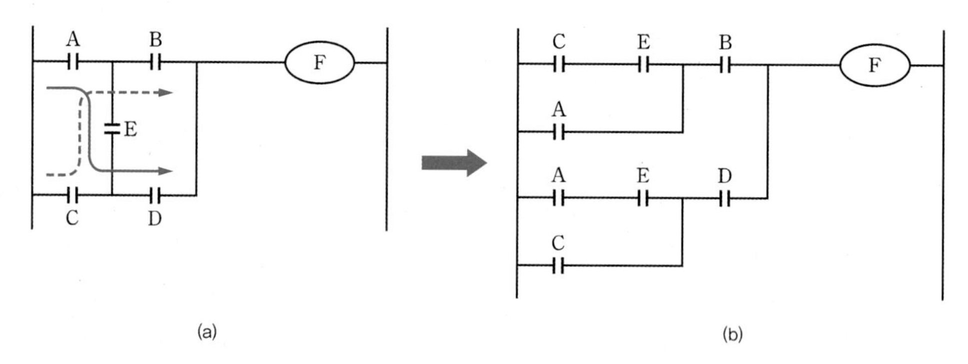

[그림 3-10] **접점의 상하 연결의 해결방법**

또한 [그림 3-11]처럼 PLC 래더 프로그램에서 출력코일의 우측에는 입력접점을 사용할 수 없다. 따라서 그림 (a)의 래더 프로그램은 그림 (b)와 같이 변경돼야 한다.

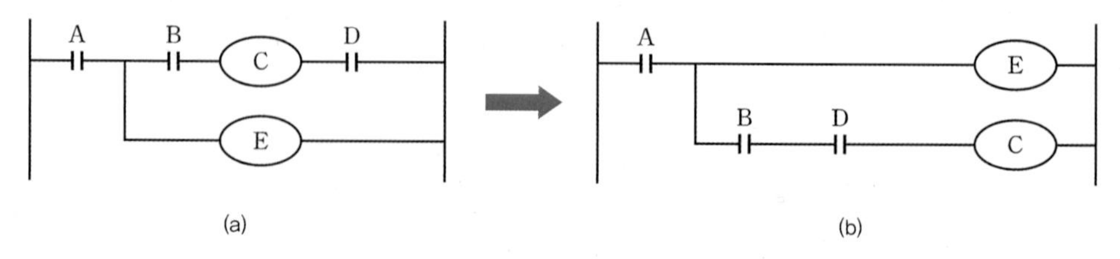

[그림 3-11] **출력 사용방법**

Chapter 04

GX Works2의 사용법

GX Works2는 기존에 사용하던 프로그램 작성 툴인 GX Developer와, 인텔리전트 기능 모듈의 파라미터 설정을 위한 GX Configurator이라는 툴을 통합한 것으로, PLC 프로그램 작성 및 디버그, 보수까지 할 수 있는 프로그래밍 툴이다. GX Works2의 사용법을 학습해보자.

4.1 GX Works2의 주요 기능

GX Works2는 PLC 프로그램을 작성하기 위한 다양한 기능을 갖추고 있는 프로그램 작성용 툴이다. GX Works2가 가지고 있는 기능으로는 어떤 것이 있는지 살펴보자.

프로그램 작성

GX Works2로 심플 프로젝트simple project에 의한 기존의 GX Developer와 같은 프로그래밍이나, 구조화 프로젝트structured project에 의한 구조화 프로그래밍을 할 수 있다.

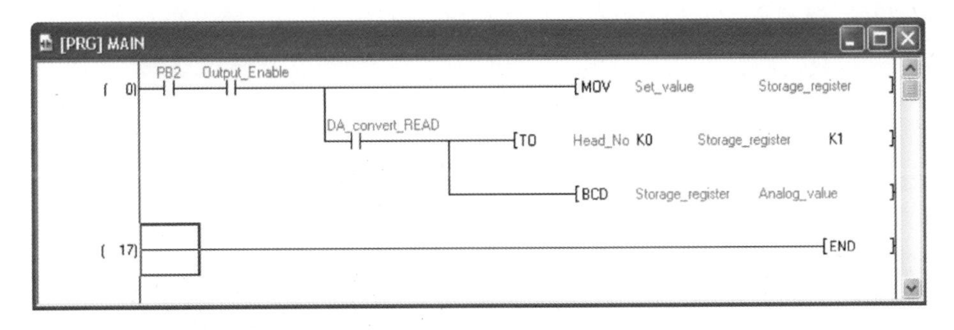

[그림 4-1] GX Works2를 이용한 래더 프로그램 작성

파라미터 설정

PLC CPU의 파라미터나 네트워크 파라미터, 그리고 특수 기능 모듈의 파라미터를 설정할 수 있다.

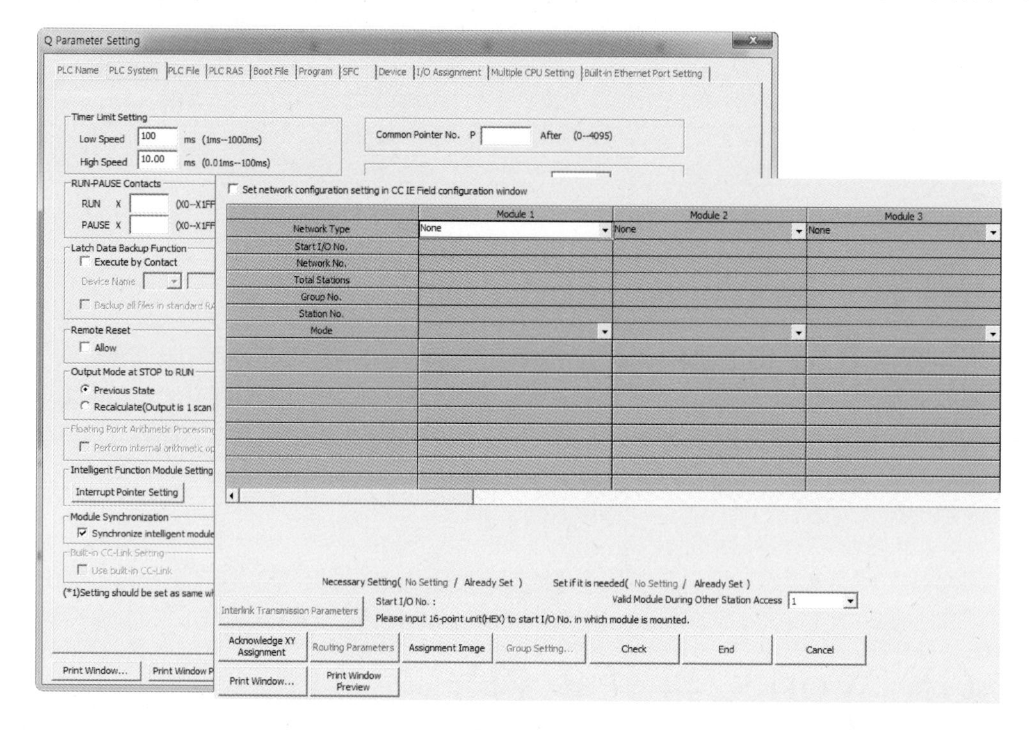

[그림 4-2] PLC 파라미터 설정 화면

PLC CPU에 대한 읽기/쓰기 기능

PLC 읽기/쓰기 기능으로 작성한 시퀀스 프로그램을 PLC CPU에서 '읽기/쓰기'할 수 있다. 또한 PLC RUN 상태에서 쓰기 기능으로 프로그램을 변경할 수 있다.

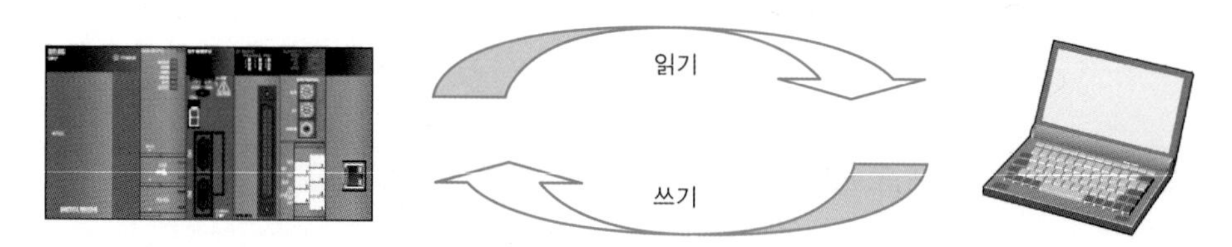

[그림 4-3] PLC CPU에 대한 읽기/쓰기

모니터링/디버깅monitoring/debugging

작성한 PLC 프로그램을 PLC CPU에 '쓰기'하여 동작시켰을 때, 그 동작 상태를 오프라인/온라인 중에 모니터링할 수 있다.

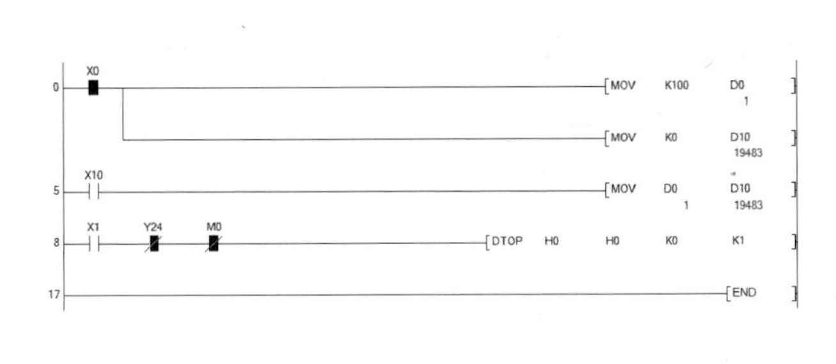

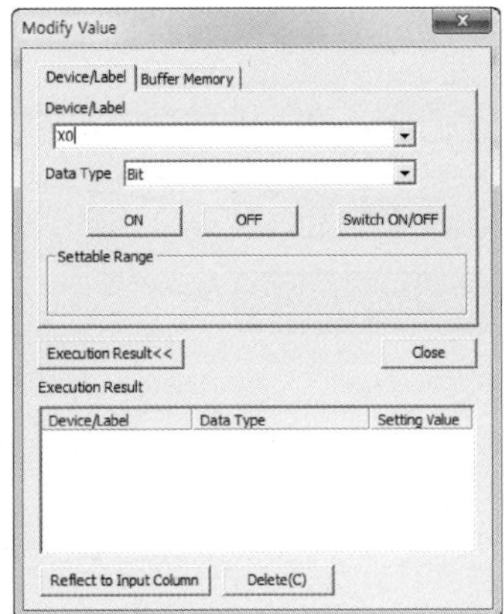

[그림 4-4] **모니터링 화면**

진단diagnostics

PLC CPU의 현재 에러 상태나 고장 이력 등을 진단할 수 있다. 진단 기능을 사용하면, PLC에서 에러가 발생했을 때 빠른 시간 내에 문제 발생 원인을 분석하고 조치할 수 있다.

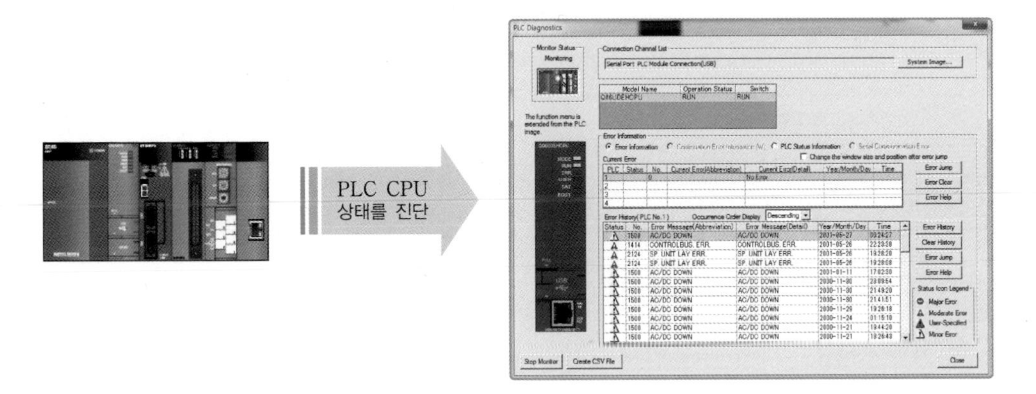

[그림 4-5] **진단 기능 및 PLC 진단 화면**

4.2 GX Works2의 특징

심플 프로젝트

멜섹 PLC CPU의 명령을 사용하여 시퀀스 프로그램을 작성할 수 있다. 심플 프로젝트는 라벨을 사용하지 않는 프로그래밍과 라벨 프로그래밍 방법으로 나뉜다.

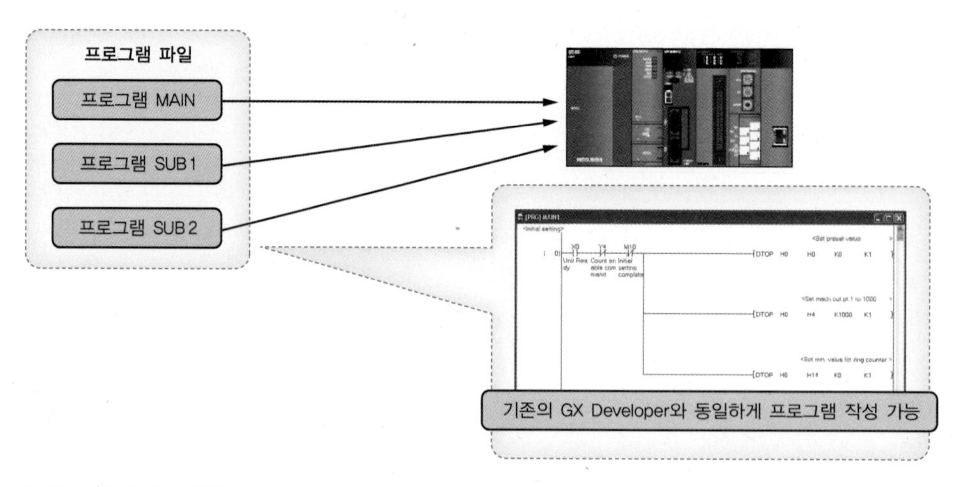

[그림 4-6] **심플 프로젝트**

구조화 프로젝트

구조화 프로젝트structured project는 제어를 세분화하고 프로그램의 공통부분을 부품화하여 프로그램을 작성하는 방법으로, 이를 이용하면 보기 쉽고 유용성 높은 프로그램 작성이 가능하다. 단, 라벨 프로그래밍만 가능하다.

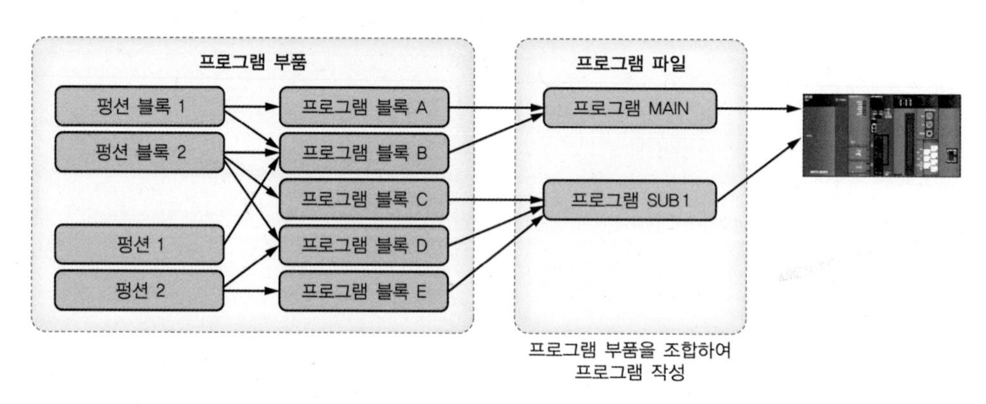

[그림 4-7] **구조화 프로젝트**

라벨을 사용한 프로그래밍

라벨label 프로그래밍은 PLC CPU의 내부 메모리 번지에 관계없이 수행할 수 있다. 라벨 프로그래밍으로 작성한 프로그램은 컴파일하면 자동으로 PLC의 내부 메모리 번지를 할당받는다. 이는 C언어에서 프로그램에 필요한 변수를 미리 선언해두면 컴파일할 때 메모리를 할당받는 것과 동일한 원리이다.

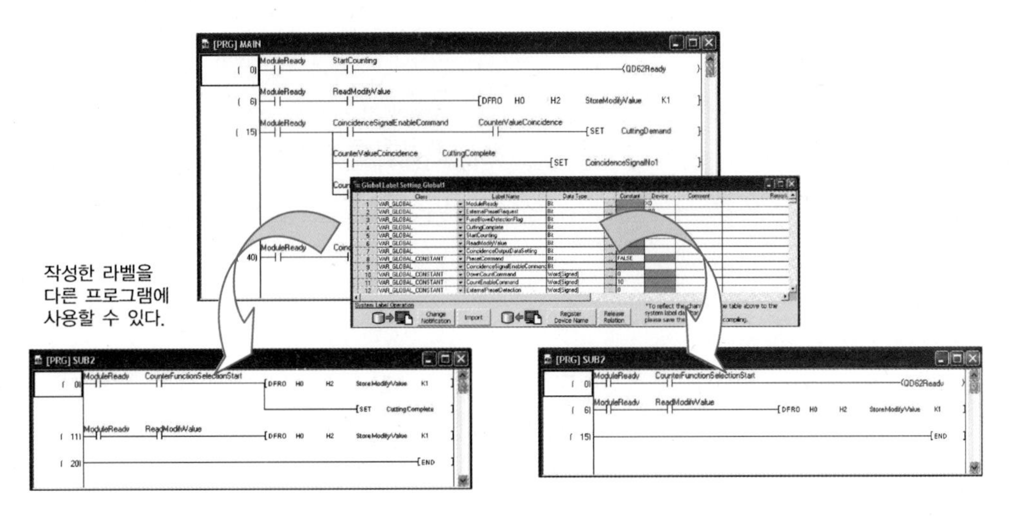

[그림 4-8] **라벨을 사용한 프로그래밍**

기존에 작성한 프로그램의 사용

GX Works2의 심플 프로젝트에서는 기존의 GX Developer에서 작성한 프로젝트를 간단한 변환을 거쳐 사용할 수 있다.

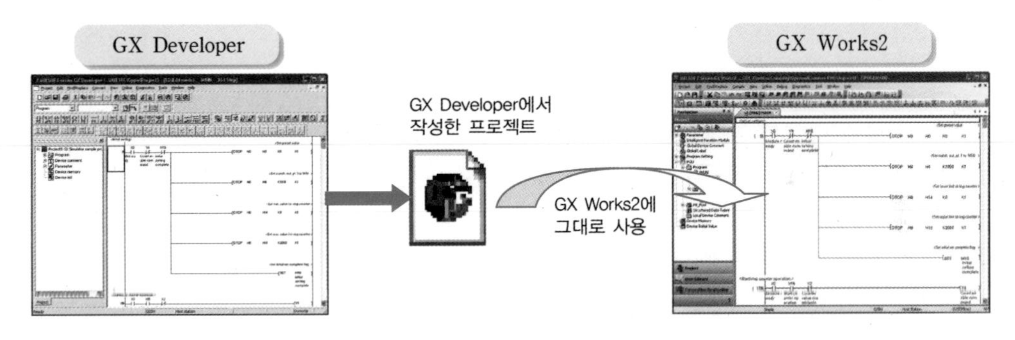

[그림 4-9] **기존에 작성한 프로그램 사용 가능**

라이브러리에 의한 프로그램 부품의 재활용

구조화 프로젝트에서는 자주 사용하는 프로그램인 글로벌 라벨, 구조체를 사용자 라이브러리로 등록하여 다른 프로그램에서 재활용할 수 있다.

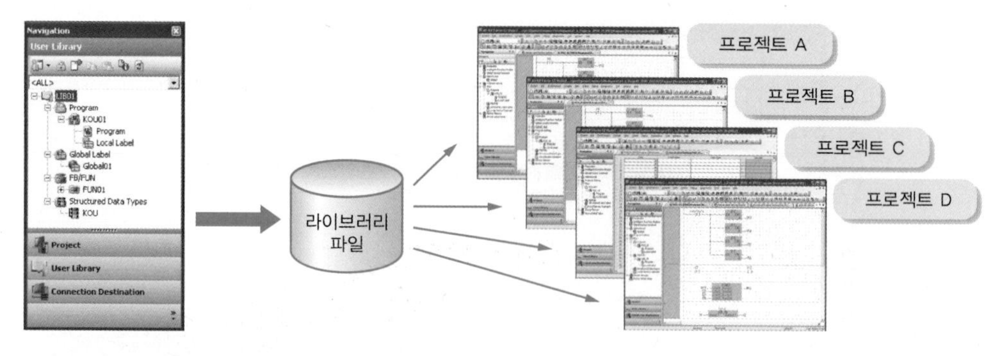

[그림 4-10] **프로그램 부품의 재활용**

다양한 프로그램 언어

GX Works2에서는 PLC 프로그램 작성에 필요한 다양한 언어(래더, SFC, ST)를 지원한다.

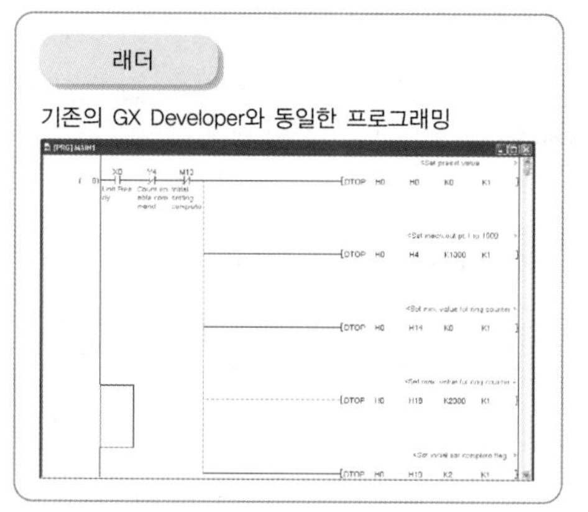

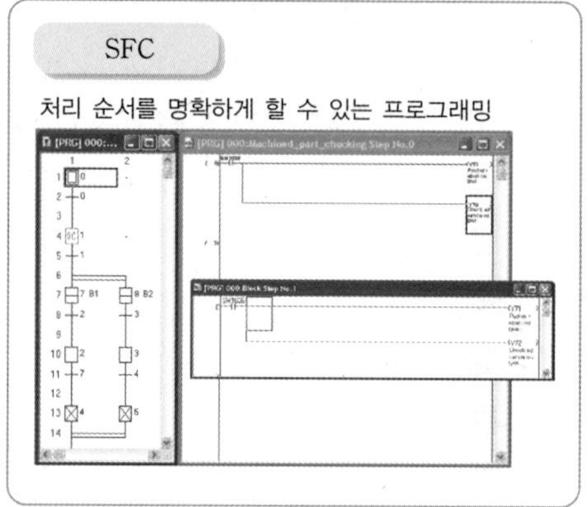

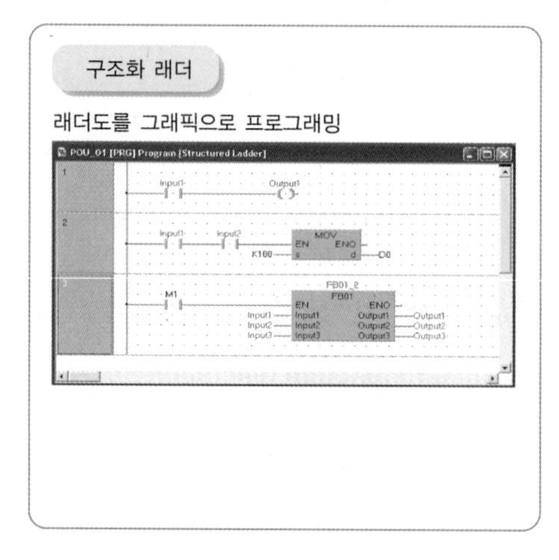

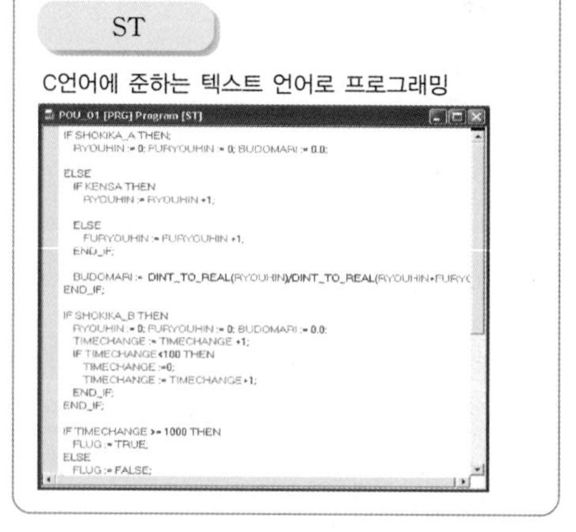

[그림 4-11] **다양한 프로그램 언어**

4.3 GX Works2를 이용한 PLC 프로그램 작성

컴퓨터에 설치된 GX Works2의 실행부터 간단한 프로그램 작성까지 살펴보자.

4.3.1 GX Works2의 실행

GX Works2는 [그림 4-12]와 같은 순서로 실행한다.

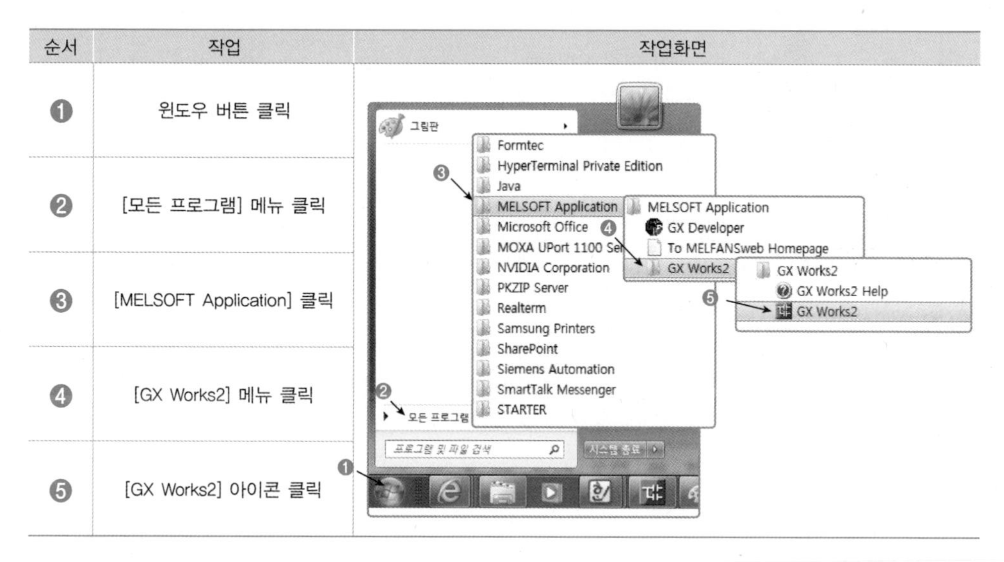

순서	작업	작업화면
❶	윈도우 버튼 클릭	
❷	[모든 프로그램] 메뉴 클릭	
❸	[MELSOFT Application] 클릭	
❹	[GX Works2] 메뉴 클릭	
❺	[GX Works2] 아이콘 클릭	

[그림 4-12] GX Works2의 실행 방법

4.3.2 GX Works2의 종료

GX Works2의 실행화면 메뉴에서 [Project] → [Exit]를 선택한다.

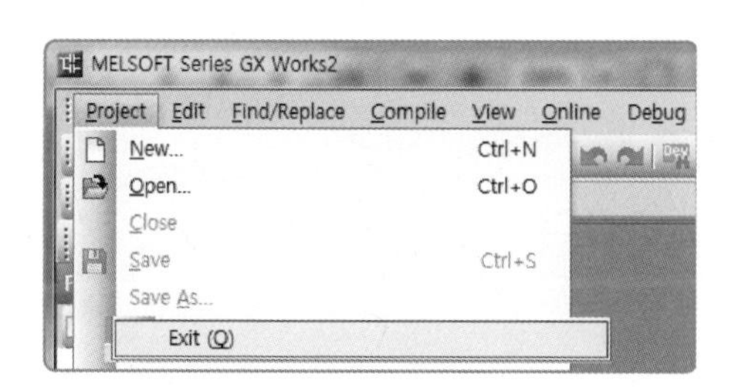

[그림 4-13] GX Works2의 종료

4.3.3 GX Works2의 화면 구성

GX Works2의 전체 화면 구성과 각각의 기능은 [그림 4-14]와 같다.

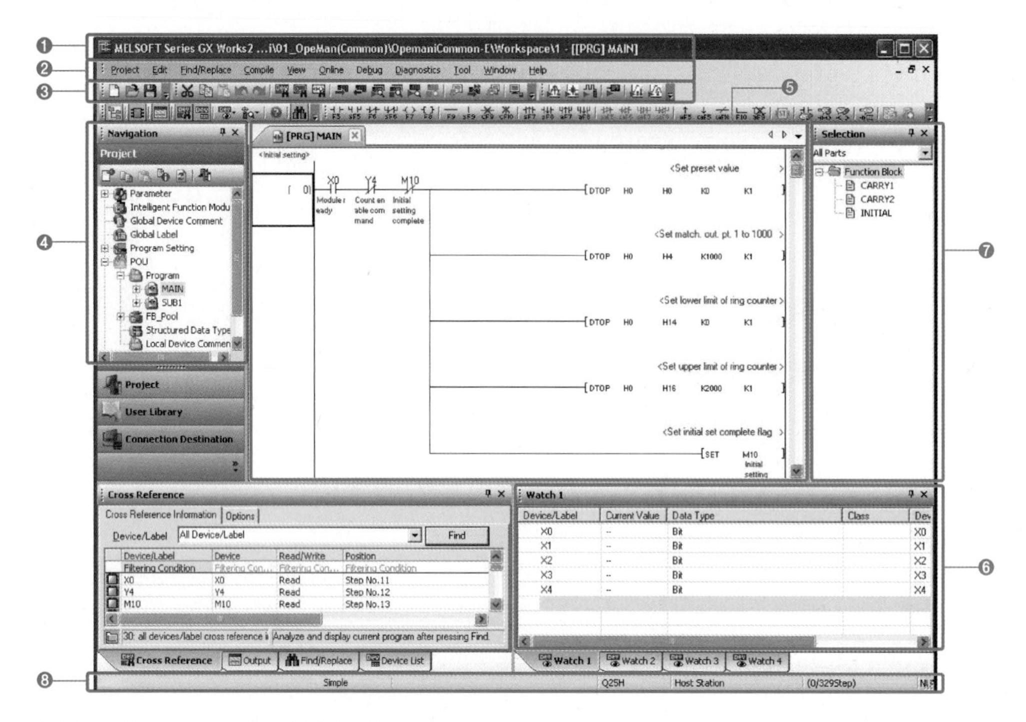

[그림 4-14] GX Works2의 실행 화면 구성

❶ **타이틀바** : 프로젝트의 저장 위치와 프로젝트명이 표시된다.

❷ **메뉴바** : 각 기능을 실행하기 위한 메뉴가 표시된다.

❸ **툴바** : 각 기능을 실행하기 위한 툴 버튼이 표시된다.

❹ **내비게이션 윈도우** : 프로젝트의 내용이 트리 형식으로 표시된다.

❺ **작업창**work window : 프로그래밍, 파라미터 설정, 모니터 등을 실행하는 메인화면이다.

❻ **연결 윈도우** : 워크 윈도우에서 실행하는 작업을 지원하기 위한 보조 윈도우로, 여기에는 여러 종류의 윈도우가 존재한다.

❼ **부품 선택 윈도우** : 프로그램 작성용 부품의 목록이 나타난다,

❽ **상태바** : 편집 중인 프로젝트에 관한 정보가 표시된다.

4.4 프로젝트 만들기

PLC 프로그램을 작성하기 위해서는 GX Works2를 실행한 후에 프로젝트를 새로 만들어

야 한다. 프로젝트를 새로 만드는 작업 순서는 다음과 같다.

1 메인메뉴에서 [Project] → [New] 또는 Toolbar에서 🗋을 클릭한다.

2 사용하는 PLC의 기종과 CPU의 모델번호, 프로젝트의 타입과 프로그래밍 언어를 지정한다. [그림 4-15]와 같이 해당 항목을 설정하고 [OK] 버튼을 클릭한다.

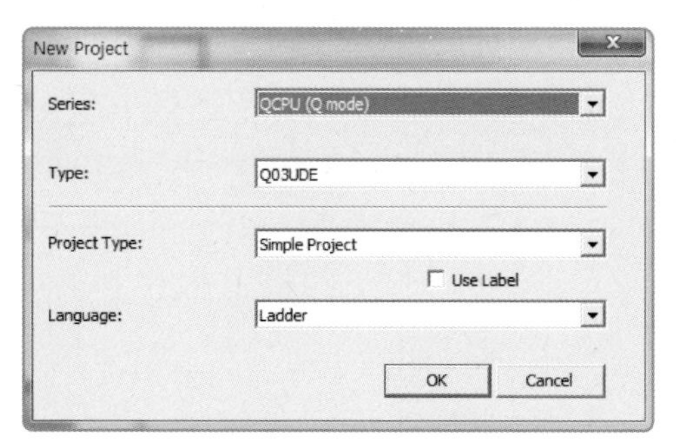

[그림 4-15] **프로젝트 타입 지정**

3 [그림 4-16]과 같이 PLC의 래더 프로그램을 작성할 수 있는 작업창이 만들어진다.

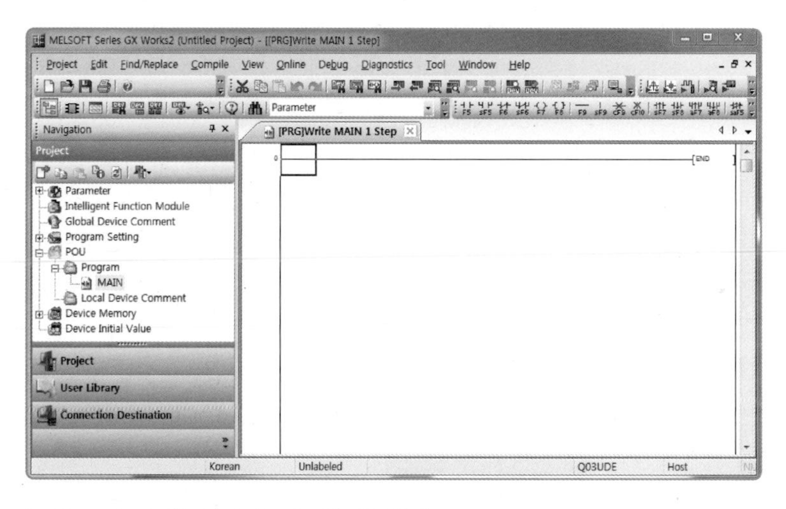

[그림 4-16] **프로젝트의 래더 프로그램 작성 화면**

4.5 CPU의 메모리 포맷

PLC CPU를 처음 사용하거나 또는 다른 용도로 사용했던 CPU를 사용할 때에는 CPU의 프로그램 메모리에 어떤 내용이 들어 있는지 알 수 없기 때문에 프로그램 실행에 문제가 발생할 수 있다. 이런 경우에는 CPU 메모리를 포맷[format]한다.

4.5.1 PC ↔ PLC 간의 USB 통신 연결방법

1 CPU를 처음 사용할 때에는 [그림 4-17]의 ①의 배터리 홀더에 있는 배터리를 CPU 모듈에 연결한다.

2 [그림 4-17]의 ②에 해당하는 RUN/STOP/RESET 모드 선택 스위치에서 STOP 위치를 설정한다.

3 [그림 4-17]의 ③의 USB 포트를, GX Works2가 설치된 컴퓨터의 USB와 USB 케이블로 연결한다.

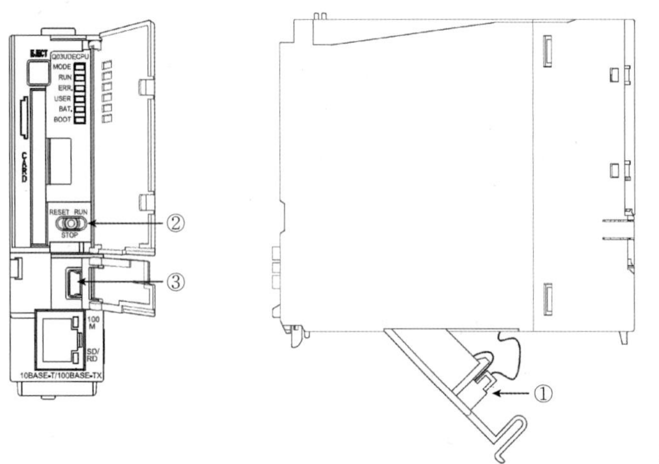

[그림 4-17] Q03UDE CPU

4 [그림 4-18]과 같은 순서로 작업하면, [그림 4-19]와 같은 Transfer Setup Connection1 화면이 나타난다.

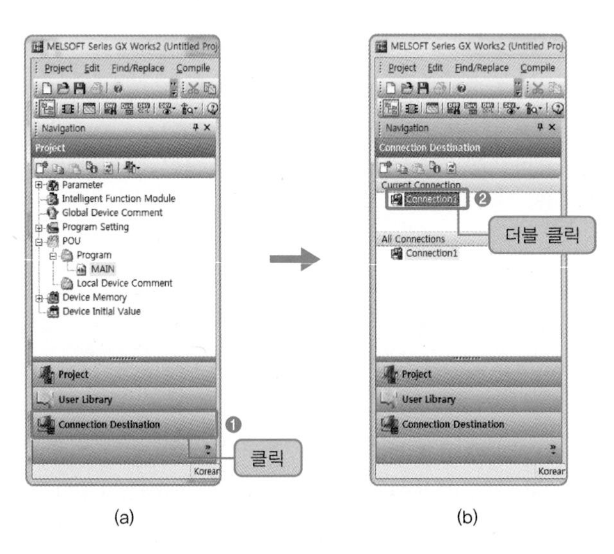

[그림 4-18] PC ↔ PLC 간의 USB 통신 연결

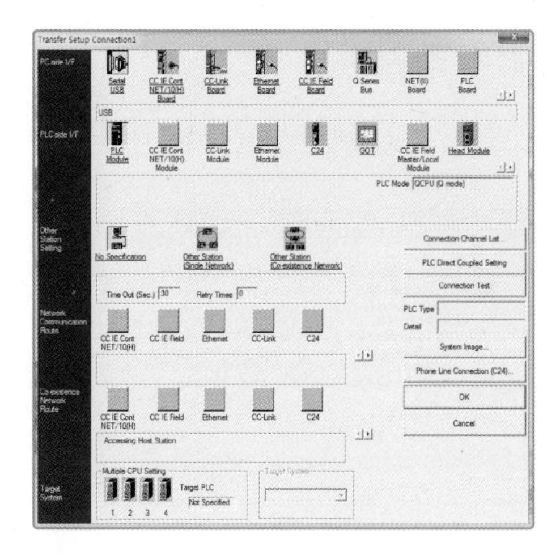

[그림 4-19] Transfer Setup Connection1 화면

5 [그림 4-20]과 같은 순서로 Transfer Setup Connection1 화면에서 통신 방식을 'USB'로 설정하고, PLC는 'QCPU'를 선택한다.

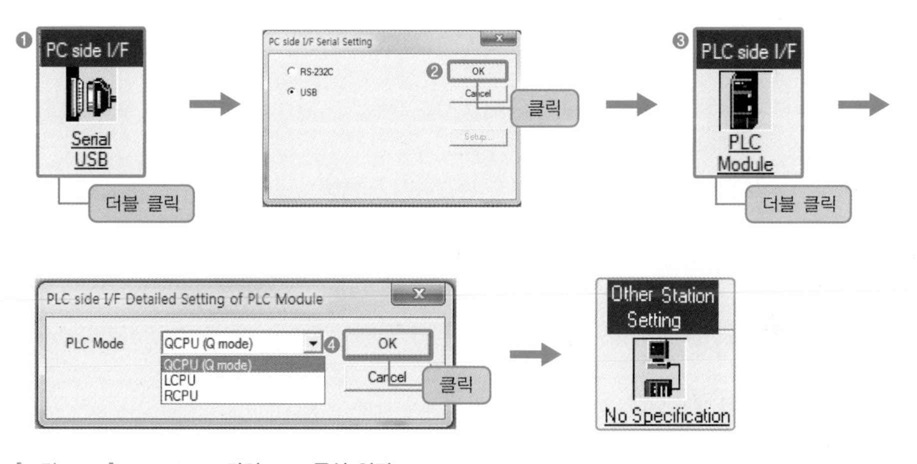

[그림 4-20] PC ↔ PLC 간의 USB 통신 연결

6 [그림 4-21]과 같은 순서로 진행한다. [Connection Test] 버튼을 클릭해서 통신이 정상적으로 이루어졌는지 확인한다.

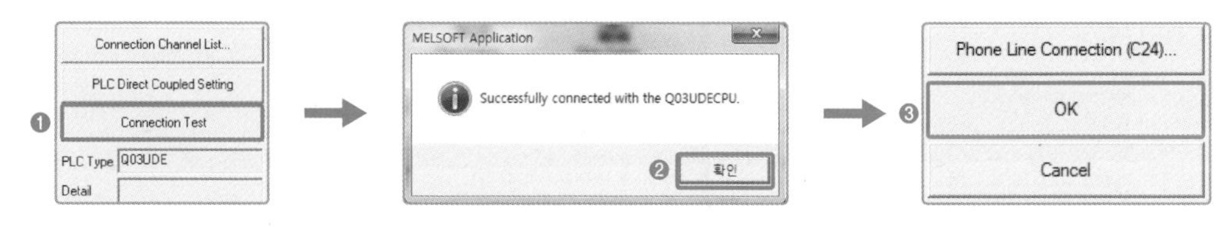

[그림 4-21] PC ↔ PLC 간의 USB 통신 연결 확인

4.5.2 USB 통신이 연결되지 않을 때의 조치방법

Transfer Setup Connection1 화면에서 [Connection Test] 버튼을 클릭했을 때 [그림 4-22]의 메시지 창이 나타나면, 이는 PC ↔ PLC 간의 USB 통신을 연결할 수 없다는 말이다. 통신 문제의 원인으로는 USB 케이블의 불량, PLC 전원의 OFF 또는 리셋 상태, USB 드라이브 미설치 등이 있다. 케이블 불량과 PLC의 전원 OFF 등은 쉽게 확인 가능하므로 여기서는 USB 드라이브 미설치로 인한 통신 문제의 해결방법만 살펴본다.

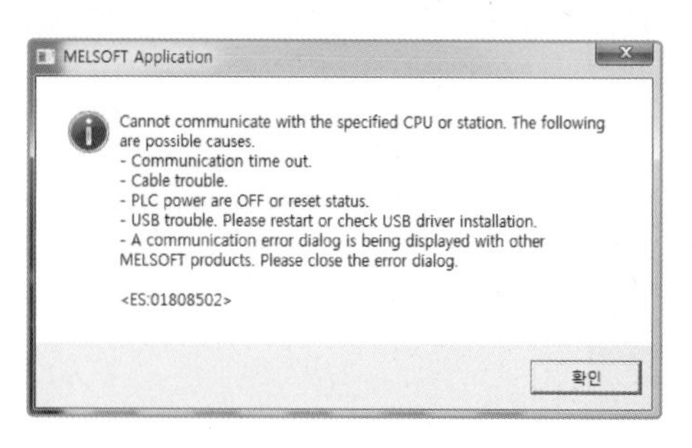

[그림 4-22] **통신 연결 실패 메시지**

1 PLC의 USB 드라이브가 설치되었는지 [그림 4-23]의 순서로 장치 관리자에서 확인한다. 만약 [그림 4-24(b)]처럼 미설치 상태이면 드라이버를 설치한다.

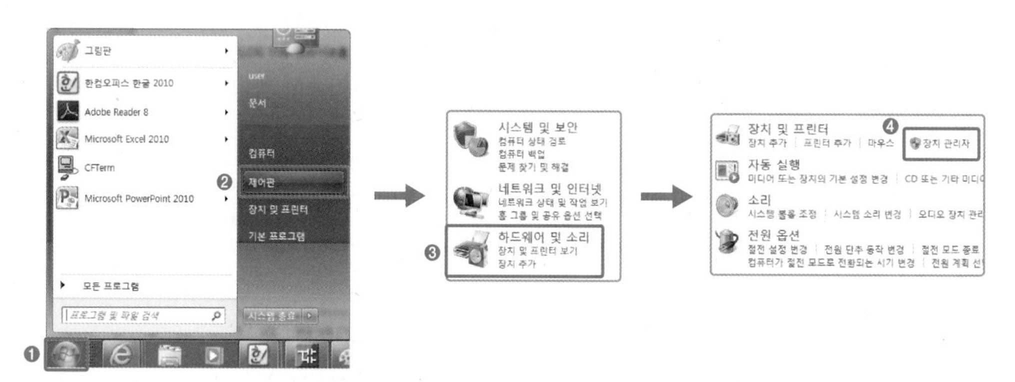

[그림 4-23] **USB 통신 드라이브 설치 확인**

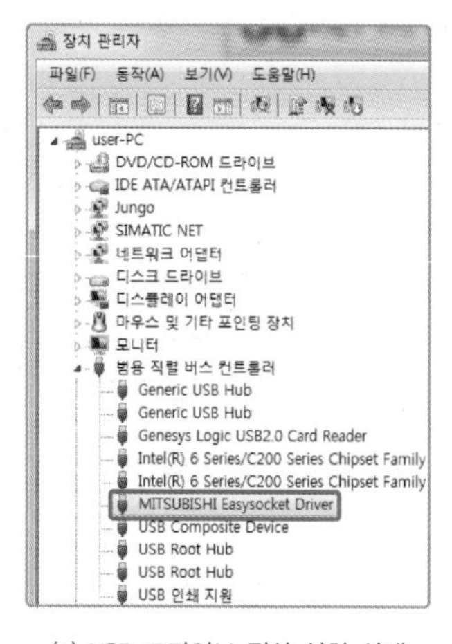

(a) USB 드라이브 정상 설치 상태

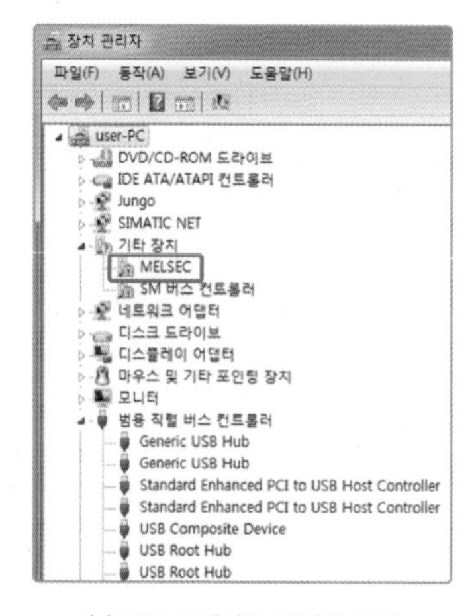

(b) USB 드라이브 미설치 상태

[그림 4-24] **USB 드라이브 설치 상태**

2 PLC의 USB 드라이브를 다음과 같은 순서로 설치한다.

1단계	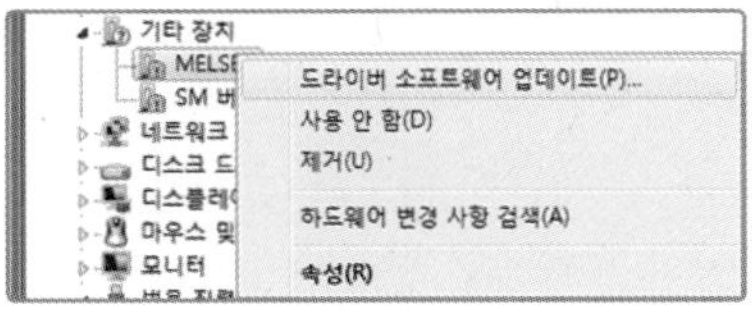 기타 장치 MELSE SM 버 네트워크 디스크 드 디스플레이 마우스 및 모니터 드라이버 소프트웨어 업데이트(P)... 사용 안 함(D) 제거(U) 하드웨어 변경 사항 검색(A) 속성(R)	기타 장치에 있는 [MELSEC] 항목을 선택한 후, 마우스 오른쪽 버튼을 눌러서 나타난 메뉴에서 [드라이버 소프트웨어 업데이트]를 선택한다.
2단계	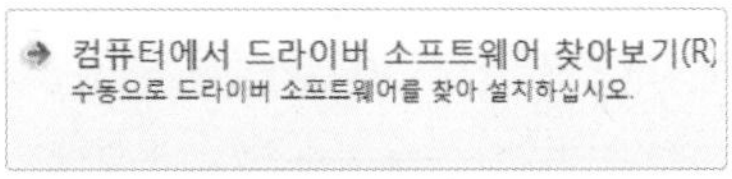 컴퓨터에서 드라이버 소프트웨어 찾아보기(R) 수동으로 드라이버 소프트웨어를 찾아 설치하십시오.	[컴퓨터 드라이버 소프트웨어 찾아보기] 항목을 선택한다.
3단계	 다음 위치에서 드라이버 소프트웨어 검색: C:₩MELSEC₩Easysocket₩USBDrivers 하위 폴더 포함(I) 찾아보기(R)... 다음(N) 취소	[찾아보기] 버튼을 클릭하여 하드 C의 MELSEC 폴더에 있는 USBDrive를 선택한 후, [다음] 버튼을 클릭한다.
4단계	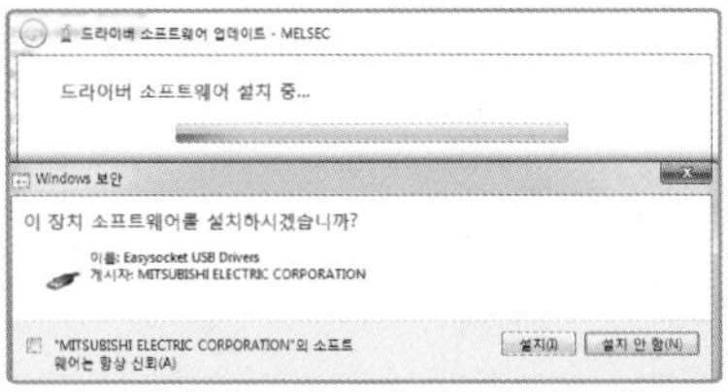 드라이버 소프트웨어 업데이트 - MELSEC 드라이버 소프트웨어 설치 중... Windows 보안 이 장치 소프트웨어를 설치하시겠습니까? 이름: Easysocket USB Drivers 게시자: MITSUBISHI ELECTRIC CORPORATION "MITSUBISHI ELECTRIC CORPORATION"의 소프트웨어는 항상 신뢰(A) 설치(I) 설치 안 함(N)	USB 드라이버의 설치가 완료되면, [장치 관리자의 범용 직렬 버스 컨트롤러] 항목에 미쓰비시 USB 드라이버가 설치되어 있음을 확인한다.

3 드라이브 설치가 완료되면 Transfer Setup Connection1 화면에서 USB 통신을 설정한 후에, [Connection Test] 버튼을 클릭해서 통신이 정상적으로 이루어지는지를 확인한다.

4.5.3 이더넷을 이용한 PC와 PLC의 연결방법

실습에 사용하는 CPU에 이더넷 통신포트가 준비되어 있기 때문에 이더넷 통신으로 PC와 CPU의 연결이 가능하다. 이더넷 통신을 통한 PC와 PLC의 연결에는 다음의 두 가지 방법 중 하나를 선택하여 사용한다.

PC ↔ PLC의 이더넷 직접 접속

이 방법은 PC의 이더넷 포트와 PLC CPU의 이더넷 포트를 한 개의 이더넷 케이블을 사용하여 허브 없이 연결하는 방법을 의미한다. 직접 접속 시에는 별도의 IP 어드레스를 설정하지 않고 GX Works2에서 연결 대상만 지정하면 연결이 가능하다. 노트북의 경우에는 무선 이더넷을 이용해 와이파이로 인터넷을 사용하고, 유선 이더넷(랜 포트) 포트를 사용해서 PLC를 연결하면 인터넷과 PLC 접속을 동시에 할 수 있다.

1 [그림 4-25]와 같이 이더넷 케이블을 이용하여 PC ↔ PLC를 연결한다.

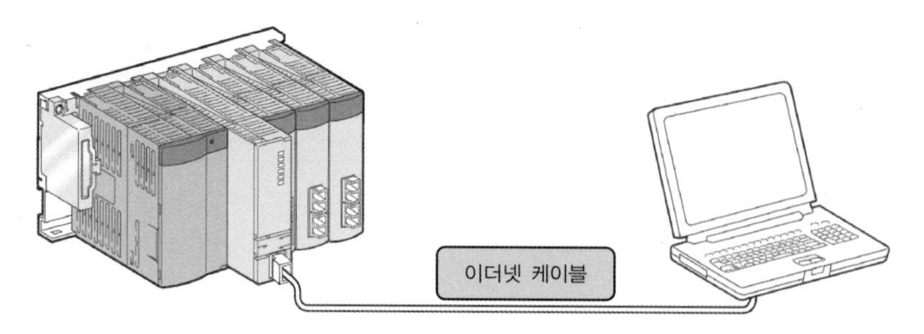

[그림 4-25] **이더넷을 이용한 직접 접속**

2 [그림 4-26]과 같은 순서로 작업하면 [그림 4-27]과 같은 Transfer Setup Connection1 화면이 나타난다.

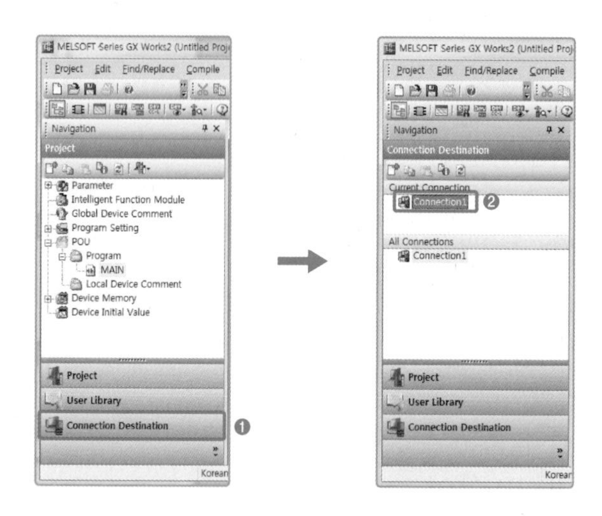

[그림 4-26] PC ↔ PLC 간의 이더넷 직접 연결 작업

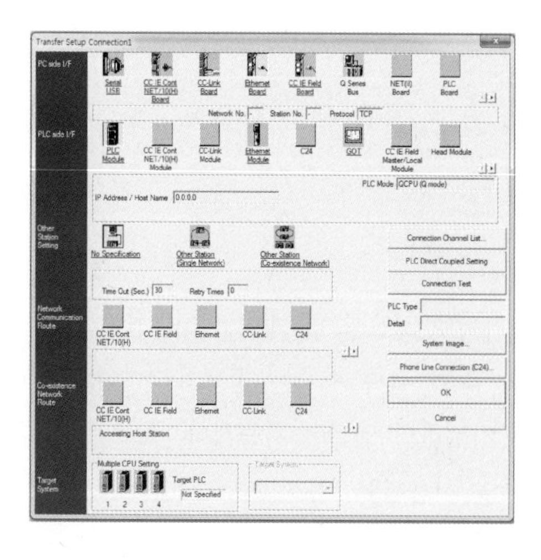

[그림 4-27] Transfer Setup Connection1 화면

3 [그림 4-28]과 같은 순서로 Transfer Setup Connection1 화면에서 통신 방식을 ❶ 'Ethernet Board'로 설정하고, ❹ 이더넷 직접 접속(Ethernet Port Direct Connection)을 선택한다.

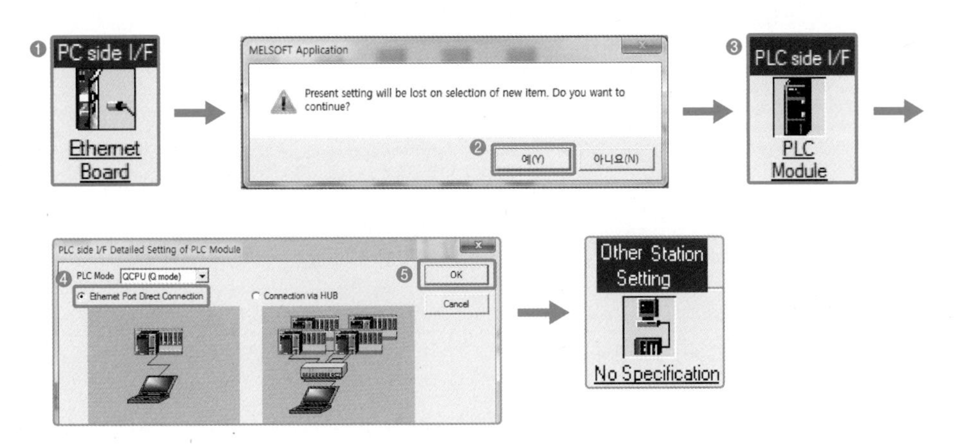

[그림 4-28] PC ↔ PLC 간의 이더넷 직접 접속

4 [그림 4-29]와 같이 [Connection Test] 버튼을 클릭해서 통신이 정상적으로 이루어지는지 확인한다.

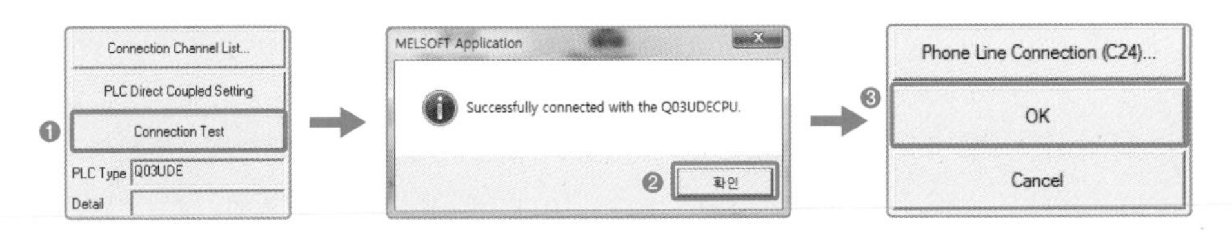

[그림 4-29] PC ↔ PLC 간의 이더넷 직접 통신 연결 확인

PC ↔ HUB ↔ PLC의 이더넷 접속

이더넷 통신을 사용해서 여러 대의 컴퓨터와 PLC를 네트워크에 연결하는 접속 방식으로 허브hub를 사용한다.

1 IP 설정

허브를 이용한 이더넷 통신을 위해서는 이더넷에 연결되는 장비에 IP와 MASK가 설정되어 있어야 한다. [그림 4-30]처럼 PLC 1대와 PC 1대를 허브로 연결해보자. PLC의 경우, 제품이 출하될 때 IP는 192.168.3.39, MASK는 255.255.255. 0으로 설정되어 있다. 필요에 따라 설정된 IP를 변경할 수도 있지만, 이 책의 실습에서는 변경하지 않고 사용한다.

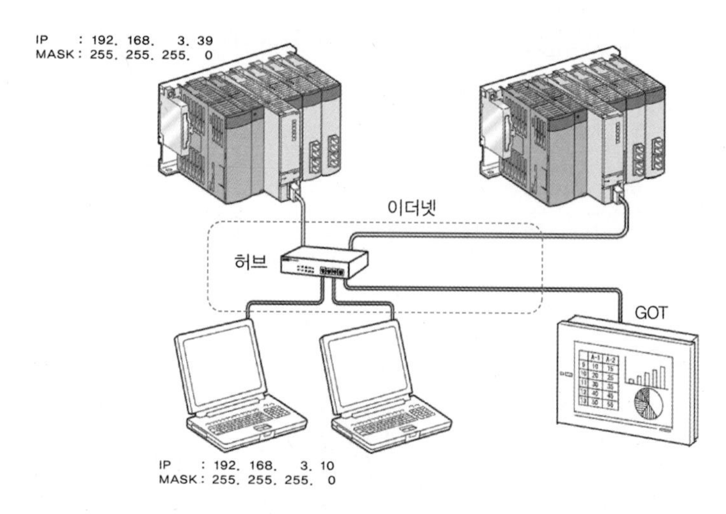

[그림 4-30] **허브를 이용한 PC ↔ PLC 간의 통신 연결**

우리가 휴대전화로 통화하기 위해서는 휴대전화 각각을 구분할 수 있는 고유한 전화번호가 필요하다. 휴대전화 번호는 보통 휴대전화 회사를 식별할 수 있는 통신회사 번호와, 휴대전화 각각을 식별할 수 있는 번호가 조합되어 만들어진다. 휴대전화 번호처럼 이더넷 통신에서도 IP와 MASK를 조합해서 IP 주소를 만드는데, 통신회사 번호에 해당되는 '네트워크 번호'와 휴대전화 각각을 식별할 수 있는 번호에 해당되는 '호스트 번호'로 구분된다. 즉 IP와 MASK를 조합한 번호가 네트워크 번호와 호스트 번호로 구분된다.

[표 4-1]의 IP : 192.168.3.39, MASK : 255.255.255.0의 예를 살펴보자. MASK가 1이 연속으로 나열된 부분에 해당되는 IP인 '192.168.3'이 네트워크 번호가 되고, MASK가 0인 부분에 해당되는 부분에 해당되는 IP, 즉 IP의 네 번째 8비트가 호스트 번호가 된다. 즉 192.168.3.39에서 MASK가 255.255.255.0이면, 네트워크 번호는 192.168.3, 호스트 번호는 192.168.3.0 ~ 192.168.3.255이다. 호스트 번호는 단일 네트워크 번호 내에 접속되어 있는 각각의 PC와 이더넷 장치를 구분할 수 있는 IP를 의미한다.

[표 4-1] **네트워크 번호와 호스트 번호의 구분 방법**

IP 주소	십진수 표현	192	168	3	39
	이진수 표현	1100 0000	1010 1000	0000 0011	0010 0111
MASK	십진수 표현	255	255	255	0
	이진수 표현	1111 1111	1111 1111	1111 1111	0000 0000
IP 구분		네트워크 번호			호스트 번호

호스트 번호 192.168.3.0 ~ 192.168.3.255 중에서 192.168.3.0번은 네트워크를 대표하는 번호이고, 192.168.3.255번은 브로드캐스트 주소로 사용되기 때문에, 1 ~ 254를

호스트 번호로 사용할 수 있다. **허브를 사용해서 이더넷 통신을 하기 위해서는 허브에 연결되는 이더넷 장비의 네트워크 번호가 동일해야 한다.** 따라서 PC의 네트워크 번호(이 책에서는 [표 4-1]의 네트워크 번호 192.168.3을 의미함)를 PLC의 네트워크 번호와 일치시키고 호스트 번호를 다르게 부여해야 한다.

2 PC의 IP 확인하기

IP를 설정하기 전에, 사용하는 PC의 IP가 어떻게 설정되어 있는지 확인해보자. 윈도우 버튼을 눌러 화면 하단의 [프로그램 및 파일 검색] 창에서 ❶ 'CMD'를 실행시키면, 명령 프롬프트 화면이 나타난다. 여기에 ❷ 'ipconfig'를 적고 엔터키를 누르면, ❸ 현재 PC에 설정된 IP를 확인할 수 있다. [그림 4-31]의 IPv4 주소는 112.76.1로 시작되기 때문에 IP 주소가 192.168.3으로 설정된 PLC와는 통신이 불가능하다.

[그림 4-31] PC의 IP 확인하기

3 PC의 IP 설정하기

[그림 4-32]와 같이 윈도우 메뉴에서 ❶ [제어판]을 선택한 후에 ❷ [네트워크 및 인터넷] 항목을 선택하고, ❸ [네트워크 및 공유 센터]를 선택한다.

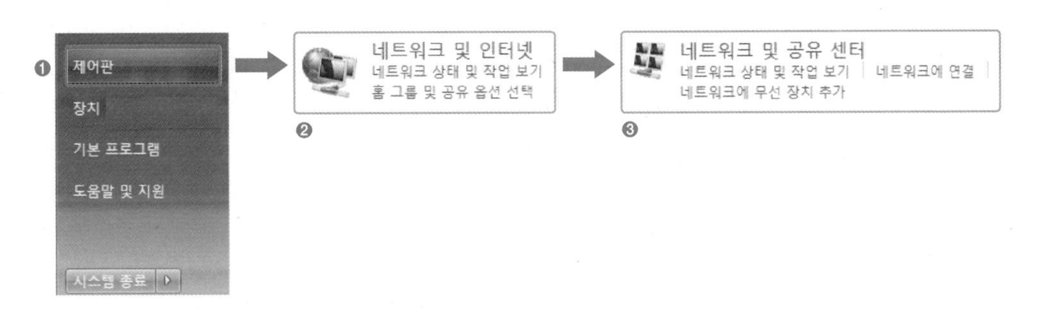

[그림 4-32] PC의 IP 설정을 위한 네트워크 환경 보기

[그림 4-33]의 [네트워크 및 공유 센터]에서 ❶ [어댑터 설정 변경]을 선택하면, PC에서 사용할 수 있는 네트워크의 종류가 나타난다. 랜선을 이용한 이더넷 연결을 해야 하기 때문에 ❷ [로컬 영역 연결] 항목을 선택한 후, 마우스 오른쪽 버튼을 눌러서 나타나는 메뉴에서 ❸ [속성]을 선택한다. **로컬 영역 연결 속성** 창에서 ❹ 'Internet Protocol Version 4(TCP/IPv4)'를 선택하고, ❺ [속성] 버튼을 클릭한다.

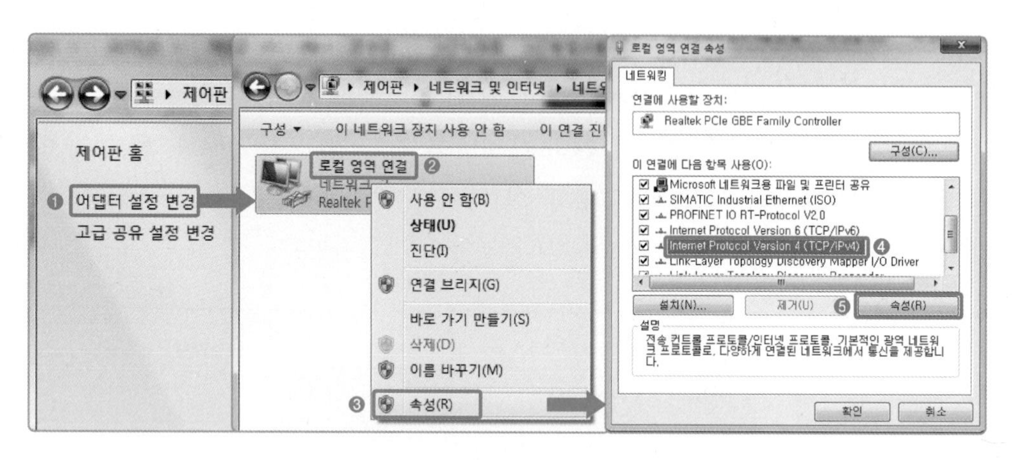

[그림 4-33] PC의 IP 설정을 위한 인터넷 프로토콜 속성 설정

[그림 4-34]와 같은 [Internet Protocol Version 4(TCP/IPv4)]의 속성 창이 뜨면, PC에서 설정할 IP와 MASK를 설정한 후에 [확인] 버튼을 누른다. 그러면 PC의 IP가 192.168.3.10으로 설정된다.

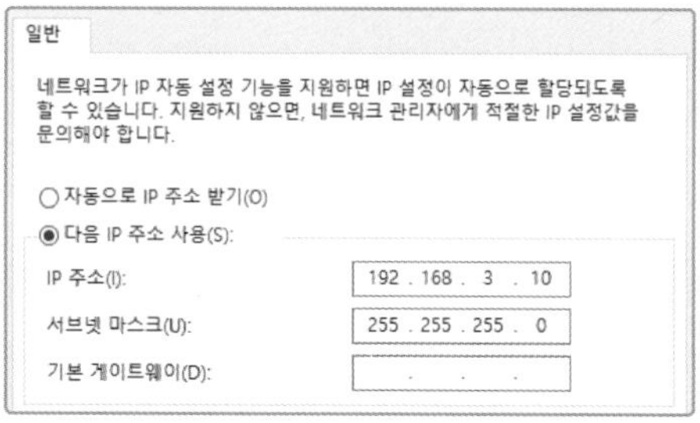

일반

네트워크가 IP 자동 설정 기능을 지원하면 IP 설정이 자동으로 할당되도록 할 수 있습니다. 지원하지 않으면, 네트워크 관리자에게 적절한 IP 설정값을 문의해야 합니다.

○ 자동으로 IP 주소 받기(O)

◉ 다음 IP 주소 사용(S):

IP 주소(I): 192 . 168 . 3 . 10

서브넷 마스크(U): 255 . 255 . 255 . 0

기본 게이트웨이(D): . . .

[그림 4-34] PC의 IP 설정(IP : 192.168. 3. 10)

PC의 IP 설정이 끝나면, 이제는 설정된 IP를 확인하는 절차가 남았다. 현재 상태는 이더넷 스위치를 사용해서 PLC CPU와 PC를 이더넷으로 연결한 상태이다. 여기서 이더넷 연결에 사용한 랜선의 불량이나 랜 카드의 불량 문제가 발생할 수 있기 때문에 통신 설정 테스트를 통해 문제점이 없는지를 점검한다.

4 통신 설정 테스트(ping)

[그림 4-35]에서와 같이 윈도우 버튼을 눌러 화면 하단의 **프로그램 및 파일 검색** 창을 연

다. 'CMD'를 실행해 프롬프트 화면이 나타나면 'ping 192.168.3.10'을 입력하고 실행한다. 그러면 새롭게 설정한 PC의 IP가 제대로 되어있는지를 확인할 수 있다.

(a) 통신 정상 ping 결과

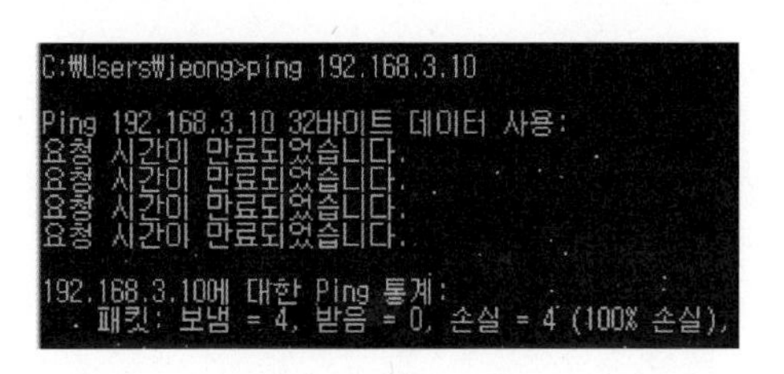

(b) 통신 에러 ping 결과

[그림 4-35] **통신(ping) 테스트**

ping 테스트 결과에서 에러가 발생하면, 이는 PC의 IP가 잘못 설정되었음을 알려주는 것이다. 프롬프트 창에서 'ipconfig'를 사용해서 PC의 IP를 재차 확인한다.

5 PLC의 IP 설정

PLC의 IP는 CPU가 출하될 때부터 이미 공장 초깃값으로 '192.168. 3. 39'가 설정되어 있는 상태이다. 따라서 별도의 IP 설정 작업 없이도 PC와 PLC는 같은 네트워크 번호를 가지고 있기 때문에, 프롬프트 창에서 'ping 192.168.3.39'를 입력하면 통신이 이루어져야 한다. 만약 통신이 제대로 이루어지지 않는다면 이더넷의 연결 상태와 랜선의 상태 및 IP의 설정 상태를 점검해서 통신 상태를 정상 상태로 만들어야 한다.

CPU의 IP 설정은, **내비게이션** 창에서 ❶ [PLC Parameter]를 선택한 후에 Parameter Setting 창에서 ❷ [Bulit-in Ethernet Port Setting] 탭을 선택하면 나타나는 CPU의 IP 설정 창에서 한다.

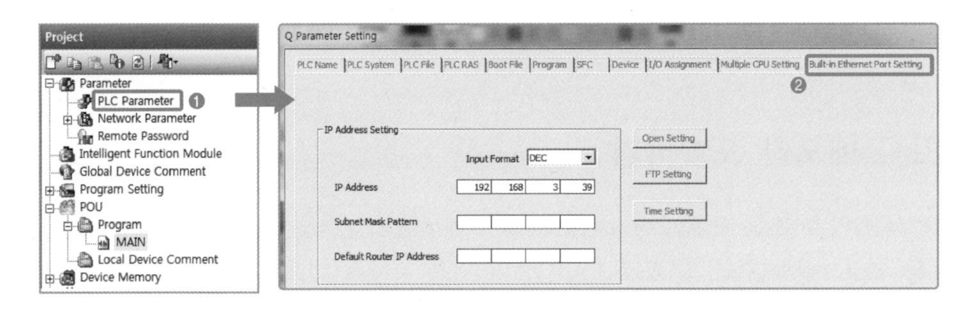

[그림 4-36] CPU의 IP 설정

6 PC ↔ PLC 간의 연결방법 지정

Transfer Setup Connection1 화면에서 통신 방식을 ❶ 'Ethernet Board'로 설정하고, ❹ '허브를 통한 이더넷 접속(Connection via HUB)'을 선택한다. ❺ 해당 창에서 IP

Address를 직접 입력하거나, 또는 창의 하단에 있는 [Find CPU on Network] 버튼을 눌러 이더넷에 연결된 CPU 항목 리스트에서 이더넷 통신을 할 CPU를 선택한다. 그 후에 [Selection IP Address Input] 버튼을 누르면 IP Address가 자동으로 설정된다. 반드시 IP Address가 설정된 상태에서 [OK] 버튼을 누른다.

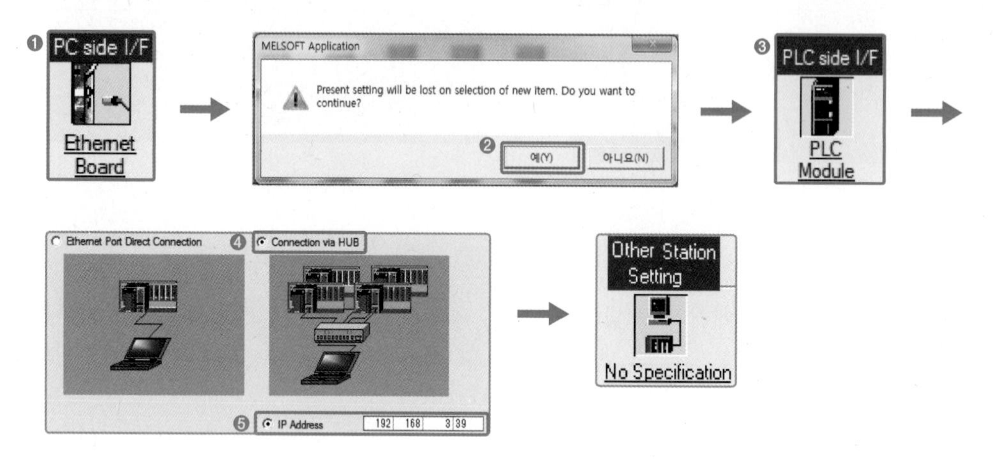

[그림 4-37] PC ↔ PLC 간의 USB 통신 연결

7 통신 연결 테스트

[그림 4-38]과 같이 [Connection Test] 버튼을 클릭하여 통신이 정상적으로 이루어지는지를 확인한다.

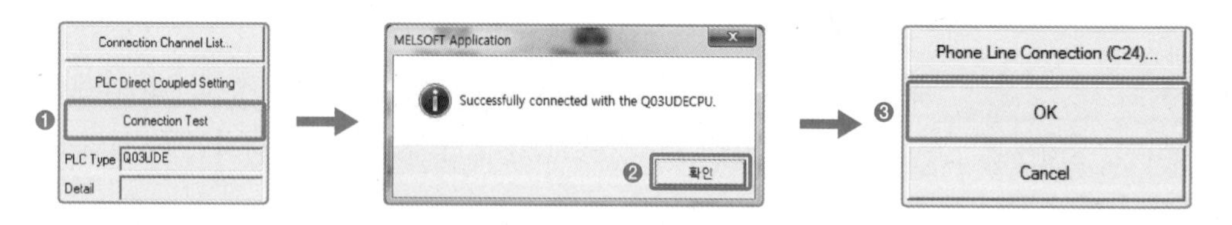

[그림 4-38] PC ↔ PLC 간의 이더넷 직접 통신 연결 확인

4.5.4 PLC 메모리 포맷하기

PC ↔ PLC 사이의 통신 연결이 잘 되면, PLC의 메모리를 포맷한다. [그림 4-39]의 순서대로 ❸ 프로그램 메모리 및 표준 RAM과 ROM을 각각 선택해서 ❹ 포맷한다. ❻과 같은 메시지가 나타날 때에는 CPU의 동작모드를 STOP 상태로 변경한 후에 포맷 작업을 처음부터 실시한다. PLC 사용 도중에 에러가 발생하여 에러가 해제되지 않을 때에도 메모리 포맷과 클리어 작업을 실시한다.

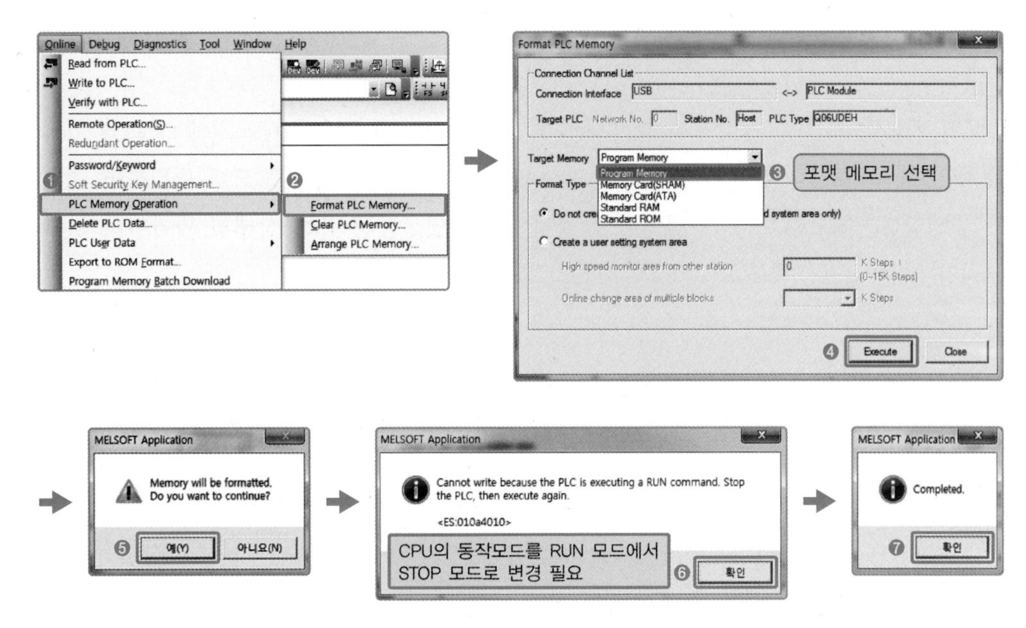

[그림 4-39] **PLC 메모리의 포맷 방법**

4.5.5 메모리 클리어 작업

PLC의 메모리 포맷 작업이 완료되면, 메모리의 내용을 삭제하는 클리어링clearing 작업을 실행한다. 메로리 클리어 작업이 완료되면 ❹ [Close] 버튼을 눌러 종료한다.

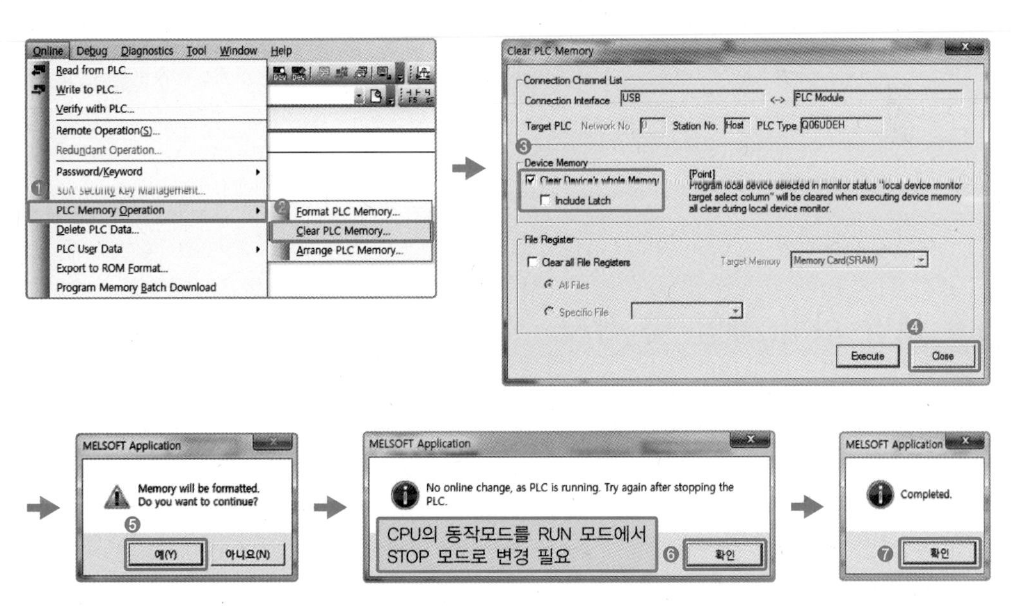

[그림 4-40] **PLC 메모리 클리어 방법**

4.5.6 PLC 파라미터 및 프로그램 전송

PLC의 메모리 포맷과 클리어 작업이 완료된 상태에서는 프로그램 메모리에 CPU가 실행할 수 있는 프로그램과 데이터가 없기 때문에, CPU 모드를 RUN 모드로 변경하면 에러가 발생한다. 메모리 포맷과 클리어 작업이 완료되면, 공장 출하 상태의 파라미터와 작성되지 않은 프로그램을 전송한 후에 CPU를 리셋한다.

4.5.7 PLC 시간 설정 작업

PLC에는 시계가 내장되어 있어 알람 발생 시간 또는 정해진 시간에 맞추어서 작업할 수 있는 기능이 있다. 따라서 PLC의 설정시간이 현재 시간과 일치하도록 [그림 4-41]과 같이 시간 설정 작업을 해야 한다.

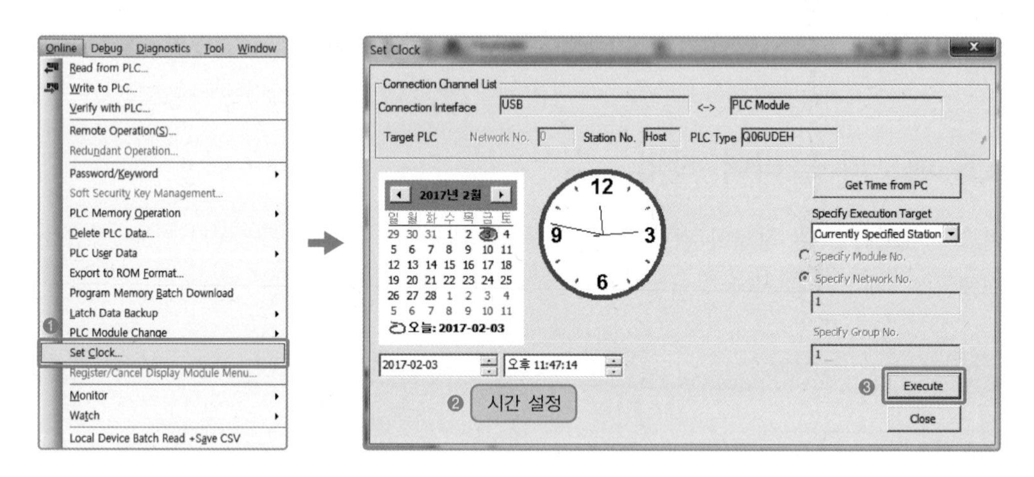

[그림 4-41] PLC 시간 설정 방법

4.5.8 에러 이력 확인 및 삭제

PLC CPU에서 에러가 발생되면 진단 기능을 통해 에러의 종류를 확인한다. 에러 이력을 삭제할 때에는 [그림 4-42(b)]와 같이 ❷ [Clear History] 버튼을 클릭한다.

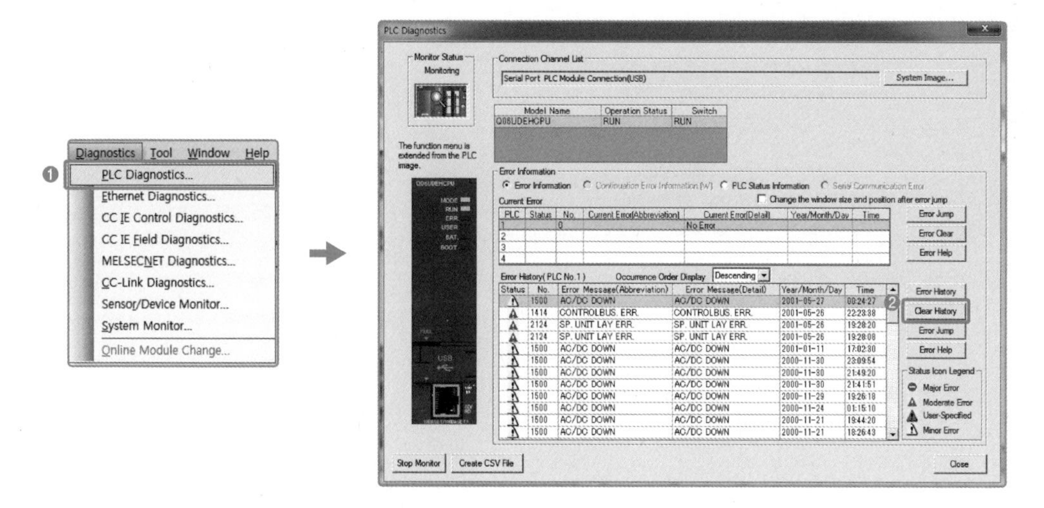

[그림 4-42] **PLC 에러 이력 확인 및 삭제 방법**

메모리 포맷, 메모리 클리어, 에러 이력 클리어, CPU 시간 설정은 PLC CPU를 처음 사용할 때에 반드시 수행해야 할 작업이다.

4.6 래더 프로그램 작성방법

PLC 프로그램을 작성하는 언어로는 앞에서 살펴본 것처럼 래더, 구조화 래더, SFC, ST가 있다. 네 종류의 언어 중에서 가장 많이 사용하는 래더 방식의 프로그램 작성 방법을 살펴보자.

4.6.1 래더 프로그램 작성을 위한 메뉴바 설치

GX Works2의 메뉴바를 살펴보면, [그림 4-43]과 같이 래더 프로그램을 작성하기 위한 심벌과, 심벌을 선택하기 위한 키보드의 펑션function 키가 할당된 것을 확인할 수 있다.

F5 sF5 F6 sF6 F7 F8 F9 sF9 cF9 cF10 sF7 sF8 aF7 aF8 saF5 saF6 saF7 saF8 aF5 caF5 caF10 F10 aF9

[그림 4-43] **래더 프로그램 작성용 펑션 키**

만약 메뉴바에 래더 심벌이 나타나지 않을 경우, [View] → [Toolbar] → [Ladder]를 선택하면 래더 심벌이 메뉴바에 표시된다.

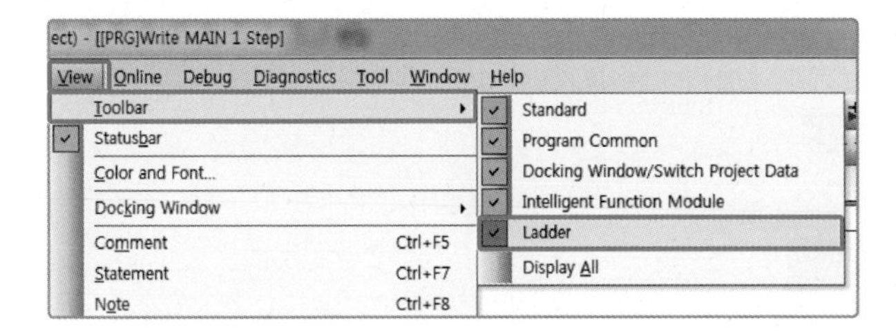

[그림 4-44] **메뉴바에 래더 심볼 아이콘 설치**

4.6.2 래더 프로그램 작성

래더 심벌의 기능이 할당된 펑션 키를 사용해서 [그림 4-45]의 래더 프로그램을 작성하는 방법에 대해 살펴보자.

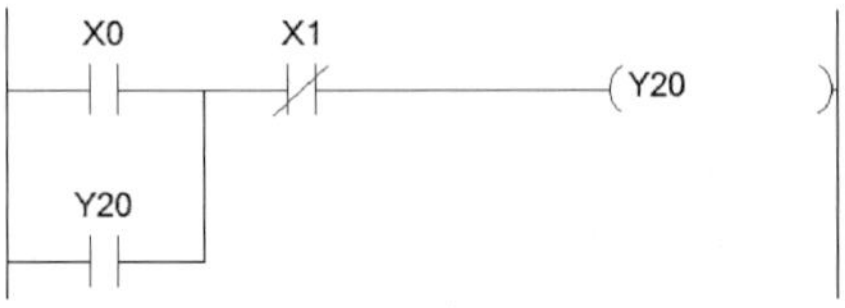

[그림 4-45] **래더 프로그램**

[그림 4-45]의 래더 프로그램은 다음 [표 4-2]와 같은 순서로 작성할 수 있다.

[표 4-2] **래더 프로그램 작성 순서**

순서	작업화면	작업 내용
1	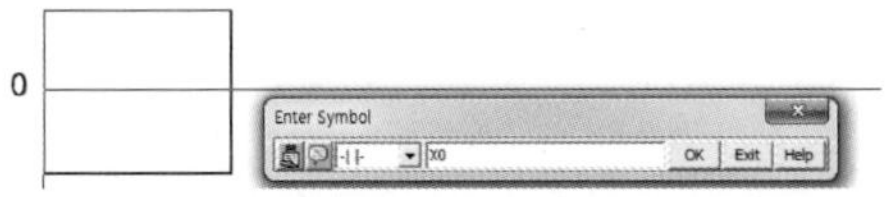	F5를 눌러서 Enter Symbol 창에 'X0'를 입력한 후, Enter↵를 누른다.
2	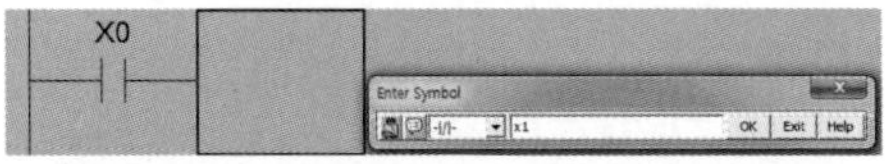	F6을 눌러서 Enter Symbol 창에 'X1'을 입력한 후, Enter↵를 누른다.
3	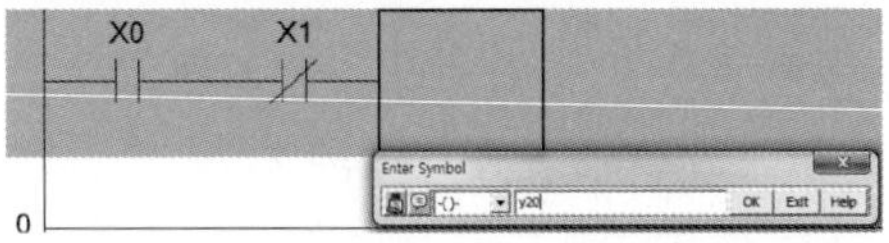	F7을 눌러서 Enter Symbol 창에 'Y20'을 입력한 후, Enter↵를 누른다.
4		1～3번 작업의 결과.

(계속)

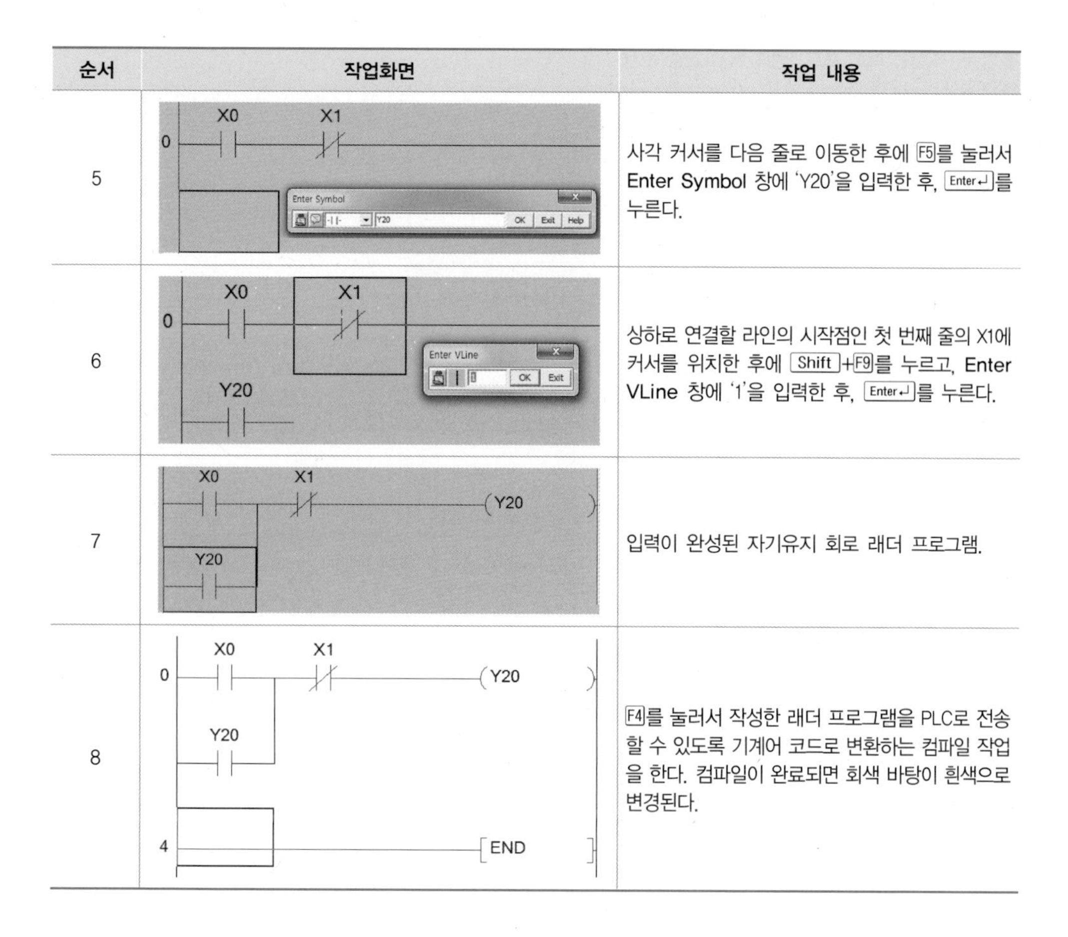

순서	작업화면	작업 내용
5		사각 커서를 다음 줄로 이동한 후에 F5를 눌러서 Enter Symbol 창에 'Y20'을 입력한 후, Enter↵를 누른다.
6		상하로 연결할 라인의 시작점인 첫 번째 줄의 X1에 커서를 위치한 후에 Shift+F9를 누르고, Enter VLine 창에 '1'을 입력한 후, Enter↵를 누른다.
7		입력이 완성된 자기유지 회로 래더 프로그램.
8		F4를 눌러서 작성한 래더 프로그램을 PLC로 전송할 수 있도록 기계어 코드로 변환하는 컴파일 작업을 한다. 컴파일이 완료되면 회색 바탕이 흰색으로 변경된다.

4.6.3 래더 프로그램 전송 및 모니터링 방법

GX Works2에서 래더로 작성한 PLC 프로그램을 컴파일한 후에는 PLC CPU의 메모리로 프로그램을 전송한다. PLC 프로그램을 PLC CPU로 전송하는 방법을 살펴보자. 작성한 프로그램을 PLC CPU에 전송하기 위해서는 PC ↔ PLC CPU 사이의 통신 연결이 정상적으로 이루어져 있어야 한다.

[표 4-3]의 순서대로 실행하고 4번의 실행이 완료되면 [Completed] 창이 나타난다. 이때 [OK] 버튼을 클릭하고 나머지 창을 닫으면, 래더 프로그램의 전송이 완료된다.

PLC CPU로 PLC 프로그램의 전송이 완료되면 프로그램이 실행된다. 이때 프로그램의 실행 상태를 확인하기 위한 모니터링 순서는 [표 4-4]와 같다.

[표 4-3] **작성한 래더 프로그램의 PLC 전송 순서**

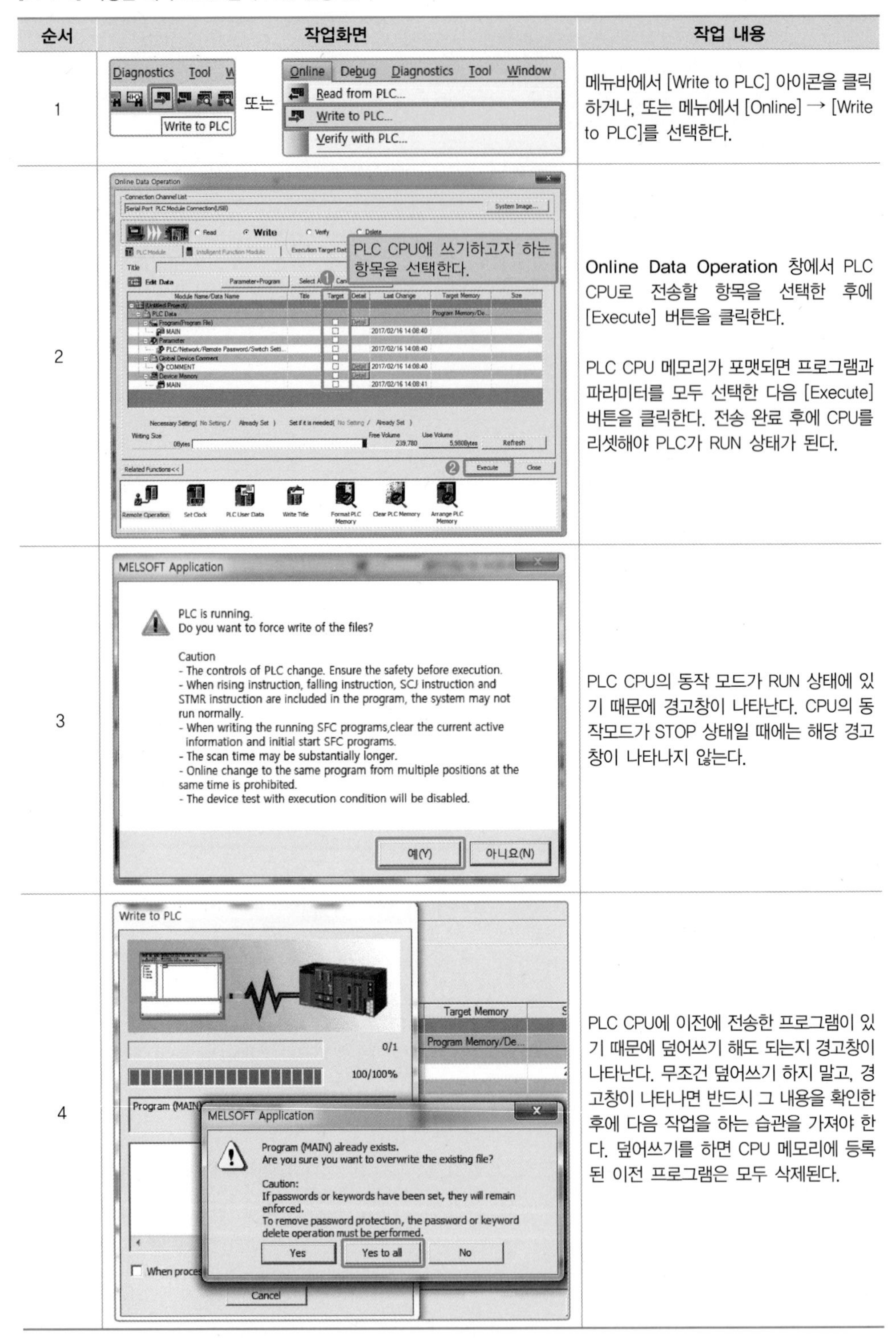

순서	작업화면	작업 내용
1	Diagnostics Tool W / Write to PLC 또는 Online Debug Diagnostics Tool Window / Read from PLC... / Write to PLC... / Verify with PLC...	메뉴바에서 [Write to PLC] 아이콘을 클릭하거나, 또는 메뉴에서 [Online] → [Write to PLC]를 선택한다.
2	Online Data Operation / PLC CPU에 쓰기하고자 하는 항목을 선택한다. / Execute / Close	Online Data Operation 창에서 PLC CPU로 전송할 항목을 선택한 후에 [Execute] 버튼을 클릭한다. PLC CPU 메모리가 포맷되면 프로그램과 파라미터를 모두 선택한 다음 [Execute] 버튼을 클릭한다. 전송 완료 후에 CPU를 리셋해야 PLC가 RUN 상태가 된다.
3	MELSOFT Application PLC is running. Do you want to force write of the files? Caution - The controls of PLC change. Ensure the safety before execution. - When rising instruction, falling instruction, SCJ instruction and STMR instruction are included in the program, the system may not run normally. - When writing the running SFC programs,clear the current active information and initial start SFC programs. - The scan time may be substantially longer. - Online change to the same program from multiple positions at the same time is prohibited. - The device test with execution condition will be disabled. 예(Y) 아니요(N)	PLC CPU의 동작 모드가 RUN 상태에 있기 때문에 경고창이 나타난다. CPU의 동작모드가 STOP 상태일 때에는 해당 경고창이 나타나지 않는다.
4	Write to PLC MELSOFT Application Program (MAIN) already exists. Are you sure you want to overwrite the existing file? Caution: If passwords or keywords have been set, they will remain enforced. To remove password protection, the password or keyword delete operation must be performed. Yes Yes to all No	PLC CPU에 이전에 전송한 프로그램이 있기 때문에 덮어쓰기 해도 되는지 경고창이 나타난다. 무조건 덮어쓰기 하지 말고, 경고창이 나타나면 반드시 그 내용을 확인한 후에 다음 작업을 하는 습관을 가져야 한다. 덮어쓰기를 하면 CPU 메모리에 등록된 이전 프로그램은 모두 삭제된다.

[표 4-4] PLC 프로그램 모니터링 순서

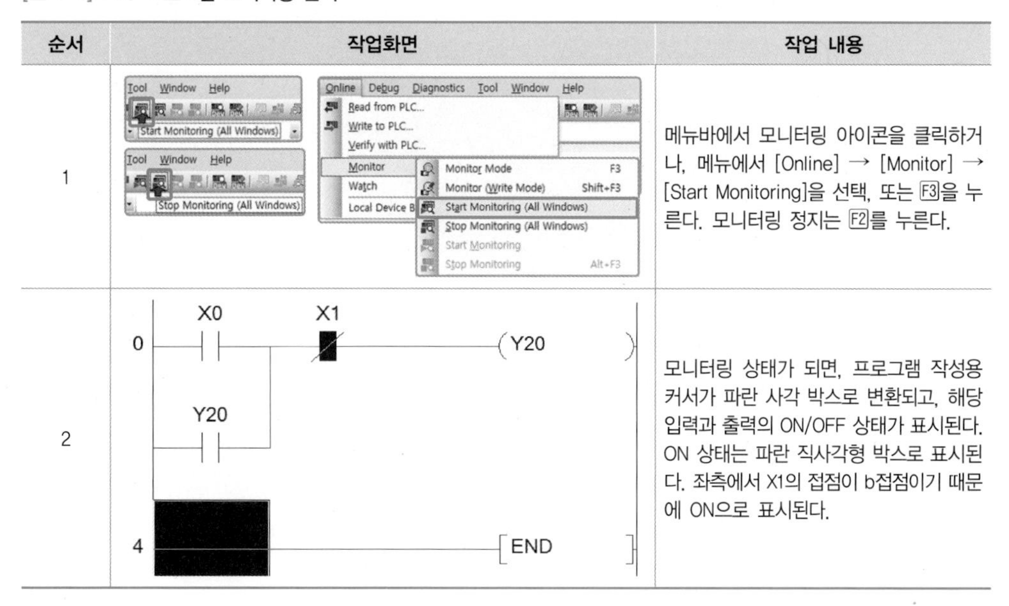

순서	작업화면	작업 내용
1		메뉴바에서 모니터링 아이콘을 클릭하거나, 메뉴에서 [Online] → [Monitor] → [Start Monitoring]을 선택, 또는 F3을 누른다. 모니터링 정지는 F2를 누른다.
2		모니터링 상태가 되면, 프로그램 작성용 커서가 파란 사각 박스로 변환되고, 해당 입력과 출력의 ON/OFF 상태가 표시된다. ON 상태는 파란 직사각형 박스로 표시된다. 좌측에서 X1의 접점이 b접점이기 때문에 ON으로 표시된다.

4.6.4 모니터링 중에 프로그램 수정하기

모니터링 중에 잘못된 부분이 있을 때 수정할 수 있는, 쓰기 가능한 모니터링 방법에 대해 살펴보자.

[표 4-5]와 같은 순서로 모니터링 중에 프로그램을 수정할 수 있다.

[표 4-5] 모니터링 중에 프로그램 수정하기

순서	작업화면	작업 내용
1	Online Debug Diagnostics Tool Window Help Read from PLC... Write to PLC... Verify with PLC... Monitor / Monitor Mode F3 Watch / Monitor (Write Mode) Shift+F3 Local Device Batc / Start Monitoring (All Windows) Stop Monitoring (All Windows)	메뉴에서 [Online] → [Monitor] → [Monitor(Write Mode)]를 선택하거나 Shift+F3을 누른다.
2	X0 X1 0 Y20 Y20 Enter Symbol	모니터링 상태에서 Y20을 더블 클릭해서 Y21로 변경한다.

(계속)

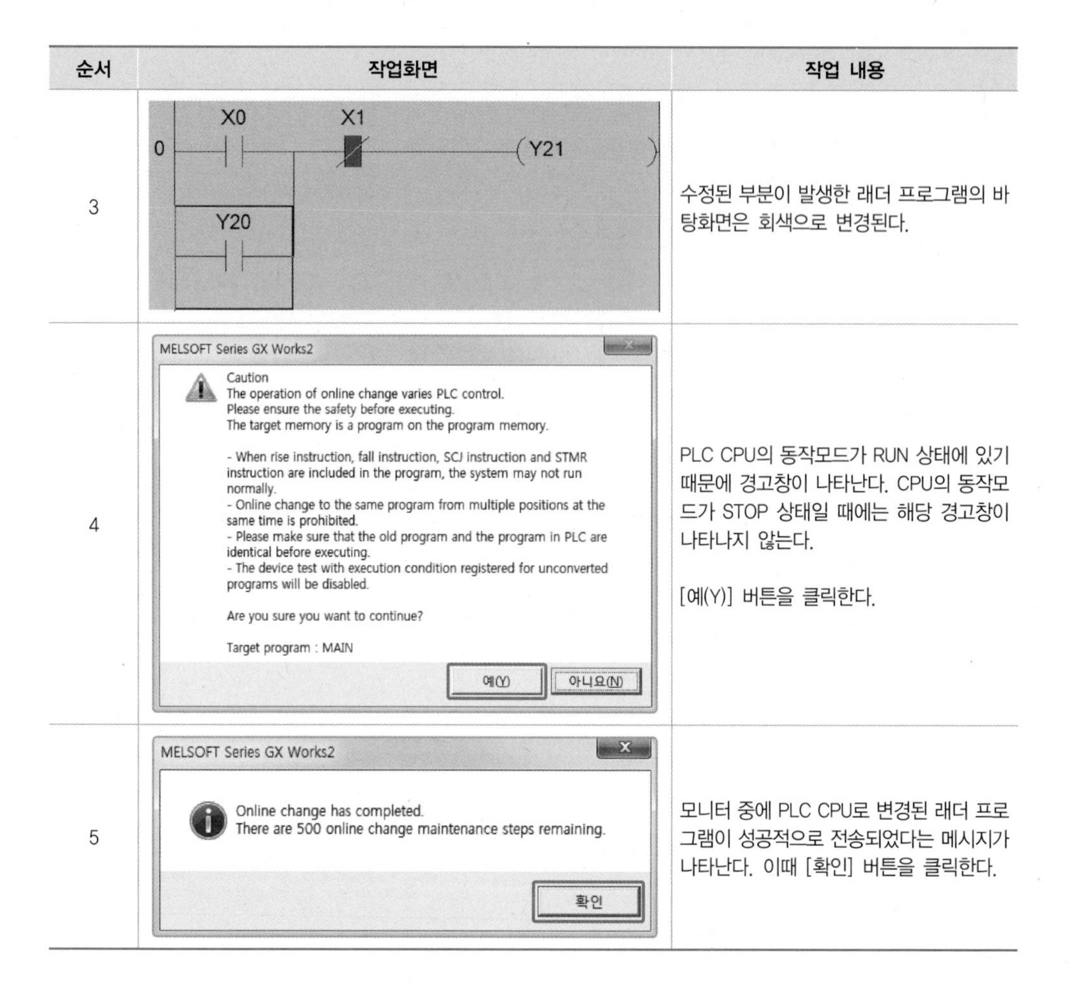

순서	작업화면	작업 내용
3		수정된 부분이 발생한 래더 프로그램의 바탕화면은 회색으로 변경된다.
4		PLC CPU의 동작모드가 RUN 상태에 있기 때문에 경고창이 나타난다. CPU의 동작모드가 STOP 상태일 때에는 해당 경고창이 나타나지 않는다. [예(Y)] 버튼을 클릭한다.
5		모니터 중에 PLC CPU로 변경된 래더 프로그램이 성공적으로 전송되었다는 메시지가 나타난다. 이때 [확인] 버튼을 클릭한다.

프로그램을 수정할 때 GX Works2의 우측 하단에 위치한 상태바를 살펴보면, 'Overwrite' 또는 'Insert'로 표시된 부분을 확인할 수 있다. 키보드에 있는 [Insert] 키를 누를 때마다 'Overwrite' → 'Insert' → 'Overwrite' 순으로 변경된다.

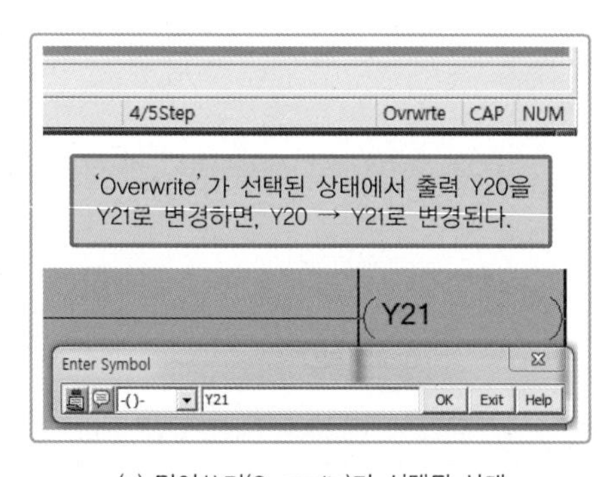

(a) 덮어쓰기(Overwrite)가 선택된 상태

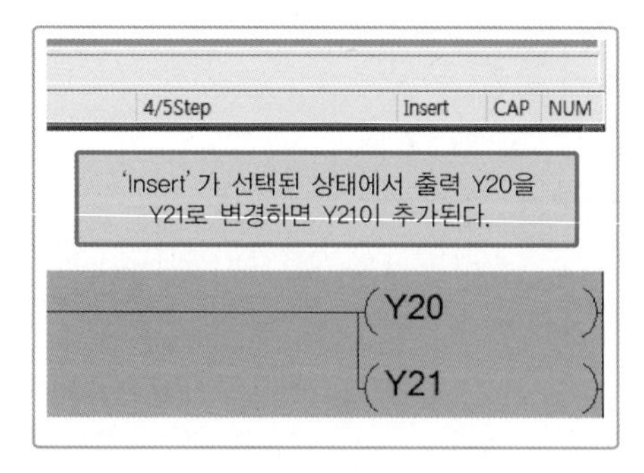

(b) 삽입(Insert)이 선택된 상태

[그림 4-46] **프로그램을 수정할 때의 주의사항**

PART 3

PLC 명령어 사용법

PLC 프로그램은 메모리에 저장된 데이터와, 데이터를 처리하기 위한 명령어로 구성된다. 멜섹Q PLC의 명령어는 시퀀스 명령, 기본 명령, 응용 명령, 데이터 링크용 명령, QCPU 명령, 이중화 시스템 명령으로 구분되며, 각 명령에는 세분화된 많은 명령어가 존재한다. 프로그램은 입력된 데이터를 사용자가 원하는 데이터로 변경 및 메모리에 저장하는 과정이다. 따라서 사용하는 명령어에 필요한 데이터가 무엇인지, 그리고 해당 명령어 실행 결과로 데이터가 어떻게 변경되는지를 파악하고 있어야 한다.

PLC 명령어 중에서 기계장치를 정해진 순서대로 동작하게 하는 명령어는 시퀀스 명령어이다. 시퀀스 명령어를 사용해서 자기유지 회로를 만들고, 이 자기유지 회로로 기계장치를 정해진 순서대로 동작시키는 시퀀스 제어 프로그램을 작성한다. 여기에 타이머와 카운터를 결합시킴으로써 시간 제어와 횟수 제어가 이루어진다. 시퀀스 명령은 단순하기 때문에 첨단 기계장치의 제어에 필요한 파라미터 설정 및 복잡한 제어동작을 구현하는 프로그램 작성에는 한계가 있다. 이를 극복하기 위해 기본 명령과 응용 명령을 시퀀스 명령과 조합하여 프로그래밍함으로써 복잡한 제어동작도 가능해진다.

PART 3에서는 시퀀스 명령과 기본 명령어 중심으로 명령어의 사용법에 대해 학습하고, 실습과제를 해결하면서 명령어의 사용 사례를 익힐 수 있다. 그리고 일부 응용 명령어는 실습과제 해결 과정에서 별도로 설명하였다. 멜섹Q PLC에서 제공하는 모든 명령어를 이 책에서 다 살펴보진 못하지만, 산업현장에서 많이 사용하는 명령어에 대해서는 다양한 실습예제를 통해 학습할 수 있도록 하였다.

Chapter 05

PLC의 시퀀스 명령어

PLC의 시퀀스 명령어는 PLC가 탄생되기 이전에 사용되던 릴레이 시퀀스 회로를 PLC 프로그램에서 작성하기 위해 만들어졌다. 시퀀스 명령어는 명령어 중에서 사용 빈도가 가장 높은 명령어로, 시퀀스 명령만 사용해도 많은 전기회로를 PLC 프로그램으로 변경할 수 있다.

시퀀스 명령어에는 전기 시퀀스 회로에서는 볼 수 없는 상승펄스와 하강펄스 입력신호가 있고, 출력 명령에는 셋SET과 리셋RESET 출력이 있다.

[표 5-1] **시퀀스 명령어의 종류**

구분	종류	설명
시퀀스 명령	접점 명령	a접점(┤├), b접점(┤/├), 상승펄스(┤↑├), 하강펄스(┤↓├)
	출력 명령	비트 출력(–( )┤), 셋 출력([SET M0]), 리셋 출력([RST M0])
	타이머 명령	ON 딜레이, OFF 딜레이, 플리커 타이머, 적산 타이머
	카운터 명령	UP 카운터, DN 카운터, UP/DN 카운터

5.1 기본 전기회로

YES, NOT, AND, OR, XOR와 같은 기본 회로를 조합해 다양하고 복잡한 회로를 만들 수 있다. 기본적인 전기회로를 PLC 프로그램으로 어떻게 표현하는지 살펴보자.

긍정(YES) 회로

긍정(YES) 회로란 입력이 존재할 때 출력도 존재하는 전기회로를 의미한다. 즉 [그림 5-1]처럼 스위치 동작과 동일하게 출력이 ON/OFF되는 회로이다.

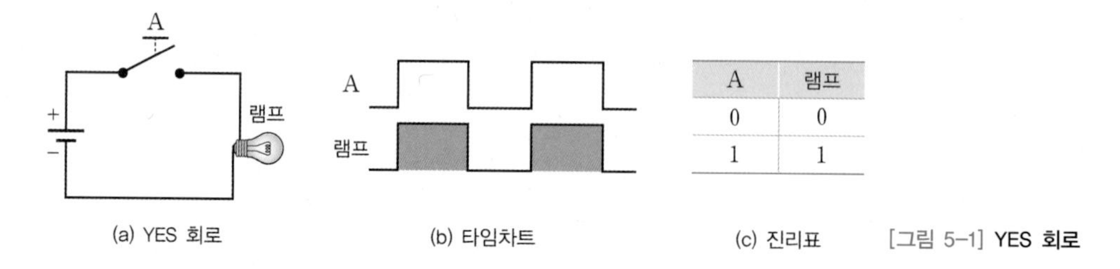

A	램프
0	0
1	1

(a) YES 회로 (b) 타임차트 (c) 진리표 [그림 5-1] **YES 회로**

YES 회로를 PLC 프로그램으로 나타내면 [그림 5-2]와 같다. PLC 프로그램에서 YES 회로를 살펴보면, A에 해당하는 스위치는 X0으로, 램프는 Y20으로 대체되었다.

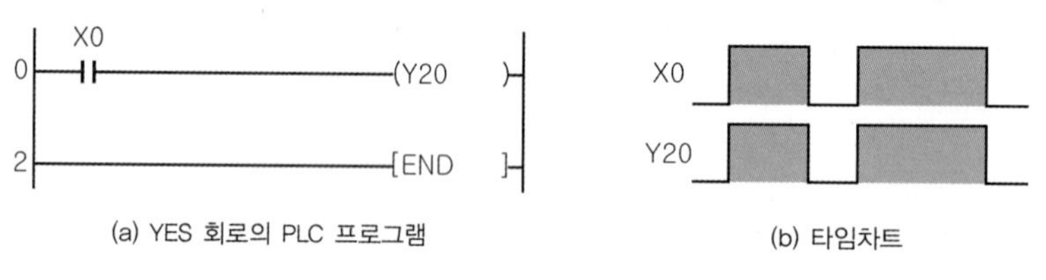

(a) YES 회로의 PLC 프로그램 (b) 타임차트

[그림 5-2] **YES 회로의 PLC 프로그램**

부정(NOT) 회로

부정(NOT) 회로란 출력 상태가 입력 상태의 반대가 되는 전기회로로서 입력이 ON되면 출력이 OFF되고, 입력이 OFF되면 출력이 ON된다.

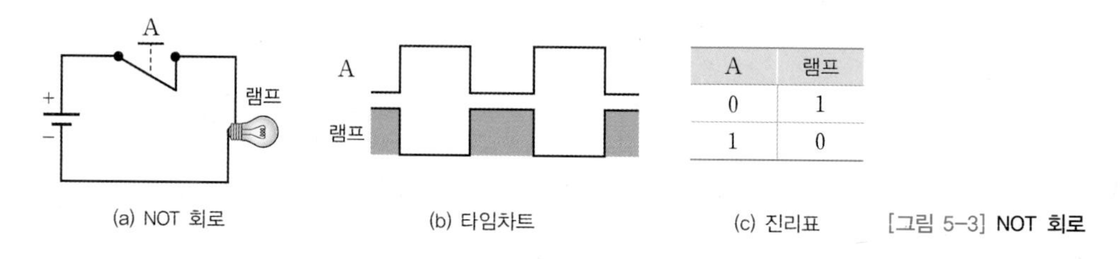

A	램프
0	1
1	0

(a) NOT 회로 (b) 타임차트 (c) 진리표 [그림 5-3] **NOT 회로**

NOT 회로를 PLC 프로그램으로 나타내면 [그림 5-4]와 같다.

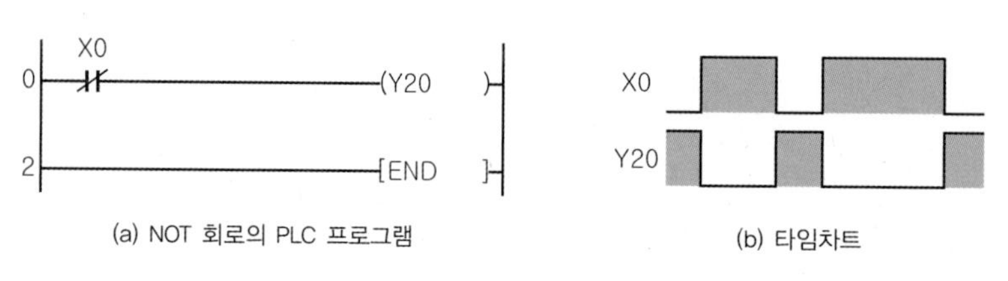

(a) NOT 회로의 PLC 프로그램 (b) 타임차트

[그림 5-4] **NOT 회로의 PLC 프로그램**

직렬(AND) 회로

직렬(AND) 회로는 스위치 A와 B가 동시에 ON인 상태에서만 램프가 ON되는 회로이다.

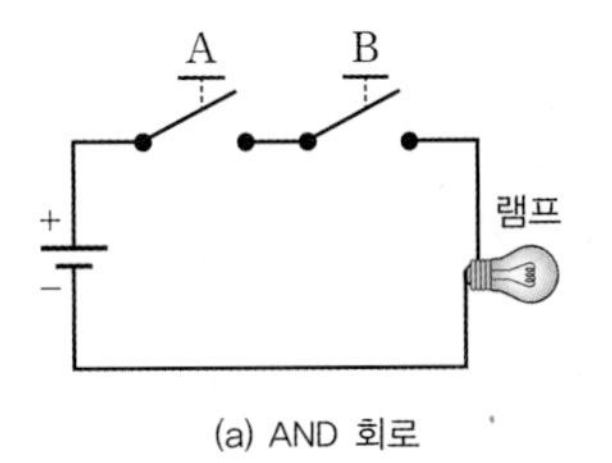

(a) AND 회로

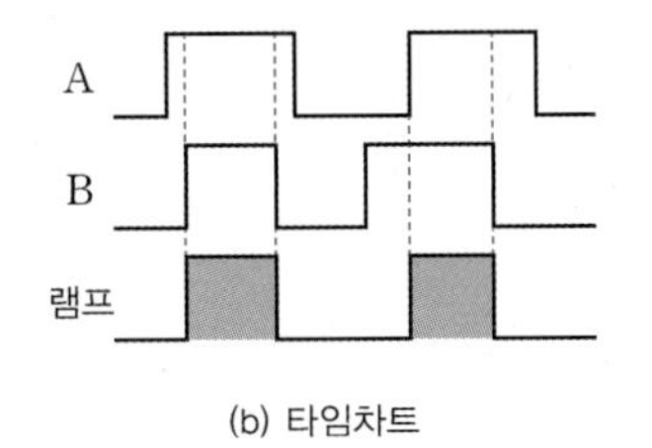

(b) 타임차트

A	B	램프
0	0	0
0	1	0
1	0	0
1	1	1

(c) 진리표

[그림 5-5] **AND 회로**

AND 회로를 PLC 프로그램으로 나타내면 [그림 5-6]과 같다.

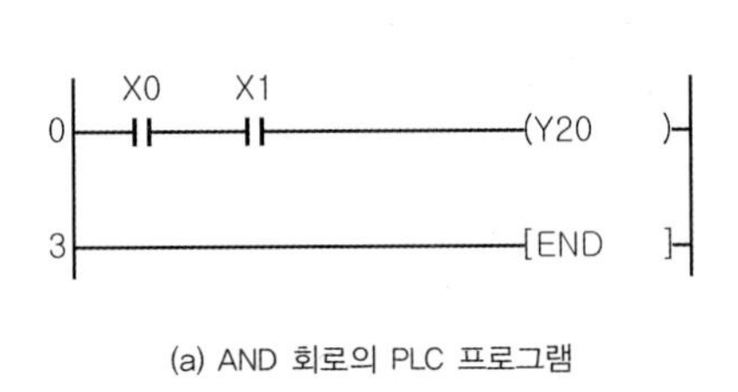

(a) AND 회로의 PLC 프로그램

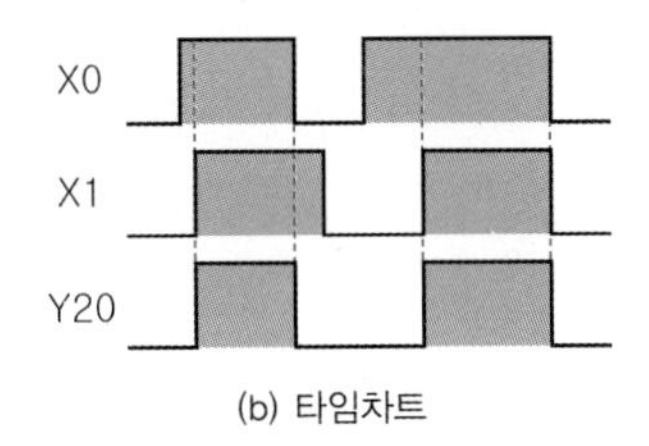

(b) 타임차트

[그림 5-6] **AND 회로의 PLC 프로그램**

병렬(OR) 회로

병렬(OR) 회로는 여러 개의 입력 스위치 중 하나 또는 그 이상의 스위치가 ON되었을 때 램프가 ON되는 회로이다.

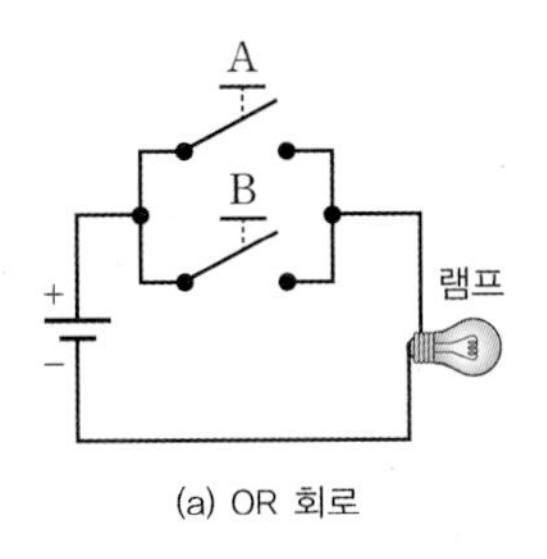

(a) OR 회로

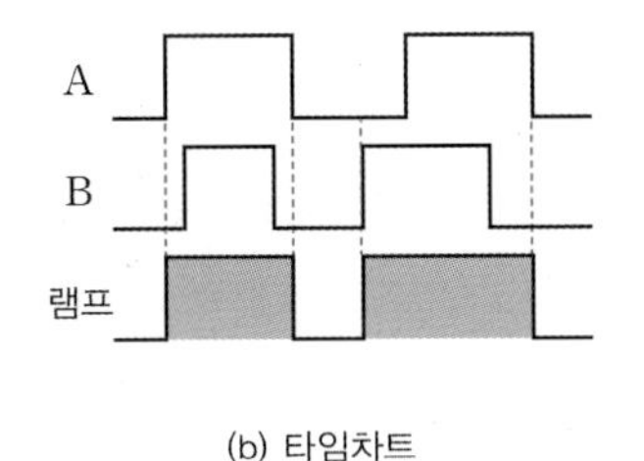

(b) 타임차트

A	B	램프
0	0	0
0	1	1
1	0	1
1	1	1

(c) 진리표

[그림 5-7] **OR 회로**

OR 회로를 PLC 프로그램으로 나타내면 [그림 5-8]의 (a), (c)와 같다. [그림 5-8(d)]의 진리표를 살펴보면, 입력 A(X0), B(X1)를 각각 부정한 후에 AND($\overline{A} \cdot \overline{B}$)의 결과를 전체 부정($\overline{(\overline{A} \cdot \overline{B})}$)한 결과가 [그림 5-7(c)] OR 회로의 결과와 동일함을 알 수 있다. 따라서 [그림 5-8(a)]와 [그림 5-8(c)]는 동일한 회로이다. 여러 개의 입력 접점을 [그

림 5-8(a)]와 같이 OR로 연결하면서 여러 줄에 걸쳐 프로그램을 작성하면 모니터링이 불편하므로, 산업현장에서는 주로 모니터링이 편리한 [그림 5-8(c)]와 같은 형태로 한 줄에 여러 개의 접점을 놓는 방법을 사용한다. 우리는 이 두 종류의 OR 회로의 프로그램 표현방법에 대해 잘 알아둘 필요가 있다.

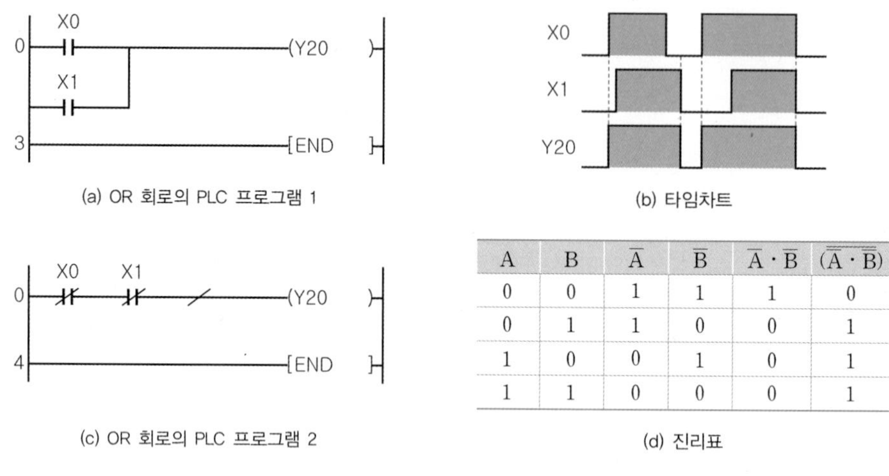

(a) OR 회로의 PLC 프로그램 1

(b) 타임차트

(c) OR 회로의 PLC 프로그램 2

A	B	$\overline{A}$	$\overline{B}$	$\overline{A}\cdot\overline{B}$	$\overline{(\overline{A}\cdot\overline{B})}$
0	0	1	1	1	0
0	1	1	0	0	1
1	0	0	1	0	1
1	1	0	0	0	1

(d) 진리표

[그림 5-8] OR 회로의 PLC 프로그램

배타적 논리합(XOR) 회로

두 개의 입력이 일치하지 않을 때 램프가 ON되는 회로를 배타적 논리합(XOR)Exclusive OR 회로라 한다.

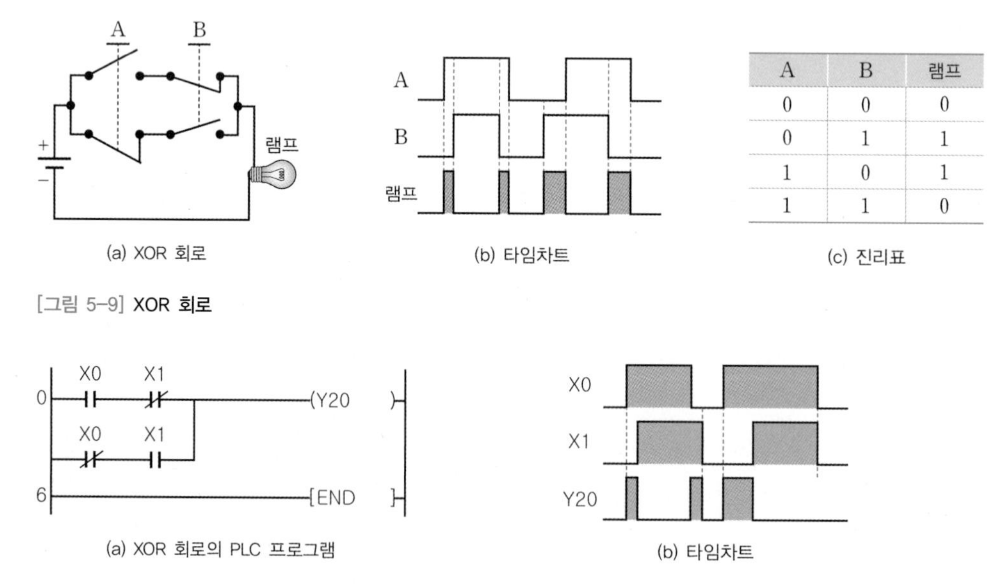

(a) XOR 회로

(b) 타임차트

A	B	램프
0	0	0
0	1	1
1	0	1
1	1	0

(c) 진리표

[그림 5-9] XOR 회로

(a) XOR 회로의 PLC 프로그램

(b) 타임차트

[그림 5-10] XOR의 PLC 프로그램

배타적 논리합 부정(XNOR) 회로

두 개의 입력이 일치할 때 램프가 ON되는 회로를 배타적 논리합 부정(XNOR)Exclusive NOR 회로라 한다.

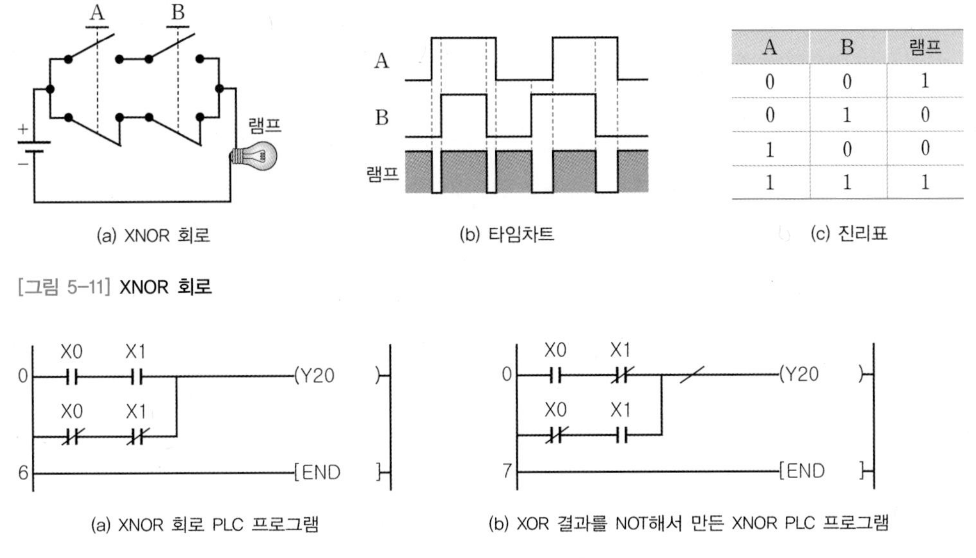

A	B	램프
0	0	1
0	1	0
1	0	0
1	1	1

(a) XNOR 회로 (b) 타임차트 (c) 진리표

[그림 5-11] XNOR 회로

(a) XNOR 회로 PLC 프로그램 (b) XOR 결과를 NOT해서 만든 XNOR PLC 프로그램

[그림 5-12] XNOR 회로의 PLC 프로그램

[그림 5-12(b)]는 배타적 논리합(XOR) 회로의 결과를 NOT(⟋)해서 만든 배타적 논리합 부정 회로의 PLC 프로그램이다. [그림 5-9(c)]의 XOR 진리표의 램프 결과를 NOT 하면 [그림 5-11(c)]의 진리표의 결과와 일치하기 때문에 [그림 5-12(b)]의 프로그램이 성립된다.

XOR과 XNOR 회로는 일상생활에서 계단이나 복도의 전등을 스위치로 ON/OFF할 때 많이 사용한다. [그림 5-13]처럼 복도나 계단을 통행하고자 하는 사람이 들어오는 입구에 있는 전등 스위치를 출구에 있는 전등 스위치의 반대 위치로 두면 전등이 점등되고, 복도를 통과 후에 출구에 있는 전등 스위치를 이전 상태의 반대로 두면 전등이 소등된다.

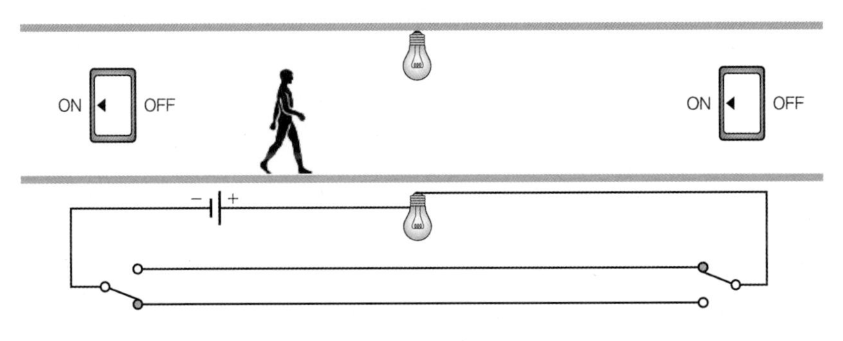

[그림 5-13] XOR과 XNOR을 이용해서 만든 복도의 전등

5.2 자기유지 회로

앞에서 언급한 YES, NOT, OR, AND 회로를 사용하여 자동화를 위한 전기회로에서 가장 중요한 역할을 하는 자기유지 회로를 만들어보자. 자기유지 회로는 셋SET과 리셋RESET 기능을 가진 두 개의 푸시버튼 스위치와 한 개의 릴레이로 구성되는 전기회로로, **셋 우선 자기유지 회로와 리셋 우선 자기유지 회로**로 구분된다.

[그림 5-14]와 [그림 5-15]에서 셋과 리셋 우선 자기유지 회로의 진리표를 살펴보면, 릴레이 K1은 셋 동작과 리셋 동작을 기억하고 있음을 알 수 있다. 타임차트에서 셋과 리셋이 0인 상태를 살펴보면, 셋과 리셋이 0이 되기 이전의 상태에서 셋이 ON이면 1을 기억하고, 리셋이 ON이면 0을 기억한다. 이러한 자기유지 회로는 반도체로 만들어지는 플립플롭flip-flop이라는 회로의 원조이다. 플립플롭은 NOR 논리 게이트로 만든 1비트 정보를 보관, 유지할 수 있는 디지털 논리회로로, 컴퓨터의 주기억장치나 CPU 캐시, 레지스터를 이루는 기본 회로 가운데 하나이다. 플립플롭으로 만들어진 반도체 메모리를 SRAM이라 한다.

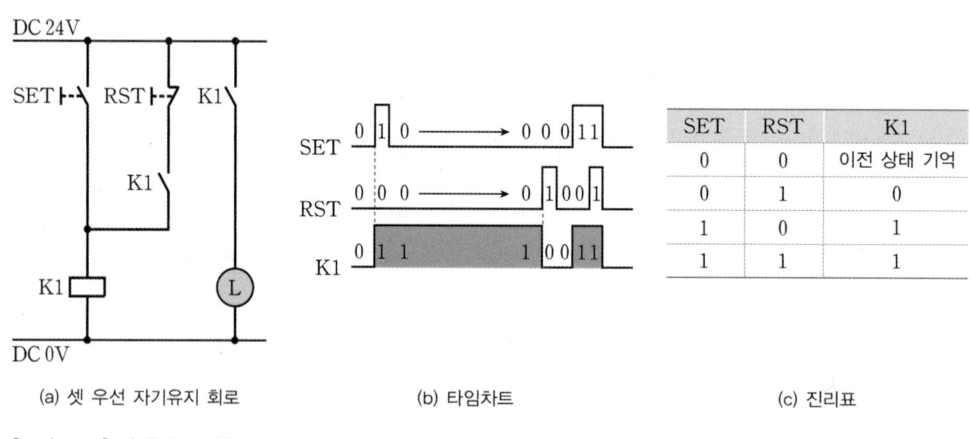

SET	RST	K1
0	0	이전 상태 기억
0	1	0
1	0	1
1	1	1

(a) 셋 우선 자기유지 회로 (b) 타임차트 (c) 진리표

[그림 5-14] **셋 우선 자기유지 회로**

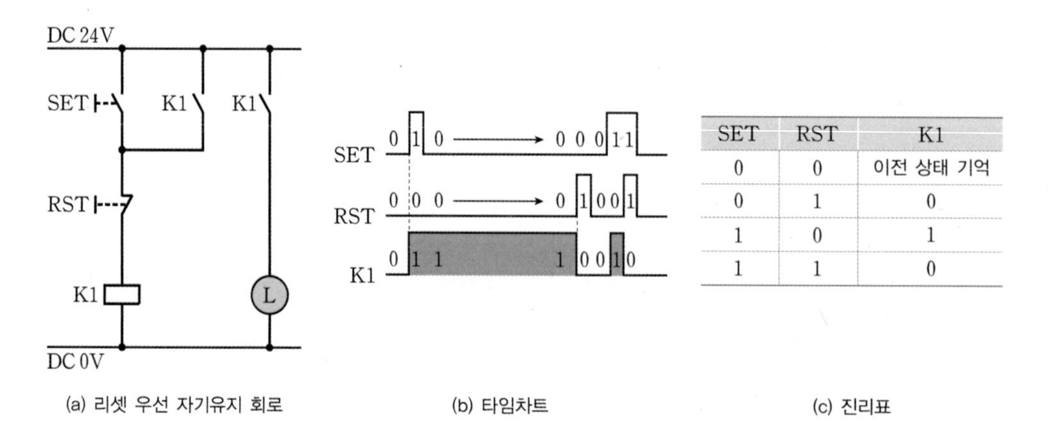

SET	RST	K1
0	0	이전 상태 기억
0	1	0
1	0	1
1	1	0

(a) 리셋 우선 자기유지 회로 (b) 타임차트 (c) 진리표

[그림 5-15] **리셋 우선 자기유지 회로**

PLC에서는 자기유지 회로를 [그림 5-16]의 네 가지 방식으로 만들 수 있지만, 앞의 3.3.2절에서 언급한 이중 출력 금지조건 때문에 [그림 5-16]의 (c)와 (d) 방식을 많이 사용한다.

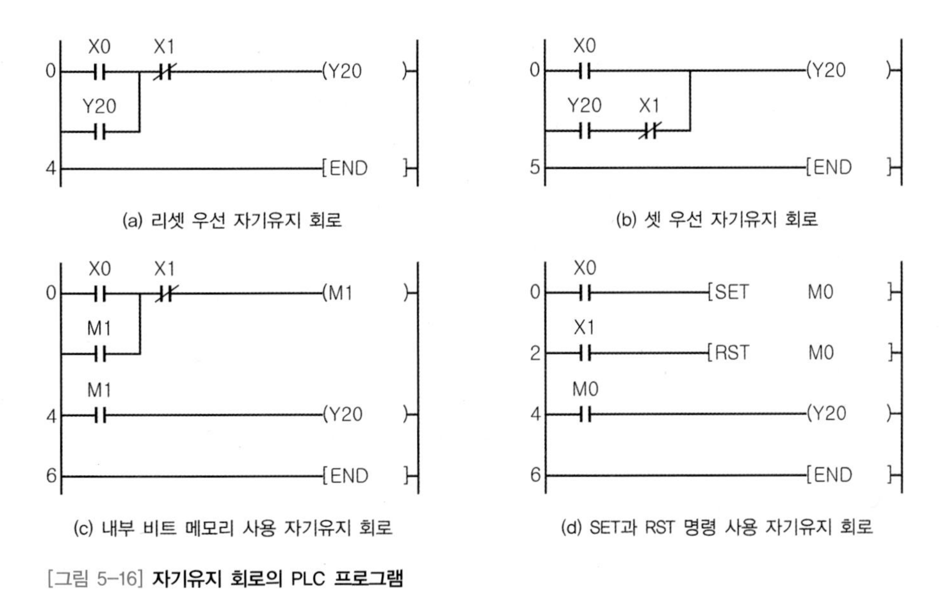

[그림 5-16] **자기유지 회로의 PLC 프로그램**

5.2.1 선입 우선회로

선입 우선회로는 현재 실행되고 있는 작업이 있을 경우에 다른 작업의 실행을 거부하는 전기회로로서 먼저 입력된 정보를 기억하고, 다른 정보의 입력을 막는 역할을 한다. TV 퀴즈 프로그램에서 먼저 버튼을 누른 참가자의 램프가 ON되면, 진행자가 리셋 버튼을 누르지 않는 한 다른 참가자가 버튼을 눌러도 자신의 램프가 ON되지 않는 경우를 볼 수 있는데, 이런 동작이 선입 우선회로의 사례이다. 선입 우선회로는 리셋 우선 자기유지 회로로 구성된다. [그림 5-17]은 퀴즈 출연자 3명이 사용하는 시스템 구성을 나타낸 것이다. 출연자 3명 중 먼저 버튼을 누른 사람의 램프가 점등되면, 다른 출연자가 버튼을 눌러도 그 사람의 램프는 점등되지 않는다. 진행자가 리셋 버튼을 누르면 출연자의 램프는 소등되며, 이 상태에서 출연자 중 누군가가 다시 버튼을 누르면 해당 출연자의 램프가 점등된다.

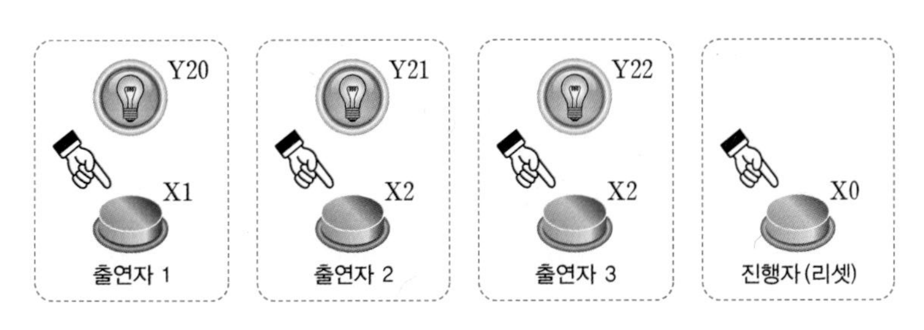

[그림 5-17] **퀴즈를 위한 시스템 구성**

[그림 5-18]은 리셋 우선 자기유지 회로를 사용해서 구성한 선입 우선회로이다. 입력 X0은 리셋을 위한 것으로, 3개의 자기유지 회로 모두에 적용되는 접점이기 때문에 리셋 버튼을 누르면 출연자에 관계없이 모든 자기유지 회로가 리셋된다.

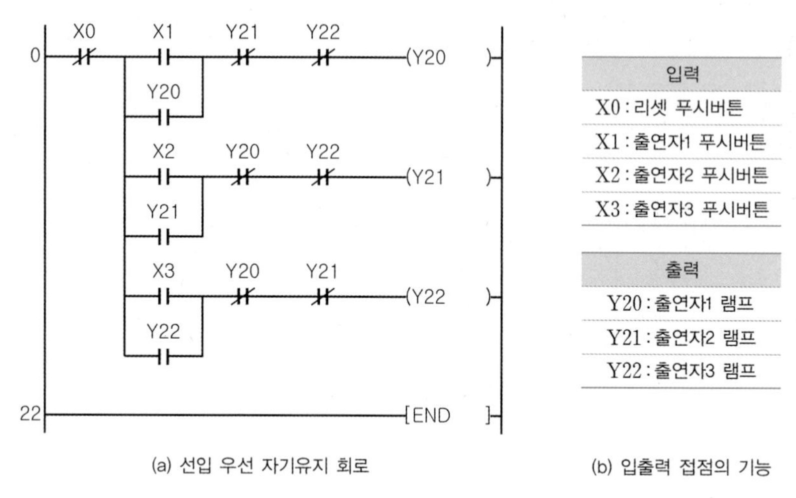

입력
X0 : 리셋 푸시버튼
X1 : 출연자1 푸시버튼
X2 : 출연자2 푸시버튼
X3 : 출연자3 푸시버튼

출력
Y20 : 출연자1 램프
Y21 : 출연자2 램프
Y22 : 출연자3 램프

(b) 입출력 접점의 기능

[그림 5-18] **리셋 우선 자기유지 회로를 사용한 선입 우선회로 PLC 프로그램**

5.2.2 후입 우선회로

후입 우선회로는 현재 실행 중인 작업이 있어도 다음 작업의 동작신호가 입력되면 실행하던 작업을 종료하고 최근에 입력된 작업을 수행한다. 선풍기의 바람세기를 선택하는 풍속 선택 회로가 바로 그러한 후입 우선회로에 해당한다. 이처럼 후입 우선회로는 나중에 입력된 정보가 먼저 입력된 정보를 지우고 대신 기억되는 전기회로이다. 후입 우선회로는 셋 우선 자기유지 회로로 구성된다.

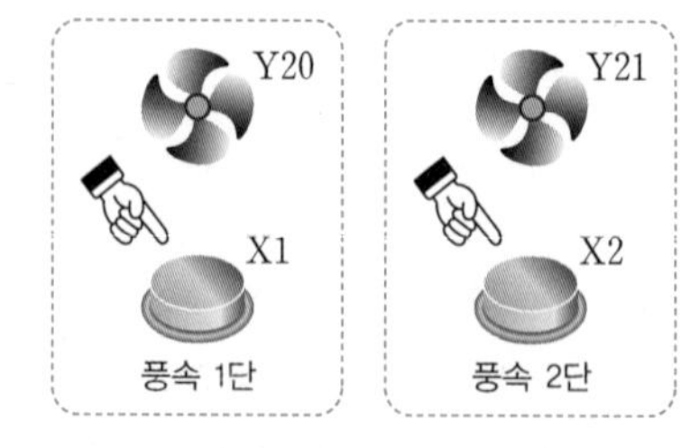

[그림 5-19] **선풍기 풍속 선택 회로**

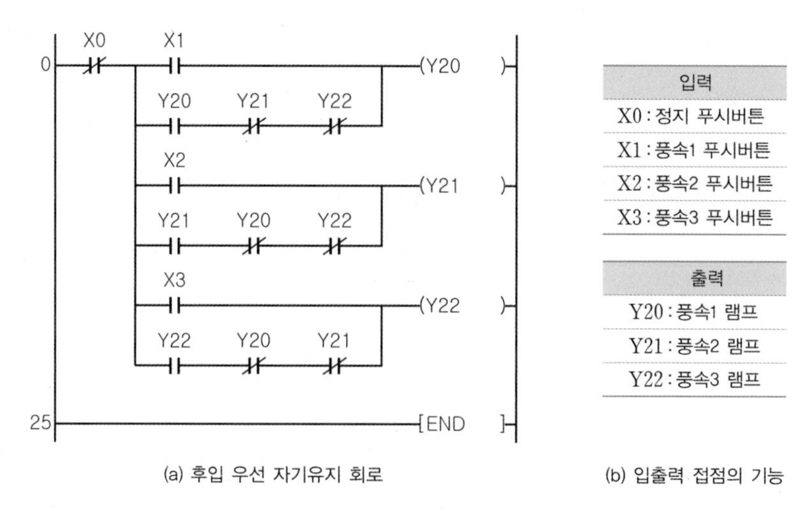

입력
X0 : 정지 푸시버튼
X1 : 풍속1 푸시버튼
X2 : 풍속2 푸시버튼
X3 : 풍속3 푸시버튼

출력
Y20 : 풍속1 램프
Y21 : 풍속2 램프
Y22 : 풍속3 램프

(a) 후입 우선 자기유지 회로　　(b) 입출력 접점의 기능

[그림 5-20] **셋 우선 자기유지 회로를 사용한 후입 우선회로 PLC 프로그램**

후입 우선 자기유지 회로는 1개의 시스템으로 여러 종류의 동작모드를 선택해서 사용할 때, 즉 동작모드 선택 기능을 만들 때 주로 사용하는 회로이다. 세탁기는 [그림 5-21]과 같이 하나의 기계장치에 대해 세탁, 헹굼, 탈수의 세 가지 기능 중에서 하나를 선택한다. 특정 버튼을 누르면 해당 기능이 선택되는데, 이후 다른 버튼을 누르면 이전에 선택되었던 기능은 해제되고 마지막으로 누른 버튼의 기능이 선택된다.

[그림 5-21] **세탁기의 동작모드 선택**

5.2.3 체인 회로

체인[chain] 회로란 정해진 순서에 따라 차례대로 입력되었을 때에만 출력이 ON되고, 입력의 순서가 틀렸을 경우에는 동작하지 않는 회로의 구성을 의미한다. 이러한 체인 회로는 정해진 순서대로 작동이 필요한 컨베이어나, 기동 순서가 틀리면 안 되는 기계설비 등에 적용된다. 체인 회로를 '직렬 우선회로'라고도 한다.

[그림 5-22]에서는 체인 회로의 입력 접점을 상승펄스 신호로 처리하였다. 이는 고의적으로 3개의 입력 버튼 모두를 눌렀을 때 발생하는 오동작을 방지하기 위한 것이다. 릴레이를 이용한 시퀀스 회로에서는 입력신호를 상승펄스 신호로 만들기 어렵기 때문에 이러한 방법을 잘 사용하지 않지만, PLC에서는 입력신호를 앞에서 학습한 것처럼 4가지의 입력(a접점, b접점, 상승펄스, 하강펄스) 중에서 선택해서 사용하기 때문에 회로에 가장 적합한 입력신호를 선택한 것이다.

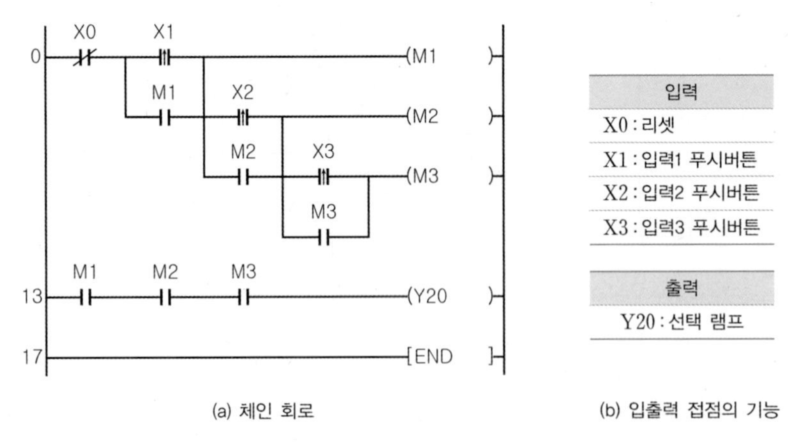

(a) 체인 회로 (b) 입출력 접점의 기능

[그림 5-22] **체인 회로의 PLC 프로그램**

5.2.4 인터록 회로

전기장치의 보호 또는 작업자의 안전을 위해 전기장치의 동작 상태를 나타내는 접점을 사용하여 연관된 전기장치의 동작을 금지하는 회로를 인터록inter-lock 회로라 한다. 다른 용어로는 **선행동작 우선회로**, **상대동작 금지회로**라 한다. 인터록은 해당 출력의 b접점을 상대측 회로에 직렬로 연결해, 어느 한 출력이 동작 중일 때는 관련된 다른 출력이 동작할 수 없도록 규제한다. 인터록은 주로 모터의 정역제어 또는 공압 실린더의 전후진 제어에 많이 사용되는 회로이다. 앞에서 살펴본 선입 우선 자기유지 회로에 해당 출력이 ON되면 다른 출력이 동작하지 않도록 인터록 회로가 구성된다.

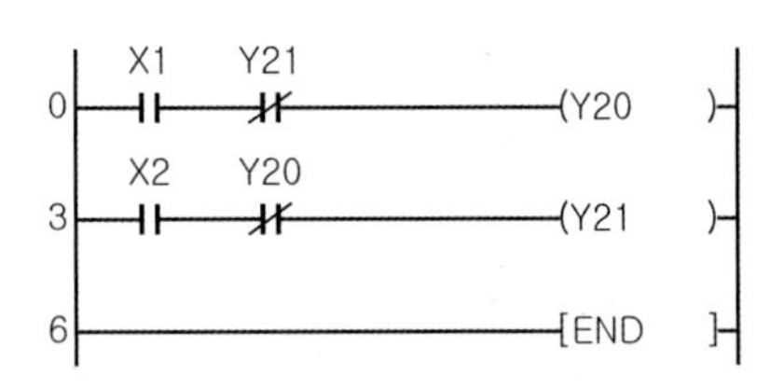

[그림 5-23] **인터록 회로의 PLC 프로그램**

5.3 타이머 회로

자기유지 회로는 자동화를 구성하는 수많은 전기회로 중 가장 중요한 회로이다. 이러한 자기유지 회로에 타이머가 결합하면 시간을 제어할 수 있다. PLC에서 사용되는 타이머의 종류는 [표 5-2]와 같다.

[표 5-2] 타이머의 종류

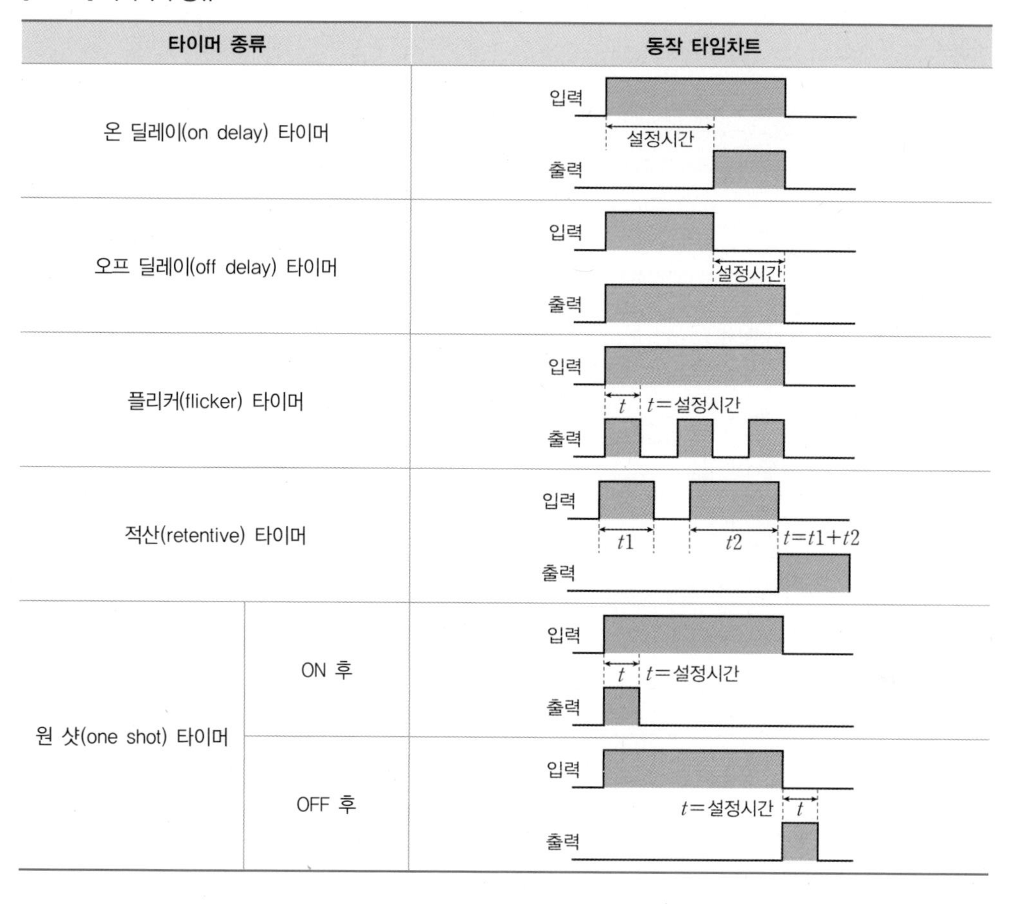

타이머 종류		동작 타임차트
온 딜레이(on delay) 타이머		입력, 설정시간, 출력
오프 딜레이(off delay) 타이머		입력, 설정시간, 출력
플리커(flicker) 타이머		입력, t, t=설정시간, 출력
적산(retentive) 타이머		입력, t1, t2, t=t1+t2, 출력
원 샷(one shot) 타이머	ON 후	입력, t, t=설정시간, 출력
	OFF 후	입력, t=설정시간, t, 출력

5.3.1 저속 및 고속 타이머, 온 딜레이 타이머

멜섹Q PLC에서는 동일한 타이머 접점을 저속 및 고속 타이머로 구분해서 사용할 수 있다. 저속 및 고속 타이머의 기본 설정시간은 PLC 파라미터에서 변경할 수 있다. 저속 타이머의 기본 설정시간은 100ms, 고속 타이머는 10ms로 되어 있는데, 사용자의 필요에 의해 타이머의 기본 설정시간을 변경하려면 [표 5-3]과 같은 방법으로 변경한다.

[그림 5-24]는 저속 및 고속의 온 딜레이 타이머 동작을 비교한 것이다. 고속 타이머의 경우, (H T2 K100) 형태로 타이머 번호(T2) 앞에 H 식별자를 사용한다. 설정된 값의 단위가 10ms이기 때문에 K100을 설정하면 10ms×100=1000ms가 되어 설정시간이 1초가 된다. 온 딜레이 타이머는 입력이 ON되면 설정된 시간 후에 타이머의 출력이 ON되고, 입력이 OFF되면 출력도 함께 OFF되는 기능을 가지고 있다. 온 딜레이 타이머에서 입력의 ON 시간이 타이머의 설정시간보다 작으면 타이머의 출력은 동작하지 않는다.

[표 5-3] **저속 및 고속 타이머의 설정시간 변경 방법**

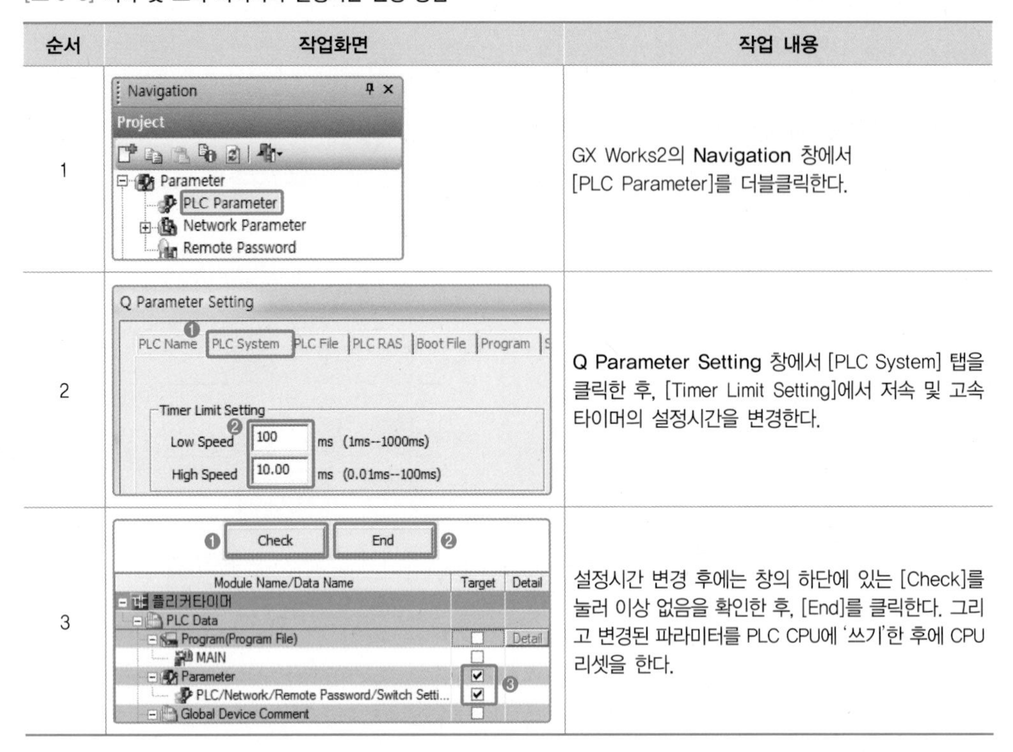

순서	작업화면	작업 내용
1	Navigation / Project / Parameter / PLC Parameter / Network Parameter / Remote Password	GX Works2의 **Navigation** 창에서 [PLC Parameter]를 더블클릭한다.
2	Q Parameter Setting / PLC Name / PLC System / PLC File / PLC RAS / Boot File / Program / Timer Limit Setting / Low Speed 100 ms (1ms--1000ms) / High Speed 10.00 ms (0.01ms--100ms)	**Q Parameter Setting** 창에서 [PLC System] 탭을 클릭한 후, [Timer Limit Setting]에서 저속 및 고속 타이머의 설정시간을 변경한다.
3	Check / End / Module Name/Data Name / Target / Detail / 플리커타이머 / PLC Data / Program(Program File) / MAIN / Parameter / PLC/Network/Remote Password/Switch Setti... / Global Device Comment	설정시간 변경 후에는 창의 하단에 있는 [Check]를 눌러 이상 없음을 확인한 후, [End]를 클릭한다. 그리고 변경된 파라미터를 PLC CPU에 '쓰기'한 후에 CPU 리셋을 한다.

[그림 5-24]에서 입력 X1이 ON되면 저속 타이머 T1이 동작하고, 입력 X2가 ON되면 고속 타이머 T2가 동작한다. 타이머 T1과 T2의 설정값으로 동일한 K100이 설정되었으나, 타이머의 단위시간이 저속은 100ms, 고속은 10ms이기 때문에 타이머의 출력이 ON되는 시점이 각각 다르다.

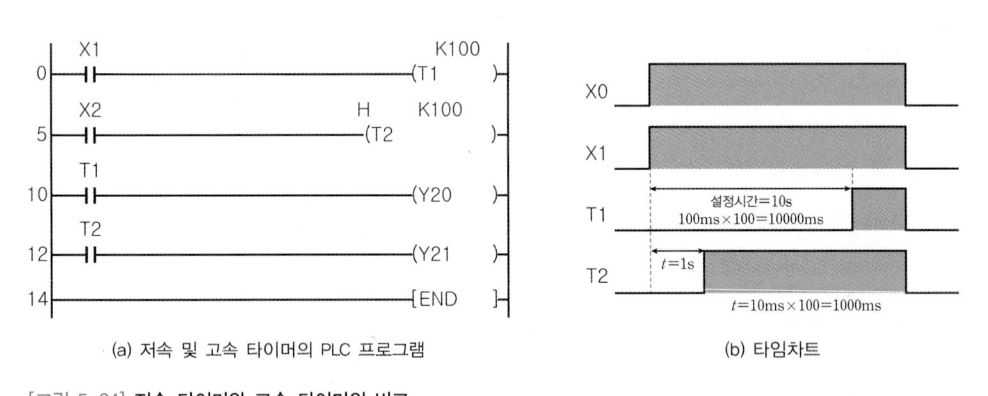

(a) 저속 및 고속 타이머의 PLC 프로그램 (b) 타임차트

[그림 5-24] **저속 타이머와 고속 타이머의 비교**

5.3.2 오프 딜레이 타이머

멜섹Q PLC에서는 오프 딜레이 타이머 전용 명령어를 제공하지 않는다. 따라서 오프 딜레

이 타이머가 필요한 경우에는 자기유지 회로와 온 딜레이 타이머를 조합해서 이 기능을 만들거나, 또는 나중에 배울 특수기능 타이머(STMR)를 사용해서 이 기능을 구현해야 한다.

[그림 5-25]의 타임차트를 살펴보면, X0 입력에 대한 Y20의 출력이 [표 5-2]에서의 오프 딜레이 타이머의 동작과 동일함을 확인할 수 있다.

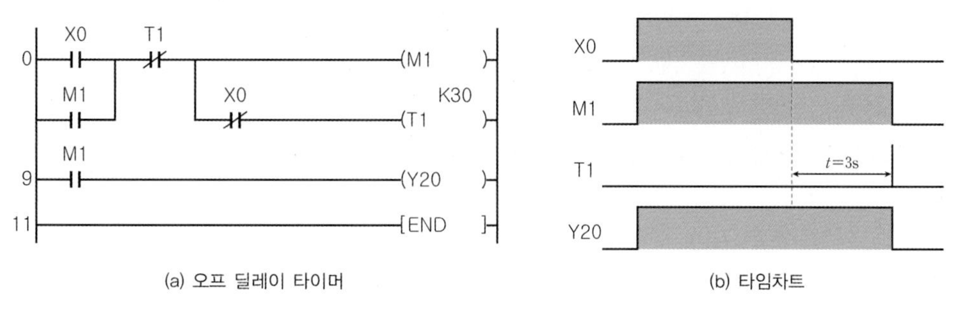

(a) 오프 딜레이 타이머 (b) 타임차트

[그림 5-25] **오프 딜레이 타이머 PLC 프로그램**

5.3.3 플리커 타이머

멜섹Q PLC에서 입력신호가 ON되면 일정 시간 간격으로 ON/OFF 동작을 반복하는 기능을 플리커 타이머라 한다. 자동차의 좌회전/우회전에 사용되는 방향 지시등이 일정한 시간 간격으로 깜박이는 동작을 구현할 때 사용되는 타이머가 바로 플리커 타이머이다.

[그림 5-26]과 같이 플리커 타이머는 2개의 온 딜레이 타이머를 사용해서 만들 수 있으며, T1과 T2의 설정시간을 변경하면 다양한 ON/OFF 주기를 가진 클록 신호를 만들 수 있다. ON/OFF되는 클록 신호에서는 OFF가 먼저 출력되는 Y20 신호와 ON이 먼저 출력되는 Y21 신호의 사용을 구분해 놓았다.

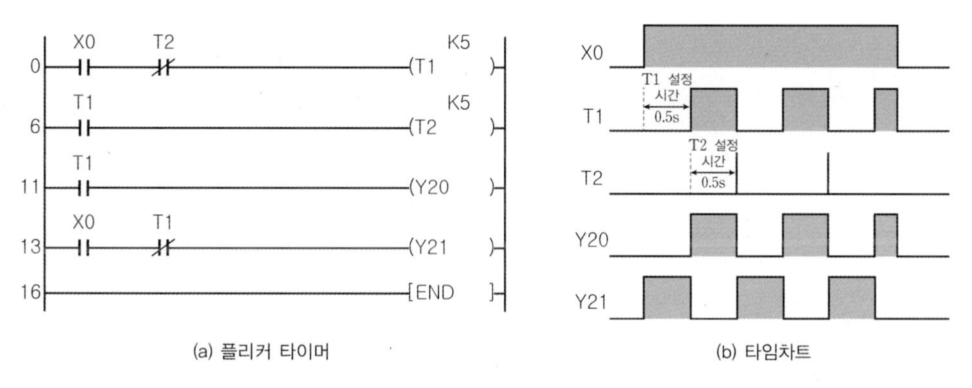

(a) 플리커 타이머 (b) 타임차트

[그림 5-26] **플리커 타이머 PLC 프로그램**

5.3.4 적산 타이머

자동차의 속도계에는 차량의 운행거리를 기록하는 적산거리계가 있다. 적산이라는 말은 측정하거나 계산한 값을 차례차례 더해가는 동작을 의미한다. 자동차에는 차량 출고부터 폐차까지 계속해서 거리가 누적되는 적산거리계와, 사용자가 리셋할 수 있는 적산거리계가 내장되어 있다. 적산 타이머는 자동차의 적산거리계처럼 동작시간을 적산하는 기능을 가지고 있는 타이머를 의미한다.

[그림 5-27] **자동차의 적산거리계**

적산 타이머는 자동화 장치에서 사용되는 장비의 가동시간 또는 소모품의 교체시기를 알고자 할 때 주로 사용한다. 멜섹Q PLC에는 적산 타이머 사용을 위한 메모리가 할당되어 있지 않으므로, 적산 타이머를 사용하기 위해서는 PLC 메모리 할당 작업이 먼저 수행되어야 한다. 적산 타이머 사용을 위한 PLC 메모리 할당 방법은 [표 5-4]에 나타내었다.

[표 5-4] **적산 타이머 사용을 위한 메모리 할당 방법**

순서	작업화면	작업 내용
1	Navigation Project Parameter PLC Parameter Network Parameter Remote Password	GX Works2의 Navigation 창에서 [PLC Parameter]를 더블클릭한다.
2	❶ Device / I/O Assignment / Multiple CPU Setting 적산 타이머를 위한 PLC 메모리 할당 변경 전 Timer T 10 2K / Retentive Timer ST 10 0K / Counter C 10 1K / Data Register D 10 12K 적산 타이머를 위한 PLC 메모리 할당 변경 후 Timer T 10 2K / Retentive Timer ST 10 1K ❷ / Counter C 10 1K / Data Register D 10 11K ❸	Q Parameter Setting 창에서 [Device] 탭을 클릭하면 PLC CPU의 디바이스(메모리) 할당 내역을 확인할 수 있다. 적산 타이머의 설정 내역을 '0K'→'1K'로 변경하고, [Data Register]의 설정을 '12K'→'11K'로 변경한다.
3	❶ Check / End ❷ Module Name/Data Name / Target / Detail 플리커타이머 PLC Data Program(Program File) MAIN Parameter ☑ PLC/Network/Remote Password/Switch Setti... ☑ ❸ Global Device Comment	설정시간 변경 후에는 창의 하단에 있는 [Check] 버튼을 눌러 이상 없음을 확인한 후, [End]를 클릭한다. 그리고 변경된 파라미터를 PLC CPU에 '쓰기'한 후, CPU 리셋을 한다.

적산 타이머의 출력을 OFF하기 위해서는 적산된 시간을 리셋해야 한다. 따라서 [그림 5-28]에서 입력신호 X1을 사용해서 적산시간을 리셋하기 위해 RST 명령을 사용해야 한다.

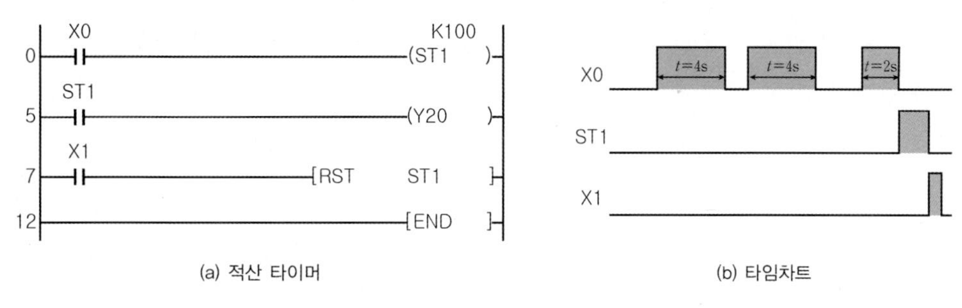

(a) 적산 타이머

(b) 타임차트

[그림 5-28] **적산 타이머 PLC 프로그램**

5.3.5 원 샷 타이머

원 샷 타이머는 입력이 ON된 후 설정시간 동안 출력이 ON되는 타이머([그림 5-29])와, 입력이 OFF된 후 설정시간 동안 출력이 ON되는 타이머로 구분된다([그림 5-30]). 원 샷 타이머는 입력이 ON되는 시간에 관계없이 타이머에서 설정한 시간만큼 출력이 ON된다.

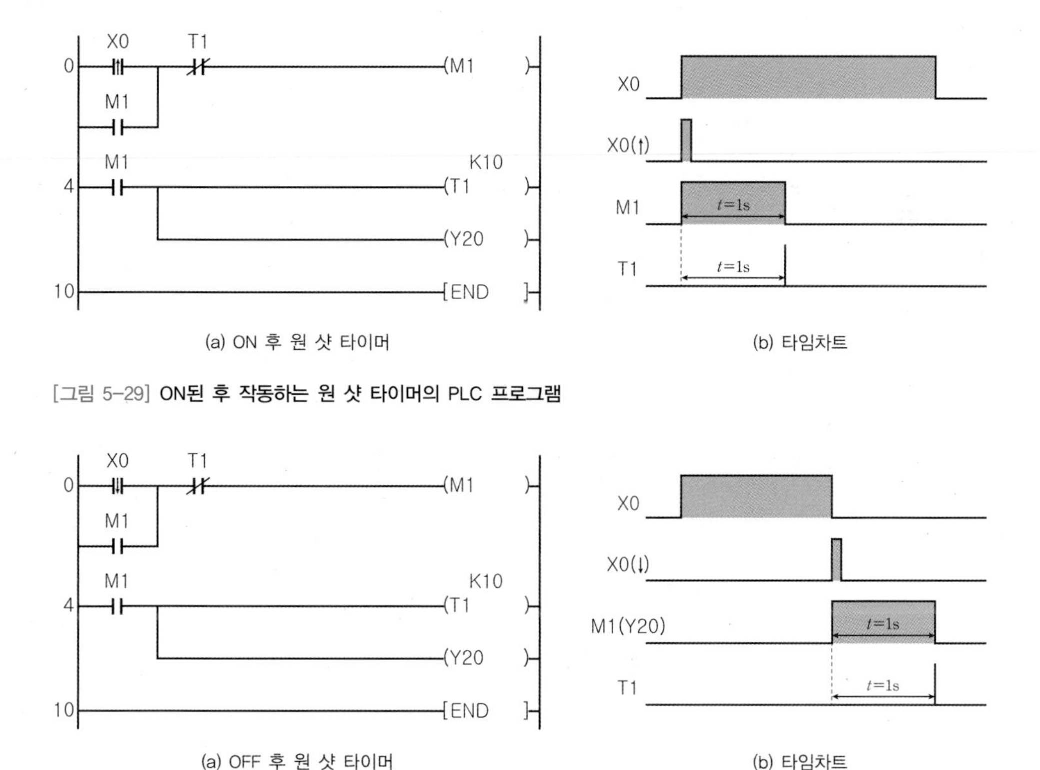

(a) ON 후 원 샷 타이머

(b) 타임차트

[그림 5-29] **ON된 후 작동하는 원 샷 타이머의 PLC 프로그램**

(a) OFF 후 원 샷 타이머

(b) 타임차트

[그림 5-30] **OFF 후 작동하는 원 샷 타이머 PLC 프로그램**

5.3.6 특수기능 타이머(STMR)

앞에서 자기유지 회로와 딜레이 타이머를 사용해서 다양한 기능을 가진 타이머 동작을 PLC 프로그램으로 작성하는 방법을 살펴보았다. 멜섹의 특수기능 타이머 STMR 명령어를 사용하면 앞에서 학습한 다양한 타이머의 기능을 손쉽게 구현할 수 있다. STMR 명령을 사용하면, 한 개의 명령으로 4종류의 타이머 동작의 출력이 가능하다.

[표 5-5] STMR 명령어의 구성

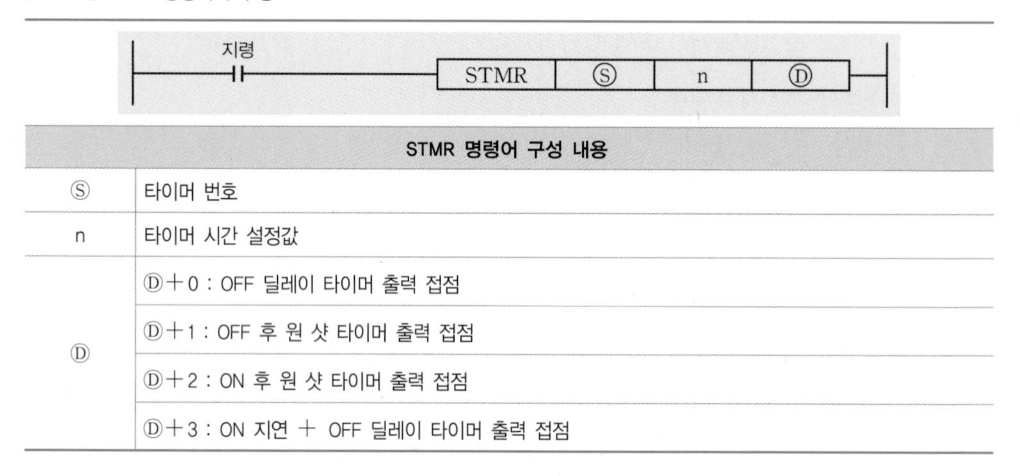

STMR 명령어 구성 내용	
Ⓢ	타이머 번호
n	타이머 시간 설정값
Ⓓ	Ⓓ+0 : OFF 딜레이 타이머 출력 접점
	Ⓓ+1 : OFF 후 원 샷 타이머 출력 접점
	Ⓓ+2 : ON 후 원 샷 타이머 출력 접점
	Ⓓ+3 : ON 지연 + OFF 딜레이 타이머 출력 접점

[그림 5-31]에 STMR 타이머의 사용법을 나타내었다. STMR 명령에 사용한 타이머의 출력 접점([그림 5-31]에서 T1을 의미함)은 사용할 수 없고, Ⓓ에 사용된 비트는 4개가 연속으로 사용되어 타이머의 출력 이외의 다른 용도로 사용할 수 없다. STMR을 이용하여 플리커 타이머를 만드는 방법을 살펴보자.

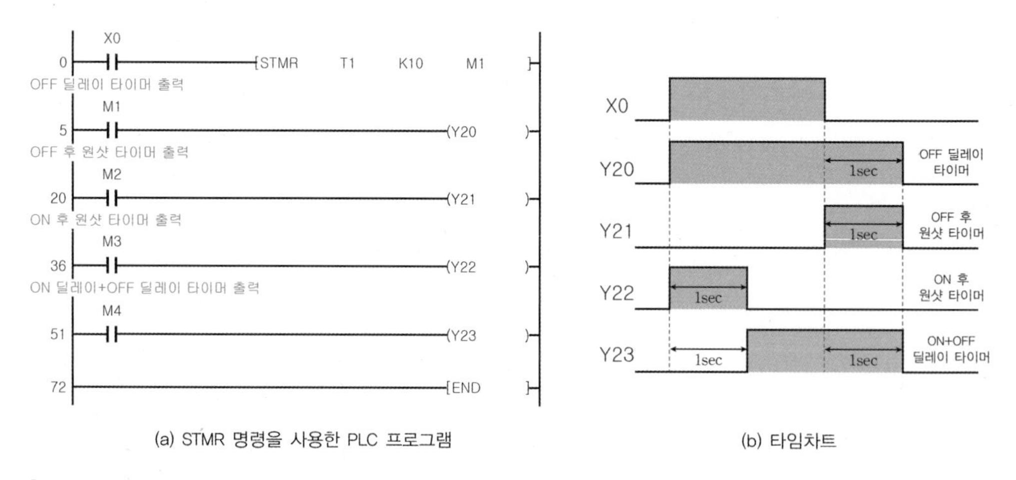

(a) STMR 명령을 사용한 PLC 프로그램

(b) 타임차트

[그림 5-31] STMR을 이용한 PLC 프로그램

STMR 명령어를 사용해서 만든 타이머의 타임차트와, 앞에서 살펴본 온 딜레이 타이머 2개를 사용해서 만든 타이머의 타임차트를 비교해보면, ON 신호가 먼저 출력되는 접점과 OFF 신호가 먼저 출력되는 접점이 구분되어 있음을 확인할 수 있다. [그림 5-32]와 같이 STMR 타이머를 이용한 플리커 타이머는 타이머를 1개만 사용하기 때문에 ON과 OFF 주기가 동일하게 동작한다. 따라서 ON/OFF의 주기가 다른 형태의 펄스신호를 만드는 용도로는 STMR 타이머를 사용할 수 없다. ON/OFF 주기가 다른 경우에는 앞에서 살펴본 2개의 타이머를 이용한 플리커 타이머를 사용한다.

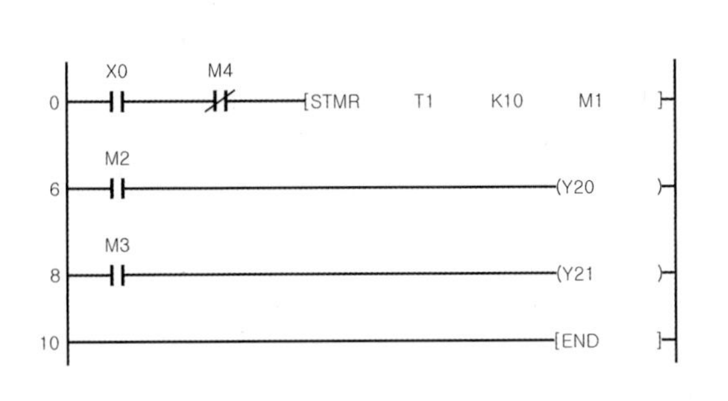

(a) STMR을 이용한 플리커 타이머 PLC 프로그램

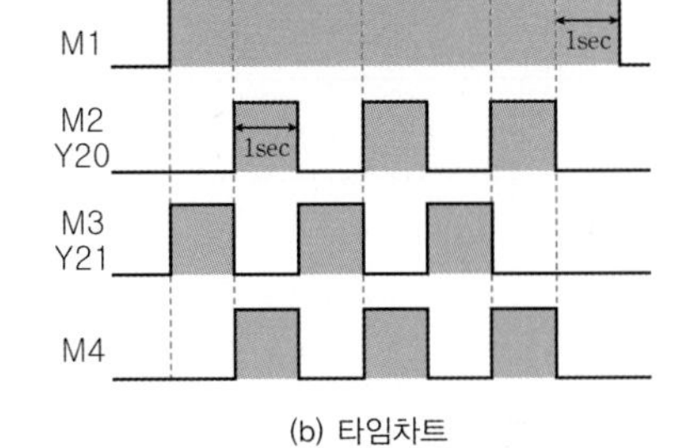

(b) 타임차트

[그림 5-32] STMR을 이용한 플리커 타이머 PLC 프로그램

5.4 카운터 회로

카운터counter는 '수를 세다'는 의미로 이름 붙여졌다. 자동화 전기회로에서 카운터는 전기 스위치의 ON/OFF 횟수를 세거나, 센서의 ON/OFF 신호를 세는 역할을 한다. 카운터는 동작 기능에 따라 가산(UP) 카운터와 감산(DOWN) 카운터, 가감산(UP/DOWN) 카운터로 구분된다. 멜섹Q PLC에서는 가산 카운터 명령과 가감산 카운터 명령을 지원한다.

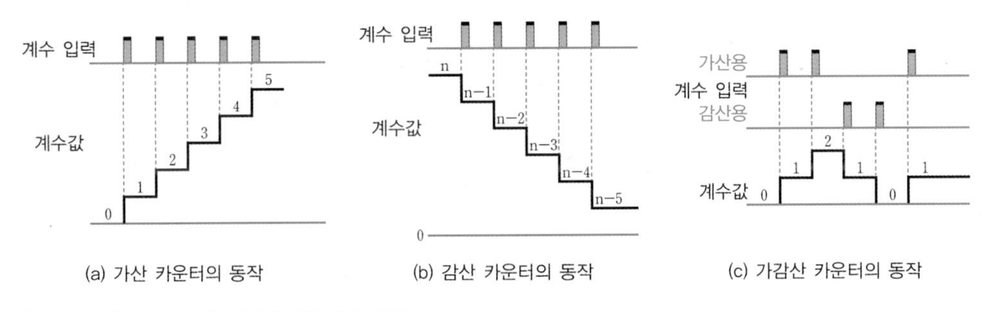

(a) 가산 카운터의 동작 (b) 감산 카운터의 동작 (c) 가감산 카운터의 동작

[그림 5-33] 가산, 감산, 가감산 카운터의 동작

5.4.1 가산(UP) 카운터

가산 카운터 또는 업 카운터라 불리는 이 카운터는 입력신호가 ON/OFF될 때마다 현재값에 1을 더하고, 설정값과 비교하여 같거나 크면 카운터의 출력이 ON된다. 출력이 ON된 후에는 리셋 명령을 통해 현재값을 강제로 0으로 만들며, 이때 카운터의 출력도 OFF된다.

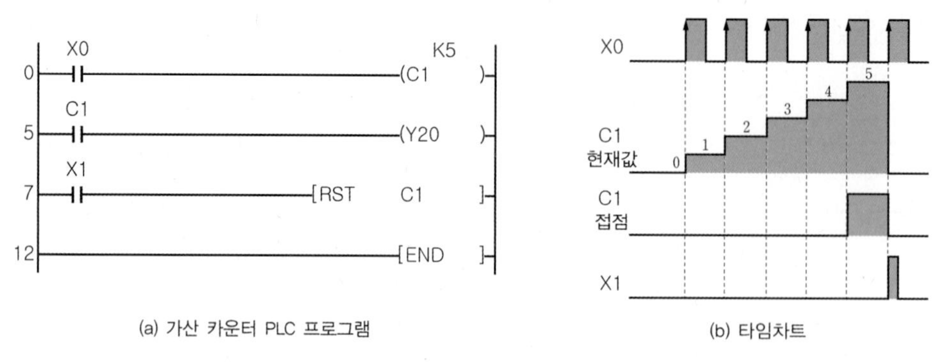

[그림 5-34] **가산 카운터 PLC 프로그램**

가산 카운터 사용상 주의할 점 1 : 카운터가 리셋될 때 발생하는 문제점

가산 카운터의 입력 접점이 ON인 상태에서 카운터 리셋 또는 CPU의 전원이 OFF → ON되거나, CPU가 리셋되면 카운터의 값은 자동으로 1이 증가한다.

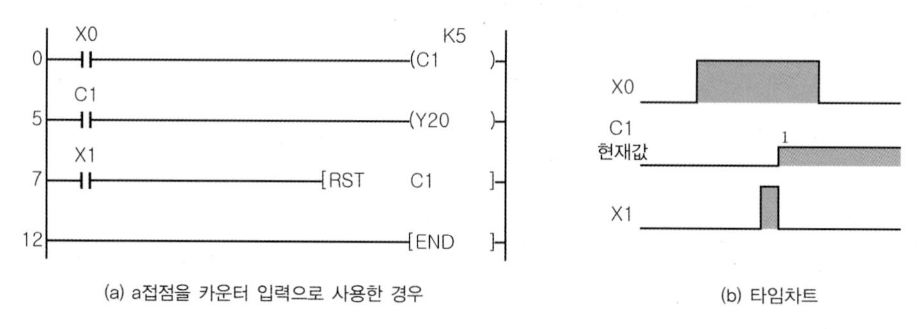

[그림 5-35] **카운터의 입력이 ON인 상태에서 카운터 리셋을 할 때 발생하는 문제점**

카운터의 입력이 ON인 상태에서 카운터 리셋을 해야 하는 경우, 카운터의 입력 접점으로 카운터의 조건에 맞는 상승펄스 또는 하강펄스 신호를 사용하면 앞에서 언급한 문제점을 해결할 수 있다.

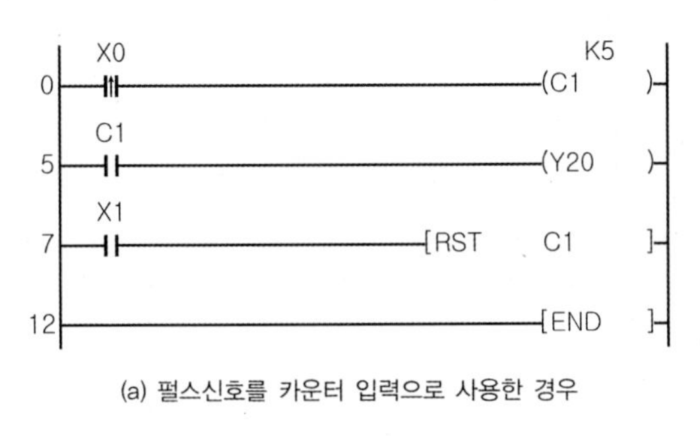

(a) 펄스신호를 카운터 입력으로 사용한 경우

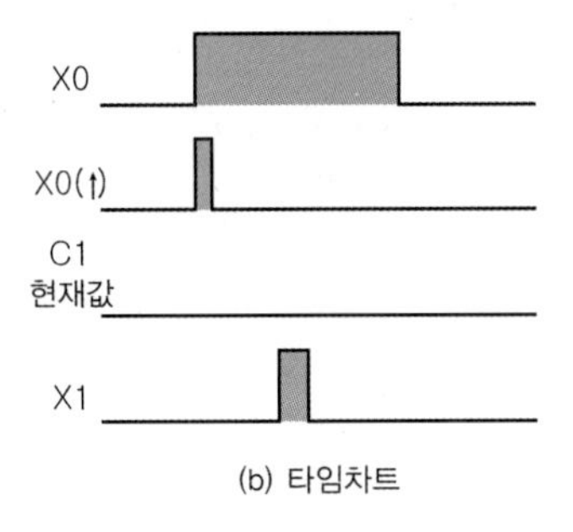

(b) 타임차트

[그림 5-36] **[그림 5-35]의 문제점 해결방법**

가산 카운터 사용상 주의할 점 2 : 펄스신호의 사용

카운터의 입력신호로 사용할 수 있는 것은 a접점, b접점, 상승펄스, 하강펄스 신호이다. 여러 종류의 입력신호가 카운터의 입력으로 사용되어도, 카운터는 입력신호의 상승펄스 신호를 체크하여 카운터의 현재값을 1씩 증가시킨다. 이는 PLC 프로그램이 스캔 처리 방식으로 실행되기 때문에 입력신호가 여러 스캔에 걸쳐 ON되었을 때에도 카운터의 현재값을 1씩 증가시키기 위함이다. 자기유지 회로와 플리커 타이머를 사용해서 램프의 점멸을 10회 실행하고자 할 때, 일반 접점을 사용하면 어떤 문제가 발생하는지 [그림 5-37]에 주어진 프로그램을 작성해서 실행시켜보자.

[그림 5-37] **카운터의 입력에 ON/OFF 접점 신호 사용**

[그림 5-37]의 프로그램을 작성해서 실제로 동작시켜보면, 램프가 10회를 점멸 동작하지 않고 9회만 점멸 동작하는 것을 확인할 수 있다. 그 이유는 뭘까?

[그림 5-38]에서 카운터는 입력신호의 상승펄스에서 카운터의 값을 증가시킨다. 따라서 상승펄스 신호가 10번째 되는 순간 플리커 타이머의 동작을 중지시켜 램프가 9회만 점등된 것이다. 램프의 점멸을 10회 반복하려면 [그림 5-39]처럼 카운터의 입력에 하강펄스 신호를 사용한다. + 명령은 하강펄스 명령 앞에 여러 개의 접점의 조합을 통해 하강펄스 신호를 얻고자 할 때 사용하는 명령이다.

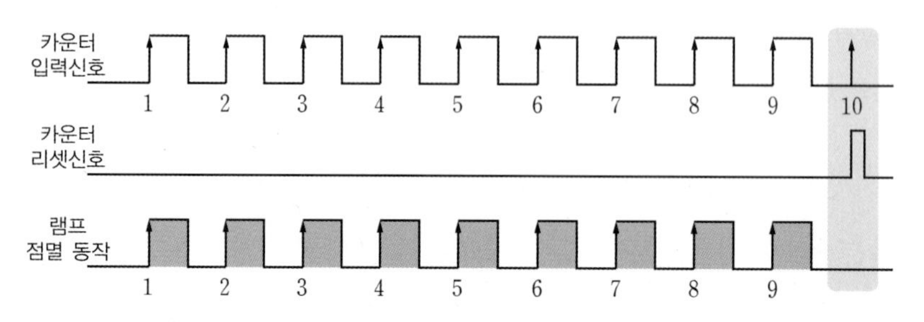

[그림 5-38] 카운터의 상승펄스 신호에 의한 램프 점멸 동작

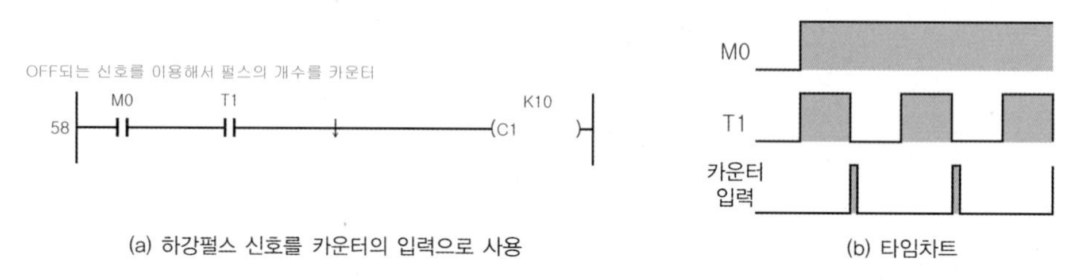

(a) 하강펄스 신호를 카운터의 입력으로 사용

(b) 타임차트

[그림 5-39] [그림 5-37]의 프로그램에서 카운터의 입력신호를 하강펄스 신호로 사용

ON/OFF되는 입력신호를 카운트하려면, 앞에서 살펴본 것처럼 어떤 입력 조건을 카운터의 입력으로 사용할지 잘 판단해야 한다. 따라서 카운터의 입력신호로 접점이 아닌 상승 또는 하강펄스 신호를 조건에 맞게 선택하여 사용하는 게 좋다.

가산 카운터 사용상 주의할 점 3 : 카운터 리셋 위치

카운터의 출력은 별도의 카운터 리셋 명령을 사용하여 0으로 리셋한다. 카운터의 리셋 명령이 별도로 사용되기 때문에, PLC 프로그램에서 카운터의 리셋 명령의 위치 또는 프로그램의 작성 조건에 따라 카운터의 출력신호가 프로그램에 적용될 수도, 또는 적용되지 않을 수도 있다. [그림 5-37]의 프로그램을 [그림 5-40]처럼 수정해보자.

[그림 5-40]의 프로그램처럼 카운터 출력에 의해 M0의 리셋 명령의 위치를 변경해서 프로그램을 실행해보면, 카운터의 출력에 의해 M0가 리셋되지 못하고 램프의 점멸 동작을 무한히 반복하게 된다. 그 이유는 PLC 프로그램이 스캔 방식으로 위에서부터 아래로 순차적으로 실행 처리되어, C1의 출력이 ON되는 구간이 정해져 있기 때문이다. 카운터의 출력이 ON되는 구간에 M0를 리셋시키는 명령이 위치하지 않았기 때문에, M0는 리셋되지

못하고 카운터의 출력만 리셋되어 램프의 점멸 동작을 무한 반복하게 되는 것이다.

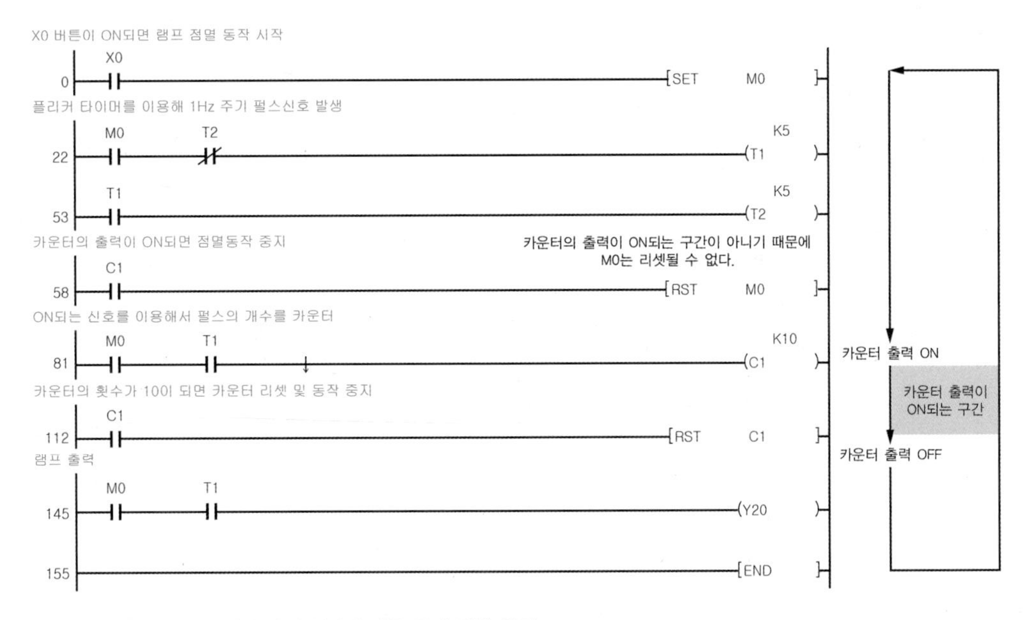

[그림 5-40] **카운터의 리셋 명령 위치에 따른 문제 발생 원인**

[그림 5-41]은 카운터의 리셋 명령을 카운터의 입력 앞으로 변경한 프로그램이다. 이 프로그램에서 카운터의 출력이 영향을 미치는 구간은 카운터 리셋 명령을 제외한 프로그램 전체이다. 따라서 [그림 5-40]에서 발생한 문제가 해결되었다. PLC는 스캔 방식으로 프로그램을 처리하기 때문에 프로그램에서 사용되는 명령어가 프로그램의 어디까지 영향을 미치는지를 정확하게 판별해서 해당 명령어를 사용해야 한다.

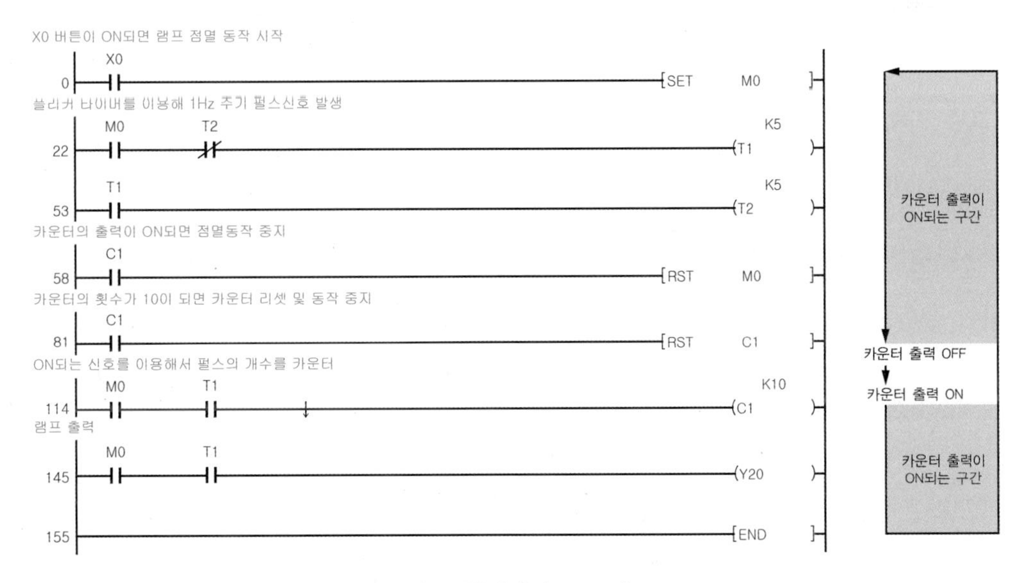

[그림 5-41] **카운터의 리셋 명령 위치 변경에 따른 카운터 출력 ON 구간**

5.4.2 가감산(UP/DN) 카운터

PLC에서는 가산 카운터가 주로 사용되지만, 모터의 회전수를 검출할 때 모터의 정역 방향에 따라 발생하는 펄스신호를 가산 또는 감산을 해야 하는 경우에는 가감산 카운터(업/다운[UP/DN] 카운터)를 사용한다. 멜섹에서는 가감산 카운터를 '1상 입력 업/다운 카운터'라 부르며, 명령어는 'UDCNT1'이다.

[표 5-6] UDCNT1 명령어의 구성

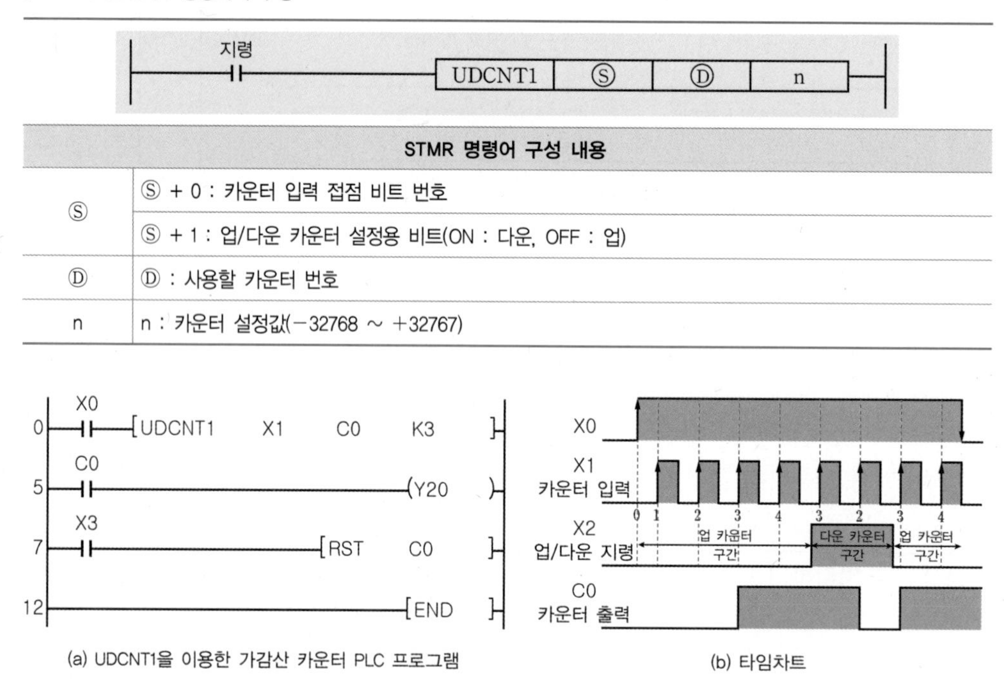

STMR 명령어 구성 내용	
Ⓢ	Ⓢ + 0 : 카운터 입력 접점 비트 번호
	Ⓢ + 1 : 업/다운 카운터 설정용 비트(ON : 다운, OFF : 업)
Ⓓ	Ⓓ : 사용할 카운터 번호
n	n : 카운터 설정값(−32768 ~ +32767)

(a) UDCNT1을 이용한 가감산 카운터 PLC 프로그램

(b) 타임차트

[그림 5-42] UDCNT1을 이용한 가감산 카운터 PLC 프로그램

[그림 5-42]의 UDCNT1의 명령어 동작에서, 입력 X0는 명령어의 실행 여부를 결정하는 비트 입력이다. 입력 X1은 카운터를 위한 펄스신호 입력, 그리고 X2는 가산과 감산 동작을 선택하는 입력이다. 따라서 X1=ON, X2=OFF인 경우에는 X1이 ON될 때마다 카운터의 값이 증가하고, X1=ON, X2=ON인 경우에는 X1이 ON될 때마다 카운터의 값이 감소한다. 그리고 카운터의 현재값과 설정값을 비교해서 현재값이 설정값보다 크거나 같으면 카운터의 출력이 ON된다. 한편 리셋 명령을 사용하면 카운트 중에 카운터의 현재값을 0으로 설정할 수 있다.

실습과제 5-1 자기유지 회로를 사용하여 램프 점등하기

시퀀스 명령을 사용한 자기유지 회로를 통해 램프를 점등하는 PLC 프로그램 작성법에 대해 학습한다.

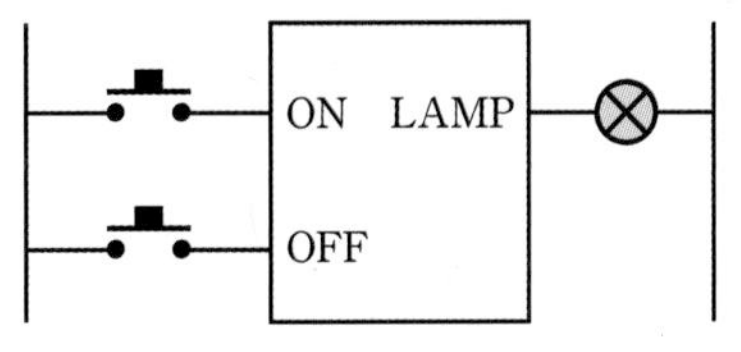

(a) 램프 점등을 위한 입출력 구성

입력		출력	
번지	기능	번지	기능
X00	ON	Y20	LAMP
X01	OFF	-	-

(b) PLC 입출력 리스트

[그림 5-43] **1개의 램프를 점등하기 위한 시스템 구성 및 입출력 리스트**

동작 조건

❶ 시스템의 전원이 ON되면 램프는 소등된 상태이다.

❷ ON 버튼을 누르면 램프는 점등된다.

❸ OFF 버튼을 누르면 램프는 소등된다.

생각해봅시다

■ 일반 전기회로와 PLC 전기회로의 차이점

일반 전기회로에 사용하는 스위치는 ON 또는 OFF 상태를 계속 유지하기 위해 스위치 자체가 물리적으로 잠기는 기능을 가진다. 램프를 ON하는 스위치에 푸시버튼을 사용하면, 램프를 ON하기 위해 누군가가 푸시버튼을 계속 누르고 있어야 하는 문제가 있기 때문이다.

PLC는 정보를 기억하는 메모리 기능을 가진다. PLC는 램프 점등을 위한 해당 비트 메모리의 정보를 0 또는 1로 변경해 램프의 ON/OFF를 제어할 수 있지만, 물리적인 힘으로 동작하여 기계적으로 위치가 고정되는 스위치를 제어할 수는 없다. 만약 입력 스위치의 상태가 고정되어 있으면, 해당 입력이 계속 ON 또는 OFF가 되기 때문에, PLC의 메모리 내용도 계속 고정된다. 그 결과, 메모리에 저장된 정보를 변경할 수 없는 문제가 발생한다.

따라서 PLC에서 입력모듈에 연결되어 사용되는 스위치의 대부분은 푸시버튼에 해당되며, 그 중 일부는 자동/수동 선택과 같은 동작모드 선택 스위치이거나, 또는 비상정지 조건에 기계적으로 잠기는 스위치이다. 동작모드 및 비상정지는 PLC가 아닌 사람이 선택하는 기능이므로 PLC에 의해 해당 동작모드가 변경되지 않도록 기계적으로 해당 동작모드를 고정시키는 것이라 생각하면 된다.

PLC 프로그램 작성법

PLC에서 출력 1개를 제어하기 위해서는 1개 이상의 자기유지 회로가 필요함을 기억하자. 그리고 자기유지 회로에는 출력을 ON 상태로 만드는 SET 입력과, 출력을 OFF 상태로 만드는 RESET 입력이 있다는 것도 알고 있어야 한다.

램프 1개를 제어하기 위해서는 기본적으로 자기유지 회로 1개가 필요하다. 자기유지 회로에서 램프를 점등하는 SET 입력에 해당되는 입력이 X0이고, RESET 입력에 해당되는 입력이 X1이다. 자기유지 회로에 사용한 내부 비트 메모리의 정보를 출력 Y20에 전달하면, 1개의 램프를 제어하는 PLC 프로그램이 완성된다.

PLC 프로그램

PLC 프로그램을 작성할 때에는 제어하고자 하는 입력과 출력의 개수를 먼저 파악한다. 이때 출력의 개수 또는 더 많은 자기유지 회로가 필요함을 기억하기 바란다.

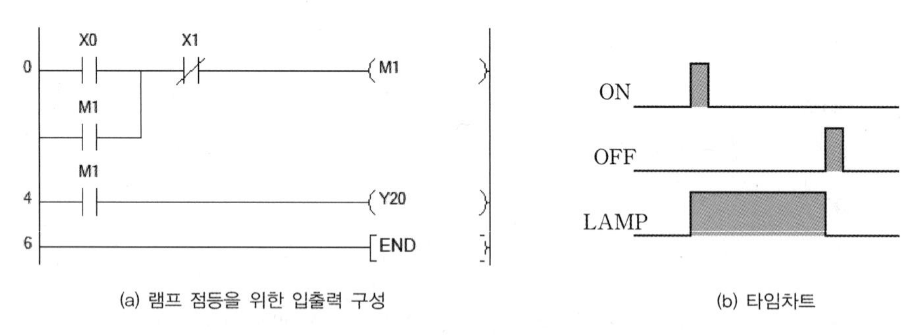

(a) 램프 점등을 위한 입출력 구성

(b) 타임차트

[그림 5-44] 1개의 램프를 점등하기 위한 시스템 구성 및 타임차트

➔ 실습과제 5-2 자기유지 회로와 타이머의 조합

실습과제를 통해 자기유지 회로와 타이머의 조합을 활용하여 원하는 시간만큼 출력을 제어하는 방법을 학습해보자.

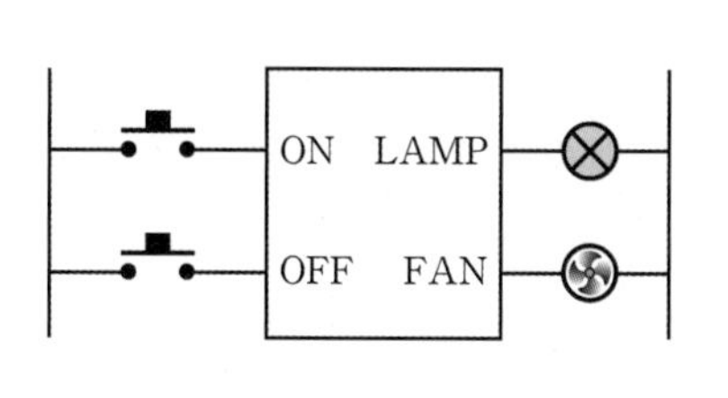

(a) 램프와 팬 제어를 위한 시스템 구성도

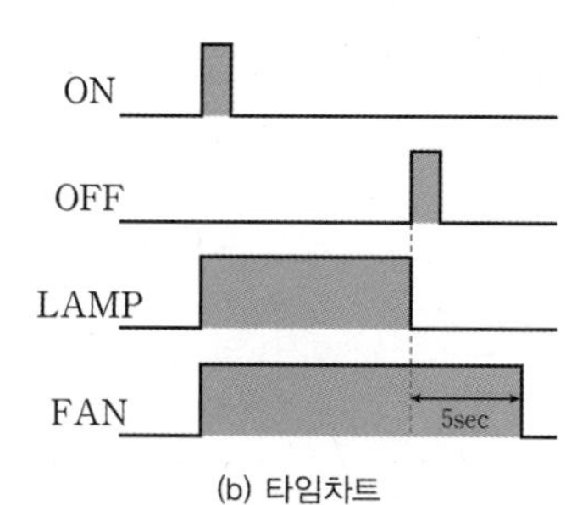

(b) 타임차트

[그림 5-45] **램프와 팬 제어를 위한 시스템 구성도 및 타임차트**

동작 조건

❶ 시스템의 전원이 ON되면 램프와 팬은 OFF 상태이다.

❷ ON 버튼을 누르면 램프와 팬은 ON된다.

❸ OFF 버튼을 누르면 램프는 소등되고, 팬은 5초 동안 더 동작한 후에 정지한다.

PLC 프로그램 작성법

[실습과제 5-1]에서 램프 1개를 제어하는 데 1개의 자기유지 회로를 사용하였다. 2개의 출력(램프와 팬)을 제어하기 위해서는 2개의 자기유지 회로가 필요하다. 그런데 출력이 2개 이상인 경우에는 출력이 각각 동작하는 경우와 서로 연결되어 동작하는 경우로 구분되는데, 각각 동작하는 경우에는 앞에서 학습한 것처럼 해당 자기유지 회로의 셋과 리셋 입력을 지정하면 된다. 하지만 서로 연결되어 동작하는 경우에는 2개의 출력이 어떤 입력에 의해 동작하는지를 살펴보아야 한다.

입력과 출력의 연결 관계를 표현한 것이 [그림 5-45(b)]에 제시한 타임차트이다. 타임차트를 살펴보면, FAN은 OFF 버튼이 눌린 후에도 5초 동안 동작한 후에 정지하도록 되어있기 때문에 타이머를 사용해야 함을 알 수 있다. 출력 2개를 제어하기 위해서는 2개의 자기유지 회로와 1개의 타이머가 필요하다.

여기서는 주어진 동작 조건을 만족하는 두 가지 형태의 프로그램을 작성할 것이다. 첫 번째는 2개의 출력을 제어하기 위한 2개의 자기유지 회로와 1개의 온 딜레이 타이머를 사용하는 방식이다. 다른 프로그램은 2개의 출력을 제어하기 위해 1개의 자기유지 회로와 오프 딜레이 타이머를 사용한다. 두 개의 프로그램을 비교하면서 어떤 차이점이 있는지 살펴보기 바란다.

PLC 프로그램 1

[그림 5-46]의 프로그램과 동작 타임차트를 살펴보자. ON 버튼(X0)에 의해 M1과 M2가 셋되고, 램프와 팬의 출력이 ON된다. OFF 버튼(X1)이 눌리면 M1은 즉시 리셋되어 램프는 소등된다. 램프가 소등되고 팬만 동작할 때 온 딜레이 타이머가 동작한다. 타이머의 설정시간인 5초가 경과되면 타이머의 출력이 ON되는데, 이때 M2가 리셋되어 팬의 동작이 중지된다. 이처럼 출력 2개를 제어하기 위해서는 2개 이상의 자기유지 회로가 필요하고, 각각의 자기유지 회로에는 셋과 리셋 입력이 필요하다.

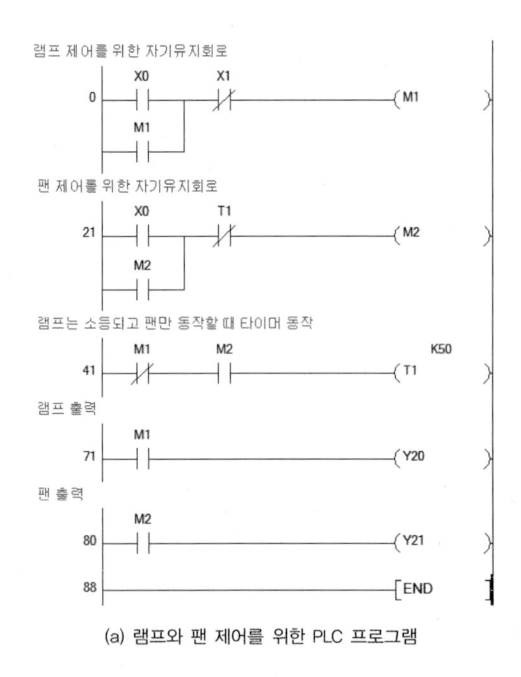

(a) 램프와 팬 제어를 위한 PLC 프로그램

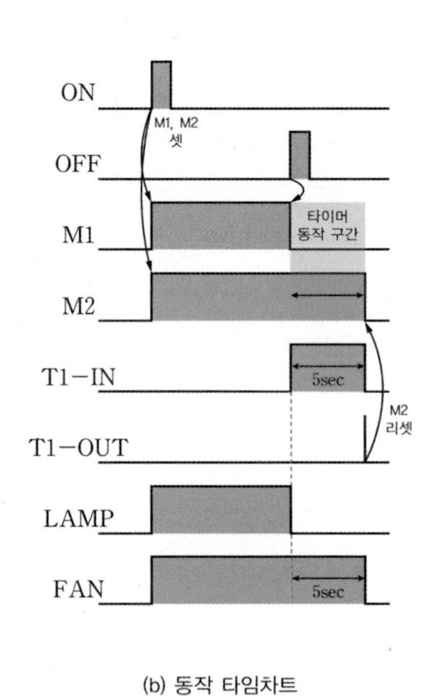

(b) 동작 타임차트

[그림 5-46] **2개의 자기유지 회로와 온 딜레이 타이머 사용**

이제는 이 회로를 좀 더 간략화할 수 있는 방법이 없는지 살펴보자. [그림 5-47]의 동작 타임차트에서 램프와 팬의 동작을 살펴보면, 그 형태가 앞에서 학습한 오프 딜레이 타이머의 타임차트와 같음을 알 수 있을 것이다.

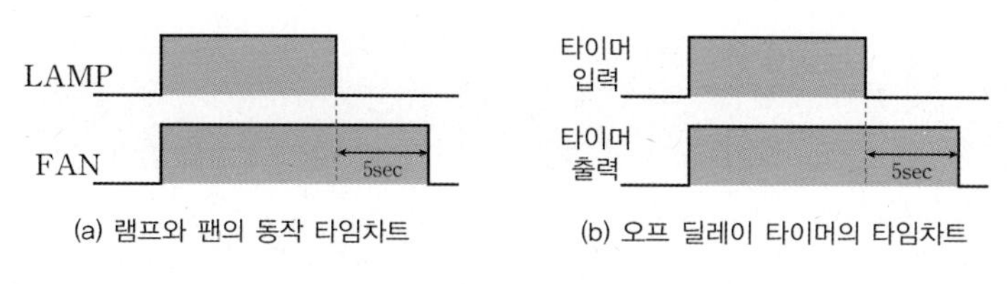

(a) 램프와 팬의 동작 타임차트 (b) 오프 딜레이 타이머의 타임차트

[그림 5-47] **램프와 팬 제어를 위한 시스템 구성도 및 타임차트**

PLC 프로그램 2

램프와 팬의 동작을 제어하기 위한 [그림 5-47]과 [그림 5-48]의 (a) 프로그램을 살펴보면, 2개의 자기유지 회로가 사용되고 있음을 확인할 수 있다. [그림 5-48(a)]에서는 자기유지 회로와 온 딜레이 타이머를 조합한 오프 딜레이 타이머를 사용해서 프로그램을 작성했다. 이처럼 동일한 동작 조건에도 프로그램을 작성하는 사람에 따라 각기 달라지는 것이 프로그램이다. 따라서 다양한 경험을 통해서 더욱 단순하면서도 효율적이고 체계적인 프로그램을 작성할 수 있도록 노력해야 한다.

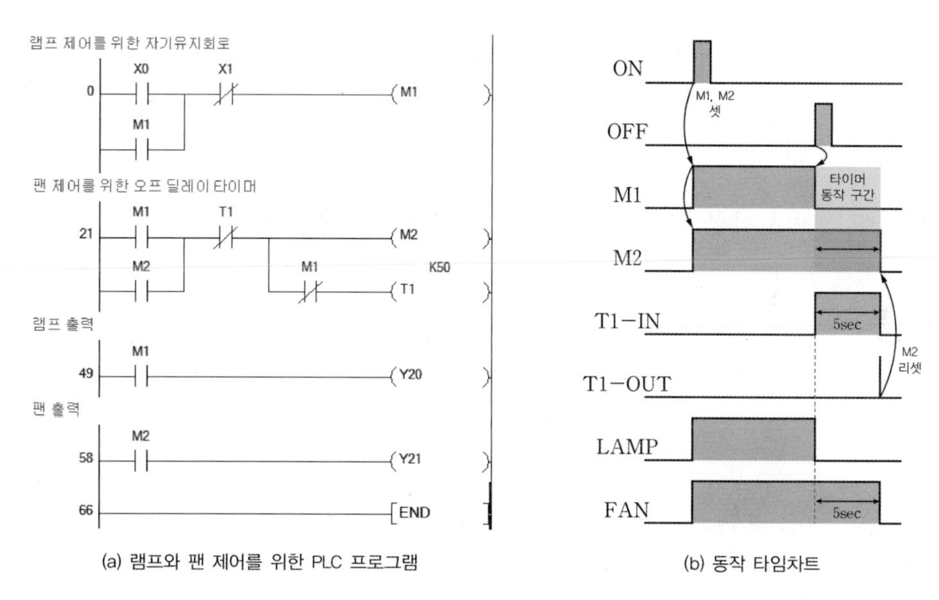

(a) 램프와 팬 제어를 위한 PLC 프로그램 (b) 동작 타임차트

[그림 5-48] **1개의 자기유지 회로와 오프 딜레이 타이머 사용**

➔ 실습과제 5-3 플리커 타이머 사용하기

자기유지 회로와 온 딜레이 타이머를 조합하여 플리커 타이머를 만드는 방법에 대해 앞에서 살펴보았다. 여기서는 플리커 타이머를 어떻게 사용하는지를 학습해보자.

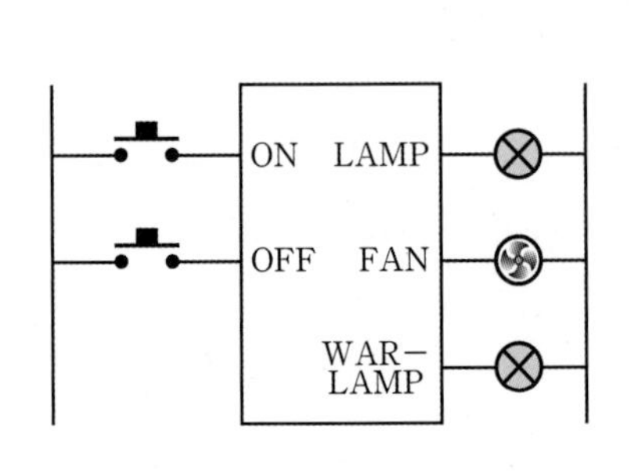

(a) 램프와 팬 제어를 위한 시스템 구성도

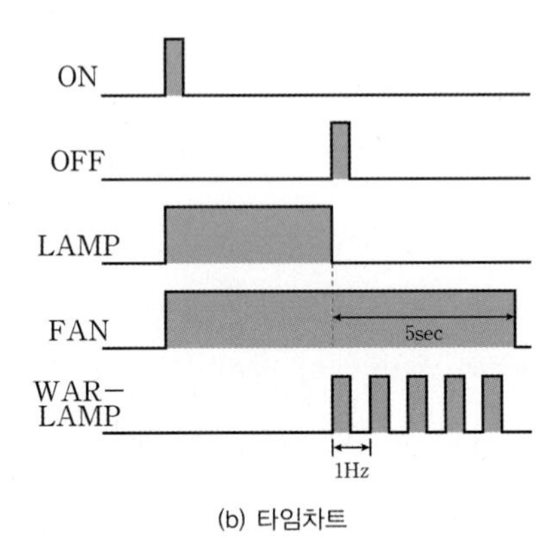

(b) 타임차트

[그림 5-49] **램프와 팬 제어를 위한 시스템 구성도 및 타임차트**

동작 조건

❶ 시스템의 전원이 ON되면 램프와 팬, 경고등WAR_LAMP은 OFF 상태이다.

❷ ON 버튼을 누르면 램프와 팬은 ON된다.

❸ OFF 버튼을 누르면 램프는 소등되고, 팬은 5초 동안 더 동작한 후에 정지한다.

❹ 팬만 동작할 때 경고등이 1Hz 간격으로 점멸 동작을 한다.

PLC 프로그램 작성법

램프를 점멸시키거나 일정한 주기로 동작해야 하는 경우에는 앞에서 학습한 플리커 타이머를 사용한다. 플리커 타이머는 2개의 온 딜레이 타이머를 사용하기 때문에 ON/OFF 시간도 비대칭적으로 자유롭게 조정이 가능하다. [그림 5-49]의 타임차트에서 경고등의 동작은 ON부터 시작한다. 따라서 앞에서 학습한 플리커 타이머의 출력을 반전시켜 램프를 점등시켜야 한다. 이 내용이 이해가지 않는다면 앞에서 배운 플리커 타이머 부분을 다시 학습해보기 바란다.

경고등의 동작 시점은 팬만 동작할 때이다. 즉 램프는 소등되고 팬만 동작하는 시점부터 경고등의 점멸 동작이 이루어져야 한다.

PLC 프로그램

[그림 5-50]의 프로그램에는, 2개의 출력(램프와 팬)을 제어하기 위해 2개의 자기유지 회로와, 경고등의 점멸 동작을 위한 플리커 타이머(T2, T3)가 사용되었다. 그리고 경고등이 소등되고 팬만 동작하는 시점부터 ON되기 위해 M3과 T2의 b접점을 입력으로 사용하고 있다.

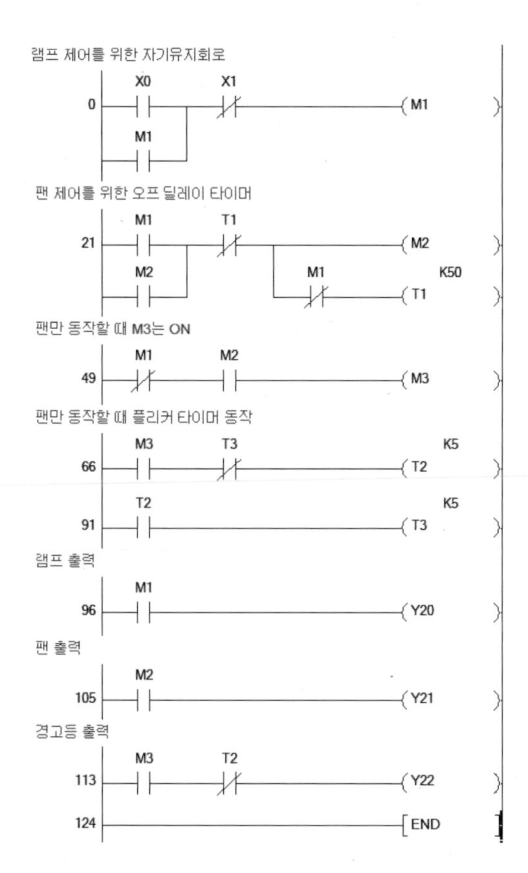

[그림 5-50] **플리커 타이머 적용**

실습과제 5-4 적산 타이머 사용하기

적산 타이머는 일반적으로 많은 시간을 누적해야 하는 타이머이기 때문에 카운터와 조합하여 큰 시간을 적산할 수 있도록 한다. 적산 타이머와 카운터를 조합한 적산 타이머 사용법에 대해 학습해보자.

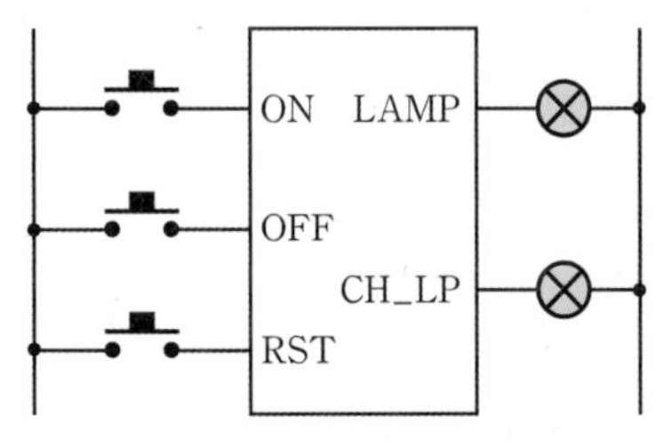

(a) 램프 점등을 위한 입출력 구성

입력		출력	
번지	기능	번지	기능
X00	ON	Y20	LAMP
X01	OFF	Y21	CH_LP
X02	RST		

(b) PLC 입출력 리스트

[그림 5-51] **1개의 램프를 점등하기 위한 시스템 구성 및 입출력 리스트**

동작 조건

❶ 시스템의 전원이 ON되면 램프는 소등된 상태이다.

❷ ON 버튼을 누르면 램프는 점등된다.

❸ OFF 버튼을 누르면 램프는 소등된다.

❹ 램프의 ON 시간을 누적해서 램프의 점등시간이 200초 이상이 되면, 램프 교체를 알리는 램프가 점등된다. 램프 교체 후 리셋 버튼을 누르면 적산 타이머와 카운터가 리셋된다.

❺ 적산 타이머의 램프 설정시간을 10초로 설정하고, 적산 타이머의 동작을 카운터로 카운트해서 20번 동작하면 램프 교체를 알리는 램프를 점등시킨다.

생각해봅시다

■ 타이머의 설정시간을 늘리는 방법

타이머에서 설정 가능한 최댓값은 32767이다. 시간으로 계산해보면 32767×100ms=3276700ms로 54분 36.7초에 해당된다. 온/오프 딜레이 타이머에서 최대 54분 36초의 설정시간은 결코 적은 시간이 아니다. 하지만 시간을 누적하는 적산 타이머에서는 이 시간이 아주 적은 시간일 수 있다. 그렇다면 수백 또는 수천 시간을 누적하는 적산 타이머의 설정시간은 어떻게 해야 할까? 타이머에서 설정 가능한 시간보다 더 많은 시간을 누적해야 할 경우에는 적산 타이머와 카운터를 조합해서 사용한다.

예를 들어 사용시간 500분이 누적되면 소모품 교체 램프가 점등되는 동작을 PLC 프로그램으로 만들어보자. 적산 타이머의 설정시간은 50분으로 설정한다. 50분을 100ms 단위로 나타내면 30000이 된다. 적산 타이머의 설정시간을 (ST1 K30000)으로 하면, 50분 간격으로 적산 타이머의 출력이 ON될 때마다 카운터의 값을 1씩 증가시킨 후, 적산 타이머를 리셋하면 적산 타이머는 다시 50분이라는 시간을 적산하는 동작을 반복하게 될 것이다. 카운터의 값이 10이 되면 소모품의 사용시간 500분이 충족되므로 카운터의 출력을 이용하여 소모품 교체를 위한 램프를 점등하면 된다.

다만 적산 타이머와 카운터는 CPU의 전원이 OFF되거나 리셋되면 설정값이 0으로 초기화되는 문제점을 가지고 있다. 사용시간을 누적해야 하는 적산 타이머의 설정값이 PLC의 전원과 리셋에 의해 초기화되지 않게 하려면 PLC 메모리의 래치 기능을 사용해야 한다.

■ 래치 기능의 설정 방법

래치[latch] 기능이란 PLC 전원의 ON → OFF → ON 변화나 CPU 모듈의 리셋에도 디바이스에 설정한 값이 유지되는 기능을 의미한다. 래치 기능의 설정은 PLC 파라미터 설정에서 이루어진다.

PLC Name | PLC System | PLC File | PLC RAS | Boot File | Program | SFC | Device | I/O Assignment | Multiple CPU Setting | Built

	Sym.	Dig.	Device Points	Latch (1) Start	Latch (1) End	Latch (2) Start	Latch (2) End	Local Device Start	Local Device End
Input Relay	X	16	8K						
Output Relay	Y	16	8K						
Internal Relay	M	10	8K						
Latch Relay	L	10	8K						
Link Relay	B	16	8K						
Annunciator	F	10	2K						
Link Special	SB	16	2K						
Edge Relay	V	10	2K						
Step Relay	S	10	8K						
Timer	T	10	2K						
Retentive Timer	ST	10	1K	0	100				
Counter	C	10	1K	0	100				
Data Register	D	10	11K						
Link Register	W	16	8K						
Link Special	SW	16	2K						
Index	Z	10	20						

[그림 5-52] **디바이스의 래치 설정**

래치 기능의 사용이 가능한 디바이스는 래치 항목에서 바탕색이 흰색으로 표시된 영역의 디바이스이다. 래치1, 래치2로 영역이 구분되어 있는데, 래치1 영역은 래치 클리어 조작이 가능한 범위이고, 래치2 영역은 래치 클리어 조작이 불가능한 영역이다. [그림 5-52]에서 적산 타이머와 카운터는 래치1, 래치2 영역을 사용할 수 있다. [그림 5-52]처럼 래치1 영역에 사용할 타이머와 카운터의 번지를 등록한 후에 PLC로 변경된 파라미터를 전송한다. 그 다음으로 [그림 5-53]의 프로그램을 실행하면, 적산 타이머 0번 ~ 100번까지, 카운터 0번~100번까지는 프로그램 실행 도중에 CPU가 리셋되거나 PLC의 전원이 OFF되었다가 ON되어도 이전의 적산 타이머와 카운터에서 계측된 값이 그대로 유지되는 것을 확인할 수 있다. 래치 가능한 영역의 디바이스에 래치 영역을 설정하면, 현재 설정한 데이터 및 계측된 값을 전원의 ON/OFF 및 CPU 리셋과 관계없이 저장할 수 있다.

PLC 프로그램 작성법

제어할 램프 2개를 살펴보면, 램프는 ON/OFF 입력에 의해 동작하기 때문에 자기유지 회로를 필요로 한다. 그리고 램프 교환 시기를 알려주는 램프의 경우, 적산 타이머와 카운터 조합의 출력이 자기유지 회로 기능을 가지고 있기 때문에 별도의 자기유지 회로가 필요하지 않다. 그리고 큰 시간을 누적하기 위해 적산 타이머와 카운터를 조합해서 사용한다.

PLC 프로그램

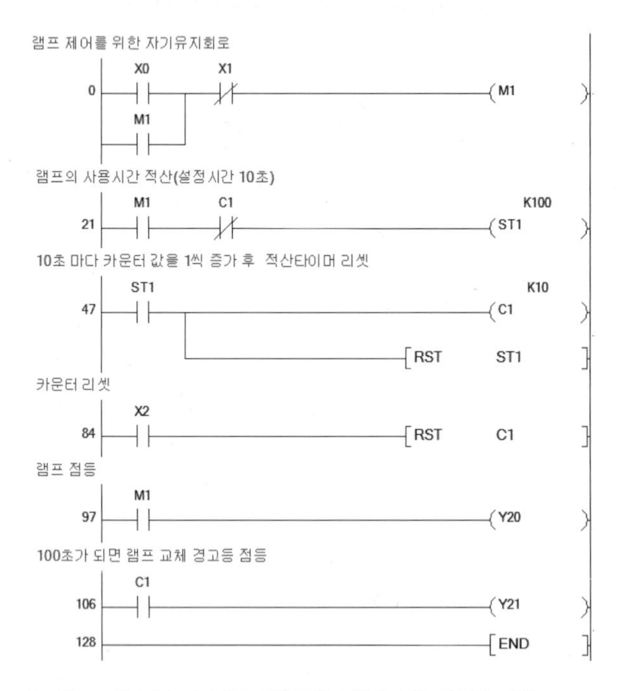

[그림 5-53] 적산 타이머와 카운터의 조합을 통한 장시간 적산

→ 실습과제 5-5 적산 타이머를 이용한 램프 교체

적산 타이머와 카운터의 조합을 통해 전자제품의 필터 교환 시기, 또는 빔 프로젝트의 램프 교환 주기를 알려주는 프로그램 작성법을 학습해보자.

[그림 5-54(a)]는 공기청정기의 필터 교환 시기를 알려주는 조작 패널을 나타낸 것이다. 공기청정기의 필터는 소모성 부품이기 때문에, 사용시간이 경과되면 필터 교환 램프를 점등해서 사용자에게 필터를 교환해야 한다고 알려준다. 이를 보고 사용자는 필터를 교체함으로써 공기의 품질을 일정하게 유지할 수 있다. 이러한 기능은 공기청정기 이외에도 공기 필터 및 오일 필터 등을 사용하는 자동차, 중장비, 공기 압축기와 같은 기계장치에 널리 사용되고 있다.

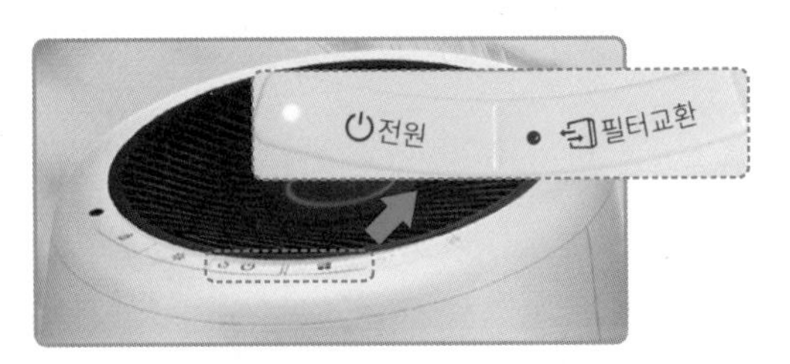

(a) 공기청정기의 필터 교환 알림

(b) 생산 현황판의 라인 누적시간

[그림 5-54] **적산 타이머를 적용한 제품**

적산 타이머의 기능을 사용하여 빔 프로젝트의 램프의 사용시간을 계측하고, 램프의 사용시간이 초과되었을 때에는 램프의 교환을 알리는 램프를 점등시키며, 램프 교환 후에는 교환 리셋 버튼을 눌러서 적산 타이머의 설정시간을 초기화하는 PLC 프로그램을 작성해보자.

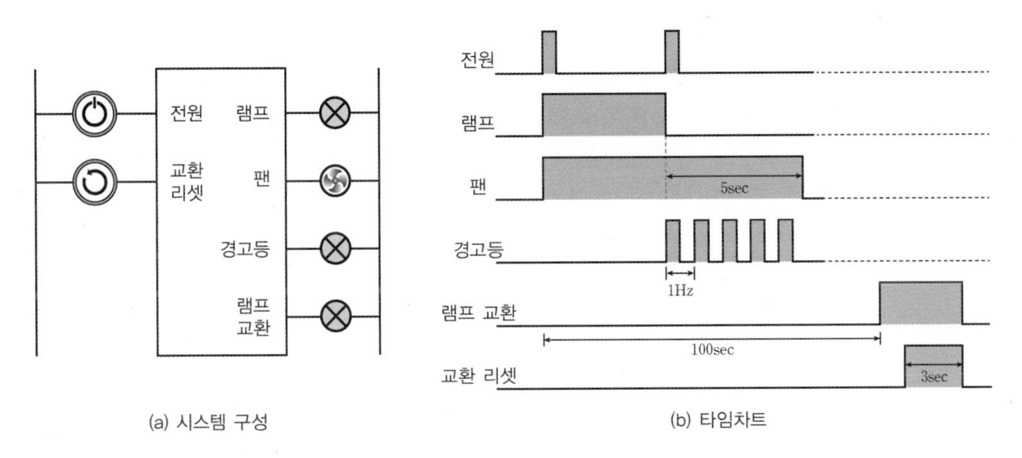

(a) 시스템 구성

(b) 타임차트

[그림 5-55] **램프와 팬 제어를 위한 시스템 구성도 및 타임차트**

[표 5-7] PLC 입출력 리스트

입력		출력	
번지	기능	번지	기능
X00	전원	Y20	램프
X01	교환/리셋	Y21	팬
		Y22	경고등
		Y23	램프 교환

동작 조건

❶ 시스템이 OFF된 상태에서 전원 스위치를 누르면 시스템이 ON된다. 시스템 ON 상태에서 전원 스위치가 눌리면 시스템의 전원이 OFF된다.

❷ 시스템의 전원이 ON되면 램프와 팬이 동작한다.

❸ 시스템의 전원이 OFF되면 경고등이 5초간 점멸 동작을 한다. 경고등이 점멸하는 동안에는 전원 스위치를 눌러도 시스템이 동작하지 않는다.

❹ 램프의 사용시간이 100초를 초과하면 램프 교환 알림 램프가 점등된다. 단, 적산 타이머 설정시간은 10초로 하고, 카운터를 사용해서 적산시간이 100초가 되면 램프가 점등되도록 한다.

❺ 램프 교환 후에 교환 리셋 버튼을 3초 이상 눌러야 램프 교환 알림 램프가 소등되고, 내부에 적산된 램프 사용시간도 초기화되어 새롭게 램프 사용시간을 누적할 수 있도록 한다.

PLC 프로그램 작성법

1개의 전원 스위치로 시스템의 전원을 어떻게 ON/OFF할까? 전원 버튼을 누를 때마다 전원이 ON/OFF되는 동작을 구현하는 프로그램을 작성해보자.

1 버튼을 누를 때마다 전원 램프가 OFF → ON → OFF → …를 반복하는 동작

[그림 5-56]은 상승펄스 신호와 XOR 회로를 사용한 1개의 전원 버튼으로 전원을 ON/OFF하는 프로그램이다. [그림 5-57]은 전용명령 FF를 사용한 프로그램이다. 전원 버튼 1개로 ON/OFF 기능을 구현할 때에는 [그림 5-56]과 [그림 5-57]처럼 프로그램을 작성할 수 있다. 멜섹Q PLC에서는 FF 명령어를 많이 사용한다.

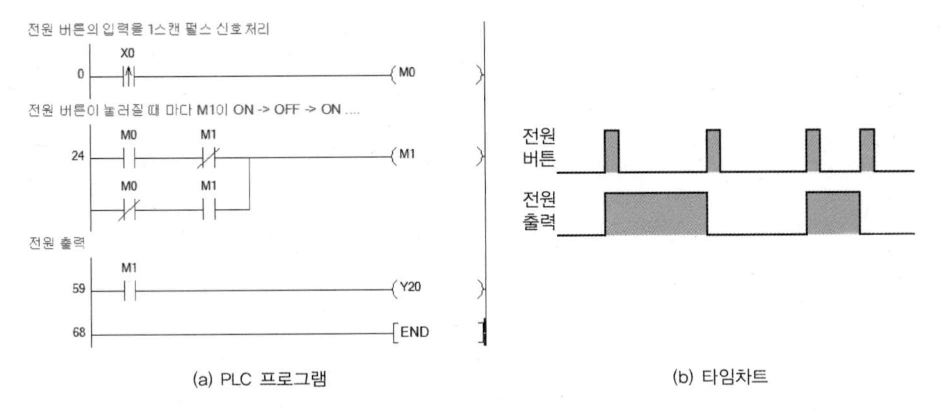

(a) PLC 프로그램 (b) 타임차트

[그림 5-56] **전원 버튼을 펄스신호로 처리해서 전원 ON/OFF 기능 구현**

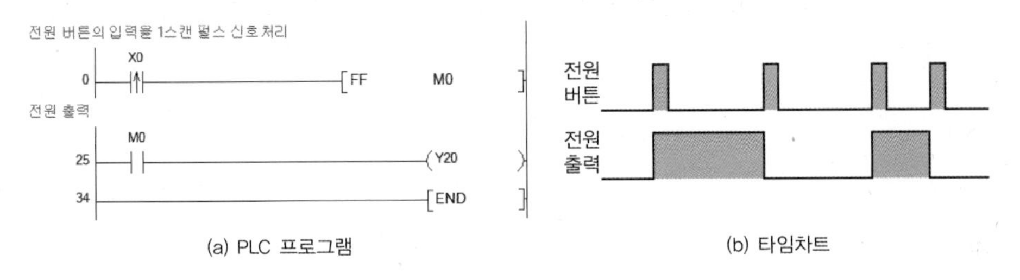

(a) PLC 프로그램 (b) 타임차트

[그림 5-57] **FF 명령어로 구현한 전원 ON/OFF 기능**

2 버튼을 일정시간 누르고 있을 때 전원 램프가 OFF → ON → OFF → …를 반복하는 동작

1개의 전원 버튼을 사용해서 전원을 ON/OFF할 때에는 FF 명령을 사용하면 간단하게 동작을 구현할 수 있다. 휴대전화에서 사용하는 전원 버튼의 동작과 같이 일정시간 동안 전원 버튼을 눌렀을 때 전원이 ON/OFF되는 동작은 타이머와 FF 명령의 조합에 의해 이루어진다.

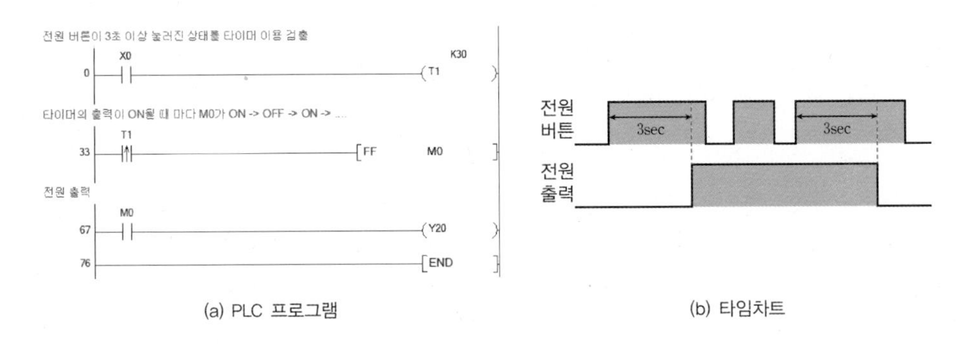

(a) PLC 프로그램 (b) 타임차트

[그림 5-58] **전원 버튼을 3초 이상 눌렀을 때 전원 ON/OFF 기능 구현**

PLC 프로그램

```
전원 입력 버튼에 의해 M0가 ON/OFF 토글됨
0    X0(↑) M2(/)                                  [FF   M0  ]
FAN동작 ON
27   M0(↑)                                        [SET  M1  ]
전원이 OFF될 때 경고등 동작을 위해 M2를 ON
37   M0(↓)                                        [SET  M2  ]
M2가 ON되면 5초 동안 1Hz간격 경고등 점멸 동작
63   M2                                           (T1   K50 )
전원OFF되고 5초 후에 팬과경고등 점멸동작 중지
93   T1                                           [RST  M1  ]
                                                  [RST  M2  ]
경고등 점멸동작을 위한 플리커 타이머 동작
122  M2    T3(/)                                  (T2   K5  )
151  T2                                           (T3   K5  )
램프 점등 시간 적산
156  M0                                           (ST1  K100)
173  ST1                                          (C1   K10 )
                                                  [RST  ST1 ]
교환 리셋버튼이 ON되면 3초 눌러짐 검출
182  X1    C1                                     (T10  K30 )
교환 리셋 버튼이 3초 이상 눌러지면 적산타이머 리셋
210  T10                                          [RST  ST1 ]
                                                  [RST  C1  ]
램프 점등
247  M0                                           (Y20)
팬 동작
256  M1                                           (Y21)
경고등 점멸 동작
264  M2    T2(/)                                  (Y22)
램프 교환
278  C1                                           (Y23)
287                                               [END]
```

[그림 5-59] 적산 타이머를 이용한 램프 교체 알림 프로그램

Chapter 06

PLC의 기본 명령어

시퀀스 명령어가 기존의 릴레이 회로를 대체하는 명령어라면, 기본 명령어는 PLC의 메모리에 저장되어 있는 데이터를 사용자가 원하는 형태로 처리하는 명령어라 할 수 있다. 이 장에서는 PLC의 기본 명령어에 대해 학습해보자.

6.1 명령어의 구분 및 구성

PLC의 명령어 중에서 시퀀스 명령을 제외한 나머지 명령어는 16/32비트 단위의 데이터를 처리하는 명령어이다. 멜섹Q PLC에는 많은 명령어가 존재하는데, 그 중에서도 PLC 프로그램 작성에 많이 사용하는 명령어를 위주로 살펴보자. 이 책에서 언급하지 않은 명령어도 많이 존재하기 때문에 미쓰비시에서 발간한 『프로그래밍 매뉴얼 공통명령어』 매뉴얼을 통해 어떤 명령어가 있는지 살펴보기 바란다.

명령어에서 취급하는 데이터의 종류는 정수와 실수, 문자가 있는데, 처리하는 데이터의 종류에 따라 명령어가 구분되어 있다. PLC의 명령어에는 하나의 명령어를 기준으로 앞 첨자와 마지막 첨차를 붙인 파생 명령어가 있다. 파생 명령어를 만드는 규칙은 몇 가지 예외를 제외하고 일반적으로 [표 6-1]과 같다.

더블워드 데이터와 실수 데이터를 처리하는 명령어는 32비트 크기의 데이터를 사용한다. 따라서 명령어의 시작에 D 또는 E가 있는 경우에 사용되는 데이터 및 디바이스 번호가 16비트 형식으로 표현되어도 실제로는 32비트 크기의 데이터 및 디바이스가 사용된다는 것에 주의해야 한다.

[표 6-1] **멜섹Q PLC의 파생 명령어 규칙**

멜섹Q PLC 파생 명령어 생성규칙	
① MOV ②	
• 기준 명령어의 앞(①의 자리)에는 하나의 문자만이 올 수 있고, 뒤(②의 자리)에는 한 가지 문자(P)가 온다. • ①에 올 수 있는 문자 : D, E, $, B, F • ②에 올 수 있는 문자 : P • 파생 명령어 생성 예 : DMOVP	
파생 문자의 의미	
D : 더블워드 데이터 처리 명령	$: 문자열 처리 명령
B : BLOCK의 의미, "BMOV"	F : FILL의 의미, "FMOV"
E : 실수 데이터 처리 명령	P : 1스캔 처리 명령

명령어는 명령부와 디바이스부로 구성되어 있다. 숫자 3과 10을 더해서 얼마인지를 알고 싶을 때 사람은 '3+10=?'이라는 형식의 수식을 사용한다. 이러한 덧셈 연산을 PLC 명령으로 표현하면 [표 6-2]와 같은 형태가 된다.

[표 6-2] **기본 명령어의 구성**

[+	K3	K10	D10]
명령부	디바이스부		
	소스		데스티네이션

명령부는 실행해야 할 동작을 의미하는 단어 또는 기호로 구성되고, 대부분 약어를 사용한다. 디바이스부는 소스source와 데스티네이션destination으로 구분된다. 소스는 명령어가 실행될 때 사용되는 데이터를 의미하는데, 식별자 K와 H가 붙어있는 10진 상수와 16진 상수, 16비트 크기의 디바이스 번호가 지정될 수 있다. 데스티네이션은 명령의 실행 결과값이 저장되는 영역이기 때문에 반드시 디바이스 번호가 지정되어야 한다. 이러한 조건 때문에 [표 6-2]의 덧셈 명령어는 [+ K3 D1 D10], [+ D0 H10 D10], [+ D0 D1 D10]과 같은 다양한 형식으로 사용될 수 있다. [표 6-2]와 다른 형태의 명령어 구성을 [그림 6-1]과 [그림 6-2]에 나타내었다.

[BMOV	D0	D10	K2]
명령부	디바이스부		디바이스 수
	소스	데스티네이션	

(a) BMOV 명령어의 구성

D0 K30 → K30 D10
D1 K50 → K50 D11

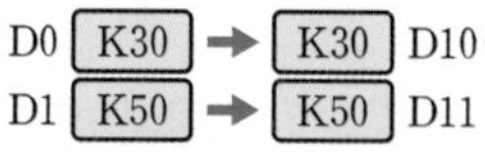

(b) 디바이스 수의 의미

[그림 6-1] **BMOV 명령어의 구성 및 사용법**

[+	K1	D0]
명령부	소스부	데스티네이션

(a) 덧셈 명령어의 구성

D0 = D0 + 1
디바이스에 1을 더하는 명령어

(b) 명령어의 의미

[그림 6-2] **덧셈 명령어의 구성 및 사용법**

6.2 데이터 전송 명령어

PLC 프로그램에서 CPU 모듈의 메모리에 저장되어 있는 데이터를 처리하다보면, 필요에 의해 데이터를 복사하거나 다른 장소로 옮겨야 하는 경우가 발생한다. 이때 사용하는 명령어가 데이터 전송 명령어로, MOV, BMOV, FMOV가 있다.

[표 6-3] **데이터 전송 명령어**

구분	MOV	BMOV	FMOV
기능	K30 → K30 D0	D0 K30 → K30 D10 D1 K50 → K50 D11 D2 K78 → K78 D12	K50 → K50 D10 K50 → K50 D11 K50 → K50 D12
표현	[MOV K30 D0]	[BMOV D0 D10 K3]	[FMOV K50 D10 K3]

첫 번째 MOV 명령 [MOV K30 D0]은 소스에 지정된 10진수 30을 데스티네이션으로 지정된 D0에 복사하는 명령이다. 두 번째 BMOV 명령은 D0 ~ D2에 저장된 데이터를 D10 ~ D12로 총 3개의 디바이스 내용을 복사하는 명령이다. 만약 K3 대신에 K10이 지정되면 D0 ~ D9를 D10 ~ D19에 복사하게 된다. 세 번째 FMOV 명령은 소스로 지정된 K50 값을 지정된 세 개의 디바이스에 동일한 값으로 복사하는 명령이다. 명령어의 마지막 K3은 복사해야 할 데이터 레지스터의 개수를 의미한다.

데이터 전송 명령어 MOV는 16비트 크기로 지정된 데이터를 지정된 디바이스에 복사하는 기능을 가진 명령어이지만, 비트 디바이스(X, Y, M)를 4비트 단위로 묶어서 16비트 크기의 디바이스에 복사하는 기능도 가지고 있다.

[그림 6-3]은 입력 비트 디바이스를 4비트 단위로 묶는 형식을 나타낸 것이다. K1은 4비트 1묶음을 의미하고, K4는 4비트 4묶음을 의미한다. 입력 메모리 번지는 4비트 단위로 묶는 비트의 시작번지를 의미한다. 따라서 K1X5의 의미는 입력번지 X8, X7, X6, X5의 4비트를 1개의 묶음으로 데이터 처리한다는 뜻이다.

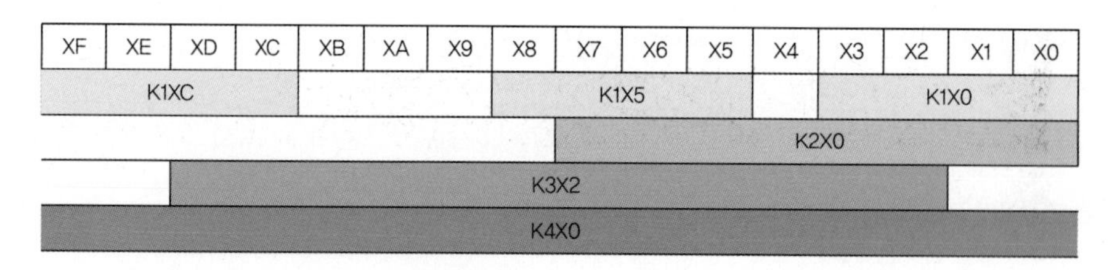

[그림 6-3] **비트 디바이스의 4비트 단위 묶음 표현**

[표 6-4] **비트 묶음 명령어의 사용 방법**

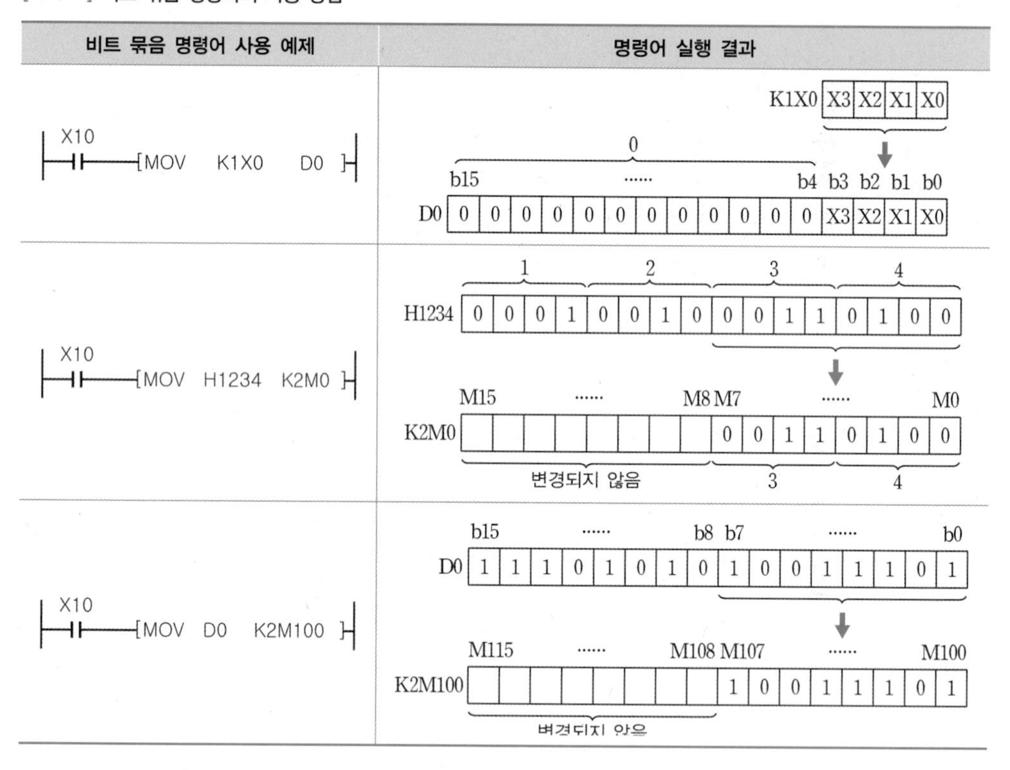

비트 묶음 명령어 사용 예제	명령어 실행 결과
X10 [MOV K1X0 D0]	K1X0 X3 X2 X1 X0 0 b15 ...... b4 b3 b2 b1 b0 D0 0 0 0 0 0 0 0 0 0 0 0 0 X3 X2 X1 X0
X10 [MOV H1234 K2M0]	1 2 3 4 H1234 0 0 0 1 0 0 1 0 0 0 1 1 0 1 0 0 M15 ...... M8 M7 ...... M0 K2M0 0 0 1 1 0 1 0 0 변경되지 않음 3 4
X10 [MOV D0 K2M100]	b15 ...... b8 b7 ...... b0 D0 1 1 1 0 1 0 1 0 1 0 0 1 1 1 0 1 M115 ...... M108 M107 ...... M100 K2M100 1 0 0 1 1 1 0 1 변경되지 않음

6.3 산술연산 및 비교 명령어

PLC에서 산술연산은 정수와 실수의 연산으로 구분된다. 사람은 3을 2로 나누면 1.5라고 답하지만, PLC는 3을 2로 나눈 결과를 산술연산 방법에 따라 1 또는 1.5라고 답한다. 사람은 정수연산과 실수연산을 구분하지 않지만, PLC는 이들을 구분하기 때문이다. 따라서 PLC에게는 3 나누기 2의 결과값이 정수연산으로는 정수 1이고, 실수연산으로는 1.5인 것이다. 정수연산과 실수연산의 구분은 명령어로 이루어진다. 덧셈 명령어 앞에 실수 명령 식별자인 영문자 E가 붙은 E+가 위치해있으면, 이는 실수연산의 덧셈이 된다.

명령어 형식에서 Ⓢ1과 Ⓢ2에는 상수 또는 디바이스 번호가 위치하고, Ⓓ에는 연산의 결과값이 저장되는 디바이스 번호가 지정되어야 함을 기억하기 바란다.

[표 6-5] **정수형 산술연산 명령어**

명령어 종류	+(덧셈)	-(뺄셈)	*(곱셈)	/(나눗셈)
명령어 형식	[+ Ⓢ1 Ⓓ] [+ Ⓢ1 Ⓢ2 Ⓓ]	[- Ⓢ1 Ⓓ] [- Ⓢ1 Ⓢ2 Ⓓ]	[* Ⓢ1 Ⓢ2 Ⓓ]	[/ Ⓢ1 Ⓢ2 Ⓓ]
명령어 표현	[+ K1 D10] [+ K1 K3 D10]	[- D0 D10] [- D0 D1 D10]	[* K1 K3 D10]	[/ D0 D1 D10]

정수형 산술연산은 16비트 크기와 32비트 크기로 구분된다. 16비트 산술연산의 범위는 -32768 ~ 32767이다. 만약 산술연산의 설정값이나 결과값이 16비트 크기의 범위를 초과하는 경우에는 32비트 크기의 산술연산을 해야 정확한 결과값을 구할 수 있다. 32비트 산술연산은 산술연산 명령어 앞에 D가 붙는다.

[표 6-6] **비교연산 명령어**

명령어 종류	> 크다	< 작다	>= 크거나 같다	<= 작거나 같다	= 같다	< > 같지 않다
명령어 형식	[> Ⓢ1 Ⓢ2]	[< Ⓢ1 Ⓢ2]	[>= Ⓢ1 Ⓢ2]	[<= Ⓢ1 Ⓢ2]	[= Ⓢ1 Ⓢ2]	[< > Ⓢ1 Ⓢ2]
명령어 표현	Ⓢ1 > Ⓢ2	Ⓢ1 < Ⓢ2	Ⓢ1 >= Ⓢ2	Ⓢ1 <= Ⓢ2	Ⓢ1 = Ⓢ2	Ⓢ1 < > Ⓢ2

산술연산을 할 때에는 명령어에 사용하는 소스 입력값이 센서 등과 같은 아날로그 입력값이거나 정해진 범위를 초과할 우려가 있다면, 산술연산 전이나 후에 반드시 비교연산 명령어를 통해 값의 정상유무를 판별해야 한다. 이러한 절차를 소홀히 하여 연산 결과값에 오류가 발생하면, 출력이 오작동해서 자동화 장치의 운영에 심각한 손상을 초래할 수 있다.

6.3.1 곱셈 명령어 사용 시 주의점

16비트 정수형 곱셈 명령어의 연산 결과값은 32비트 크기의 더블워드 디바이스에 저장된다. 16비트 크기의 디바이스에 저장될 수 있는 값은 -32768 ~ 32767로 곱셈 연산이 이 값의 범위를 초과하면, 연산은 16비트 범위에서 하지만 결과값은 32비트 크기의 디바이스에 저장된다. 예를 들면 [* K123 K100 D10]에서 데스티네이션인 D10은 [표 6-7]과 같이 D11, D10이 연결되어 32비트 크기의 디바이스에 곱셈의 결과값 K12300이 저장된다. 따라서 2개의 16비트 디바이스가 연속되어 사용되기 때문에 해당 곱셈 명령어에 사용한 디바이스가 다른 용도로 사용되지 않도록 디바이스 관리에 주의해야 한다.

[표 6-7] 32비트 디바이스에 저장된 곱셈 연산의 결과값 K12300

디바이스 번호	D11	D10
결과값(이진수)	0000 0000 0000 0000	0011 0000 0000 1100

6.3.2 나눗셈 명령어 사용 시 주의점

사칙 산술연산 명령어에서 정수형 나눗셈 명령어는 나눗셈의 결과값과 함께 나머지 값도 구한다. [그림 6-4]는 나눗셈 명령어의 실행 결과를 나타낸 것이다. 나눗셈 명령의 데스티네이션에 지정된 D10은 실제로는 D10과 D11이 함께 사용되는 것으로, D10에는 나눗셈의 결과인 몫이 저장되고, D11에는 나머지가 저장된다. 이처럼 나눗셈 명령에는 데스티네이션에 2개의 16비트 디바이스가 사용되므로 디바이스 번지가 중첩되지 않도록 주의한다.

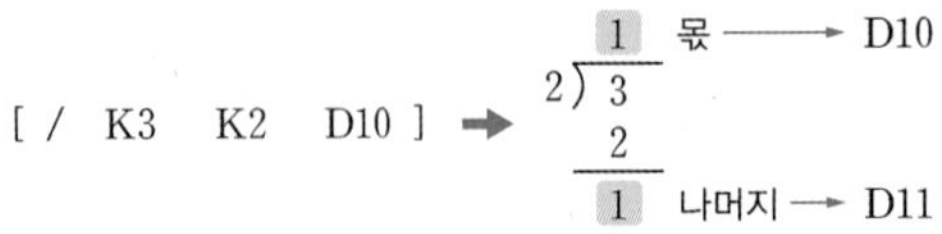

[/ K3 K2 D10] → 2) 3 = 1 (몫 → D10), 2, 1 (나머지 → D11)

[그림 6-4] 정수형 나눗셈 명령어 실행 결과

6.4 논리연산 명령어

논리연산 명령어는 특정 비트의 설정, 클리어, 반전 등 데이터 조작이 필요할 때 사용한다.

[표 6-8] 논리연산 명령어

명령어 종류	WOR	WAND	WXOR	WXNR
명령어 형식	[WOR Ⓢ1 Ⓓ] [WOR Ⓢ1 Ⓢ2 Ⓓ]	[WAND Ⓢ1 Ⓓ] [WAND Ⓢ1 Ⓢ2 Ⓓ]	[WXOR Ⓢ1 Ⓓ] [WXOR Ⓢ1 Ⓢ2 Ⓓ]	[WXNR Ⓢ1 Ⓓ] [WXNR Ⓢ1 Ⓢ2 Ⓓ]

6.4.1 특정 비트의 설정

주어진 데이터의 특정 비트를 1로 설정하려면 WOR 명령어를 사용한다. [표 6-9]처럼 1로 설정하고자 하는 비트 위치에 1을 가진 값과 OR 연산을 하면, 해당 위치의 비트 값은 소스 값에 관계없이 무조건 1로 설정된다.

[표 6-9] WOR 명령어를 사용하여 특정 비트를 1로 설정

명령어 표현 형식	명령어 실행 결과			
[WOR Ⓢ1 Ⓢ2 Ⓓ] [WOR H0F555 H0F00 D10]	Ⓢ1	HF555		1111 0101 0101 0101
	Ⓢ2	H0F00	WOR	0000 1111 0000 0000
	Ⓓ	HFF55		1111 1111 0101 0101

6.4.2 특정 비트의 클리어

주어진 데이터의 특정 비트를 0으로 설정하는 데에는 WAND 명령어를 사용한다. [표 6-10]처럼 0으로 설정하고자 하는 비트 위치에 0을 가진 값과 AND 연산을 하면, 해당 위치의 비트 값은 소스 값에 관계없이 무조건 0으로 설정된다.

[표 6-10] WAND 명령어를 사용하여 특정 비트를 0으로 설정

명령어 표현 형식	명령어 실행 결과			
[WAND Ⓢ1 Ⓢ2 Ⓓ] [WAND HF555 HF0FF D10]	Ⓢ1	HF555		1111 0101 0101 0101
	Ⓢ2	HF0FF	WAND	1111 0000 1111 1111
	Ⓓ	HF055		1111 0000 0101 0101

6.4.3 특정 비트의 반전

주어진 데이터의 특정 비트를 0 → 1, 1 → 0으로 반전하기 위해서는 WXOR, WXNR 명령어를 사용한다. [표 6-11]처럼 반전하고자 하는 비트 위치에 0 또는 1을 가진 값과 WXOR, WXNR 연산을 하면 해당 위치의 비트값이 반전된다.

[표 6-11] WXOR, WXNR 명령어를 사용한 특정 비트의 반전

명령어 표현 형식	명령어 실행 결과			
[WXOR Ⓢ1 Ⓢ2 Ⓓ] [WXOR HF555 HFFFF D10]	Ⓢ1	HF555		1111 0101 0101 0101
	Ⓢ2	HFFFF	WXOR	1111 1111 1111 1111
	Ⓓ	H0AAA		0000 1010 1010 1010
[WXNR Ⓢ1 Ⓢ2 Ⓓ] [WXNR HF555 H0000 D10]	Ⓢ1	HF555		1111 0101 0101 0101
	Ⓢ2	H0000	WXNR	0000 0000 0000 0000
	Ⓓ	H0AAA		0000 1010 1010 1010

6.5 로테이트 및 시프트 명령어

주어진 데이터를 좌측 또는 우측 방향으로 지정한 비트의 크기만큼 회전시키는 **로테이트**rotate **명령어**는 캐리비트(SM700)의 사용 여부에 따라 [표 6-12]와 같이 구분된다.

[표 6-12] **로테이트 명령어**

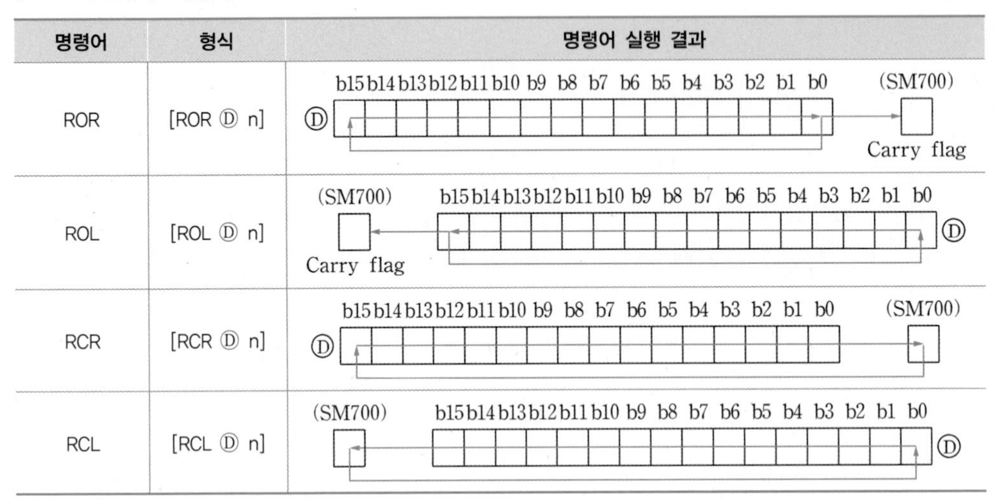

명령어	형식	명령어 실행 결과
ROR	[ROR Ⓓ n]	b15 b14 b13 b12 b11 b10 b9 b8 b7 b6 b5 b4 b3 b2 b1 b0 Ⓓ (SM700) Carry flag
ROL	[ROL Ⓓ n]	(SM700) Carry flag b15 b14 b13 b12 b11 b10 b9 b8 b7 b6 b5 b4 b3 b2 b1 b0 Ⓓ
RCR	[RCR Ⓓ n]	b15 b14 b13 b12 b11 b10 b9 b8 b7 b6 b5 b4 b3 b2 b1 b0 Ⓓ (SM700)
RCL	[RCL Ⓓ n]	(SM700) b15 b14 b13 b12 b11 b10 b9 b8 b7 b6 b5 b4 b3 b2 b1 b0 Ⓓ

시프트shift **명령어**가 로테이트 명령어와 다른 점은, 지정한 비트만큼 시프트시키고 시프트된 비트 자리는 0으로 채우는 기능을 가지고 있다는 것이다. [표 6-13]은 오른쪽으로 시프트시키는 SFR 명령어의 실행 결과이다. SFL은 왼쪽으로 시프트시킨다.

[표 6-13] **16비트 데이터의 시프트 명령어**

명령어	형식	SFR의 실행 결과
SFR SFL	[SFR Ⓓ n] [SFL Ⓓ n]	b15 b14 b13 b12 b11 b10 b9 b8 b7 b6 b5 b4 b3 b2 b1 b0 **연산 전** Ⓓ 1 1 1 0 1 1 1 0 1 1 1 0 1 1 1 0 6비트 시프트 → Carry flag (SM700) 1 b15 b14 b13 b12 b11 b10 b9 b8 b7 b6 b5 b4 b3 b2 b1 b0 **연산 후** Ⓓ 0 0 0 0 0 0 1 1 1 0 1 1 1 0 1 1 0으로 채움

DSFR 및 DSFL 명령어는 워드 단위의 시프트 명령어이다. [표 6-14]는 DSFR 명령의 실행 결과로, 오른쪽으로 워드 단위로 시프트됨을 알 수 있다.

[표 6-14] **워드 단위의 시프트 명령어**

명령어	형식	[DSFR D683 K7]의 실행 결과
DSFR DSFL	[DSFR Ⓓ n] [DSFL Ⓓ n]	명령어에서 지정된 7개의 워드 단위 데이터 D689 D688 D687 D686 D685 D684 D683 −100 503 600 −336 3802 −32765 5003 D689 D688 D687 D686 D685 D684 D683 0 −100 503 600 −336 3802 −32765 0으로 채움

6.6 데이터 테이블 조작 명령어

자동창고와 같은 시스템에서 창고의 각 셀에 저장되어 있는 물품을 관리하기 위해서는 창고 셀의 물품의 보관 여부 및 보관하고 있는 물품의 종류, 보관 일자 등을 파악하고 있어야 한다. 창고 셀의 개수만큼 16비트 크기의 데이터 테이블을 만들어 창고의 물품을 저장하면, 해당 창고 셀의 데이터 테이블에 물품의 수납상태를 등록하는 형태의 데이터 관리 방식을 사용하게 되는데, 이러한 용도로 사용하는 명령어가 데이터 테이블 조작 명령어이다. 데이터 테이블의 조작에 따라 선입 선출(FIFO)First-In, First-Out 방식과 후입 선출(LIFO)Last-In, First-Out 방식이 있다.

[표 6-15] **데이터 테이블 조작 명령어**

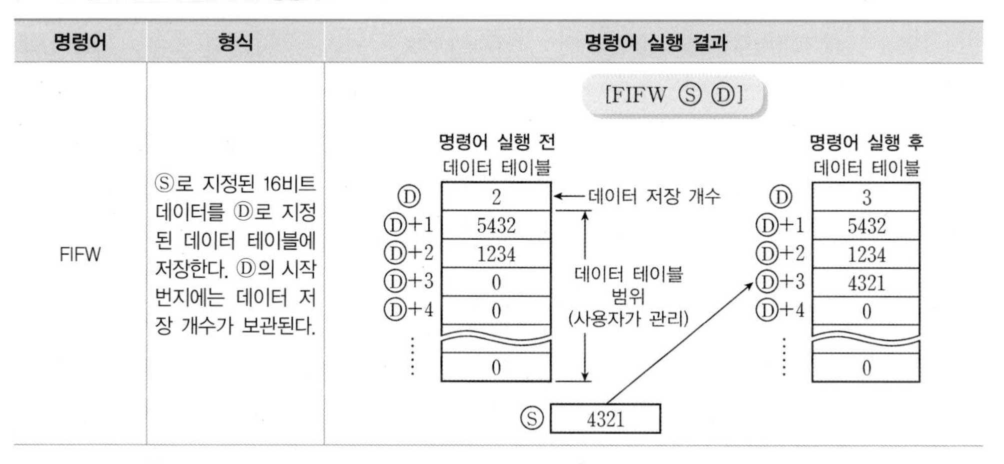

명령어	형식	명령어 실행 결과
FIFW	Ⓢ로 지정된 16비트 데이터를 Ⓓ로 지정된 데이터 테이블에 저장한다. Ⓓ의 시작 번지에는 데이터 저장 개수가 보관된다.	[FIFW Ⓢ Ⓓ] 명령어 실행 전 데이터 테이블: Ⓓ 2 (←데이터 저장 개수), Ⓓ+1 5432, Ⓓ+2 1234, Ⓓ+3 0, Ⓓ+4 0, ⋮ 0 (데이터 테이블 범위 (사용자가 관리)) Ⓢ 4321 명령어 실행 후 데이터 테이블: Ⓓ 3, Ⓓ+1 5432, Ⓓ+2 1234, Ⓓ+3 4321, Ⓓ+4 0, ⋮ 0

(계속)

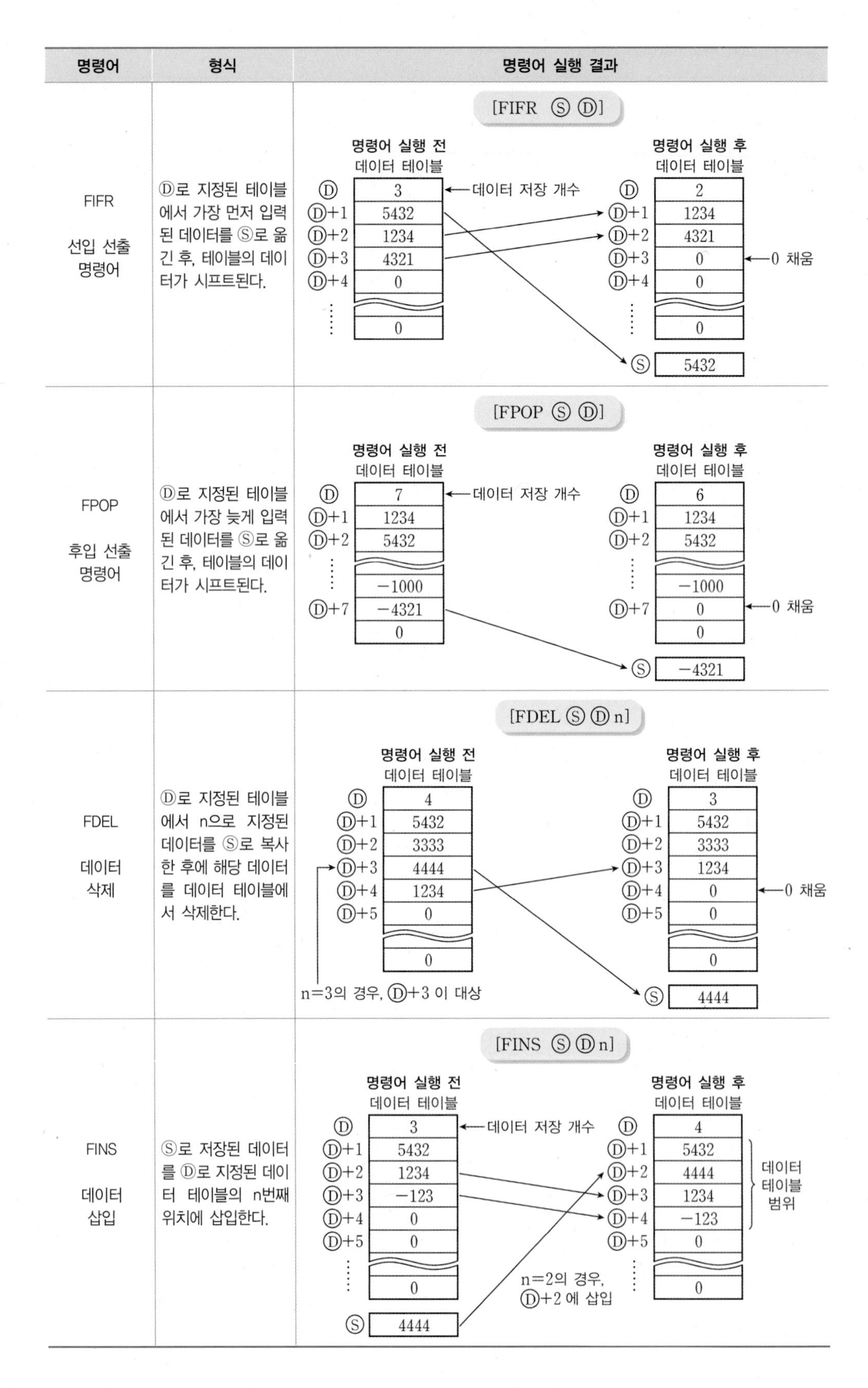

명령어	형식	명령어 실행 결과
FIFR 선입 선출 명령어	Ⓓ로 지정된 테이블에서 가장 먼저 입력된 데이터를 Ⓢ로 옮긴 후, 테이블의 데이터가 시프트된다.	[FIFR Ⓢ Ⓓ]
FPOP 후입 선출 명령어	Ⓓ로 지정된 테이블에서 가장 늦게 입력된 데이터를 Ⓢ로 옮긴 후, 테이블의 데이터가 시프트된다.	[FPOP Ⓢ Ⓓ]
FDEL 데이터 삭제	Ⓓ로 지정된 테이블에서 n으로 지정된 데이터를 Ⓢ로 복사한 후에 해당 데이터를 데이터 테이블에서 삭제한다.	[FDEL Ⓢ Ⓓ n]
FINS 데이터 삽입	Ⓢ로 저장된 데이터를 Ⓓ로 지정된 데이터 테이블의 n번째 위치에 삽입한다.	[FINS Ⓢ Ⓓ n]

6.7 프로그램 실행을 위한 특수기능 메모리

6.7.1 특수기능 릴레이

멜섹Q PLC에서 특수기능을 부여한 내부 비트 메모리를 특수기능 릴레이라 하고, 이는 식별자로 SM을 사용한다. SM 릴레이에는 프로그램 작성에 필요한 다양한 특수기능을 갖추고 있기 때문에 어떠한 기능이 있는지 사전에 파악해두면 프로그램 작성에 많은 도움이 된다. 다양한 특수 릴레이의 종류와 기능은 GX Works2의 도움말에서 확인할 수 있다. [표 6-16]은 이 책에서 사용하는 일부 특수 릴레이의 기능을 나타낸 것이다.

[표 6-16] **특수 릴레이**

번호	기능	번호	기능
SM400	항상 ON	SM403	첫 번째 스캔 이후에 항상 ON
SM401	항상 OFF	SM410	0.1초 클록
SM402	첫 번째 스캔에 ON	SM412	1초 클록

6.7.2 파일 레지스터

PLC 프로그램은 데이터와 명령어의 조합으로 이루어져 있다. 프로그램이 실행되기 위해서는 CPU의 프로그램 메모리 영역에 데이터를 처리하기 위한 프로그램이 저장되어 있어야 한다. 프로그램에서 처리하는 데이터도 프로그램 영역에 함께 저장되지만 멜섹Q에서는 대용량의 데이터를 별도로 저장하기 위한 메모리 영역을 가지고 있는데, 이 영역을 파일 레지스터라 한다.

[표 6-17] **메모리의 용도**

메모리 종류		메모리의 용도
CPU 내장 메모리	프로그램 메모리	파라미터, 프로그램, 디바이스 초깃값 저장 파일 레지스터로 사용 불가능
	표준 RAM	파일 레지스터 용도로 사용 가능
	표준 ROM	파라미터, 프로그램, 디바이스 초깃값 저장 파일 레지스터로 사용 불가능
메모리 카드	SRAM 카드	파일 레지스터 용도로 사용 가능
	Flash 카드	파일 레지스터 용도로 사용 가능, 읽기만 가능

파일 레지스터의 크기 및 초기화 방법

파일 레지스터는 주로 데이터 레지스터 D의 확장에 사용되고, 데이터 레지스터와 동일한 데이터 처리 속도를 갖는다. 데이터 레지스터와는 달리 디바이스 번지가 D 대신 R로 시작한다. 파일 레지스터는 CPU의 모델별로 사용할 수 있는 크기가 각각 다르므로 [표 6-18]을 참고하여 사용하는 CPU의 파일 레지스터 크기에 맞추어 사용 크기를 결정한다.

[표 6-18] CPU 모델별 표준 RAM 크기

CPU 모델별 명칭	메모리 크기(워드 단위)
Q00U, Q01U, Q02U	64K
Q03UD, Q03UDE	96K
Q04UDH, Q04UDEH	128K
Q06UDH, Q06UDEH	384K
Q10UDH, Q10UDEH, Q13UDE, Q13UDEH	512K
Q20UDH, Q20UDEH, Q26UDH, Q26UDEH	640K

프로그램 메모리 영역을 사용하는 비트 디바이스 M과 워드 디바이스 D 영역과는 달리 파일 레지스터는, CPU의 전원 및 리셋의 동작에 관계없이 한 번 저장된 데이터는 CPU 모듈에 내장된 배터리에 의해 계속 유지된다. 따라서 파일 레지스터의 내용을 초기화하기 위해서는 PLC 프로그램 또는 GX Works2에 의한 데이터 클리어 조작을 한다. [표 6-19]처럼 GX Works2에서 파일 레지스터를 클리어하려면 CPU가 STOP 모드에 있어야 한다.

[표 6-19] GX Works2와 명령어를 이용한 파일 레지스터 클리어

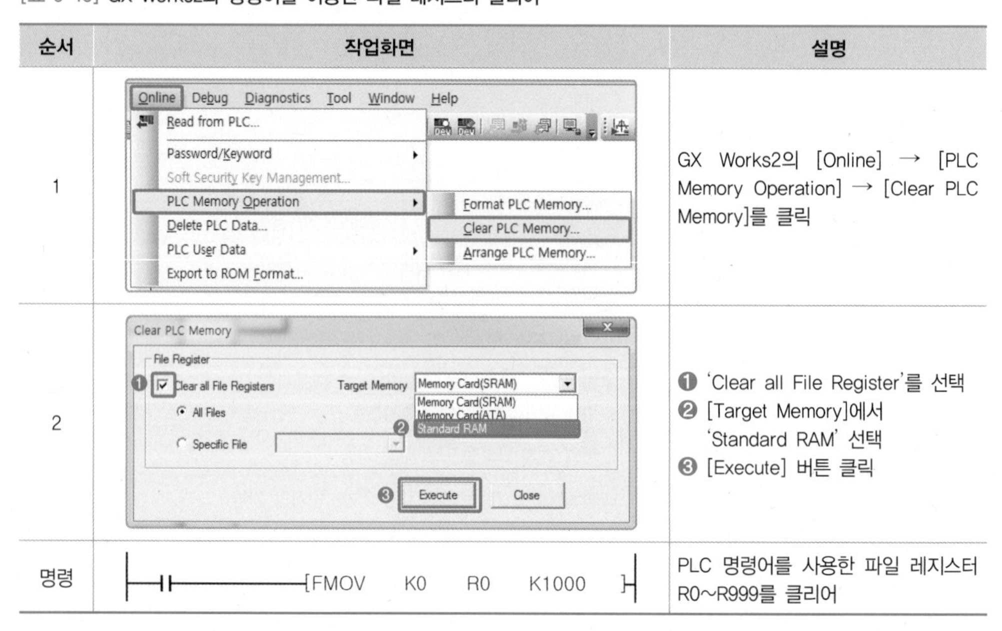

순서	작업화면	설명
1	Online Debug Diagnostics Tool Window Help / Read from PLC... / Password/Keyword / Soft Security Key Management... / PLC Memory Operation / Delete PLC Data... / PLC User Data / Export to ROM Format... / Format PLC Memory... / Clear PLC Memory... / Arrange PLC Memory...	GX Works2의 [Online] → [PLC Memory Operation] → [Clear PLC Memory]를 클릭
2	Clear PLC Memory / File Register / ❶ Clear all File Registers / Target Memory: Memory Card(SRAM) / Memory Card(SRAM) / Memory Card(ATA) / ❷ Standard RAM / All Files / Specific File / ❸ Execute / Close	❶ 'Clear all File Register'를 선택 ❷ [Target Memory]에서 'Standard RAM' 선택 ❸ [Execute] 버튼 클릭
명령	[FMOV K0 R0 K1000]	PLC 명령어를 사용한 파일 레지스터 R0~R999를 클리어

파일 레지스터 사용을 위한 파라미터 설정 방법

파일 레지스터 영역은 CPU에 내장된 표준 RAM 또는 확장용 메모리 카드인 SRAM 카드에 별도의 설정 과정을 거쳐 확보한다. [표 6-21]처럼 파일 레지스터 영역을 설정한 파라미터를 CPU로 전송하면 파일 레지스터를 사용할 수 있다.

[표 6-20] **파일 레지스터 사용을 위한 파라미터 설정 순서**

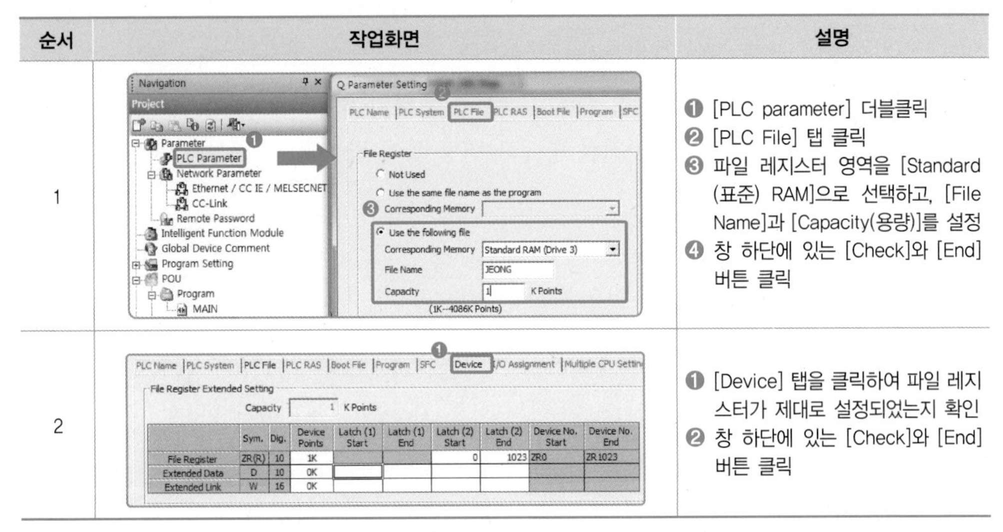

순서	작업화면	설명
1		❶ [PLC parameter] 더블클릭 ❷ [PLC File] 탭 클릭 ❸ 파일 레지스터 영역을 [Standard(표준) RAM]으로 선택하고, [File Name]과 [Capacity(용량)]를 설정 ❹ 창 하단에 있는 [Check]와 [End] 버튼 클릭
2		❶ [Device] 탭을 클릭하여 파일 레지스터가 제대로 설정되었는지 확인 ❷ 창 하단에 있는 [Check]와 [End] 버튼 클릭

[표 6-21] **설정한 파일 레지스터를 CPU의 표준 RAM에 만들기**

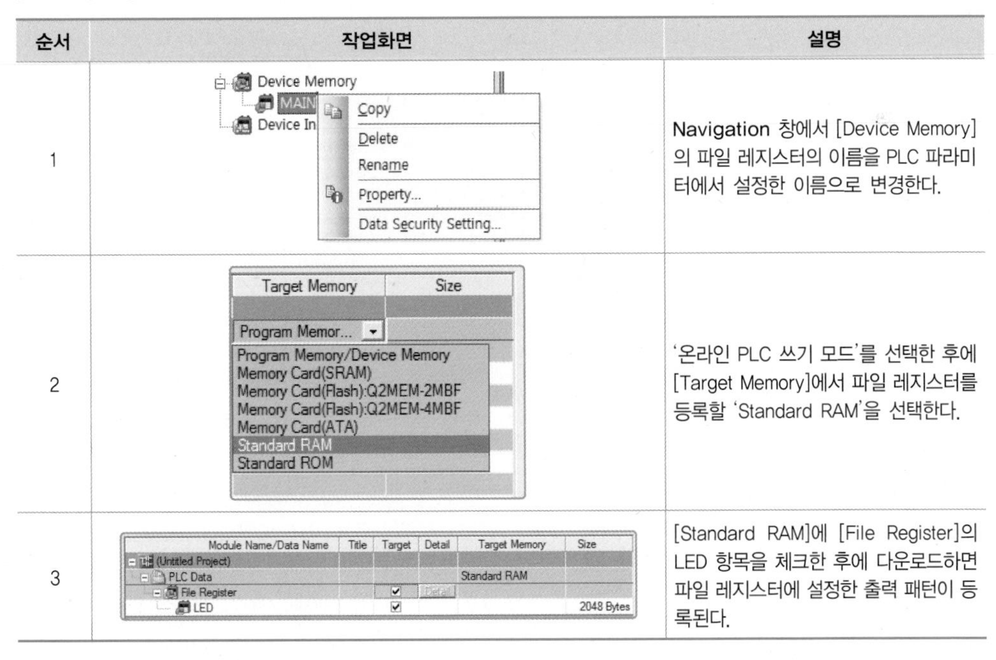

순서	작업화면	설명
1		Navigation 창에서 [Device Memory]의 파일 레지스터의 이름을 PLC 파라미터에서 설정한 이름으로 변경한다.
2		'온라인 PLC 쓰기 모드'를 선택한 후에 [Target Memory]에서 파일 레지스터를 등록할 'Standard RAM'을 선택한다.
3		[Standard RAM]에 [File Register]의 LED 항목을 체크한 후에 다운로드하면 파일 레지스터에 설정한 출력 패턴이 등록된다.

파일 레지스터 번지 할당 방법

파일 레지스터의 번지는 R 또는 ZR로 시작하며, R0와 ZR0은 동일한 파일 레지스터 0번지를 의미한다. 파일 레지스터는 멜섹Q 이전의 PLC인 멜섹A부터 존재했던 기능이다. 멜섹A는 16비트 처리용 CPU를 사용했으며, 16비트로 표현 가능한 10진수의 최댓값은 －32768 ~ 32767이기 때문에, 파일 레지스터는 R0 ~ R32767번지까지 표현할 수 있었다. 기술의 발전으로 32비트를 처리할 수 있는 CPU가 탑재된 멜섹Q가 나오면서 파일 레지스터의 메모리 용량이 크게 늘어났다. 32비트 크기로 지정 가능한 번지는 R0 ~ R2147483647까지이다. 하지만 기존에 사용하던 멜섹A CPU와 명령어 및 데이터의 호환성을 유지하기 위해 파일 레지스터 번지를 블록 전환 방식과 연번 부여 방식의 두 종류로 표현하여 사용한다.

■ 블록 전환 방식

블록 전환 방식은 사용하는 파일 레지스터 크기를 32K(R0 ~ R32767) 단위로 구분하여 지정하는 방식이다. 복수의 파일 레지스터 블록을 사용하는 경우에는 RSET 명령을 사용하여 블록을 전환해서 사용할 수 있다. 이 방식은 기존의 멜섹A와 호환된다는 장점이 있지만, 블록의 변경을 필요로 하기 때문에, 프로그램 작성 시 잘못된 파일 레지스터 블록의 사용으로 프로그램 오류가 발생할 가능성이 있어서 잘 사용하지 않는다.

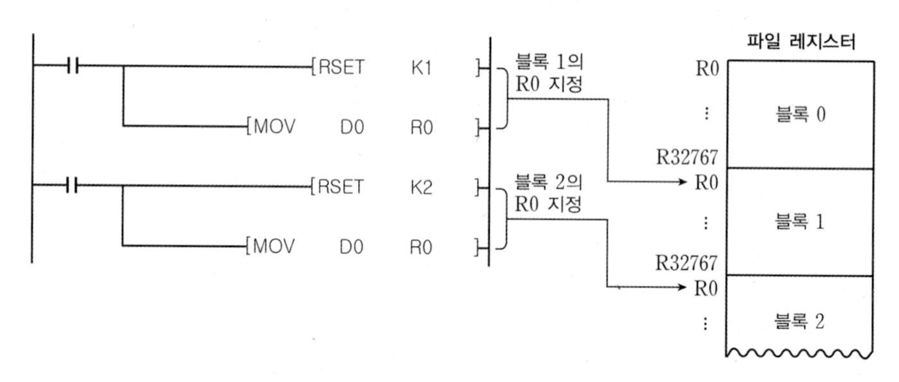

[그림 6-5] **블록 전환 방식의 파일 레지스터 번지 할당 방식**

■ 연번 부여 방식

파일 레지스터로 설정한 메모리의 크기만큼 연속된 파일 레지스터 번지를 부여하는 방식으로, 파일 레지스터의 번지는 블록 전환 방식과 구분하기 위해 ZR로 시작한다. 이 방식을 사용하면 파일 레지스터의 메모리를 블록으로 지정할 필요 없이 사용할 수 있기 때문에 현재에는 이 방법이 주로 사용된다. 블록 전환 방식에서 블록 1번의 R0의 번지와, 연번 부여 방식에서의 ZR32768의 번지가 동일한 번지를 의미함을 잘 기억해두기 바란다.

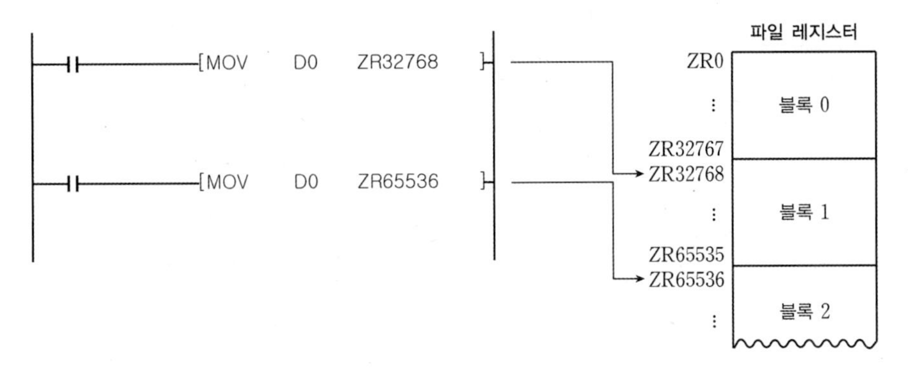

[그림 6-6] **연번 부여 방식의 파일 레지스터 번지 할당 방식**

표준 RAM의 활용

파일 레지스터 용도로 사용되는, CPU에 내장된 표준 RAM은 확장 데이터 레지스터(D)나 확장 링크 레지스터(W)의 용도로도 사용될 수 있다. 사용 방법은 [그림 6-7]처럼 Navigation → PLC Parameter 창에서 [Device] 탭을 클릭한 후, 필요한 크기의 메모리 용량을 설정하면 된다.

PLC Name | PLC System | PLC File | PLC RAS | Boot File | Program | SFC | Device | I/O Assignment | Multiple CPU Setting

File Register Extended Setting

Capacity 1 K Points

	Sym.	Dig.	Device Points	Latch (1) Start	Latch (1) End	Latch (2) Start	Latch (2) End	Device No. Start	Device No. End
File Register	ZR(R)	10	1K			0	1023	ZR0	ZR1023
Extended Data	D	10	10K					D11264	D21503
Extended Link	W	16	5K					W2000	W33FF

[그림 6-7] **확장 데이터 레지스터 및 링크 레지스터 설정하는 방법**

표준 RAM 영역에 파일 레지스터, 확장 데이터 레지스터 및 링크 레지스터의 설정 용량은 해당 CPU가 가지고 있는 표준 RAM의 최대 크기를 초과하지 못한다.

PLC Parameter 창의 [Device] 탭을 클릭하면 내부 사용자 디바이스의 메모리 할당을 살펴볼 수 있다. 데이터 레지스터와 링크 레지스터의 메모리는 [그림 6-8]과 같이 할당되어 있다.

	Sym.	Dig.	Device Points	Latch (1) Start	Latch (1) End	Latch (2) Start	Latch (2) End	Local Device Start	Local Device End
Data Register	D	10	12K						
Link Register	W	16	8K						

[그림 6-8] **디바이스 메모리의 할당 내역**

데이터 레지스터의 메모리 할당은 12K로, 12×1024=12288이므로 D0 ~ D12287의 번지가 할당될 수 있다. 링크 레지스터의 메모리 할당은 8K이다. 번지 주소는 16진수를 사용하므로, 8×1024=8192의 값을 16진수로 표현하면 W0 ~ W1FFF까지의 번지 표현이 가능하다. 내부 사용자 디바이스 메모리 할당 영역을 초과하는 메모리가 필요한 경우에는 파일 레지스터 메모리 영역을 사용할 수 있는데, 이때 사용되는 메모리 번지는 디바이스 메모리에 할당된 번지의 다음부터 사용할 수 있다. [그림 6-9]에서 데이터 레지스터를 파일 레지스터 메모리로 사용할 경우에 번지가 D12288번지부터 부여되었음을 확인할 수 있다.

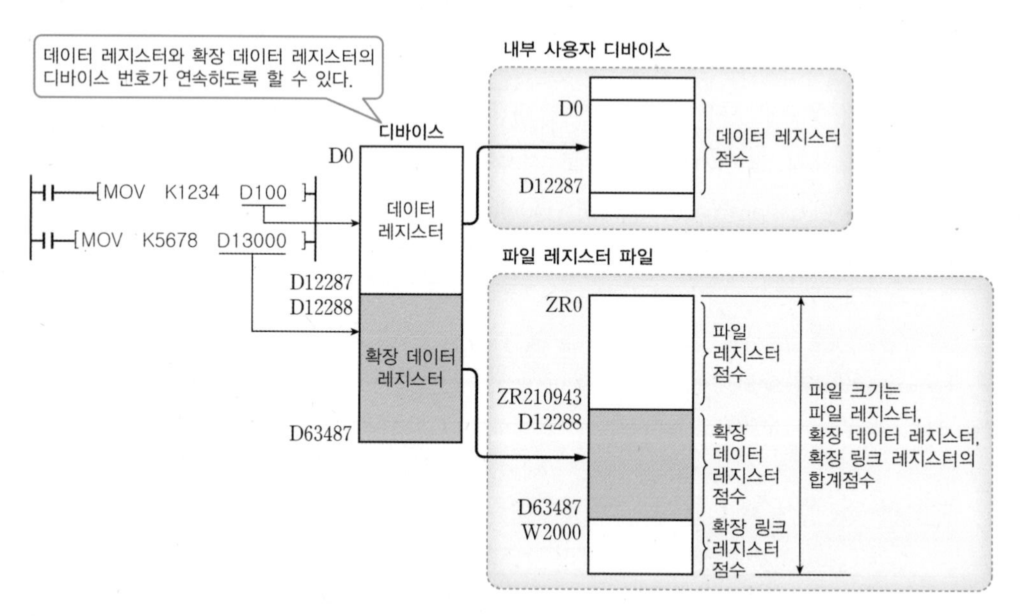

[그림 6-9] **표준 RAM에서 파일 레지스터와 데이터 및 링크 레지스터의 메모리 번지의 관계**

6.7.3 인덱스 레지스터

멜섹Q PLC에서는 연속된 메모리를 효율적으로 읽고 쓰기 위해 인덱스 레지스터(Z)를 제공하고 있다. 실습에 사용하는 QnU CPU는 **Z0 ~ Z19**까지 총 20개의 인덱스 레지스터를 제공하고 있다. CPU 모델별로 제공하는 인덱스 레지스터의 개수는 각기 다르다.

PLC 프로그램은 명령어와 데이터의 조합이라고 하였다. 명령어로 처리해야 할 데이터는 PLC의 메모리에 저장되어 있는데, 데이터 레지스터 D는 16비트 크기의 데이터를 저장하는 공간이 1차원으로 나열되어 있는 형태이다. 예를 들어 디바이스 D10 ~ D15에 저장되어 있는 데이터의 합을 구해서 D100에 그 결과를 저장하는 프로그램을 작성해보자.

덧셈해야 할 인자가 6개일 때에는 [표 6-22]와 같이 프로그램을 만들어도 별 문제가 없다. 그러나 덧셈해야 할 인자가 필요에 따라 100개, 1000개, 10000개가 된다면, [표 6-22]와 같은 방식으로는 동일한 내용의 프로그램을 백 번 천 번 작성해야 할 것이다. 이는 프로그래머 입장에서는 그리 즐거운 일이 아닐 것이다. 이처럼 동일한 작업을 많이 해야 할 경우, 인덱스 레지스터를 사용하면 프로그램 작성이 보다 간결해진다.

[표 6-22] **인덱스 레지스터를 사용하지 않는 산술연산 프로그램**

메모리 주소	메모리 내용	연산 프로그램
D10	K10	X1 — [MOV K0 D100]
D11	K20	[+ D10 D100]
D12	K30	[+ D11 D100]
D13	K40	[+ D12 D100]
D14	K50	[+ D13 D100]
D15	K60	[+ D14 D100] [+ D15 D100]

[표 6-23]은 [표 6-22]의 연산 프로그램을 인덱스 레지스터를 사용하여 변형한, [표 6-22]와 동일한 기능을 가진 프로그램이다. D10 ~ D15까지 6개의 데이터의 합을 구하는데, Z0의 값을 0부터 6까지 증가시키면 된다. 연산 횟수가 적으면 인덱스 레지스터를 사용한 프로그램이 더 복잡하게 보일 수도 있다. 그러나 동일한 연산이 D10 ~ D99까지 89번 반복되어야 할 경우, [표 6-22]에서는 덧셈 명령을 89번 반복해야 하지만 [표 6-23]에서는 [> Z0 K89]로만 변경하면 된다.

인덱스 레지스터는 '베이스 번지 + 인덱스 번지'라는 연산을 통해 명령어에 적용할 데이터 레지스터 D의 번지를 계산한다. 예를 들어 프로그램에서 [+ D10Z0 D100]의 의미는, D10이 베이스 번지가 되고 Z0은 인덱스의 값을 저장하는 인덱스 레지스터의 역할을 한다는 것이다. 예를 들어 Z0에 3이 들어있다면, D10Z0은 'D[10(베이스 번지) + 3(인덱스 레지스터 값)]'의 형태로 계산되어 데이터 레지스터 디바이스 번지 D13으로 결정되는 것이다. 따라서 인덱스 레지스터의 값만 변경하면 베이스 번지를 기준으로 자유롭게 디바이스 번지를 계산할 수 있다. 인덱스 레지스터는 [표 6-24]에 나타낸 디바이스를 제외하고 자유롭게 사용할 수 있다.

[표 6-23] **인덱스 레지스터를 사용한 산술연산 프로그램**

메모리 주소	메모리 내용	인덱스 번지	인덱스 레지스터를 이용한 연산 프로그램
D10	K10	0	X1 ─[SET M1] ─[MOV K0 D100] ─[MOV K0 Z0] M1 ─[+ D10Z0 D100] ─[INC Z0] [> Z0 K5] ─[RST M1]
D11	K20	1	
D12	K30	2	
D13	K40	3	
D14	K50	4	
D15	K60	5	

[표 6-24] **인덱스 레지스터를 사용할 수 없는 디바이스**

디바이스	내용	디바이스	내용
E	부동 소수점 데이터	Z	인덱스 레지스터
$	문자열 데이터	S	스텝 릴레이
D0.0	비트 디바이스 지정	TR	이행 디바이스
FX, FY, FD	펑션 디바이스	BL	블록 디바이스
P	라벨 포인터	T, ST	타이머 설정값
I	라벨 인터럽트 포인터	C	카운터 설정값

타이머와 카운터 설정값에는 인덱스 레지스터를 사용할 수 없지만, 타이머의 접점과 코일, 카운터의 접점과 코일에는 인덱스 레지스터 Z0, Z1을 사용할 수 있다.

[표 6-25] **타이머, 카운터의 접점 및 코일에서의 인덱스 레지스터(Z0, Z1) 사용법**

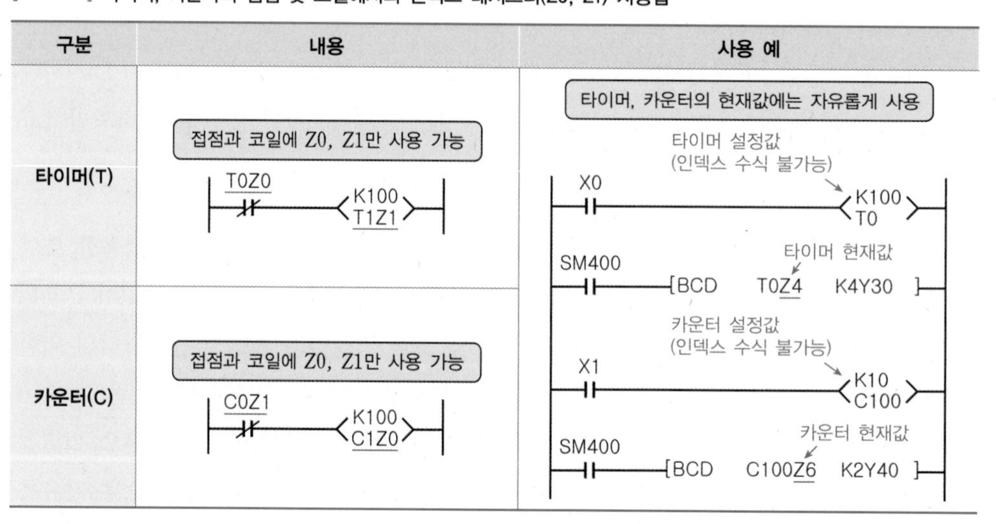

구분	내용	사용 예
타이머(T)	접점과 코일에 Z0, Z1만 사용 가능 T0Z0 ─ K100 T1Z1	타이머, 카운터의 현재값에는 자유롭게 사용 타이머 설정값 (인덱스 수식 불가능) X0 ─ K100 T0 타이머 현재값 SM400 ─[BCD T0Z4 K4Y30]
카운터(C)	접점과 코일에 Z0, Z1만 사용 가능 C0Z1 ─ K100 C1Z0	카운터 설정값 (인덱스 수식 불가능) X1 ─ K10 C100 카운터 현재값 SM400 ─[BCD C100Z6 K2Y40]

[표 6-26] 인덱스 레지스터의 사용 사례

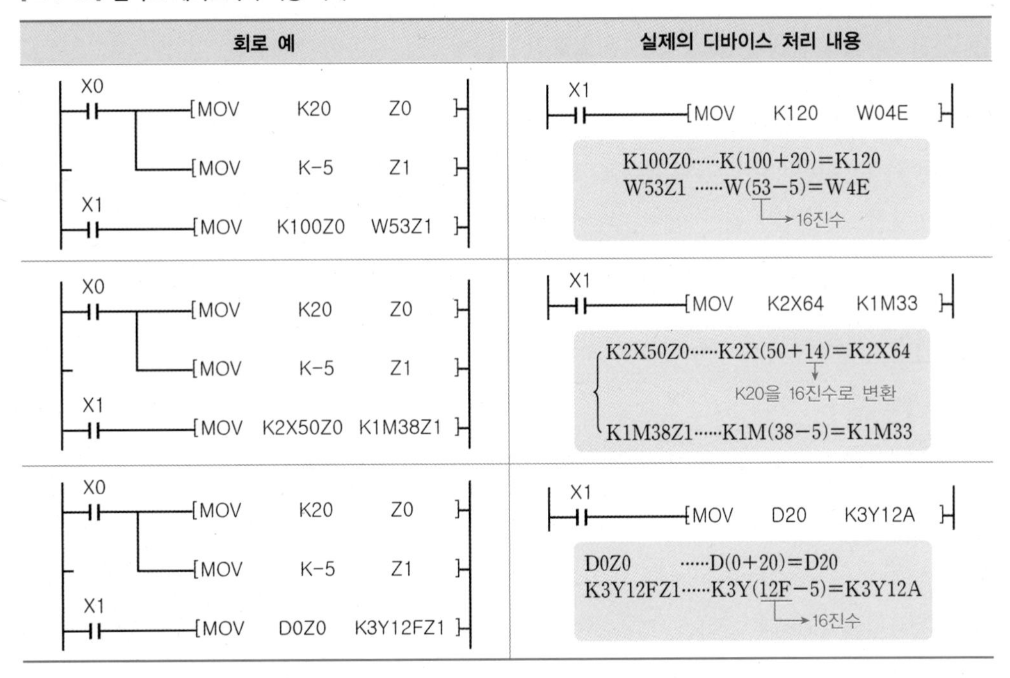

회로 예	실제의 디바이스 처리 내용
X0 [MOV K20 Z0] [MOV K-5 Z1] X1 [MOV K100Z0 W53Z1]	X1 [MOV K120 W04E] K100Z0······K(100+20)=K120 W53Z1 ······W(53−5)=W4E →16진수
X0 [MOV K20 Z0] [MOV K-5 Z1] X1 [MOV K2X50Z0 K1M38Z1]	X1 [MOV K2X64 K1M33] K2X50Z0······K2X(50+14)=K2X64 K20을 16진수로 변환 K1M38Z1······K1M(38−5)=K1M33
X0 [MOV K20 Z0] [MOV K-5 Z1] X1 [MOV D0Z0 K3Y12FZ1]	X1 [MOV D20 K3Y12A] D0Z0 ······D(0+20)=D20 K3Y12FZ1······K3Y(12F−5)=K3Y12A →16진수

6.8 실습에 필요한 디스플레이 유닛

기본 명령어 실습과제에서 설정값이나 결과값을 표시할 디스플레이 유닛에 대해 살펴보자. 최근에는 터치화면의 대중화로 디스플레이 유닛의 사용빈도가 점차 감소하는 추세이나, 디스플레이 유닛의 여러 장점 때문에 공장자동화 관련 산업현장에서는 여전히 생산정보 표시용 기기로 널리 사용되고 있다.

[그림 6-10] 디스플레이 유닛의 모습

디스플레이 유닛 사용 방법

디스플레이 유닛은 BCD 코드를 입력 받아 해당 숫자를 디스플레이하는 제어기기이다. 디스플레이 유닛으로 숫자 한 자리를 표현하기 위해서는 PLC 출력 4점이 필요하다. 이 책의 실습에서는 (주)오토닉스에서 시판하는 제품 모델 DISA-RN을 사용하는데, 여기서는 병렬 형태의 단순한 숫자 표시용으로만 이 제품을 사용할 것이다.

[표 6-27]은 디스플레이 유닛의 단자번호 및 명칭을 나타낸 것으로, 이 중에서 색칠된 단자들이 사용된다. 1번, 10번은 DC 24V 전원 연결단자이고, 2번, 3번, 4번, 5번 단자들은 숫자를 표시하기 위한 입력 부분으로 PLC의 출력과 연결된다. 네 개의 입력단자에 PLC 출력을 ON/OFF해서 BCD 코드를 입력하면, 해당되는 숫자가 표시된다.

[표 6-27] 디스플레이 유닛(D1SA-RN)의 핀 배치도

단자 번호	1	2	3	4	5	6	7	8	9	10
기능	+24V	D0 (2^0)	D1 (2^1)	D2 (2^2)	D3 (2^3)	BI	BO	LE	DP	0V

[그림 6-11]은 네 자리 수를 표시하기 위해 PLC 출력 Y30 ~ Y3F에 연결한 디스플레이 유닛의 결선도를 나타낸 것이다.

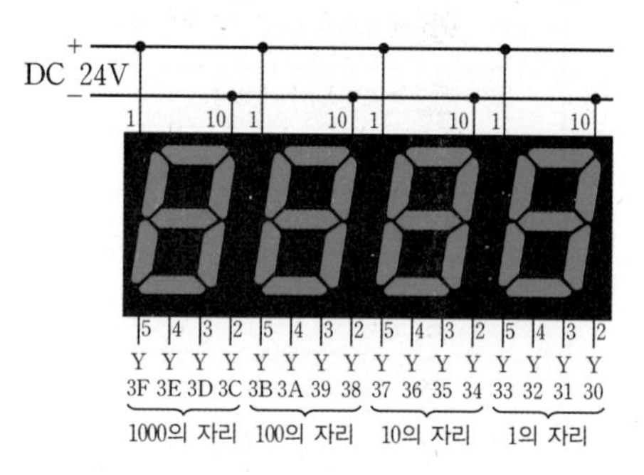

[그림 6-11] 디스플레이 유닛의 결선 방법

디스플레이 유닛의 숫자 표시를 위한 PLC 명령어

디스플레이 유닛에 PLC의 데이터 레지스터에 저장된 2진수 값을 표시하기 위해서는 2진수 값을 BCD 코드로 변환하는 BCD 명령을 사용해야 한다.

[표 6-28]과 같이 10진수 98에 대한 PLC의 표현은 2진수 '0000 0000 0110 0010'이고, 이를 디스플레이 유닛에 표시하기 위해서는 BCD 코드 '0000 0000 1001 1000'으로 변환해야 한다. 2진수로 표현된 값을 BCD 코드로 변환하는 PLC 명령어는 BCD이다. 16비트 처리 BCD 명령어에서 처리할 수 있는 값은 0~9999이다. 음수나 9999보다 큰 값을 BCD 코드로 변환하려하면 에러가 발생하니 주의해야 한다.

[표 6-28] [BCD K98 D0]의 명령 실행 결과

10진수	2진수 표현	BCD 코드 표현
98	0000 0000 0110 0010	0000 0000 1001 1000

⇒ 실습과제 6-1 타이머의 설정시간 제어

기본 명령어를 사용해서 타이머의 설정시간을 고정이 아닌 사용자의 필요에 의해 변경할 수 있는 PLC 프로그램 작성법을 학습해보자.

정수형 데이터의 산술연산 및 비교연산 명령을 이용해서 타이머의 설정시간을 변경하는 PLC프로그램 작성법에 대해 살펴보자.

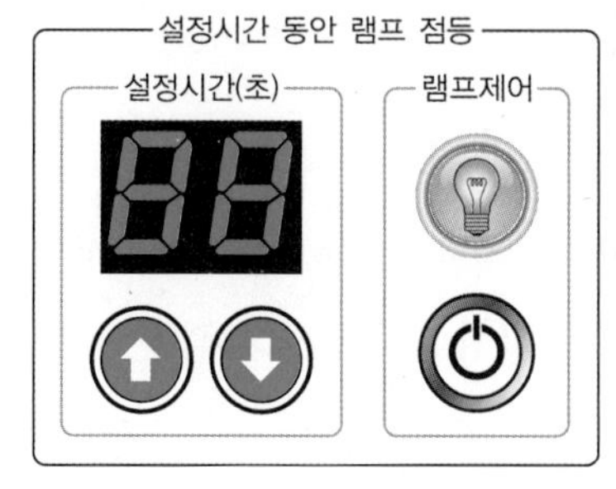

[그림 6-12] **조작 패널**

[표 6-29] **PLC 입출력 리스트**

입력	기능	출력	기능
X00	시작 버튼	Y20	램프
X01	시간 증가 버튼	Y37 ~ Y30	시간 표시 FND
X02	시간 감소 버튼		

동작 조건

❶ PLC의 전원이 ON되면 FND에는 30이 표시된다. 30은 30sec를 의미한다.

❷ 시간 증가 버튼을 누를 때마다 FND 숫자는 1씩 증가한다. 시간 설정값이 99일 때에는 시간 증가 버튼을 눌러도 더 이상 설정값이 증가하지 않고 99를 표시한다.

❸ 시간 감소 버튼을 누를 때마다 FND 숫자는 1씩 감소한다. 시간 설정값이 01일 때에는 시간 감소 버튼을 눌러도 더 이상 설정값이 감소하지 않고 01을 표시한다.

❹ 시작 버튼을 누르면 설정시간만큼 램프가 점등된다.

PLC 프로그램 작성법

PLC 프로그램은 입력신호에 반응하여 출력을 변경한다. 즉 입력이 없다면 출력도 변하지 않는다. 따라서 PLC 프로그램을 작성할 때에는 해당 입력신호가 ON되었을 때 어떤 순서로 일을 해야 하는지를 나열하면 프로그램의 순서도가 되며, 순서도에 맞는 명령어를 선택해서 나열하면 프로그램이 완성되는 것이다.

동작 조건 ❶은 PLC의 전원이 OFF→ON 또는 CPU가 리셋되었다는 조건을 검출해서 타이머의 시간 설정값을 30으로 설정한다는 것이다. 따라서 PLC의 전원이 OFF→ON 될 때, 또는 CPU가 리셋되었을 때를 검출할 수 있는 특수 릴레이 SM402를 사용한다. 동작 조건 ❷와 ❸은 버튼이 눌릴 때마다 시간 설정값을 1단위로 더하거나 빼는 연산을 한다는 것이다. 설정값의 상한과 하한이 정해져 있기 때문에 비교연산을 통해 설정값이 정해진 상한과 하한을 넘지 않도록 관리해야 한다. 동작 조건 ❹에서는 램프라는 출력을 제어하기 위해 1개의 자기유지 회로와 타이머가 필요함을 확인할 수 있다.

PLC 프로그램

[그림 6-13]에서 정수형 산술연산 명령은 데이터 레지스터에 저장된 데이터를 조작하기 위해 사용되고 있고, 비교연산 명령어는 산술연산을 통해 조작된 데이터가 사전에 정해진 범위 내에 있는지를 검사하고 있다.

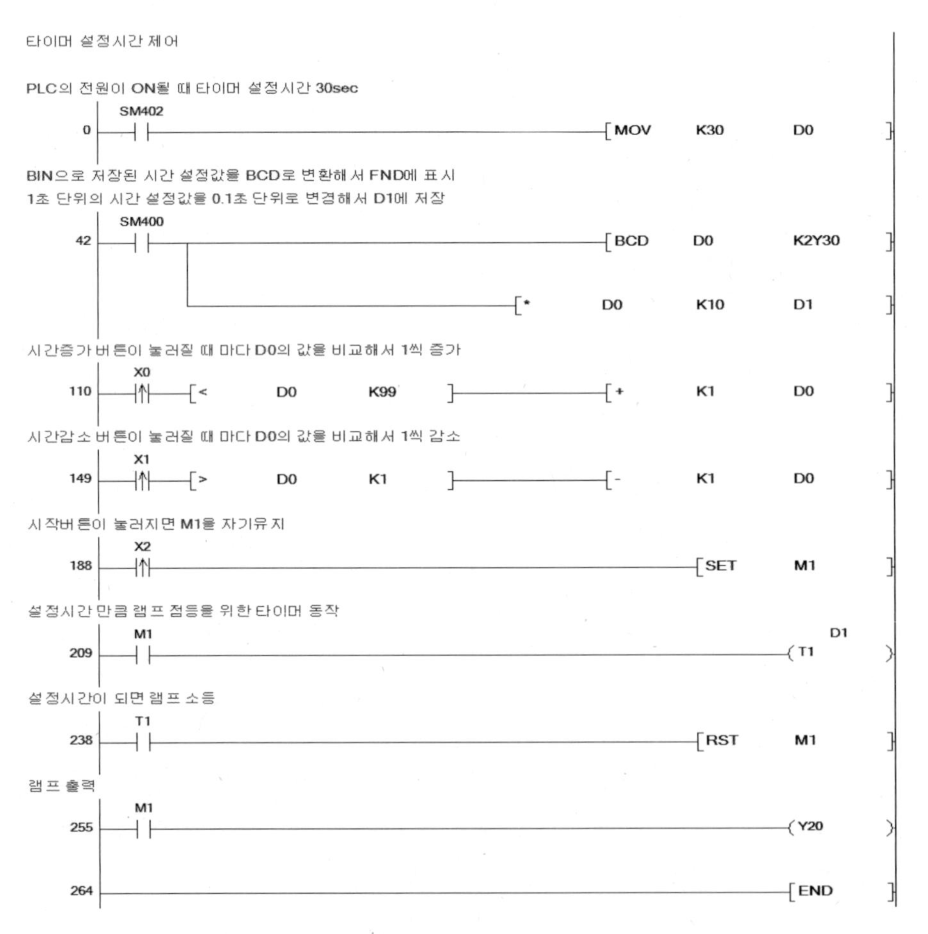

[그림 6-13] **타이머 설정시간 변경 프로그램**

실습과제 6-2 타이머의 설정시간 변경

타이머의 설정시간을 변경하는 다양한 방법에 대해 학습해보자.

[실습과제 6-1]에서는 1초가 설정된 상태에서 99초를 설정하려고 하면, 증가 버튼을 98번이나 눌러야 하는 귀찮은 일이 발생한다. PLC를 사용하는 이유는 사람이 편리하게 기계장치를 조작하기 위함이므로, 가능한 한 기계장치의 조작이 손쉽게 이루어지도록 프로그램을 작성한다. 따라서 타이머의 설정시간을 좀 더 쉽고 편리하게 변경할 수 있는 방법을 구현해보자.

[그림 6-14] **조작 패널**

[표 6-30] **PLC 입출력 리스트**

입력	기능	출력	기능
X00	시작 버튼	Y20	램프
X01	시간 증가 버튼	Y37 ~ Y30	시간 표시 FND
X02	시간 감소 버튼	Y3F ~ Y38	경과 시간 FND

동작 조건

❶ PLC의 전원이 ON되면 FND에는 20이 표시된다. 20은 20sec를 의미한다. 경과시간에는 00이 표시된다.

❷ 시간 증가 버튼을 누를 때마다 FND 숫자는 1씩 증가한다. 시간 설정값이 99일 때에는 시간 증가 버튼을 눌러도 더 이상 설정값이 증가하지 않고 99를 표시한다. 시간 증가 버튼을 2초 이상 계속 누르면 0.1초 간격으로 시간이 자동 증가한다.

❸ 시간 감소 버튼을 누를 때마다 FND 숫자는 1씩 감소한다. 시간 설정값이 01일 때에는 시간 감소 버튼을 눌러도 더 이상 설정값이 감소하지 않고 01을 표시한다. 시간 감소 버튼을 2초 이상 계속 누르면 0.1초 간격으로 시간이 자동 감소한다.

❹ 시작 버튼을 누르면 설정시간만큼 램프가 점등된다. 이때 타이머의 경과시간이 초 단위로 표시되며, 램프가 소등될 때 경과시간도 00으로 초기화된다.

PLC 프로그램 작성법

[실습예제 6-1]과 비교해서 추가된 사항은 두 가지이다. 시간 설정용 버튼을 2초 이상 누르면 0.1초 간격으로 시간 설정값이 자동으로 1씩 증가하는 것과, 타이머의 경과시간을 초 단위로 FND 모듈에 표시한다는 것이다. 시간 설정 버튼을 2초 이상 누르고 있음을 확인하기 위해서는 온 딜레이 타이머를 사용한다.

0.1초 주기로 ON/OFF되는 클록 신호는 어떻게 만들 수 있을까? 5장에서 학습한 플리커 타이머를 이용하는 방법이 있는데, 이 방법으로 0.1초 주기를 가진 클록 신호를 만들기 위해서는 타이머의 기본 설정시간을 PLC 파라미터에서 변경하거나 아니면 고속 타이머를 사용해야 한다.

0.1초 주기를 가진 클록 신호를 플리커 타이머로 만들지 않고 PLC에서 제공하는 특수 릴레이 SM410을 사용하여 만들 수도 있다. SM410은 0.1초 주기를 가진 클록을 계속 만들어주는 특수 릴레이이다. 타이머의 경과시간이 0.1초 단위로 표시되기 때문에 나눗셈 명령을 사용하여 1초 단위로 표시되도록 한다.

PLC 프로그램

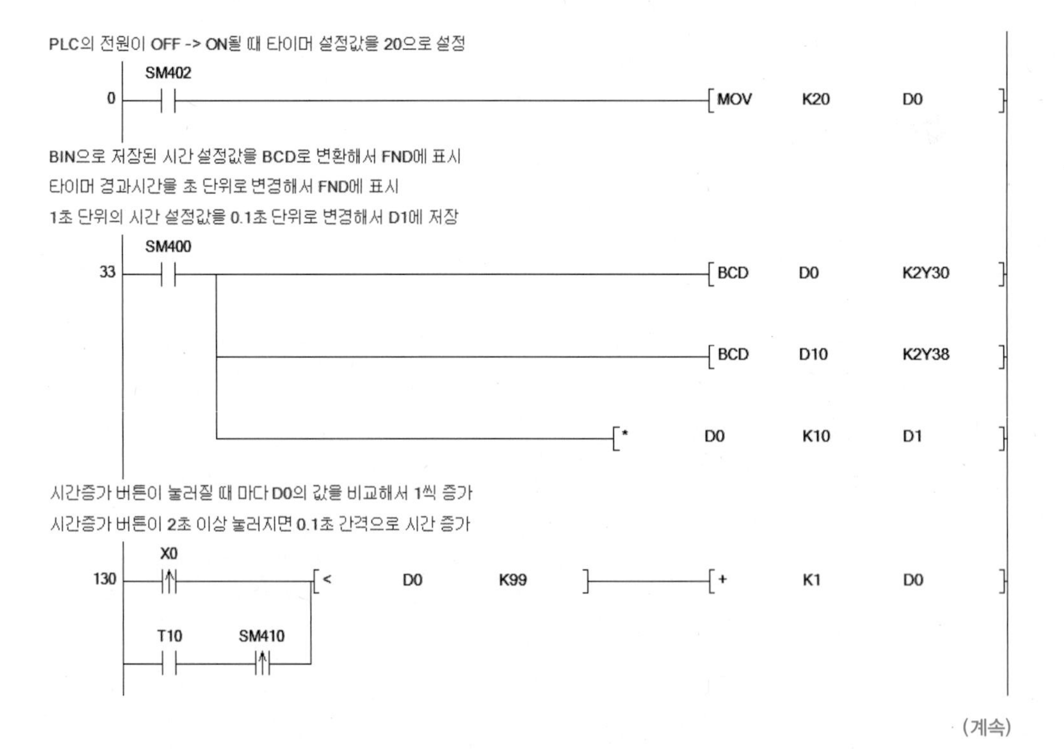

(계속)

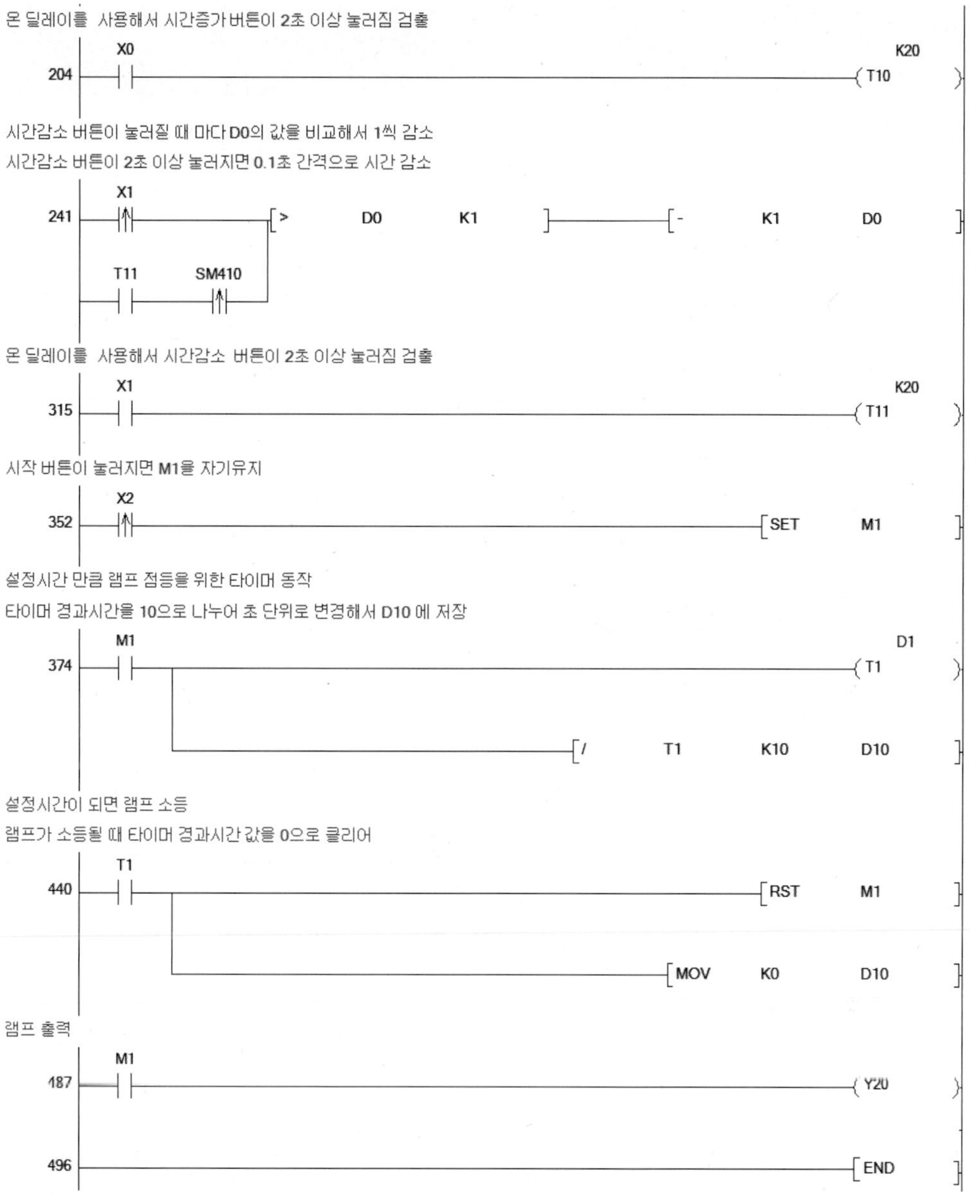

온 딜레이를 사용해서 시간증가 버튼이 2초 이상 눌러짐 검출

```
     X0                                                        K20
204 ─┤ ├──────────────────────────────────────────────────( T10    )

시간감소 버튼이 눌러질 때 마다 D0의 값을 비교해서 1씩 감소
시간감소 버튼이 2초 이상 눌러지면 0.1초 간격으로 시간 감소
     X1
241 ─┤↑├──────────┬─[>   D0   K1 ]────[-   K1   D0 ]
     T11   SM410  │
    ─┤ ├────┤↑├───┘

온 딜레이를 사용해서 시간감소 버튼이 2초 이상 눌러짐 검출
     X1                                                        K20
315 ─┤ ├──────────────────────────────────────────────────( T11    )

시작 버튼이 눌러지면 M1을 자기유지
     X2
352 ─┤↑├────────────────────────────────────────[SET    M1 ]

설정시간 만큼 램프 점등을 위한 타이머 동작
타이머 경과시간을 10으로 나누어 초 단위로 변경해서 D10에 저장
     M1                                                        D1
374 ─┤ ├──┬───────────────────────────────────────────────( T1     )
          │
          └──────────────────────[/    T1    K10    D10 ]

설정시간이 되면 램프 소등
램프가 소등될 때 타이머 경과시간 값을 0으로 클리어
     T1
440 ─┤ ├──┬─────────────────────────────────────[RST    M1 ]
          │
          └──────────────────────────[MOV    K0    D10 ]

램프 출력
     M1
487 ─┤ ├──────────────────────────────────────────────────( Y20    )

496 ──────────────────────────────────────────────────────[END     ]
```

[그림 6-15] **타이머 설정시간 동안 램프를 점등하는 프로그램**

→ 실습과제 6-3 로터리 엔코더 스위치를 사용한 설정값 변경

로터리 엔코더 스위치를 사용해서 타이머의 설정값을 변경하는 방법에 대해 학습해보자.

이번 과제에서는 타이머의 설정시간을 로터리 엔코더 스위치를 사용해서 설정하는 방법에 대해 살펴보자. 로터리 엔코더 스위치의 정역회전을 통해 시간을 설정하고, 또한 로터리 엔코더 스위치의 푸시 버튼을 시작 버튼으로 사용한다.

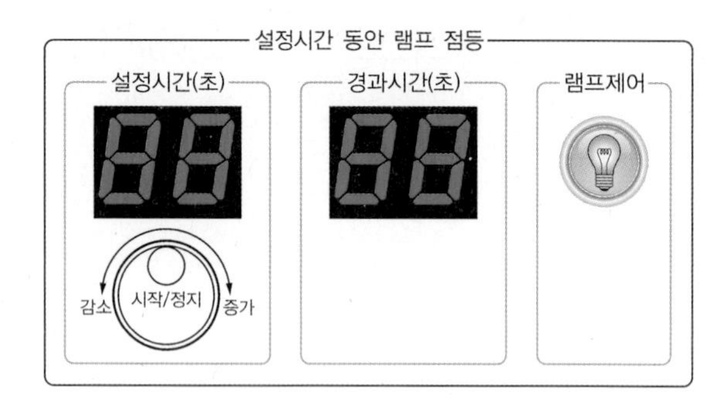

[그림 6-16] **조작 패널**

입력	기능
X10	시작 버튼
X11	A_PLS
X12	B_PLS

출력	기능
Y20	램프
Y37~Y30	시간 표시 FND
Y3F~Y38	경과시간 FND

(a) 입출력 리스트

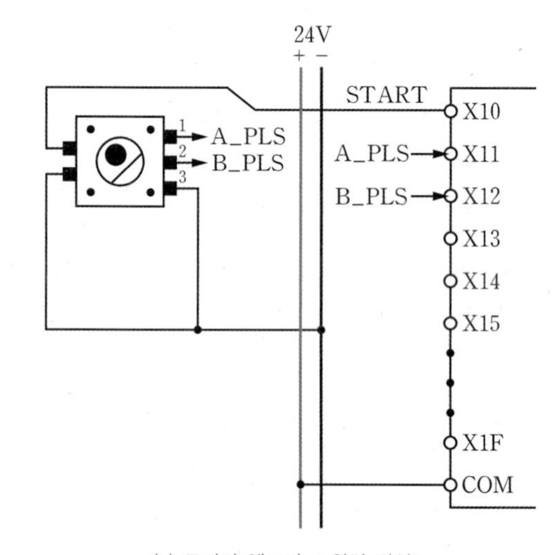

(b) 로터리 엔코더 스위치 결선도

[그림 6-17] **입출력 리스트 및 로터리 엔코더 스위치 결선도**

동작 조건

❶ PLC의 전원이 ON되면 FND에는 20이 표시된다. 20은 20sec를 의미한다. 경과시간에는 00이 표시된다.

❷ 로터리 엔코더 스위치를 시계 방향으로 회전시키면 시간 설정값이 증가한다. 시간 설정값이 99일 때에는 로터리 엔코더 스위치를 회전시켜도 설정값이 증가하지 않고 99를 표시한다.

❸ 로터리 엔코더 스위치를 반시계 방향으로 회전시키면 시간 설정값이 감소한다. 시간 설정값이 1일 때에는 로터리 엔코더 스위치를 회전시켜도 설정값이 감소하지 않고 01을 표시한다.

❹ 시작 버튼을 누르면 설정시간만큼 램프가 점등된다. 이때 타이머의 경과시간은 초 단위로 표시되며, 램프가 소등될 때 경과시간도 00으로 초기화된다.

생각해봅시다

■ 로터리 엔코더 스위치의 동작 원리

로터리 엔코더 스위치는 2개의 전기 펄스신호를 만들어내는 스위치의 일종이다. 엔코더 스위치의 회전 방향에 따라 전기 펄스신호의 위상 차이가 발생하는데, PLC는 이 위상 차이를 검출해서 회전 방향을 판별하고, 회전 방향에 따라 시간 설정값을 증가 또는 감소시킨다. [그림 6-18]은 로터리 엔코더 스위치의 회전 방향에 따라 발생되는 전기 펄스 신호를 나타낸 것이다.

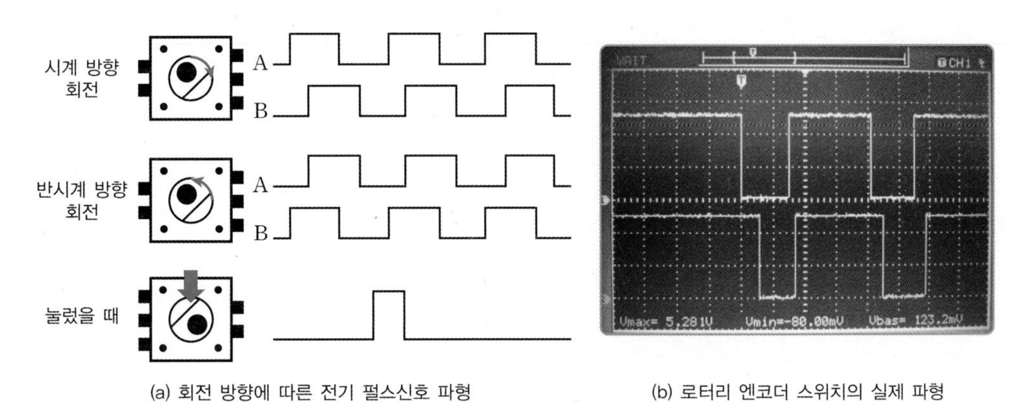

(a) 회전 방향에 따른 전기 펄스신호 파형

(b) 로터리 엔코더 스위치의 실제 파형

[그림 6-18] **로터리 엔코더 스위치의 회전 방향에 따른 전기 펄스신호**

로터리 엔코더 스위치는 컴퓨터 마우스의 휠에도 사용된다. 휠의 회전에 의해 전기 펄스 신호가 만들어져 커서가 움직이고, 휠을 누르면 커서가 고정되는 동작이 이루어진다.

(a) 마우스에 사용된 로터리 엔코더 스위치

(b) 마우스 휠의 회전 검출

[그림 6-19] **로터리 엔코더 스위치를 사용한 마우스 휠**

PLC 프로그램 작성법

로터리 엔코더 스위치의 회전 방향에 따른 전기 펄스신호는 PLC에서 어떻게 구분할까? 이는 [그림 6-20]처럼 A_PLS 신호를 기준으로 B_PLS 신호의 상승펄스 신호의 시점을 보고 판별하는 것이다. [그림 6-20(a)]처럼 A_PLS 신호가 ON 상태에서 B_PLS 신호가 ON될 때에는 시계 방향 회전으로 판별한다. 반대로 [그림 6-20(b)]처럼 A_PLS 신호가 OFF 상태에서 B_PLS 신호가 ON될 때에는 반시계 방향 회전으로 판별한다.

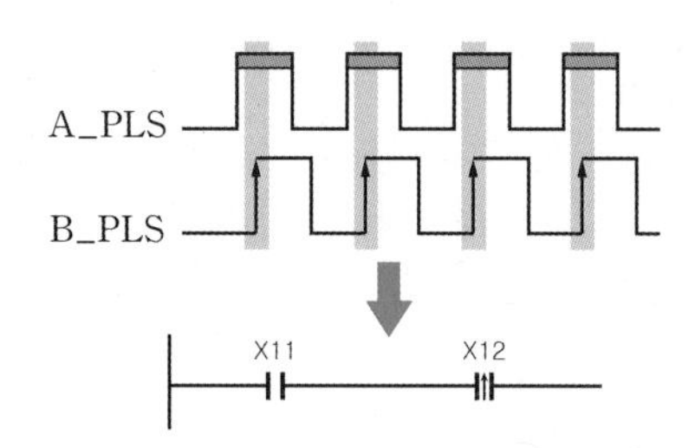

(a) 엔코더 스위치가 시계 방향으로 회전할 때

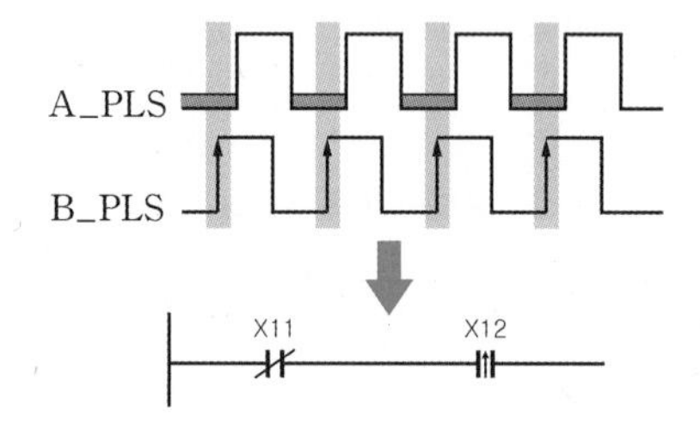

(b) 엔코더 스위치가 반시계 방향으로 회전할 때

[그림 6-20] **로터리 엔코더 스위치의 회전 방향 판별용 펄스신호 확인 방법**

PLC 프로그램

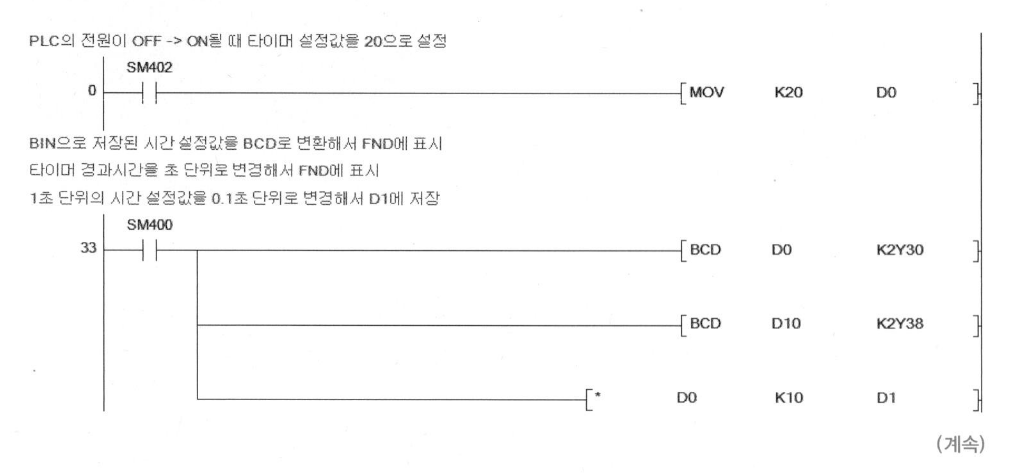

(계속)

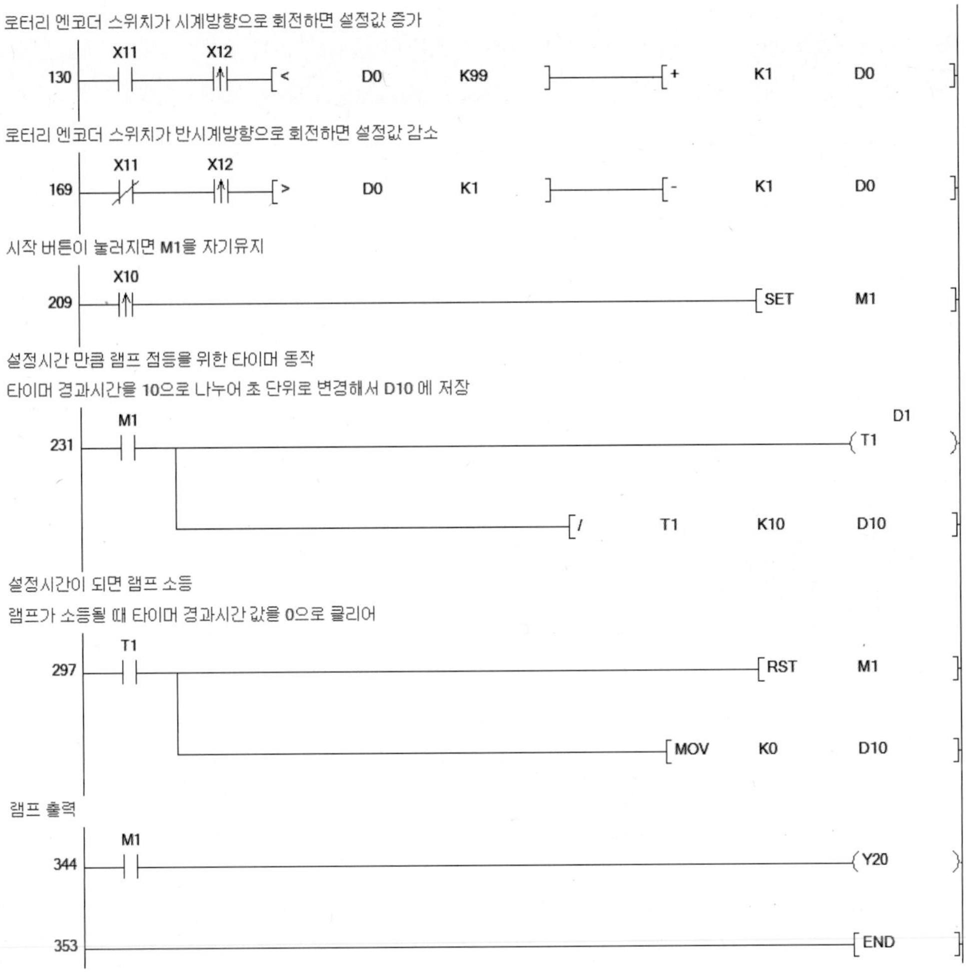

로터리 엔코더 스위치가 시계방향으로 회전하면 설정값 증가

```
      X11      X12
130 ──┤ ├──────┤↑├──[<   D0   K99 ]──────[+   K1   D0 ]
```

로터리 엔코더 스위치가 반시계방향으로 회전하면 설정값 감소

```
      X11      X12
169 ──┤/├──────┤↑├──[>   D0   K1 ]───────[-   K1   D0 ]
```

시작 버튼이 눌러지면 M1을 자기유지

```
      X10
209 ──┤↑├──────────────────────────────[SET   M1 ]
```

설정시간 만큼 램프 점등을 위한 타이머 동작
타이머 경과시간을 10으로 나누어 초 단위로 변경해서 D10에 저장

```
                                                  D1
      M1
231 ──┤ ├──┬──────────────────────────────────(T1 )
           │
           └──────────────[/   T1   K10   D10 ]
```

설정시간이 되면 램프 소등
램프가 소등될 때 타이머 경과시간 값을 0으로 클리어

```
      T1
297 ──┤ ├──┬──────────────────────────[RST   M1 ]
           │
           └──────────────[MOV   K0   D10 ]
```

램프 출력

```
      M1
344 ──┤ ├─────────────────────────────────────(Y20 )

353 ──────────────────────────────────────────[END ]
```

[그림 6-21] **로터리 엔코더 스위치를 이용한 타이머 설정값 변경 프로그램**

실습과제 6-4 숫자 키보드를 사용한 시간 설정

설정값을 입력할 때 푸시 버튼을 사용하는 방법과 로터리 엔코더 스위치를 이용하는 방법을 살펴봤다. 이러한 방법은 작은 크기의 수의 설정에는 괜찮지만, 큰 수 설정에는 숫자 키보드 방식이 가장 효율적이다. 숫자 키보드를 이용하여 값을 설정하는 방법에 대해 학습해보자.

앞에서 스위치나 로터리 엔코더 스위치를 사용하여 PLC에 설정값을 입력하는 방법을 살펴보았다. 그런데 큰 값을 간편하게 설정하기 위해서는 계산기와 같은 키보드 형태로 된 자판을 사용한다. 숫자 키보드를 이용하여 설정값을 입력하는 방법에 대해 살펴보자.

[그림 6-22] **조작 패널**

입력	기능	
X00	시작 버튼	
X10	0	숫자 키보드
X11	1	
X12	2	
X13	3	
X14	4	
X15	5	
X16	6	
X17	7	
X18	8	
X19	9	
X1A	Clear(CLR)	
출력	**기능**	
Y20	램프	
Y3F~Y30	시간 표시 FND	

(a) 입출력 리스트

24V
\+ −
0 X10
1 X11
2 X12
3 X13
9 X19
CLR X1A
X1F
COM

(b) 숫자 키보드 결선도

[그림 6-23] **입출력 리스트 및 숫자 키보드 결선 방법**

동작 조건

❶ PLC의 전원이 ON되면 FND에는 0000이 표시된다.

❷ 0~9의 숫자키를 누르면, 해당 숫자가 FND에 순차적으로 표시된다. 예를 들어 1 → 0 → 2 → 3 → 9 → 0 → 7 → 6 → Clear 키를 누르면 [그림 6-24]처럼 FND 표시가 되어야 한다.

[그림 6-24] **숫자 키보드를 누른 순서에 따른 FND의 숫자 표시 순서**

❸ Clear 버튼을 누르면 FND의 표시값이 0000으로 초기화된다.

❹ FND에 표시된 시간은 10ms 단위이며, 고속 타이머를 사용한다. 시작 버튼을 누르면 해당 설정시간만큼 램프가 점등되고, 동작 중일 때에는 현재 경과시간이 FND에 표시된다.

PLC 프로그램 작성법

■ 숫자 입력 스위치를 숫자로 인식하기

```
 0  X10 -|↑|-  [MOV  K0  D0 ]
 3  X11 -|↑|-  [MOV  K1  D0 ]
 6  X12 -|↑|-  [MOV  K2  D0 ]
 9  X13 -|↑|-  [MOV  K3  D0 ]
12  X14 -|↑|-  [MOV  K4  D0 ]
15  X15 -|↑|-  [MOV  K5  D0 ]
18  X16 -|↑|-  [MOV  K6  D0 ]
21  X17 -|↑|-  [MOV  K7  D0 ]
24  X18 -|↑|-  [MOV  K8  D0 ]
27  X19 -|↑|-  [MOV  K9  D0 ]
```

(a) 스위치 입력을 이진수로 변환하는 프로그램

입력 번지	숫자키	D0의 저장값
X10	0	0000
X11	1	0001
X12	2	0010
X13	3	0011
X14	4	0100
X15	5	0101
X16	6	0110
X17	7	0111
X18	8	1000
X19	9	1001

(b) 입력에 따른 이진수 변환값

[그림 6-25] **스위치 입력을 4비트 2진수로 변환하기**

PLC의 입력 X10 ~ X19에 연결된 0부터 9로 표시된 숫자 입력 스위치는 단순히 0과 1의 ON/OFF 정보만을 표현할 수 있다. [그림 6-25]는, 스위치에 입력된 ON 정보를 가지고 스위치에 부여된 숫자값을 2진수 값으로 변환하는 프로그램이다. 이 경우에는 스위치의 개수가 10개이기 때문에 프로그램 작성에 큰 문제가 없지만, 만약 스위치의 개수가 100개라면 프로그램 작성이 번거로울 수 있다. 이런 동작을 간단하게 처리할 수 있는 PLC 명령어로 ENCO가 있다.

■ ENCO 명령어를 이용하여 숫자 입력 스위치를 숫자로 인식하기

ENCO 명령은 인코드ENCODER로 10진수를 2진수로 변환하는 명령어이며, 사용 방법은 [그림 6-26]과 같다.

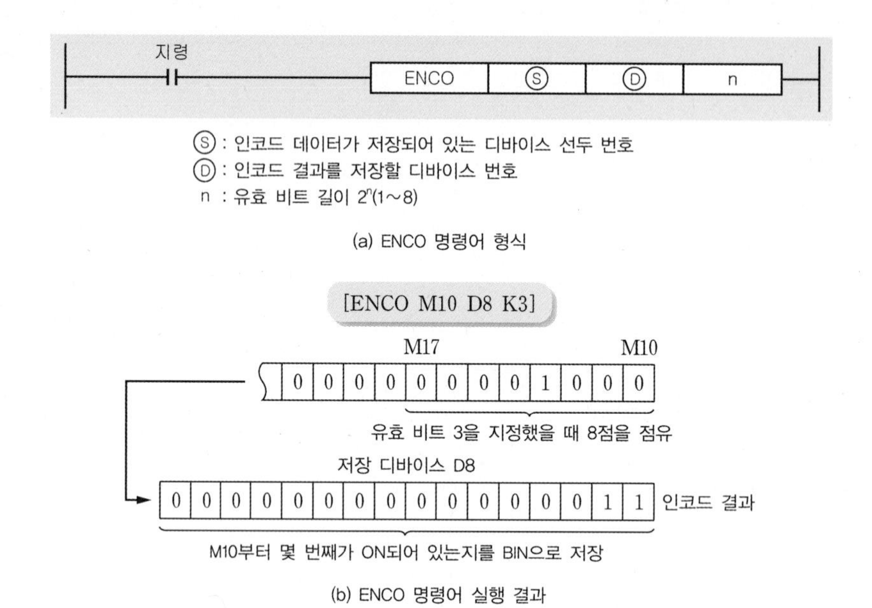

[그림 6-26] ENCO 명령어 사용법

[그림 6-25(a)]의 프로그램을 ENCO 명령어를 사용하여 변환하면 [그림 6-27]과 같이 된다. X10 ~ X19까지 10개의 스위치를 입력받기 위해 ENCO 명령어에서 유효 비트 길이를 4로 지정하였다.

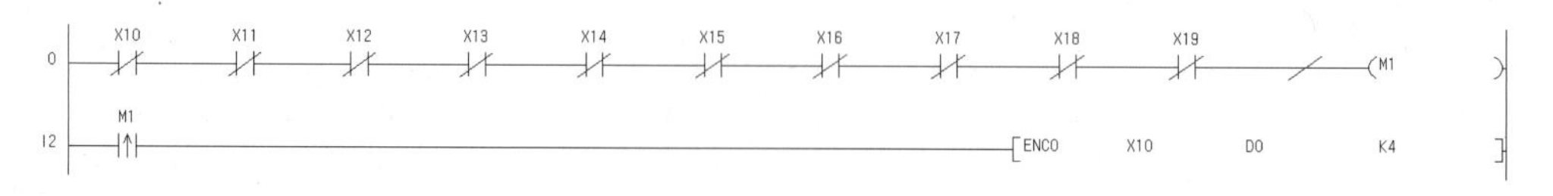

[그림 6-27] 0 ~ 9의 숫자 스위치에서 눌린 값을 2진수로 변환하는 ENCO 명령어 사용법

ENCO 명령어가 실행되는 조건은 X10 ~ X19까지 연결된 스위치가 ON되는 순간이기 때문에, X10 ~ X19의 입력을 OR 조건으로 연결한다. 숫자 키가 눌리면 M1을 ON시켜 ENCO 명령을 통해 눌린 스위치에 해당되는 2진수 값을 D0에 저장한다. [그림 6-27]은 X10 ~ X19의 입력을 OR 연결로 표현한 것이다. 해당 내용이 이해가 되지 않는다면 [그림 5-8]의 OR 회로 표현 방법을 살펴보기 바란다.

■ 입력된 숫자를 순서대로 기억하기

ENCO 명령을 사용하여 스위치의 눌린 정보를 4비트 2진수의 숫자로 변환하고, 이 정보를 순서대로 16비트 디바이스에 저장해야 한다. FND에는 네 자리의 숫자만 표시되기 때문에 입력된 순서대로 4자리의 숫자를 저장해야 한다.

[표 6-31] 스위치가 눌린 순서에 따른 데이터 저장 형태

디바이스 번지	초기 상태	X11 누름	X10 누름	X12 누름	X13 누름	X19 누름	X10 누름	X17 누름	X16 누름	Clear
D10	0	1	0	2	3	9	0	7	6	0
D11	0	0	1	0	2	3	9	0	7	0
D12	0	0	0	1	0	2	3	9	0	0
D13	0	0	0	0	1	0	2	3	9	0

입력되는 숫자 정보 4개를 기억하기 위해서는 [표 6-32]처럼 16비트 워드 디바이스 4개가 필요하고, 숫자가 입력될 때마다 입력된 숫자를 워드 단위로 시프트시킨 후에 D10에 저장해야 한다. 숫자 입력용 스위치가 눌릴 때마다 [표 6-32]의 1~3번 순서를 반복하면 입력된 순서대로 4개의 숫자를 항상 메모리에 보관할 수 있다. 1워드 단위로 좌측으로 시프트시키는 명령어는 앞에서 학습한 DSFL 명령어이다.

[표 6-32] 스위치가 눌린 순서를 기억하는 절차

순서	작업 내용	작업 결과
초기	D13 ~ D10에 '1023'이 저장되어 있을 때	D13=1, D12=0, D11=2, D10=3 / D0=3
1	숫자 9의 스위치가 ON되면 D0의 값이 9로 변경된다.	D13=1, D12=0, D11=2, D10=3 / D0=9
2	D13 ~ D10의 값을 좌측으로 1워드 단위씩 시프트시킨다.	D13=0, D12=2, D11=3, D10=0 / D0=9
3	D0의 값을 D10에 저장한다.	D13=0, D12=2, D11=3, D10=9 / D0=9

■ 입력된 숫자를 FND에 표시하기

입력한 순서대로 디바이스에 저장한 숫자를 FND에 표시해야 한다. 디바이스에 저장된 숫자는 0 ~ 9까지의 값이기 때문에 이진수로 표현한 값(0000 ~ 1001)과 BCD 코드값이 동일하다. 따라서 별도의 변환 명령어가 필요 없이 해당 FND에 숫자값을 표시하면 된다. [그림 6-28]은 MOV 명령을 사용해서 FND에 숫자를 표시하는 방법을 나타낸 것이다. 또는 전용 명령어를 사용해서 FND에 숫자를 표시할 수도 있다.

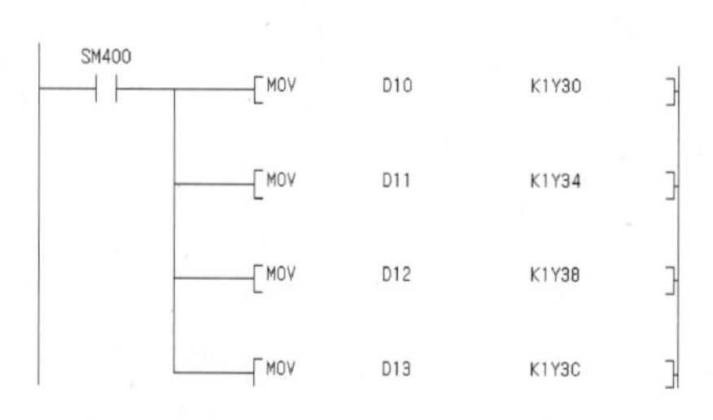

(a) FND에 숫자 표시를 위한 PLC 프로그램

번지	D13	D12	D11	D10
데이터	0	2	3	9
표시 내용				
출력 번지	Y3F~ Y3C	Y3B~ Y38	Y37~ Y34	Y33~ Y30

(b) FND 숫자 표시 내용

[그림 6-28] FND에 숫자를 표시하는 방법

■ UNI 명령을 사용한 4비트 데이터의 조합

UNI 명령어는 4개의 워드 데이터의 하위 4비트 데이터를 조합하여 1개의 16비트 워드 디바이스에 값을 저장하는 명령어이다. 이 명령을 사용하면 간단하게 FND에 표시할 BCD 코드 데이터를 만들 수 있다.

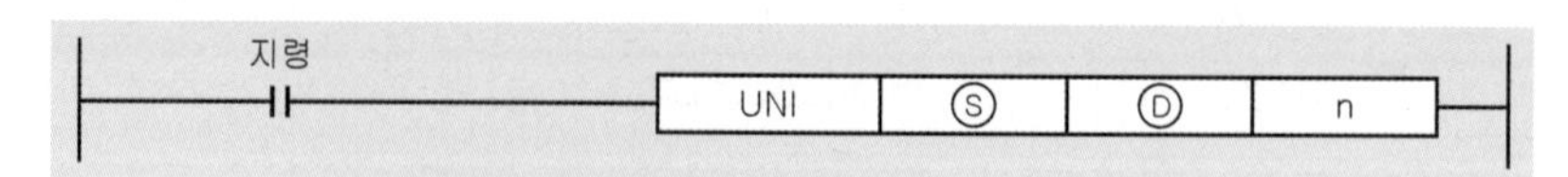

Ⓢ : 결합할 데이터가 저장되어 있는 디바이스 선두 번호
Ⓓ : 결합한 데이터를 저장할 디바이스 번호
n : 결합개수(1~4)

(a) UNI 명령어 형식

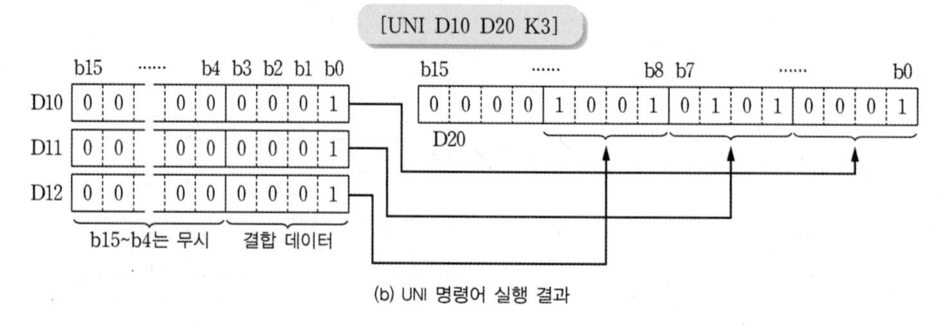

(b) UNI 명령어 실행 결과

[그림 6-29] UNI 명령어 사용법

UNI 명령으로 FND에 표시되는 값은 타이머에 설정할 시간값에 해당된다. 그런데 타이머는 BCD 코드가 아니므로, BCD 코드로 표시된 숫자에 해당되는 BIN 값을 설정해야 한다. BCD 코드값을 BIN으로 변환하는 명령어는 [BIN D20 D30]이다. 이 명령어가 실행되면 D20에 저장된 BCD 코드값이 이진수의 값으로 변경되어서 D30에 저장된다.

PLC 프로그램

```
0 ~ 9의 숫자키 눌림을 검출
     X10   X11   X12   X13   X14   X15   X16   X17   X18   X19
0  --|/|---|/|---|/|---|/|---|/|---|/|---|/|---|/|---|/|---|/|------/------(M1 )

숫자키가 눌러지면 ENCO로 숫자 판별 후 D0에 저장
DSFL명령어로 D10 ~ D14를 1워드 시프트 후에 D0의 값을 D10에 저장
     M1
28 --|↑|--+------------------------------[ENCO  X10   D0    K4 ]
          |
          +------------------------------[DSFL  D10   K4       ]
          |
          +------------------------------[MOV   D0    D10      ]

UNI명령어로 D10 ~ D13까지 하위 4비트를 조합해서 D20에 저장
D20에 저장된 시간설정값을 FND에 표시. 타이머 동작중에는 중지
D20에 저장된 BCD코드를 BIN으로 변경해서 D30에 저장
     SM400
99 --| |--+------------------------------[UNI   D10   D20   K4 ]
          |  M1
          +--|/|-------------------------[MOV   D20   K4Y30    ]
          |
          +------------------------------[BIN   D20   D30      ]

Clear버튼이 눌러지면 D10 ~ D13을 0으로 설정
     X1A
205 --|↑|--------------------------------[FMOV  K0    D10   K4 ]

시작버튼이 눌러지면 고속타이머 동작
     X0
234 --|↑|--[>   D30   K0 ]---------------[SET   M10            ]

타이머 동작 중에 경과시간을 FND에 표시
     M10                                   H     D30
260 --| |--+------------------------------(T1                  )
           |
           +------------------------------[BCD   T1    K4Y30   ]

타이머의 출력이 ON되면 타이머 동작 중지
     T1    M10
289 --| |---| |---------------------------[RST   M10           ]

램프 출력
     M10
314 --| |---------------------------------(Y20                 )

323 --------------------------------------[END                 ]
```

[그림 6-30] **ENCO 명령을 사용한 숫자키 사용**

➔ 실습과제 6-5 FIFW를 이용한 데이터 입력 및 비교

ENCO, FIFW, DSFL, FMOV, UNI 명령을 사용하여 현관문 번호키의 비밀번호를 설정하고, 입력한 비밀번호를 비교하여 출입문을 제어하는 프로그램 작성법에 대해 학습한다.

요즘 아파트들의 현관 입구에는 전자식 번호키가 설치되어 있어, 입력한 번호가 사전에 설정된 비밀번호와 일치하면 출입문이 열린다. 이번 실습과제에서는 앞에서 학습한 FIFW 명령을 사용하여 번호키로 입력한 숫자를 순서대로 저장한 후에, 사전에 입력된 비밀번호와 비교하여 번호가 일치하면 '문 열림' 램프를 점등하고, 틀리면 '비밀번호 틀림' 램프가 점멸 동작하는 PLC 프로그램을 작성해보자.

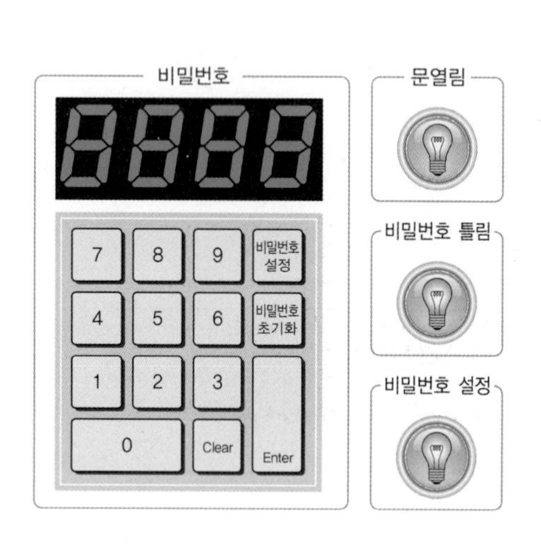

(a) 조작 패널

입력	기능	
X10	0	숫자 키보드
X11	1	
X12	2	
X13	3	
X14	4	
X15	5	
X16	6	
X17	7	
X18	8	
X19	9	
X1A	Clear	
X1B	Enter	
X1C	비밀번호 설정	
X1D	비밀번호 초기화	
출력	**기능**	
Y20	문 열림	
Y21	비밀번호 틀림	
Y22	비밀번호 설정	
Y3F~Y30	비밀번호 표시 FND	

(b) 입출력 할당

[그림 6-31] FIFW 명령어 사용을 위한 조작 패널 및 입출력 할당

동작 조건

❶ PLC의 전원이 ON되면 FND에는 0000이 표시되고 램프는 소등된 상태이다. 전원이 ON인 상태의 비밀번호는 1111로 설정되고, '비밀번호 설정' 램프가 점등된다.

❷ '비밀번호 설정' 버튼을 누르면 '비밀번호 설정' 램프가 1Hz 간격으로 점멸한다. 숫자키를 사용해서 4자리로 구성된 비밀번호를 입력한 후에 Enter 버튼을 누르면, 비밀번호 4자리가 정상 설정되면서 '비밀번호 설정' 램프가 점멸에서 점등으로 바뀐다. 비밀번호 설정이 잘못되면 '비밀번호 설정' 램프가 0.2초 간격으로 3초간 점멸 동작한다.

❸ 비밀번호 입력 중에 Clear(CLR) 버튼을 누르면 현재의 입력 비밀번호가 0000으로 초기화된다.

❹ 비밀번호를 잊어버린 경우를 대비해서 만든 비밀번호 초기화 버튼을 누르면 비밀번호는 1111로 설정된다.

❺ 비밀번호 4자리를 입력한 후에 Enter 버튼을 눌렀을 때, 비밀번호가 일치하면 '문 열림' 램프가 3초간 점등한 후에 소등되고, 반대로 비밀번호가 불일치하면 '비밀번호 틀림' 램프가 1Hz 간격으로 3초간 점멸한다.

PLC 프로그램 작성법

■ 비밀번호를 입력하는 방법

비밀번호가 입력되면, 입력된 비밀번호 숫자의 개수가 맞는지, 그리고 입력한 순서대로 비밀번호의 각각의 자리가 일치하는지를 확인해야 한다. 앞에서 학습한 워드 시프트 명령어인 DSFL은 입력된 숫자의 개수가 몇 개인지는 확인하지 않는다. 입력된 비밀번호 숫자의 개수와 입력된 숫자를 기억하기 위해서는 앞에서 학습한 데이터 테이블 조작 명령이 FIFW를 사용한다. FIFW 명령을 사용하여 비밀번호 4자리를 입력하기 위해서는 5개의 16비트 워드 디바이스가 필요하다. 예를 들어 비밀번호로 1234를 입력했을 때, 디바이스 D100 ~ D104에 어떻게 이 번호가 저장되는지 살펴보자.

FIFW 명령을 사용하면 비밀번호가 입력된 순서대로 지정한 디바이스에 저장되고, 입력된 비밀번호의 개수도 표시된다. [그림 6-32]를 살펴보면, FIFW 명령어에 D100을 설정했을 때 D100에는 입력된 데이터 개수가, 그리고 D101 ~ D104에는 입력한 비밀번호가 저장됨을 알 수 있다.

번지	설정값
D100	0
D101	0
D102	0
D103	0
D104	0

초기 상태 →

번지	설정값
D100	1
D101	1
D102	0
D103	0
D104	0

'1' 입력 →

번지	설정값
D100	2
D101	1
D102	2
D103	0
D104	0

'2' 입력 →

번지	설정값
D100	3
D101	1
D102	2
D103	3
D104	0

'3' 입력 →

번지	설정값
D100	4
D101	1
D102	2
D103	3
D104	4

'4' 입력

[그림 6-32] **FIFW에 의한 비밀번호 1234의 디바이스 입력 과정**

■ BKCMP 명령어를 사용하여 블록 데이터를 비교하는 방법

사전에 설정한 비밀번호와 현재 입력된 비밀번호를 비교하여 두 번호가 일치하면 '문 열림' 램프를 점등한다. 사전에 설정된 비밀번호는 D100 ~ D104에 저장하고, 문을 열기 위해 입력하는 비밀번호는 D110 ~ D114에 저장한 후에 서로를 비교한다.

번지	설정값		번지	설정값
D100	0	=	D110	1
D101	0	=	D111	1
D102	0	=	D112	0
D103	0	=	D113	0
D104	0	=	D114	0

[그림 6-33] **설정값과 입력값의 비교**

BKCMP 명령어는 [그림 6-34]처럼 비교한 워드 디바이스의 개수에 해당되는 비트의 ON/OFF로 비교 결과를 나타낸다. [그림 6-34]에서 4개의 워드 디바이스의 비교 결과는 M10 ~ M13에 0과 1로 저장된다. 따라서 BKCMP 명령의 결과인 4개의 비트를 한꺼번에 비교하기 위한 [= K1M10 H0F] 명령을 사용하면 입력한 비밀번호의 일치 여부를 판단할 수 있다.

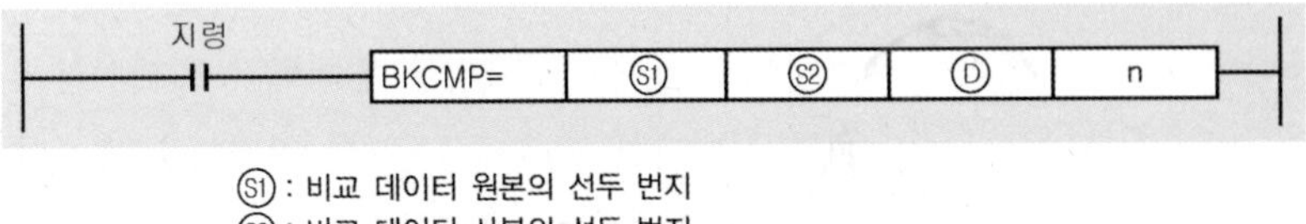

Ⓢ1 : 비교 데이터 원본의 선두 번지
Ⓢ2 : 비교 데이터 사본의 선두 번지
Ⓓ : 비교연산 결과를 저장하는 비트 디바이스 선두 번지
n : 비교하는 데이터 개수

(a) BKCMP 명령어 형식

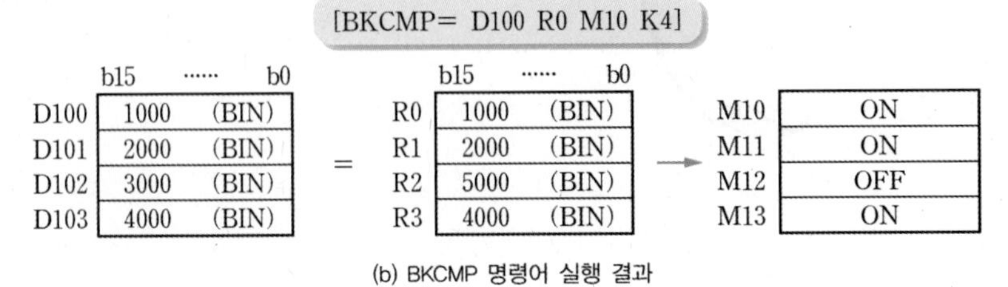

(b) BKCMP 명령어 실행 결과

[그림 6-34] **BKCMP 명령어**

■ FIFW로 저장한 값을 UNI 명령을 사용해서 FND에 표시할 때

입력한 숫자를 FIFW 명령으로 워드 디바이스에 저장한 후, 이 숫자를 UNI 명령을 사용해서 FND에 표시하면, FND에는 입력한 순서와 반대로 숫자가 표시된다. 예를 들어 FIFW로 D10에 입력한 숫자 '1 → 2 → 3 → 4'를 저장한 후 UNI로 표시하면 [그림 6-35(a)]처럼 된다. FND에 표시되어야 할 숫자는 1234인데, 실제로는 4321이 표시된 것이다. 따라서 [그림 6-35(b)]처럼 DSFL 명령을 사용하여 FND에 입력한 순서대로 1234로 표시될 수 있도록 한다.

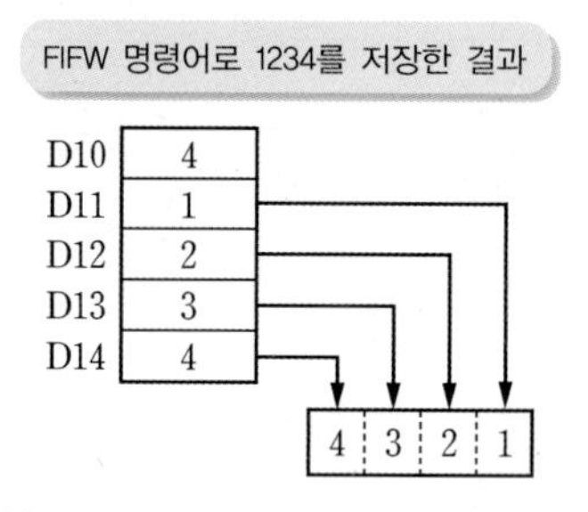

(a) [UNI D11 D20 K4] 명령어 실행 결과

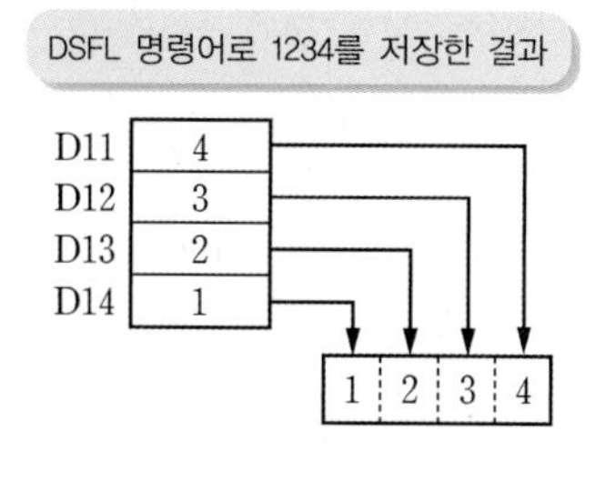

(b) [UNI D11 D20 K4] 명령어 실행 결과

[그림 6-35] **FIFW와 DSFL 명령에 따른 입력 숫자 저장 순서**

PLC 프로그램

```
PLC의 전원이 OFF -> ON, CPU리셋되면 비번을 "1111"로 설정
비번 초기화 버튼이 눌러지면 비번을 "1111"로 설정
      SM402
  0 ──┤├──┬──────────────────────────────[MOV   K4    D100 ]
      X1D │
    ──┤├──┼──────────────────────────[FMOV  K1    D101  K4 ]
          │
          └──────────────────────────────────[SET   M0     ]
숫자키 0 ~ 9의 스위치가 눌러짐 검출
      X10   X11   X12   X13   X14   X15   X16   X17   X18   X19
 67 ──┤/├───┤/├───┤/├───┤/├───┤/├───┤/├───┤/├───┤/├───┤/├───┤/├──/──( M1 )
비번설정 버튼이 눌러지면 비번설정 모드 동작
      X1C
 99 ──┤↑├────────────────────────────────────[SET   M10    ]
비번설정 모드가 선택되면 1Hz간격 점멸 동작
      M10   T2                                          K5
125 ──┤├────┤/├─────────────────────────────────────( T1 )
      T1                                                K5
155 ──┤├────────────────────────────────────────────( T2 )
```

(계속)

```
비밀번호 설정모드에서 숫자 버튼이 눌러지면 비번 저장
DSFL을 사용하는 이유는 FIFW는 입력한 순서로 비번이 저장되어
FND모듈에 비번이 역순으로 표시되기 때문에 DSFL을 사용해서
FND에 표시되는 비번을 입력한 순서대로 표시하기 위함

160  M10 ─┤ ├─ M1 ─┤↑├─┬──────────────────────────── [ENCO   X10    D0     K4   ]
                       └─[<  D110  K4]─┬──────────── [FIFW   D0     D110        ]
                                       ├──────────── [DSFL   D120   K4          ]
                                       └──────────── [MOV    D0     D120        ]

enter가 눌러지면 입력 비번을 검사해서 잘못 입력한 비번을 "0000"

298  M10 ─┤ ├─ X1B ─┤↑├─[<>  D110  K4]─┬──────────── [SET    M11                ]
                                       ├──────────── [FMOV   K0     D110   K5   ]
                                       └──────────── [FMOV   K0     D120   K4   ]

비밀번호 설정이 잘못되면 0.2초 간격 비번설정 램프 3초간 점멸

346  M11 ─┤ ├─────────────────────────────────────── (T3   K30)
384  M11 ─┤ ├─ T5 ─┤/├────────────────────────────── (T4   K2)
390  T4  ─┤ ├─────────────────────────────────────── (T5   K2)
395  T3  ─┤ ├─────────────────────────────────────── [RST    M11                ]

enter가 눌러졌을 때 비번설정이 4자리이면 비번 교체

397  M10 ─┤ ├─ X1B ─┤↑├─[=  D110  K4]─┬───────────── [MOV    H0     K4Y30       ]
                                      ├───────────── [BMOV   D110   D100   K5   ]
                                      ├───────────── [FMOV   K0     D110   K5   ]
                                      ├───────────── [FMOV   K0     D120   K4   ]
                                      └───────────── [SET    M12                ]

동일 스캔 시간에 비번이 정상입력되면 M10리셋에 의해 X1B가
프로그램 라인 542에 영향을 미치는 것을 방지위해 타이머 사용

445  M12 ─┤ ├─────────────────────────────────────── (T6   K1)
513  T6  ─┤ ├─┬───────────────────────────────────── [RST    M10                ]
              └───────────────────────────────────── [RST    M12                ]

비밀번호 입력

516  M10 ─┤/├─ M1 ─┤↑├─┬──────────────────────────── [ENCO   X10    D0     K4   ]
                       └─[<  D110  K4]─┬──────────── [FIFW   D0     D110        ]
                                       ├──────────── [DSFL   D120   K4          ]
                                       └──────────── [MOV    D0     D120        ]
```

(계속)

```
비밀번호 입력 후 enter를 누르면 비밀번호 비교
        M10     X1B
542 ----|/|-----|↑|----+----------------------[BKCMP=  D100   D110   M30   K5  ]
                       |
                       +--[=   K2M30  H1F ]---------------[SET    M20         ]
                       |
                       +--[<>  K2M30  H1F ]---------------[SET    M21         ]
                       |
                       +------------------------[FMOV   K0     D110   K5      ]
                       |
                       +------------------------[FMOV   K0     D120   K4      ]

비밀번호가 일치하면 3초간 문열림 램프 점등
        M20                                                          K30
593 ----| |--------------------------------------------------------( T10      )

        T10
622 ----| |----------------------------------------------[RST    M20         ]

비밀번호가 불일치 되면 비번 틀림 램프 3초간 1Hz간격 점멸
        M21                                                          K30
624 ----| |--------------------------------------------------------( T11      )

        M21     T13                                                  K5
660 ----| |-----|/|------------------------------------------------( T12      )
        T12                                                          K5
666 ----| |--------------------------------------------------------( T13      )

        T11
671 ----| |----------------------------------------------[RST    M21         ]

클리어 버튼이 눌러지면 현재 입력 중인 비번을 0으로 초기화
        X1A
673 ----| |----+------------------------------[FMOV   K0     D110   K5      ]
               |
               +------------------------------[FMOV   K0     D120   K4      ]

입력한 비번 내용 FND에 표시
        SM400
713 ----| |----+------------------------------[UNI    D120   D130   K4      ]
               |
               +------------------------------[MOV    D130   K4Y30           ]

비번설정 램프 출력
        M10     T1      M11
736 ----| |-----|/|-----|/|----+-------------------------------------( Y22      )
        M11     T4             |
    ----| |-----|/|------------+
        M0      M10            |
    ----| |-----|/|------------+

문열림 램프 출력
        M20
758 ----| |--------------------------------------------------------( Y20      )

비번틀림 램프 출력
        M21     T12
771 ----| |-----|/|------------------------------------------------( Y21      )

786 -------------------------------------------------------------[END        ]
```

[그림 6-36] FIFW 명령을 사용한 데이터 입력과 입력한 데이터를 비교하는 프로그램

실습과제 6-6 FIFO와 LIFO의 차이점

FIFW 명령으로 저장한 데이터를 FIFO(선입 선출), 또는 LIFO(후입 선출) 방식으로 끄집어낼 수 있는 FIFR과 FPOP 명령어 사용 방법을 살펴보고, 메모리 구조인 스택과 큐에 대해 학습한다.

[그림 6-37]과 같이 16개의 램프를 4×4 형태로 구성한 다음, 숫자키를 사용해서 램프의 점등 번호를 랜덤하게 입력해보자. 그런 다음, [FIFO 동작]을 누르면 입력한 순서대로 램프가 2초 간격으로 점등되고, [LIFO 동작]을 누르면 앞과는 역순으로 램프가 점등되는 형태로 동작하는 PLC 프로그램을 작성해보자.

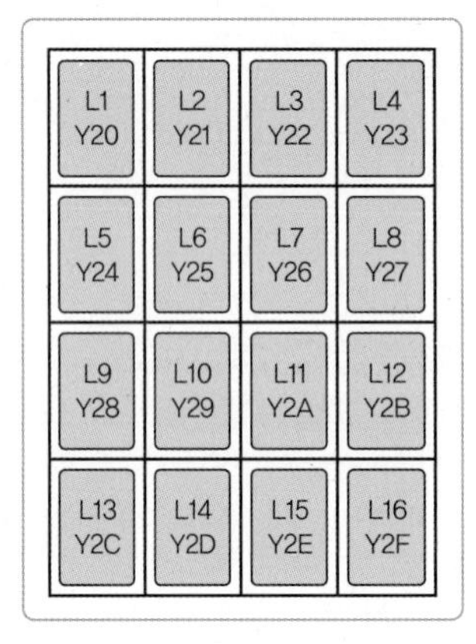

[그림 6-37] **조작 패널**

[표 6-33] **PLC 입출력 리스트**

(a) **입력 리스트**

입력	기능	
X10	0	숫자 키보드
X11	1	
X12	2	
X13	3	
X14	4	
X15	5	
X16	6	
X17	7	
X18	8	
X19	9	
X1A	Total Clear	
X1B	Enter	
X1C	FIFO	
X1D	LIFO	
X1E	Clear	

(b) **출력 리스트**

출력	기능	
Y20	L1	숫자 키보드
Y21	L2	
Y22	L3	
Y23	L4	
Y24	L5	
Y25	L6	
Y26	L7	
Y27	L8	
Y28	L9	
Y29	L10	
Y2A	L11	
Y2B	L12	
Y2C	L13	
Y2D	L14	
Y2E	L15	
Y2F	L16	
Y3F ~ Y30	순서 표시 FND	

동작 조건

❶ PLC의 전원이 ON되면 FND에는 00 00이 표시되고, 4×4 램프는 소등되어 있다.

❷ FND 3번, 4번은 램프의 점등 순서를 입력한 데이터의 개수(01 ~ 99)를 나타낸다. FND 1번, 2번은 숫자키로 입력된 번호에 따른 램프의 점등 위치를 표시한다. 단, 입력 가능한 숫자의 범위는 1 ~ 16이다. 만약 이 범위를 초과한 숫자가 입력되면 00으로 클리어된다. 램프 점등 위치의 숫자를 입력한 후에 Enter를 누르면, 입력한 데이터 개수는 자동으로 1 증가하고, FND 1번과 2번에 00이 표시된다.

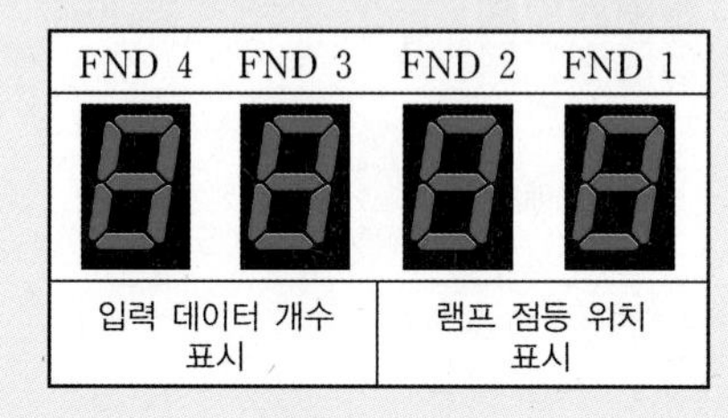

[그림 6-38] **FND에 데이터 표시 위치**

❸ Clear(CLR) 버튼을 누르면 FND 1번, 2번에 표시된 램프의 점등 위치의 값이 00으로 변경된다.

❹ [그림 6-39]처럼 6 → 15 → 5 → 13을 입력한 후에 FIFO 동작 버튼을 누르면, 램프는 입력한 점등 순서대로 2초 간격으로 점등된다.

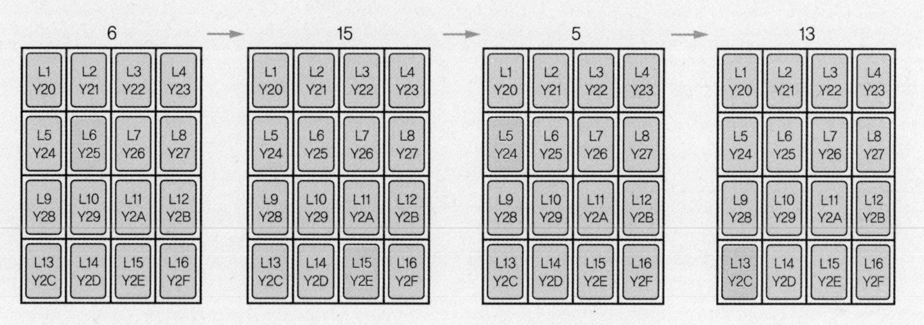

[그림 6-39] **램프 점등 순서**

❺ LIFO 동작 버튼을 누르면, [그림 6-39]의 순서와는 반대로 13 → 5 → 15 → 6의 순서로 점등된다.

❻ Total Clear 버튼을 누르면 입력한 전체 데이터가 삭제된다.

생각해봅시다

■ FIFO와 LIFO는 무엇을 의미할까?

실습과제를 학습하면서 우리는 입력한 순서대로 데이터를 저장하는 FIFW 명령어를 배웠다. FIFW 명령어로 저장한 데이터의 순서를 살펴보면 데이터들은 선형구조를 갖는다. 데이터가 순차적으로 저장되기 때문에 한 줄로 계속 연결된 선과 같은 형태를 갖는다고

하여 선형구조라 하는 것이다. 순차적으로 저장된 데이터를 읽어오는 방식에 따라 후입 선출(LIFO)Last In First Out과 선입 선출(FIFO)First In First Out로 구분된다. FIFW로 저장된 데이터를 후입 선출 방식으로 읽어내는 데이터의 저장 방식을 스택stack이라 하고, 선입 선출 방식은 큐queue라 한다.

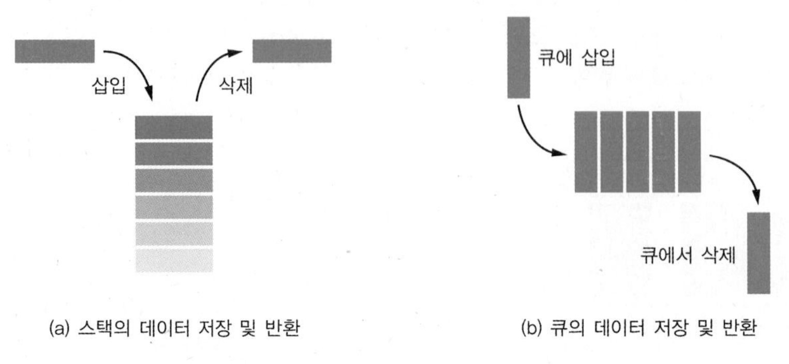

[그림 6-40] **스택과 큐의 동작**

멜섹에서는 입력한 데이터를 선입 선출 또는 후입 선출 방식으로 읽어낼 수 있는 명령어를 제공하고 있다.

■ 선입 선출 명령 : FIFR 명령어

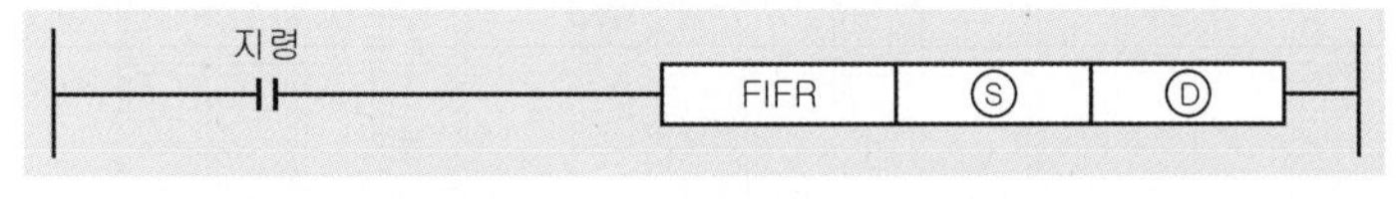

Ⓢ : 선입 선출 방식으로 읽은 데이터가 저장될 디바이스 번호
Ⓓ : 데이터가 저장되어 있는 디바이스 선두 번호

(a) FIFR 명령어 형식

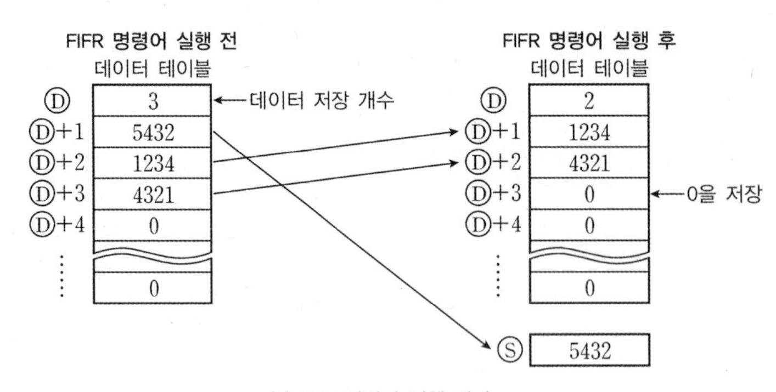

(b) FIFR 명령어 실행 결과

[그림 6-41] **FIFR 명령어**

FIFR 명령어는 [그림 6-41]과 같이 데이터가 저장된 데이터 테이블에서 가장 먼저 입력된 데이터를 읽어내는 명령이다. 데이터를 읽어내면 데이터 테이블은 자동으로 1워드 단

위로 시프트된다. 단, FIFW 명령으로 데이터 테이블에서 데이터를 읽고자 할 때에는 데이터의 저장 개수를 확인하여, 그 값이 0일 때 FIFR 명령이 실행되지 않도록 해야 한다.

■ 후입 선출 명령 : FPOP 명령어

FPOP 명령어는 [그림 6-42]와 같이 데이터 테이블에서 가장 나중에 입력된 데이터를 읽어내는 명령이다. 데이터를 읽어내면 읽어낸 데이터 번지에는 0이 저장되고, 데이터 저장 개수는 자동으로 1만큼 감소한다. 단, FPOP 명령으로 데이터 테이블에서 데이터를 읽고자 할 때에도 데이터의 저장 개수를 확인하여, 그 값이 0일 때 FPOP 명령이 실행되지 않도록 해야 한다.

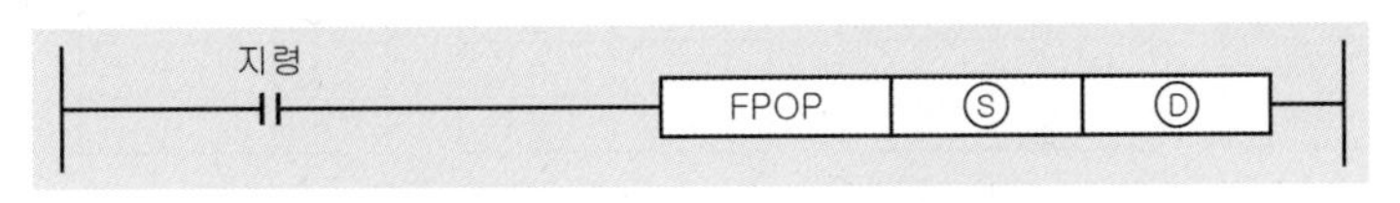

Ⓢ : 후입 선출 방식으로 읽은 데이터가 저장될 디바이스 번호
Ⓓ : 데이터가 저장되어 있는 디바이스 선두 번호

(a) FPOP 명령어 형식

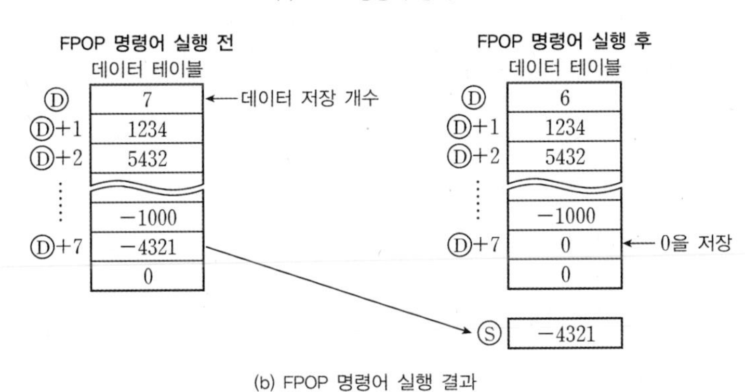

(b) FPOP 명령어 실행 결과

[그림 6-42] FPOP 명령어

■ 선입 선출과 후입 선출 명령의 실행 동작

예를 들어 숫자키를 6(제일 먼저 입력한 숫자) → 15 → 5 → 13(제일 나중에 입력한 숫자)의 순으로 눌렀을 때, [FIFW D0 D100]의 명령어를 실행하면 D100에는 입력된 숫자의 개수인 4가 저장되고, D101 ~ D104에는 입력 순서대로 숫자가 저장된다. 저장된 데이터를 FPOP 명령으로 읽으면 제일 나중에 입력된 데이터부터 읽어낸다([그림 6-43]). FIFW 명령어로 저장한 데이터를 FPOP로 읽으면, 제일 나중에 입력된 데이터가 제일 먼저 읽히므로 후입 선출이라 하며, 이런 형태로 데이터를 관리하는 메모리를 스택이라 한다.

주소	(a) 데이터 저장	(b) FPOP 1회 실행	(c) FPOP 2회 실행	(d) FPOP 3회 실행	(e) FPOP 4회 실행
D100	4	3	2	1	0
D101	6	6	6	6	0
D102	15	15	15	0	0
D103	5	5	0	0	0
D104	13	0	0	0	0

[그림 6-43] **FIFW로 저장한 데이터를 FPOP 명령어로 읽을 때의 동작**

FIFW 명령어로 저장한 데이터를 FIFR로 읽으면 제일 먼저 입력된 데이터가 읽히므로 선입 선출이라 하며, 이런 형태로 데이터를 관리하는 메모리를 큐라 한다([그림 6-44]).

주소	(a) 데이터 저장	(b) FIFR 1회 실행	(c) FIFR 2회 실행	(d) FIFR 3회 실행	(e) FIFR 4회 실행
D100	4	3	2	1	0
D101	6	15	5	13	0
D102	15	5	13	0	0
D103	5	13	0	0	0
D104	13	0	0	0	0

[그림 6-44] **FIFW로 저장한 데이터를 FIFR 명령어로 읽을 때의 동작**

자동제어 분야에는 선입 선출 작업이 많기 때문에 스택보다는 큐를 이용한 데이터의 관리가 많이 사용된다. 산업현장에서는 컨베이어 이동에 동기화하여 투입되는 물건의 종류를 큐에 저장하고, 컨베이어 이동에 따라 큐의 데이터도 이동하면, 큐에 저장되어 있는 데이터를 검사함으로써 현재 이동하는 물건의 개수와 물건의 위치를 쉽게 확인할 수 있다.

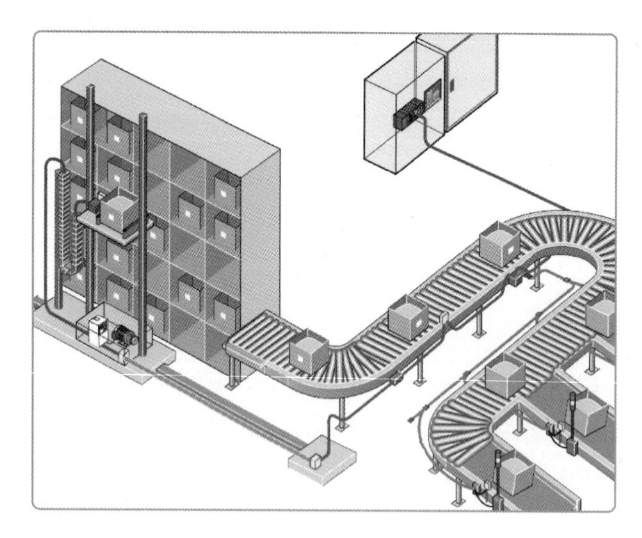

[그림 6-45] **스택과 큐의 사용이 이루어지는 자동창고**

■ DECO 명령어 사용

숫자키의 눌림을 검출할 때 사용한 ENCO 명령을 기억하는가? ENCO 명령은 인코더 encoder의 줄임말로, 특정 부호 계열의 신호를 다른 부호 계열의 신호로 변환해주는 역할을 한다. 인코더의 반대는 디코더decoder로, DECO 명령어가 디코더 역할을 한다. 디코더는 2진수의 데이터로 지정한 비트를 ON시키는 명령이다. 주어진 실습과제에서 FIFW 명령어로 입력된 램프의 점등 위치는 데이터 테이블에 2진수 형태로 저장된다. 2진수로 저장된 램프의 점등 위치를 가지고 Y20 ~ Y2F에 연결된 램프를 점등하는 방법으로는, 비교연산을 이용하는 방법과 DECO 명령을 사용하는 방법이 있다.

[그림 6-46]은 비교연산을 통한 램프 점등 프로그램을 나타낸 것이다. PLC 입력의 X0 ~ X3까지 4비트의 입력의 값을 0 ~ 7까지의 값과 비교해서 해당 조건에 맞는 램프를 점등하도록 구성하였다. 이처럼 비교명령을 사용할 때, 비교의 대상이 적을 경우에는 별 문제가 없지만 비교 대상이 늘어나면 프로그램에 작성해야 할 내용도 늘어난다. 이런 경우에 DECO 명령을 사용하면 간단하게 프로그램을 작성할 수 있다. [그림 6-47]에 DECO 명령을 나타내었다.

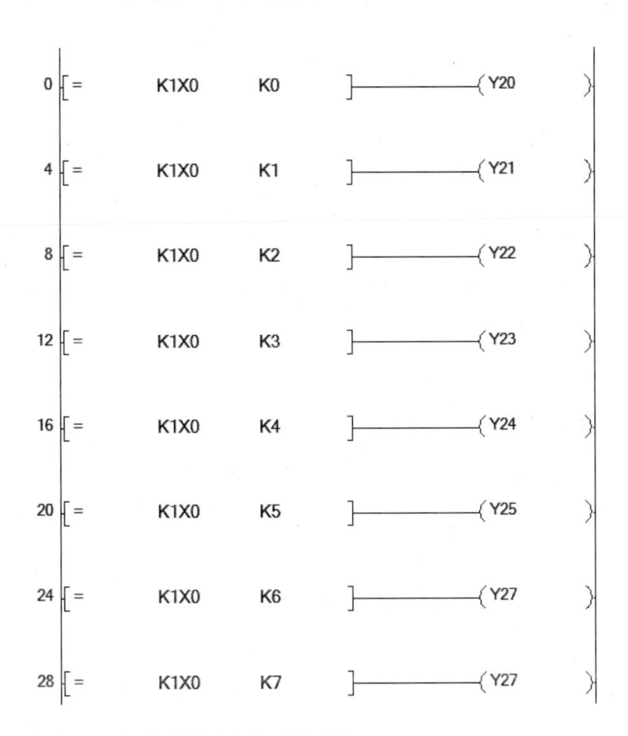

[그림 6-46] **비교연산을 통한 램프 점등**

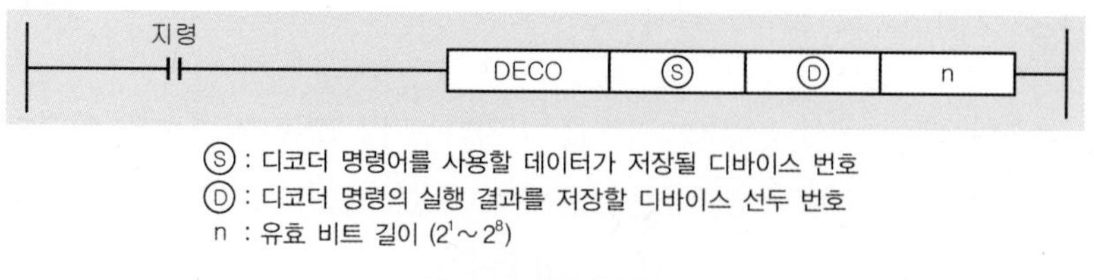

(a) DECO 명령어 형식

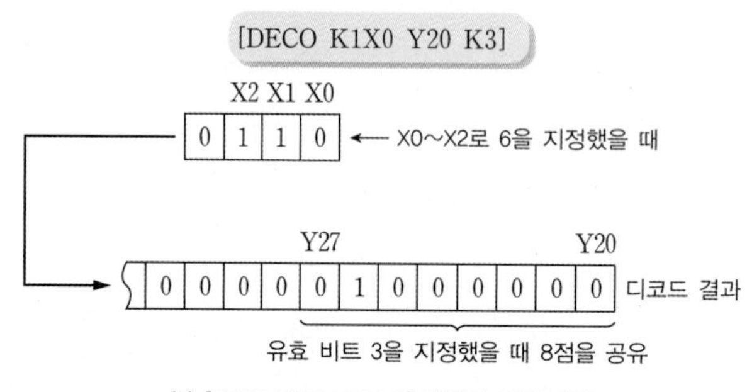

(b) [DECO K1X0 Y20 K3] 명령어 실행 결과

[그림 6-47] DECO 명령어

PLC 프로그램 작성법

주어진 동작 조건에 맞는 PLC 프로그램을 어떻게 작성해야 할까? 프로그램의 작성 방법이 표준으로 정해져 있지는 않기 때문에, 작성하는 사람마다 나름의 경험을 통해 습득한 방법으로 프로그램을 작성한다. 하지만 프로그램을 좀 더 쉽게 작성하려면 입력신호를 기준으로 작성하는 것이 좋다. PLC의 출력은 입력신호에 의해 동작하게 되어 있으므로, 입력신호가 없다면 출력도 변경되지 않는다. [실습과제 6-6]을 통해 프로그램을 어떻게 작성하는지 살펴보자.

1 입력신호의 구분

입력에는 0 ~ 9까지의 숫자키와, 5개의 별도의 기능이 부여된 입력신호가 존재한다. 0 ~ 9까지의 숫자키 입력은 숫자를 입력하는 동일한 기능을 가지고 있기 때문에 1개의 입력으로 구분한다. 그리고 나머지 입력인 FIFO 동작, LIFO 동작, TOT_CLR, Enter, CLR을 각각 구분한 후에, 해당 버튼 입력이 ON되면 어떤 동작을 어떤 순서로 할지를 생각한다.

2 숫자키 입력에 따른 동작

0 ~ 9까지의 숫자키가 눌린 것을 감지해서 비트별 신호 입력을 숫자키에 해당되는 10진수의 값으로 변경하고, 입력값을 순서대로 메모리에 저장한 후 FND에 표시한다.

[그림 6-48]에서 입력된 숫자키의 값을 ENCO 명령을 통해 10진수 형태의 값으로 변경하고, 입력된 순서대로 FND에 숫자를 표시하였다. 이후 DSFL 명령을 사용해서 2개의 숫자를 메모리에 저장한다. 이때 입력된 숫자키의 값은 0 ~ 9이기 때문에 D10과 D11에 하위 4비트 크기로 0000 ~ 1001의 값이 저장된다. 입력된 순서대로 FND에 숫자를 표시해야 하기 때문에 DSFL 명령을 사용하여 1 ~ 16의 램프 위치에 대한 숫자값을 D10과 D11에 저장한다.

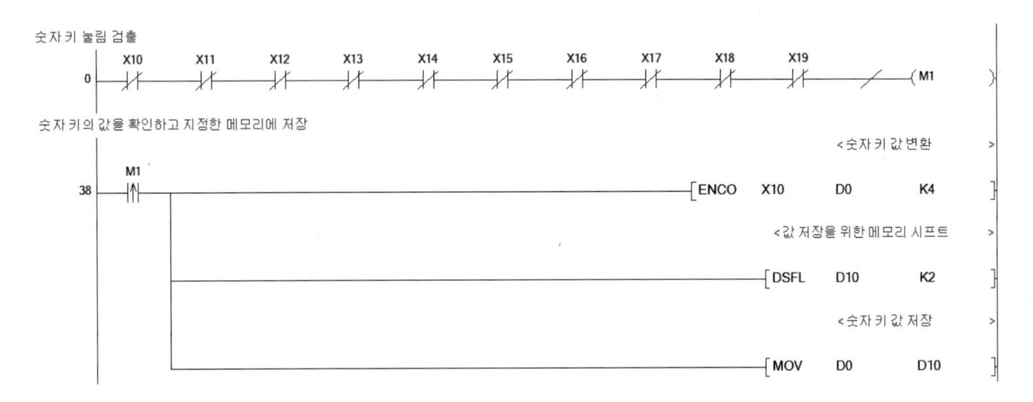

[그림 6-48] **숫자키 입력 프로그램**

램프 점등 위치 데이터는 DSFL 명령으로 D10과 D11에 1과 10의 자리로 각각 구분되어 저장되었다. 이때 [그림 6-49]의 D10과 D11의 하위 4비트에 저장된 두 자리의 숫자값은 UNI 명령으로 조합되어 1개의 위치 데이터로 D20에 저장되는데, 이는 BCD 코드 형태이다. 따라서 FND에 표시할 때 별도의 변환 과정을 거치지 않고 데이터를 출력할 수 있다. 그리고 BIN 명령을 사용해서 D20에 BCD 코드 형태로 저장된 데이터를 D21에 BIN 형태로 저장하고, 그 값을 비교한 후에 16보다 크면 입력값을 0으로 클리어한다.

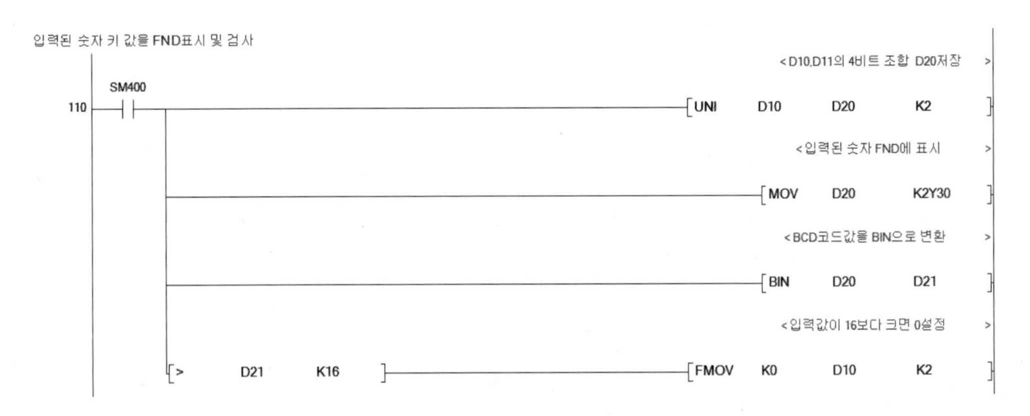

[그림 6-49] **입력된 숫자키 값의 FND 표시 및 검사 프로그램**

3 CLR 버튼에 대한 동작 프로그램 작성

CLR 버튼이 눌리면 현재 입력된 램프의 위치 번호 입력값을 0으로 클리어하는 동작이 이루어져야 한다. 현재 입력된 값은 D10과 D11에 저장되기 때문에 FMOV 명령으로 두 개의 데이터 레지스터에 대해 0을 설정한다.

CLR버튼이 눌러지면 현재 입력값 클리어하고 0을 표시
<D10과 D11의 데이터 0을로 설정 >
209 X1E [FMOV K0 D10 K2]

[그림 6-50] CLR 버튼의 동작 프로그램

4 Enter 버튼에 대한 동작 프로그램 작성

숫자키로 입력한 값은 Enter 버튼이 눌리면 FIFW 명령으로 메모리에 저장된다. 이때 저장해야 할 값은 BCD 코드가 아닌 램프 점등 위치에 대한 BIN 값이므로, D21의 값을 저장한다. 데이터를 메모리에 저장한 후에는 현재 FND에 표시된 값을 0으로 설정하기 위해 FMOV를 사용한다. 그리고 저장된 데이터의 개수를 표시하기 위해서는 D100을 사용한다.

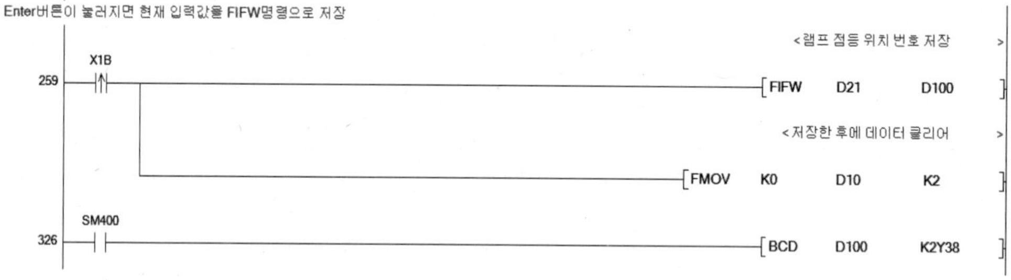

Enter버튼이 눌러지면 현재 입력값을 FIFW명령으로 저장
<램프 점등 위치 번호 저장 >
259 X1B [FIFW D21 D100]
<저장한 후에 데이터 클리어 >
[FMOV K0 D10 K2]
326 SM400 [BCD D100 K2Y38]

[그림 6-51] Enter 버튼의 동작 프로그램

5 TOT CLR 버튼에 대한 동작 프로그램 작성

TOT CLR 버튼이 눌리면 FIFW 명령으로 입력된 데이터와 현재 입력된 모든 데이터를 0으로 클리어한다. 따라서 FMOV 명령으로 해당 메모리의 값을 0으로 설정한다.

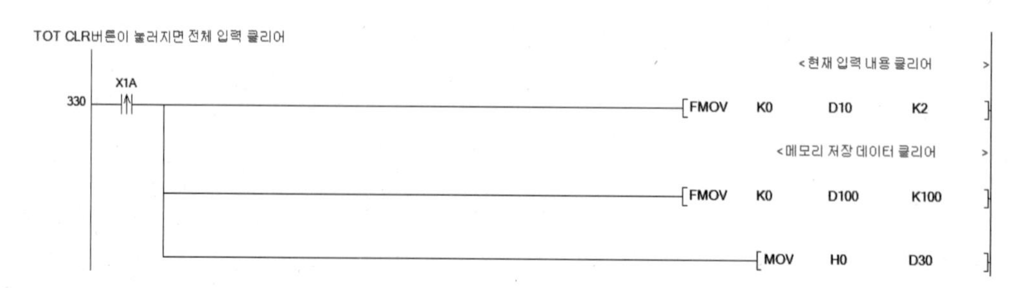

[그림 6-52] TOT CLR 버튼의 동작 프로그램

6 FIFO 버튼에 대한 동작 프로그램 작성

FIFO 버튼이 눌리면 입력된 램프의 점등 위치 데이터를 입력 순서대로 읽어 와서 램프를 점등하는 동작을 해야 한다. 데이터를 읽어오는 동작은 2초 간격으로 이루어져야 한다.

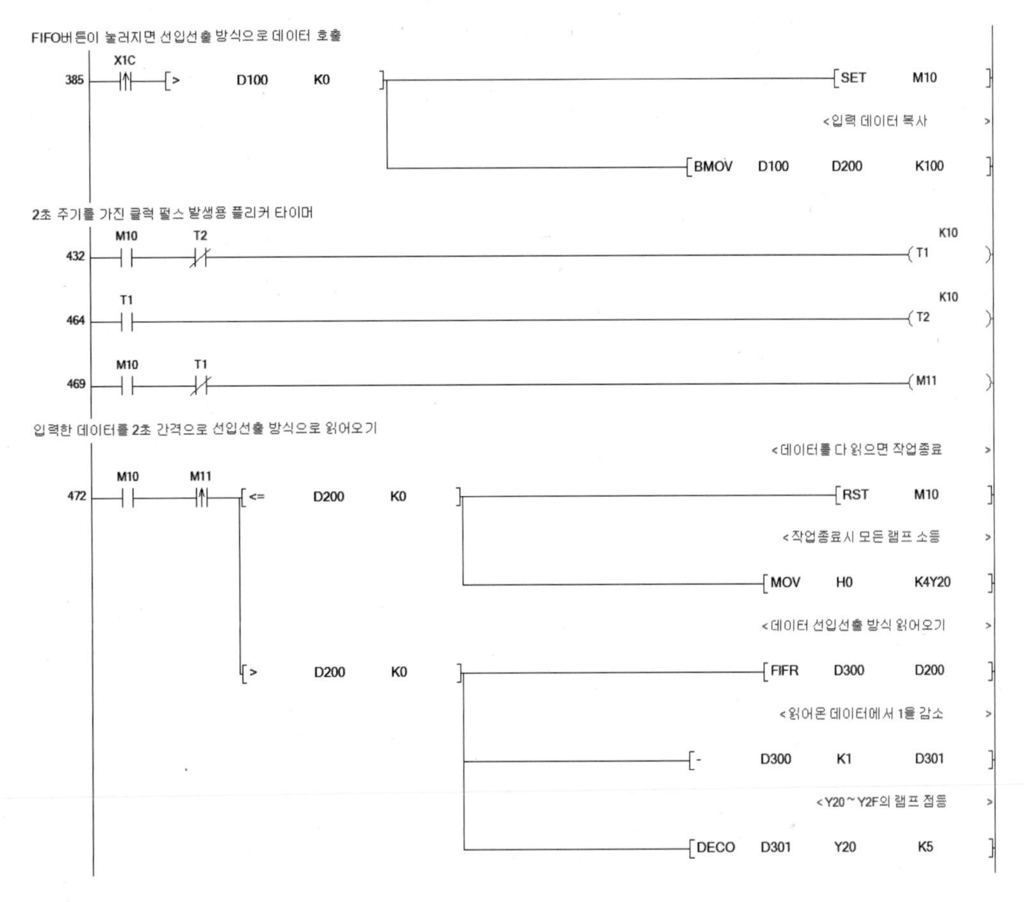

[그림 6-53] **FIFO 버튼의 동작 프로그램**

[그림 6-53]의 프로그램을 살펴보자. FIFO 버튼이 눌리면 먼저 램프 점등을 위한 데이터가 있는지를 검사해야 한다. FIFW 명령어는 D100에 입력된 데이터의 개수를 저장하기 때문에, D100의 값이 0보다 크면 FIFO 방식으로 데이터를 읽어오기 위해 FIFW로 D100부터 D200번지까지 저장된 데이터를 복사한다.

FIFR 또는 FPOP 명령어로 데이터를 읽어오면, 읽힌 데이터는 메모리에서 삭제된다. 따라서 해당 메모리에 저장된 램프의 점등 위치 데이터를 반복 사용하기 위해 D100 ~ D199의 데이터를 D200 ~ D299로 복사해서 사용하는 것이다. 2초 간격으로 램프 점등 위치 데이터를 읽어오기 위한 클록 신호를 만드는 데에는 플리커 타이머를 사용한다.

D200에는 램프 점등을 위한 데이터의 개수가 저장되어 있기 때문에 이 데이터를 비교해서 램프 점등할 데이터의 존재 유무를 판단한다. 램프 점등 데이터를 모두 읽으면 D200의 값이 0으로 설정되기 때문에, D200의 저장값이 0이면 FIFO 동작을 중지시킨다.

D200의 데이터가 0이 아니면, FIFR 명령을 사용해서 해당 데이터를 선입 선출 방식으로 읽어온 값에서 1을 뺀다. 1을 빼는 이유는, 사람이 램프의 점등 위치를 입력할 때에는 1 ~ 16까지의 램프의 번호를 입력하지만 PLC는 램프의 번호를 0 ~ 15번으로 사용하기 때문이다. 램프 1번을 점등하기 위해서는 PLC의 출력에는 0번이 설정되어야 Y20에 연결되는 L1 램프가 점등된다. 따라서 숫자키로 입력한 램프의 점등 위치 값에서 1을 빼면 출력번지와 일치되는 0 ~ 15의 값으로 변경할 수 있다. 램프의 점등 위치의 4비트 BIN 값은 DECO 명령을 사용해서 0 ~ 15의 값으로 변경한 후, 해당 램프를 점등시킨다.

LIFO 버튼에 대한 동작도 FIFO 버튼의 동작과 동일하기 때문에 전체 프로그램을 참고로 하여 어떻게 프로그램이 작성되었는지 살펴보기 바란다.

PLC 프로그램

```
FIFO와 LIFO의 차이점

숫자 키 눌림 검출
      X10  X11  X12  X13  X14  X15  X16  X17  X18  X19
  0 ──┤/├──┤/├──┤/├──┤/├──┤/├──┤/├──┤/├──┤/├──┤/├──┤/├────/──(M1 )

숫자 키의 값을 확인하고 지정한 메모리에 저장
                                                      <숫자 키 값 변환          >
      M1
 38 ──┤↑├──┬──────────────────────────────[ENCO   X10    D0     K4  ]
           │                                          <값 저장을 위한 메모리 시프트  >
           ├──────────────────────────────[DSFL   D10    K2         ]
           │                                          <숫자 키 값 저장          >
           └──────────────────────────────[MOV    D0     D10        ]

입력된 숫자 키 값을 FND표시 및 검사
                                                      <D10,D11의 4비트 조합 D20저장 >
      SM400
110 ──┤ ├──┬──────────────────────────────[UNI    D10    D20    K2  ]
           │                                          <입력된 숫자 FND에 표시     >
           ├──────────────────────────────[MOV    D20    K2Y30      ]
           │                                          <BCD코드값을 BIN으로 변환    >
           ├──────────────────────────────[BIN    D20    D21        ]
           │                                          <입력값이 16보다 크면 0설정   >
           └[>   D21   K16 ]──────────────[FMOV   K0     D10    K2  ]
```

(계속)

```
CLR버튼이 눌러지면 현재 입력값 클리어하고 0을 표시
                                                            <D10과 D11의 데이터 0을로 설정  >
      X1E
209 ─┤↑├──────────────────────────────────────[FMOV   K0    D10    K2  ]

Enter버튼이 눌러지면 현재 입력값을 FIFW명령으로 저장
                                                            <램프 점등 위치 번호 저장  >
      X1B
259 ─┤↑├─┬────────────────────────────────────────[FIFW   D21    D100  ]
         │                                          <저장한 후에 데이터 클리어  >
         └────────────────────────────────────[FMOV   K0    D10    K2  ]

      SM400
326 ─┤ ├──────────────────────────────────────────[BCD    D100   K2Y38 ]

TOT CLR버튼이 눌러지면 전체 입력 클리어
                                                            <현재 입력 내용 클리어  >
      X1A
330 ─┤↑├─┬────────────────────────────────────[FMOV   K0    D10    K2  ]
         │                                          <메모리 저장 데이터 클리어  >
         ├────────────────────────────────────[FMOV   K0    D100   K100 ]
         │
         └────────────────────────────────────────[MOV    H0     D30   ]

FIFO버튼이 눌러지면 선입선출 방식으로 데이터 호출
      X1C
391 ─┤↑├──[>    D100    K0  ]─┬─────────────────────────[SET    M10   ]
                              │                       <입력 데이터 복사  >
                              └───────────────[BMOV   D100   D200   K100 ]

2초 주기를 가진 클럭 펄스 발생용 플리커 타이머
      M10      T2                                                   K10
438 ─┤ ├──────┤/├───────────────────────────────────────────────(T1   )
      T1                                                            K10
470 ─┤ ├────────────────────────────────────────────────────────(T2   )
      M10      T1
475 ─┤ ├──────┤/├───────────────────────────────────────────────(M11  )

입력한 데이터를 2초 간격으로 선입선출 방식으로 읽어오기
                                                            <데이터를 다 읽으면 작업종료  >
      M10      M11
478 ─┤ ├──────┤↑├──┬─[<=   D200    K0  ]─┬────────────────────[RST    M10   ]
                   │                      │                 <작업종료시 모든 램프 소등  >
                   │                      └──────────────────[MOV    H0     K4Y20 ]
                   │                                        <데이터 선입선출 방식 읽어오기  >
                   └─[>    D200    K0  ]─┬───────────────────[FIFR   D300   D200  ]
                                         │                  <읽어온 데이터에서 1을 감소  >
                                         ├───────────────[-      D300   K1     D301 ]
                                         │                  <Y20~Y2F의 램프 점등  >
                                         └───────────────[DECO   D301   Y20    K4   ]
```

(계속)

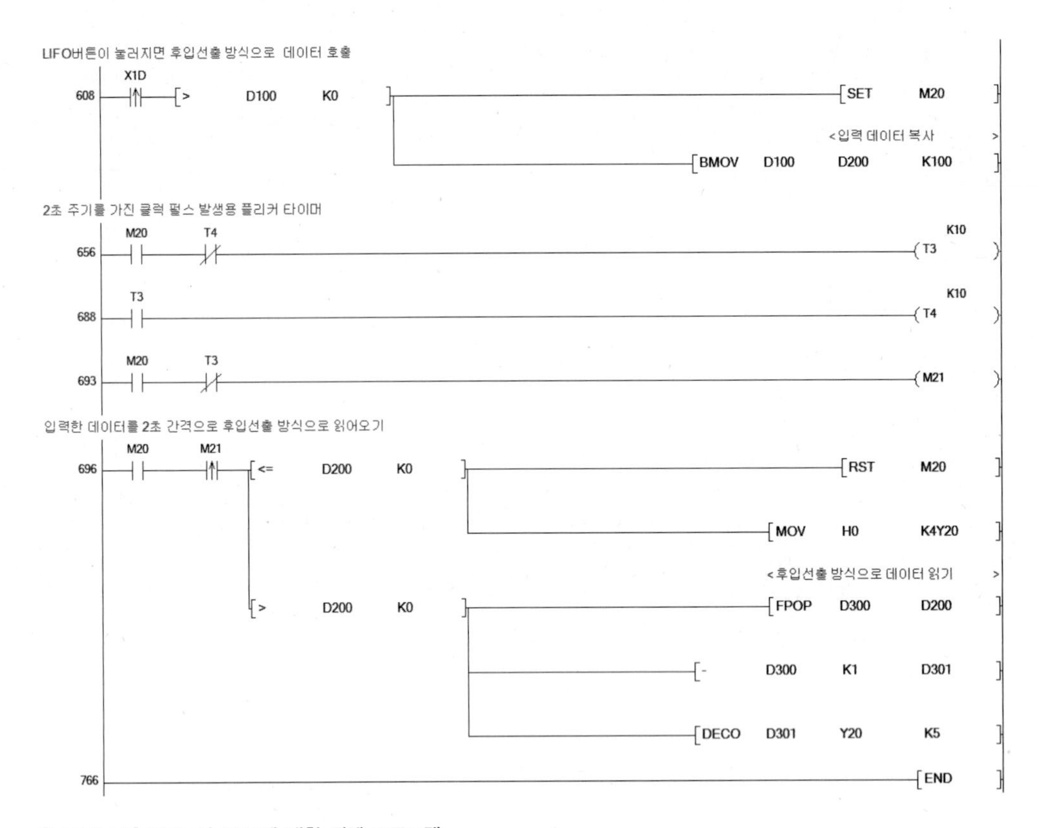

[그림 6-54] FIFO 및 LIFO에 대한 전체 프로그램

⊡ 실습과제 6-7 파일 레지스터와 인덱스 레지스터 사용하기

입력한 데이터를 저장할 때 데이터 레지스터 D가 아닌 파일 레지스터에 데이터를 저장하는 방법을 살펴보자. 그리고 인덱스 레지스터를 사용해서 입력한 데이터를 순차적으로 호출하는 방법에 대해 학습해보자.

고속도로의 시설물 점검이나 도로 보수 시에 주행하는 차량의 안전을 위해 차량용 사인보드를 점등해서 먼 곳에서도 위험지역을 파악할 수 있도록 한다. 이번 실습과제에서는 파일 레지스터와 인덱스 레지스터를 사용해서 사고 방지를 위한 사인보드의 동작을 PLC로 구현해보자.

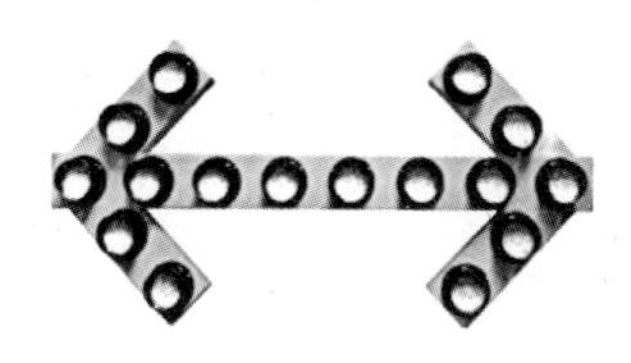

(a) 차량용 사인보드

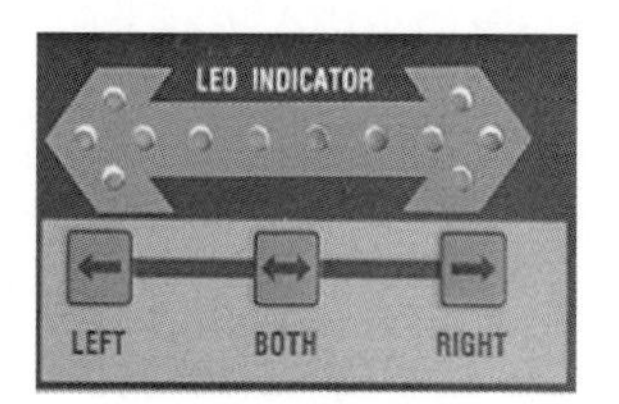

(b) 사인보드 제어기

[그림 6-55] **차량용 사인보드 표시기 및 제어기**

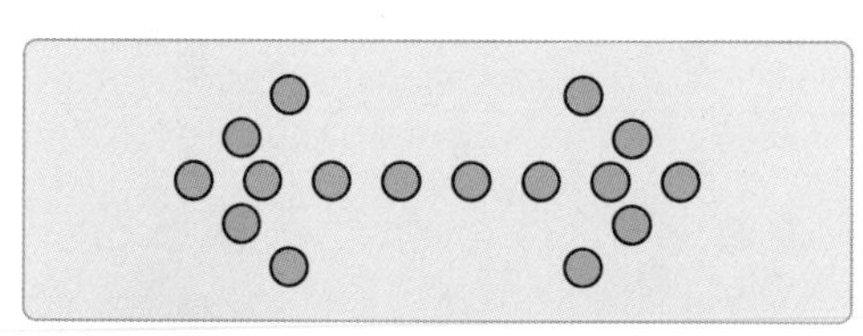

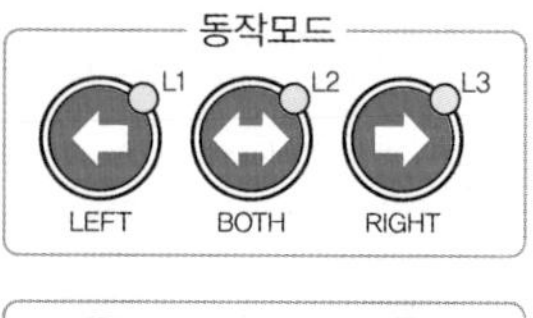

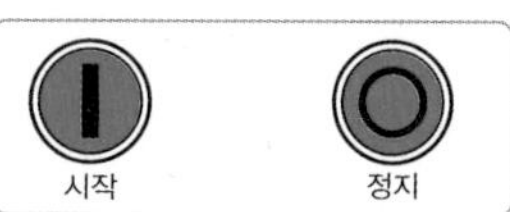

[그림 6-56] **차량용 사인보드 제어 패널**

[표 6-34] **입출력 리스트**

(a) **입력 리스트**

입력	기능	
X00	시작	
X01	정지	
X02	LEFT	
X03	BOTH	
X04	RIGHT	
X10	UP	로터리 엔코더
X11	DOWN	

(b) **출력 리스트**

출력	기능
Y2F ~ Y20	사인보드 램프
Y30	L1(LEFT 선택)
Y31	L2(BOTH 선택)
Y32	L3(RIGHT 선택)
Y3F ~ Y38	FND(설정시간 표시)

동작 조건

[표 6-35] **차량용 사인보드의 동작모드에 따른 램프 점등 패턴**

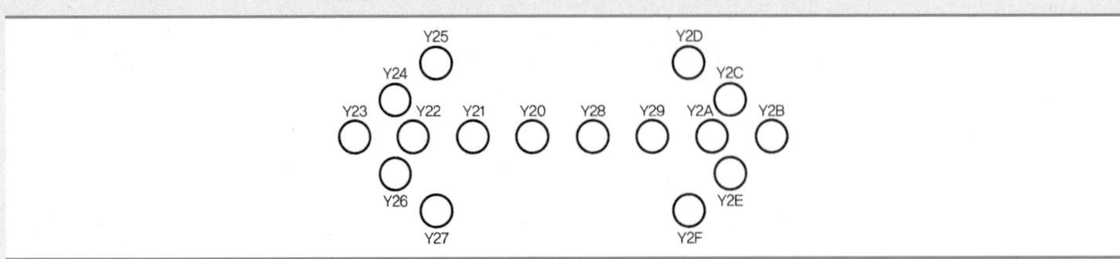

순서	LEFT 모드 동작	BOTH 모드 동작	RIGHT 모드 동작
1			
2			
3			
4			
5			

[표 6-35]는 동작모드의 선택에 따른 사인보드의 동작을 나타낸 것으로, 동작이 선택되었을 때 주어진 순서대로 동작하도록 프로그램을 작성한다.

❶ PLC의 전원이 ON되면, FND에는 01(0.1sec 설정)이 표시되고 램프는 소등된 상태이다.

❷ 시간 설정용 로터리 엔코더 스위치를 회전시키면, 시간 설정값이 01 ~ 20까지 FND에 표시된다. 시간 설정 단위는 0.1초 단위이다.

❸ 동작모드의 LEFT 버튼을 누르면 L1 램프가 점등되면서 LEFT 모드가 선택된다.
BOTH 버튼을 누르면 L2 램프가 점등되면서 BOTH 모드가 선택된다.
RIGHT 버튼을 누르면 L3 램프가 점등되면서 RIGHT 모드가 선택된다.

❹ 시작 버튼을 누르면 설정된 동작모드와 시간 간격으로, 정지 버튼을 누를 때까지 사인보드가 동작한다. 동작 도중에 동작모드가 변경되면 변경된 동작모드로 작동한다.

■ 사인보드 램프의 점등 방법

사인보드 램프의 점등은 정해진 패턴을 일정한 시간 간격으로 표시하는 동작이다. 이러한 동작은 정해진 출력 패턴이 있기 때문에, 사전에 PLC의 메모리에 출력 패턴을 등록한 후, 해당 패턴을 순차적으로 출력으로 전송한다. [표 6-36]은 동작모드로 BOTH가 선택되었을 때의 출력 패턴을 나타낸 것이다.

[표 6-36] **차량용 사인보드 램프 점등을 위한 출력 패턴 설정 방법**

순서	사인보드 램프 점등	출력(Y2F ~ Y20) 패턴
1	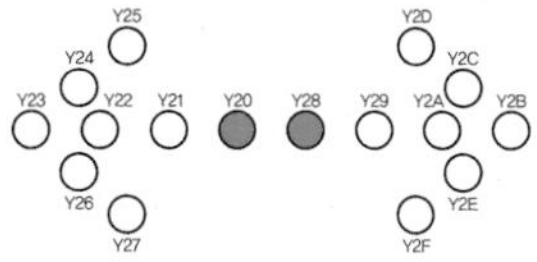	0000 0001 0000 0001
2	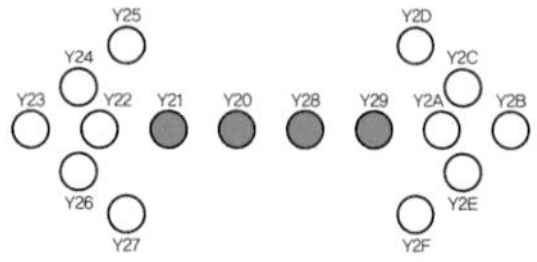	0000 0011 0000 0011
3	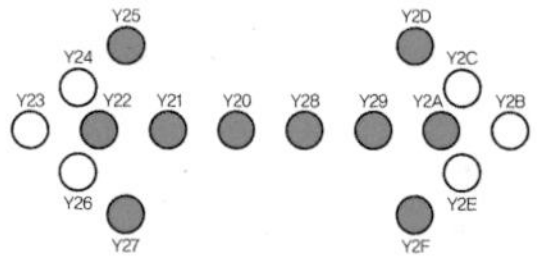	1010 0111 1010 0111
4	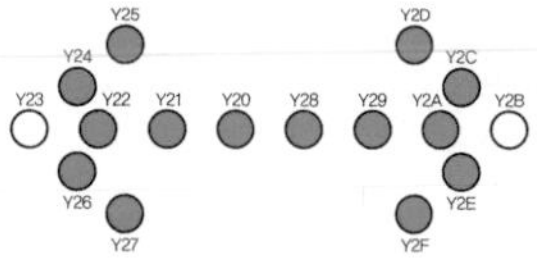	1111 0111 1111 0111
5	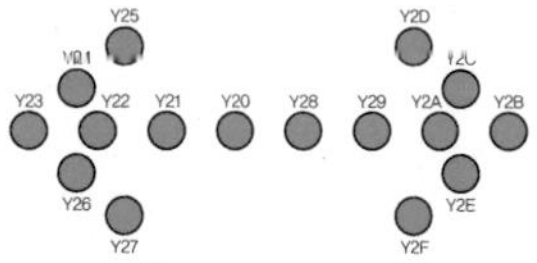	1111 1111 1111 1111

■ 출력 패턴의 메모리 등록 방법

사인보드 램프 점등을 위한 출력 패턴을 메모리에 등록하는 방법에는 여러 가지가 있으나 여기서는 파일 레지스터에 등록해서 사용한다. 파일 레지스터는 PLC의 전원이 OFF된 후에도 해당 메모리의 내용이 CPU 모듈에 내장된 배터리에 의해 유지되는 장점을 가진다. 출력 패턴을 파일 레지스터에 등록하는 순서를 살펴보자.

[표 6-37] 사인보드 램프 점등을 위한 출력 패턴을 파일 레지스터에 등록하는 방법

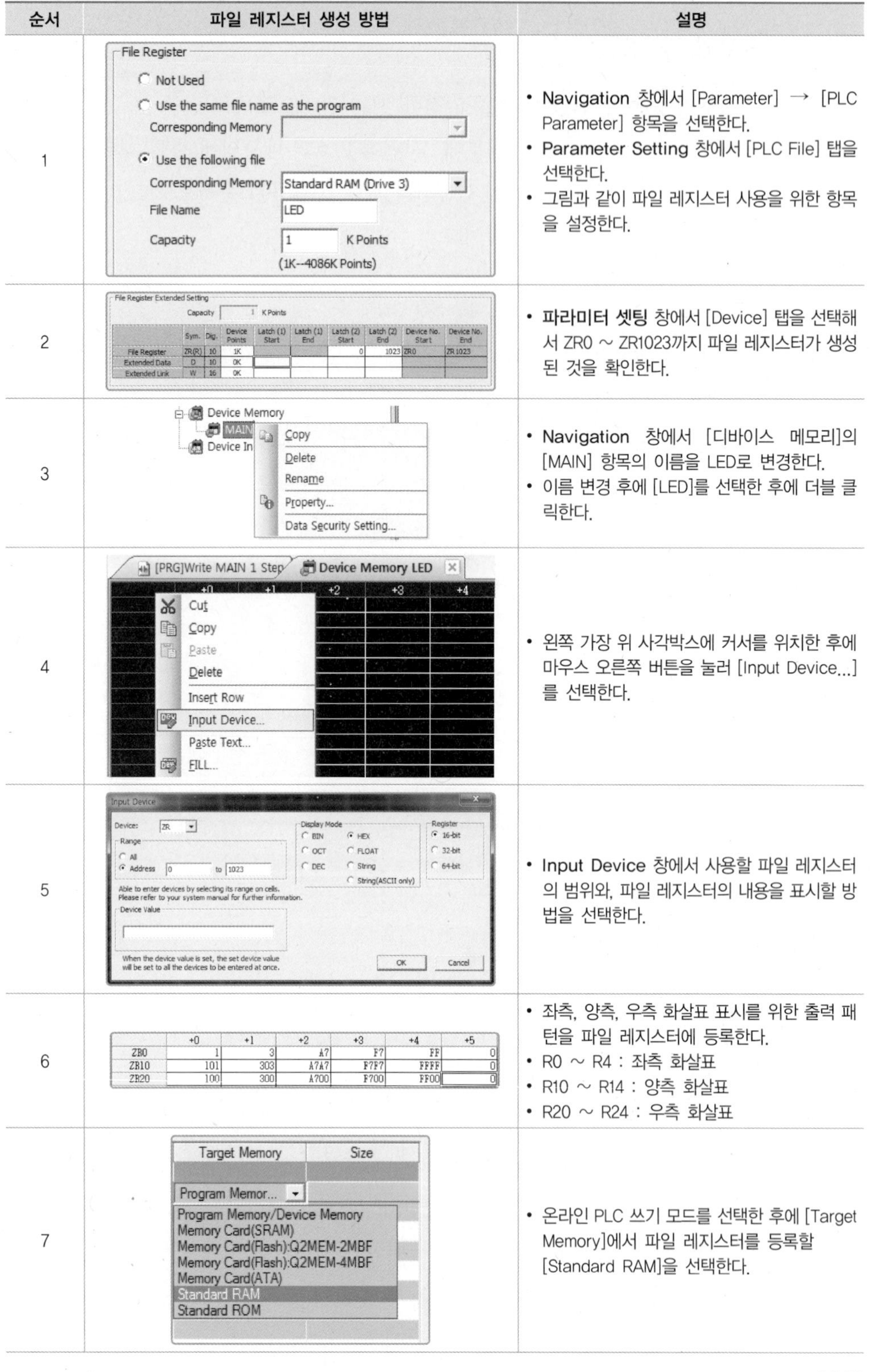

순서	파일 레지스터 생성 방법	설명
1		• Navigation 창에서 [Parameter] → [PLC Parameter] 항목을 선택한다. • Parameter Setting 창에서 [PLC File] 탭을 선택한다. • 그림과 같이 파일 레지스터 사용을 위한 항목을 설정한다.
2		• 파라미터 셋팅 창에서 [Device] 탭을 선택해서 ZR0 ~ ZR1023까지 파일 레지스터가 생성된 것을 확인한다.
3		• Navigation 창에서 [디바이스 메모리]의 [MAIN] 항목의 이름을 LED로 변경한다. • 이름 변경 후에 [LED]를 선택한 후에 더블 클릭한다.
4		• 왼쪽 가장 위 사각박스에 커서를 위치한 후에 마우스 오른쪽 버튼을 눌러 [Input Device...]를 선택한다.
5		• Input Device 창에서 사용할 파일 레지스터의 범위와, 파일 레지스터의 내용을 표시할 방법을 선택한다.
6		• 좌측, 양측, 우측 화살표 표시를 위한 출력 패턴을 파일 레지스터에 등록한다. • R0 ~ R4 : 좌측 화살표 • R10 ~ R14 : 양측 화살표 • R20 ~ R24 : 우측 화살표
7		• 온라인 PLC 쓰기 모드를 선택한 후에 [Target Memory]에서 파일 레지스터를 등록할 [Standard RAM]을 선택한다.

(계속)

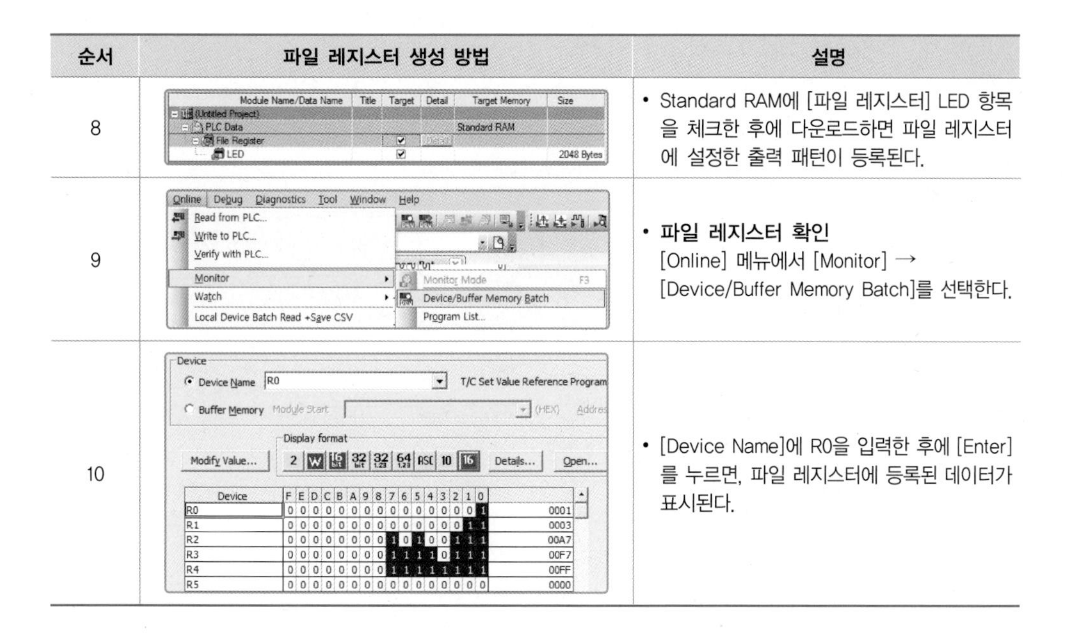

순서	파일 레지스터 생성 방법	설명
8		• Standard RAM에 [파일 레지스터] LED 항목을 체크한 후에 다운로드하면 파일 레지스터에 설정한 출력 패턴이 등록된다.
9		• **파일 레지스터 확인** [Online] 메뉴에서 [Monitor] → [Device/Buffer Memory Batch]를 선택한다.
10		• [Device Name]에 R0을 입력한 후에 [Enter]를 누르면, 파일 레지스터에 등록된 데이터가 표시된다.

파일 레지스터에 사인보드의 램프를 점등할 출력 패턴의 등록을 마쳤으면, 인덱스 레지스터를 활용한 PLC 프로그램을 작성해보자.

■ 인덱스 레지스터 사용하기

파일 레지스터에 사인보드 램프를 점등할 데이터를 등록했으면, 데이터가 등록된 파일 레지스터 번지를 베이스 번지로 지정하고, 인덱스 레지스터의 값을 정해진 시간 간격으로 1씩 증가시키면서 인덱스 번지로 사용한다.

[그림 6-57]은 파일 레지스터 R0(ZR0) ~ R4(ZR4)에 등록한 사인보드 램프 점등을 위한 출력 패턴을 인덱스 레지스터와 조합한 우측 화살표 램프 점등 프로그램이다. R0부터 R4까지의 패턴을 출력하기 위해 인덱스 레지스터의 값을 0부터 4까지 증가시키고, 5가 되었을 때 인덱스 레지스터의 값을 0으로 초기화시켜 우측 화살표를 반복적으로 표시하도록 프로그램이 작성되어 있다.

반복적인 동작이면서 데이터의 번지가 바뀌는 경우에 인덱스 레지스터를 사용하면, 동일한 명령을 수백 번 입력할 일을 2 ~ 3줄의 프로그램으로 처리 가능하기 때문에 인덱스 레지스터 사용법에 대해 주어진 실습예제를 참고하여 다양한 방법으로 연습해보기 바란다.

```
시작버튼이 눌러지면 사인보드 동작
      X0
0  ──┤↑├──┬─────────────────────[SET    M1    ]
          │              <인덱스 레지스터 0으로 초기화 >
          └─────────────[MOV    K0    Z0    ]
1초 간격으로 사인보드 동작
                         <사인보드 패턴 데이터 출력 >
      M1     SM412
40 ──┤ ├────┤↑├──┬──────[MOV    R0Z0    K4Y20  ]
                │        <인덱스 데이터 1 증가 >
                └─────────────[INC    Z0    ]
                         <인덱스을 0으로 초기화 >
      M1
89 ──┤ ├──[>    Z0    K4   ]──[MOV    K0    Z0    ]
정지버튼이 눌러지면 사인보드 중지
      X1
107 ─┤↑├──┬─────────────────────[RST    M1    ]
          │              <램프 전부 소등 >
          └─────────────[MOV    H0    K4Y20  ]
140 ──────────────────────────────────[END    ]
```

[그림 6-57] **파일 레지스터와 인덱스 레지스터의 조합을 이용한 사인보드 제어**

PLC 프로그램

```
사인보드 프로그램

PLC의 전원이 ON될 때 타이머 설정 100msec로 설정, FND = 01 표시
      SM402
0  ──┤ ├───────────────────────────[MOV    K1    D0    ]
타이머 설정값을 BCD코드로 변환하여 FND에 표시
      SM400
50 ──┤ ├───────────────────────────[BCD    D0    K2Y38  ]
로터리 엔코더 스위치를 이용한 램프 점등 시간 설정
시간 증가
      X5     X6
79 ──┤ ├────┤↑├──[<    D0    K20   ]──[+    K1    D0    ]
시간 감소
      X5     X6
121 ─┤/├────┤↑├──[>    D0    K1    ]──[-    K1    D0    ]
타이머의 설정시간을 50msec단위로 설정
      SM400
136 ─┤ ├───────────────────────[*    D0    K5    D1    ]
LEFT모드 선택
      X2
161 ─┤↑├──┬─────────────────────────[SET    M0    ]
          │
          └─────────────────────────[RST    M1    ]
```

(계속)

```
                                                          [RST   M1 ]
                                                          [RST   M2 ]
BOTH모드 선택
      X3
174 --|↑|--+----------------------------------------------[RST   M0 ]
           +----------------------------------------------[SET   M1 ]
           +----------------------------------------------[RST   M2 ]
RIGHT모드 선택
      X4
187 --|↑|--+----------------------------------------------[RST   M0 ]
           +----------------------------------------------[RST   M1 ]
           +----------------------------------------------[SET   M2 ]
사인보드 동작 시작
      X0       M0
201 --|↑|--+--| |--+------------------------------------[SET   M10 ]
           |   M1  |
           +--| |--+
           |   M2  |
           +--| |--+
사인보드 동작 종료
      X1
219 --|↑|--+----------------------------------------------[RST   M10 ]
           +------------------------------------[MOV   H0   K4Y20 ]
램프 점등을 위해 플리커 타이머로 클럭 신호 발생
      M10      T2                                            H      D1
235 --| |-----|/|-------------------------------------------(T1        )
      T1                                                     H      D1
267 --| |---------------------------------------------------(T2        )
      M10      T1
272 --| |-----|/|-------------------------------------------------(M11 )
LEFT모드 실행
      M10      M0
275 --| |-----| |--+--↑--+------------------------------[MOV   K0   Z0 ]
                   |     +------------------------------[MOV   H0   K4Y20 ]
                   |  M11
                   +--|↑|--+----------------------------[MOV   R0Z0   K4Y20 ]
                   |       +----------------------------[INC   Z0 ]
                   +--[>   Z0   K5]---------------------[MOV   K0   Z0 ]
```

(계속)

```
BOTH모드 실행
      M10      M1
302 ──┤ ├──────┤ ├──┬──↑──┬──────────────────────[MOV   K0     Z1    ]
                    │     │
                    │     └──────────────────────[MOV   H0     K4Y20 ]
                    │  M11
                    ├──┤↑├──┬────────────────────[MOV   R10Z1  K4Y20 ]
                    │       │
                    │       └────────────────────[INC   Z1           ]
                    │
                    └[>   Z1   K5 ]──────────────[MOV   K0     Z1    ]
RIGHT모드 실행
      M10      M2
329 ──┤ ├──────┤ ├──┬──↑──┬──────────────────────[MOV   K0     Z2    ]
                    │     │
                    │     └──────────────────────[MOV   H0     K4Y20 ]
                    │  M11
                    ├──┤↑├──┬────────────────────[MOV   R20Z2  K4Y20 ]
                    │       │
                    │       └────────────────────[INC   Z2           ]
                    │
                    └[>   Z2   K5 ]──────────────[MOV   K0     Z2    ]
LEFT모드 선택 램프
      M0
357 ──┤ ├─────────────────────────────────────────(Y30               )
BOTH모드 선택 램프
      M1
371 ──┤ ├─────────────────────────────────────────(Y31               )
RIGHT모드 선택 램프
      M2
385 ──┤ ├─────────────────────────────────────────(Y32               )

399 ──────────────────────────────────────────────[END               ]
```

[그림 6-58] **차량용 사인보드 제어를 위한 PLC 프로그램**

→ 실습과제 6-8 파일 및 인덱스 레지스터를 이용한 램프 점등

파일 레지스터와 인덱스 레지스터를 사용해서 입력 순서대로 램프를 점등하는 PLC 프로그램 작성법에 대해 학습해보자

[실습과제 6-7]에서 FIFW 명령을 통해 램프의 점등 순서를 숫자키로 입력한 후, FIFR, FPOP와 같은 명령을 사용해서 선입 선출 방식과 후입 선출 방식으로 램프를 점등하는 실습을 해보았다. 이번 과제에서는 파일 레지스터와 인덱스 레지스터를 사용해서 선입 선출 및 후입 선출 방식으로 램프를 점등하는 프로그램 작성법에 대해 살펴보자.

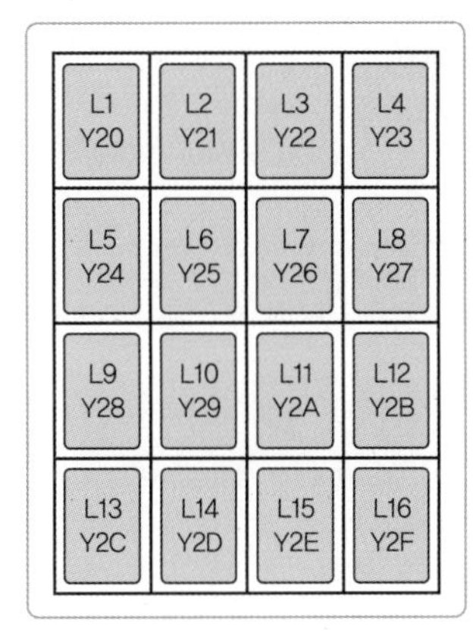

[그림 6-59] **조작 패널**

[표 6-38] **PLC 입출력 리스트**

(a) **입력 리스트**

입력	기능	
X10	0	숫자 키보드
X11	1	
X12	2	
X13	3	
X14	4	
X15	5	
X16	6	
X17	7	
X18	8	
X19	9	
X1A	Total Clear	
X1B	Enter	
X1C	FIFO	
X1D	LIFO	
X1E	Clear	

(b) **출력 리스트**

출력	기능	
Y20	L1	숫자 키보드
Y21	L2	
Y22	L3	
Y23	L4	
Y24	L5	
Y25	L6	
Y26	L7	
Y27	L8	
Y28	L9	
Y29	L10	
Y2A	L11	
Y2B	L12	
Y2C	L13	
Y2D	L14	
Y2E	L15	
Y2F	L16	
Y3F ~ Y30	순서 표시 FND	

동작 조건

❶ PLC의 전원이 ON되면 FND에는 00 00이 표시되고, 4×4 램프는 소등되어 있다.

❷ FND 3번, 4번은 램프의 점등 순서를 입력한 데이터의 개수(01 ~ 99)를 나타낸다. FND 1번, 2번에는 점등할 램프의 위치 번호가 표시된다. 단, 입력 가능한 숫자의 범위는 1 ~ 16까지이다. 만약 이 범위를 초과한 숫자가 입력되면 00으로 클리어된다. 램프 점등 위치의 숫자를 입력한 후에 Enter를 누르면 입력한 데이터 개수는 자동으로 1 증가하고, FND 1번, 2번에는 00이 표시된다.

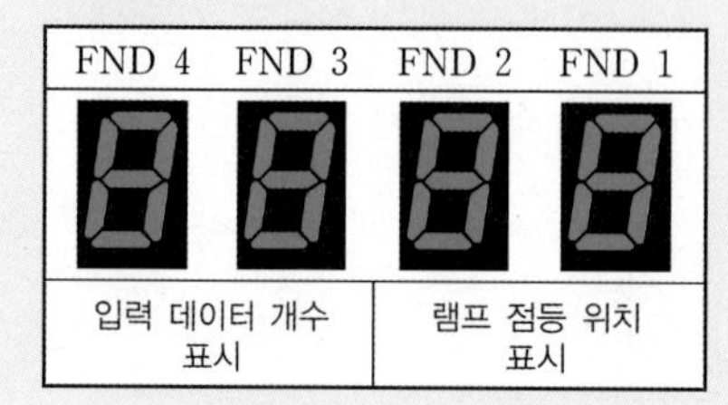

[그림 6-60] **FND에 데이터 표시 위치**

❸ Clear 버튼을 누르면 FND 1번, 2번에 표시된 램프의 점등 위치의 값이 00으로 변경된다.

❹ [그림 6-61]처럼 6 → 15 → 5 → 13을 입력한 후에 FIFO 버튼을 누르면, 램프는 입력한 점등 순서대로 2초 간격으로 점등된다.

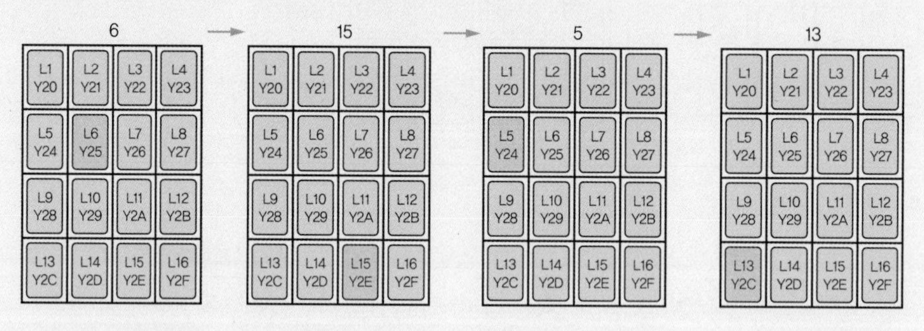

[그림 6-61] **램프 점등 순서**

❺ LIFO 버튼을 누르면, [그림 6-61]의 순서와는 반대로 13 → 5 → 15 → 6의 순서로 점등된다.

❻ Total Clear 버튼을 누르면 입력된 데이터 테이블의 데이터 전체가 삭제된다.

PLC 프로그램 작성법

■ 인덱스 레지스터를 이용하여 FIFW 명령어 기능 구현하기

FIFW 명령은 지정된 데이터 테이블에 입력 순서대로 데이터를 저장하는 기능을 가진 명령이다. FIFW을 사용하지 않고 인덱스 레지스터를 사용하여 지정된 데이터 테이블에 데이터를 저장하는 방법에 대해 살펴보자.

지정된 베이스 번지를 기준으로 번지의 변위값을 나타내는 역할을 하는 것이 인덱스 레지스터이다. 따라서 베이스 번지가 R0이라고 가정하면 베이스 번지는 0이 된다. 이때 인덱스 레지스터 Z1에 저장되어 있는 값이 10이면 R0Z1이 가리키는 번지는 '베이스 번지 0 + 변위 번지 10'이므로, 실제로 가리키는 번지는 10이 되어 R10을 의미하게 된다.

[그림 6-62]의 프로그램은 인덱스 레지스터를 사용하여 FIFW 명령의 기능을 구현한 것이다. Enter 버튼을 누르면 D21에 저장된 데이터가 파일 레지스터 R1부터 순차적으로 저장된다. 데이터가 저장될 때마다 R0의 값과 인덱스 레지스터의 값은 1씩 증가한다. 따라서 R0은 데이터 테이블에 저장된 데이터의 개수를 의미하고, Z0은 현재 입력되는 데이터를 저장할 파일 레지스터 저장 번지의 변위를 나타낸다. 데이터를 저장한 후에 파일 레지스터의 R0에 저장된 데이터와 Z0에 저장된 데이터 값을 각각 1씩 증가시킨다.

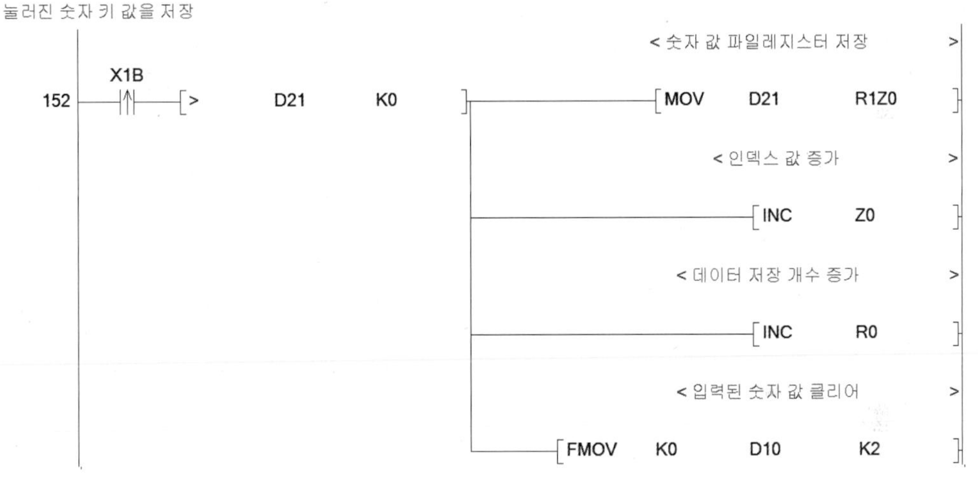

[그림 6-62] 눌린 숫자키 값을 파일 레지스터에 저장하는 프로그램

■ 인덱스 레지스터를 이용한 선입 선출 및 후입 선출 기능 구현하기

[그림 6-62]에서 숫자키를 누른 후에 Enter 버튼을 누르는 동작을 5회 반복하여 파일 레지스터에 5개의 데이터를 저장하면, [표 6-39]와 같은 형태로 데이터가 저장된다.

5개의 데이터가 저장되어 있기 때문에 R0에는 5가 등록되어 있고, R1부터 R5까지에는 입력한 데이터가 저장되어 있다. R1을 베이스 번지로 사용했기 때문에 R1의 기준으로 한 변위값이 나타나있으며, 이 값은 0부터 시작한다. 선입 선출 동작을 할 때에는 R1부터 순차적으로 데이터를 읽어오면 되기 때문에, R0번지를 베이스로 한 인덱스 레지스터는 0부터 순차적으로 4까지 증가한다.

[표 6-39] **파일 레지스터에 입력된 데이터 저장 순서**

파일 레지스터 번지	저장된 데이터	역할	변위	선입 선출 시 읽는 순서	후입 선출 시 읽는 순서
R0	H05	저장 개수	-		
R1	H02	베이스 번지	0	❶	❺
R2	H03		1	❷	❹
R3	H04		2	❸	❸
R4	H05		3	❹	❷
R5	H06		4	❺	❶
R6	-		5		
R7	-		6		
R8	-		7		

[그림 6-63]에서는 FIFO 버튼이 눌렸을 때 선입 선출 방식으로 데이터를 읽어오기 위해 인덱스 레지스터 Z1의 값을 0으로 설정하였다.

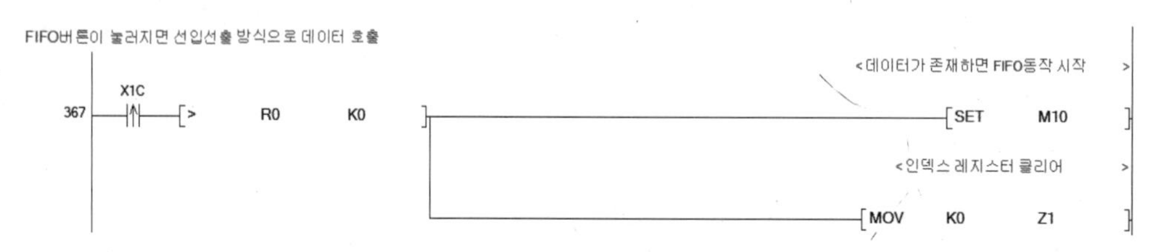

[그림 6-63] **선입 선출 방식으로 데이터를 읽기 위한 인덱스 레지스터 값 설정**

[그림 6-64]에서 Z1의 값은 R0와 비교된다. 만약 Z1의 값이 R0에 저장된 값과 같거나 크면, R1부터 저장된 데이터를 선입 선출 방식으로 다 읽은 것이기 때문에 선입 선출 동작이 중지된다. 그런데 Z1의 값이 R0의 값보다 작다면 아직도 읽어야 할 값이 남아 있다는 말이기 때문에, R1Z1로 파일 레지스터의 값을 읽어오게 하고, 읽어온 후에는 Z1의 값을 1씩 증가시키면서 선입 선출 방식으로 파일 레지스터에 저장된 값을 읽어오게 된다. [표 6-39]에서 R0의 값이 5이므로, Z1의 값이 5가 되면 0부터 시작해서 4까지 총 5개의 데이터를 R1부터 R5까지 읽었기 때문에 작업이 종료되는 것이다. 베이스 번지가 R1이라는 것을 염두에 두고, 인덱스의 값이 증가함에 따라 파일 레지스터의 몇 번지 데이터를 읽고 있는 것인지를 계산해야 한다.

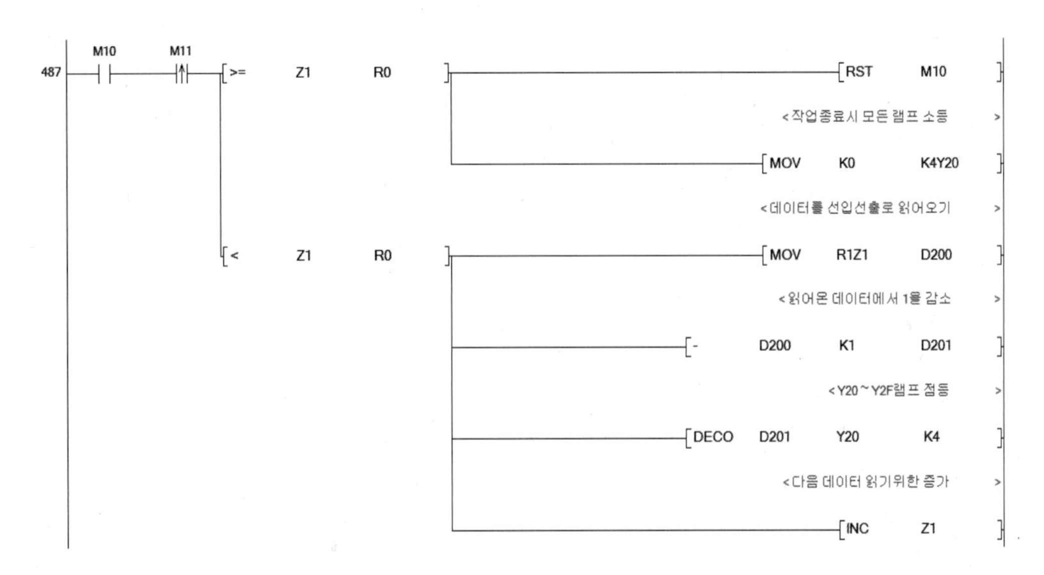

[그림 6-64] **선입 선출 방식으로 파일 레지스터 데이터 읽어오기**

이제 파일 레지스터의 값을 후입 선출로 읽어오기 위한 인덱스 레지스터 값을 설정해보자. [그림 6-65]와 같이 R0에 저장된 데이터의 개수에서 1을 뺀 값을 인덱스 레지스터 Z1에 저장한다. [표 6-26]에서 R0의 값이 5이므로 R1 ~ R5까지 데이터가 저장되어 있다. R5의 데이터를 읽기 위해서는 R1을 베이스 번지로 할 때 변위가 4이어야 한다. 따라서 R0에 저장된 데이터 값에서 1을 빼고, 그 값을 인덱스 레지스터 Z1(4가 저장됨)에 복사한 후에, R1Z1(R1의 번지 1과 인덱스 레지스터 Z1의 값 4를 더해서 R5번지를 의미함)로 파일 레지스터의 번지에 저장된 값을 읽을 때 R5에 저장된 데이터를 읽어오게 된다.

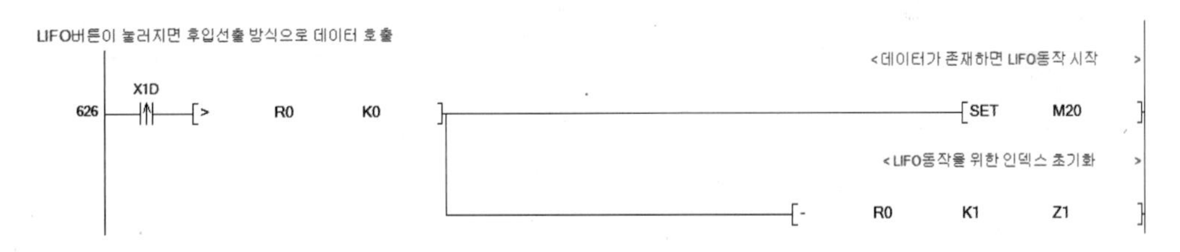

[그림 6-65] **후입 선출 방식으로 데이터를 읽기 위한 인덱스 레지스터 값 설정**

[그림 6-66]에서 Z1의 값은 0과 비교된다. 그 이유는 R5(4) → R4(3) → R3(2) → R2(1) → R1(0)의 순서(괄호의 숫자는 변위값)로 데이터를 읽어오기 때문이다. 변위값 4는 LIFO 버튼이 눌릴 때 Z1에 저장된다. 따라서 Z1의 값이 −1이 되는 순간, 파일 레지스터의 데이터를 후입 선출 방식으로 다 읽은 것이기 때문에 해당 동작을 종료하게 된다. 만약 Z1의 값이 0보다 크거나 같으면 아직 읽어 와야 할 데이터가 남아 있는 것이기 때문에 데이터를 읽어오는 동작을 한다. 데이터를 읽고 나면 Z1의 값을 1씩 감소시키면서 변위값을 순차적으로 감소시켜 R4부터 R1까지의 값을 읽어오게 된다.

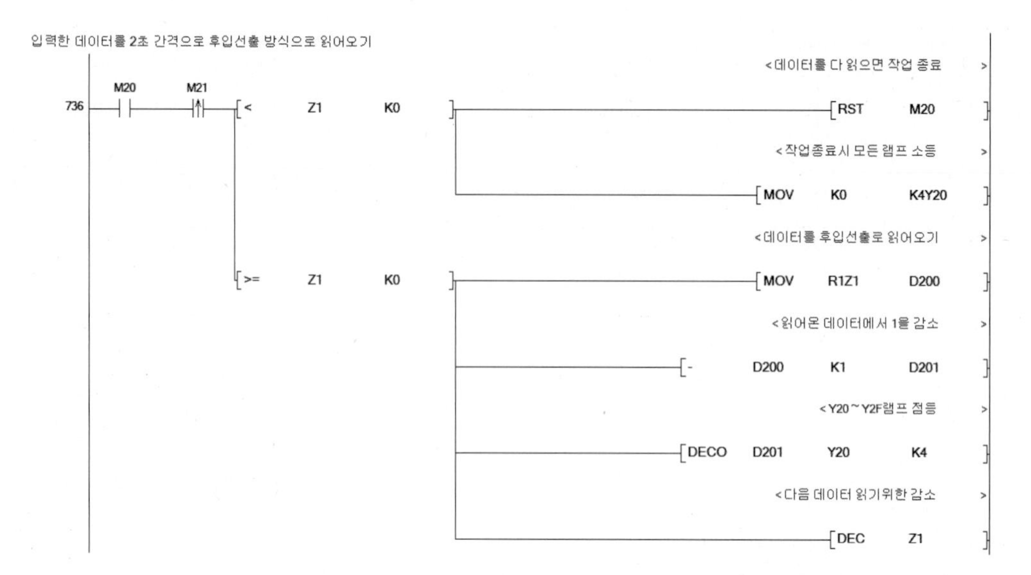

[그림 6-66] **후입 선출 방식으로 파일 레지스터 데이터 읽어오기**

PLC 프로그램

```
파일 레지스터와 인덱스 레지스터를 사용

숫자 키 눌림 검출
0    X10  X11  X12  X13  X14  X15  X16  X17  X18  X19 ──( M1 )

숫자 키의 값을 확인하고 지정한 메모리에 저장
47   M1 (↑) ──[ ENCO  X10  D0   K4 ]
             ──[ DSFL  D10  K2 ]
             ──[ MOV   D0   D10 ]

입력한 숫자 키 값을 FND표시 및 검사
82   SM400 ──[ UNI   D10  D20  K2 ]
           ──[ MOV   D20  K2Y30 ]
           ──[ BIN   D20  D21 ]
           ──[> D21 K16]──[ FMOV  K0  D10  K2 ]

CLR버튼이 눌러지면 현재 입력값 클리어하고 0을 표시
119  X1E (↑) ──[ FMOV  K0  D10  K2 ]

Enter버튼이 눌러지면 인덱스 레지스터를 사용 파일 레지스터에
눌러진 숫자 키 값을 저장
                                  <숫자 값 파일레지스터 저장 >
152  X1B (↑) ──[> D21 K0]──[ MOV  D21  R1Z0 ]
```

(계속)

```
                                                    <인덱스 값 증가                   >
                                        ─────────[INC      Z0                ]
                                                    <데이터 저장 개수 증가             >
                                        ─────────[INC      R0                ]
                                                    <입력된 숫자 값 클리어             >
                                        ───[FMOV   K0      D10      K2       ]
                                                    <현재 입력된 데이터 개수 표시       >
      SM400
263 ──┤ ├──────────────────────────────[BCD    Z0       K2Y38             ]

TOT CLR버튼이 눌러지면 전체 입력 데이터 클리어
                                                    <현재 입력 숫자 값 클리어          >
      X1A
284 ──┤↑├──┬───────────────────────[FMOV   K0      D10      K2       ]
           │                                        <파일 레지스터 저장 값 클리어      >
           ├───────────────────────[FMOV   K0      R0       K100     ]
           │                                        <인덱스 레지스터 클리어            >
           └───────────────────────[MOV    K0      Z0                ]

FIFO버튼이 눌러지면 선입선출 방식으로 데이터 호출
                                                    <데이터가 존재하면 FIFO동작 시작    >
      X1C
367 ──┤↑├──[>     R0     K0   ]──┬─────────────[SET    M10               ]
                                 │                  <인덱스 레지스터 클리어            >
                                 └─────────────[MOV    K0      Z1        ]

2초 주기를 가진 클럭 펄스 발생용 플리커 타이머
      M10      T2                                                    K10
433 ──┤ ├──────┤/├──────────────────────────────────────────────(T1      )
      T1                                                             K10
465 ──┤ ├───────────────────────────────────────────────────────(T2      )

2초 주기 클럭 펄스 신호
      M10      T1
470 ──┤ ├──────┤/├──────────────────────────────────────────────(M11     )

2초 간격으로 선입선출 방식으로 데이터 읽어오기
                                                    <데이터를 다 읽으면 작업 종료       >
      M10      M11
487 ──┤ ├──────┤↑├──┬─[>=    Z1     R0   ]──┬──────[RST    M10               ]
                    │                       │       <작업종료시 모든 램프 소등         >
                    │                       └──────[MOV    K0      K4Y20     ]
                    │                               <데이터를 선입선출로 읽어오기      >
                    └─[<     Z1     R0   ]──┬──────[MOV    R1Z1    D200      ]
                                            │       <읽어온 데이터에서 1을 감소        >
                                            ├──[-      D200    K1       D201    ]
                                            │       <Y20~Y2F램프 점등                 >
                                            ├──[DECO   D201    Y20      K4      ]
                                            │       <다음 데이터 읽기위한 증가         >
                                            └──────[INC    Z1                ]
```

(계속)

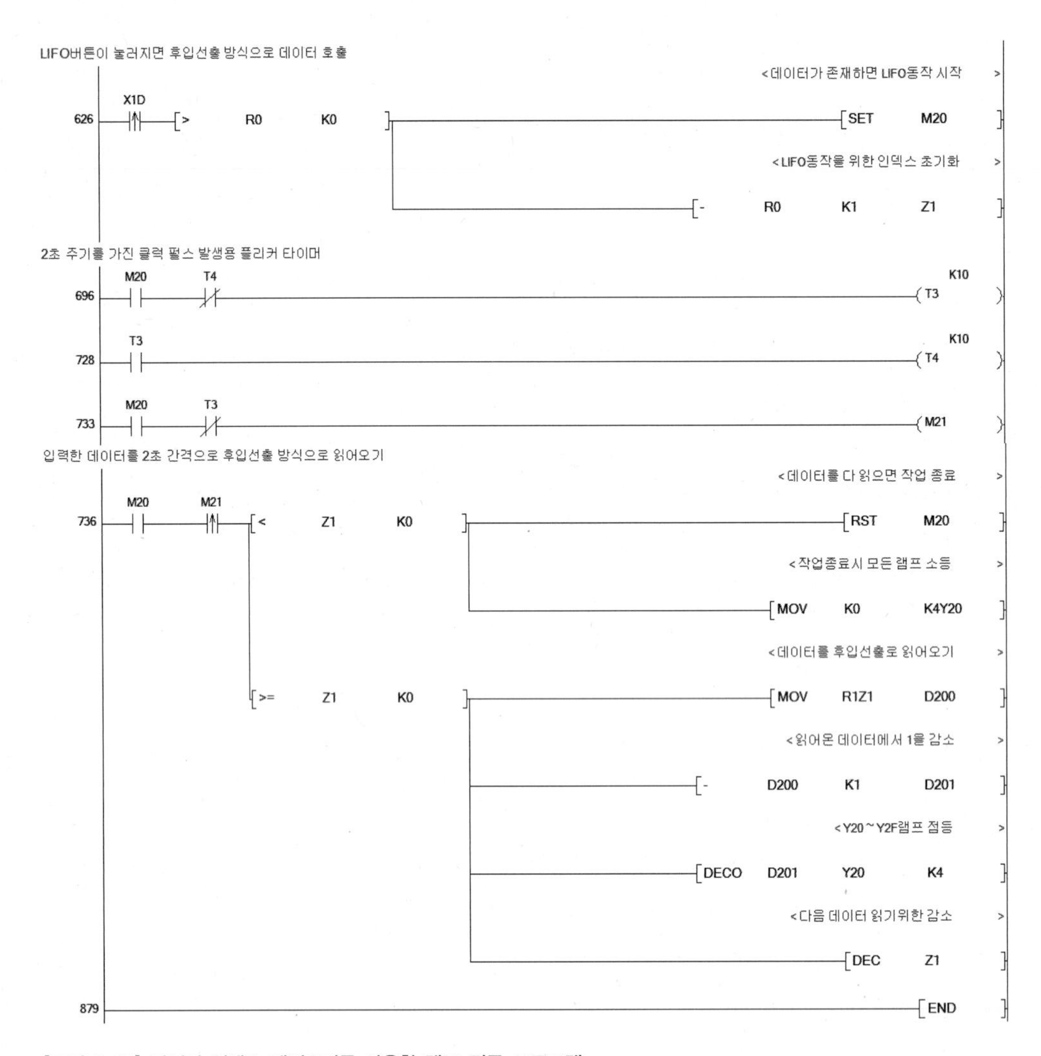

[그림 6-67] **파일과 인덱스 레지스터를 사용한 램프 점등 프로그램**

멜섹Q PLC의 명령어의 사용 방법을 실습과제를 통해 살펴보았다. 하지만 우리가 학습한 명령어는 많은 명령어 중 일부일 뿐이다. PLC의 전문 엔지니어가 되기 위해서는 이 책으로 충분히 학습한 후, 미쓰비시에서 발행한 매뉴얼을 보면서 어떤 명령어가 있는지, 또 각 명령어를 어떤 용도로 사용하면 적합할지에 대해 고민하고 또 고민해보아야 한다. 이러한 노력이 쌓였을 때 비로소 여러분의 PLC 프로그램 작성 역량이 향상될 것이다.

PART 4

공압 실린더 제어

PLC는 사람의 신체에 비유하자면 두뇌에 해당된다고 할 수 있다. 이때 사람의 신체에서 뼈와 근육에 해당하는 것이 바로 기계장치와 이를 움직이는 액추에이터이다. 기계장치가 움직이기 위해서는 에너지가 필요하고, 기계장치에 공급된 에너지로 기계가 동작하기 위해서는 액추에이터인 공압 또는 유압 실린더, 그리고 모터가 필요하다.

유압 실린더는 정밀한 제어가 가능하고 큰 토크를 발생시킬 수 있어 매력적인 액추에이터이지만, 사용되는 유압유가 환경오염이나 제품오염 문제를 일으킬 수 있으므로 제한된 기계장치에서만 사용된다. 반면 공압 실린더는 압축된 공기를 사용하기 때문에 환경오염이나 제품오염의 문제없이 사용할 수 있지만, 정밀한 제어나 큰 토크가 필요로 하는 곳에는 사용하기에 부적합하다. 그러나 간단한 왕복운동 또는 진공을 이용한 물품의 흡착과 같은 장치에 공압 실린더를 이용하면 적은 비용으로 효율적인 자동화 장치를 만들 수 있어 그 사용 범위가 점차 확대되고 있는 추세이다.

공압 실린더를 PLC로 제어하기 위해서는 먼저 PLC의 출력에 연결되는 공압 실린더 제어용 밸브의 특징과 사용법을 파악해야 한다. 공압 실린더에서는 압축공기의 흐름에 따라 실린더의 전후진 동작이 이루어진다. 따라서 공압 밸브의 제어를 통해 압축공기의 흐름을 변경하는 것이 실질적인 공압 실린더 제어방법이다. PART 4에서는 공압의 장단점, 공압 밸브의 특징과 기호 판별법 등을 살펴보고, 공압 실린더의 동작을 제어하기 위한 PLC 프로그램 작성법을 학습한다. PART 4의 학습을 마치고 나면, 여러분들은 자동화 장치에 부착되어 있는 공압 실린더를 기계장치의 동작 순서에 맞게 제어하는 PLC 프로그램을 작성할 수 있게 될 것이다.

Chapter 07

전기 공압 제어

공압 실린더는 청정한 압축공기를 사용하여 제품오염, 환경오염 문제를 발생시키지 않아 OLED, 반도체, 제약, 식품과 같은 산업 분야에 널리 사용된다. 7장에서는 PLC를 이용하여 공압 실린더를 제어하기 위한 공압 관련 기초 이론과 공압 실린더 제어 PLC 프로그램 작성 방법에 대해 학습한다.

7.1 공장자동화를 위한 공압 기술

압축공기는 가장 오래된 에너지원으로, 공기를 이용한 작업은 기원전 1000년 전으로 거슬러 올라간다. 오늘날의 자동화 분야에서 기계장치를 움직이는 데 사용하는 액추에이터는 크게 공압 실린더air cylinder와 모터motor로 구분되며, 직선운동이 필요한 기계장치에는 공압 실린더가 주로 사용되고 있다. 공압 실린더는 단순하고 견고하며, 다루기가 쉽기 때문에, 공작기계, 조립장치, 운반장치, 공급장치, 설비제조 분야에서 널리 사용되고 있다.

(a) 공압 실린더

타이어

돔구장

자동문

(b) 공압의 이용 분야

[그림 7-1] **공압 실린더 및 공압의 이용 분야**

그렇다면 공압 기술이 공장자동화에 널리 사용되는 이유는 무엇일까? 자동화 장치의 공압 구동기기를 작동시키는 공압 에너지의 장단점을 살펴보자.

공압 에너지의 장점

❶ 이용 가능성

- 압축공기는 대기를 압축한 것으로, 장소에 관계없이 쉽게 얻을 수 있다.
- 압축공기는 밀폐된 용기에 저장 가능하여 정전과 같은 비상시에 효율적으로 사용될 수 있다.
- 사용한 압축공기는 회수할 필요가 없으며, 환경오염의 문제가 없다.

❷ 사용성

- 공압기기는 전기처럼 동력 공급원, 정류기, 변압기와 같은 복잡한 장치를 필요로 하지 않으며, 빠르고 쉽게 조립될 수 있다.
- 시스템의 확장이 필요한 경우, 적은 비용으로 제어 기능 변경이 가능하다.
- 전기에너지와 달리 전장, 자장의 영향이 없으며, 폭발 위험성, 오염 위험성이 존재하는 곳이나 습도가 높은 곳과 같은 불리한 환경에 설치될 시스템에 적합하다.

❸ 취급성

- 공압장치의 구조가 튼튼하다는 점과 외부 노이즈에 영향을 받지 않는다는 점 때문에 거의 모든 산업 분야에서 사용되고 있다.
- 시스템의 신뢰성이 매우 높고, 내구성이 뛰어나다.
- 시스템 설치가 쉽고, 보수유지가 쉬우며, 유지비용이 적게 든다.
- 힘과 속도를 필요에 따라 쉽게 조절할 수 있다.

❹ 안정성

- 공압 부품 자체가 과부하에 대한 보호 기능을 갖고 있다.
- 폭발 및 화재의 위험성이 있는 곳에서도 사용 가능하다.
- 압축공기 자체가 인체에 해가 없기 때문에 별도의 안전장치가 필요 없다.

공압 에너지의 단점

- 압축공기를 만들 때, 대기 중의 먼지나 습기를 최대한 제거해야 한다.
- 압축성 덕분에 공압 에너지를 손쉽게 저장할 수 있지만, 공압 실린더를 이용한 작동에는 이 압축성 때문에 저속에서의 속도 불안정성이 커진다.
- 기준 이상의 힘이 필요할 때에는 압축공기가 비경제적이다. 보통의 작업 압력으로는 700kPa(7bar)가 한계이다.

- 사용 후 압축공기의 배기 소음이 크다.
- 전기를 이용해서 압축공기를 얻기 때문에 전기 에너지에 비해 운전비용이 높다.

이처럼 공압 에너지는 여러 단점에도 불구하고 편리한 장점들을 가지고 있기 때문에 자동화 장치에 널리 사용되고 있다. 전기모터를 이용하면 기계장치가 복잡해져서 기계장치의 가격이 상승하는데, 이 경우에 공압 실린더가 좋은 대안이 된다. 그리고 공압 실린더는 전기에너지를 사용할 수 없는 폭발 및 화재의 위험성이 있는 장소에서도 자유롭게 사용될 수 있다. 또한 압축공기는 용기에 쉽게 저장할 수 있으므로 정전 시 비상수단으로 대체될 수 있어, 정전되어도 비상계통이 동작해야 하는 원자력 및 화력 발전소, 화학 및 정유공장과 같은 곳에서의 최종 제어밸브의 동작은 공압으로 작동되고 있다.

7.2 공압 제어를 위한 공압기기의 구성

7.2.1 주요 공압기기

압축공기를 이용한 자동화 장치를 구동하기 위해 다양한 공압기기가 사용된다. 공압 제어를 위한 계통의 기본 구성은 [그림 7-2]와 같다.

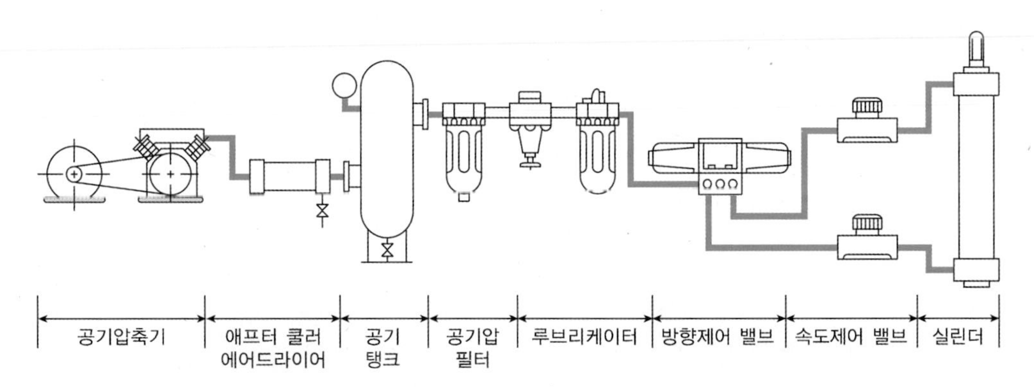

[그림 7-2] 공압 제어를 위한 계통의 기본 구성

다음은 [그림 7-2]의 주요 공압기기에 대한 설명이다.

- **공기 압축기**air compressor : 대기 중의 공기를 흡입하고 압축하여 압축공기를 만드는 기기이다.
- **애프터 쿨러**after cooler : 공기 압축기에서 만들어지는 압축공기의 온도는 170~200℃인데, 애프터 쿨러는 이 압축공기를 냉각하여 공기 속의 수분을 분리한다.

- **공기탱크**air tank : 압축공기를 저장하는 용기이다.
- **에어 드라이어**air dryer : 애프터 쿨러에서 1차로 제거했지만 여전히 남아 있는 압축공기 속의 수분을 제거하는 기기이다.
- **공기압 필터**air filter : 압축공기 속에 남아 있는 미세먼지와 수분을 제거하여 깨끗한 압축공기를 공급하기 위한 기기이다.
- **압력 조정기**regulator : 공기탱크의 압축공기를 공압기기에 필요한 일정 압력으로 조정하는 장치이다.
- **루브리케이터**lubricator : 압축공기 속에 윤활유를 분사하여 공압기기의 마찰 부분에 급유하는 기기이다.
- **방향제어 밸브**directional control valve : 압축공기가 흐르는 방향을 제어한다.
- **유량제어 밸브**flow control valve : 압축공기의 유량을 조절하여 실린더 등의 속도를 제어한다.
- **실린더**cylinder : 압축공기의 에너지를 직선 왕복운동으로 변환하여 기계적 일을 하는 기기이다.

공압기기 및 공압 이론에 대한 자세한 내용은 시중에 출판된 공압 관련 서적을 참고하길 바란다. 이 책에서는 PLC 제어에 필요한 내용만을 설명한다.

7.2.2 방향제어 밸브

방향제어 밸브는 공기가 흐르는 방향을 제어함으로써 공압 실린더의 동작을 제어하는 밸브이다. 방향제어 밸브로는 밸브 각각을 개별적으로 사용하는 단독형 방향제어 밸브와, 여러 개의 밸브를 매니폴드manifold에 조합해서 사용하는 매니폴드형 방향제어 밸브가 있다.

(a) 단독형 방향제어 밸브

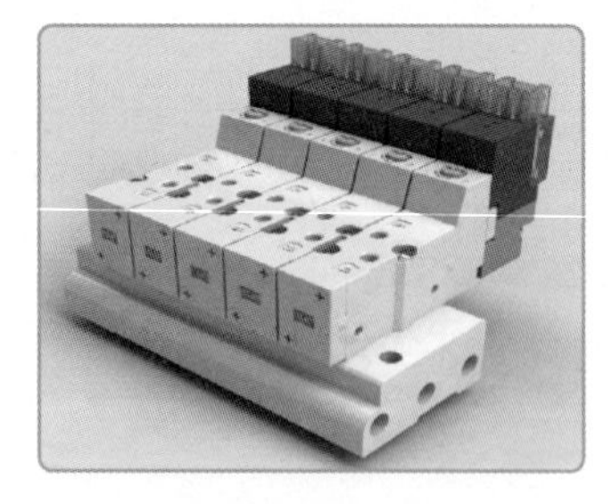

(b) 매니폴드형 방향제어 밸브

[그림 7-3] **방향제어 밸브의 실제 모양**

공압 도면에서 방향제어 밸브의 기호 표기법

[그림 7-4]는 산업현장에서 사용되는 공압 도면의 일부를 나타낸 것이다. 공압 도면에 사용되는 여러 종류의 기호 중에서 방향제어 밸브의 기호 표기법을 살펴보자. 방향제어 밸브는 압축공기의 흐름을 변경하는 기능을 가진 공압기기로, [표 7-1]은 도면에 표시된 방향제어 밸브의 기호 의미를 정리한 것이다.

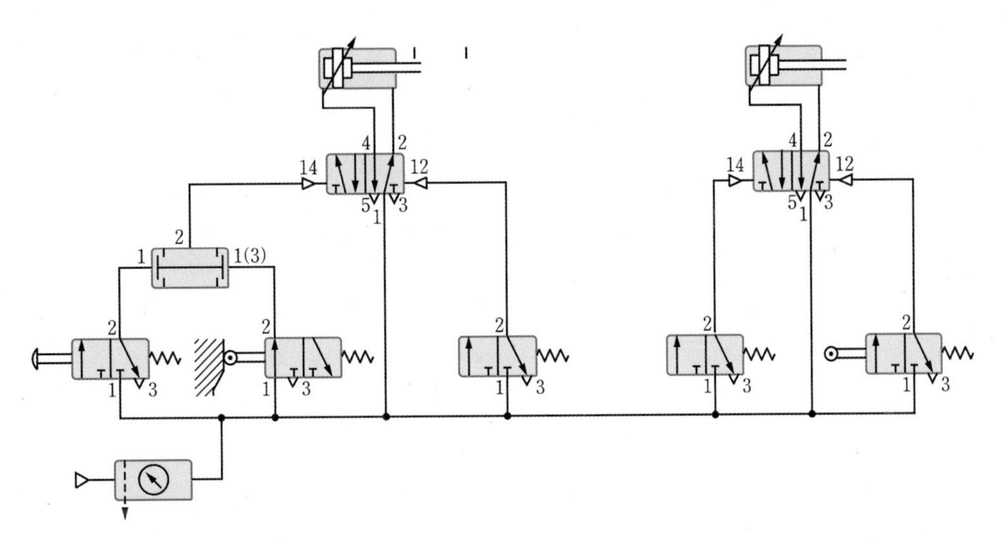

[그림 7-4] **공압 회로도**

[표 7-1] **방향제어 밸브의 기호 표기법**

기호	의미
	밸브의 스위치 전환 위치(switching position, 스위치의 ON 위치와 OFF 위치를 의미함)는 정사각형으로 나타낸다.
	겹쳐있는 사각형의 개수는 밸브 전환 위치의 개수를 나타낸다. 2개의 정사각형 박스는 ON과 OFF 위치가 있는 밸브를 의미한다.
	밸브의 기능과 작동 원리는 정사각형 안에 표시된다.
	직선은 유로(압축공기가 흐르는 통로)를 나타내며, 화살표는 방향을 나타낸다.
	차단(shut-off) 위치는 정사각형 안에 T로 표시된다.
	출구와 입구의 연결은 정사각형 밖에 직선으로 표시된다.

방향제어 밸브의 종류

[표 7-2] **방향제어 밸브의 종류**

표시법	기호	기호 설명
2/2-way 밸브	2 1	정상상태에서 닫힌 상태(N.C.)
	2 1	정상상태에서 열린 상태(N.O.)
3/2-way 밸브	2 1 3	정상상태에서 닫힌 상태(N.C.)
	2 1 3	정상상태에서 열린 상태(N.O.)
4/2-way 밸브	4 2 1 3	2개의 작업라인이 있어 복동 실린더 제어용으로 사용. 배기포트 1개
5/2-way 밸브	4 2 5 1 3	2개의 작업라인이 있어 복동 실린더 제어용으로 사용. 배기포트 2개
3/3-way 밸브	2 1 3	중립위치에서 모든 포트 닫힘
4/2-way 밸브	4 2 1 3	중립위치에서 2, 4, 3 포트 연결됨
	4 2 1 3	중립위치에서 모든 포트 닫힘
5/3-way 밸브	4 2 5 1 3	중립위치에서 모든 포트 닫힘
	4 2 5 1 3	중립위치에서 배기포트에 연결
	4 2 5 1 3	중립위치에서 중간 정지 상태

[표 7-2]는 다양한 종류의 방향제어 밸브를 기호로 나타낸 것이다. 방향제어 밸브는 공압 실린더의 동작을 제어하기 위한 것이므로, 공압 실린더의 동작 조건에 맞는 방향제어 밸브를 선택해서 사용해야 한다. 2/2-way 밸브는 공압의 연결과 차단에 사용되는 밸브이고, 4/2-way 및 5/2-way 방향제어 밸브는 복동 공압 실린더(공압 실린더의 전진 및 후진동작이 압축공기에 의해 이루어지는 실린더)의 동작에 사용되는 밸브이다.

방향제어 밸브 조작법에 따른 기호

방향제어 밸브를 조작하는 데에는 다양한 방법이 존재한다. 조작 주체(사람, 기계, 전기 등)에 따라, 또는 레버를 이용하는지, 버튼을 이용하는지 등 구조와 형태에 따라 밸브 조작법이 구분된다. 이러한 조작법에 대한 기호를 살펴보자.

[표 7-3] **방향제어 밸브의 조작법에 따른 기호**

수동 작동법	기계적 작동법	공기압 작동법	전기적 작동법
일반 수동 작동	플런저(plunger)	압력을 가함	직접 작동형 솔레노이드
누름 버튼	스프링	압력을 제거함	간접 작동형 솔레노이드
레버	롤러 레버		
페달	방향성 롤러 레버		

방향제어 밸브의 관로 번호 표기법

방향제어 밸브에는 공압 관로를 연결하기 위한 여러 개의 연결구가 존재한다. 연결구의 기능을 쉽게 구분하기 위해 공압 회로도에서는 방향제어 밸브의 연결구를 숫자 또는 문자로 나타내는 표기법을 사용한다.

[표 7-4] **방향제어 밸브의 관로 표기법**

방향제어 밸브의 관로 구분

구분	ISO-1219 표기법	ISO-5599 표기법
작업라인	A, B, C, …	2, 4, 6, …
압축공기 공급라인	P	1
배기구	R, S, T, …	3, 5, 7, …
제어라인	Z, X, Y, …	10, 12, 14, …

지금까지 방향제어 밸브의 기호 표기법에 대해 살펴보았다. 전기 시퀀스 또는 PLC를 이용한 공압 실린더 제어 분야에서 일하려는 사람이라면, 공압에 대한 전문지식까지는 없어도, 최소한 전기도면 및 기계도면에 표시된 공압 회로를 판별할 수 있을 정도는 돼야 하고, 공압 실린더 제어에 반드시 필요한 방향제어 밸브에 대한 내용은 파악하고 있어야 한다.

방향제어 밸브의 동작 원리

[그림 7-5]는 공압 실린더의 동작상태를 나타낸 것이다. [그림 7-5(a)]에서는 압축공기가 뒤에서 공급되어 앞으로 배출되기 때문에 공압 실린더가 전진동작을 하고, [그림 7-5(b)]는 그림 (a)와 반대로 동작하기 때문에 후진동작을 한다.

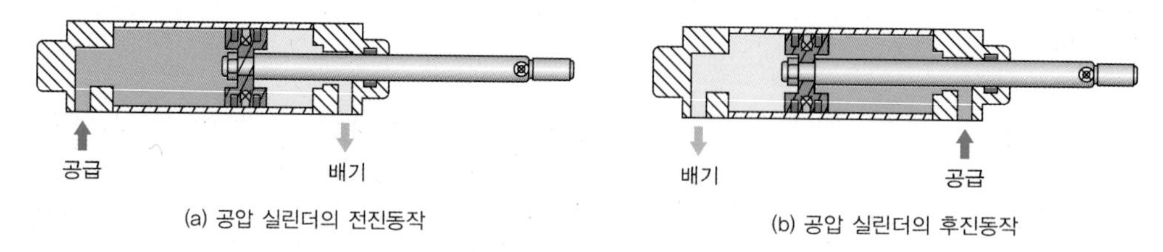

(a) 공압 실린더의 전진동작

(b) 공압 실린더의 후진동작

[그림 7-5] **공압 실린더의 동작**

방향제어 밸브는 [그림 7-6]처럼 압축공기의 흐름을 변경하여 공압 실린더의 전진 및 후진동작을 제어하는 역할을 한다.

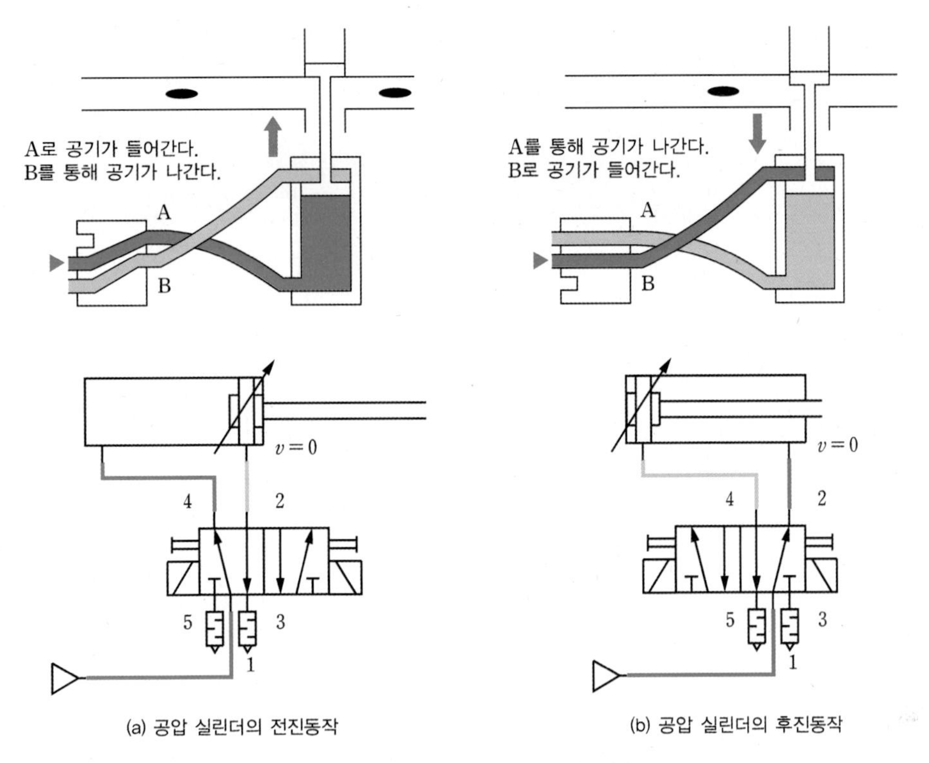

(a) 공압 실린더의 전진동작

(b) 공압 실린더의 후진동작

[그림 7-6] **방향제어 밸브의 동작에 따른 공압 실린더의 전후진 동작 제어**

7.2.3 일방향 유량제어 밸브

유량제어 밸브는 유체의 양을 제어하는 밸브이다. 유압이나 공압 시스템에서는 유체의 양을 제어함으로써 액추에이터의 속도를 조절할 수 있다. 공압 시스템에서 액추에이터의 속도에 영향을 끼치는 밸브로는 양방향 유량제어 밸브와 일방향 유량제어 밸브, 급속 배기 밸브가 있는데, 여기서는 일방향 유량제어 밸브에 대해서만 살펴본다.

일방향 유량제어 밸브one-way flow control valve는 체크밸브와 유량제어 밸브가 결합된 밸브이다. 체크밸브는 한쪽 방향으로의 공기 흐름만을 허용한다. [그림 7-7(b)]처럼 IN → OUT 방향으로 공기가 흐를 때, 체크밸브가 공기의 흐름을 막기 때문에 유량제어 밸브를 통한 유량 조절이 가능하다. 한편 [그림 7-7(c)]와 같이 OUT → IN 방향으로 공기가 흐를 때에는 체크밸브가 열리는 방향이 되어 체크밸브를 통해 공기가 흐르기 때문에 유량이 조절되지 않는다. 일방향 유량제어 밸브는 주로 공압 액추에이터의 속도를 조절하는 데 사용되기 때문에 유량제어 밸브라는 용어보다는 속도조절 밸브speed control valve로 더 잘 알려져 있다.

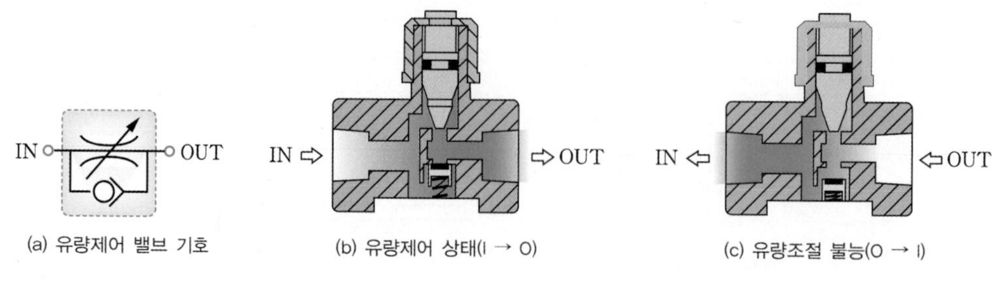

[그림 7-7] **일방향 유량제어 밸브**

이 밸브를 이용한 실린더의 속도조절 방식으로는, 실린더로 공급되는 공기의 양을 제어하는 미터인 방식과, 실린더로부터 배기되는 양을 조절하는 미터아웃 방식의 두 가지가 있다. [그림 7-8]은 공압 실린더에 장착되어 사용되는 일방향 유량제어 밸브의 모습과, 미터아웃과 미터인 타입의 밸브를 나타낸 것이다.

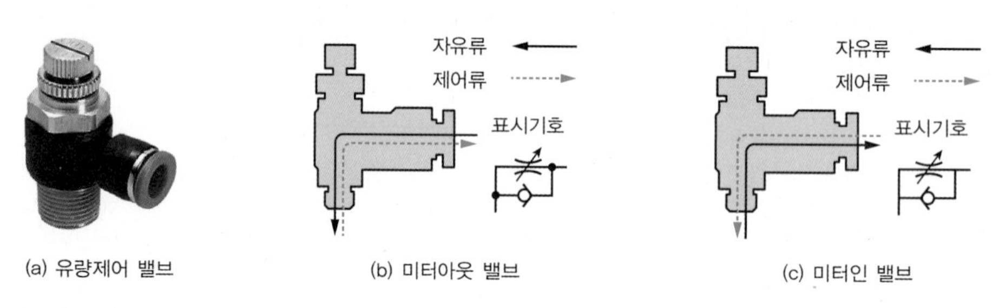

[그림 7-8] **공압 실린더에 장착되어 사용되는 일방향 유량제어 밸브**

미터인 속도제어

미터인meter-in 속도제어는 미터인 타입의 일방향 유량제어 밸브를 이용하여 실린더의 전후진운동 속도를 제어하는 방식을 의미한다. [그림 7-9]는 방향제어 밸브를 동작시켜 실린더가 전진운동하는 상태를 나타낸 것이다. 압축공기가 실린더에 공급되는 양은 조절되지만, 실린더에서 빠져 나오는 양은 조절되지 않는다. 이처럼 실린더에 공급되는 공기의 양을 조절하는 것이기 때문에 미터인 속도제어인 것이다. 그러나 미터인 속도조절 방법의 경우, 실린더의 운동 방향과 일치하는 힘(실린더 전진운동)이 작용하면 속도조절 기능을 상실해버리고, 부하 변화에 대한 속도 변동폭이 커지기 때문에 공압 제어에는 잘 이용되지 않는다.

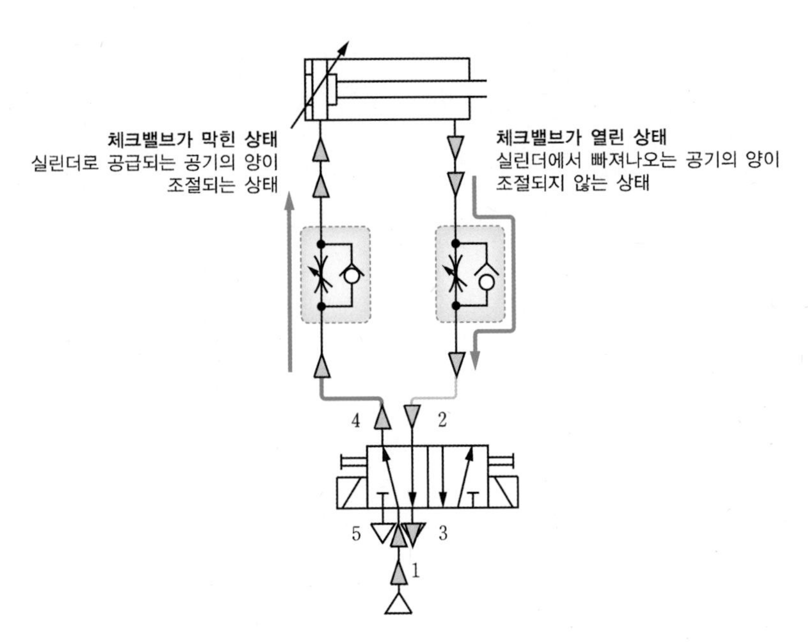

[그림 7-9] **미터인 방식의 속도 제어**

미터아웃 속도제어

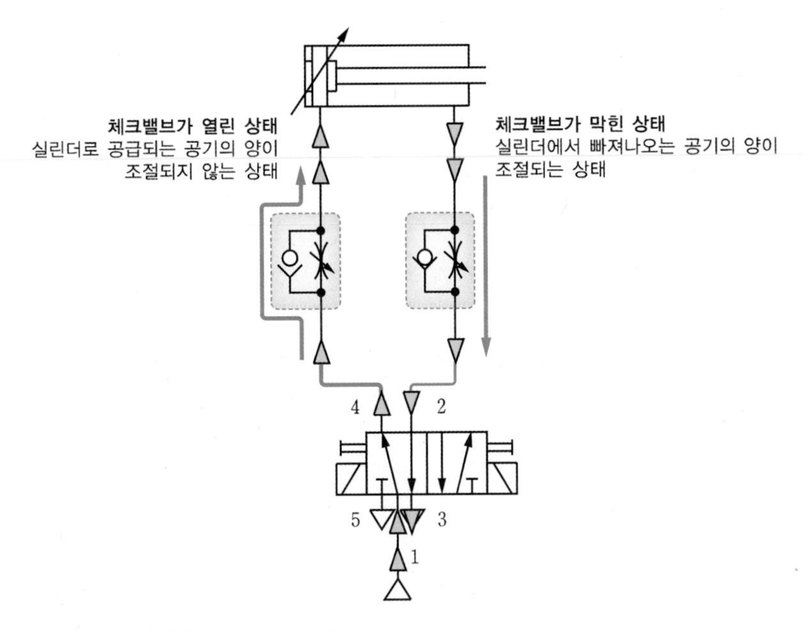

[그림 7-10] **미터아웃 방식의 속도제어**

미터아웃meter-out 속도제어는 실린더로부터 빠져나오는 공기의 양을 조절하여 전후진운동 속도를 조절하는 속도제어 방식이다. [그림 7-10]은 방향제어 밸브를 동작시켜 실린더가 전진운동하는 상태를 나타낸 것이다. 이때 실린더에 공급되는 공기의 양은 제한되지 않지만, 실린더에서 빠져나오는 공기의 양은 조절된다. 미터아웃 속도제어 방식의 경우에는 실린더의 전후진 동작 모두에서 공기의 압력이 유지되기 때문에, 미터인 방식보다 속도조절 능력이 뛰어나다. 따라서 공기압 시스템 대부분은 이 방식을 이용하여 속도를 조절한다.

7.3 전기 공압 제어

7.3.1 전기 공압의 개요

전기 공압 제어 방식은 솔레노이드 밸브를 사용하여 공기압으로 작동하는 액추에이터의 동작을 제어하는 방법으로, 액추에이터(공압 실린더)를 제외하고는 모두 전기부품으로 제어회로가 구성되는 방식을 의미한다. 공압 기술의 목적은 공압 실린더 등과 같은 공압 액추에이터를 작동시키는 것으로, 공압 기술은 제어방식에 따라 **순수 공압 제어와 전기 공압 제어**로 구분된다. 순수 공압 제어는 전기를 사용하지 않고 전부 공기압을 사용하여 액추에이터를 작동시키는 방법이고, 전기 공압 제어는 전기로 작동하는 솔레노이드 밸브를 사용하여 공압 액추에이터를 작동시키는 방법이다.

[그림 7-11]에 순수 공압 제어 시스템과 전기 공압 제어 시스템의 차이를 비교해서 나타내었다. 순수 공압 제어에서는 동력원으로 압축된 공기압을 이용하기 때문에 신호입력요소에서 구동 요소까지 압축공기로 시스템이 구성된다. 이와는 달리, 전기 공압 시스템은 동력원이 한전 또는 배터리에서 공급되는 전기이므로, 제어요소에 적합한 전원을 사용해야 한다. 또한 전기신호를 처리할 수 있는 신호입력부터 최종제어까지 전기부품으로 제어회로가 구성되며, 구동 요소에서 솔레노이드 밸브를 이용한 공압 실린더 제어가 이루어진다.

전기 공압 제어는 응답이 빠르고, 순수 공압 제어에 비해 비용이 저렴하며, 동작에 대한 신뢰성이 높고, 멀리 떨어진 위치에서도 전선을 이용한 원격조작이 간단하다는 장점 때문에 산업현장에서 널리 사용되고 있다. 그러나 석유화학공장과 같이 전기 스파크에 의한 인화나 폭발 위험성이 있는 장소에서는 전기 공압 제어 방식보다 안전한 순수 공압 제어 방식이 사용되고 있다.

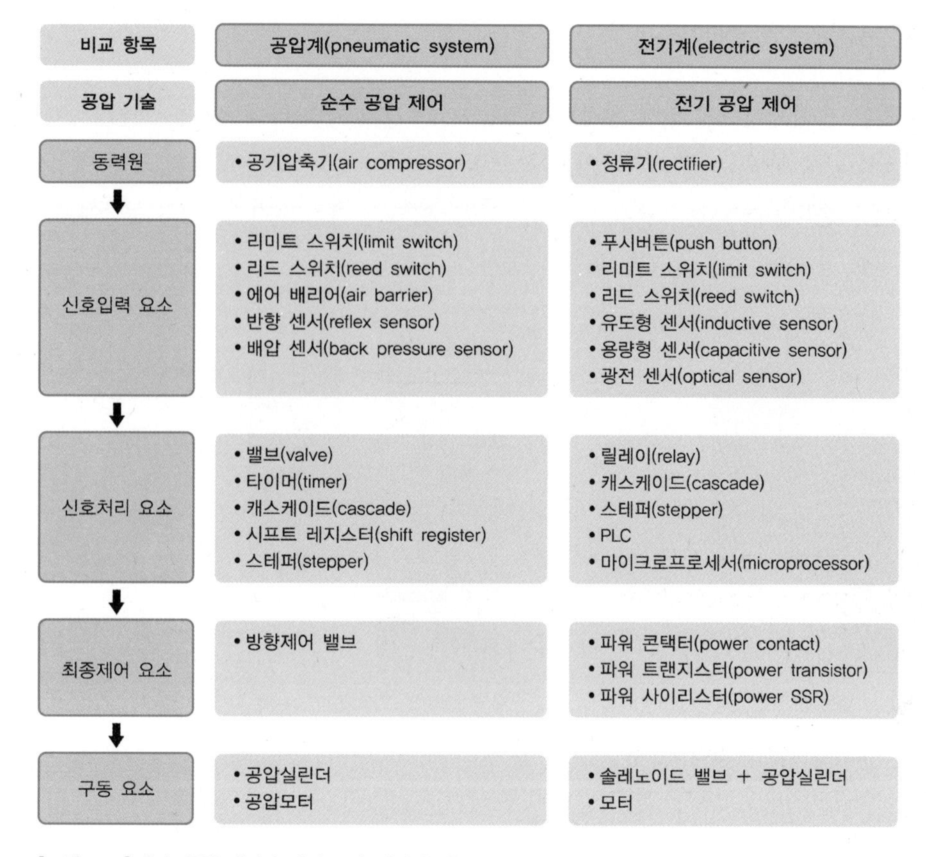

[그림 7-11] **순수 공압 제어와 전기 공압 제어의 비교**

7.3.2 방향제어 밸브에 의한 전기 공압 제어

[그림 7-11]에서 살펴봤듯이, 전기 공압 제어의 구동 요소에서 공압 실린더의 동작을 제어하기 위해 솔레노이드로 동작하는 방향제어 밸브를 사용한다. 전기 공압에서 사용하는 방향제어 밸브는, 전자석의 원리를 이용하여 작동하는 솔레노이드라는 전기장치로, 압축공기가 흐르는 방향과 유량을 변경하는 전기 공압 제어 부품이다.

솔레노이드 밸브의 동작

방향제어 밸브는 솔레노이드의 전자석 힘을 이용하여 압축공기의 흐름을 제어하는 밸브로, 공장자동화에서 PLC 및 전기를 이용해서 공압 실린더를 제어할 때 사용하는 공압 제어용 밸브이다. '솔레노이드'의 사전적 의미는 "관상[管狀]으로 감은 코일"로, 솔레노이드 '코일'이라고도 불린다. 솔레노이드는 코일에 전류가 흘러서 발생하는 자기력을 통해 전기에너지를 기계에너지로 변환한다.

[그림 7-12]는 솔레노이드에 의해 동작하는 2/2-way 밸브를 나타낸 것이다. 솔레노이드가 작동하지 않을 때에는 밸브에 내장된 스프링에 의해 1번 → 2번 포트의 공기 흐름이 차단되지만, 솔레노이드 밸브에 전기가 공급되면 밸브가 열리면서(전자석의 동작에 의해 밸브가 위로 당겨짐) 1번 → 2번 포트로 공기가 흐르게 된다.

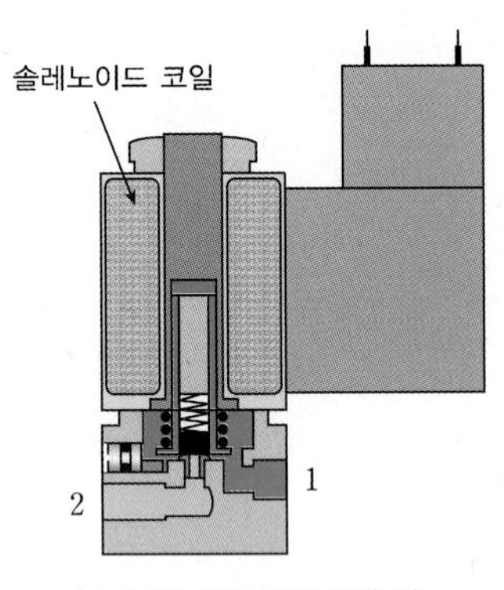

(a) 솔레노이드 밸브 동작 전

(b) 솔레노이드 밸브 동작 후

[그림 7-12] **2/2-way 솔레노이드 밸브의 동작**

공압 실린더 제어

솔레노이드에 의해 작동하는 공압 밸브를 이용하여 공압 실린더의 작동을 제어해보자. 공압 실린더를 제어하는 공압 밸브로는 편솔레노이드 밸브(이후 '편솔'로 약칭함)single acting solenoid valve와 양솔레노이드 밸브(이후 '양솔'로 약칭함)double acting solenoid valve가 있다.

■ 편솔을 이용한 공압 실린더 제어

편솔의 경우, 방향제어 밸브의 한쪽에는 솔레노이드가 설치되어 있고, 반대편에는 스프링이 설치되어 있다. 따라서 [그림 7-13]처럼 공압 실린더의 전진동작은 솔레노이드 밸브의 동작에 의해 이루어지고, 후진동작은 밸브의 반대편에 설치된 스프링에 의해 이루어진다. 편솔에 전기가 공급되면 방향제어 밸브에 의해 공기의 흐름이 변경되나, 전기가 차단되면 다시 원래의 공기 흐름으로 돌아간다. 편솔을 이용해서 공압 실린더의 전후진 동작 모두를 전기적인 방식으로 제어하려면, 전기회로를 자기유지 회로로 구성해야 한다.

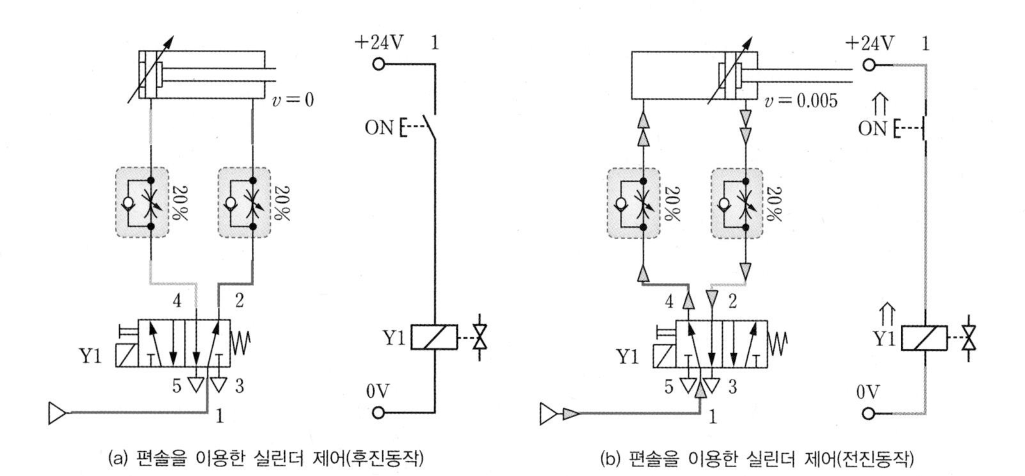

(a) 편솔을 이용한 실린더 제어(후진동작)

(b) 편솔을 이용한 실린더 제어(전진동작)

[그림 7-13] **편솔을 이용한 공압 실린더 전후진 동작 제어**

■ 양솔을 이용한 공압 실린더 제어

양솔의 경우, 방향제어 밸브의 양쪽에 솔레노이드가 설치되어 있어서 공압 실린더의 전후진 동작 모두를 전기적인 방식으로 제어할 수 있다. 양솔은 편솔과는 달리, 솔레노이드 밸브의 작동에 의해 방향제어 밸브의 위치가 변경된 상태에서 솔레노이드의 작동을 중지시켜도 방향제어 밸브의 위치가 변경되지 않는다. 따라서 양솔을 이용한 공압 실린더의 전후진 동작을 위해서는 각각의 전진 및 후진동작을 제어하기 위한 전기회로가 필요하다.

[그림 7-14]에서 공압 실린더의 전진동작을 위해 Y1 솔레노이드를 ON하면, 방향제어 밸브의 위치가 변경되어 공압 실린더가 전진하게 된다(그림 (a)). 이 상태에서 Y1 솔레노이드에 공급되는 전기를 차단해도 방향제어 밸브는 현재의 상태를 유지하기 때문에 공압 실린더는 계속 전진하게 된다(그림 (b)).

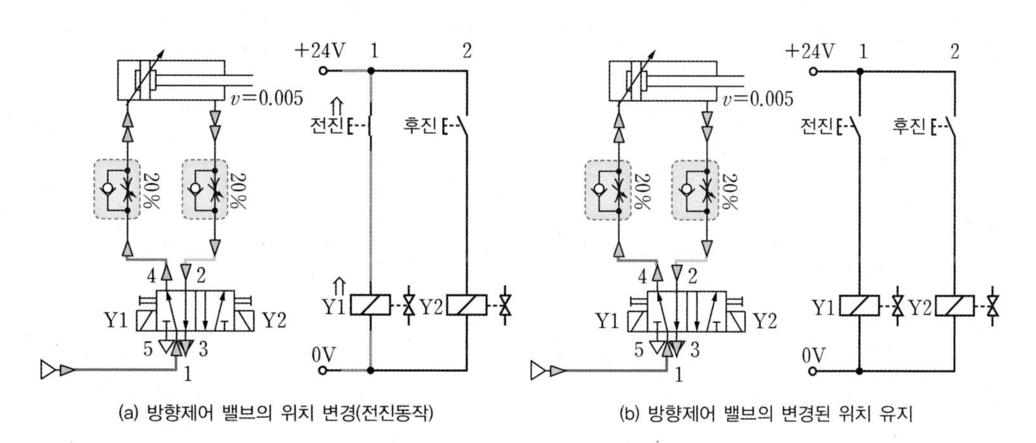

(a) 방향제어 밸브의 위치 변경(전진동작)

(b) 방향제어 밸브의 변경된 위치 유지

[그림 7-14] **양솔을 이용한 공압 실린더의 전진동작 제어**

한편 [그림 7-15]와 같이 Y2 솔레노이드를 ON하면, 방향제어 밸브의 위치가 변경되면서 공압 실린더가 후진한다(그림 (a)). 이 상태에서 Y2 솔레노이드에 공급되는 전기를 차단해도 방향제어 밸브는 현재의 상태를 유지하기 때문에 공압 실린더는 계속 후진하게 된다(그림 (b)).

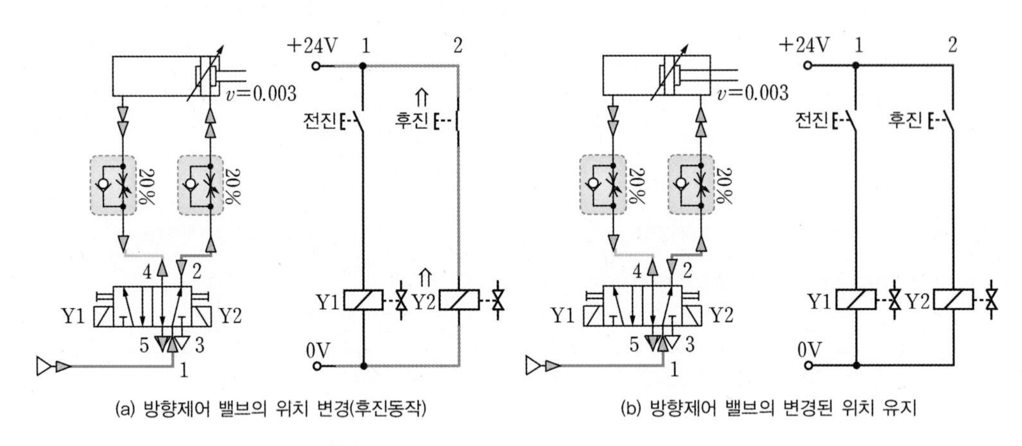

(a) 방향제어 밸브의 위치 변경(후진동작)　　(b) 방향제어 밸브의 변경된 위치 유지

[그림 7-15] **양솔을 이용한 공압 실린더의 후진동작 제어**

Chapter 08

시퀀스 제어 PLC 프로그램

기계장치는 기계가 설계될 때부터 동작 순서가 정해져 있으며, 미리 정해진 순서대로 기계가 동작하도록 PLC 프로그램으로 제어한다. 정해진 순서대로 동작을 제어하는 것을 시퀀스 제어라 하는데, 8장에서는 시퀀스 제어동작을 위한 PLC 프로그램 작성법을 살펴보자.

8.1 전기 공압을 이용한 시퀀스 제어회로 작성법

기계장치의 동작 순서는 기계가 설계될 때부터 정해져 있는데, 정해진 순서에 따라 일련의 제어 단계가 차례로 진행되어 나가는 제어를 시퀀스(순차) 제어sequential control라 한다. 즉 시퀀스 제어는 사전에 정해진 순서대로 제어신호가 출력되어 순차적으로 작업이 수행되는 제어방법으로, 실제 공장 자동화에서 가장 많이 이용되고 있다.

시퀀스 제어에는 다음과 같이 두 가지 제어방법이 있다.

- **시간에 따른 제어방법** : 일정한 시간이 경과되면 그 다음 작업을 수행하는 방법
- **신호에 따른 제어방법** : 전 단계 작업의 완료 여부를 리미트 스위치나 센서 등을 이용하여 확인한 후 다음 단계의 작업을 수행하는 방법

시간에 따른 제어방법은 이전 단계의 작업완료 여부를 확인하지 않기 때문에 제어 시스템 구성은 간편할지 모르나, 제어의 신뢰성이 부족하여 많이 이용되지 않는다.

시퀀스 제어에서 상반된 제어신호가 동시에 존재하면 문제가 발생한다. 예를 들어 하나의 공압 실린더에 전진 제어신호와 후진 제어신호가 동시에 존재하면, 어느 한쪽의 제어신호의 기능, 또는 두 개의 신호 모두의 기능을 발휘할 수 없도록 해야 한다. 그러므로

시퀀스 제어에서는 하나의 액추에이터에 상반된 제어신호가 동시에 존재하는 간섭현상이 발생하지 않도록 주의해야 한다.

시퀀스 제어는 제어신호의 간섭현상을 없애는 방법에 따라 몇 가지로 분류된다. 일반적으로 제어신호의 간섭현상은 입력된 제어신호가 너무 길게 지속되어 발생하는 문제이기 때문에, 제어신호를 짧은 기간만 지속시키는 펄스pulse 신호화로 해결할 수 있다. PLC에서는 입력신호의 펄스화가 가능하지만, 전기릴레이를 사용하는 전기시퀀스에서는 펄스화 처리회로가 복잡하기 때문에 서로 중첩되는 신호가 발생하지 않도록 회로상에서 이 문제를 해결한다. 그 방법으로는 캐스케이드cascade 방법과, 시프트 레지스터shift register 모듈을 이용하는 스텝퍼stepper 설계방법이 있다. PLC는 릴레이 시퀀스 회로를 대체하기 위해 만들어진 제어장치이기 때문에, PLC로 시퀀스 제어 프로그램을 작성할 때에도 기존의 릴레이를 이용한 시퀀스 제어 설계방법을 사용하는데, 사용의 편리성과 프로그램의 유지보수가 좀 더 쉬운 스텝퍼 설계방법이 많이 사용된다.

캐스케이드 방법이나 스텝퍼 방법으로 공압 실린더를 시퀀스 제어하는 데에는 제어의 편리성 때문에 양솔을 주로 사용한다. 이는 7장에서 언급했듯이 양솔의 경우, 방향제어 밸브의 위치가 변경된 후에 양솔의 전원을 차단해도 변경된 밸브의 위치가 유지되는 특징이 있어서, 전기회로의 작성이 간단하고 신호의 간섭문제가 발생하지 않기 때문이다. 이러한 특징 때문에 양솔을 '메모리 밸브'라 부르기도 한다. PLC에는 릴레이 시퀀스 회로와 달리 다양한 제어방법이 존재하기 때문에 양솔 및 편솔을 구분하지 않고 사용하지만, PLC의 전원이 차단되거나 또는 전기적인 문제로 PLC의 출력이 OFF되어도 공압 실린더의 현재의 상태를 유지해야 하는 조건에서는 양솔을 사용한다. 반대로 PLC의 문제가 생겼을 때 초기 상태로 복귀해야 하는 조건을 가진 공압 실린더 제어에는 편솔을 사용한다.

8.1.1 시퀀스 제어회로의 동작 원리 및 설계방법

PLC가 개발되기 이전에는 릴레이를 이용한 시퀀스 제어회로로 자동화 장치를 제어하였다. 릴레이를 이용한 시퀀스 제어회로를 어떻게 설계하는지 그 방법을 살펴보자. 시퀀스 제어회로의 동작원리를 이해하기 위해, 먼저 400m 릴레이(계주) 경기를 생각해보자. 400m 릴레이에는 4명의 선수(주자)가 필요하며, 선수 1명당 100m씩 뛰어 4번 주자가 결승선을 통과하면 경기가 종료된다. 경기를 진행하는 선수의 동작은 정해진 순서에 따라 동작하는 시퀀스 제어회로의 동작과 동일한 방식이다.

시퀀스 제어 전기회로의 동작과 400m 릴레이 경기를 하는 각 선수의 동작을 [그림 8-1]과 비교하여 살펴보자.

- **1번 주자** : 심판의 "선수 정렬" 구령에 맞춰 각 선수가 출발선에 정렬하고(출발 준비를 완료한 상태), 심판의 출발신호(버튼1을 누름)에 1번 주자가 달리기 시작, 100m를 달려 2번 주자에게 배턴을 전달(1번 주자가 버튼2를 누름)한다.
- **2번 주자** : 2번 주자가 1번 주자로부터 배턴을 전달받아 달리기 시작한다. 2번 주자가 달리는 즉시, 1번 주자의 경기는 종료된다. 2번 주자는 100m를 달려 3번 주자에게 배턴을 전달(2번 주자가 버튼3을 누름)한다.
- **3번 주자** : 3번 주자가 2번 주자로부터 배턴을 전달받아 달리기 시작한다. 3번 주자가 달리는 즉시, 2번 주자의 경기는 종료된다. 3번 주자는 100m를 달려 4번 주자에게 배턴을 전달(3번 주자가 버튼4를 누름)한다.
- **4번 주자** : 4번 주자가 3번 주자로부터 배턴을 전달받아 달리기 시작한다. 4번 주자가 달리는 즉시, 3번 주자의 경기는 종료된다. 4번 주자가 100m를 달려 결승선을 통과(4번 주자가 버튼5를 누름)하면 모든 경기는 종료된다.

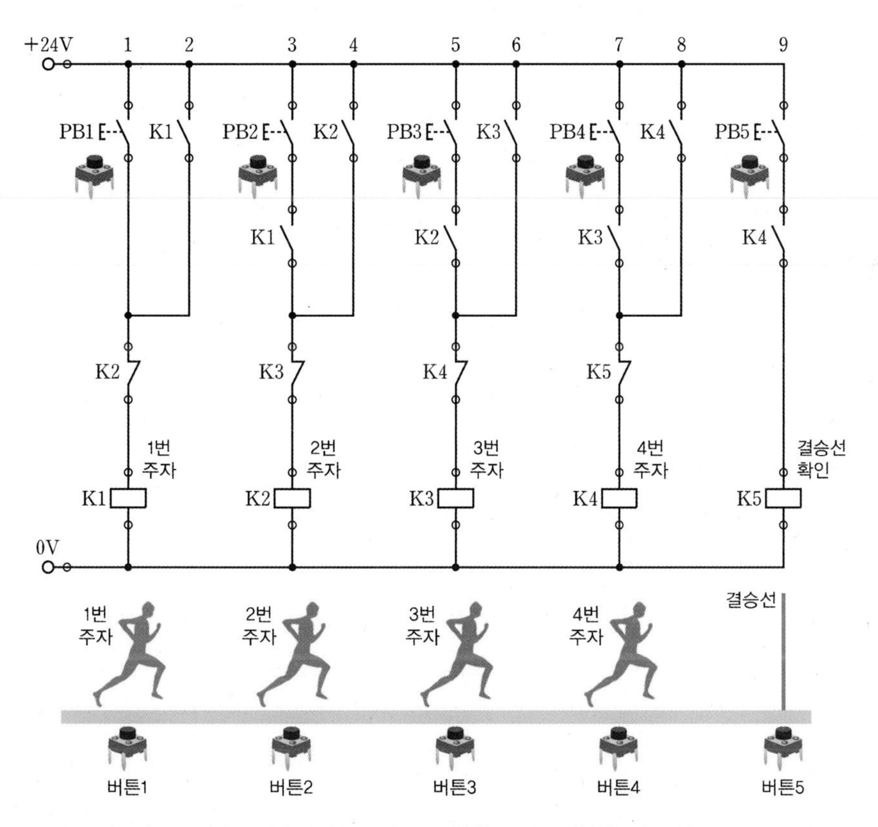

[그림 8-1] 400m 릴레이 동작과 자기유지 회로를 이용한 시퀀스 제어회로의 표현

각 주자가 출발신호에 의해 출발하여 100m씩 차례로 배턴을 주고받으며 달리는 모습은 [그림 8-1]에 나타낸 순차적으로 동작하는 자기유지 회로의 동작과 일치한다. 따라서 선수가 4명인 400m 릴레이 동작은 [그림 8-1]과 같이 4개의 자기유지 회로와 1개의 결승선 확인 전기회로로 만든 시퀀스 제어회로로 표현될 수 있다. [그림 8-1]의 동작 단계를 보다 자세히 살펴보자.

❶ 심판(작업자)이 푸시버튼 PB1을 누른다.

[그림 8-2]의 전기회로에서 심판(전기회로 조작자)이 PB1 버튼을 누르면, 전기릴레이 K1이 자기유지가 되어 400m 릴레이에서 1번 주자(K1)가 달리는 상태가 된다. 이때 2번 주자(K2)는 1번 주자(K1)가 출발했음을 K1의 접점을 통해 확인한다. 전기회로에서 1번 주자에 해당되는 K1의 a접점이 ON되면, 1번 주자가 달리고 있음을 의미한다.

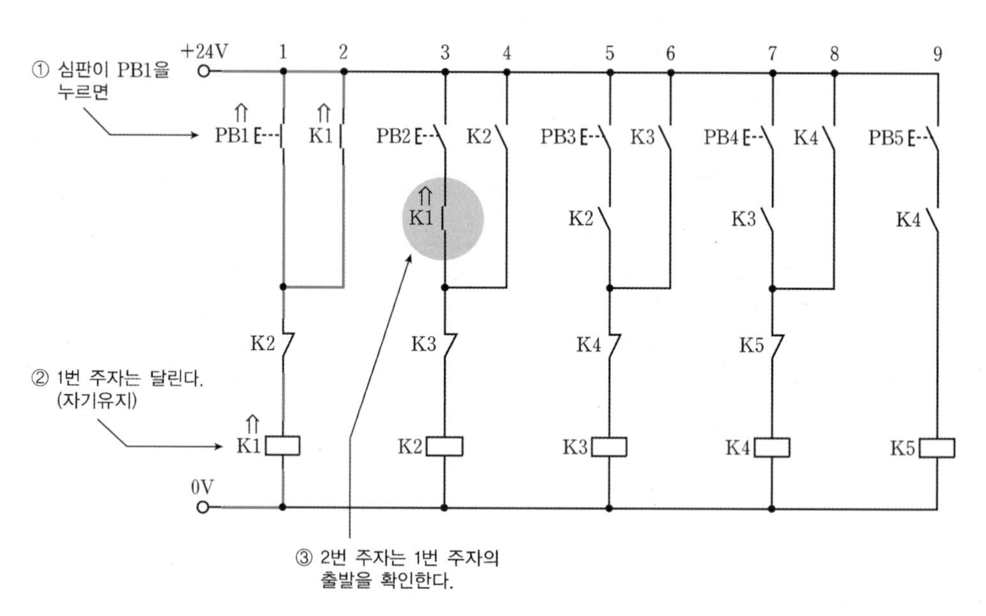

[그림 8-2] 자기유지 회로를 이용한 릴레이 시퀀스 전기회로의 동작 ❶

❷ 1번 주자(K1)가 100m를 달려 PB2를 누른다.

1번 주자가 100m를 달려 [그림 8-3]과 같이 PB2 버튼을 누르면, 2번 주자(K2)가 ON되어 자기유지 상태로 달리기 시작한다. 그 순간 1번 주자에 해당되는 K1 자기유지 회로의 리셋(K2의 b접점)이 동작하여 1번 주자의 경기가 종료된다.

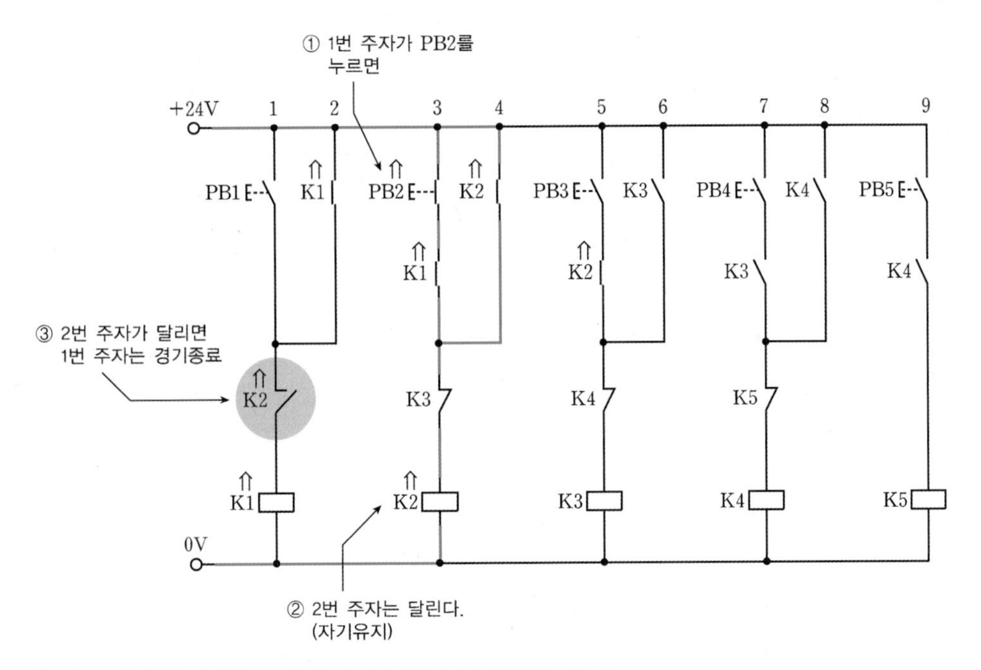

[그림 8-3] **자기유지 회로를 이용한 릴레이 시퀀스 전기회로의 동작 ❷**

❸ 2번 주자(K2)가 100m를 달려 PB3을 누른다.

2번 주자가 100m를 달려 [그림 8-4]와 같이 PB3 버튼을 누르면, 3번 주자(K3)가 ON되어 자기유지 상태로 달리기 시작한다. 그 순간 2번 주자에 해당되는 K2 자기유지 회로의 리셋(K3의 b접점)이 동작하여 2번 주자의 경기가 종료된다.

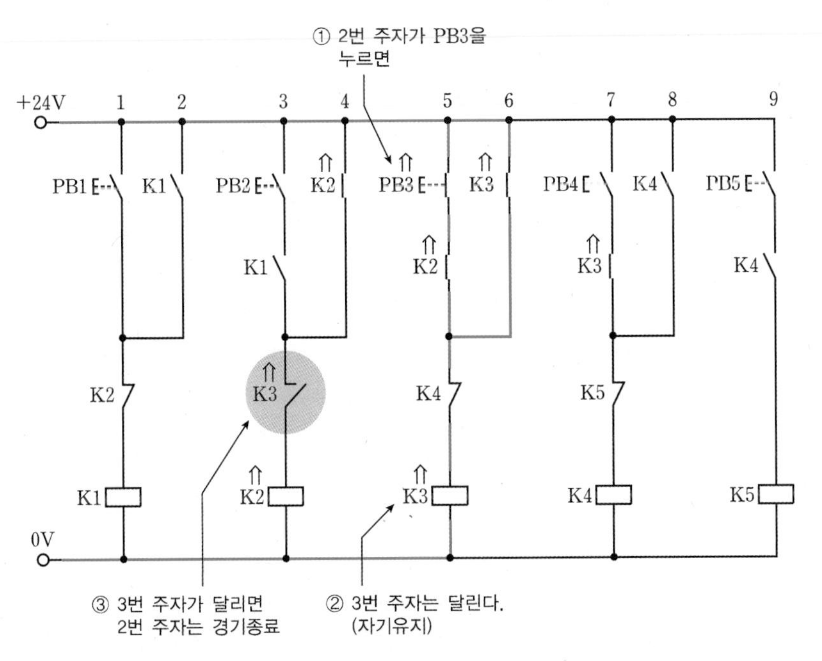

[그림 8-4] **자기유지 회로를 이용한 릴레이 시퀀스 전기회로의 동작 ❸**

❹ 3번 주자(K3)가 100m를 달려 PB4를 누른다.

3번 주자가 100m를 달려 [그림 8-5]와 같이 PB4 버튼을 누르면, 4번 주자(K4)가 ON되어 자기유지 상태가 됨으로써 달리기 시작한다. 그 순간 3번 주자에 해당되는 K3 자기유지 회로의 리셋(K4의 b접점)이 동작하여 3번 주자의 경기가 종료된다.

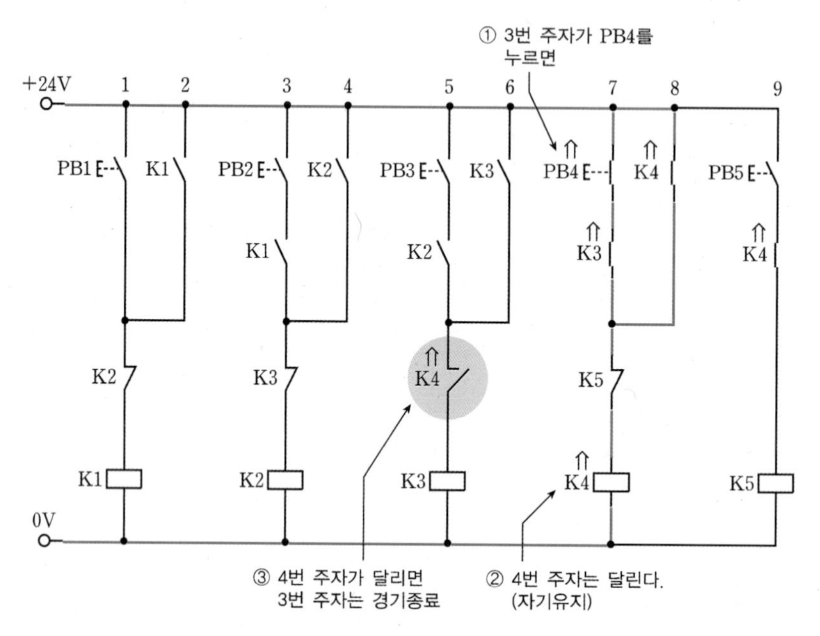

[그림 8-5] 자기유지 회로를 이용한 릴레이 시퀀스 전기회로의 동작 ❹

❺ 4번 주자(K4)가 100m를 달려 PB5를 누른다.

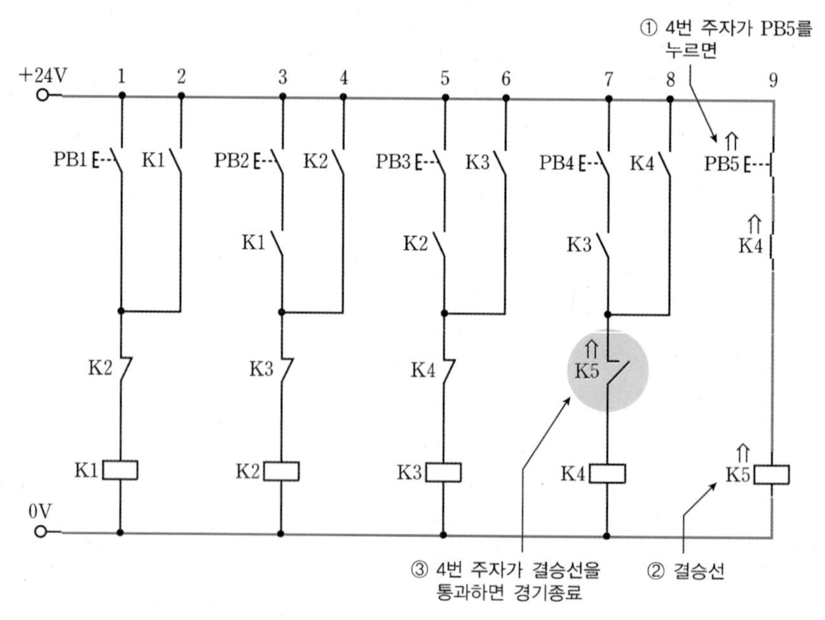

[그림 8-6] 자기유지 회로를 이용한 릴레이 시퀀스 전기회로의 동작 ❺

[그림 8-6]과 같이 4번 주자가 100m를 달려 결승선을 통과하는 순간(PB5를 누르는 순간), 전기릴레이 K5가 작동함으로써 4번 주자(K4)의 경기가 종료된다. 결승선은 자기유지가 되지 않기 때문에 4번 주자(K4)의 경기가 종료되는 순간에 K5도 종료되어 모든 시퀀스 제어동작이 종료된다.

시퀀스 제어회로 동작에 대해 이토록 자세히 알아보는 이유는, 공압 실린더 제어와 같은 시퀀스 제어 PLC 프로그램 작성에, 지금까지 살펴본 내용과 동일한 방식을 적용하기 때문이다. [그림 8-7]은 [그림 8-6]의 릴레이 시퀀스 제어회로를 PLC의 래더 프로그램으로 표현한 것이다. 푸시버튼 PB1 ~ PB5가 PLC의 입력 비트 메모리 X1 ~ X5로 변경되었고, 릴레이 코일 K1 ~ K5가 내부 비트 메모리 M1 ~ M5로 변경된 것을 제외하고는 릴레이 시퀀스 회로와 래더 프로그램의 표현 방법이 동일하다.

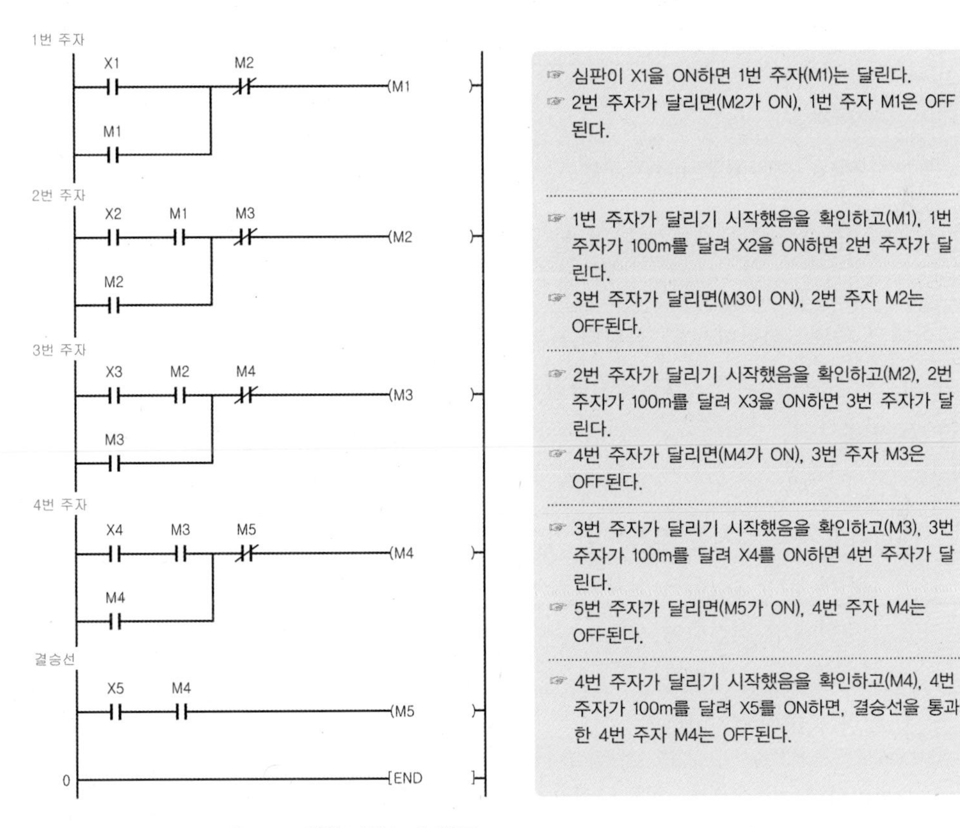

[그림 8-7] PLC 프로그램으로 표현한 시퀀스 제어회로

8.1.2 공압 실린더 제어를 위한 시퀀스 제어 PLC 프로그램 작성

정해진 순서대로 동작하는 공압 실린더의 시퀀스 제어 PLC 프로그램 작성을 위한 작업 절차를 살펴보자.

1 자동화 장치의 시스템 구성과 작업 순서 파악

자동화 장치 제어를 위한 시퀀스 제어 프로그램을 작성하기 위해서는 먼저 자동화 장치의 시스템 구성과 동작 조건을 분명하게 파악하고 문서로 나타낼 수 있어야 한다.

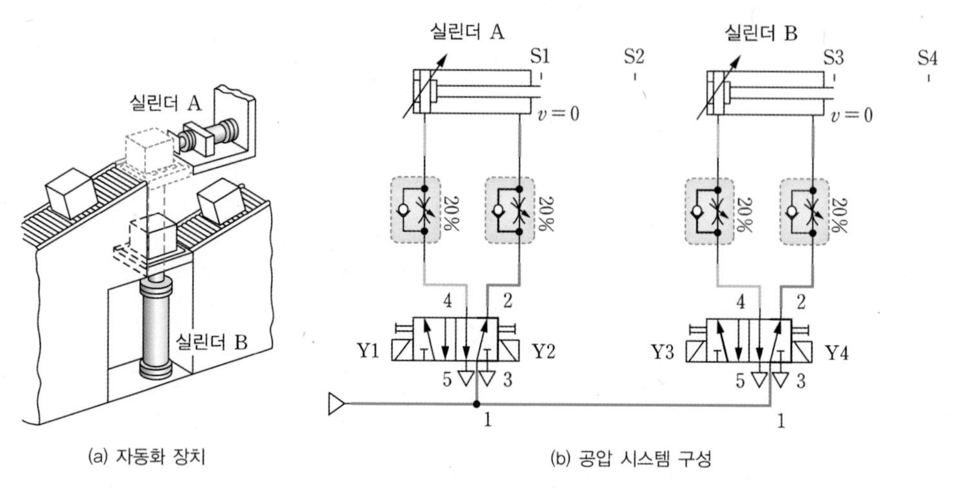

(a) 자동화 장치

(b) 공압 시스템 구성

[그림 8-8] **자동화 장치와 공압 시스템의 구성**

[그림 8-8(a)]에서 상자가 하단의 롤러 컨베이어를 통해 작업 위치에 도달하면 실린더 B가 밀어 올리고, 실린더 A가 상자를 상단의 롤러 컨베이어로 밀어낸다. 물체를 밀어내고 나면, 실린더 A와 실린더 B는 순서대로 원래의 위치로 후진운동한다. 자동화 시스템 구동을 위한 실린더의 동작 순서는 다음과 같이 여러 가지 방법으로 표현할 수 있다.

- **실린더의 동작 순서를 문장으로 기술하는 방법**

  ① 실린더 B가 전진하여 상자를 들어올린다.

  ② 실린더 A가 전진하여 상자를 다른 컨베이어로 옮긴다.

  ③ 실린더 A가 후진한다.

  ④ 실린더 B가 후진한다.

- **실린더의 동작 순서를 표로 나타내는 방법**

작업 단계	실린더 A	실린더 B
1	–	전진
2	전진	–
3	후진	–
4	–	후진

- **실린더의 동작 순서를 약호로 나타내는 방법**

B+, A+, A−, B−
(+ : 전진운동, − : 후진운동)

- **실린더의 동작 순서를 그래프로 나타내는 방법**

다음 그림은 물체 운반장치의 운동 순서를 그래프로 표현한 것이다. 이 그래프에서 0은 실린더가 후진된 상태, 1은 실린더가 전진운동한 상태를 나타낸다. 이 그래프에서는 실린더의 행정거리(공압 실린더가 전진 및 후진의 왕복운동을 하는 이동거리), 실린더의 운동속도는 고려되지 않고, 모든 요소가 동일한 크기로 그려진다. 실제 시퀀스 제어회로도를 작성할 때 가장 많이 이용되는 방식이 이와 같이 그래프로 표현하는 방법으로, 이 그래프를 운동 순서도motion step diagram라고 한다.

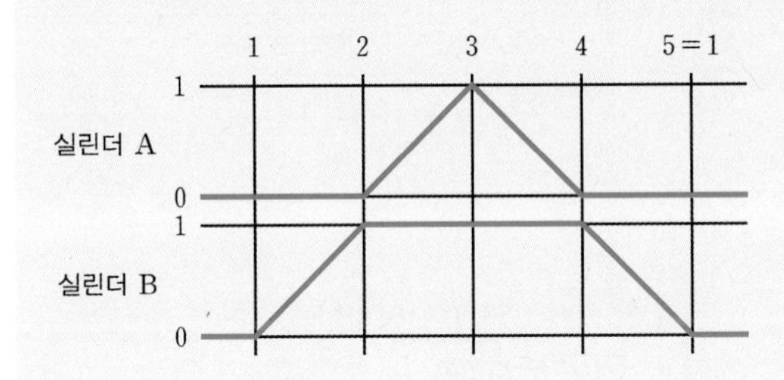

2 리미트 스위치 표시

운동 순서도를 작성한 다음에는 여기에 실린더의 동작에 따른 리미트 스위치의 작동 상태를 표시하여 변위-단계 선도를 완성한다. [그림 8-9]의 변위-단계 선도에서 화살표는 리미트 스위치가 작동할 때의 실린더의 동작을 나타낸다. 즉 실린더 B가 전진동작을 안료하면 S4 리미트 스위치가 작동되고, S4 리미트 스위치가 작동되면 그 결과로 실린더 A가 전진동작을 시작한다. 마찬가지로 실린더 A가 전진동작을 완료하면, S2 리미트 스위치가 작동되면서 실린더 A의 후진동작이 일어난다.

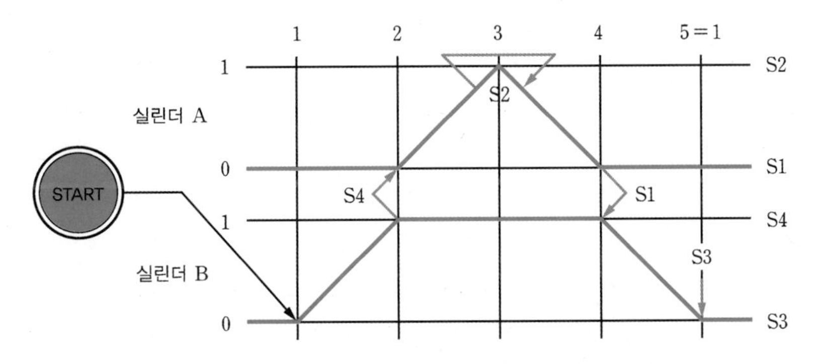

[그림 8-9] 리미트 스위치(센서)의 동작상태를 표시한 변위-단계 선도

3 PLC 입출력 리스트 및 결선도 작성

[그림 8-8(b)]에서 공압 회로의 입력 및 출력요소를 파악해서 PLC의 입출력 결선도를 작성한다. [표 8-1]을 살펴보면 공압 회로도에는 나타나지 않았던 START 버튼이 PLC의 입력에 할당되어 있음을 알 수 있다. 기계도면과 공압도면에 모든 입출력이 나타나지는 않기 때문에 장비의 설계자 또는 운영자와 충분한 의견을 교환한 후에 입출력을 파악해야 한다.

[표 8-1] **[그림 8-8]의 공압 회로도로 파악한 PLC의 입출력 리스트**

입력			출력		
기호	기능	PLC 입력	기호	기능	PLC 출력
START	시작 푸시버튼	X00	SOL Y1	실린더 A 후진	Y20
S1	실린더 A 후진	X01	SOL Y2	실린더 A 전진	Y21
S2	실린더 A 전진	X02	SOL Y3	실린더 B 후진	Y22
S3	실린더 B 후진	X03	SOL Y4	실린더 B 전진	Y23
S4	실린더 B 전진	X04			

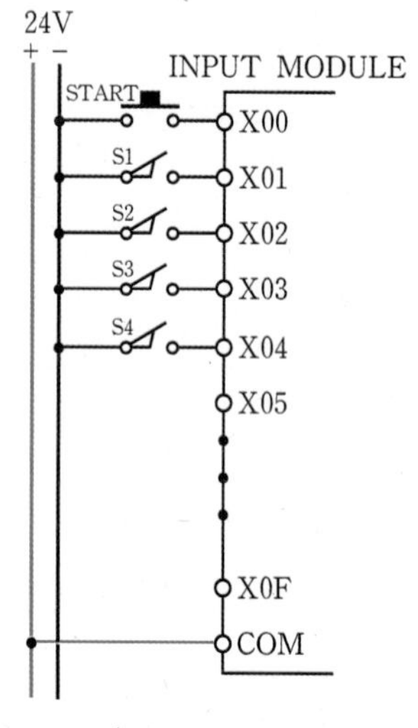

(a) PLC 입력(싱크) 결선도

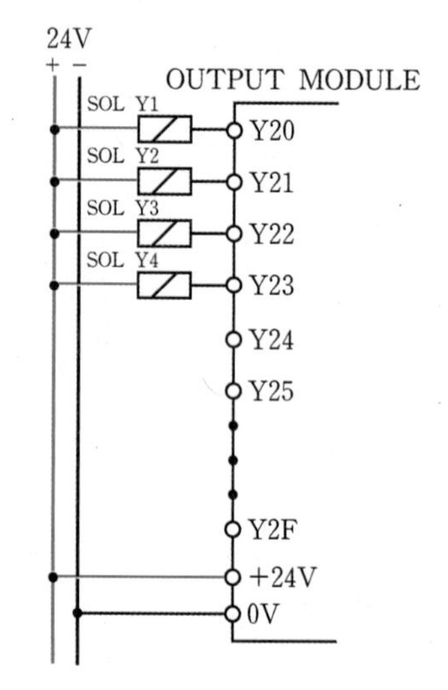

(b) PLC 출력(싱크) 결선도

[그림 8-10] **PLC의 입출력 결선도**

4 PLC 프로그램 작성

[그림 8-9]의 변위-단계 선도대로 공압 실린더가 작동할 수 있도록 PLC 프로그램을 작성한다. 공압 실린더와 같이 시퀀스 제어동작을 하는 PLC 프로그램은 오랜 경험이 쌓이면 직관적으로 작성할 수 있지만, 처음 작성할 때에는 시퀀스 제어 프로그램의 작성 원리를 익히면 쉽게 이해할 수 있다. 시퀀스 제어 프로그램 작성 원리는 크게

두 가지로 나뉜다. 첫 번째는 캐스케이드 설계기법을 이용하는 것이고, 두 번째는 스텝퍼 설계기법을 이용하는 것이다. PLC에서 사용할 시퀀스 제어 프로그램에는 스텝퍼 설계기법이 많이 사용된다.

이제 두 가지 각 설계기법을 이용해 시퀀스 제어 프로그램 작성법을 살펴보자.

8.2 시퀀스 제어 프로그램 작성 : 캐스케이드 설계기법

앞서 학습한 공압 실린더의 동작상태 표시방법을 이용하여 본격적으로 시퀀스 제어회로를 설계해보자.

8.2.1 공압 실린더의 동작 그룹 구분

시퀀스 제어회로의 설계에서 가장 문제시되는 것은 제어신호의 간섭현상이다. 제어신호의 간섭현상은 하나의 액추에이터에 상반된 제어신호가 동시에 존재할 때 발생한다. 예를 들어 한 실린더의 전진운동 신호가 존재하는 상태에서 후진운동 제어신호가 입력되면, 늦게 입력된 제어신호는 제 기능을 발휘할 수 없다. 시퀀스 제어에서 자주 발생하는 제어신호의 간섭현상을 근원적으로 해결하는 방법은, 전체 동작을 작동 순서상 간섭현상이 발생하지 않을 몇 개의 제어그룹으로 분리한 후, 작동 순서에 따라 필요한 제어그룹에만 전기 에너지가 공급되도록 제어회로를 설계하는 방법이다.

제어그룹을 분류하기 위해서는 우선적으로 작동 순서를 약호로 표시하는 것이 바람직하다. 가장 많이 이용되는 약호 표현법은 전진운동을 +, 후진운동을 −로 표기하는 방식으로, 이 방식대로라면 실린더 A의 전진운동을 A+, 실린더 B의 후진운동을 B−로 표현할 수 있다.

작동 순서를 약호로 표시하고 나면, 제어그룹을 분류해야 한다. 제어그룹을 분리하는 방법은 하나의 액추에이터의 운동이 같은 제어그룹에 포함되지 않도록 하는 것이다. 즉 A+와 A−, B+와 B−가 같은 그룹에 포함되지 않게 해야 한다는 것이다. 그러나 A+와 B−는 서로 다른 액추에이터의 운동이기 때문에 같은 그룹에 포함되어도 제어신호의 간섭현상이 발생하지 않는다. 한 예로, 다음과 같은 작동 시퀀스는 2개의 제어그룹으로 나눌 수 있다.

실린더의 개수가 같더라도 작동 순서가 다르면 제어그룹의 개수가 달라진다. 예를 들어 다음과 같이 3개의 실린더가 사용된 작업이어도, 제어그룹의 개수는 작동 순서에 따라 3개나 4개로 다를 수 있다.

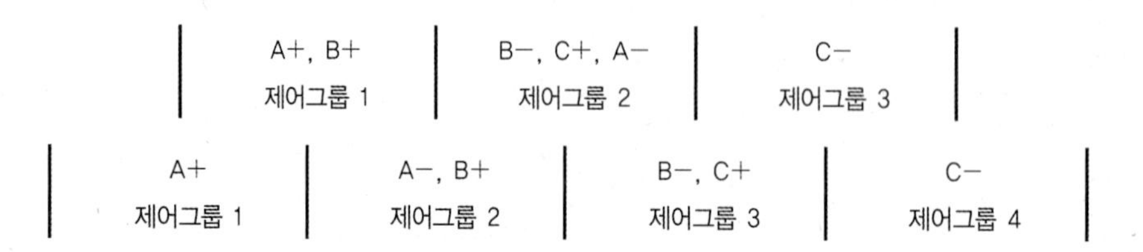

제어그룹의 개수가 n개이면, 자기유지 회로 n개와 1개의 작업종료 회로가 필요하다. 앞에서 학습한 시퀀스 제어회로 설계방법을 기억하는가? 캐스케이드 방법을 이용한 공압 시퀀스 제어회로 설계방법에도 시퀀스 제어회로의 설계방법이 그대로 적용된다. 공압 시퀀스 제어회로는 다음과 같은 단계로 설계한다.

1단계 공압 시스템의 운동 순서를 약호로 표시하고 제어그룹을 나눈다.

[그림 8-11]에 공압 시스템의 구성, [그림 8-12]에 공압 실린더의 순차동작(시퀀스 동작) 순서를 나타내었다. [그림 8-12]에서 동작그룹을 2개의 제어그룹으로 구분했기 때문에, 이 제어회로는 2개의 자기유지 회로와 1개의 작업종료 회로로 구성된다. [그림 8-12]에서 실린더 C의 전진동작을 확인하는 리미트 스위치 S6은 동작을 그룹1에서 그룹2로 변경하는 신호이며, 실린더 A의 후진동작을 확인하는 리미트 스위치 S1은 작업완료 신호이자 새로운 작업 시작을 위한 확인신호이다.

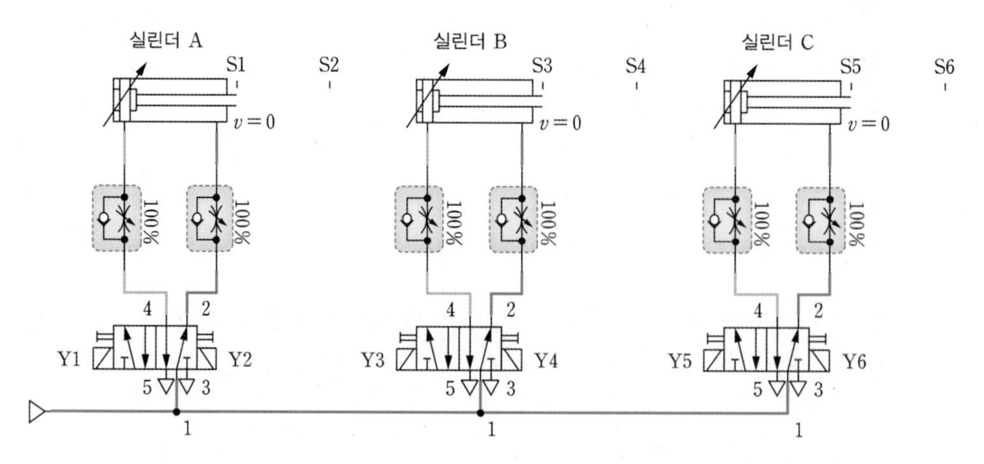

[그림 8-11] **공압 시스템 구성도**

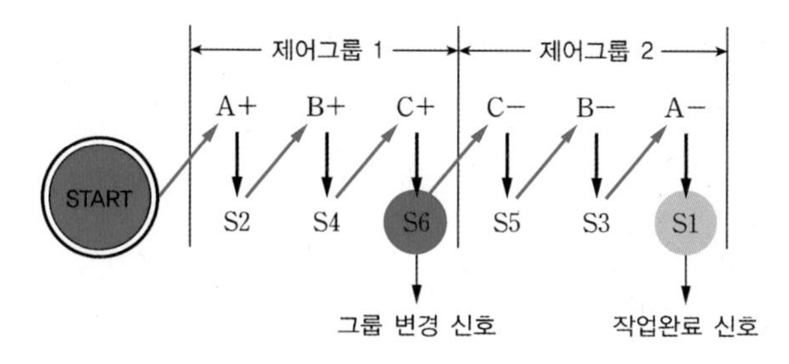

[그림 8-12] **제어그룹의 구분**

2단계 PLC 입출력 리스트 및 결선도를 작성한다.

[그림 8-11]의 공압 회로의 입력 및 출력요소를 파악해서 PLC의 입출력 결선도를 작성한다.

[표 8-2] **[그림 8-11]의 공압 회로도를 분석한 PLC의 입출력 리스트**

입력			출력		
기호	기능	PLC 입력	기호	기능	PLC 출력
START	시작 푸시버튼	X00	SOL Y1	실린더 A 전진	Y20
S1	실린더 A 후진	X01	SOL Y2	실린더 A 후진	Y21
S2	실린더 A 전진	X02	SOL Y3	실린더 B 전진	Y22
S3	실린더 B 후진	X03	SOL Y4	실린더 B 후진	Y23
S4	실린더 B 전진	X04	SOL Y5	실린더 C 전진	Y24
S5	실린더 C 후진	X05	SOL Y6	실린더 C 후진	Y25
S6	실린더 C 전진	X06			

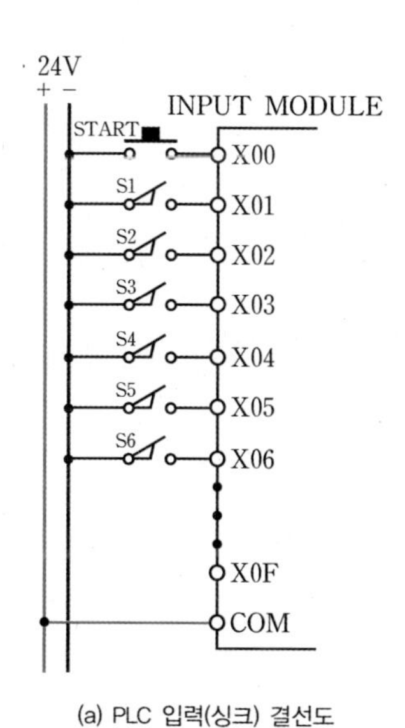

(a) PLC 입력(싱크) 결선도

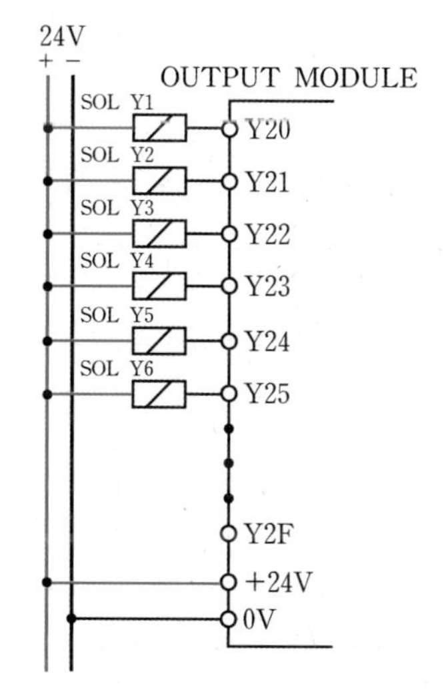

(b) PLC 출력(싱크) 결선도

[그림 8-13] **PLC의 입출력 결선도**

3단계 **그룹의 개수에 따른 자기유지 회로와 1개의 작업종료 신호를 만든다.**

[그림 8-12]에서 제어그룹이 2개로 구분되었기 때문에 2개의 자기유지 회로와 1개의 작업종료 신호회로를 만든다. 이때 첫 번째 자기유지 회로와 작업종료 신호를 제어하기 위한 전기신호가 필요하다. 따라서 [그림 8-14]에 표시한 작업완료 신호에 S1의 PLC 입력신호 X1을 지정한다. 그리고 두 번째 자기유지 회로의 동작을 위한 전기신호로, 그룹 변경 신호인 S6의 PLC 입력신호 X6을 지정한다.

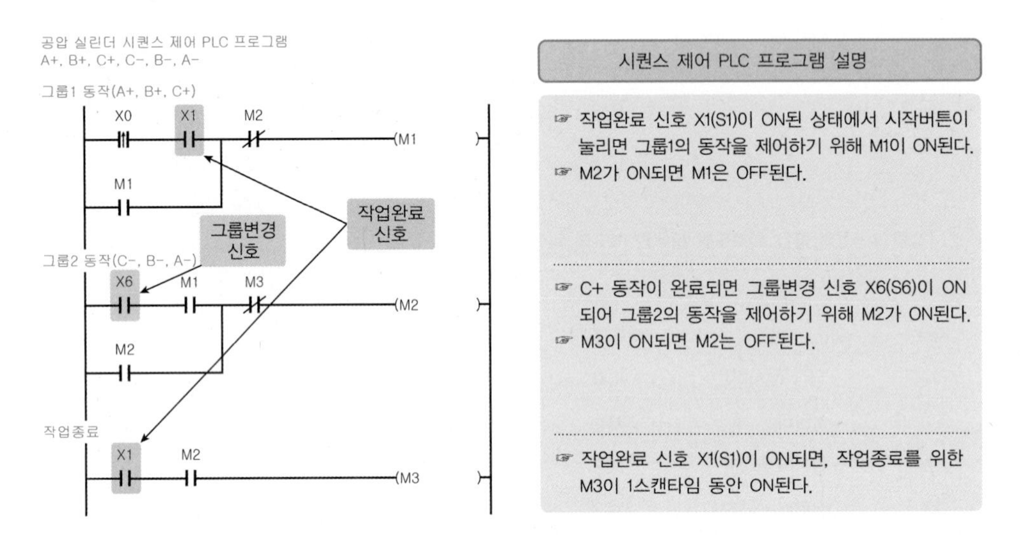

[그림 8-14] **2개 그룹 제어를 위한 PLC 시퀀스 제어 프로그램**

4단계 **그룹에 의해 동작하는 출력을 연결한다.**

[그림 8-15]에 주어진 동작 조건을 만족하는 PLC 프로그램을 나타내었다. 초기상태에서는 공압 실린더 A, B, C가 모두 후진한 상태이기 때문에 리미트 스위치 S1(X1), S3(X3), S5(X5)는 ON 상태에 있다. 솔레노이드 출력 부분을 살펴보면, 자기유지 비트 M1에 의해 동작하는 그룹1의 출력과, 자기유지 비트 M2에 의해 동작하는 그룹2의 출력이 명확하게 구분된다.

시퀀스 제어동작을 하는 PLC 프로그램 작성법은, 우선 공압 실린더의 동작 순서를 나열하고 그룹으로 구분한 다음, 그룹 개수에 맞는 자기유지 회로와 작업종료 신호를 만든 후, 각각의 그룹을 동작시키는 그룹변경 신호를 정확하게 구분해서 입력신호를 지정하는 것이다.

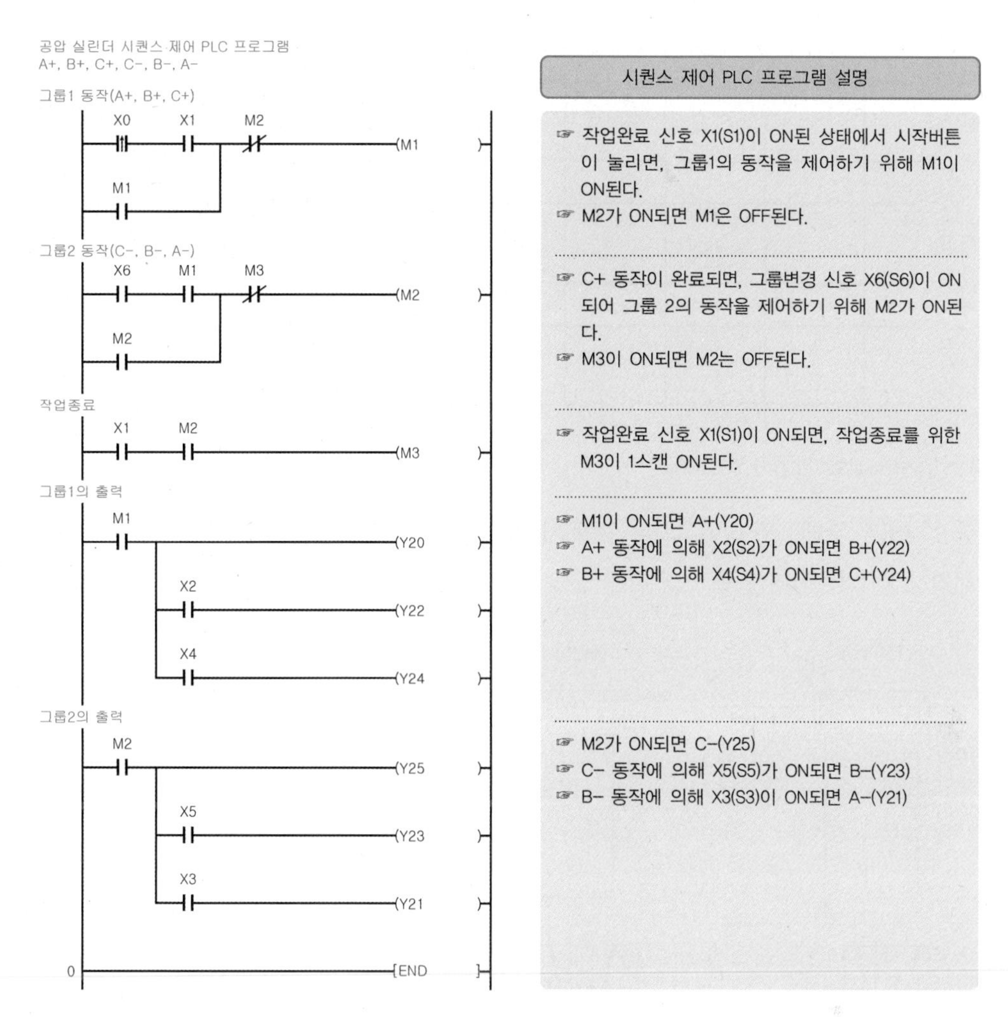

[그림 8-15] **2개 그룹 제어를 위한 완성된 PLC 시퀀스 제어 프로그램**

8.2.2 캐스케이드 방법을 이용한 PLC 프로그램 작성

앞서 학습한 캐스케이드 방법을 사용해서 공압 실린더로 작동하는 프레스의 제어를 위한 PLC 프로그램을 작성해보자. [그림 8-16]은 산업현장에서 금속제품을 생산하는 프레스를 나타낸 것이다. 그림에서 알 수 있듯이 롤에 감겨있는 금속판재가 실린더 A, B의 작동에 의해 일정한 길이로 금형틀 속에 삽입되면, 프레스가 작동해서 제품을 찍어내는 동작을 한다. 3개의 공압 실린더를 이용해서 이러한 금속 프레스의 동작 시스템을 구동하는 시퀀스 제어회로를 설계해보자.

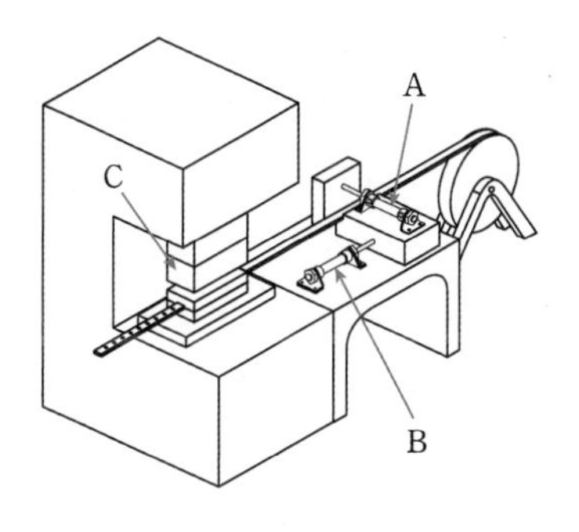

[그림 8-16] **금속 프레스**

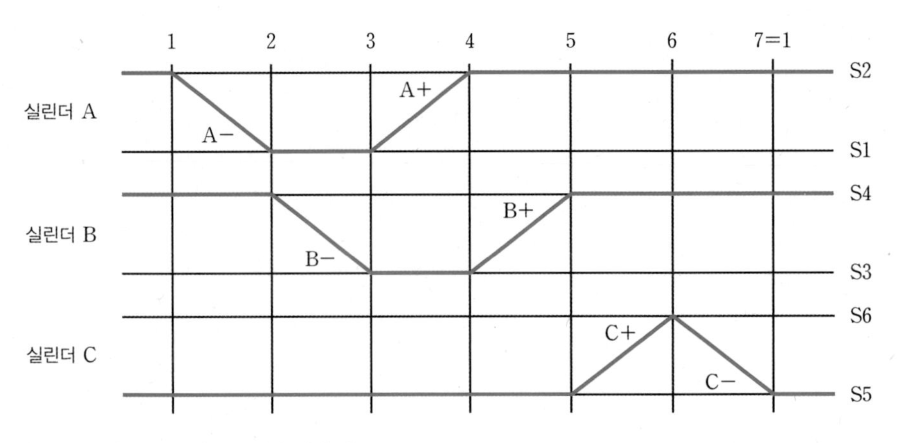

[그림 8-17] **금속 프레스의 동작 변위 선도**

[그림 8-18]은 프레스를 작동시키는 공압 시스템의 구성으로, 실린더 A와 실린더 B의 초기는 전진상태이다. 이러한 동작을 위해 공압 밸브에 연결된 공압 호스의 위치를 변경했다.

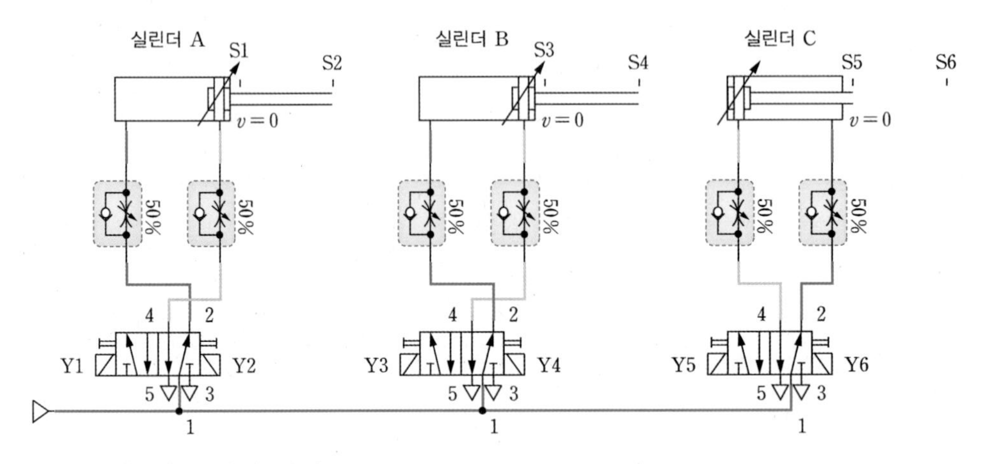

[그림 8-18] **프레스 공압 시스템 회로도**

1 주어진 공압 시스템 회로도로부터 PLC 입출력 리스트 및 결선도를 작성한다.

[표 8-3] **공압 회로도로 작성한 PLC의 입출력 리스트**

입력			출력		
기호	기능	PLC 입력	기호	기능	PLC 출력
START	시작 푸시버튼	X00	SOL Y1	실린더 A 후진	Y20
S1	실린더 A 후진	X01	SOL Y2	실린더 A 전진	Y21
S2	실린더 A 전진	X02	SOL Y3	실린더 B 후진	Y22
S3	실린더 B 후진	X03	SOL Y4	실린더 B 전진	Y23
S4	실린더 B 전진	X04	SOL Y5	실린더 C 전진	Y24
S5	실린더 C 후진	X05	SOL Y6	실린더 C 후진	Y25
S6	실린더 C 전진	X06			

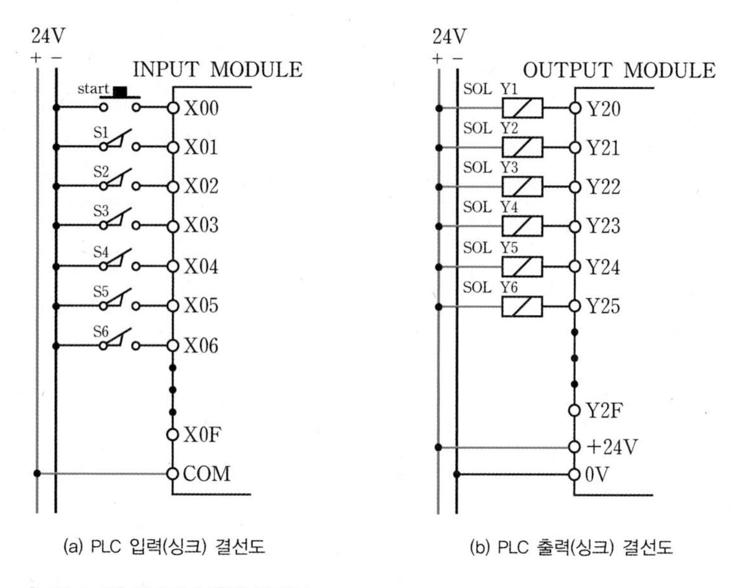

[그림 8-19] **PLC의 입출력 결선도**

2 주어진 동작 순서를 그룹으로 구분하고, 동작에 따른 신호를 표기한다.

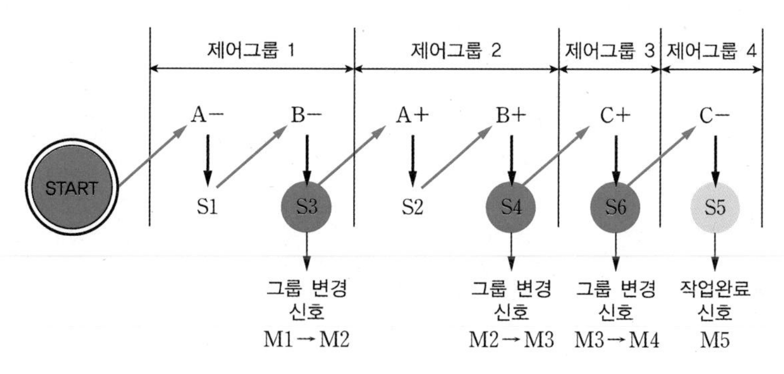

[그림 8-20] **제어그룹의 구분**

3 그룹의 개수만큼의 자기유지 회로에, 작업종료 신호를 추가한 회로를 작성한다.

[그림 8-21]에 캐스케이드 설계기법을 적용한 공압 프레스 시퀀스 제어 PLC 프로그램을 나타내었다. 동작그룹이 4개로 구분되었기 때문에, 자기유지 회로 4개와 1개의 작업종료 회로로 프로그램을 구성하였다. 출력을 살펴보면, 그룹1, 그룹2는 2개의 출력을 제어하고, 그룹3, 그룹4는 1개의 출력을 제어하도록 구성되어 있다.

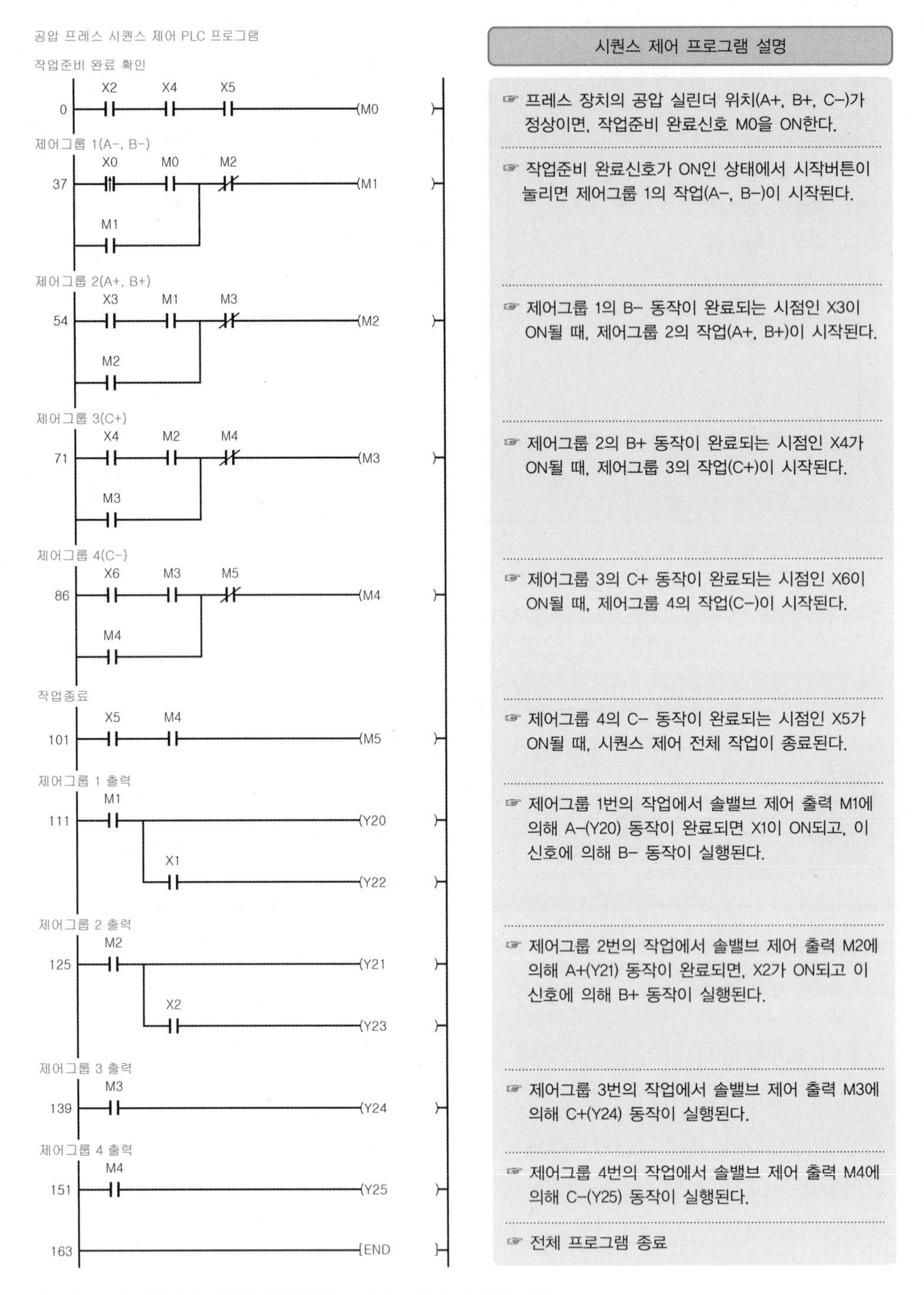

[그림 8-21] **캐스케이드 방법으로 작성한 프레스 제어 PLC 프로그램**

[그림 8-21]의 PLC 프로그램에서 37번 라인의 제어그룹 1의 동작을 위한 자기유지 회로를 살펴보면, [그림 8-20]의 제어그룹 구분에 의한 작업완료 신호 S5(X5)가 사용되지 않고 M0가 사용되었다. 그 이유는, 세 개의 공압 실린더의 초기 동작 조건인 A+(S2),

B+(S4), C-(S5)의 위치를 검출하기 위한 X2, X4, X5의 신호를 AND로 연결해 세 개의 신호가 모두 ON 상태가 되어야 M0가 ON되기 때문이다. 따라서 [그림 8-20]에서의 작업완료로 신호 S5(X5) 하나를 사용하는 것보다 시스템의 전체 준비 상태를 체크하는 것이 안전할 수 있다. 그러므로 여러 개의 작업 준비 조건을 체크해야 하는 경우에는 프로그램 0번 라인과 같은 형태로 작성하는 게 좋다.

8.3 시퀀스 제어 프로그램 작성 : 스텝퍼 설계기법

앞에서 살펴본 캐스케이드 방법의 시퀀스 제어회로 설계방법은, 공압 실린더의 동작순서를 나열하여 서로 상반되는 조건이 포함되지 않는 범위 내에서, 가능한 한 여러 개의 동작을 한 개의 자기유지 회로를 사용해서 제어하는 방법이다. 이 방법은 최소한의 자기유지 회로를 사용하기 때문에 릴레이를 이용한 시퀀스 제어회로를 설계할 때 많이 사용된다. 반면 스텝퍼 방법은 동작 순서를 그룹으로 묶지 않고 동작 1개에 자기유지 회로 1개를 사용하는 설계방법으로, 주로 PLC 프로그램으로 시퀀스 제어회로를 제어할 때 많이 사용한다.

8.3.1 스텝퍼 설계기법을 적용한 시퀀스 제어 PLC 프로그램 작성 순서

PLC에서 시퀀스 제어동작의 프로그램을 작성할 때에는 앞에서 학습한 캐스케이드 설계기법보다는 스텝퍼 설계기법을 더 많이 사용한다. 그 이유는 동작 1개에 하나의 자기유지 회로가 사용되고, 각각의 동작이 정해진 순서에 의해 순차적으로 진행되기 때문에 동작에 문제가 생기면 어떤 원인에 의해 발생한 문제인지를 손쉽게 파악할 수 있기 때문이다. 물론 처음 입문하는 사람에게는 캐스케이드 방법이든 스텝퍼 방법이든 둘 다 어렵겠지만, 약간의 노력과 경험이 쌓이게 되면 스텝퍼 방법이 더 쉽다는 것을 이해하게 될 것이다. 지금부터 스텝퍼 설계기법을 이용한 시퀀스 제어 PLC 프로그램 작성법에 대해 살펴보자.

1 캐스케이드와 스텝퍼 방식의 공압 실린더의 동작을 구분한다.

캐스케이드 방법은 동작 조건을 그룹으로 구분했지만, 스텝퍼에서는 동작 1개당 1개의 자기유지 회로를 사용하기 때문에 동작 조건을 그룹으로 구분할 필요가 없다. [그림 8-16]의 금속 프레스의 경우, 동작 조건이 6개이기 때문에 6개의 자기유지 회로와 1개의 작업종료가 필요하다.

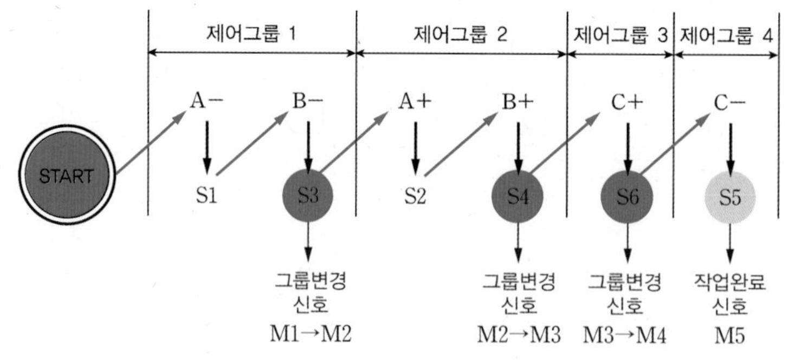

(a) 캐스케이드 방법의 동작 조건 구분

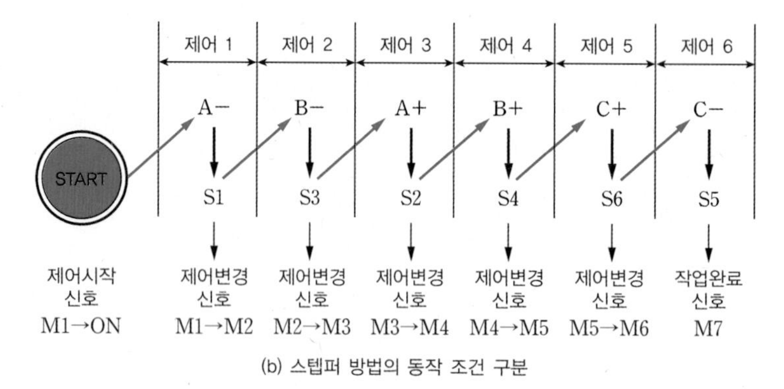

(b) 스텝퍼 방법의 동작 조건 구분

[그림 8-22] **캐스케이드와 스텝퍼 방식의 공압 실린더 동작 구분의 차이**

2 6개의 동작을 위한 6개의 자기유지 회로와 1개의 작업종료 신호를 만들고, 시퀀스 동작을 할 수 있도록 PLC 프로그램을 구성한다.

[그림 8-23]은 [그림 8-16]의 금속 프레스 제어를 위한 PLC 프로그램을 스텝퍼 방식으로 작성한 것이다. 캐스케이드 방식에 비해 자기유지 회로의 개수가 늘어나서 비효율적으로 느낄 수 있으나, 실제로는 캐스케이드 방식에 비해 프로그램의 유지보수가 편리하다는 장점을 가지고 있다.

[그림 8-24]는 [그림 8-23]의 프로그램에서 입력신호에 따른 PLC의 내부 메모리 동작상태와, 출력에 의한 액추에이터의 동작상태의 상관관계를 나타낸 것이다. [그림 8-23]의 프로그램과 [그림 8-24]를 비교해보면, 스텝퍼 방식이 외부의 입력신호에 의해 순차적으로 실행되는 것을 알 수 있다.

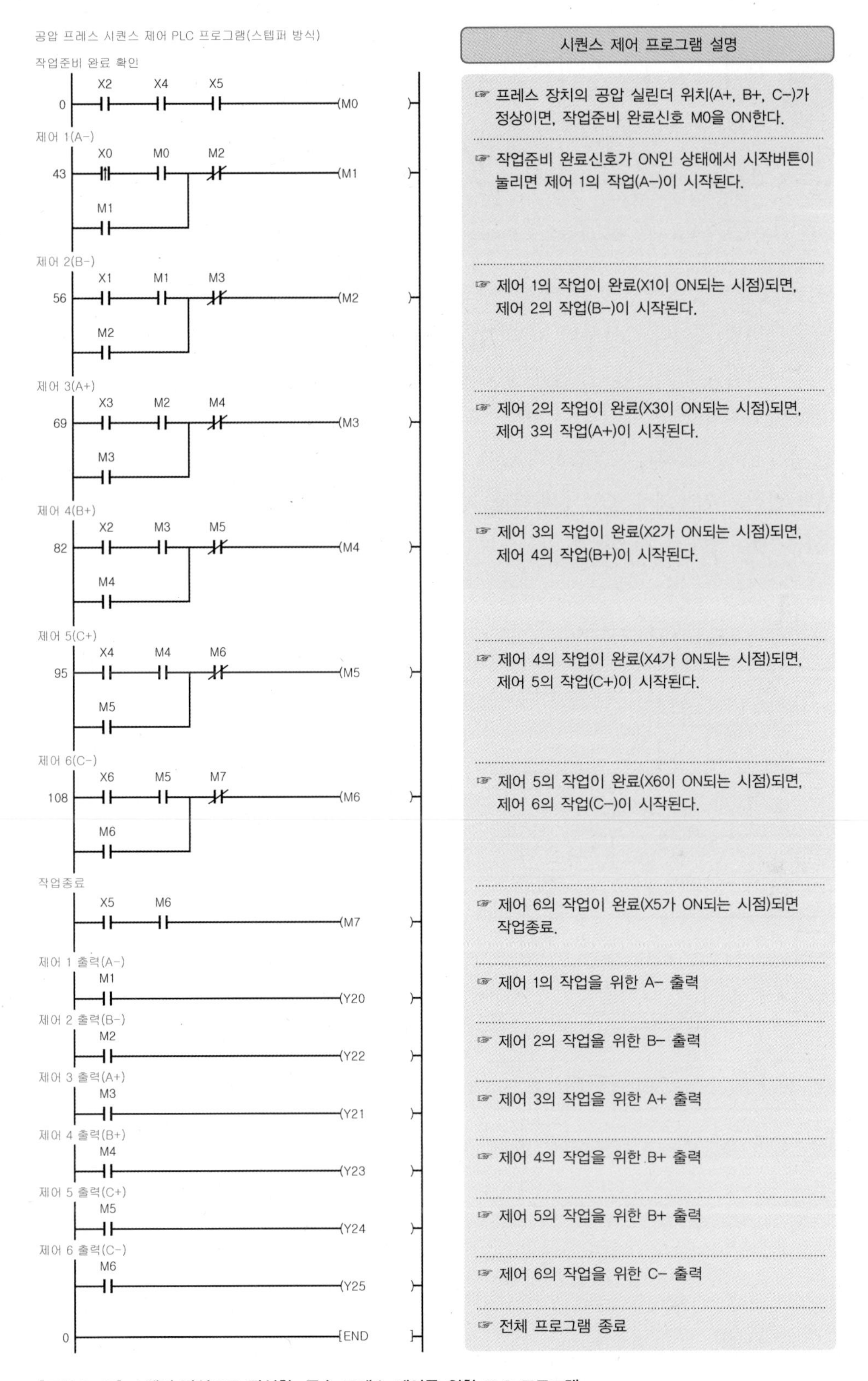

[그림 8-23] 스텝퍼 방식으로 작성한, 금속 프레스 제어를 위한 PLC 프로그램

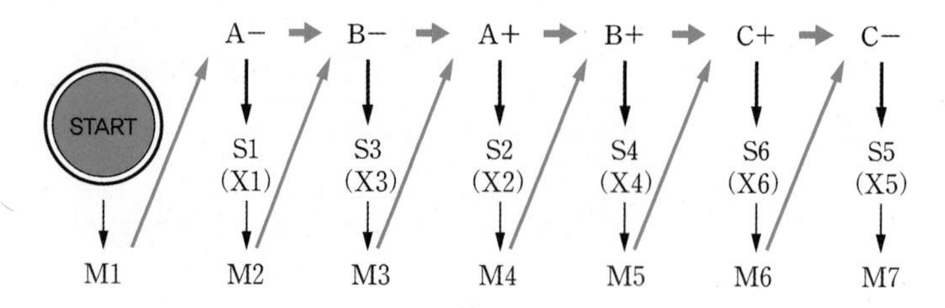

[그림 8-24] PLC의 입력과 내부 메모리 동작 조건 비교

[그림 8-25]는 앞에서 작성한 캐스케이드와 스텝퍼 방식의 PLC 프로그램의 동작 타임차트를 나타낸 것이다. M1부터 M7까지의 출력 동작을 살펴보면 캐스케이드와 스텝퍼 방식의 차이점이 드러난다. 스텝퍼 방식의 동작 타임차트를 살펴보면, 각 스텝마다 1개의 출력만 ON되고 있음을 알 수 있다. 그리고 타임차트에서 실린더 동작은 실린더가 전후진 동작 중일 때 센서가 동작하지 않는 구간을 의미한다. 앞에서 언급한 캐스케이드와 스텝퍼 방식을 이용해서 공압 실린더를 제어하려면, 밸브 자체가 자기유지 기능을 가지고 있는 양솔 밸브를 사용해야 한다.

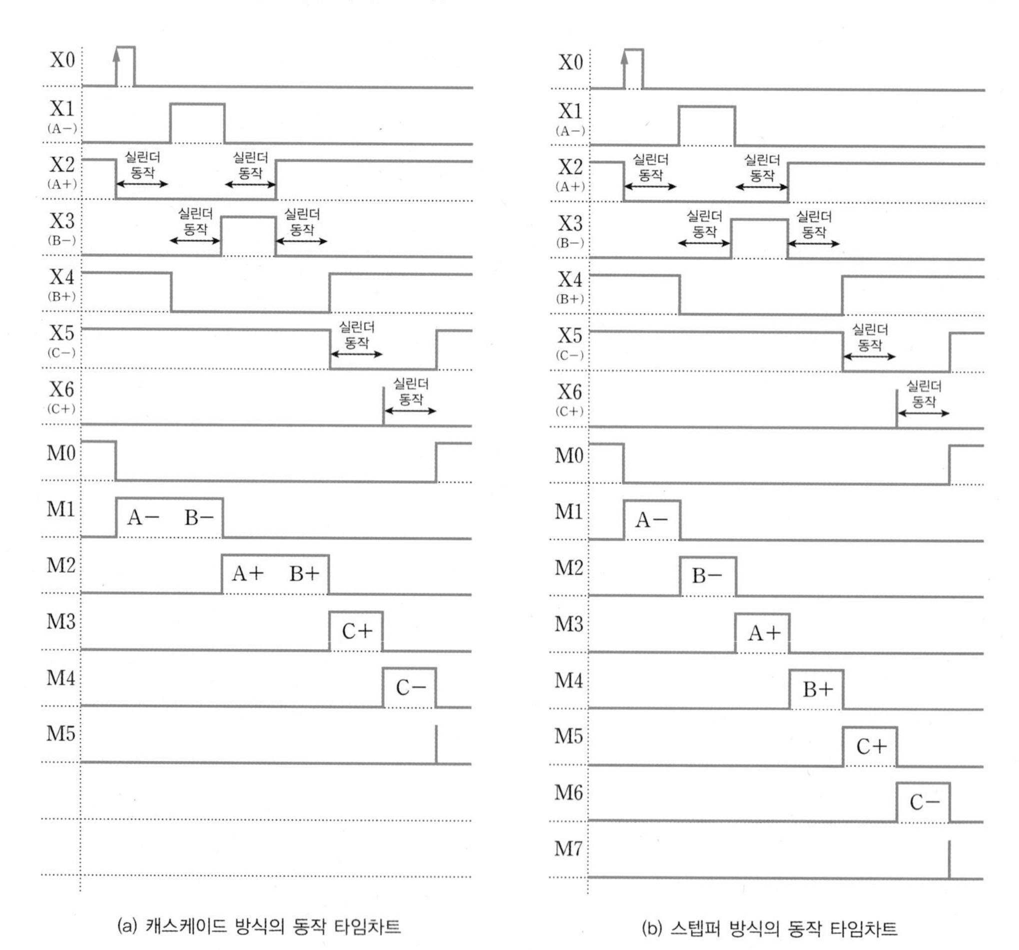

[그림 8-25] PLC의 스텝퍼 및 캐스케이드 방식의 동작 타임차트 비교

8.3.2 편솔 제어를 위한 시퀀스 제어회로 설계

편솔 밸브를 사용해서 공압 실린더를 제어해야 한다면, 앞에서 학습한 PLC 프로그램 작성법은 사용할 수 없다. 이번에는 편솔을 사용해서 공압 실린더를 제어하는 방법에 대해 살펴보자.

[그림 8-26]은 자기유지 기능을 가지고 있는 양솔과, 자기유지 기능이 없는 편솔로 공압 실린더를 제어하기 위한 동작 타임차트를 나타낸 것이다. 편솔 부분을 살펴보면, M1 ~ M6까지 솔밸브를 제어하기 위한 출력이 ON되면, 작업종료 신호 M7이 ON될 때까지 ON 상태를 유지한다. 이처럼 편솔을 사용하면 공압 실린더를 제어할 수 있지만, A+ 출력신호와 A− 출력신호가 동시에 ON되는 구간이 있기 때문에 신호 간섭으로 인한 제어 불가 문제가 나타난다. 따라서 제어신호는 [그림 8-26(b)]처럼 동작하게 하고, 출력을 제어할 때에 출력신호의 간섭이 발생하지 않도록 한다.

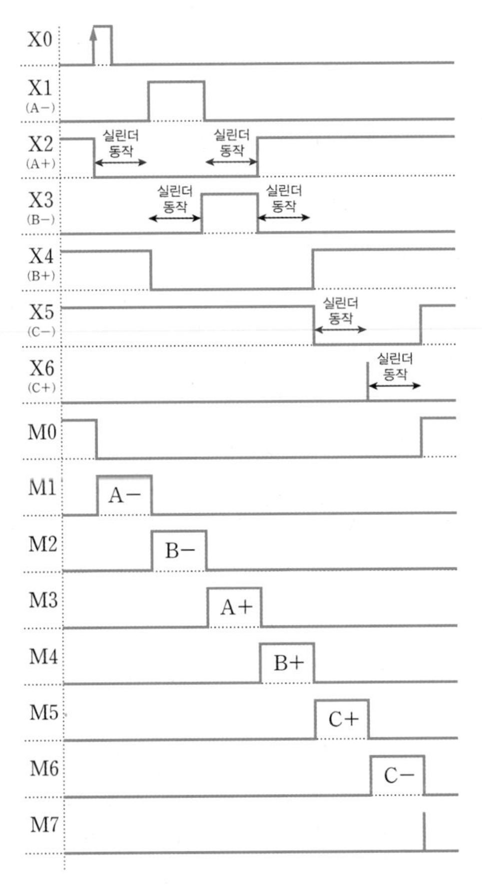

(a) 양솔 제어 스텝퍼 방식의 동작 타임차트

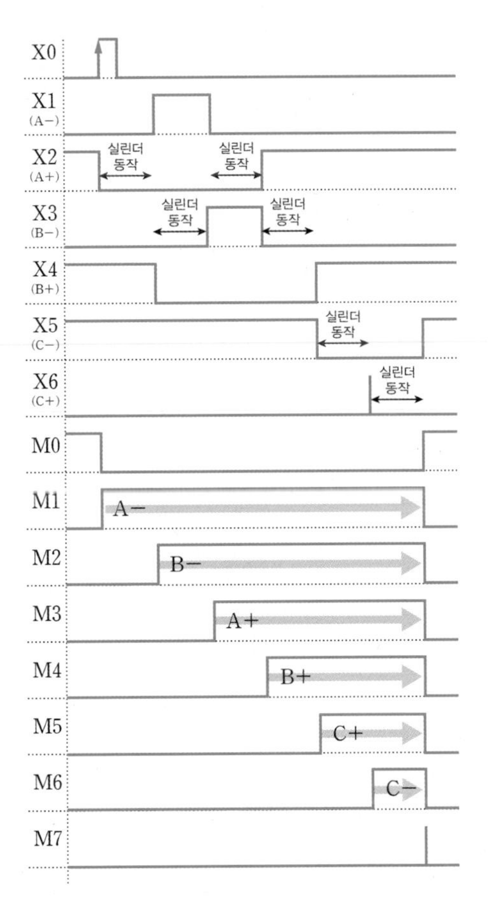

(b) 편솔 제어 스텝퍼 방식의 동작 타임차트

[그림 8-26] **스텝퍼 방식을 이용한, 양솔 및 편솔의 제어를 위한 동작 타임차트**

스텝퍼 방식의, 편솔을 사용한 공압 실린더 제어 PLC 프로그램 작성법에 대해 살펴보자. 공압 실린더의 동작 조건은 [그림 8-16]의 금속 프레스 동작과 동일하다.

1 주어진 공압 시스템 회로도로부터 PLC 입출력 리스트 및 결선도를 작성한다.

[그림 8-27]은 [그림 8-18]의 양솔을 사용한 금속 프레스의 공압 시스템을 편솔로 교체한 회로이다. 따라서 PLC의 입출력 리스트에서는 출력 3개만이 필요하다. 나머지 부분은 앞에서 학습한 내용과 동일하기 때문에 PLC의 결선도는 생략한다.

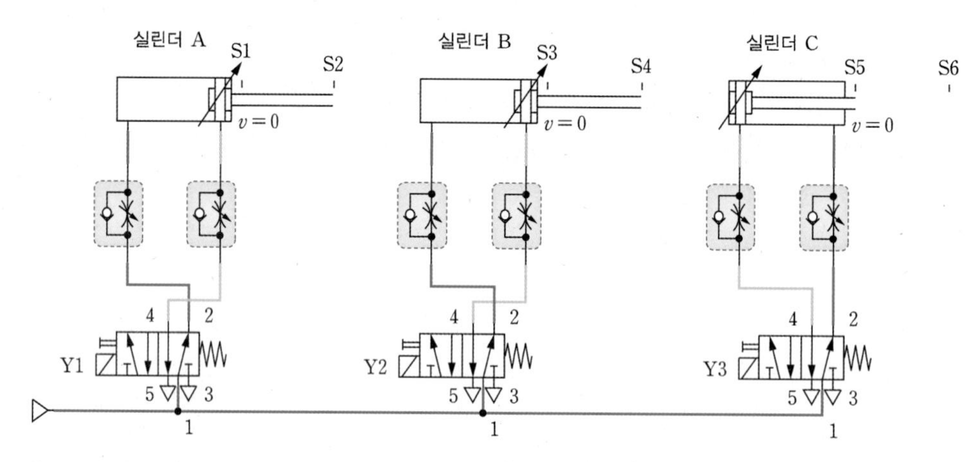

[그림 8-27] **편솔로 구성된 공압 시스템**

[표 8-4] **공압 회로도로부터 분석한 PLC의 입출력 리스트**

입력			출력		
기호	기능	PLC 입력	기호	기능	PLC 출력
START	시작 푸시버튼	X00	SOL Y1	실린더 A 후진	Y20
S1	실린더 A 후진	X01	SOL Y2	실린더 B 후진	Y21
S2	실린더 A 전진	X02	SOL Y3	실린더 C 전진	Y22
S3	실린더 B 후진	X03			
S4	실린더 B 전진	X04			
S5	실린더 C 후진	X05			
S6	실린더 C 전진	X06			

2 A-, B-, A+, B+, C+, C- 순서로 동작하는, 6개의 동작을 위한 6개의 자기유지 회로와 1개의 작업종료 신호를 만들고, 시퀀스 동작을 할 수 있도록 PLC 프로그램을 구성한다.

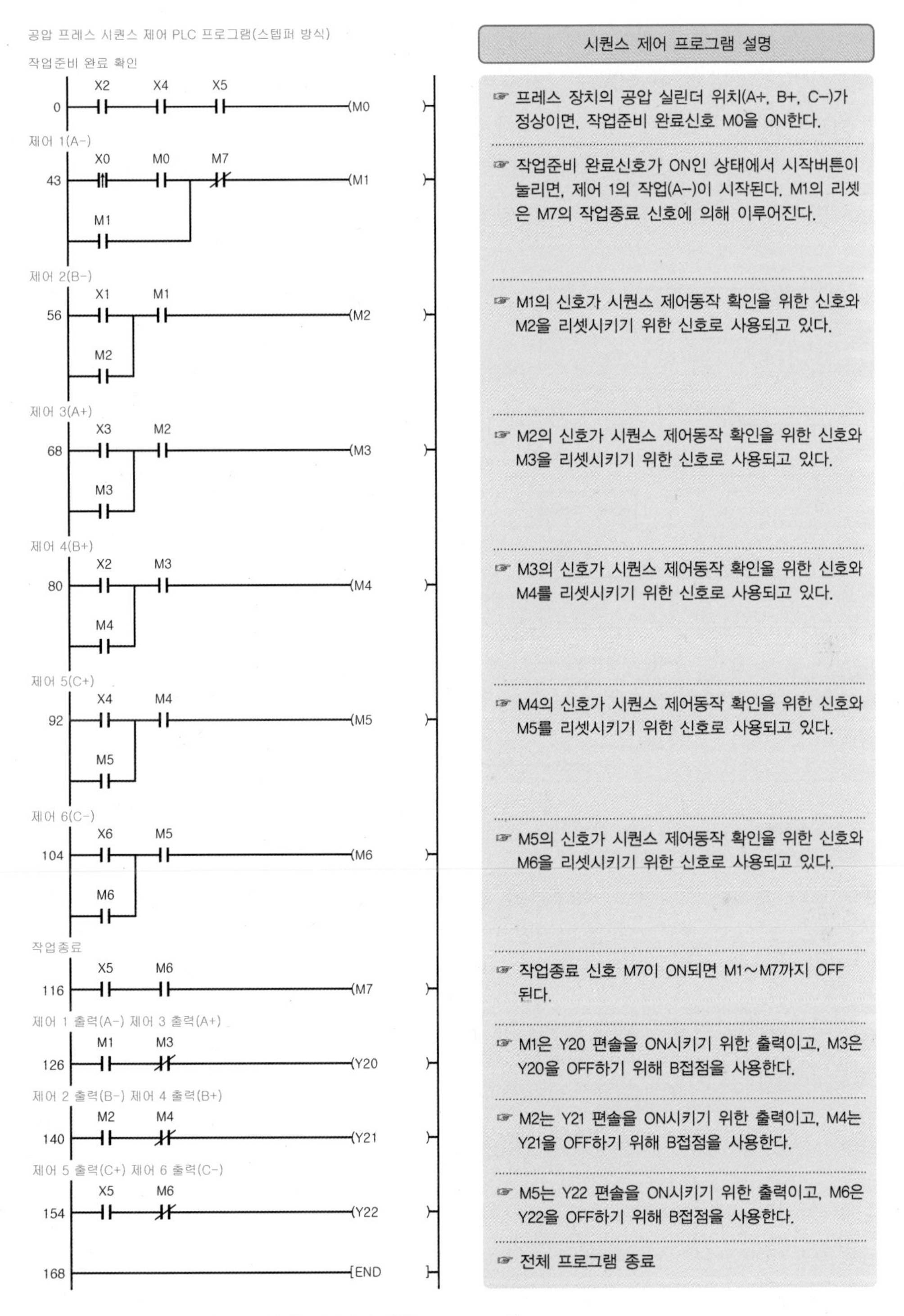

[그림 8-28] **스텝퍼 방식으로 편솔을 제어하기 위한 PLC 프로그램**

[그림 8-26(b)]의 편솔 제어 스텝퍼 방식의 동작 타임차트와 [그림 8-28]의 프로그램을 비교하면, M1 ~ M7이 어떻게 동작하는지 파악할 수 있을 것이다. 동작 조건이 만족되면 M1 ~ M6까지 순차적으로 연속해서 ON되고, M7이 ON되면 M1 ~ M7이 동시에 OFF되고 있다. 따라서 출력신호가 중첩되기 때문에 [그림 8-29]와 같이 출력에 동작의 간섭을 방지하기 위한 인터록interlock 조건을 사용하여 출력을 제어한다.

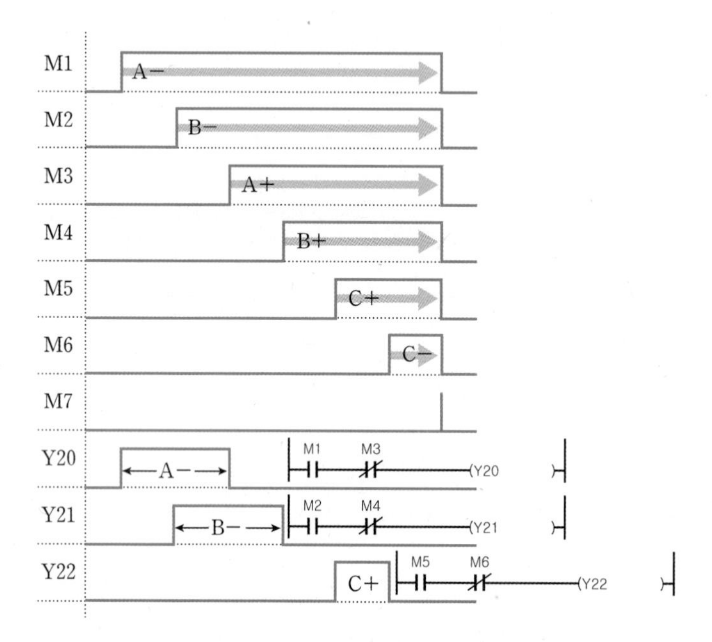

[그림 8-29] **제어출력(M1 ~ M7)과 실제 출력(Y20 ~ 22)의 차이점**

공압 실린더 제어를 하다보면, 대부분의 경우 편솔과 양솔을 함께 사용한다. 앞에서는 편솔과 양솔을 구분하여 스텝퍼 방식으로 시퀀스 제어 PLC 프로그램을 작성해보았다. 그렇다면 스텝퍼 방식을 사용해 편솔과 양솔을 동시에 제어하는 시퀀스 제어 PLC 프로그램을 작성하려면 어떻게 해야 할까? 이 문제에 대해서는 [실습과제 8-5]에서 해결할 수 있을 것이다.

실습과제 8-1 타이머를 이용한 램프의 순차 점등

일정한 시간 간격으로 램프를 점등하는 동작을 하는 프로그램 작성법에 대해 학습한다.

400m 릴레이(계주) 경주를 예로 들어 시퀀스 제어회로의 설계방법에 대해 살펴보았다. 앞에서 학습한 내용을 바탕으로 일정한 시간 간격으로 램프를 점등하는 PLC 프로그램을 작성해보자.

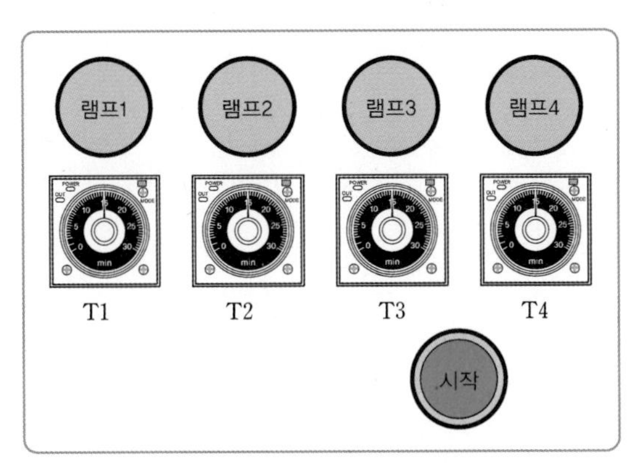

(a) 시퀀스 제어 조작 패널

순서	램프 동작			
1	램프1 점등	램프2	램프3	램프4
2	램프1	램프2 점등	램프3	램프4
3	램프1	램프2	램프3 점등	램프4
4	램프1	램프2	램프3	램프4 점등

(b) 램프 점등 동작

[그림 8-30] **타이머를 이용한 램프의 순차 점등 조작 패널 및 동작**

[표 8-5] **PLC 입출력 리스트**

입력	기능	출력	기능
X00	시작	Y20	램프1
		Y21	램프2
		Y22	램프3
		Y23	램프4

동작 조건

❶ 초기 상태에서는 모든 램프가 소등되어 있다.

❷ 시작버튼을 누르면 [그림 8-30(b)]와 같은 순서로 1초 간격으로 램프가 점등된다.

생각해봅시다

■ 시퀀스 제어동작 PLC 프로그램 작성법

① 순차적으로 이루어지는 동작의 개수가 몇 개인지를 파악한다.
② 시퀀스 제어동작의 개수만큼의 자기유지 회로와 추가로 1개의 작업종료 회로를 만든다.
③ 각각의 자기유지 회로에 셋과 리셋 신호를 기입한다.

■ 시퀀스 제어동작 PLC 프로그램 작성법의 종류

시퀀스 제어동작을 구현하는 PLC 프로그램의 작성법은 기본적으로 시퀀스 명령을 사용해서 리셋 우선 자기유지 회로를 사용하는 방법, 셋과 리셋 명령을 사용하는 방법이 있고, 또한 PLC의 기본 명령어인 SFT, BSFL 명령을 사용하는 방법, ROL 명령어 사용하는 방법, DECO 명령을 사용하는 방법 등이 있다.

■ SFT 명령어 사용법

시프트할 선두의 비트 디바이스는 SET 명령으로 ON하여 사용하고, 연속으로 시프트하는 경우에는 번호가 큰 비트 디바이스부터 프로그램한다.

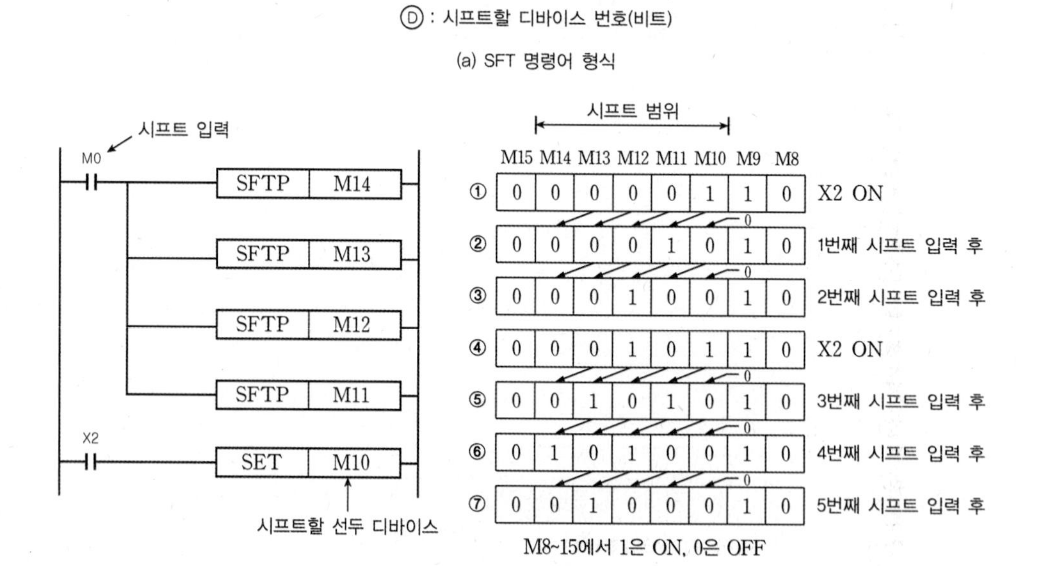

(a) SFT 명령어 형식

(b) SFT 명령어 실행 결과

[그림 8-31] **SFT 명령어**

■ n비트 데이터의 1비트 왼쪽 시프트 명령어 BSFL 사용법

BSFL 명령은 SFT 명령을 좀 더 쉽게 사용할 수 있도록 만든 명령으로, 해당 명령이 실행될 때마다 디바이스가 좌측으로 1비트씩 시프트된다. 시프트되는 최상위 비트는 캐리 플래그에 전송되는 형태로 동작한다.

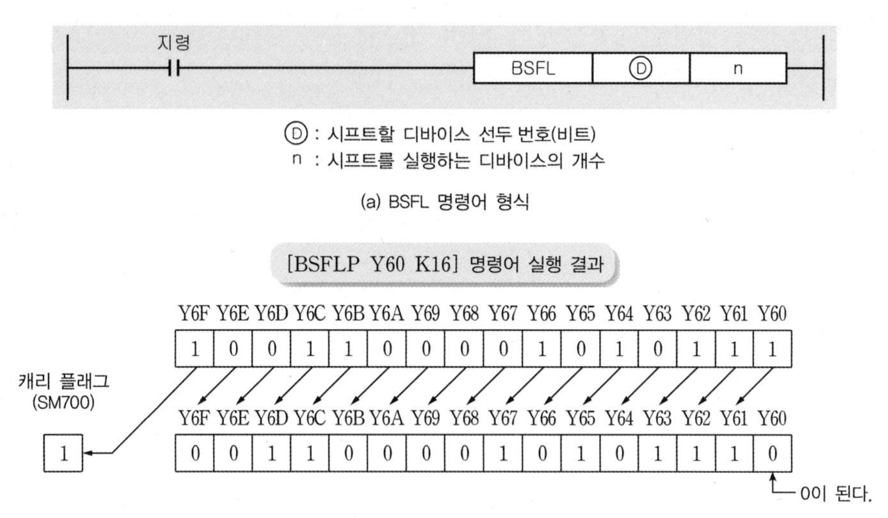

(b) BSFL 명령어 실행 결과

[그림 8-32] **BSFL 명령어**

■ 비트 디바이스 일괄 리셋 BKRST 사용법

지정한 비트 디바이스를 한꺼번에 리셋하는 명령어이다.

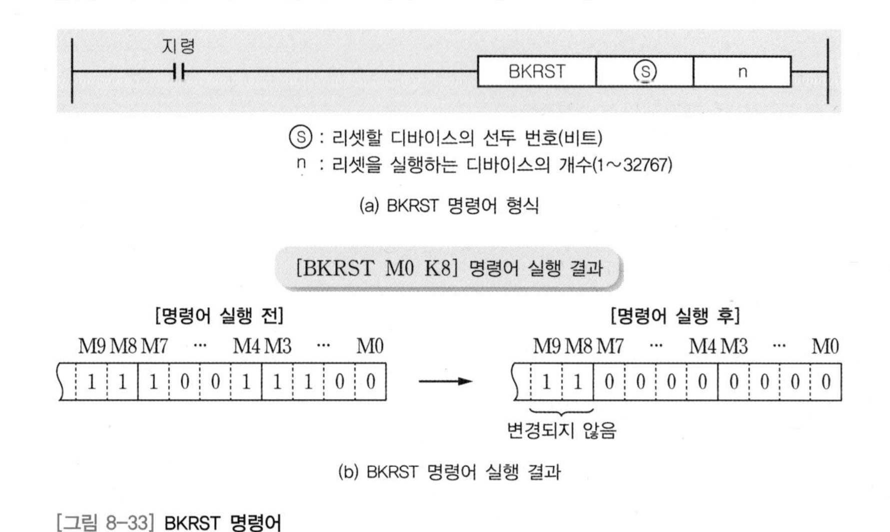

(b) BKRST 명령어 실행 결과

[그림 8-33] **BKRST 명령어**

■ 리셋 우선 자기유지 회로를 이용한 PLC 프로그램

리셋 우선 자기유지 회로를 이용한 PLC 프로그램은 전기시퀀스의 릴레이 회로와 유사하기 때문에 일반적으로 가장 많이 사용되는 시퀀스 제어 프로그램이다. [그림 8-34]의 프로그램은 SET과 RST 명령을 사용하여 [그림 8-35]와 같은 형태의 프로그램으로 좀 더 간단하게 표현할 수 있다.

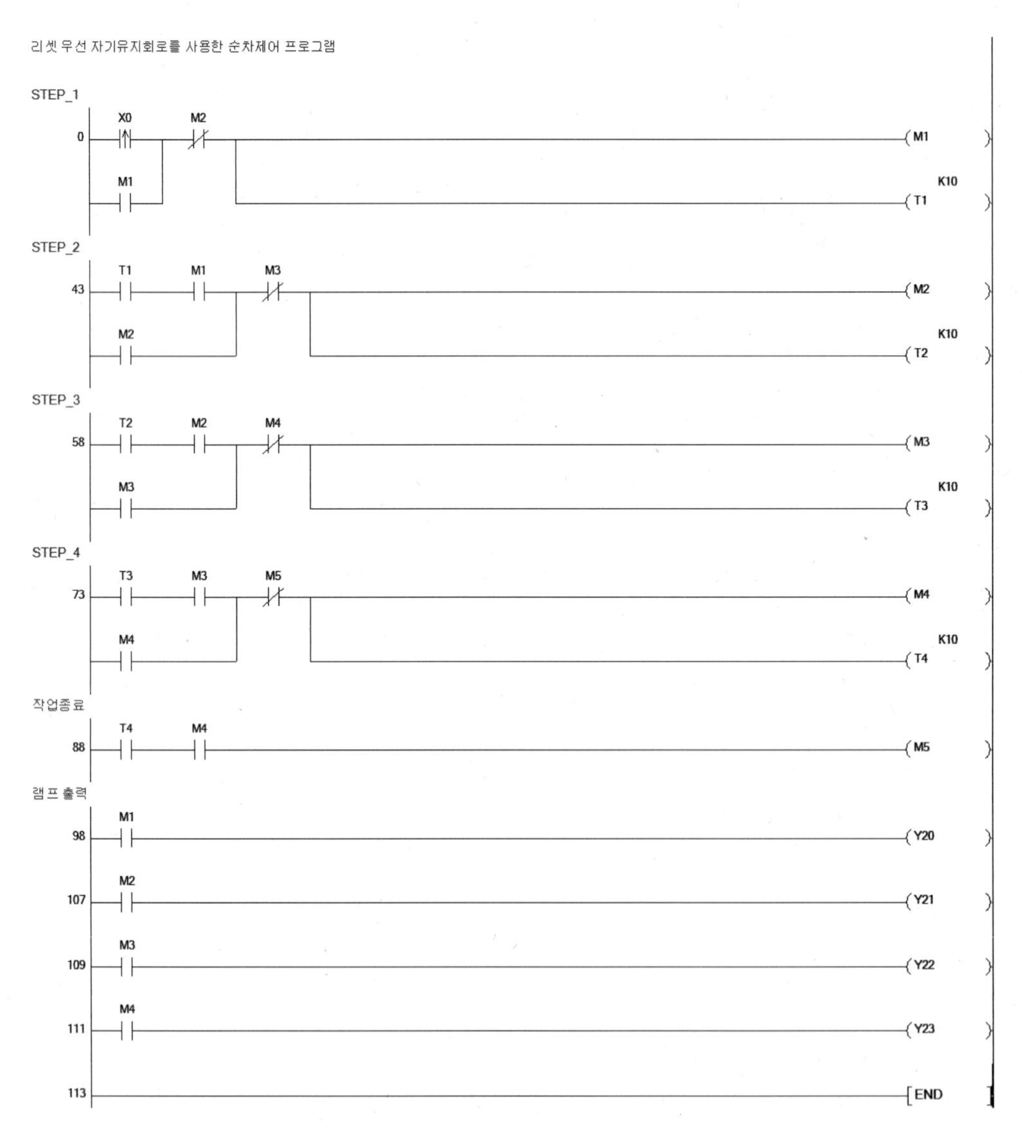

[그림 8-34] **리셋 우선 자기유지 회로를 사용한 시퀀스 제어 프로그램**

■ 셋과 리셋 명령을 이용한 PLC 프로그램

```
SET, RST명령을 사용한 순차제어 프로그램

STEP_1
0    X0 (↑)                     [SET  M1]
32   M1                         (T1  K10)
STEP_2
37   T1   M1                    [RST  M1]
                                [SET  M2]
47   M2                         (T2  K10)
STEP_3
52   T2   M2                    [RST  M2]
                                [SET  M3]
62   M3                         (T3  K10)
STEP_4
67   T3   M3                    [RST  M3]
                                [SET  M4]
작업종료
77   M4                         (T4  K10)
89   T4   M4                    [RST  M4]
                                (M5)
램프 출력
93   M1                         (Y20)
102  M2                         (Y21)
104  M3                         (Y22)
106  M4                         (Y23)
108                             [END]
```

[그림 8-35] SET과 RST 명령을 사용한 시퀀스 제어 프로그램

■ 비트 시프트 명령 SFT를 이용한 PLC 프로그램

[그림 8-36]은 비트 시프트 명령 SFT를 사용해서 만든 프로그램이다. [그림 8-34]와 [그림 8-35]에 비해 프로그램이 단순해졌음을 확인할 수 있을 것이다. 동일한 조건의 동작 프로그램도 어떤 명령을 사용해서 작성하는지에 따라 전혀 다른 형태의 프로그램이 될 수 있기 때문에, PLC 명령어에 대한 이해와 더불어 다양한 사례의 PLC 프로그램을 살펴보아야 한다.

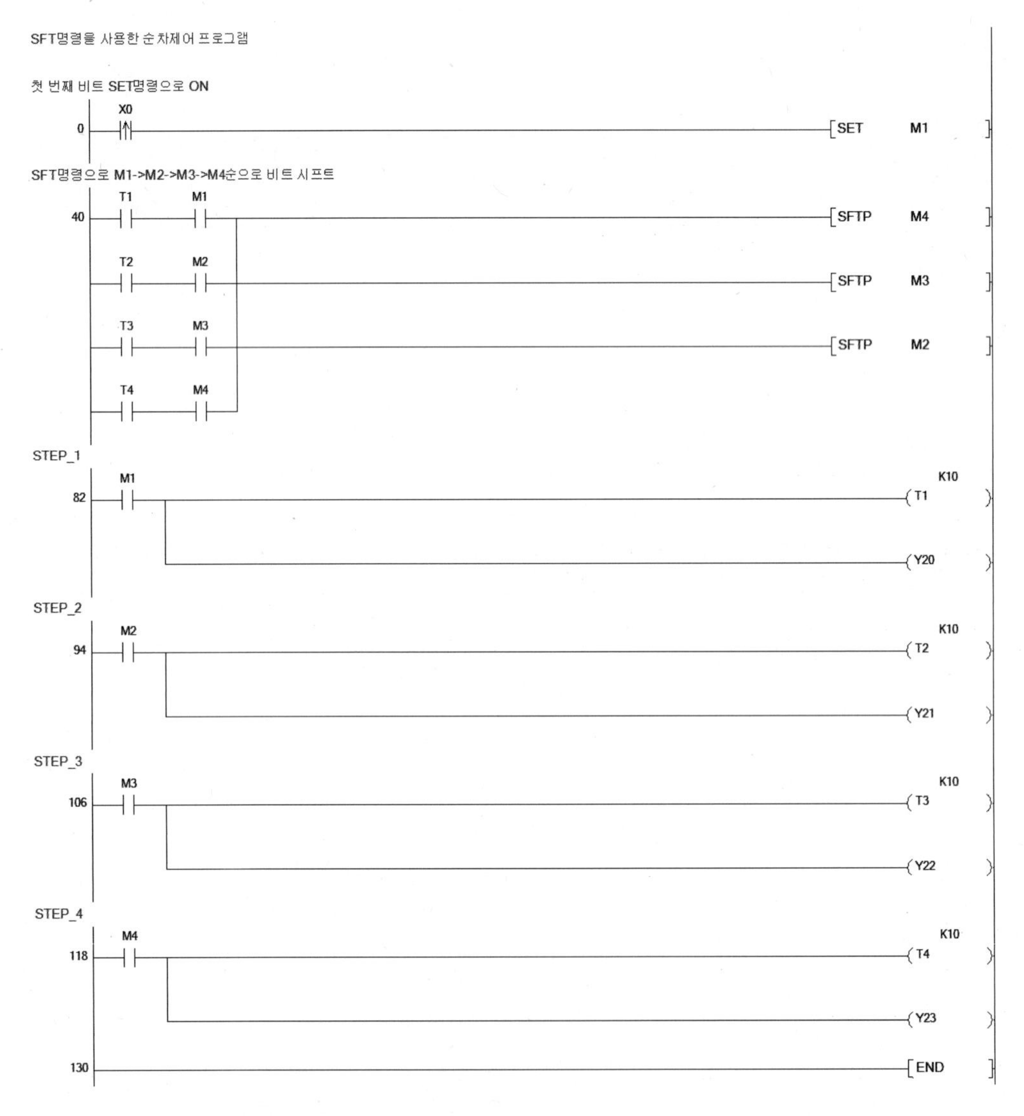

[그림 8-36] SFT 명령을 사용한 시퀀스 제어 프로그램

■ 비트 시프트 명령 BSFL을 이용한 PLC 프로그램

[그림 8-37]은 앞에서 학습한 SFT 명령어 대신 BSFL 명령어를 사용한 프로그램이다. SFT는 시프트시키고자 하는 비트의 개수만큼 명령어를 사용하지만, BSFL은 한 번만 사용하면 된다. 따라서 동일한 조건일 때에는 SFT 명령어를 사용한 프로그램보다 BSFL 명령어를 사용한 프로그램이 훨씬 간결함을 알 수 있다.

```
BSFL명령을 사용한 순차제어 프로그램

첫 번째 비트를 SET명령으로 ON
        X0
0   ──┤↑├──────────────────────────────[SET    M1     ]

BSFL명령으로 M1->M2->M3->M4순으로 비트 시프트
        T1      M1
42  ──┤ ├────┤ ├──┬────────────────────[BSFLP  M1   K4  ]
        T2      M2   │
    ──┤ ├────┤ ├──┤
        T3      M3   │
    ──┤ ├────┤ ├──┤
        T4      M4   │
    ──┤ ├────┤ ├──┘

STEP_1
        M1                                          K10
81  ──┤ ├──┬───────────────────────────(T1     )
             └───────────────────────────(Y20    )

STEP_2
        M2                                          K10
93  ──┤ ├──┬───────────────────────────(T2     )
             └───────────────────────────(Y21    )

STEP_3
        M3                                          K10
105 ──┤ ├──┬───────────────────────────(T3     )
             └───────────────────────────(Y22    )

STEP_4
        M4                                          K10
117 ──┤ ├──┬───────────────────────────(T4     )
             └───────────────────────────(Y23    )

129 ───────────────────────────────────[END    ]
```

[그림 8-37] BSFL 명령을 사용한 시퀀스 제어 프로그램

■ 16비트 데이터의 n비트 왼쪽 시프트 명령 SFL을 이용한 PLC 프로그램

16비트 데이터를 시프트시키는 SFL 명령어를 사용한 프로그램에서는, 앞에서 살펴본 BSFL 명령어를 사용한 프로그램과 큰 차이점을 발견하기 어렵다. 다만 SFL 명령어를 사용하는 데 있어 최대 이동 가능한 비트의 크기는 16비트이다. 한편 BSFL 명령어의 이동 가능한 최대 비트 수는 32767까지이다. 따라서 시프트시키고자 하는 비트의 크기에 따라 사용하는 명령어가 달라질 수 있다.

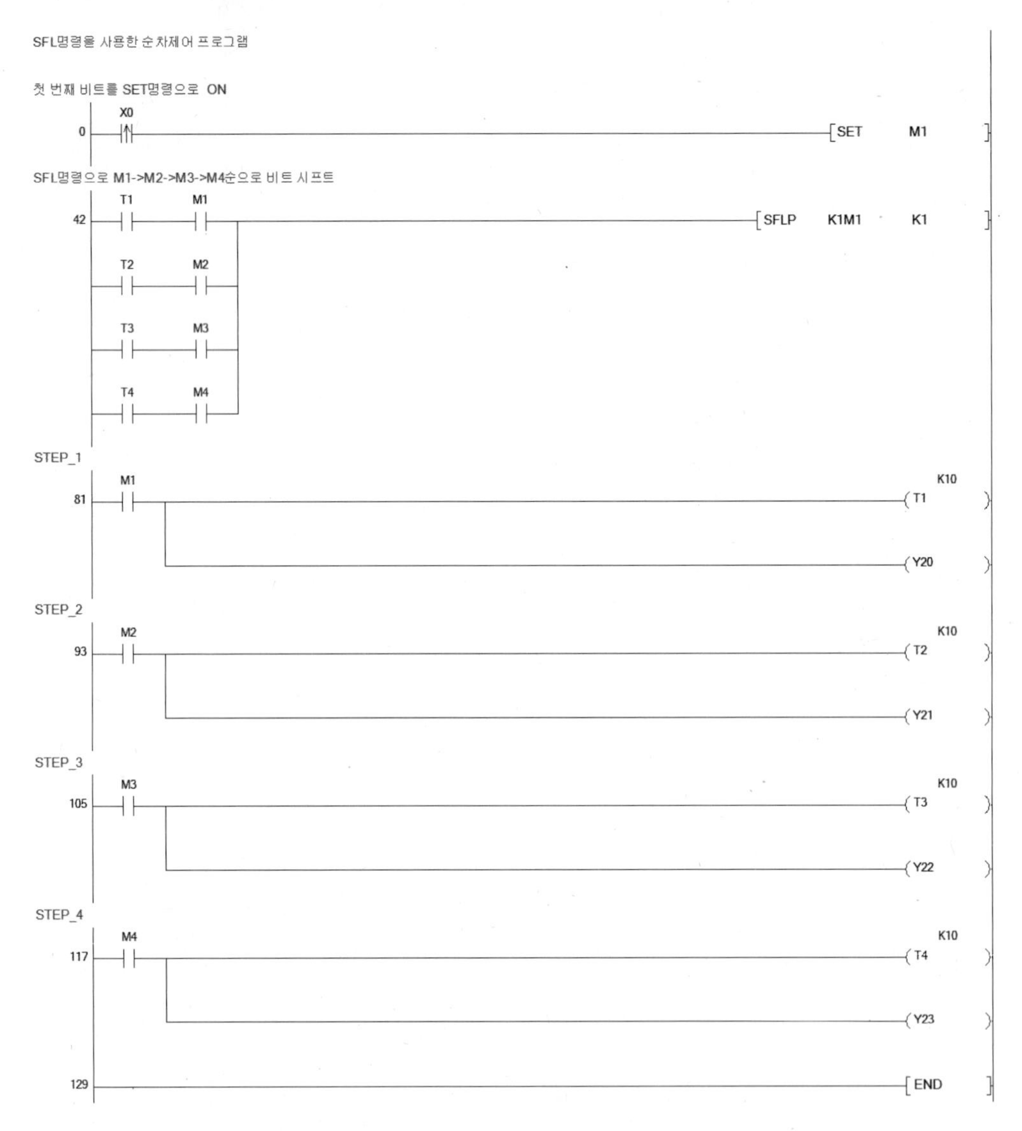

[그림 8-38] SFL 명령을 사용한 시퀀스 제어 프로그램

■ DECO 명령을 이용한 PLC 프로그램

DECO 명령을 이용해서도 시퀀스 제어동작 프로그램을 작성할 수 있다. 일반적으로 잘 사용하지 않는 방법이지만, 이러한 방식으로도 시퀀스 제어 프로그램을 작성할 수 있음을 보여주기 위해 예로 들었다.

```
DECO명령을 사용한 순차제어 프로그램

M1을 ON하기 위해 D0을 1로 설정
      X0
0   ─┤↑├──────────────────────────[MOV    K1    D0   ]

동작조건이 완료될 때 마다 D0의 값을 1씩 증가
      T1      M1
43  ─┤ ├────┤ ├──┬────────────────[INCP   D0         ]
      T2      M2  │
    ─┤ ├────┤ ├──┤
      T3      M3  │
    ─┤ ├────┤ ├──┘

램프 4번의 점등이 완료되면 초기화 작업 실시
      T4      M4
78  ─┤ ├────┤ ├──┬────────────────[MOV    K0    D0   ]
                  └────────────────[BKRST  M0    K5   ]

M0가 ON되는 것을 방지하고 D0의 값에 의해 M1 ~ M4을 ON
109 [>   D0   K0 ]────────────────[DECO   D0    M0    K3 ]

STEP_1
      M1                                         K10
146 ─┤ ├──┬──────────────────────────────────(T1  )
           └──────────────────────────────────(Y20 )

STEP_2
      M2                                         K10
158 ─┤ ├──┬──────────────────────────────────(T2  )
           └──────────────────────────────────(Y21 )

STEP_3
      M3                                         K10
170 ─┤ ├──┬──────────────────────────────────(T3  )
           └──────────────────────────────────(Y22 )

STEP_4
      M4                                         K10
182 ─┤ ├──┬──────────────────────────────────(T4  )
           └──────────────────────────────────(Y23 )

194 ──────────────────────────────────────────[END  ]
```

[그림 8-39] DECO 명령을 사용한 시퀀스 제어 프로그램

실습과제 8-2 SET과 RST을 이용한 시퀀스 제어

SET과 RST 명령을 사용해서 정해진 순서대로 작동하는 신호등 제어 PLC 프로그램을 작성해보자.

인적이 드문 도로에 설치된 횡단보도의 신호등은 일정한 시간 간격으로 동작하지 않고 신호등 기둥에 설치된 보행자 버튼을 눌렀을 때 [그림 8-41]의 타임차트처럼 동작한다. 이러한 보행자 신호등을 제어하는 프로그램을 작성해보자.

(a) 보행자 신호등

입력	기능	출력	기능
X00	보행자 버튼	Y20	보행자 적색 램프
X01	보행자 버튼	Y21	보행자 녹색 램프

(b) PLC 입출력 리스트

[그림 8-40] **보행자 신호등 제어**

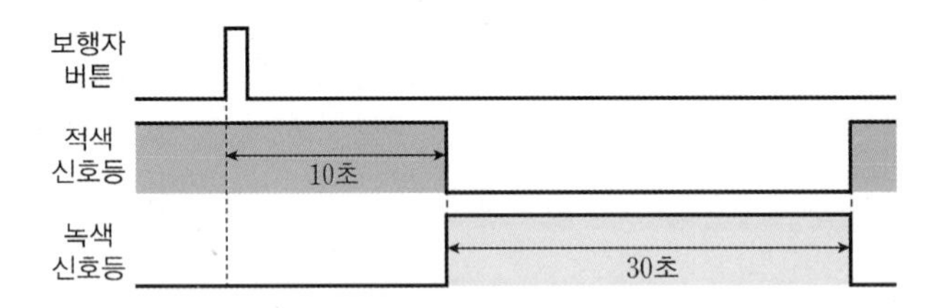

[그림 8-41] **보행자 신호등 동작 타임차트**

동작 조건

❶ 보행자 버튼은 길 양쪽 편 신호등에 설치되므로, 한 횡단보도에 총 2개가 설치된다.

❷ [그림 8-41]의 보행자 신호등 동작 타임차트와 같이 평상시에는 적색등이 점등되어 있다가, 보행자 버튼이 눌리면 10초의 대기시간이 지난 후에 녹색 램프가 30초간 점등된다. 그 후에 소등과 함께 적색등이 점등된다.

PLC 프로그램 작성법

[그림 8-41]의 타임차트를 살펴보자. 보행자 버튼이 눌리면 신호등에서는 2개의 동작이 순서대로 실행된다. 따라서 주어진 동작을 PLC 프로그램으로 구현하기 위해서는 2개의 동작을 제어하기 위한 2개의 자기유지 회로가 필요하다. 첫 번째 자기유지 회로의 셋 입력은 보행자 버튼이 되고, 첫 번째 자기유지 회로에 의해 동작하는 10초 타이머의 출력 접점이 첫 번째 자기유지 회로의 리셋 입력과 두 번째 자기유지 회로의 셋 입력이 된다. 그리고 두 번째 자기유지 회로에 의해 동작하는 30초 타이머의 출력이 두 번째 자기유지 회로의 리셋 입력이 되는 형태로 프로그램이 구성된다.

PLC 프로그램

```
신호등 동작 중이 아닐 때 보행자 버튼이 눌러지면 신호등 동작
신호등 동작 중에는 보행자 버튼 입력이 무시됨
        X0      M1      M2
  0 ──┬─┤↑├─┬──┤/├────┤/├──────────────────[SET    M1  ]
      │ X1  │
      └─┤↑├─┘
10초 타이머 동작
        M1                                       K100
 76 ────┤ ├──────────────────────────────────(T1     )
10초 대기시간 작업 완료
        T1
 92 ────┤ ├──┬───────────────────────────────[RST    M1  ]
             └───────────────────────────────[SET    M2  ]
30초 타이머 동작
        M2                                       K300
109 ────┤ ├──────────────────────────────────(T2     )
녹색램프점등완료
        T2
125 ────┤ ├──────────────────────────────────[RST    M2  ]
적색램프점등
        M2
139 ────┤/├──────────────────────────────────(Y20    )
녹색램프점등
        M2
150 ────┤ ├──────────────────────────────────(Y21    )

161 ─────────────────────────────────────────[END        ]
```

[그림 8-42] **보행자 신호등 제어 프로그램**

실습과제 8-3 BSFT 명령을 이용한 시퀀스 제어 1

앞에서 학습한 시퀀스 제어회로의 설계방법을 이용하여 일정한 시간 간격으로 램프를 점등하는 프로그램 작성법에 대해 학습해보자.

보행자 신호등과 함께 차량용 신호등 제어도 함께 해보자. 차량용 신호등에는 보행자 신호등과 다르게 신호 변경을 사전에 알리기 위한 황색등이 추가되어 있다. 따라서 보행자의 녹색등이 점등되기 전에 차량용 신호등에는 황색등이 먼저 점등되어야 한다. 주어진 동작 조건과 타임차트를 만족하는 PLC 프로그램을 작성해보자.

(a) 보행자 및 차량용 신호등

입력	기능	출력	기능
X00	보행자 버튼	Y20	보행자 적색 램프
X01	보행자 버튼	Y21	보행자 녹색 램프
		Y22	차량용 녹색 램프
		Y23	차량용 황색 램프
		Y24	차량용 적색 램프

(b) PLC 입출력 리스트

[그림 8-43] **보행자 신호등 제어**

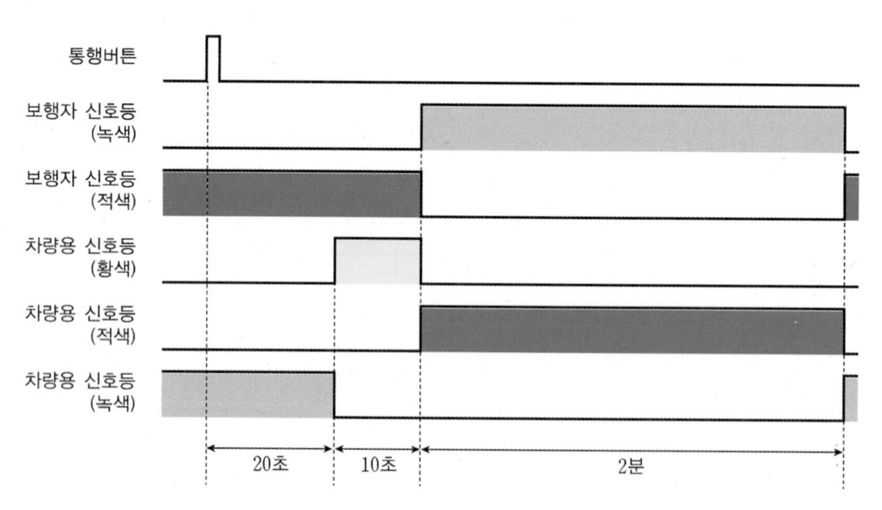

[그림 8-44] **신호등 동작 타임차트**

동작 조건

❶ [그림 8-44]의 타임차트와 같이 초기 조건에서 차량용 신호등은 녹색 점등, 보행자용 신호등은 적색 점등이다.

❷ 보행자 통행버튼을 누르면 20초 후 차량용 신호등에 황색등이 점등되고, 이 상태가 10초간 지속되다가 적색등이 점등된다.

❸ 차량용 신호등의 적색등이 점등됨과 동시에 보행자용 녹색등이 2분간 점등된다.

❹ 보행자 통행버튼을 눌러 보행자용 신호등 변경을 위한 동작이 이루어지는 동안(통행버튼을 누른 후 2분 30초 동안)에는 통행버튼을 눌러도 해당 입력신호를 무시한다.

PLC 프로그램 작성법

[그림 8-44]의 타임차트를 살펴보면, 보행자 버튼이 눌린 후 신호등에서는 3개의 동작이 순차적으로 이루어진다. 따라서 주어진 동작을 PLC 프로그램을 구현하기 위해서는 3개의 동작을 제어하기 위한 자기유지 회로가 필요하다. 그런데 주어진 실습과제의 해결조건이 BSFL 명령을 사용하는 것이기 때문에 3개의 동작을 제어하기 위한 세 개의 비트 M1 ~ M3을 사용한다.

보행자 버튼이 눌리면, M1을 강제로 1로 설정해서 첫 번째 제어동작을 실행한 후, 두 번째 동작부터는 BSFL 명령을 사용해서 두 번째와 세 번째의 제어동작이 실행될 수 있도록 프로그램을 구성한다.

PLC 프로그램

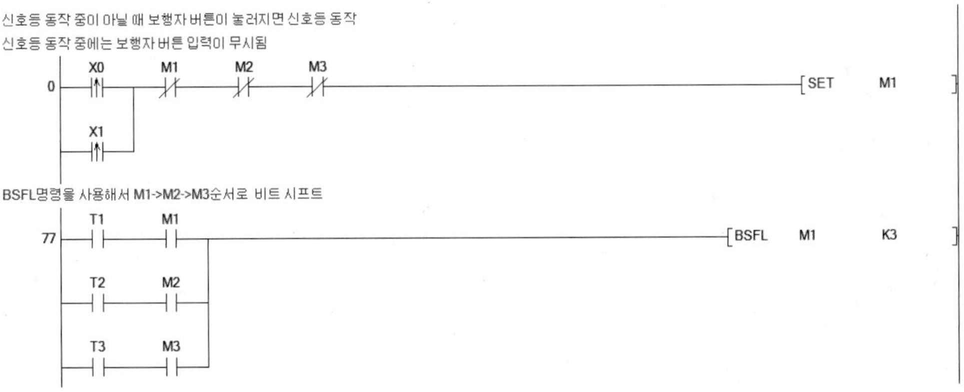

신호등 동작 중이 아닐 때 보행자 버튼이 눌러지면 신호등 동작
신호등 동작 중에는 보행자 버튼 입력이 무시됨
0 X0 M1 M2 M3 [SET M1]
X1
BSFL명령을 사용해서 M1->M2->M3순서로 비트 시프트
77 T1 M1 [BSFL M1 K3]
T2 M2
T3 M3

(계속)

```
20초 타이머 동작
      M1                                                              K200
115 ──┤ ├──────────────────────────────────────────────────────────( T1    )

10초 타이머 동작
      M2                                                              K100
131 ──┤ ├──────────────────────────────────────────────────────────( T2    )

2분 타이머 동작
      M3                                                              K1200
147 ──┤ ├──────────────────────────────────────────────────────────( T3    )

보행자 적색 램프
      M3
162 ──┤/├──────────────────────────────────────────────────────────( Y20   )

보행자 녹색 램프
      M3
175 ──┤ ├──────────────────────────────────────────────────────────( Y21   )

차량용 녹색 램프
      M2        M3
188 ──┤/├───────┤/├────────────────────────────────────────────────( Y22   )

차량용 황색 램프
      M2
202 ──┤ ├──────────────────────────────────────────────────────────( Y23   )

차량용 적색 램프
      M3
215 ──┤ ├──────────────────────────────────────────────────────────( Y24   )

228 ───────────────────────────────────────────────────────────────[ END   ]
```

[그림 8-45] **보행자 및 차량용 신호등 제어 프로그램**

실습과제 8-4 BSFL 명령을 이용한 시퀀스 제어 2

앞에서 학습한 시퀀스 제어회로의 설계방법을 이용하여 일정한 시간 간격으로 램프를 점등하는 프로그램 작성법에 대해 학습해보자.

보행자 신호등의 녹색램프에 점멸 기능을 추가해보자. 보행자 녹색등의 점등시간 총 2분 중에서 마지막 30초가 남았을 때, 보행자에게 신호등이 변경된다는 것을 알려주기 위해 점멸 기능을 추가한다.

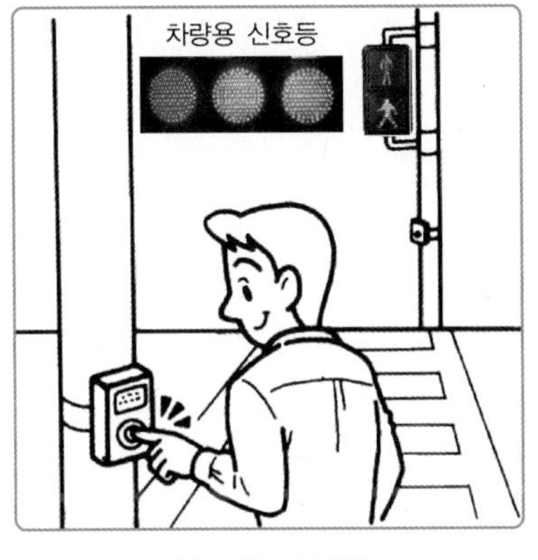

(a) 보행자 신호등

입력	기능	출력	기능
X00	보행자 버튼	Y20	보행자 적색 램프
X01	보행자 버튼	Y21	보행자 녹색 램프
		Y22	차량용 녹색 램프
		Y23	차량용 황색 램프
		Y24	차량용 적색 램프

(b) PLC 입출력 리스트

[그림 8-46] **보행자 신호등 제어**

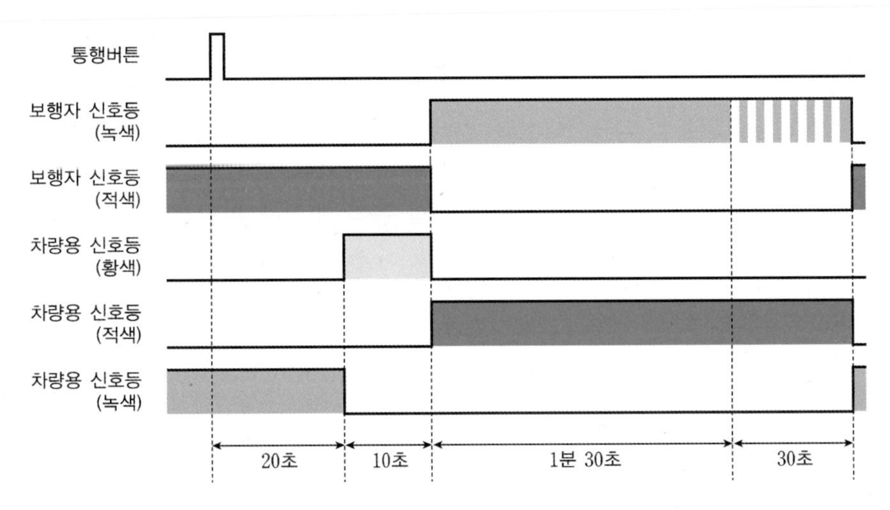

[그림 8-47] **보행자 신호등에 점멸 동작이 추가된 타임차트**

동작 조건

❶ [그림 8-47]의 타임차트와 같이 초기 조건에서 차량용 신호등은 녹색 점등, 보행자용 신호등은 적색 점등이다.

❷ 보행자 통행버튼을 누르면 20초 후 차량용 신호등의 황색등이 점등되고, 이 상태가 10초간 지속되다가 적색등이 점등된다.

❸ 차량용 신호등의 적색등이 점등됨과 동시에 보행자용 녹색등이 2분간 점등된다.

❹ 보행자 녹색등 점등시간 2분에서 마지막 30초는 1Hz 간격으로 점멸동작을 한다.

❺ 보행자 통행버튼이 눌려서 보행자용 신호등 변경을 위한 동작이 이루어지는 동안(통행버튼을 누른 후 2분 30초 동안)에는 통행버튼이 다시 눌려도 해당 입력신호를 무시한다.

생각해봅시다

시퀀스 제어동작을 이용해서 신호등을 제어하는 여러 가지의 예제를 다루어 보았다. 이제는 앞에서 다룬 예제를 포함해서 PLC 프로그램을 어떤 식으로 작성하는지 살펴보자.

1 시퀀스 제어 프로그램을 작성할 명령어를 선택한다.

시퀀스 제어 프로그램은 여러 가지 방식으로 작성할 수 있으므로, 그 중에서 어떤 방법을 사용해서 프로그램을 작성할지를 먼저 결정해야 한다.

2 시퀀스 제어동작의 개수를 파악한다.

시퀀스 제어동작의 개수에 따라 사용해야 할 자기유지 회로의 개수가 결정된다. 따라서 [그림 8-47]과 같은 타임차트 또는 동작 조건을 분석해서 필요한 동작의 개수를 파악한다.

3 시퀀스 제어에서 동작과 함께 별도로 동작해야 할 동작 조건을 확인한다.

시퀀스 제어동작에 의해 단순히 출력의 ON/OFF, 또는 별도의 다른 동작이 실행되어야 하는 경우가 있다. 따라서 해당 시퀀스 제어의 출력이 ON되었을 때 실행되어야 할 동작 조건을 확인해야 한다.

PLC 프로그램 작성법

위에서 열거한 세 가지의 순서로 [실습과제 8-4]의 시퀀스 제어 프로그램을 작성해보자.

1 시퀀스 제어 프로그램에 사용할 명령어로 BSFL을 선택한다.

2 시퀀스 제어동작은 총 4개로 구성되므로, BSFL 명령을 사용해서 M1 ~ M4의 비트를 시프트한다.

3 별도의 동작 조건을 확인한다.

- M1 : 20초 타이머 동작
- M2 : 10초 타이머 동작
- M3 : 1분 30초 타이머 동작
- M4 : 30초 타이머 동작(30초 동안 1Hz 간격으로 동작하는 램프 점멸동작을 위한 플리커 타이머 동작)

PLC 프로그램

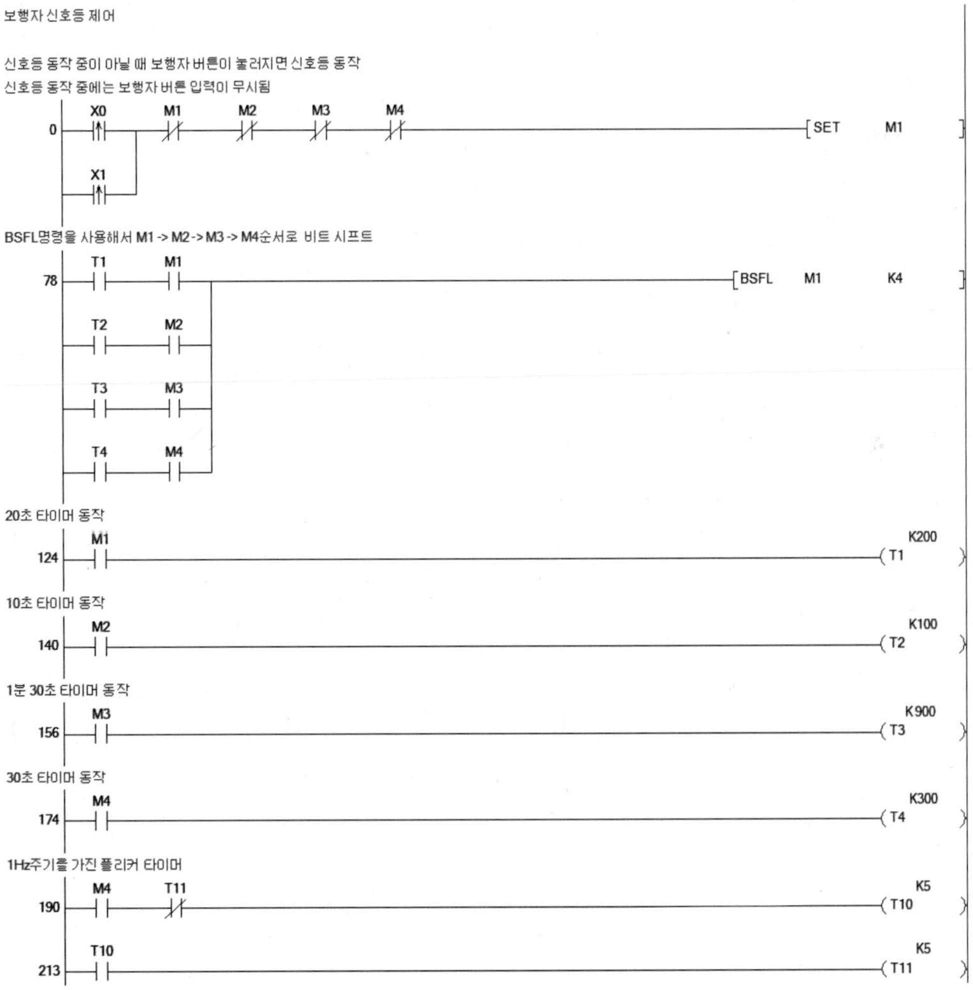

```
보행자 신호등 제어

신호등 동작 중이 아닐 때 보행자 버튼이 눌러지면 신호등 동작
신호등 동작 중에는 보행자 버튼 입력이 무시됨
       X0      M1      M2      M3      M4
  0 ──┤↑├──┬──┤/├────┤/├────┤/├────┤/├──────────────────[SET    M1      ]
       X1  │
    ──┤↑├──┘

BSFL명령을 사용해서 M1->M2->M3->M4순서로 비트 시프트
       T1      M1
 78 ──┤ ├────┤ ├──┬──────────────────────────────────[BSFL   M1    K4  ]
       T2      M2 │
    ──┤ ├────┤ ├──┤
       T3      M3 │
    ──┤ ├────┤ ├──┤
       T4      M4 │
    ──┤ ├────┤ ├──┘

20초 타이머 동작
       M1                                                        K200
124 ──┤ ├──────────────────────────────────────────────────────(T1    )

10초 타이머 동작
       M2                                                        K100
140 ──┤ ├──────────────────────────────────────────────────────(T2    )

1분 30초 타이머 동작
       M3                                                        K900
156 ──┤ ├──────────────────────────────────────────────────────(T3    )

30초 타이머 동작
       M4                                                        K300
174 ──┤ ├──────────────────────────────────────────────────────(T4    )

1Hz주기를 가진 플리커 타이머
       M4      T11                                               K5
190 ──┤ ├────┤/├───────────────────────────────────────────────(T10   )
       T10                                                       K5
213 ──┤ ├──────────────────────────────────────────────────────(T11   )
```

(계속)

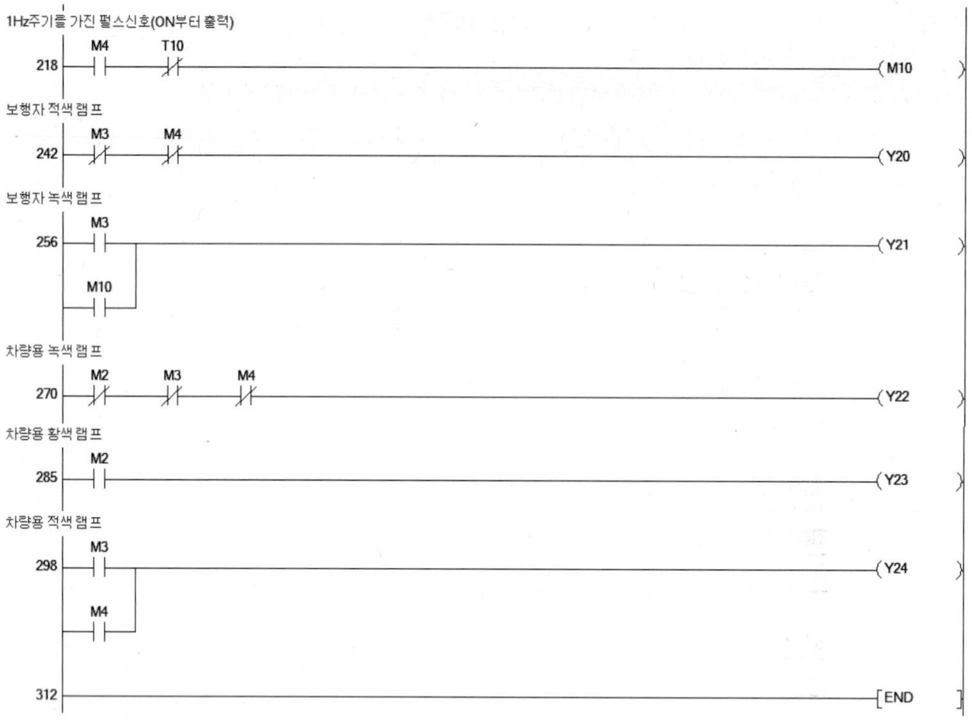

1Hz주기를 가진 펄스신호(ON부터 출력)

218 M4 T10 (M10)

보행자 적색 램프

242 M3 M4 (Y20)

보행자 녹색 램프

256 M3 M10 (Y21)

차량용 녹색 램프

270 M2 M3 M4 (Y22)

차량용 황색 램프

285 M2 (Y23)

차량용 적색 램프

298 M3 M4 (Y24)

312 [END]

[그림 8-48] **보행자 신호등 제어 프로그램**

실습과제 8-5 편솔과 양솔의 시퀀스 제어

공압 실린더를 제어할 때 솔레노이브 밸브의 편솔과 양솔을 사용하여 정해진 순서로 동작하는 시퀀스 제어 프로그램을 작성하려고 한다. 편솔과 양솔 간에 어떤 차이점이 있는지 살펴보자.

편솔과 양솔의 제어를 위한 PLC 프로그램의 차이점을 살펴보자. 편솔의 경우, 솔밸브 자체의 자기유지 기능이 없기 때문에 양솔 제어와 다른 형식으로 프로그램을 작성하기도 하지만, 이 책에서는 제어 프로그램은 솔밸브의 종류에 관계없이 동일한 방식으로 작성하고, 출력 제어에만 편솔과 양솔을 구분하는 방식을 사용한다. 편솔과 양솔을 이용한 시퀀스 제어 PLC 프로그램은 서로 어떤 차이가 있는지 살펴보자.

[표 8-6] **편솔과 양솔의 시퀀스 제어 차이점**

<table>
<tr><th>구분</th><th colspan="4">편솔레노이드 밸브</th><th colspan="4">양솔레노이드 밸브</th></tr>
<tr><td>공압회로</td><td colspan="4">S1 S2 v=0 4 2 Y1 5 3 1</td><td colspan="4">S1 S2 v=0 4 2 Y1 Y2 5 3 1</td></tr>
<tr><td rowspan="4">PLC 배선</td><td>입력</td><td>기능</td><td>출력</td><td>기능</td><td>입력</td><td>기능</td><td>출력</td><td>기능</td></tr>
<tr><td>X00</td><td>시작버튼</td><td>Y20</td><td>Y1_전진</td><td>X00</td><td>시작버튼</td><td>Y20</td><td>Y1_전진</td></tr>
<tr><td>X10</td><td>S1_후진</td><td></td><td></td><td>X10</td><td>S1_후진</td><td>Y21</td><td>Y2_후진</td></tr>
<tr><td>X11</td><td>S2_전진</td><td></td><td></td><td>X11</td><td>S2_전진</td><td></td><td></td></tr>
</table>

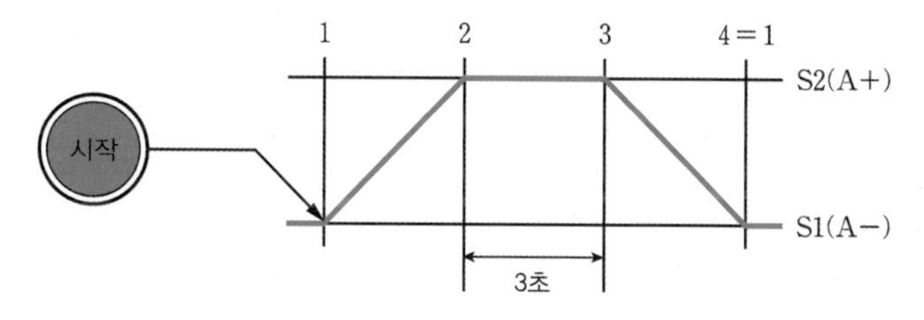

[그림 8-49] **공압 실린더의 동작 조건**

동작 조건

❶ 시작버튼을 누르면, 실린더는 전진, 3초 대기, 후진동작을 한다.

❷ 주어진 동작 조건으로 편솔과 양솔을 이용한 PLC 프로그램을 각각 작성한다.

PLC 프로그램 작성법 및 PLC 프로그램 1

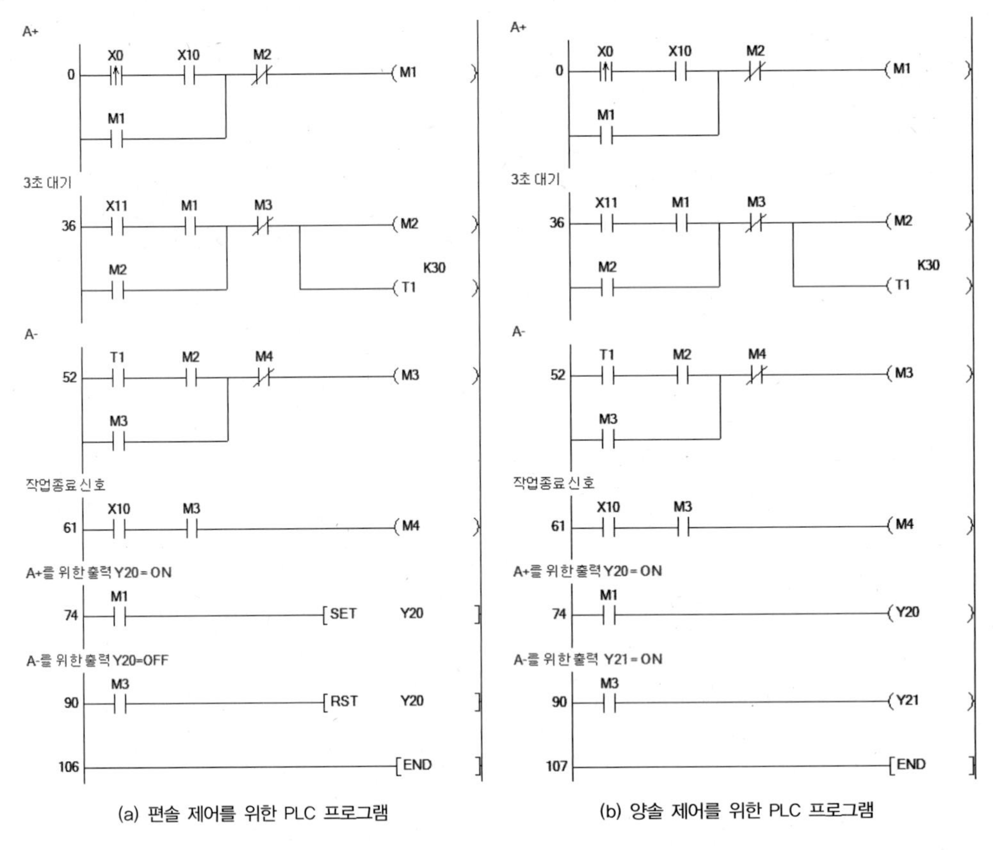

(a) 편솔 제어를 위한 PLC 프로그램

(b) 양솔 제어를 위한 PLC 프로그램

[그림 8-50] **편솔 및 양솔 제어 PLC 프로그램**

편솔과 양솔 제어를 위한 PLC 프로그램을 비교해서 나타내었다. 공압 실린더의 동작이 3개로 구성되어 있기 때문에, 3개의 자기유지 회로와 1개의 작업종료 신호로 작성된 시퀀스 제어 프로그램은 편솔이 사용된 경우와 양솔이 사용된 경우가 동일하다. 하지만 솔밸브를 ON/OFF하기 위한 출력 부분을 살펴보면, 편솔이 사용된 프로그램은 SET과 RST 명령을 사용해서 솔밸브를 제어하고 있고, 양솔이 사용된 프로그램은 단순한 출력으로 솔밸브를 제어하고 있음을 확인할 수 있다.

편솔과 양솔을 사용해서 시퀀스 제어 PLC 프로그램을 작성할 때, 우선 편솔과 양솔 구분 없이 순차(시퀀스) 동작의 개수에 따라 자기유지 회로를 만들고, 추가적으로 작업종료 신호를 만든다. 그 다음 출력의 ON/OFF 동작을, 편솔이냐 양솔이냐에 따라 자기유지 명령을 사용할 것인지, 아니면 단순한 출력을 사용할 것인지를 선택하면 된다.

PLC 프로그램 작성법 및 PLC 프로그램 2

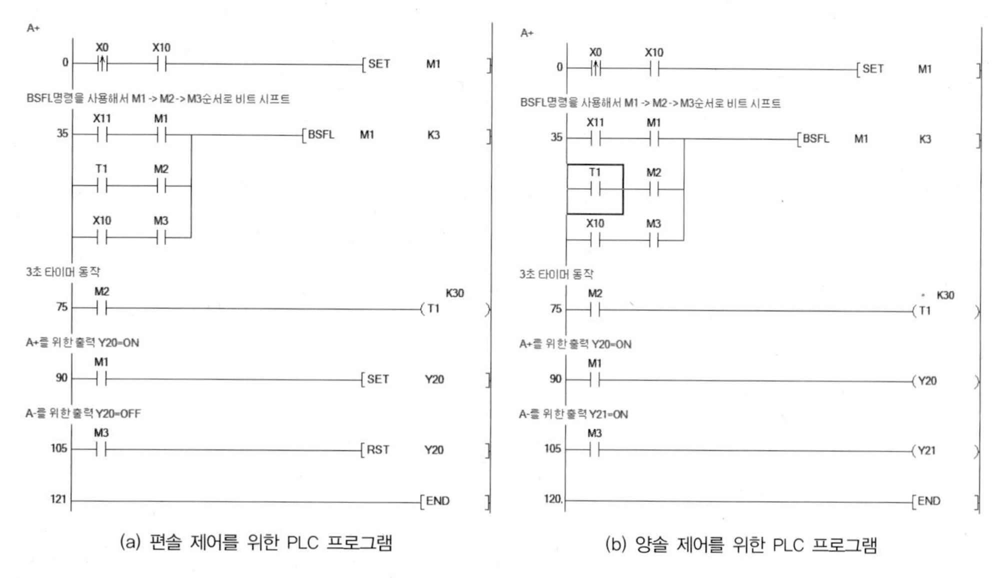

(a) 편솔 제어를 위한 PLC 프로그램 (b) 양솔 제어를 위한 PLC 프로그램

[그림 8-51] **BSFL 명령을 사용한 편솔 및 양솔 제어 PLC 프로그램**

자기유지 회로가 아닌 BSFL 명령을 사용해서 편솔 및 양솔을 제어하는 PLC 프로그램을 비교해서 나타내었다. 자기유지 회로를 사용한 것보다 프로그램의 길이가 줄어든 것처럼 보인다. 그러나 자기유지 회로를 사용한 프로그램을 PLC에서 실행할 수 있는 기계어 코드로 변환했을 때의 크기는 107에 해당되고, BSFL 명령을 사용한 프로그램의 크기는 120으로서 BSFL의 프로그램 길이가 더 길다고 볼 수 있다. 자기유지 회로로 구성한 공압 실린더 제어 프로그램과, BSFL 명령을 사용해서 구성한 공압 실린더 제어 프로그램은 서로 유사하다.

공압 실린더의 동작이 3개로 구성되어 있기 때문에 M1, M2, M3까지 세 개의 비트가 필요하다. 따라서 시작버튼이 눌리면 M1을 1로 설정한 후에 BSFL 명령을 사용해서 비트를 시프트시킨다. 이때 해당 비트가 ON될 때만 편솔의 동작을 ON 상태로 만들 수 있다. 그러나 해당 비트가 1인 상태가 시프트되면 상태가 0이 되기 때문에, 편솔의 동작상태를 계속 ON 상태로 유지하기 위해서는 출력에서 SET과 RST을 사용한다.

➔ 실습과제 8-6 타이머를 이용한 시간제어 1

타이머의 설정시간을 GX Works2가 아닌, PLC의 입력에 연결된 푸시버튼과 같은 입력장치의 조작을 통해 변경하는 방법에 대해 학습해보자.

[실습과제 8-5]에서 시작버튼을 누르면 공압 실린더가 전진해서 3초 동안 대기하는 동작을 타이머를 사용해서 구현하였다. 이번 과제에서는 사용자가 2.0 ~ 9.9sec까지 0.1초 단위로 타이머의 시간을 설정해서 사용할 수 있는 PLC 프로그램 작성법에 대해 살펴보자.

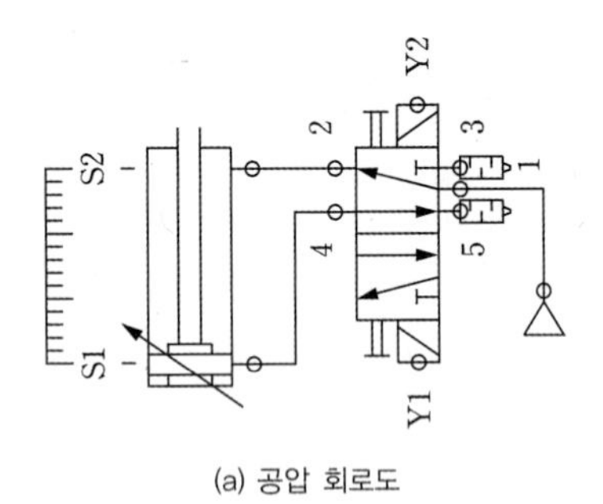

(a) 공압 회로도

동작시간 설정
(0.1 ~ 9.9sec)
시간 증가
시작

(b) 조작 패널

[그림 8-52] **공압 회로도 및 조작 패널**

[표 8-7] **PLC 입출력 리스트**

입력	기능	출력	기능
X00	시작버튼	Y20	Y1_전진
X01	시간 증가	Y21	Y2_후진
X10	S1_후진		
X11	S2_전진	Y37~30	FND 모듈

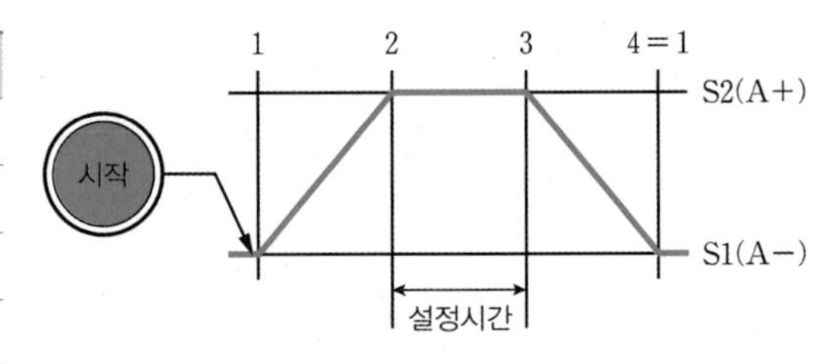

[그림 8-53] **공압 실린더의 동작 조건**

동작 조건

❶ PLC의 전원이 ON되면 FND에는 20이 표시된다. 20은 2.0sec를 의미한다.

❷ 시간 증가버튼을 누를 때마다 FND 숫자는 1씩 증가한다. 시간 설정값이 99일 때 시간 증가버튼을 누르면 20으로 숫자가 변경된다.

❸ 시작버튼을 누르면 [그림 8-53]과 같이 차례로 A+ → 설정시간 대기 → A− 의 순으로 동작한다.

PLC 프로그램 작성법

PLC에서는 입력신호에 의해 출력이 제어된다. 입력신호로는 사용자가 조작하는 버튼과 같은 입력이 있고, 공압 실린더의 동작을 감시하는 센서와 같은 입력이 있다. 사용자가 버튼을 눌렀을 때 프로그램이 어떤 일을 해야 하는지 일의 순서를 나열하면, 그것이 바로 프로그램 작성을 위한 순서도가 된다.

[그림 8-52(b)]에 사용자가 조작하는 버튼이 2개 있다.

- 증가버튼이 눌리면,
  ① 증가버튼이 눌리면 시간 설정값이 1씩 증가한다.
  ② 시간 설정값을 비교해서 99보다 크면 시간 설정값을 20으로 만든다.

- 시작버튼이 눌리면,
  시작버튼이 눌릴 때 S1이 ON 상태이면, 차례로 A+ → 설정시간 대기 → A- 의 순으로 동작한다.

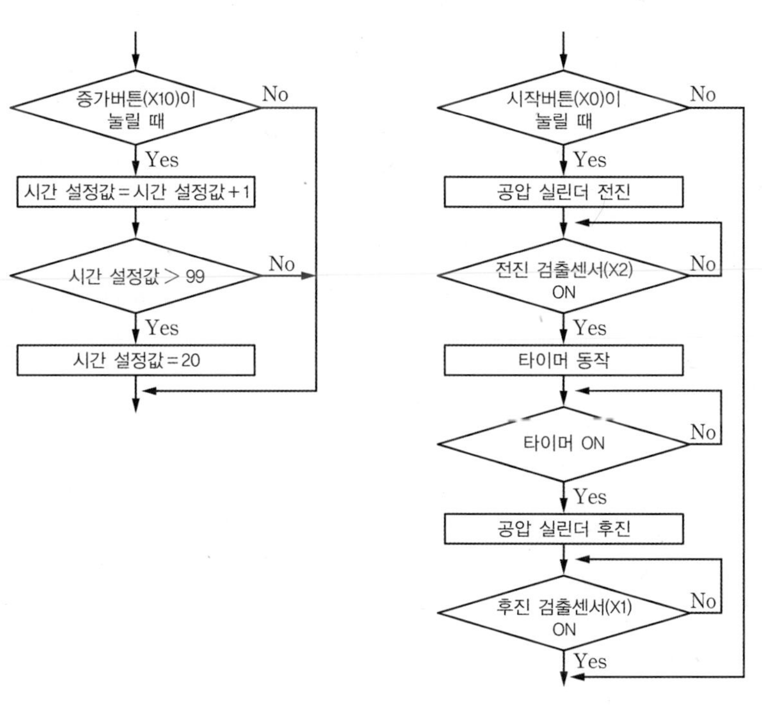

(a) 증가버튼이 눌렸을 때의 순서도　　(b) 시작버튼이 눌렸을 때의 순서도

[그림 8-54] **증가버튼과 시작버튼의 동작 순서도**

프로그램은 시간설정을 위한 프로그램과 공압 실린더 동작을 제어하기 위한 프로그램의 2개의 조합으로 만들어진다.

PLC 프로그램

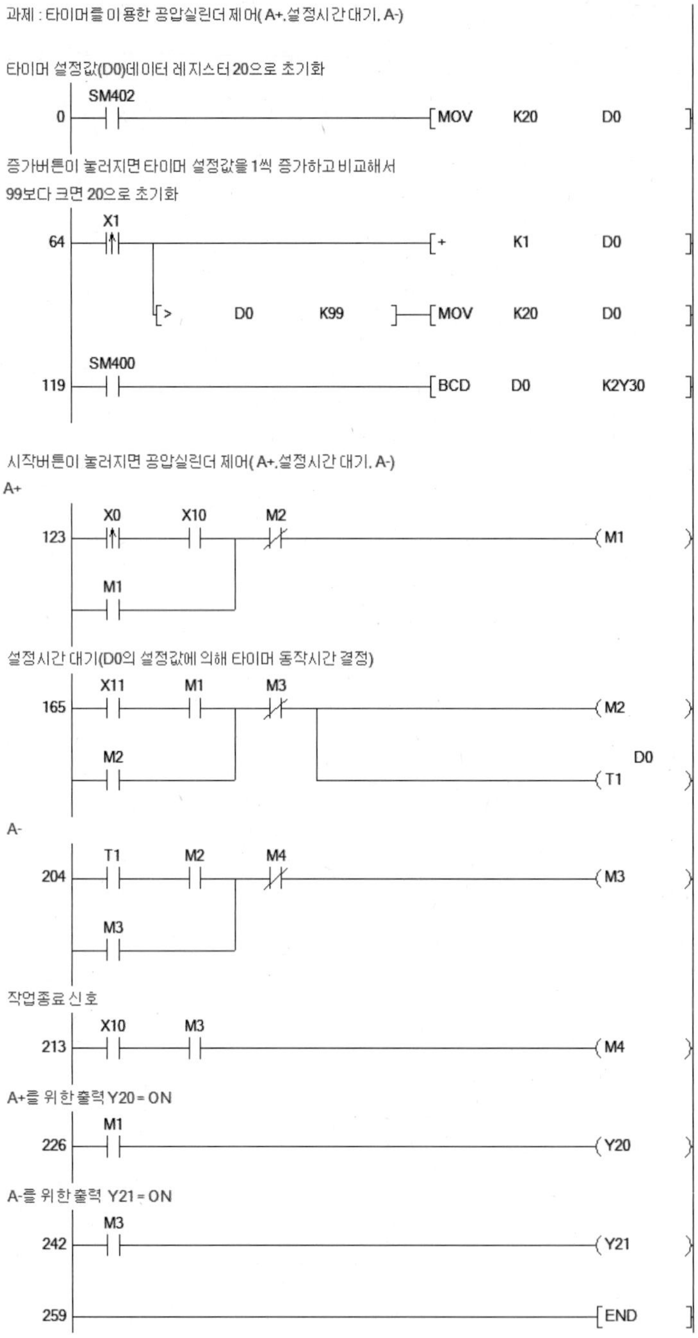

과제 : 타이머를 이용한 공압실린더 제어(A+,설정시간 대기, A-)

```
타이머 설정값(D0)데이터 레지스터 20으로 초기화
      SM402
0    ─┤ ├──────────────────────[MOV    K20    D0   ]

증가버튼이 눌러지면 타이머 설정값을 1씩 증가하고 비교해서
99보다 크면 20으로 초기화
      X1
64   ─┤↑├──┬──────────────────[+      K1     D0   ]
           │
           └[>   D0   K99 ]───[MOV    K20    D0   ]

      SM400
119  ─┤ ├──────────────────────[BCD    D0     K2Y30]

시작버튼이 눌러지면 공압실린더 제어(A+,설정시간 대기, A-)
A+
      X0      X10      M2
123  ─┤↑├────┤ ├──┬───┤/├─────────────────(M1   )
      M1          │
     ─┤ ├─────────┘

설정시간 대기(D0의 설정값에 의해 타이머 동작시간 결정)
      X11     M1       M3
165  ─┤ ├────┤ ├──┬───┤/├──┬──────────────(M2   )
      M2          │        │            D0
     ─┤ ├─────────┘        └──────────────(T1   )
A-
      T1      M2       M4
204  ─┤ ├────┤ ├──┬───┤/├─────────────────(M3   )
      M3          │
     ─┤ ├─────────┘

작업종료 신호
      X10     M3
213  ─┤ ├────┤ ├──────────────────────────(M4   )

A+를 위한 출력 Y20 = ON
      M1
226  ─┤ ├─────────────────────────────────(Y20  )

A-를 위한 출력 Y21 = ON
      M3
242  ─┤ ├─────────────────────────────────(Y21  )

259  ─────────────────────────────────────[END  ]
```

프로그램 설명

SM402를 사용해서 타이머의 설정값을 20으로 초기화.

증가버튼이 눌릴 때마다 타이머 설정값이 1씩 증가하고, 99와 비교해서 99보다 크면 20으로 초기화.

시작버튼이 눌리면 X10을 체크해서 ON이면 M1을 ON.

전진이 완료되면 타이머 동작을 위한 M2를 ON. 타이머는 D0의 설정값에 의해 동작.

타이머가 ON되면 M3을 ON.

실린더 후진이 완료되면 작업종료.

M1이 ON되면 공압 실린더 전진 출력.

M3이 ON되면 공압 실린더 후진 출력.

[그림 8-55] **타이머를 이용한 공압 실린더 동작시간 제어 프로그램**

실습과제 8-7 타이머를 이용한 시간제어 2

타이머의 설정시간을 변경할 때, 일정시간 동안 증가버튼을 계속 누르면, 일정시간 간격으로 시간이 증가하는 동작을 구현하는 방법에 대해 학습해보자.

[실습과제 8-6]에서는 시간 증가버튼 1개로 타이머의 설정시간을 설정하는 방법에 대해 살펴보았다. 이 방법대로라면, 현재 설정된 시간이 2.0초일 때 9.9초를 설정하기 위해서는 스위치를 수십 번 ON/OFF해야 한다. 이번 과제에서는 스위치를 수십 번 누를 필요 없이, 시간 증가버튼을 계속 누르고 있으면 일정한 시간이 지난 후 자동으로 시간이 증가하는 방법을 살펴보자.

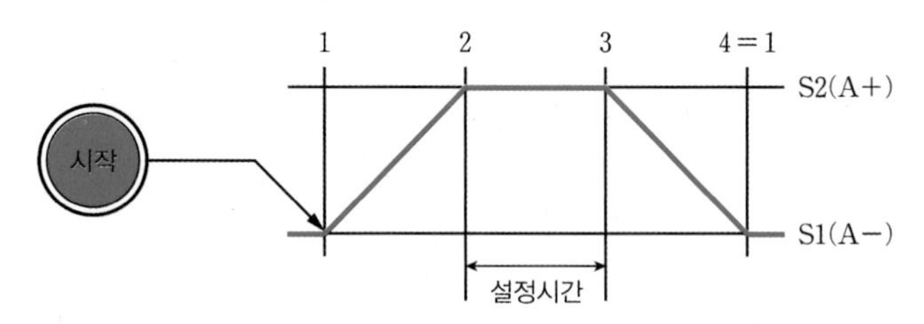

[그림 8-56] **공압 실린더의 동작 조건**

동작 조건

❶ PLC의 시스템 구성은 [실습과제 8-6]과 동일하다.

❷ PLC의 전원이 ON되면 FND에는 20이 표시된다. 20은 2.0sec를 의미한다.

❸ 시간 증가버튼을 누를 때마다 FND 숫자가 1씩 증가한다. 시간 설정값이 99일 때 시간 증가버튼을 누르면 20으로 숫자가 변경된다.

❹ 시간 증가버튼을 누를 때 시간 설정값이 1씩 증가하고, 지속적으로 1.5초 이상 누르고 있으면 1.5초 후에는 0.2초 간격으로 시간 설정값이 1씩 증가한다.

❺ 시작버튼을 누르면 [그림 8-56]과 같이 차례로 'A+ → 설정시간 대기 → A−' 순으로 동작한다.

PLC 프로그램 작성법

이번 실습과제는 [실습과제 8-6]의 내용에서 시간설정 부분의 동작 조건만 달라지고 공압 실린더의 동작은 동일하다. 따라서 변경된 동작 조건만 별도로 프로그램한 후에 기존의 공압 실린더 제어 프로그램과 결합하면 프로그램이 완성된다.

주어진 동작 조건의 ❹ 항목에서 우리가 파악할 수 있는 사실은, 시간 설정 방법이 다음의 2종류라는 점이다.

① 증가버튼이 눌릴 때마다 시간 설정값이 1씩 증가하는 방법
② 증가버튼이 1.5초 이상 눌릴 것을 감지해서 0.2초 간격으로 시간 설정값이 증가하는 방법

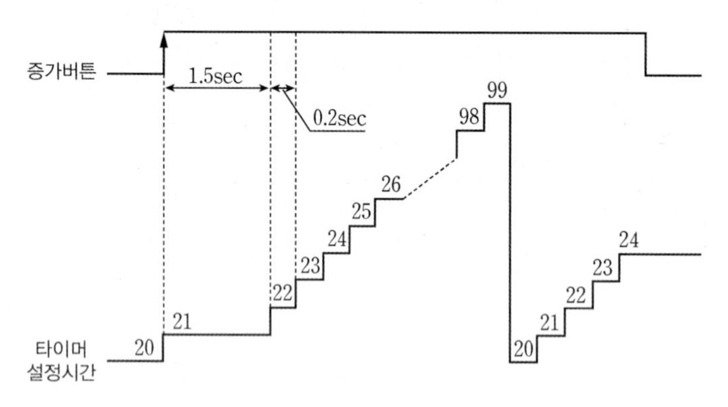

[그림 8-57] **증가버튼이 눌렸을 때의 설정시간 증가 방법**

[그림 8-57]의 타임차트는 동작 조건의 ❹ 항목을 나타낸 것이다. 이 타임차트에서 알 수 있는 것은, 증가버튼이 눌리면 1.5초 후에 출력이 ON되는 ON 딜레이 타이머와, 0.2초의 주기를 가진 클록 펄스가 필요하다는 것이다.

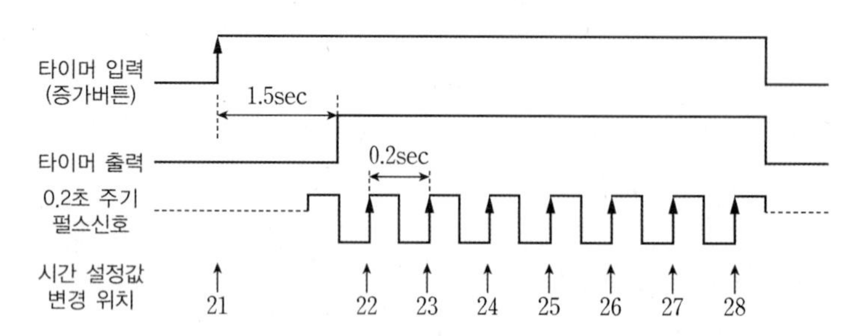

[그림 8-58] **0.2초 간격으로 설정시간이 자동으로 증가하는 원리**

PLC 프로그램 1 : 설정 부분

```
타이머를 이용한 공압실린더 제어(A+, 설정시간, A-)

타이머 설정값(D0)데이터 레지스터를 20으로 초기화
     SM402
0    ─┤├──────────────────────[MOV   K20   D0   ]

D0의 설정값을 BCD로 변환 후 FND에 표시
     SM400
59   ─┤├──────────────────────[BCD   D0    K2Y30 ]

시간증가 버튼이 눌러지거나
증가버튼이 1.5초 이상 눌러지면 0.2초 간격으로 시간 증가
     X1
85   ─┤↑├─┬───────────────────[+     K1    D0   ]
     T1    M0
     ─┤├───┤↑├─┘[>  D0  K99 ]─[MOV   K20   D0   ]

증가버튼이 1.5초 이상 눌러짐 검출
     X1                                   K15
143  ─┤├──────────────────────────────────(T1   )

증가 버튼이 1.5초 이상 눌러졌을 때 0.2초 주기 클럭 발생
플리커 타이머
     T1    T3                             K1
167  ─┤├───┤/├────────────────────────────(T2   )
     T2                                   K1
212  ─┤├──────────────────────────────────(T3   )

0.2초 주기 클럭 신호 M0
     T1    T2
217  ─┤├───┤/├────────────────────────────(M0   )

234  ─────────────────────────────────────[END  ]
```

[그림 8-59] **0.2초 간격으로 시간 설정값을 증가시키는 프로그램**

[그림 8-59]는 동작 조건의 ❹ 항목을 프로그램으로 구현한 것이다. [그림 8-59]의 프로그램에, [그림 8-55]의 프로그램 번호 123번부터 시작되는 프로그램(시작버튼이 눌렸을 때의 공압 실린더 동작 제어)을 추가하면, 이번 실습과제의 프로그램이 완성된다. 이처럼 프로그램을 작성할 때 전체 기능을 세분화해서 기능별로 프로그램을 작성한 후에, 기능을 조합해서 전체 기능을 완성하는 형태로 프로그램을 작성하는 게 좋다. 단, 다른 프로젝트에서 프로그램을 복사해서 사용하는 경우에는 디바이스 번지가 중첩되지 않도록 주의해야 한다.

PLC 프로그램 2 : 전체

```
타이머를 이용한 공압실린더 제어(A+, 설정시간, A-)

타이머 설정값(D0)데이터 레지스터를 20으로 초기화
      SM402
  0 ──┤ ├──────────────────────────────[MOV  K20  D0 ]

D0의 설정값을 BCD로 변환 후 FND에 표시
      SM400
 59 ──┤ ├──────────────────────────────[BCD  D0  K2Y30 ]

시간증가 버튼이 눌러지거나
증가버튼이 1.5초 이상 눌러지면 0.2초 간격으로 시간 증가
      X1
 85 ──┤↑├──────┬───────────────────────[+  K1  D0 ]
      T1    M0 │
    ──┤ ├──┤↑├─┴[>  D0  K99 ]──────────[MOV  K20  D0 ]

증가버튼이 1.5초 이상 눌러짐 검출
      X1                                      K15
143 ──┤ ├──────────────────────────────( T1 )

증가 버튼이 1.5초 이상 눌러졌을 때 0.2초 주가 클럭 발생
플리커 타이머
      T1    T3                                K1
167 ──┤ ├──┤/├─────────────────────────( T2 )
      T2                                      K1
212 ──┤ ├──────────────────────────────( T3 )

0.2초 주기 클럭 신호 M0
      T1    T2
217 ──┤ ├──┤/├─────────────────────────( M0 )

시작버튼이 눌러지면 공압실린더 제어( A+,설정시간 대기, A-)
A+
      X0    X10       M2
234 ──┤↑├──┤ ├──┬──┤/├─────────────────( M1 )
      M1        │
    ──┤ ├───────┘

설정시간 대기(D0의 설정값에 의해 타이머 동작시간 결정)
      X11   M1        M3
276 ──┤ ├──┤ ├──┬──┤/├──┬──────────────( M2 )
      M2        │       │                     D0
    ──┤ ├───────┘       └──────────────( T1 )

A-
      T1    M2        M4
315 ──┤ ├──┤ ├──┬──┤/├─────────────────( M3 )
      M3        │
    ──┤ ├───────┘

작업종료 신호
      X10   M3
324 ──┤ ├──┤ ├─────────────────────────( M4 )
```

(계속)

```
A+를 위한 출력 Y20 = ON
        M1
337 ──┤ ├──────────────────────────────────( Y20 )

A-를 위한 출력 Y21 = ON
        M3
353 ──┤ ├──────────────────────────────────( Y21 )

370 ───────────────────────────────────────[ END ]
```

[그림 8-60] **타이머를 이용한 공압 실린더 동작시간 제어 프로그램**

시간설정 부분과 공압 실린더 제어 부분으로 구분된 프로그램을 하나로 합쳐서 [그림 8-60]의 PLC 프로그램을 완성하였다. 여기서 공압 실린더 제어 부분은 별도로 프로그램을 작성한 것이 아니라 [실습과제 8-6]의 공압 실린더 제어 부분을 복사해서 프로그램을 완성한 것이다.

이때 주의해야 할 점이 있다. [실습과제 8-6]에서는 공압 실린더 제어 부분의 타이머 번호로 T1을 사용하였다. 그러나 이번 과제에서는 T1을 시간설정용 프로그램 영역에서 증가버튼이 눌린 시간을 확인하는 용도로 사용하고 있기 때문에, T1을 그대로 두면 타이머 번호 중복으로 타이머가 오작동하게 된다. 따라서 공압 실린더 제어 부분의 타이머 번호로 T10을 사용하였다. 이와 같이 프로그램을 복사할 때에는 기존 프로그램에서 사용한 디바이스 번지가 중복되지 않도록 세심하게 살펴봐야 한다.

실습과제 8-8 타이머를 이용한 시간제어 3

타이머의 설정시간을 개별적인 증가 및 감소버튼으로 설정하는 방법에 대해 학습해보자.

이번 과제에서는 증가버튼과 감소버튼 2개를 사용해서 타이머의 설정시간을 2.0sec부터 9.9sec까지 설정하는 방법에 대해 살펴보자.

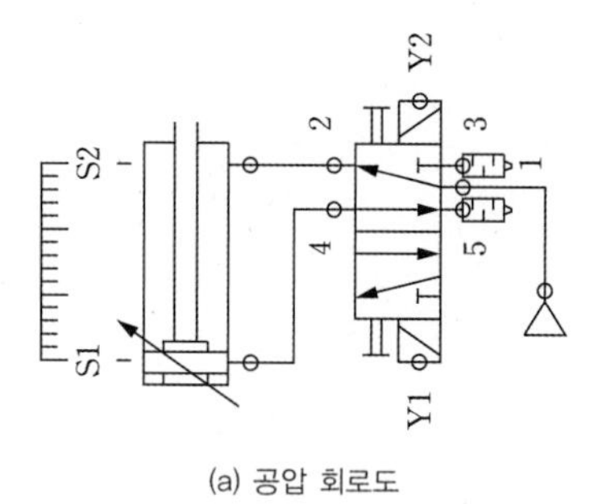

(a) 공압 회로도

동작시간 설정
(0.1 ~ 9.9sec)
시간 증가
시작
시간 감소

(b) 조작 패널

[그림 8-61] **공압 회로도 및 조작 패널**

[표 8-8] **PLC 입출력 리스트**

입력	기능	출력	기능
X00	시작버튼	Y20	Y1_전진
X01	시간 증가	Y21	Y2_후진
X02	시간 감소		
X10	S1_후진	Y30~34	FND 모듈
X11	S2_전진		

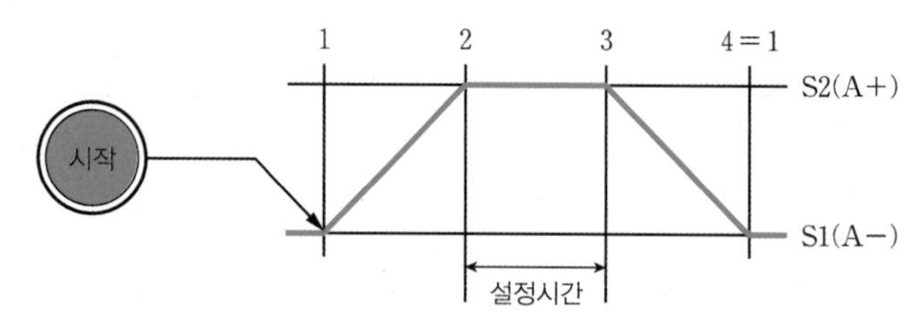

[그림 8-62] **공압 실린더의 동작 조건**

동작 조건

❶ PLC의 전원이 ON되면 FND에는 20이 표시된다. 20은 2.0sec를 의미한다.

❷ 시간 증가버튼을 누를 때마다 FND 숫자는 1씩 증가한다. 시간 설정값이 99일 때에는 시간 증가버튼을 눌러도 설정값이 99에서 변경되지 않는다.

❸ 시간 감소버튼을 누를 때마다 FND 숫자는 1씩 감소한다. 시간 설정값이 20일 때에는 시간 감소버튼을 눌러도 설정값이 20에서 변경되지 않는다.

❹ 시간 증가 및 감소버튼을 누를 때마다 시간 설정값이 1씩 증가 또는 감소한다. 또한 지속적으로 1.5초 이상 누르면, 1.5초 후부터 0.1초 간격으로 시간 설정값이 1씩 증가 또는 감소한다.

❺ 시작버튼을 누르면 [그림 8-62]와 같이 차례로 'A+ → 설정시간 대기 → A-' 순으로 동작한다.

PLC 프로그램 작성법

타이머의 설정시간을 설정하는 방법이 이전과 조금 달라졌다. 이전의 방법에서는 증가버튼 하나로 타이머의 설정시간을 설정했는데, 이번에는 증가와 감소 기능을 각각 가진 2개의 버튼이 있고, 설정값은 최소 20에서 최대 99까지만 설정할 수 있다.

프로그램은 입력신호를 기준으로 작성한다. 따라서 증가와 감소버튼을 눌렀을 때, 각각의 동작이 어떤 순서로 실행되는지를 고민해보자.

① 증가버튼을 누르면, 타이머의 설정값이 99보다 작은지를 검사하고, 작으면 설정값에 1을 더한다.

② 감소버튼을 누르면, 타이머의 설정값이 20보다 큰지를 검사하고, 크다면 설정값에서 1을 뺀다.

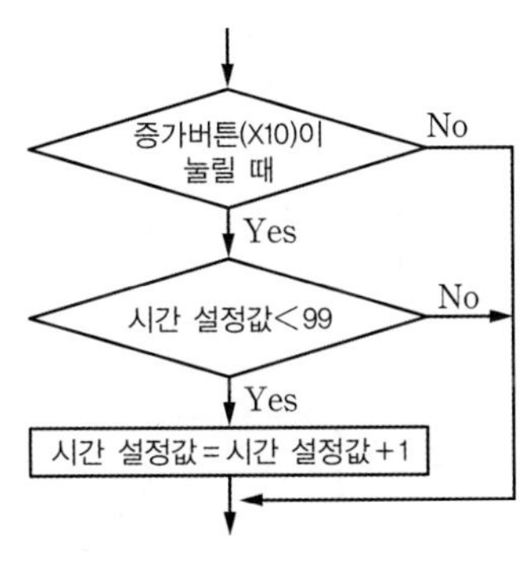

(a) 증가버튼을 눌렀을 때의 설정값 변경

(b) 감소버튼을 눌렀을 때의 설정값 변경

[그림 8-63] **증가와 감소버튼의 동작 순서도**

값을 설정하는 조건에서 주어진 과제처럼 상한과 하한의 값이 정해져 있을 때, 증가에서는 설정값이 상한보다 작은가를 비교 판단하고, 감소에서는 설정값이 하한보다 큰지를 비교 판단해서 설정값을 변경하는 형태로 프로그램을 작성한다.

일정 주기를 가진 클록 신호는 플리커 타이머를 이용해서 만들 수 있지만, PLC에서 제공하는 특수 기능 릴레이를 사용해도 된다. SM410은 0.1초 주기를 가진 클록 신호이다.

PLC 프로그램

```
타이머를 이용한 공압실린더 제어(A+, 설정시간, A-)

타이머 설정값(D0)데이터 레지스터를 20으로 초기화
     SM402
0   ─┤ ├──────────────────────────────[MOV   K20   D0  ]

D0의 설정값을 BCD로 변환 후 FND에 표시
     SM400
59  ─┤ ├──────────────────────────────[BCD   D0    K2Y30]

시간증가 버튼이 눌러지거나
증가버튼이 1.5초 이상 눌러지면 0.1초 간격으로 시간 증가
     X1
85  ─┤↑├──────────┬[<  D0  K99 ]──────[+     K1    D0  ]
     T1    SM410  │
    ─┤ ├───┤↑├────┘

증가버튼이 1.5초 이상 눌러짐 검출
     X1                                           K15
141 ─┤ ├──────────────────────────────────────(T1      )

     X2
165 ─┤↑├──────────┬[>  D0  K20 ]──────[-     K1    D0  ]
     T2    SM410  │
    ─┤ ├───┤↑├────┘

     X2                                           K15
175 ─┤ ├──────────────────────────────────────(T2      )

시작버튼이 눌러지면 공압실린더 제어( A+,설정시간 대기, A-)
A+
     X0     X10     M2
180 ─┤↑├───┤ ├──┬──┤/├────────────────────────(M1      )
     M1         │
    ─┤ ├────────┘

설정시간 대기(D0의 설정값에 의해 타이머 동작시간 결정)
     X11    M1      M3
222 ─┤ ├───┤ ├──┬──┤/├──┬─────────────────────(M2      )
     M2         │       │                         D0
    ─┤ ├────────┘       └─────────────────────(T10     )
```

(계속)

A-

315 T1 M2 M4 (M3)

M3

작업종료 신호

324 X10 M3 (M4)

A+를 위한 출력 Y20 = ON

337 M1 (Y20)

A-를 위한 출력 Y21 = ON

353 M3 (Y21)

370 [END]

[그림 8-64] **타이머를 이용한 공압 실린더 동작 시간 제어 프로그램**

[그림 8-64]의 프로그램을 살펴보면, 라인 165에서 감소버튼이 눌렸을 때 설정값이 1씩 감소됨을 보인다. 이는 증가버튼이 눌렸을 때의 프로그램과 같은 형태이지만, 뺄셈 연산을 사용하기 때문에 설정값이 감소한다. 그리고 비교 연산 명령어를 사용해서 D0의 설정값이 20보다 클 때 뺄셈 연산을 실행한다.

일상생활에서도 에어컨 및 보일러에서 온도를 설정할 때, 또는 자동차에서 디지털 라디오 주파수를 설정할 때, 버튼을 일정시간 꾹 누르고 있으면 설정값이 자동으로 증가 또는 감소하는 것을 확인할 수 있다. 바로 이러한 기능을 구현할 때 [실습과제 8-8]의 제어 프로그램과 같은 방식이 사용된 것이다.

실습과제 8-9 로터리 엔코더 스위치의 사용

타이머의 설정시간을 설정할 때 로터리 엔코더 스위치를 사용하는 방법에 대해 학습해보자.

이번 과제에서는 타이머의 설정시간을 로터리 엔코더 스위치를 사용해서 2.0sec부터 9.9sec까지 설정하는 방법에 대해 살펴보자. 로터리 엔코더 스위치의 정역회전을 통해 시간을 설정하고, 또한 로터리 엔코더 스위치의 푸시버튼을 공압 실린더의 동작을 위한 시작버튼으로 사용한다.

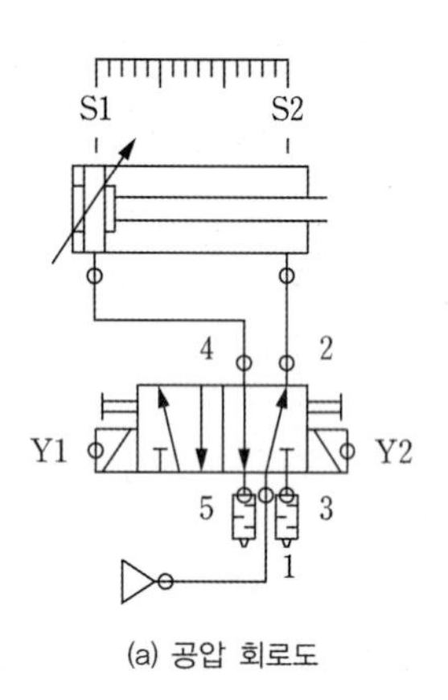

(a) 공압 회로도

동작시간 설정
(0.1 ~ 9.9sec)
감소
시작/정지
증가

(b) 조작 패널

[그림 8-65] **공압 회로도 및 조작 패널**

[표 8-9] **PLC 입출력 리스트**

입력	기능	출력	기능
X00	엔코더 스위치	Y20	Y1_전진
X01	엔코더 A_펄스	Y21	Y2_후진
X02	엔코더 B_펄스		
X10	S1_후진	Y30~34	FND 모듈
X11	S2_전진		

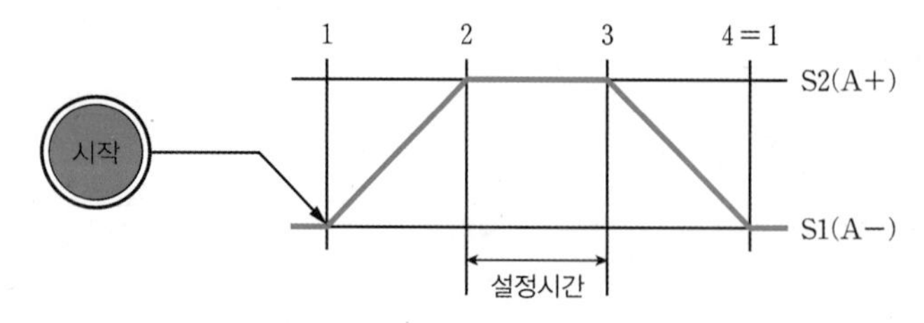

[그림 8-66] **공압 실린더의 동작 조건**

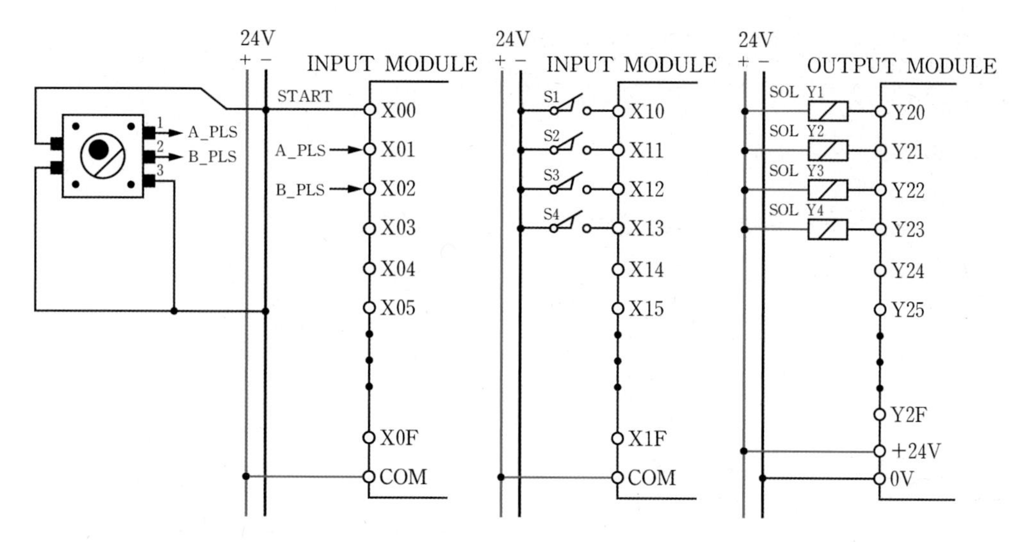

[그림 8-67] **로터리 엔코더 스위치 및 시스템 결선도**

동작 조건

❶ PLC의 전원이 ON되면 FND에는 20이 표시된다. 20은 2.0sec를 의미한다.

❷ 로터리 엔코더 스위치를 시계 방향으로 회전시키면 FND 숫자는 1씩 증가한다. 시간 설정값이 99일 때에는 20으로 초기화되고 다시 1씩 증가한다.

❸ 로터리 엔코더 스위치를 반시계 방향으로 회전시키면 FND 숫자는 1씩 감소한다. 시간 설정값이 20일 때에는 99로 설정되고 다시 1씩 감소한다.

❹ 시작버튼을 누르면, 공압 실린더는 차례로 'A+ → 설정시간 대기 → A−' 순으로 동작한다.

PLC 프로그램 작성법

앞의 실습과제에서 2개의 푸시버튼을 사용했을 때는 푸시버튼 각각이 구분된 펄스 신호를 만들었는데, 이번 과제에서 로터리 엔코더 스위치의 펄스 신호는 2개의 스위치가 연동되어 만들어진다는 차이가 있다. 따라서 2개의 펄스 신호로부터, 이 신호가 설정값을 증가시키기 위한 펄스 신호인지 아니면 감소시키기 위한 펄스 신호인지를 판별하는 것이 가장 중요하다.

1 [표 8−10]은 로터리 엔코더 스위치의 회전 방향에 따라 만들어지는 2개의 펄스 신호를 나타낸 것이다. 펄스 신호를 살펴보면 로터리 엔코더의 회전 방향에 따라 A_PLS

와 B_PLS의 ON/OFF 시점이 다름을 확인할 수 있다. 따라서 B_PLS가 ON되는 시점을 기준으로 A_PLS의 ON/OFF의 상태를 파악하면 로터리 엔코더의 회전 방향을 구분할 수 있다.

[표 8-10] **로터리 엔코더 스위치의 회전 방향 판별 방법**

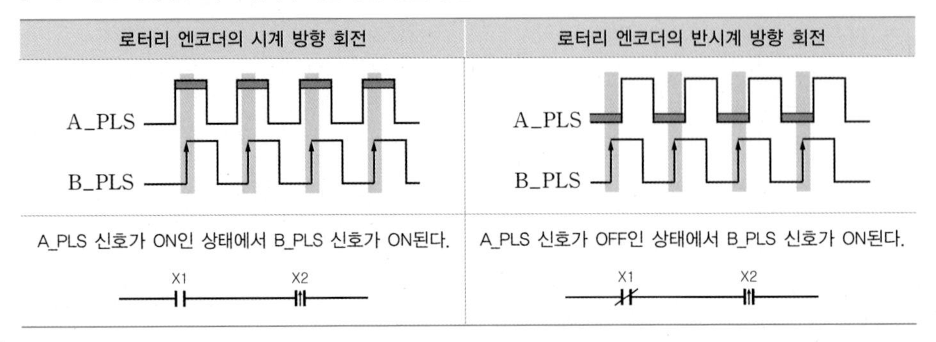

로터리 엔코더의 시계 방향 회전	로터리 엔코더의 반시계 방향 회전
A_PLS / B_PLS	A_PLS / B_PLS
A_PLS 신호가 ON인 상태에서 B_PLS 신호가 ON된다.	A_PLS 신호가 OFF인 상태에서 B_PLS 신호가 ON된다.
X1 X2	X1 X2

2 PLC의 입력모듈은 고속으로 동작하는 펄스 신호를 처리할 수 없다. PLC의 입력모듈은 얼마나 빠른 펄스 신호를 처리할 수 있을까?

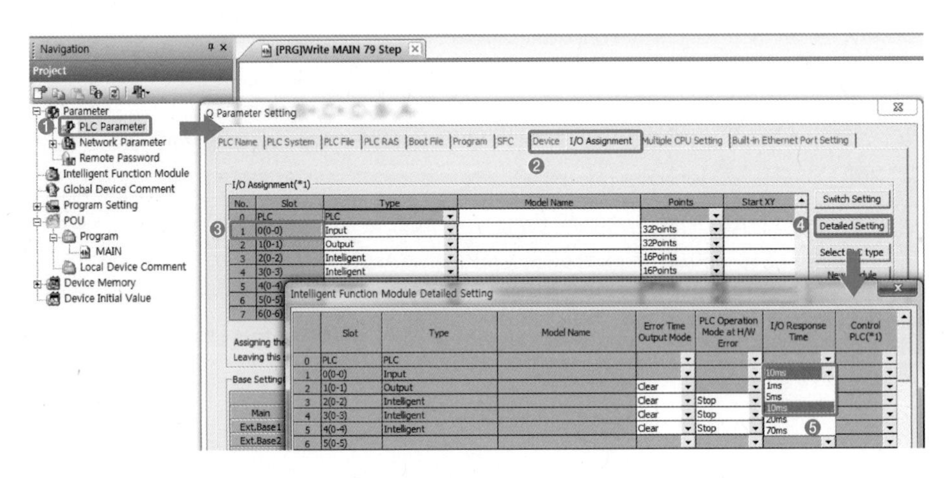

[그림 8-68] **PLC 입력모듈의 채터링 설정시간 변경 방법**

- PLC의 입력모듈의 입력신호 채터링chattering 방지를 위한 신호지연 시간은 평상시에 10ms로 설정되어 있다. 이를 1ms로 줄이면 평상시보다 10배 정도 빠른 펄스 신호를 입력 받을 수 있지만, 스위치에서 발생하는 채터링 방지 시간이 줄어들기 때문에 릴레이 접점 입력에서 오동작이 발생할 수 있다.
- PLC의 입력모듈에 입력 가능한 최대 펄스 주파수는 '채터링 방지시간+스캔타임'이 합쳐진 시간에 의해 결정된다.

PLC 프로그램

```
타이머를 이용한 공압실린더 제어(A+, 설정시간, A-)

타이머 설정값(D0)데이터 레지스터를 20으로 초기화
      SM402
  0 ──┤ ├──────────────────────────────────[MOV   K20   D0    ]

D0의 설정값을 BCD로 변환 후 FND에 표시
      SM400
 59 ──┤ ├──────────────────────────────────[BCD   D0    K2Y30 ]

로터리엔코더 스위치가 시계방향으로 회전하면 설정값 증가
      X1      X2
 85 ──┤ ├─────┤↑├──┬───────────────────────[+     K1    D0    ]
                   │
                   └[>   D0   K99 ]────────[MOV   K20   D0    ]

로터리엔코더 스위치가 반시계방향으로 회전하면 설정값 감소
      X1      X2
125 ──┤/├─────┤↑├──┬───────────────────────[-     K1    D0    ]
                   │
                   └[<   D0   K20 ]────────[MOV   K99   D0    ]

시작버튼이 눌러지면 공압실린더 제어( A+,설정시간 대기, A-)
A+
      X0      X10      M2
166 ──┤↑├─────┤ ├──┬───┤/├─────────────────────────────(M1    )
      M1           │
    ──┤ ├──────────┘

설정시간 대기(D0의 설정값에 의해 타이머 동작시간 결정)
      X11     M1       M3
208 ──┤ ├─────┤ ├──┬───┤/├──┬──────────────────────────(M2    )
      M2           │        │                            D0
    ──┤ ├──────────┘        └──────────────────────────(T10   )

A-
      T10     M2       M4
247 ──┤ ├─────┤ ├──┬───┤/├─────────────────────────────(M3    )
      M3           │
    ──┤ ├──────────┘

작업종료 신호
      X10     M3
256 ──┤ ├─────┤ ├──────────────────────────────────────(M4    )

A+를 위한 출력 Y20 = ON
      M1
269 ──┤ ├──────────────────────────────────────────────(Y20   )

A-를 위한 출력 Y21 = ON
      M3
285 ──┤ ├──────────────────────────────────────────────(Y21   )

302 ───────────────────────────────────────────────────[END   ]
```

[그림 8-69] **로터리 엔코더 스위치를 사용한 공압 실린더 동작시간 제어 프로그램**

➔ 실습과제 8-10 시작과 정지버튼을 이용한 반복제어

주어진 동작 조건을 반복적으로 동작하는 PLC 프로그램 작성법에 대해 학습해보자.

시작버튼을 누르면 정지버튼을 누를 때까지 주어진 동작을 반복하는 PLC 프로그램의 작성법을 살펴보자. 단, 시작 및 정지버튼은 각각 있는 것이 아니라 로터리 엔코더 스위치의 푸시버튼으로 그 기능을 구현한다.

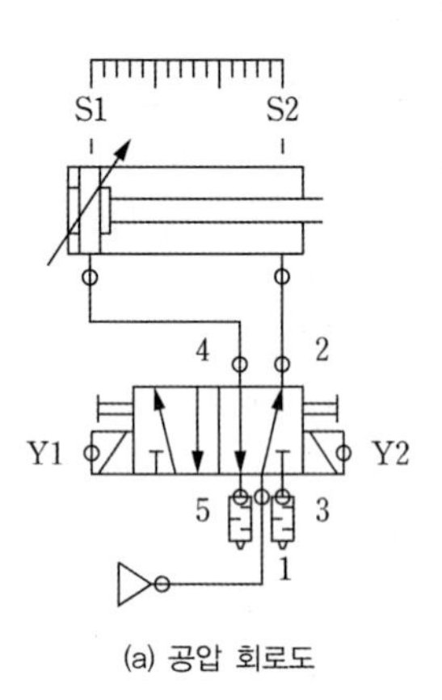

(a) 공압 회로도

동작시간 설정
감소
시작/정지
증가

(b) 조작 패널

[그림 8-70] **공압 회로도 및 조작 패널**

[표 8-11] **PLC 입출력 리스트**

입력	기능	출력	기능
X00	엔코더 스위치	Y20	Y1_전진
X01	엔코더 A_펄스	Y21	Y2_후진
X02	엔코더 B_펄스		
X10	S1_후진	Y37~30	FND 모듈
X11	S2_전진		

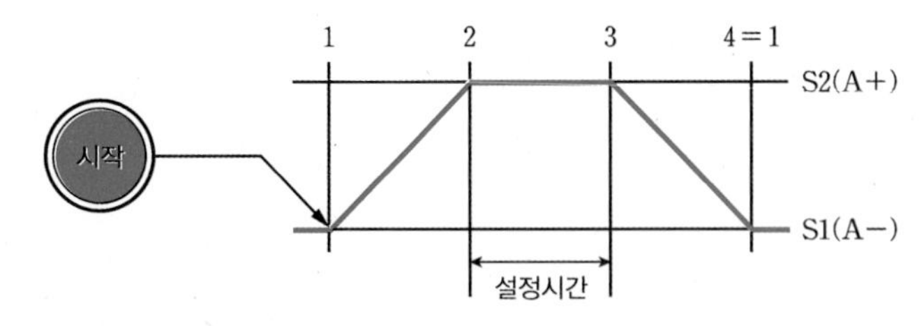

[그림 8-71] **공압 실린더의 동작 조건**

동작 조건

❶ PLC의 전원이 ON되면 FND에는 20이 표시된다. 20은 2.0sec를 의미한다.

❷ 로터리 엔코더 스위치를 시계 방향으로 회전시키면 FND 숫자는 1씩 증가한다. 시간 설정값이 99일 때에는 20으로 초기화되고 다시 1씩 증가한다.

❸ 로터리 엔코더 스위치를 반시계 방향으로 회전시키면 FND 숫자는 1씩 감소한다. 시간 설정값이 20일 때에는 99로 설정되고 다시 1씩 감소한다.

❹ 시스템 정지 상태에서 로터리 엔코더 스위치의 푸시버튼을 누르면 'A+ → 설정시간 대기 → A−'의 동작을 계속 반복한다. 다시 로터리 엔코더 스위치의 푸시버튼을 누르면, 현재 진행 중인 사이클을 완료한 후에 동작을 정지한다.

PLC 프로그램 작성법

1 1개의 푸시버튼으로 시작 및 정지 동작 기능을 구현하는 방법

[그림 8-72]는 1개의 푸시버튼만 존재하는 상황에서 정지 상태에서 스위치를 눌렀을 때, 스위치가 눌린 시간에 따라 시작과 정지의 위치를 나타낸 것이다. PLC는 입력신호를 4개의 형태, 즉 ON될 때(상승펄스), OFF될 때(하강펄스), ON되고 있는 동안(A접점), OFF되고 있는 동안(B접점)으로 구분한다. [그림 8-72]를 살펴보면 1개의 푸시버튼 신호만으로는 시작신호와 정지신호를 구분할 수 없다.

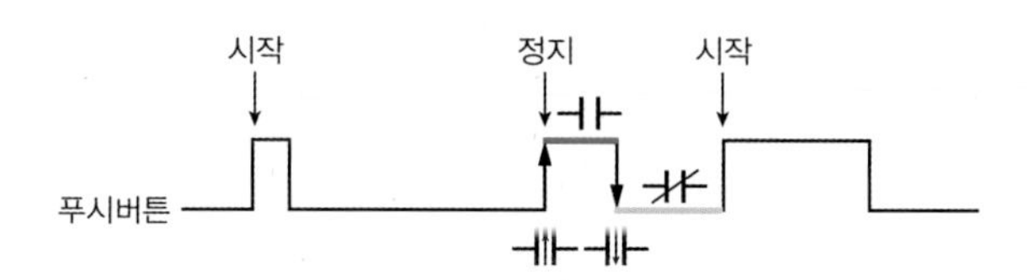

[그림 8-72] **스위치의 동작신호와 PLC의 래더 접점의 구분**

[그림 8-73]은 [그림 8-72]의 푸시버튼 신호를 이용하여 반전신호toggle 출력을 만드는 과정을 나타낸 것이다. 반전신호는 푸시버튼 신호가 ON될 때마다 반전된다. [그림 8-73]을 보면, 푸시버튼이 ON되는 순간에 반전신호 출력상태를 확인해서, OFF 상태이면 ON 상태로, ON 상태이면 OFF 상태로 상태가 반전된다. 이러한 동작을 구현하기 위해서는 푸시버튼 신호로 상승펄스 또는 하강펄스 신호를 사용해야 한다.

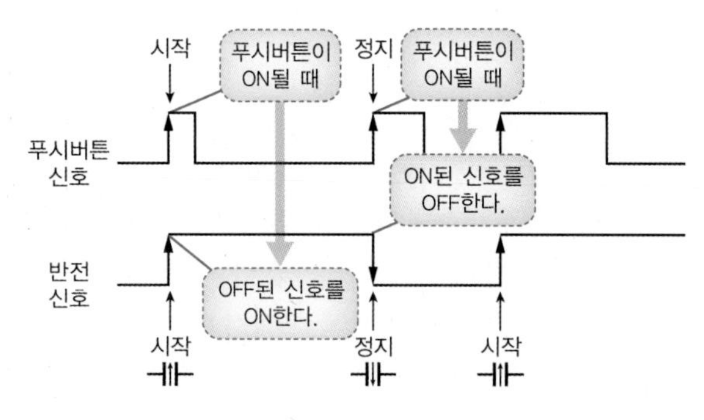

[그림 8-73] **1개의 푸시버튼으로 반전신호를 만드는 타임 차트**

2 시퀀스 제어의 반복동작 신호를 만드는 방법

공압 실린더의 동작 'A+ → 설정시간 대기 → A−'를 시퀀스 제어로 구현하기 위해서는 3개의 자기유지 회로와 1개의 작업종료 신호가 필요하다. 3개의 자기유지 회로와 1개의 작업종료 신호를 위한 비트 메모리가 PLC의 스캔동작에 의해 변환되는 과정을 [표 8-12]에 나타내었다.

[표 8-12]의 13번째의 스캔 횟수에서 시작버튼인 X0가 ON되면 M1 비트가 ON되어 실린더 A는 전진동작을 하게 된다. 전진동작 동안 여러 번의 스캔이 실행되고 스캔 횟수 54번째에서 실린더의 전진동작 완료신호인 X11이 ON되면, 두 개의 메모리 비트가 순차적으로(표에서 색칠한 부분으로 M1=ON되고 M2=ON되는 순서를 의미) 1스캔타임 동안 함께 ON된다.

[표 8-12] **시퀀스 제어동작의 PLC 프로그램의 스캔 사이클에 의한 메모리 상태 (ST : 시작버튼)**

작업 순서	메모리		ST (X0)			S2 (X11)			T1			S1 (X10)			ST (X0)	작업 신호
		…	13	14	…	54	55	…	65	66	…	80	81	…	555	스캔 횟수
A+	M1	0	1	1	1	1	0	0	0	0	0	0	0	0	1	
대기	M2	0	0	0	0	1	1	1	1	0	0	0	0	0	0	
A−	M3	0	0	0	0	0	0	0	1	1	1	1	0	0	0	
종료	M4	0	0	0	0	0	0	0	0	0	0	1	0	0	0	

[표 8-13]의 80번째 스캔타임에서 S1의 입력에 의해 ON되는 작업종료 신호(도표에서 옅은 파란색 음영 부분)는 81번째 스캔타임의 M1, M2, M3의 동작에 영향을 미칠 수 있는 ON 상태를 유지한다(도표에서 진한 파란색 음영 부분). [표 8-13]에서 작업종료 신호(M4)을 A+ 동작의 시작신호로 사용하면, 81번의 스캔타임에서 별도의 시작버튼을 누르지 않아도 반복동작이 이루어질 수 있다.

[표 8-13] **시퀀스 제어동작의 PLC 프로그램의 스캔 사이클에 의한 메모리 상태**

작업순서	메모리		ST (X0)			S2 (X11)			T1			S1 (X10)			ST (X0)	작업신호
		…	13	14	…	54	55	…	65	66	…	80	81	…	555	스캔횟수
A+	M1	0	1	1	1	1	0	0	0	0	0	0	0	0	1	
대기	M2	0	0	0	0	1	1	1	1	0	0	0	0	0	0	
A−	M3	0	0	0	0	0	0	0	1	1	1	1	0	0	0	
종료	M4	0	0	0	0	0	0	0	0	0	0	1	0	0	0	

PLC 프로그램 1

타이머를 이용한 공압실린더 제어(A+, 설정시간, A-)

타이머 설정값(D0)데이터 레지스터를 20으로 초기화

0 SM402 [MOV K20 D0]

D0의 설정값을 BCD로 변환 후 FND에 표시

59 SM400 [BCD D0 K2Y30]

로터리엔코더 스위치가 시계방향으로 회전하면 설정값 증가

85 X1 X2 [+ K1 D0]
[> D0 K99] [MOV K20 D0]

로터리엔코더 스위치가 반시계방향으로 회전하면 설정값 감소

125 X1 X2 [- K1 D0]
[< D0 K20] [MOV K99 D0]

로터리엔코더 스위치가 눌러질 때 마다 M0비트를 반전

166 X0 [FF M0]

M0비트가 ON될 때 공압실린더 반복동작 (A+,설정시간 대기, A-)

A+

197 M0 X10 M2 (M1)
M1
M0 M4 → 반복동작 신호

설정시간 대기(D0의 설정값에 의해 타이머 동작시간 결정)

243 X11 M1 M3 (M2)
M2 D0 (T10)

(계속)

```
A-
        T10      M2       M4
282 ──┤ ├────┤ ├──┬──┤/├─────────────────────────────( M3 )
        M3        │
      ──┤ ├───────┘

작업종료 신호
        X10      M3
291 ──┤ ├────┤ ├─────────────────────────────────────( M4 )

A+를 위한 출력 Y20 = ON
        M1
304 ──┤ ├────────────────────────────────────────────( Y20 )

A-를 위한 출력 Y21 = ON
        M3
320 ──┤ ├────────────────────────────────────────────( Y21 )

337 ─────────────────────────────────────────────────[ END ]
```

[그림 8-74] **시작 및 정지버튼에 의한 반복동작 프로그램(자기유지 회로로 구현)**

PLC 프로그램 2

```
타이머를 이용한 공압실린더 제어(A+, 설정시간, A-)

타이머 설정값(D0)데이터 레지스터를 20으로 초기화
        SM402
0   ──┤ ├──────────────────────────────[ MOV    K20    D0    ]

D0의 설정값을 BCD로 변환 후 FND에 표시
        SM400
59  ──┤ ├──────────────────────────────[ BCD    D0     K2Y30 ]

로터리엔코더 스위치가 시계방향으로 회전하면 설정값 증가
        X1       X2
85  ──┤ ├────┤↑├──┬────────────────────[ +      K1     D0    ]
                  │
                  └[ >   D0   K99 ]────[ MOV    K20    D0    ]

로터리엔코더 스위치가 반시계방향으로 회전하면 설정값 감소
        X1       X2
125 ──┤/├────┤↑├──┬────────────────────[ -      K1     D0    ]
                  │
                  └[ <   D0   K20 ]────[ MOV    K99    D0    ]

로터리엔코더 스위치가 눌러질 때 마다 M0비트를 반전
        X0
166 ──┤↑├──────────────────────────────────────[ FF     M0    ]

공압실린더 동작 시작 및 반복동작
        M0                X10
197 ──┤↑├─────────┬────┤ ├─────────────────────[ SET    M1    ]
        M0     M10│
      ──┤ ├──┤ ├──┘ ──▶ 반복동작 신호
```

(계속)

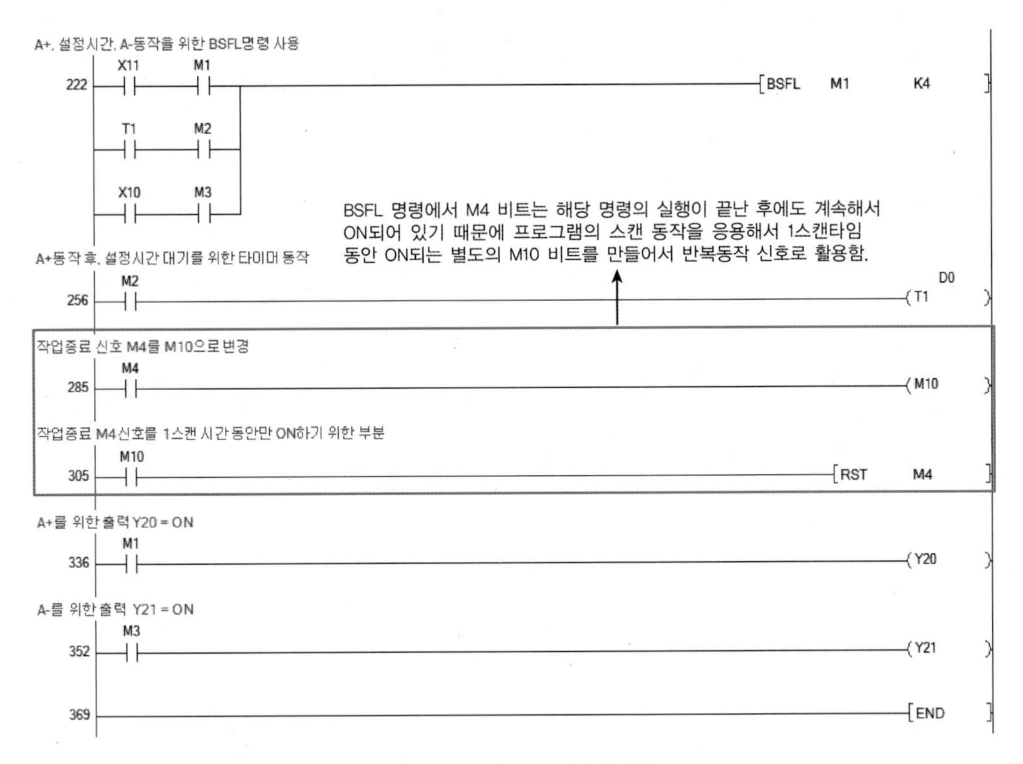

[그림 8-75] **시작 및 정지버튼에 의한 반복동작 프로그램(BSFL 명령어 사용)**

[실습과제 8-10]에서는 두 가지 방법으로 프로그램을 작성해보았다. 첫 번째 프로그램은 자기유지 회로와 작업종료 신호를 만들어서 반복동작을 구현하였으며, 두 번째 프로그램은 BSFL 명령을 사용하여 반복동작을 구현한 것이다.

[그림 8-75]의 프로그램을 작성해서 시작버튼(X0)을 누르면, BSFL 명령에 의해 'A+ → 1초 → A−'의 순서로 1사이클 동작을 한다. 1사이클 동작 후에 M1 ~ M4 비트를 모니터링해보면 M4비트는 1로 설정되어 있다. 작업종료 신호를 반복동작을 위한 시작신호로 사용하기 위해서는 M4가 1스캔 동안만 ON 상태를 유지해야 하는데, 여기에서는 계속해서 ON 상태를 유지하기 때문에 신호간섭의 문제가 생길 수 있다.

따라서 M4 비트를 사용하여 [그림 8-75]처럼 1스캔타임 동안만 ON되는 M10을 만들고, 이를 반복동작의 시작신호로 사용한다. [그림 8-75]의 프로그램 라인 285번에서 M4가 ON되면 M10이 ON된다. 다음 라인에서 M10에 의해 M4는 RST 명령에 의해 0으로 변경되지만, 앞 라인의 M10은 다음 스캔에서 OFF된다. 그 이유는 프로그램이 위에서 아래로 순차적으로 내려가면서 실행되기 때문에 M10이 1스캔타임 동안 ON되는 비트가 되는 것이다.

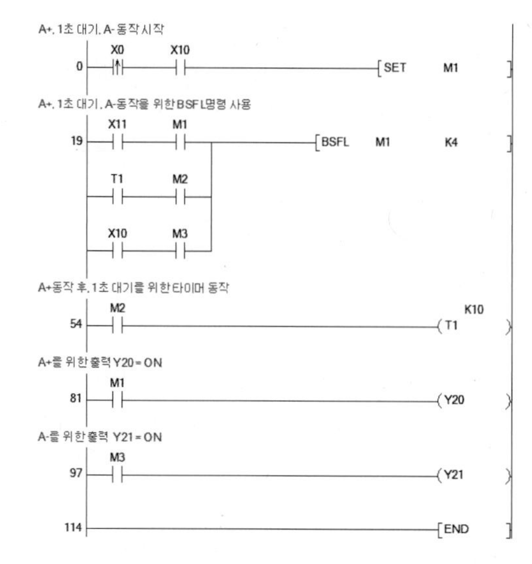

(a) BSFL 명령을 사용한 1사이클 동작 프로그램

① 모니터 모드를 선택한다.

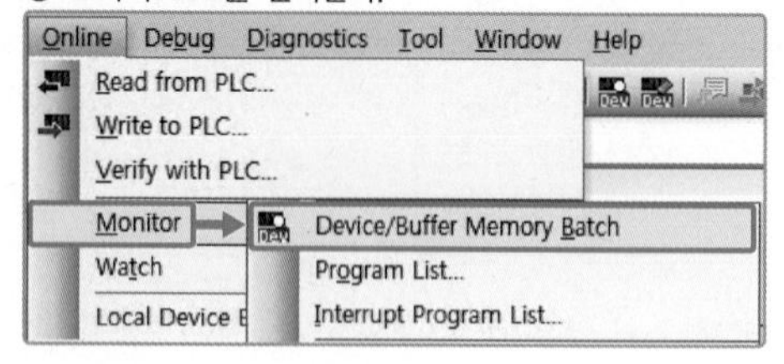

② M0부터 모니터링 시작

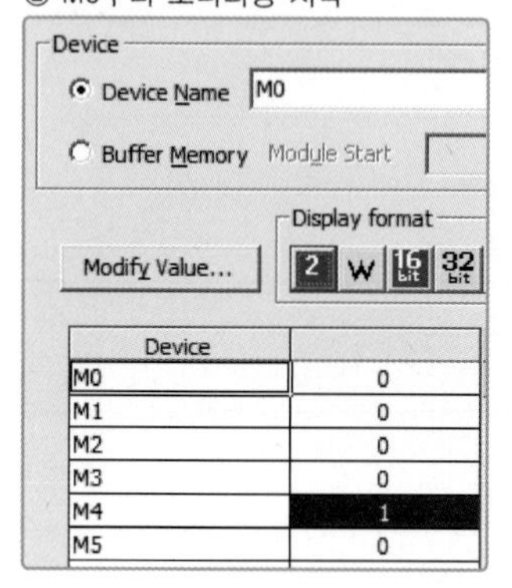

(b) M1 ~ M4 모니터링 결과

[그림 8-76] **BSFL 명령어의 1사이클 동작에 따른 비트 메모리의 상태**

실습과제 8-11 반복동작이 안 되는 시퀀스 제어 문제 분석

시퀀스 제어 프로그램에서 작업종료 신호를 사용하여 반복 제어동작을 구현해보았다. 이번 실습과제에서는 예외사항을 살펴보고 해결방법을 찾아본다.

[실습과제 8-10]에서 작업종료 신호를 사용해서 반복동작을 구현해보았다. 이번에는 반복동작이 이루어지지 않는 시퀀스 제어동작을 살펴보자.

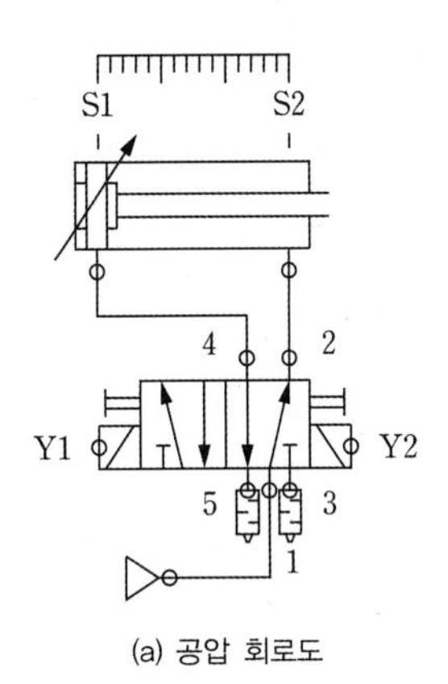

(a) 공압 회로도

동작횟수 설정

감소

시작/정지

증가

(b) 조작 패널

[그림 8-77] **공압 회로도 및 조작 패널**

[표 8-14] **PLC 입출력 리스트**

입력	기능	출력	기능
X00	엔코더 스위치	Y20	Y1_전진
X01	엔코더 A_펄스	Y21	Y2_후진
X02	엔코더 B_펄스		
X10	S1_후진	Y37~30	FND 모듈
X11	S2_전진		

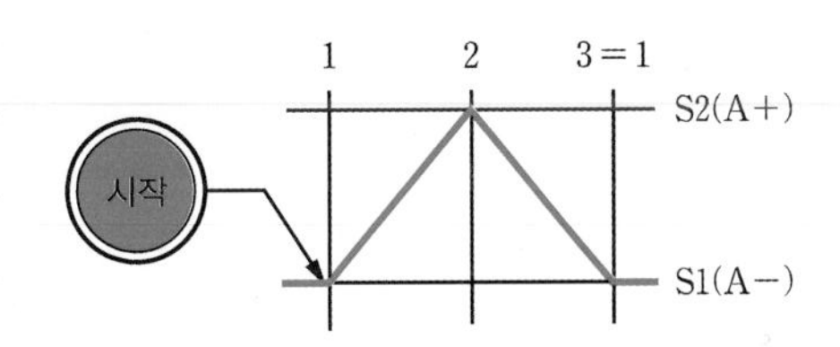

[그림 8-78] **공압 실린더의 동작 조건**

동작 조건

시스템 정지상태에서 로터리 엔코더 스위치의 푸시버튼을 누르면, ‘A+ → A−’의 동작을 계속 반복한다. 다시 로터리 엔코더 스위치의 푸시버튼을 누르면, 현재 진행 중인 사이클을 완료한 후에 동작을 정지한다.

PLC 프로그램 작성법

1 A+, A-의 동작은 2개의 자기유지 회로와 1개의 작업종료 신호로 구현할 수 있다. 해당 동작을 구현하기 위한 PLC 프로그램을 만들어보고, 프로그램이 실행되면서 메모리가 어떻게 동작하는지 살펴보자.

[그림 8-79]의 프로그램 0번 라인을 살펴보면, 작업종료 신호 M3을 반복신호로 사용하고 있기 때문에 시작버튼을 누르면 무한 반복동작을 해야 한다. 하지만 실제로 프로그램을 작성하여 실행시켜보면 1사이클만 동작한다.

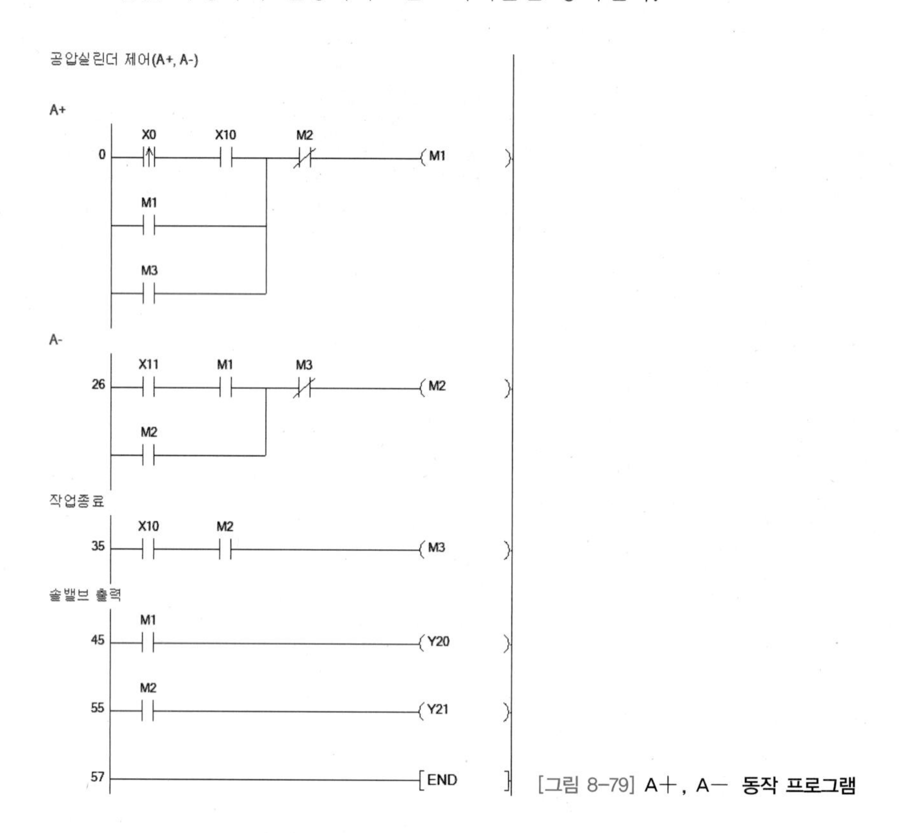

[그림 8-79] A+, A- **동작 프로그램**

[표 8-15]는 [그림 8-79]의 PLC 프로그램의 스캔 동작에 따른 메모리의 동작상태를 나타낸 것이다. 스캔타임 65번째에서 A- 동작의 종료신호인 X10의 입력신호에 작업종료 신호가 ON되지만, 66번째 스캔타임에서 M1을 ON시키지 못해 반복동작이 이루어지지 않는 것이다.

[표 8-16]에서, 스캔타임 54번에서 ON된 M2는 스캔타임 65번까지 ON 상태를 유지한다. 스캔타임 65번에서 ON되어 있는 M2의 ON 신호가 미치는 범위를 파란색 음영으로 표시하였는데, 이는 66번째의 스캔타임의 M1의 동작에도 영향을 미칠 수 있다.

[표 8-15] **시퀀스 제어동작 PLC 프로그램의 스캔 사이클에 의한 메모리 상태**

작업순서	메모리		ST (X0)			S2 (X11)			S1 (X10)							작업신호
		…	13	14	…	54	55	…	65	66	…	80	81	…	555	스캔횟수
A+	M1	0	1	1	1	1	0	0	0	0	0	0	0	0	0	
A−	M2	0	0	0	0	1	1	1	1	0	0	0	0	0	0	
종료	M3	0	0	0	0	0	0	0	1	0	0	0	0	0	0	

[표 8-16] **시퀀스 제어동작 PLC 프로그램의 스캔 사이클에 의한 메모리 상태**

작업순서	메모리		ST (X0)			S2 (X11)			S1 (X10)							작업신호
		…	13	14	…	54	55	…	65	66	…	80	81	…	555	스캔횟수
A+	M1	0	1	1	1	1	0	0	0	0	0	0	0	0	0	
A−	M2	0	0	0	0	1	1	1	1	0	0	0	0	0	0	
종료	M3	0	0	0	0	0	0	0	1	0	0	0	0	0	0	

[표 8-17]에서 스캔타임 65번에서 ON된 M3은 스캔타임 66의 M1과 M2의 동작에 영향을 미칠 수 있다. [표 8-16]과 [표 8-17]에 의해 66번의 스캔타임에서 M1은, 65번 스캔타임에서 ON된 M2와 M3의 영향을 받게 된다.

[표 8-17] **시퀀스 제어동작 PLC 프로그램의 스캔 사이클에 의한 메모리 상태**

작업순서	메모리		ST (X0)			S2 (X11)			S1 (X10)							작업신호
		…	13	14	…	54	55	…	65	66	…	80	81	…	555	스캔횟수
A+	M1	0	1	1	1	1	0	0	0	0	0	0	0	0	0	
A−	M2	0	0	0	0	1	1	1	1	0	0	0	0	0	0	
종료	M3	0	0	0	0	0	0	0	1	0	0	0	0	0	0	

[그림 8-80]의 프로그램을 보면, [표 8-17]의 66번째 스캔타임에서 M2와 M3가 동시에 ON되어 있기 때문에 작업종료 M3이 ON되어 M1의 상태를 1로 만들려고 한다. 그러나 M2가 ON되어 있기 때문에 M1은 ON되지 않는 상태에서 66번째 스캔타임을 종료하면서 66번째 스캔타임에서 작업종료 신호도 종료되기 때문에 반복동작이 이루어지지 못한다.

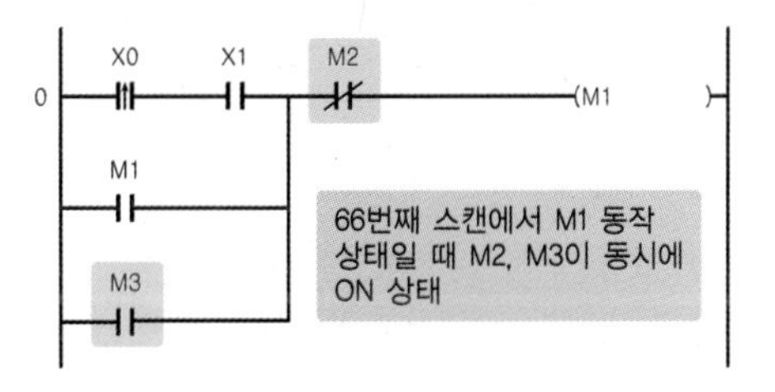

[그림 8-80] **M3을 반복동작 신호로 사용**

2 A+, A−의 반복동작을 구현하기 위해서는 M3의 작업종료 신호를 하강펄스 신호로 변경한 다음, M1의 반복 시작신호로 사용한다.

[표 8-18]의 65번째 스캔타임에서 ON되는 작업종료 신호 M3을 하강펄스 신호로 만들면, 66번째 스캔타임에서 M3의 하강펄스 신호가 ON된다. 이때 M1 ~ M3은 전부 OFF 상태가 된다. 그리고 66번째에서 ON되는 M3의 하강신호는 67번째 스캔타임에서 M1 ~ M3까지 영향을 미칠 수 있게 된다.

[표 8-18] 시퀀스 제어동작 PLC 프로그램의 스캔 사이클에 의한 메모리 상태

작업 순서	메모리		ST (X0)			S2 (X11)			S1 (X10)							작업 신호
		…	13	14	…	54	55	…	65	66	67	…	81	…	555	스캔 횟수
A+	M1	0	1	1	1	1	0	0	0	0	0	0	0	0	0	
A−	M2	0	0	0	0	1	1	1	1	0	0	0	0	0	0	
종료	M3	0	0	0	0	0	0	0	1	0	0	0	0	0	0	
M3 하강신호		0	0	0	0	0	0	0	0	1	0	0	0	0	0	

[그림 8-80]의 PLC 프로그램에서, [그림 8-81]과 같이 M3의 작업종료 신호를 하강펄스 신호로 변환하여 반복동작의 신호로 사용하면 반복동작이 이루어진다. M3의 하강펄스 신호를 제어할 수 있는 별도의 메모리가 없기 때문에 그 동작은 무한 반복된다. 작업을 종료하기 위해서는 PLC CPU를 리셋한다.

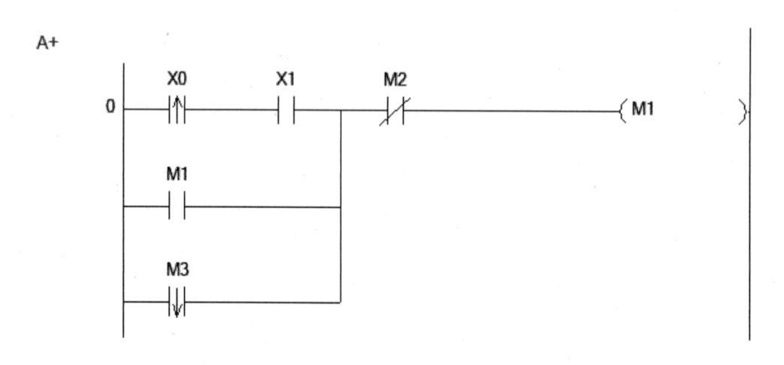

[그림 8-81] M3 하강신호를 반복동작 신호로 사용

PLC 프로그램 1 : 자기유지 회로 사용

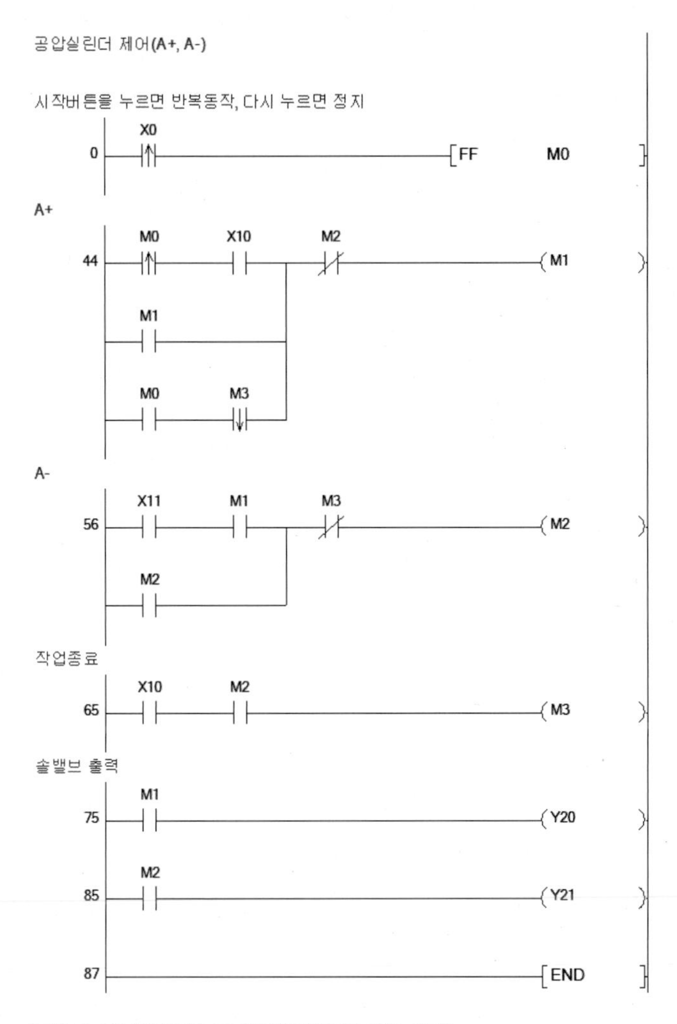

[그림 8-82] **반복동작 프로그램(자기유지 회로 사용)**

자기유지 회로를 사용해서 시퀀스 제어동작 프로그램을 작성하는 경우, 앞에서 살펴보았듯이 1스캔타임 동안 두 개의 자기유지 회로가 동시에 ON되기 때문에, 두 개의 자기유지 회로에 의한 반복동작을 구현하기 위해서는 작업종료 신호의 하강펄스 신호를 사용한다. [그림 8-82]에서 A+, A- 동작을 위해 2개의 자기유지 회로와 1개의 작업종료 신호로 프로그램을 구성하였고, 반복동작을 위해 M3의 작업종료 신호를 하강펄스 신호로 만들어 반복 시작신호로 사용하였다.

PLC 프로그램 : BSFL 명령 사용

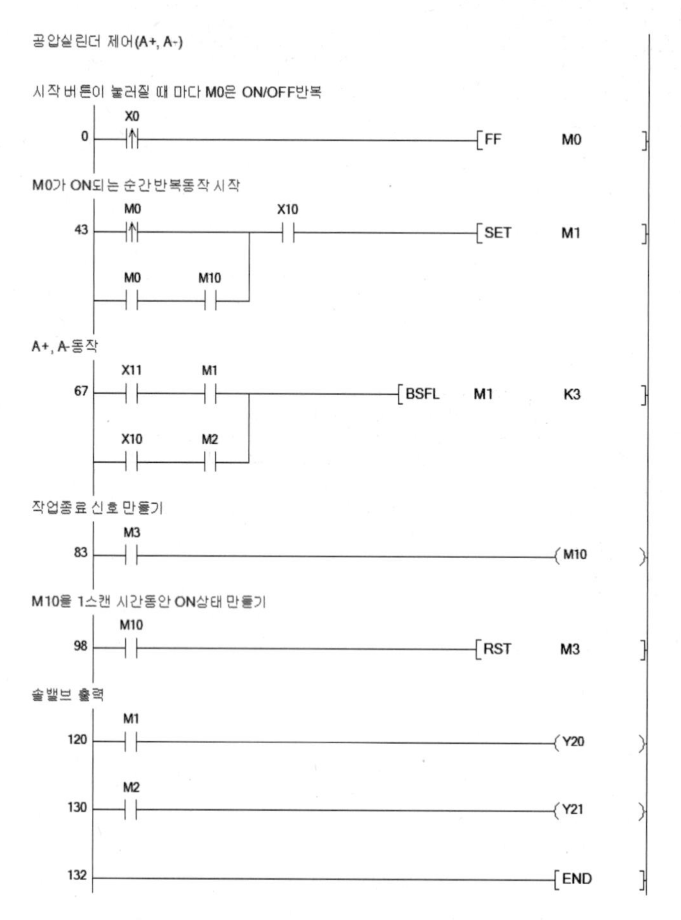

[그림 8-83] **반복동작 프로그램(BSFL 명령어 사용)**

[그림 8-83]은 BSFL 명령을 사용해서 A+, A− 동작을 구현한 PLC 프로그램이다. BSFL 명령어를 사용하면, 자기유지 회로로 구성된 시퀀스 제어 프로그램과 달리 1스캔 타임 동안에 2개의 비트가 동시에 ON되는 문제점이 발생하지 않는다. 따라서 [그림 8-83]의 프로그램 라인 43번에서 작업종료 신호 M10의 A접점을 반복시작 신호로 사용해도 문제가 발생하지 않는다. 이처럼 프로그램의 작성방법과 명령어의 사용법에 따라 실행 조건이 다를 수 있기 때문에 평소에 사용하지 않는 형태의 프로그램 작성법 또는 명령어를 사용할 때에는 충분한 학습과 연습이 필요하다. 이처럼 프로그램의 동작원리를 정확하게 이해한 후에 프로그램을 작성해야 문제가 발생해도 해결할 수 있다.

⊡ 실습과제 8-12 카운터를 이용한 반복제어

시작 및 정지버튼에 의한 반복제어에서는 횟수에 대한 제어가 불가능하였다. 이번에는 카운터를 사용해서 정해진 횟수만큼만 반복동작하는 프로그램 작성법에 대해 학습해보자.

[실습과제 8-11]에서는 시작 및 정지버튼을 사용해 반복동작을 제어하는 프로그램 작성법에 대해 살펴보았다. 이번 과제에서는 카운터를 사용하여 반복동작을 사전에 전해진 설정값의 횟수만큼만 실행하는 PLC 프로그램 작성법에 대해 살펴보자.

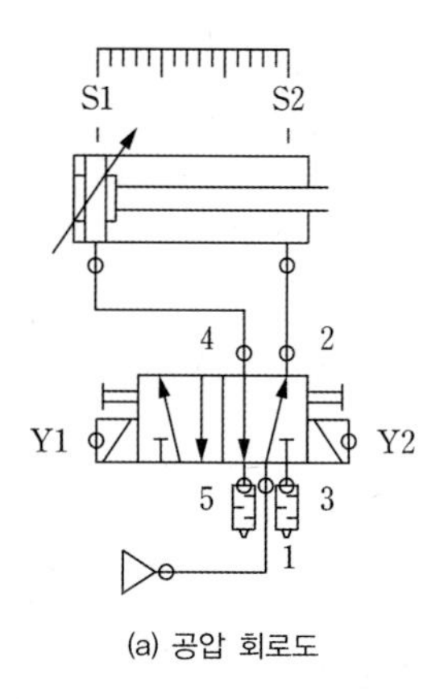

(a) 공압 회로도

(b) 조작 패널

[그림 8-84] **공압 회로도 및 조작 패널**

[표 8-19] **PLC 입출력 리스트**

입력	기능	출력	기능
X00	엔코더 스위치	Y20	Y1_전진
X01	엔코더 A_펄스	Y21	Y2_후진
X02	엔코더 B_펄스		
X10	S1_후진	Y37~30	FND 모듈
X11	S2_전진		

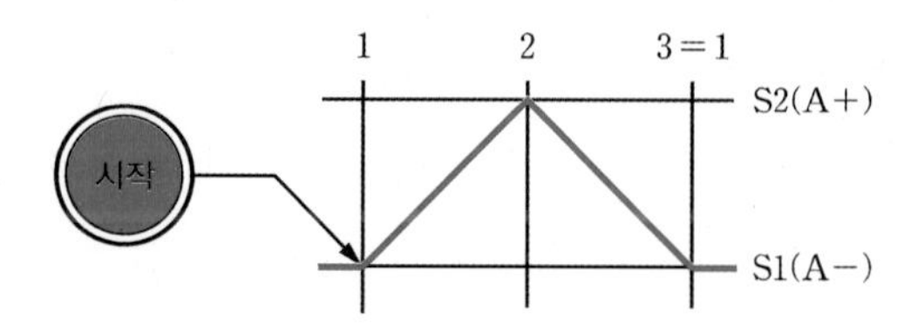

[그림 8-85] **공압 실린더의 동작 조건**

동작 조건

❶ 1개의 로터리 엔코더 스위치의 푸시버튼을 시작 및 정지동작 버튼으로 사용한다.

❷ 시스템 정지상태에서 로터리 엔코더 스위치의 푸시버튼을 누르면, 'A+ → A−'의 동작을 10회 반복 후에 자동 정지한다.

❸ 반복동작 중에 로터리 엔코더 스위치의 푸시버튼이 다시 눌리면, 현재 실행 중인 사이클을 완료한 후에 정지한다. 이때 실행된 반복동작의 횟수를 기억해야 한다.

❹ 시스템 정지상태에서 로터리 엔코더 스위치의 푸시버튼을 누르면 남은 횟수만큼 'A+ → A−'의 동작을 실행한 후에 정지한다.

PLC 프로그램 작성법

PLC의 카운터 명령어는 카운터 동작과 카운터의 리셋으로 구분된다. 따라서 카운터에서 자신의 출력을 이용해서 자신을 리셋시키는 셀프 리셋을 사용할 때에는 다음과 같은 2가지 방법을 동작 조건에 따라 구분해서 사용해야 한다.

1 [그림 8-86]처럼 카운터의 리셋 명령을 카운터 뒤에 작성하면, 카운터의 출력이 ON되면서 다음 명령에서 카운터의 출력을 리셋하기 때문에 카운터의 출력 접점을 다른 곳에 사용할 수 없다.

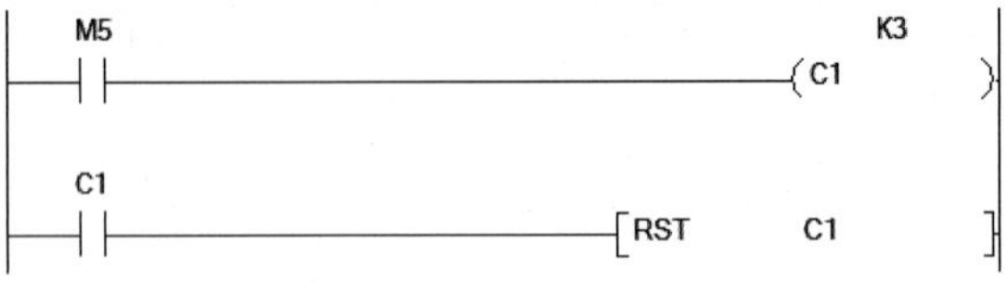

```
   M5                                        K3
|--| |---------------------------------(C1        )|
   C1
|--| |-----------------------[RST       C1        ]|
```

[그림 8-86] **카운터 하단에 카운터 리셋 위치**

2 [그림 8-86]을 [그림 8-87]처럼 수정하면, 카운터의 출력이 ON되면서 바로 리셋되지 않고, 카운터의 출력이 ON된 시점의 스캔타임이 종료된 후, 다음 스캔타임에 카운터 리셋 명령에 의해 카운터의 출력 접점이 OFF된다. 따라서 카운터의 출력 접점을 다른 곳에 사용할 수 있다.

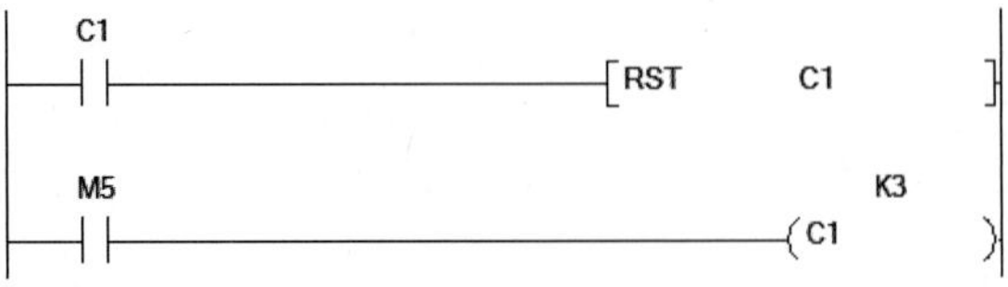

```
   C1
|--| |-----------------------[RST       C1        ]|
   M5                                        K3
|--| |---------------------------------(C1        )|
```

[그림 8-87] **카운터 상단에 카운터 리셋 위치**

PLC 프로그램 1 : 자기유지 회로 사용

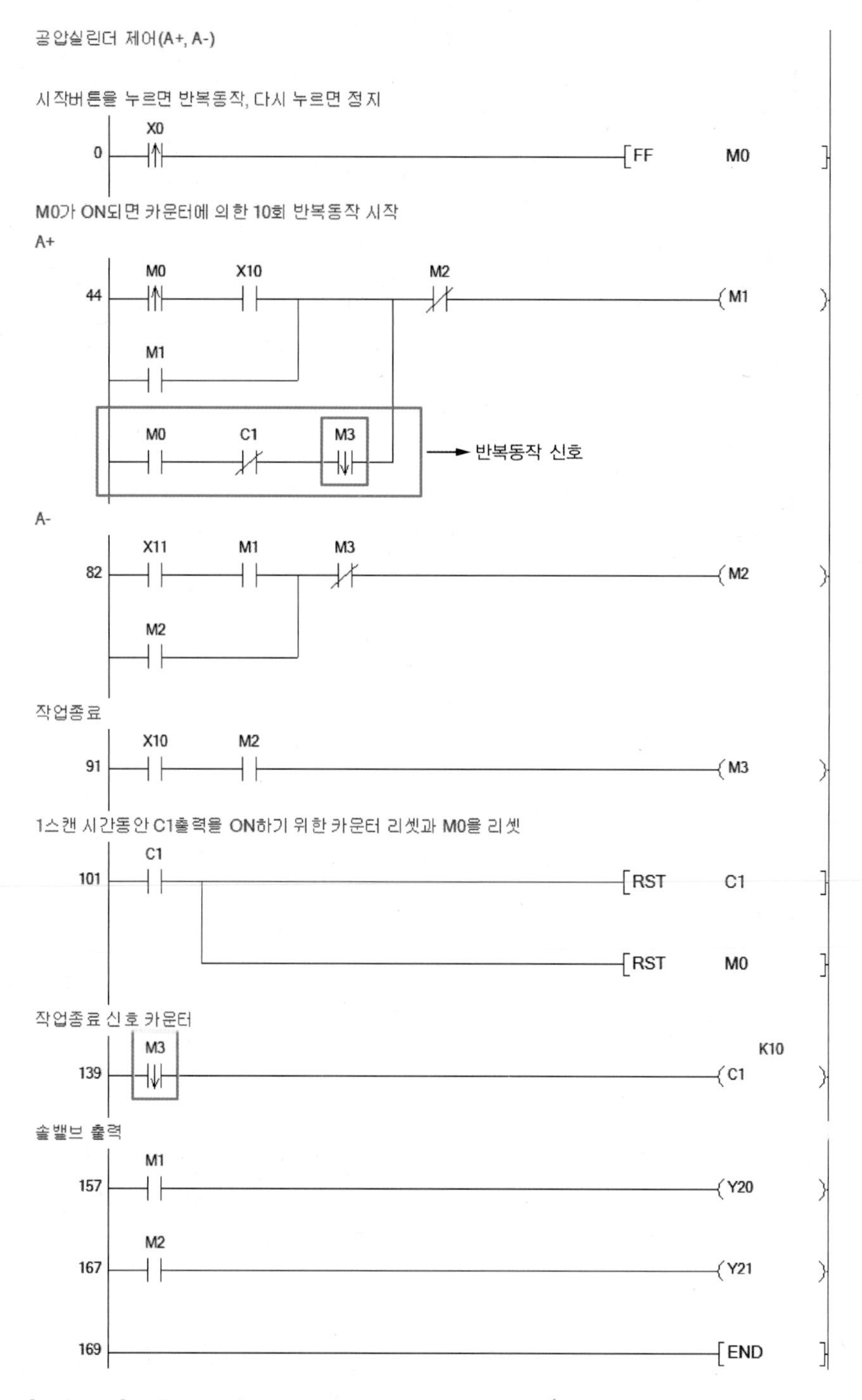

[그림 8-88] **카운터를 이용한 반복동작 프로그램(자기유지 회로 사용)**

카운터의 입력에 사용한 M3 접점의 신호와, 반복동작을 위해 사용한 M3 접점 신호가 동일해야 한다. 만약 접점의 종류가 다르면 무한 반복동작을 하게 된다. 또한 카운터의 리셋 명령의 위치가 카운터의 아랫부분에 위치해도 무한 반복동작을 한다.

PLC 프로그램 2 : BSFL 명령 사용

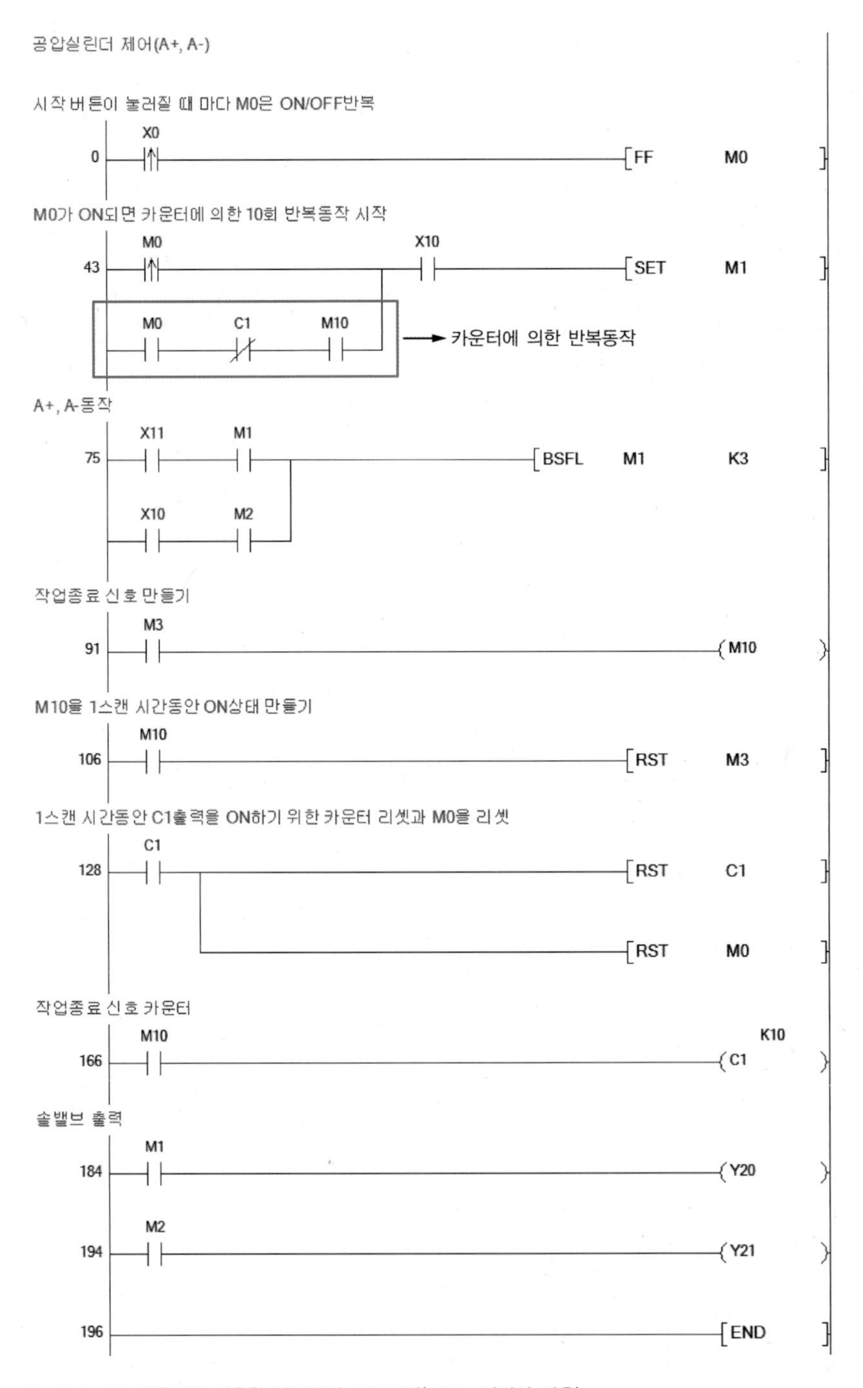

[그림 8-89] **카운터를 이용한 반복동작 프로그램(BSFL 명령어 사용)**

실습과제 8-13 카운터를 이용한 동작횟수 설정과 표시

카운터의 설정값을 로터리 엔코더 스위치의 조작을 통해 설정하고, 설정한 횟수만큼 반복동작하는 프로그램 작성법에 대해 학습해보자.

이번 과제에서는 로터리 엔코더 스위치를 조작하여 카운터의 설정값을 변경함으로써 공압 실린더의 반복동작 횟수를 변경하는 PLC 프로그램 작성법에 대해 살펴보자.

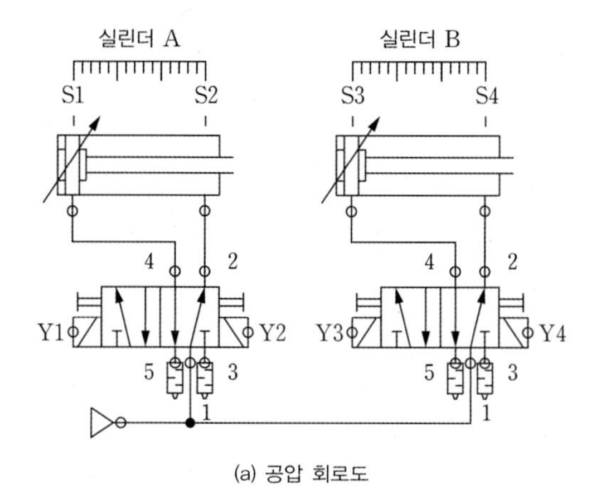

(a) 공압 회로도

현재 동작횟수
동작횟수 설정
감소
시작/정지
증가

(b) 조작 패널

[그림 8-90] **공압 회로도 및 조작 패널**

[표 8-20] **PLC 입출력 리스트**

입력	기능		출력	기능	
X00	엔코더 스위치		Y20	Y1_전진	실린더 A
X01	엔코더 A_펄스		Y21	Y2_후진	
X02	엔코더 B_펄스		Y22	Y3_전진	실린더 B
X10	S1_후진	실린더 A	Y23	Y4_후진	
X11	S2_전진		Y37~30	설정값 FND 모듈	
X12	S3_후진	실린더 B	Y3F~Y38	현재값 FND 모듈	
X13	S4_전진				

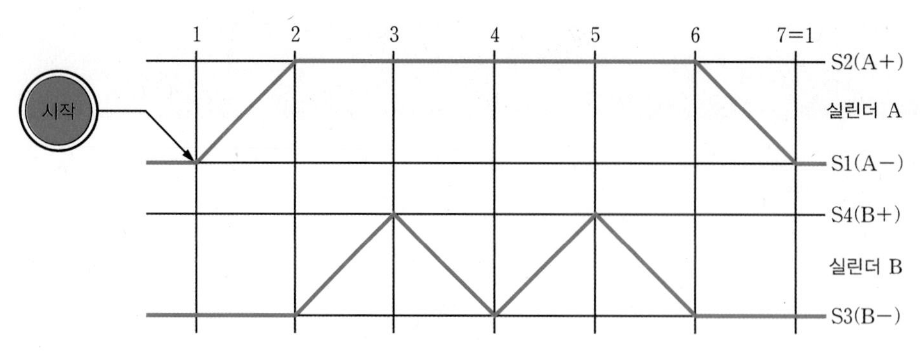

[그림 8-91] **공압 실린더의 동작 조건**

동작 조건

❶ 시스템의 전원이 ON되면, 공압 실린더는 후진상태이다. 동작횟수 설정 FND에는 03이 표시되고, 현재 동작횟수 FND에는 00이 표시된다.

❷ 1개의 로터리 엔코더 스위치의 푸시버튼을 시작 및 정지동작 버튼으로 사용한다.

❸ 시스템 정지상태에서 로터리 엔코더 스위치를 시계 방향으로 회전하면 동작횟수 설정값이 증가하는데, 그 값은 최대 99까지 증가한다. 시스템 동작 중에는 설정값을 변경할 수 없다.

❹ 시스템 정지상태에서 로터리 엔코더 스위치를 반시계 방향으로 회전하면 동작횟수 설정값이 감소하는데, 그 값은 최소 1까지 감소한다. 시스템 동작 중에는 설정값을 변경할 수 없다.

❺ 시스템 동작 중에 로터리 엔코더 스위치의 푸시버튼이 다시 눌리면, 현재 실행 중인 사이클을 완료한 후에 정지한다. 한편 시스템 동작 중에는 현재의 동작횟수가 표시되어야 한다. 시스템 정지상태에서 로터리 엔코더 스위치의 푸시버튼을 누르면 남은 횟수만큼 동작을 실행한 후에 정지한다. 설정한 횟수만큼 동작을 완료한 후에 정지할 때에는 현재 동작횟수가 00으로 클리어된다.

PLC 프로그램 작성법

주어진 변위선도에서 공압 실린더의 동작은 'A+ → B+ → B− → B+ → B− → A−'의 순서로 동작한다. 따라서 동작의 개수가 6개이므로, 주어진 동작을 구현하기 위해서는 총 6개의 자기유지 회로와 1개의 작업종료 신호가 필요하다. 하지만 동작의 개수가 많아질수록 자기유지 회로를 사용하면 프로그램이 너무 길어지기 때문에 이제부터는 BSFL 명령을 사용해서 시퀀스 제어동작을 구현해보자. BSFL 명령으로 주어진 동작의 시퀀스 제어를 하기 위해서는 M1 ~ M7까지 7개의 비트가 필요하다.

PLC 프로그램

```
공압실린더 제어(A+, B+, B-, B+, B-, A-)

시스템의 전원이 ON될 때 동작횟수 설정을 3으로 설정
      SM402
  0 ──┤ ├──────────────────────────────────────[MOV   K3    D0    ]

FND에 동작횟수 설정 및 현재 동작 횟수를 표시
      SM400
 55 ──┤ ├──┬───────────────────────────────────[BCD   D0    K2Y30 ]
           └───────────────────────────────────[BCD   C1    K2Y38 ]

시스템 동작 중이 아닐 때 동작횟수 설정값 변경
      M0        X1     X2
 87 ──┤/├──┬───┤ ├────┤↑├──[<   D0   K99 ]─────[+     K1    D0    ]
           │    X1     X2
           └───┤/├────┤↑├──[>   D0   K1  ]─────[-     K1    D0    ]

A실린더 및 B실린더 후진 위치 검출
      X10      X12
131 ──┤ ├──────┤ ├──────────────────────────────────────(M100      )

시작버튼이 눌러질 때 마다 M0은 ON/OFF반복
      X0
153 ──┤↑├──────────────────────────────────────[FF          M0    ]

M0비트가 ON되는 순간 시스템 동작(A, B실린더 후진 위치검출)
반복동작
      M0                        M100
180 ──┤↑├──────────────────┬────┤ ├────────────[SET         M1    ]
      M0       C1      M10 │
   ───┤ ├──────┤/├─────┤ ├─┘

A+, B+, B-, B+, B-, A- 순서로 공압실린더 동작
      X11      M1
226 ──┤ ├──────┤ ├──┬──────────────────────────[BSFL  M1    K7    ]
      X13      M2   │
   ───┤ ├──────┤ ├──┤
      X12      M3   │
   ───┤ ├──────┤ ├──┤
      X13      M4   │
   ───┤ ├──────┤ ├──┤
      X12      M5   │
   ───┤ ├──────┤ ├──┤
      X10      M6   │
   ───┤ ├──────┤ ├──┘

작업종료 신호 만들기
      M7
271 ──┤ ├───────────────────────────────────────────────(M10       )

M10을 1스캔 시간동안 ON상태 만들기
      M10
286 ──┤ ├──────────────────────────────────────[RST         M7    ]
```

(계속)

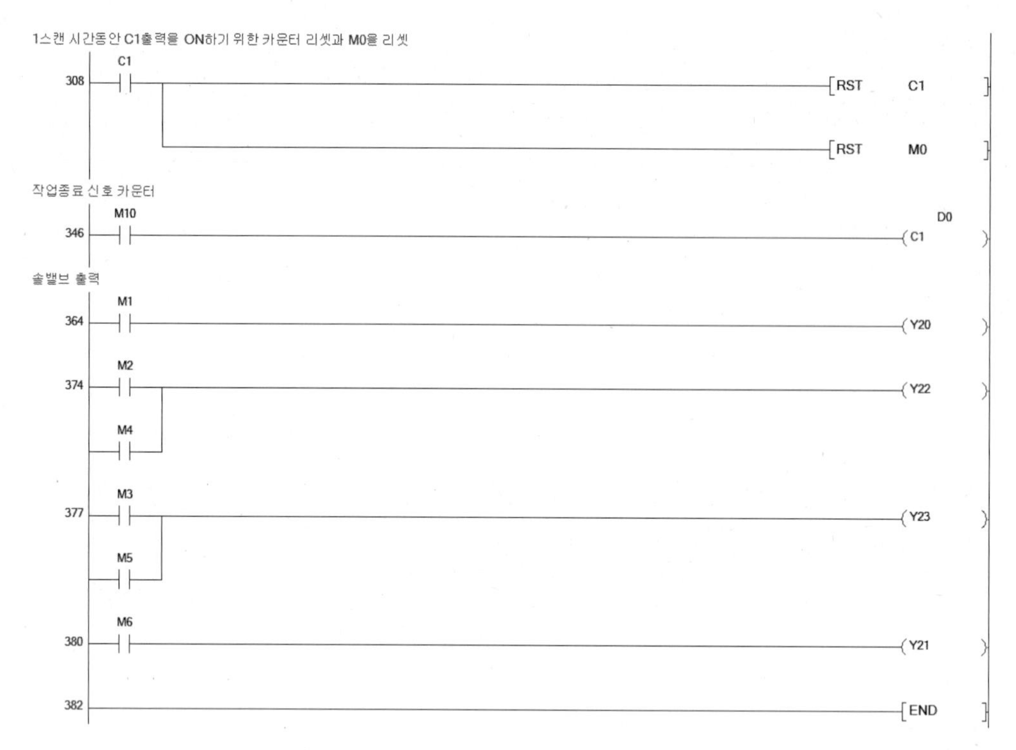

[그림 8-92] **카운터를 이용한 설정횟수 동작 프로그램**

[표 8-21] **BSFL 명령어의 실행에 따른 M1 ~ M7 비트의 역할**

작업 순서	1	2	3	4	5	6	7
작업 내용	A+	B+	B−	B+	B−	A−	작업종료
피드백 신호	X11	X13	X12	X13	X12	X10	
제어 비트	M1	M2	M3	M4	M5	M6	M7
솔밸브 출력	Y20	Y22	Y23	Y22	Y23	Y21	

[그림 8-92]에서 시퀀스 제어에 사용된 BSFL 명령의 동작순서를 살펴보면, [표 8-21]에 나타낸 것처럼 내부 비트 메모리와 피드백 신호의 동작이 일치될 때, 시프트 명령의 실행에 의해 시퀀스 제어동작이 이루어진다. 프로그램 라인 226번의 BSFL 명령의 입력 신호와 [표 8-21]의 내용을 비교해서 BSFL 명령어의 입력이 어떻게 동작하는지 살펴보기 바란다.

실습과제 8-14 다중 반복제어 1

BSFL 명령을 사용해서 반복구간 내부에 또 다른 반복동작 구간을 포함하는 다중 반복제어를 위한 프로그램 작성법을 알아본다.

이번 과제에서는 카운터를 사용한 다중 반복제어 방법에 대해 살펴보자. 다중 반복제어는 반복동작 내부에 또 다른 반복동작이 이루어지는 제어를 의미한다.

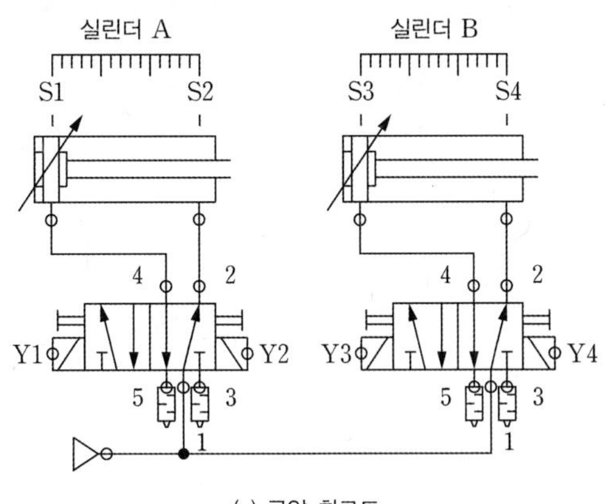

(a) 공압 회로도

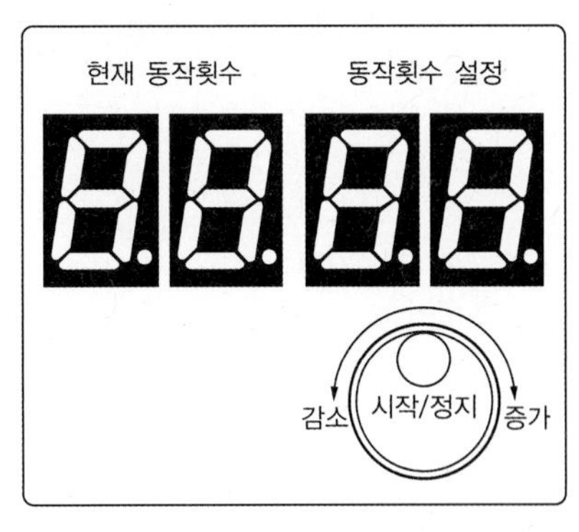

(b) 조작 패널

[그림 8-93] **공압 회로도 및 조작 패널**

[표 8-22] **PLC 입출력 리스트**

입력	기능		출력	기능	
X00	엔코더 스위치		Y20	Y1_전진	A 실린더
X01	엔코더 A_펄스		Y21	Y2_후진	
X02	엔코더 B_펄스		Y22	Y3_전진	B 실린더
X10	S1_후진	A 실린더	Y23	Y4_후진	
X11	S2_전진		Y37~30	설정값 FND 모듈	
X12	S3_후진	B 실린더	Y3F~Y38	현재값 FND 모듈	
X13	S4_전진				

동작 조건

❶ [실습과제 8-13]에서 '(A+, B+, B−, B+, B−, A−) × 설정된 동작횟수'의 순서로 동작하는 제어를 BSFL 명령어로 구현해보았다. 이 동작을 살펴보면 '(A+, (B+, B−)×2, A−) × 설정된 동작횟수'로, 전체 반복동작 속에 실린더 B의 동작이 2회 반복되는 동작이다.

❷ [실습과제 8-13]의 동작에서 실린더 B의 동작을 10회 반복되는 형태로 프로그램을 작성하려면, 앞에서 학습한 것처럼 동작 조건을 설정하여 제어하는 방법도 있지만, 여기서는 실린더 B의 10회 반복동작을 카운터를 사용하여 해결한다.

❸ [실습과제 8-14]의 공압 실린더 동작 조건을 '(A+, (B+, B−) × 10회 반복, A−) × 설정된 동작횟수'의 형태로 동작하는 프로그램을 작성해보자.

PLC 프로그램

```
공압실린더 제어(A+,( B+, B-)*10회 반복, A-)*설정횟수 반복

시스템의 전원이 ON될 때 동작횟수 설정을 3으로 설정
        SM402
  0 ───┤ ├──────────────────────────────────────[MOV    K3     D0    ]

FND에 동작횟수 설정 및 현재 전체 동작 횟수(C2의 값)를 표시
        SM400
 64 ───┤ ├──┬───────────────────────────────────[BCD    D0     K2Y30 ]
            └───────────────────────────────────[BCD    C2     K2Y38 ]

시스템 동작 중이 아닐 때 동작횟수 설정값 변경
        M0        X1        X2
103 ───┤/├──┬───┤ ├──────┤↑├──[<   D0   K99 ]──[+     K1     D0    ]
            │   X1        X2
            └───┤/├──────┤↑├──[>   D0   K1  ]──[-     K1     D0    ]

A실린더 및 B실린더 후진 위치검출
        X10       X12
147 ───┤ ├──────┤ ├──────────────────────────────────────(M100       )

시작 버튼이 눌러질 때 마다 M0은 ON/OFF반복
        X0
169 ───┤↑├──────────────────────────────────────────[FF          M0    ]

M0비트가 ON되는 순간 시스템 동작(A, B실린더 후진 위치검출)
반복동작
        M0                          M100
196 ───┤↑├──────────────────────┬──┤ ├──────────────[SET         M1    ]
        M0        C2        M10 │
   ────┤ ├──────┤/├──────┤ ├────┘
```

(계속)

```
A+, B+, B-, B+, B-, A- 순서로 공압실린더 동작
       X11      M1
242 ───┤ ├──────┤ ├──┬──────────────────────[BSFL   M1   K6]
       X13      M2   │
    ───┤ ├──────┤ ├──┤
       X12      M3   │
    ───┤ ├──────┤ ├──┤
       C1       M4   │
    ───┤ ├──────┤ ├──┤
       X10      M5   │
    ───┤ ├──────┤ ├──┘

(B+, B-)동작을 10회 완료한 카운터 출력으로 카운터 리셋
       C1
284 ───┤ ├──────────────────────────────────[RST    C1]

(B+, B-)동작 작업종료 신호 카운터 및 반복 지령(M2을 ON)
       M4                                          K10
319 ───┤ ├──┬───────────────────────────────(C1)
            │   C1
            └───┤/├─────────────────────────[SET    M2]

(B+,B-)작업이 10회 미만일 때 M4을 클리어
카운터 완료 출력 ON상태에서는 다음 동작을 위해 M4 ON상태 유지
       M4       C1
356 ───┤ ├──────┤/├─────────────────────────[RST    M4]

전체 작업 종료 신호 만들기
       M6
415 ───┤ ├──────────────────────────────────(M10)

M10을 1스캔 시간동안 ON상태 만들기
       M10
433 ───┤ ├──────────────────────────────────[RST    M6]

전체 반복동작 완료되면 카운터 리셋 및M0을 리셋
       C2
455 ───┤ ├──┬───────────────────────────────[RST    C2]
            └───────────────────────────────[RST    M0]

전체 반복동작 횟수 카운터
       M10                                         D0
487 ───┤ ├──────────────────────────────────(C2)

솔밸브 출력
       M1
507 ───┤ ├──────────────────────────────────(Y20)
       M2
517 ───┤ ├──────────────────────────────────(Y22)
       M3
519 ───┤ ├──────────────────────────────────(Y23)
       M5
521 ───┤ ├──────────────────────────────────(Y21)

523 ────────────────────────────────────────[END]
```

[그림 8-94] **다중 반복제어 프로그램**

[표 8-23] BSFL 명령어 실행에 따른 M1 ~ M6 비트의 역할

작업 순서	1	2	3	4	5	6
작업 내용	A+	B+	B−	B+, B− 동작 완료	A−	전체 동작 완료
피드백 신호	X11	X13	X12	C1	X10	
제어 비트	M1	M2	M3	M4	M5	M6
솔밸브 출력	Y20	Y22	Y23		Y21	

[그림 8-94]는 BSFL 명령을 사용해서 이중 반복동작을 구현한 프로그램이다. [표 8-23]에서 M4 비트는 B+, B− 동작의 종료를 나타내는 작업종료 신호이다. 이 신호를 프로그램 라인 319에서 반복동작의 횟수 카운트를 위해 카운터 C1의 입력으로 사용한다. 그리고 실린더 B의 반복동작이 10회 미만일 때에는 M2를 강제로 ON하고, M4를 리셋해서 실린더 B가 반복동작을 시작하도록 한다. 단, 실린더 B의 반복동작 횟수가 카운터에서 설정한 10회가 되면 카운터의 출력이 ON된다. [그림 8-94]의 프로그램 라인 356번에서 카운터의 출력(C1)이 ON되면 M4는 강제로 OFF되지 않고, 프로그램 라인 242번에서 카운터의 출력과 M4의 신호가 ON되고 BSFL 명령을 실행시킴으로써 A−의 동작이 진행된다.

실습과제 8-15 다중 반복제어 2

BSFL 명령을 사용하여 반복구간 내부에 여러 개의 반복구간이 포함되는 프로그램 작성법에 대해 알아본다.

[실습과제 8-14]에서 2중 반복제어에 대해 살펴보았다. 이번에는 3중 반복제어를 위한 프로그램 작성법에 대해 살펴보자.

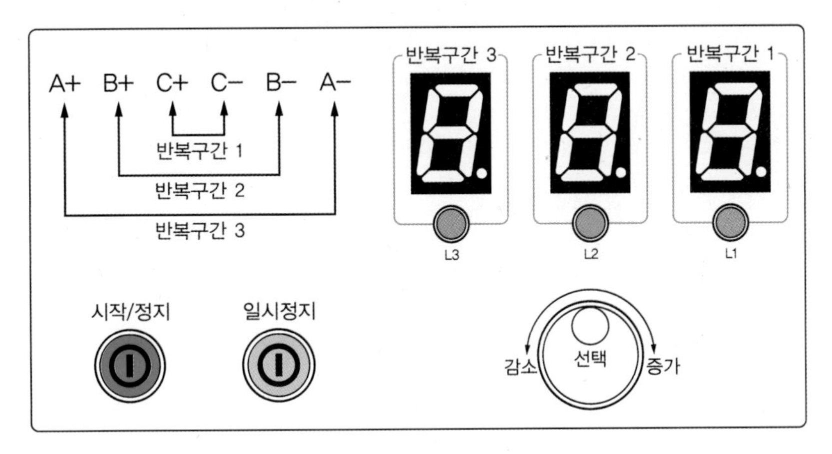

[그림 8-95] **조작 패널**

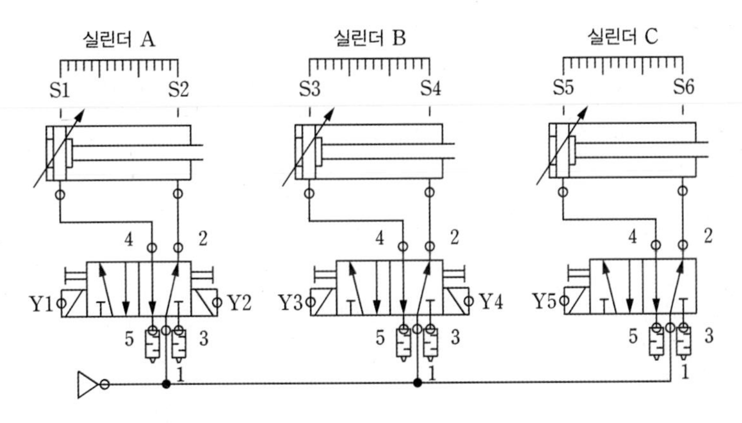

[그림 8-96] **공압 회로도**

[표 8-24] PLC 입출력 리스트

입력	기능		출력	기능	
X00	엔코더 스위치		Y20	Y1_전진	실린더 A
X01	엔코더 A_펄스		Y21	Y2_후진	
X02	엔코더 B_펄스		Y22	Y3_전진	실린더 B
X03	시작/정지		Y23	Y4_후진	
X04	일시정지		Y24	Y5_전진	실린더 C
X10	S1_후진	실린더 A	Y25	반복구간1 L1	
X11	S2_전진		Y26	반복구간2 L2	
X12	S3_후진	실린더 B	Y27	반복구간3 L3	
X13	S4_전진		Y33~30	반복구간1 FND 모듈	
X14	S5_후진	실린더 C	Y37~34	반복구간2 FND 모듈	
X15	S6_전진		Y3B~38	반복구간3 FND 모듈	

동작 조건

❶ 시스템 전원이 ON되면 반복구간 표시 FND에 모두 1이 표시되고, 반복구간 선택 램프는 모두 소등된 상태이다. 공압 실린더 모두는 후진된 상태이다.

❷ 로터리 엔코더 스위치 버튼을 누를 때마다 'L1 → L2 → L3 → 소등 → L1 → …'의 순서로 반복구간 선택 램프가 점등된다.

❸ 반복구간 선택 램프가 점등된 FND에서 로터리 엔코더 스위치를 회전하여 설정값을 1 ~ 9 사이의 값으로 선택할 수 있다. 시스템 동작 중에는 설정값을 변경할 수 없다.

❹ 시작/정지 버튼을 누를 때마다 시작과 정지동작을 반복한다. 시스템이 시작되면 반복구간 FND에서 설정한 횟수만큼 주어진 동작을 반복한다.

❺ 시스템 동작 중에 일시정지 버튼을 누를 때마다 동작이 일시정지된다. 일시정지 상태에서 다시 일시정지 버튼을 누르면 시스템은 다음 동작을 이어서 진행한다.

PLC 프로그램 작성법

1 3중 반복동작의 구현에 필요한 비트의 개수

[그림 8-95]의 조작 패널에 표시된 3개의 공압 실린더를 사용해서 3중 반복동작의 구현에 필요한 비트의 개수를 살펴보면, [표 8-25]와 같이 M1 ~ M9까지 필요하다. M9는 전체 작업종료 신호를 만든다.

[표 8-25] BSFL 명령어 실행에 따른 M1 ~ M9 비트의 역할

작업 순서	1	2	3	4	5	6	7	8	9
작업 내용	A+	B+	C+	C−	C+, C− 반복	B−	B+, B− 반복	A−	전체 반복
피드백 신호	X11	X13	X15	X14	C1	X12	C2	X10	C3
제어 비트	M1	M2	M3	M4	M5	M6	M7	M8	M9
솔밸브 출력	Y20	Y22	SET Y24	RST Y24		Y23		Y21	

2 1개의 로터리 엔코더 스위치를 이용한, 여러 종류의 설정값 변경 방법

로터리 엔코더 스위치의 푸시버튼을 누를 때마다 스위치가 눌린 횟수를 카운팅해서 설정 위치를 변경한다. 푸시버튼이 눌릴 때마다 눌린 횟수가 '1 → 2 → 3 → 0 → 1 → …'의 순으로 변경되도록 만든다. 이때 비교 명령을 사용해서 엔코더의 푸시버튼이 눌린 횟수가 1이면, 반복구간 1의 반복횟수를 설정하는 동작이 이루어져야 한다. 따라서 눌린 횟수가 1인 상태에서 엔코더 스위치를 좌우로 회전시키면 반복구간 1의 FND에 설정값이 변경된다. 이러한 방식으로 1개의 엔코더 스위치를 사용해서 반복구간 1부터 3까지의 설정값을 변경한다.

3 일시정지 동작의 구현

BSFL 명령을 이용한 일시정지 동작은 손쉽게 구현할 수 있다. 일시정지 버튼이 눌렸을 때 BSFL 명령을 실행시키는 입력신호가 입력되지 않도록 하면 된다.

4 전체 프로그램 작성법

프로그램 작성방법에 대해서는 프로그래머마다 각자 선호하는 방법이 있기 때문에 프로그램 작성법의 표준은 존재하지 않지만, 필자의 프로그램 작성 순서에 대해 간단하게 소개해보겠다. 아래의 내용을 필자가 작성한 프로그램과 비교해보면 좀 더 쉽게 이해할 수 있을 것이다.

❶ SM402를 사용해서 PLC의 전원이 ON되거나 CPU가 리셋되어서 초기화될 때 필요한 초기 설정값을 등록한다. 실습과제에서는 FND에 표시해야 할 값이다.

❷ SM400을 이용해서 시스템의 전원이 ON됨과 동시에 표시장치에 나타나야 할 각종 설정값들이 제대로 표시되도록 한다. 사람들이 표시장치를 보고 장비의 동작상태를 판단한다는 것을 명심하자.

❸ 시스템의 동작에 필요한 설정값 처리 부분을 작성한다. 여기에서는 로터리 엔코더 스위치를 사용해서 반복구간 3군데의 반복횟수를 설정하는 부분이다. 이러한 설정은 입력을 기준으로 작성한다. 로터리 엔코더 스위치에는 총 3개의 입력신호가 있

으며, 그 중에서 2개는 서로 연관되어 작동하는 입력신호이다. 따라서 첫 번째는 푸시버튼 입력이 ON될 때 처리해야 할 동작의 순서를 생각하고, 두 번째는 A_PLS와 B_PLS의 신호입력의 처리 순서에 따라 프로그램을 작성한다.

❹ 시작/정지 버튼이 눌렸을 때의 처리 순서에 따라 프로그램을 작성한다.

❺ 일시정지 버튼이 눌렸을 때의 처리 순서에 따라 프로그램을 작성한다.

❻ 출력을 처리한다.

해당 내용을 쉽게 파악하기 위해 프로그램의 주석 부분에 ❶ 항목은 "1번 : 시스템 초기화 작업에 해당"이라고 표기해두었다.

PLC 프로그램

```
공압실린더 제어 (A+,( B+, (C+, C-)*반복, B-)*반복), A-)*반복

시스템의 전원이 ON될 때 동작횟수 설정을 1로 설정
1번 : 시스템 초기화 작업에 해당
     SM402
0 ---| |---+------------------------------[MOV   K1   D0  ]
           +------------------------------[MOV   K1   D1  ]
           +------------------------------[MOV   K1   D2  ]
           +------------------------------[MOV   K1   D10 ]

FND에 동작횟수 설정 및 현재 전체 동작 횟수(C2의 값)를 표시
2번 : 디스플레이 처리 부분
     SM400
90 --| |---+------------------------------[BCD   D0   K1Y30]
           +------------------------------[BCD   D1   K1Y34]
           +------------------------------[BCD   D2   K1Y38]

로터리엔코더 스위치가 눌러지면 D10의 설정값을 1씩 증가
3번 : 로터리 엔코더 스위치 처리 부분
      M0        X0
148 --|/|-------|↑|--+----------------------[+     K1   D10 ]
                     +-[>  D10  K3]---------[MOV   K0   D10 ]

D10의 값을 비교해서 설정 구분
209 [=  D10  K1]------------------------------(M101)
230 [=  D10  K2]------------------------------(M102)
234 [=  D10  K3]------------------------------(M103)
```

(계속)

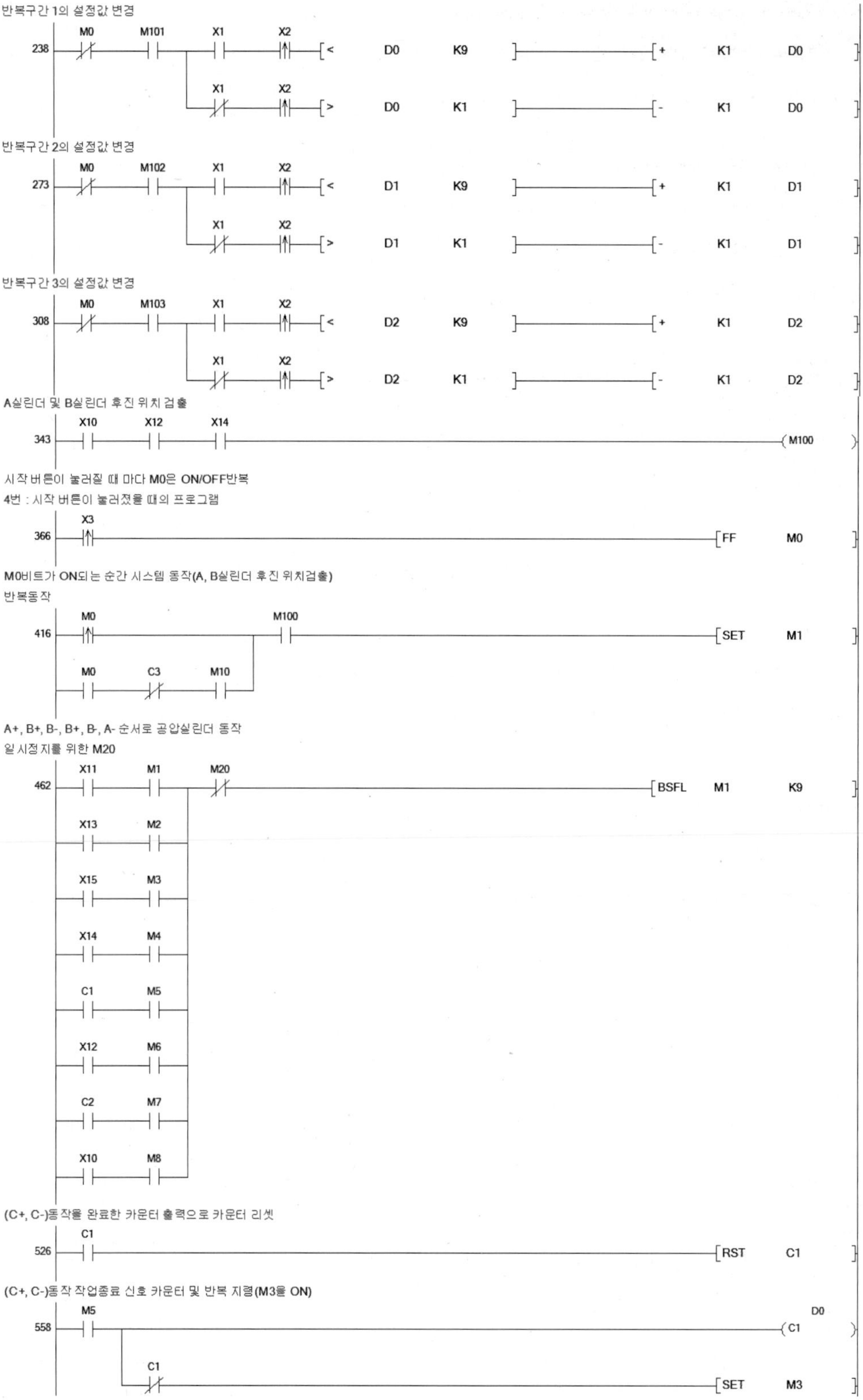

```
반복구간 1의 설정값 변경
238  -|/|- M0  -| |- M101 -+- -| |- X1  -|↑|- X2 -[<  D0  K9]-[+  K1  D0]
                           +- -|/|- X1  -|↑|- X2 -[>  D0  K1]-[-  K1  D0]

반복구간 2의 설정값 변경
273  -|/|- M0  -| |- M102 -+- -| |- X1  -|↑|- X2 -[<  D1  K9]-[+  K1  D1]
                           +- -|/|- X1  -|↑|- X2 -[>  D1  K1]-[-  K1  D1]

반복구간 3의 설정값 변경
308  -|/|- M0  -| |- M103 -+- -| |- X1  -|↑|- X2 -[<  D2  K9]-[+  K1  D2]
                           +- -|/|- X1  -|↑|- X2 -[>  D2  K1]-[-  K1  D2]

A실린더 및 B실린더 후진 위치 검출
343  -| |- X10  -| |- X12  -| |- X14 ------------------------------(M100)

시작 버튼이 눌러질 때 마다 M0은 ON/OFF반복
4번 : 시작 버튼이 눌러졌을 때의 프로그램
366  -|↑|- X3 ---------------------------------------------------[FF  M0]

M0비트가 ON되는 순간 시스템 동작(A, B실린더 후진 위치검출)
반복동작
416  -+- -|↑|- M0 ------------------------+- -| |- M100 ---------[SET  M1]
      +- -| |- M0  -|/|- C3  -| |- M10 --+

A+, B+, B-, B+, B-, A- 순서로 공압실린더 동작
일시정지를 위한 M20
462  -+- -| |- X11  -| |- M1 -+- -|/|- M20 -----------------[BSFL  M1  K9]
      +- -| |- X13  -| |- M2 -+
      +- -| |- X15  -| |- M3 -+
      +- -| |- X14  -| |- M4 -+
      +- -| |- C1   -| |- M5 -+
      +- -| |- X12  -| |- M6 -+
      +- -| |- C2   -| |- M7 -+
      +- -| |- X10  -| |- M8 -+

(C+, C-)동작을 완료한 카운터 출력으로 카운터 리셋
526  -| |- C1 --------------------------------------------------[RST  C1]

(C+, C-)동작 작업종료 신호 카운터 및 반복 지령(M3을 ON)
                                                                      D0
558  -| |- M5 -+------------------------------------------------------(C1)
               +- -|/|- C1 ---------------------------------------[SET  M3]
```

(계속)

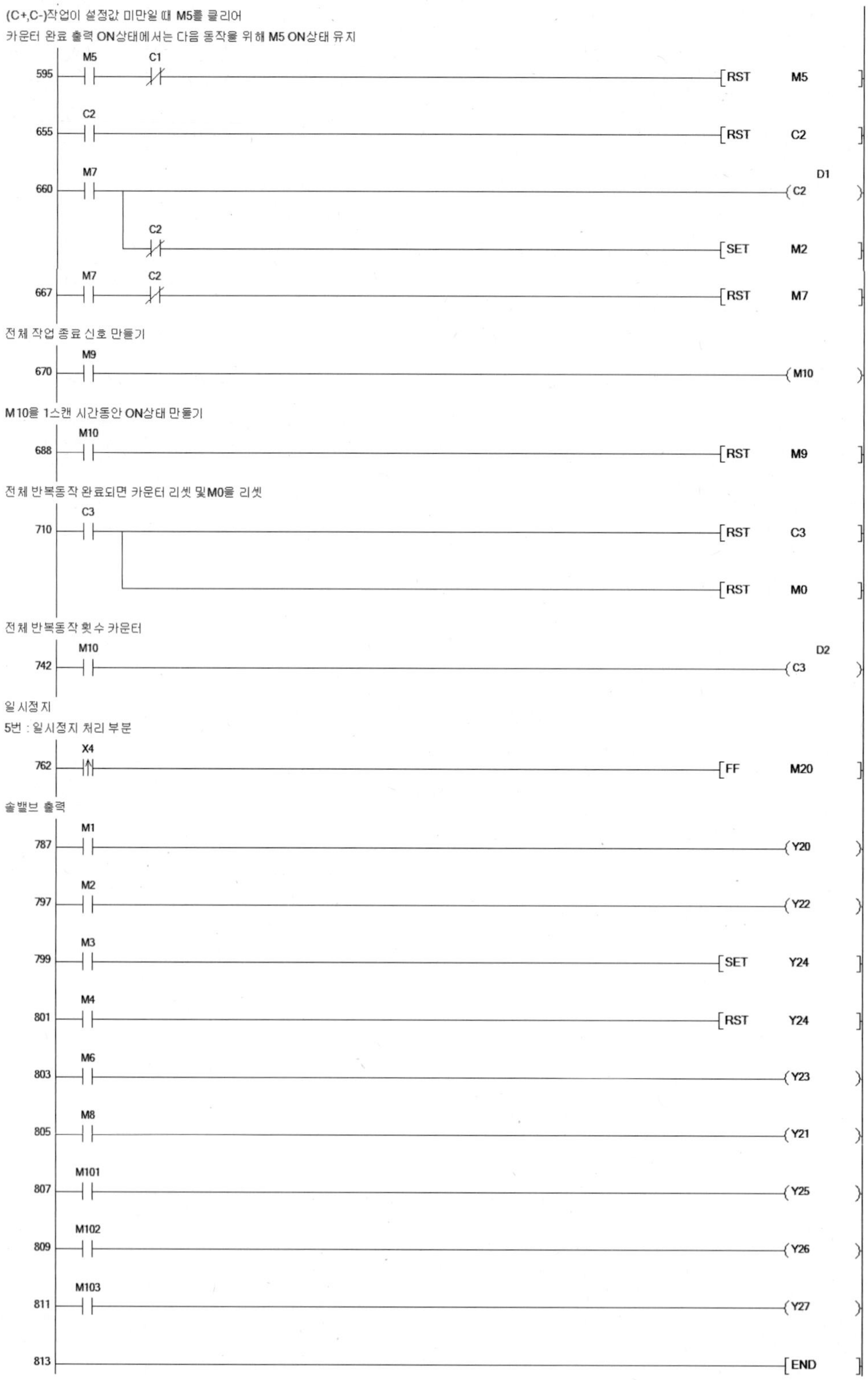

```
(C+,C-)작업이 설정값 미만일 때 M5를 클리어
카운터 완료 출력 ON상태에서는 다음 동작을 위해 M5 ON상태 유지
       M5      C1
595 ───┤ ├─────┤/├──────────────────────────────[RST   M5  ]
       C2
655 ───┤ ├──────────────────────────────────────[RST   C2  ]
       M7                                              D1
660 ───┤ ├──┬───────────────────────────────────(C2        )
            │  C2
            └──┤/├──────────────────────────────[SET   M2  ]
       M7      C2
667 ───┤ ├─────┤/├──────────────────────────────[RST   M7  ]
전체 작업 종료 신호 만들기
       M9
670 ───┤ ├──────────────────────────────────────(M10       )
M10을 1스캔 시간동안 ON상태 만들기
       M10
688 ───┤ ├──────────────────────────────────────[RST   M9  ]
전체 반복동작 완료되면 카운터 리셋 및M0을 리셋
       C3
710 ───┤ ├──┬───────────────────────────────────[RST   C3  ]
            └───────────────────────────────────[RST   M0  ]
전체 반복동작 횟수 카운터
       M10                                             D2
742 ───┤ ├──────────────────────────────────────(C3        )
일시정지
5번 : 일시정지 처리 부분
       X4
762 ───┤↑├──────────────────────────────────────[FF    M20 ]
솔밸브 출력
       M1
787 ───┤ ├──────────────────────────────────────(Y20       )
       M2
797 ───┤ ├──────────────────────────────────────(Y22       )
       M3
799 ───┤ ├──────────────────────────────────────[SET   Y24 ]
       M4
801 ───┤ ├──────────────────────────────────────[RST   Y24 ]
       M6
803 ───┤ ├──────────────────────────────────────(Y23       )
       M8
805 ───┤ ├──────────────────────────────────────(Y21       )
       M101
807 ───┤ ├──────────────────────────────────────(Y25       )
       M102
809 ───┤ ├──────────────────────────────────────(Y26       )
       M103
811 ───┤ ├──────────────────────────────────────(Y27       )

813 ────────────────────────────────────────────[END       ]
```

[그림 8-97] **다중 반복 제어 프로그램**

PART 5
시리얼 통신

인터넷을 통해 전 세계 사람들이 정보를 주고받는 것처럼 자동화 산업현장에서도 수많은 기계장치의 제어와 기계 상태의 모니터링에 필요한 데이터의 수집과 관리를 위해 통신을 사용한다.

PLC 통신은 1969년 EIA^Electonic Industries Association^에 의해 발표된 RS232라고 불리는 시리얼 통신으로부터 시작되었다. RS232는 처음엔 개인용 PC의 시리얼 통신포트로 사용되었으나, 1979년 PLC를 최초로 개발한 MODICON에서 이 RS232에 통신 프로토콜을 적용해 모드버스^Modbus^라는 통신을 시작했고, 이것이 PLC 통신의 시초이다. RS232 통신은 최초로 등장한 후 50년이라는 시간이 지났음에도 산업현장에서 널리 사용되고 있다. RS232를 기반으로 RS422/485가 만들어졌고, RS485를 통해 PLC의 필드버스 통신인 CC-Link, Profibus-DP, DeviceNet과 같은 통신이 만들어졌다. 그로부터 이더넷 통신이 발전된 것이다. 따라서 PLC 통신을 잘하기 위해서는 반드시 RS232를 기반으로 한 시리얼 통신을 학습해야 한다.

PART 5에서는 시리얼 통신의 원리와 사용법에 대해 학습한 후, 다양한 실습과제를 통해서 RS232C 통신의 사용법을 익힌다. 그리고 RS485 통신을 기반으로 하는 모드버스 통신을 이용한 온도계의 원격 모니터링과 인버터 제어를 통해 PLC의 시리얼 통신에 대해 학습할 것이다.

Chapter 09

시리얼 통신의 개요

PLC의 시리얼 통신은 RS232와 RS422/RS485를 이용한 통신을 의미한다. 시리얼 통신을 사용하기 위해서는 통신이 이루어지기 위한 다양한 규칙과 통신선의 결선 방법, 통신 테스트 방법을 알고 있어야 한다. 9장은 PLC에서 시리얼 통신을 사용하기 위한 가장 기본적인 내용을 설명하고 있다. 9장의 학습을 통해 우리는 시리얼 통신의 규칙과 통신을 위한 준비물, 통신 결선 방법, 그리고 통신케이블을 사용한 간단한 시리얼 통신 테스트를 할 수 있을 것이다.

9.1 시리얼 통신의 종류

PLC의 시리얼serial 통신은 LS산전, 미쓰비시, 지멘스, AB, 오므론 등 PLC의 종류마다 각각 다른 명칭을 가지지만, 크게 RS232C, RS422/485, 이더넷Ethernet 통신의 세 종류로 구분할 수 있다. 또한 이들 통신 간에 통신 프로토콜을 정해서 통신하는 필드버스fieldbus가 있다. 이 책에서는 RS232C 통신과 RS422/485 통신을 이용한 모드버스modbus에 대해 학습한다.

9.1.1 신호 전달방법에 따른 시리얼 통신의 구분

동기식 방식과 비동기식 방식

시리얼 통신은 동기식synchronous과 비동기식asynchronous 방식으로 구분된다. 동기식 통신은 [그림 9-1]과 같이 데이터를 클록clock 신호의 동작과 동기화시켜서 송수신하는 방법으로, 주로 마이크로프로세서를 이용한 제품의 통신 방식으로 사용된다. SPI, I2C 통신 방식이 동기식을 사용한다.

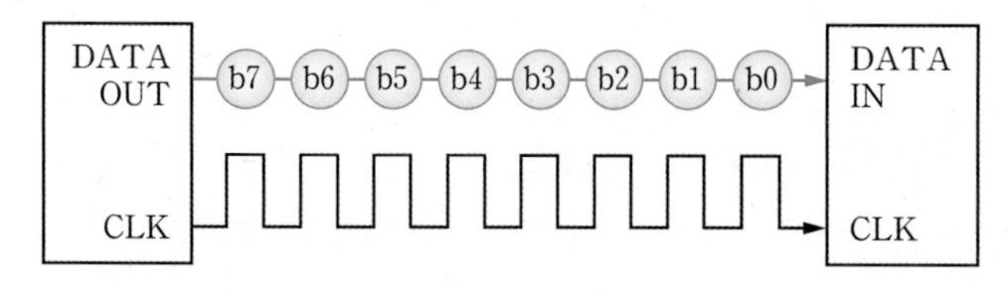

[그림 9-1] **동기식 시리얼 통신**

비동기식은 클록신호 없이 데이터를 전송하는 방식으로, 산업현장에서의 시리얼 통신 대부분이 이 방식을 사용한다. 비동기식 통신 방식으로는 RS232, RS422/RS485, GPS, 블루투스, XBee 등의 방식이 있다.

비동기식 통신 방식의 전송규칙

비동기식은 데이터를 송수신할 때 데이터 전송 동기용 클록신호를 사용하지 않기 때문에 미리 정해진 규칙을 사용해 데이터를 송수신한다. 비동기식 통신 방식의 정해진 규칙은 다음과 같다.

■ 데이터 전송 형식

시리얼 통신은 한번에 1비트의 데이터만 전송할 수 있기 때문에 병렬로 구성된 데이터를 직렬로 전송하는 방법이 정해져 있다. [표 9-1]은 1바이트byte 크기의 데이터를 RS232 및 RS422/485 시리얼 통신으로 전송할 때 사용하는 데이터의 형식을 나타낸 것이다.

[표 9-1] **시리얼 통신으로 전송하는 데이터의 형식**

명칭	Start	Data	Parity	Stop
비트 크기(bit)	1	5 ~ 9	0 ~ 1	1 ~ 2

❶ **동기화 비트** : 비동기식 시리얼 통신 방식에서는 데이터를 송수신할 때 [그림 9-1]의 동기식 시리얼 통신처럼 별도의 데이터 전송 동기용 클록을 사용하지는 않지만, 데이터의 전송 시작과 전송 종료를 의미하는 동기화 비트를 사용해서 데이터를 전송하는 동기를 맞춘다. [표 9-1]의 Start와 Stop 비트가 전송 시작과 종료를 표시하는 동기화 비트synchronization bits이다. Start 비트는 데이터를 전송하지 않을 때는 1의 상태를 유지하다가, 데이터 전송 시작과 동시에 0의 상태로 변경되어 수신측에 데이터의 전송이 시작되었음을 알린다. 한편 Stop 비트는 패리티 비트까지 정해진 비트에 해당되는 데이터 전송이 끝나면, 1의 상태로 변경되어 데이터의 전송

이 종료되었음을 수신 측에 통보하는 비트이다.

❷ **데이터 영역** : 데이터 영역data chunk은 시리얼 통신으로 상대에게 전송할 데이터를 의미한다. 5~9비트를 사용할 수 있는데, 대부분 8비트 크기의 데이터를 전송한다. 8비트의 데이터는 바이너리binary 값 또는 ASCII 코드를 사용한다.

❸ **패리티 비트** : 패리티 비트parity bits는 데이터를 전송할 때 통신 선로의 노이즈로 인해 발생할 수 있는 데이터 오류를 검출하기 위해 설정하는 비트로, 전송하는 데이터에 포함된 1의 개수를 홀수odd 또는 짝수even로 설정하기 위한 비트이다. 그러나 오늘날의 PLC 통신에서는 전송하는 데이터에 대한 다양한 오류 체크 방법을 사용하기 때문에 패리티 비트는 대부분 사용하지 않는다.

■ 데이터 전송속도(보레이트)

보레이트baud rate는 시리얼 통신으로 데이터를 전송하는 속도를 뜻하는 용어로, 단위는 bpsbit per second로 표시한다. 이 값을 바탕으로 데이터 1비트가 전송되는 시간을 계산할 수 있다. 그 계산된 시간은 시리얼 통신으로 1비트를 전송할 때 해당 비트의 High/Low 유지시간을 의미한다. 표준화된 보레이트로는 1200, 2400, 4800, 9600, 19200, 38400, 57600, 115200 등이 있다. 보레이트의 값이 높으면, 데이터의 전송속도는 빠르겠지만, 노이즈에 의한 데이터 손실 발생 확률도 높아지게 된다. 데이터 전송속도는 송신 측과 수신 측이 항상 동일해야 된다.

■ 데이터 전송 사례

비동기식 시리얼 통신 방식에서 통신 방식이 19200, 8, N, 1로 설정됐을 때, 데이터 전송이 어떻게 실행되는지 살펴보자. 먼저 설정의 의미부터 알아보자.

- **19200** : 통신속도인 보레이트.
- **8** : 데이터 비트 크기가 8비트이다.
- **N** : 패리티 비트는 사용하지 않는다.
- **1** : 스톱 비트는 1비트를 사용한다.

설정된 통신 방식으로 ASCII 코드 'AB'로 구성된 두 문자를 전송한다고 할 때, [표 9-1]의 형식으로 전송할 시리얼 데이터가 어떻게 만들어지는지 살펴보자. 알파벳 문자의 ASCII 코드값은 16진수로, 'A'는 0x41, 'B'는 0x42이다. 문자 1개를 전송하는 데 사용되는 비트는 10비트이며, 이는 시작 비트 1개, 데이터 비트 8개, 스톱 비트 1개로 구성된다. 따라서 2개의 문자를 전송하는 데 필요한 비트는 20비트이다.

[표 9-2] 시리얼 통신으로 문자 'AB'를 전송하기 위한 데이터 형식

데이터 전송 방향 →																			
1	0	1	0	0	0	0	1	0	0	1	0	1	0	0	0	0	0	1	0
Stop	b7	b6	b5	b4	b3	b2	b1	b0	Start	Stop	b7	b6	b5	b4	b3	b2	b1	b0	Start
문자 'B' 전송										문자 'A' 전송									

전송속도인 보레이트가 19200bps로 설정되었으므로 1비트 전송시간은 1sec/19200bps로 계산하여 52μs가 된다. 또한 10비트로 구성된 데이터를 초당 1920개 전송할 수 있다.

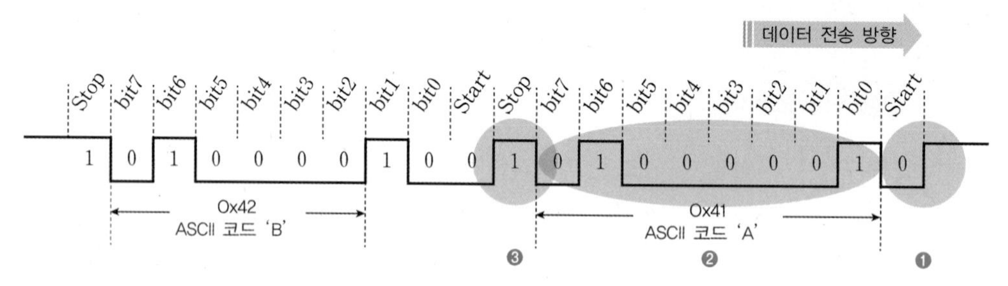

[그림 9-2] [표 9-2]의 데이터 전송을 전기신호로 표현

[그림 9-2]는 [표 9-2]에 나타낸 시리얼 통신을 위한 데이터 전송형식을 전기신호 방식으로 표현한 것이다. 데이터의 전송 절차를 살펴보면 다음과 같다.

❶ 데이터를 수신하는 측에서 전기신호가 1의 상태에서 0의 상태로 변화는 시점을 파악해서 송신 측에서 데이터 전송을 시작했음을 확인한다. 따라서 수신 측에서는 데이터를 수신할 준비를 한다.

❷ 시작신호(Start 비트)를 인지한 후, 전송속도(보레이트)에 따라 일정시간 간격(여기에서는 전송속도가 19200bps로 설정되어 있기 때문에 52μs 간격)으로 전기신호를 확인하고, 0과 1의 상태를 파악하여 비트 순서로 저장한다. 전송 데이터의 크기가 8비트로 지정되었기 때문에 8비트의 데이터를 수신한다.

❸ 8비트의 데이터를 수신한 후에 전기신호가 1임을 확인하고, 데이터가 전송완료 되었음을 확인한 후, 수신된 8비트 크기의 데이터를 사용자가 지정한 메모리에 저장한다.

이 ❶ ~ ❸의 절차를 반복하면서 송신 측에서 전송하는 데이터를 수신한다.

9.1.2 전송선로에 따른 시리얼 통신의 구분

시리얼 통신에는 데이터를 전송하기 위한 전송선로가 송신과 수신으로 각각 구분되는 전이중 통신 방식과, 송신과 수신에 1개의 전송선로를 공동으로 사용하는 반이중 통신 방식이 있다.

전이중 통신

데이터의 전송선로가 송신과 수신으로 각각 구분되어 동일 시간에 동시에 송수신이 이루어질 수 있는 통신 방식을 전이중 통신full duplex이라 한다. 대표적인 전이중 통신의 사례 중 하나가 바로 전화기로, 전화기에서는 통화 시 송신과 수신이 동시에 이루어진다. 전이중 통신이 가능한 이유는 전송과 수신 라인이 구분되어 있기 때문이다. 이를 자동차가 다니는 2차선 도로로 표현하면, 상행선 도로와 하행선 도로가 구분되어 있어 자동차의 통행이 자유로운 도로와 유사하다.

반이중 통신

데이터의 송수신이 동시에 이루어지지 못하고 송신과 수신을 각각 구분해서 전송하는 방법으로, 무전기를 이용한 통신 방식이 반이중 통신half duplex 방식이다. 무전기의 경우, 상대방이 송신할 때 반대편에서는 수신만이 가능하다. 도로로 표현한다면 왕복이 불가능한 1차선 도로라 할 수 있다. 차선이 하나만 있기 때문에 누군가 차선에 다니는 자동차의 통행을 제어해야만 충돌 사고가 생기지 않는다.

산업현장에서는 전이중 통신 방식보다 반이중 통신 방식을 더 많이 사용한다. 반이중 통신의 경우, 데이터 송수신 과정은 송신 측에서 데이터를 전송 요청했을 때 수신 측이 응답하는 절차이기 때문에 동시에 송신과 수신이 발생하지 않는다. 그 결과, 가격이 비싼 통신선의 전선 개수가 줄어들기 때문에 반이중 통신 방식이 경제적으로 이득이다.

9.1.3 전송방법에 따른 시리얼 통신의 구분

시리얼 통신은 전기신호의 전달 방식에 따라 RS232, RS422, RS485로 구분된다. 산업현장에서는 송수신하는 데이터의 전달 형식과 절차를 표준화시킨 프로토콜을 사용하는데, 프로토콜이 정해져 있는 통신 방식에 명칭을 붙인 것을 PLC의 '필드버스 통신'이라 한다.

RS232 통신

RS232는 1969년 미국의 EIA Electronic Industries Association에 의해 정해진 시리얼 통신 방식으로, 가장 오래된 시리얼 통신의 원조이다. 이는 전이중 통신 방식을 지원한다. 단점은 통신거리가 짧고(최대 15M 이내), 노이즈의 영향을 많이 받는다는 것이다.

RS232 통신 방식에 프로토콜을 정의해서 만든 PLC 최초의 시리얼 통신이 MODICON에서 만든 모드버스 Modbus이다. 모드버스는 최초의 필드버스 통신으로, PLC 이외에도 산업체의 다양한 디지털 제어기기에서 이 통신 방식을 지원하고 있어서, 그 사용 범위가 가장 넓다고 할 수 있다. 그리고 프로토콜이 정해져 있지 않은 RS232 통신 방식도 바코드 리더, 센서, 전자저울과 같은 디지털 제어기기 및 계측기, 통신 등 산업 여러 분야에서 현재에도 널리 사용되고 있다.

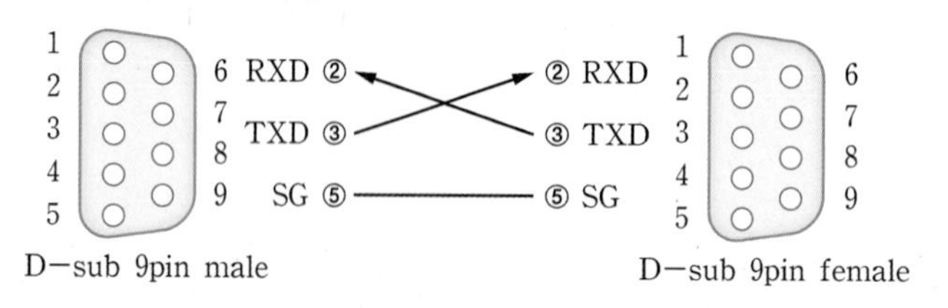

[그림 9-3] **RS232 통신 결선도**

RS422 통신

RS422 통신은 아이폰으로 유명한 스티븐 잡스가 애플의 매킨토시 컴퓨터에 적용한 시리얼 통신 방식으로, 전이중 통신 방식이다. RS232가 접지 참조된 불균형 신호를 채택하고 있는 것과는 달리 RS422는 차동 전기신호를 사용한다. RS422 통신은 별도의 전송장비 없이 먼 거리(최대 1.2km 이내)까지 데이터 통신이 가능하고, 전기 노이즈에 강한 특성을 가지고 있다.

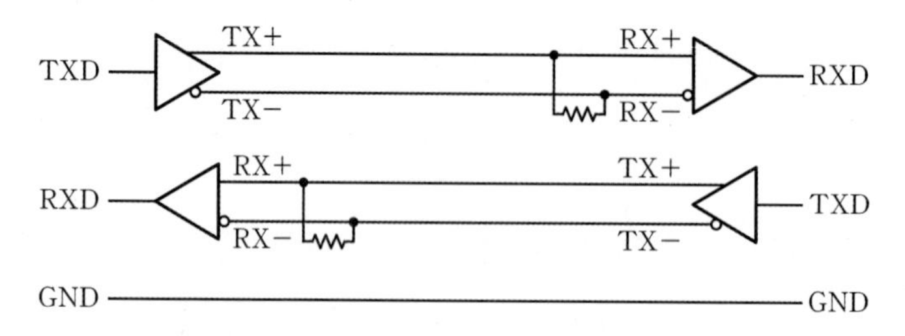

[그림 9-4] **RS422 통신 결선도**

RS485 통신

RS485 통신은 반이중 통신 방식으로, 멀티드롭multidrop으로 1개의 전송선로에 여러 대의 장비를 연결하고, 마스터master에서 슬레이브slave와의 데이터 송수신을 제어하는 방식의 네트워크를 형성할 수 있어서, PLC의 통신 방식으로 가장 많이 사용된다.

RS485 통신은 RS422 통신에서의 송신과 수신의 통신선로를 [그림 9-5]처럼 연결해서 1개의 통신선로를 갖는 형태로 만든 방식이다. 통신선로가 1개뿐이므로 송수신이 동시에 이루어질 수 없다. 따라서 누군가는 통신선로의 데이터 송수신을 관리해서 송신과 수신이 동시에 발생하지 않도록 해야 한다. 통신선로의 송수신을 관리하는 장치를 마스터, 관리를 받는 장치를 슬레이브라 하고, 이러한 연결방식을 멀티드롭이라 한다. 멀티드롭 방식은 슬레이브에서 송수신할 데이터의 양이 적을 때에 효과적이며, 회선을 공유하기 때문에 회선 비용을 절감할 수 있는 장점이 있다. 그러나 마스터 고장이 발생하면 전체 통신이 불가능하고, 통신회선이 단선되면 연결된 슬레이브와는 통신이 불가능하다는 단점도 있다.

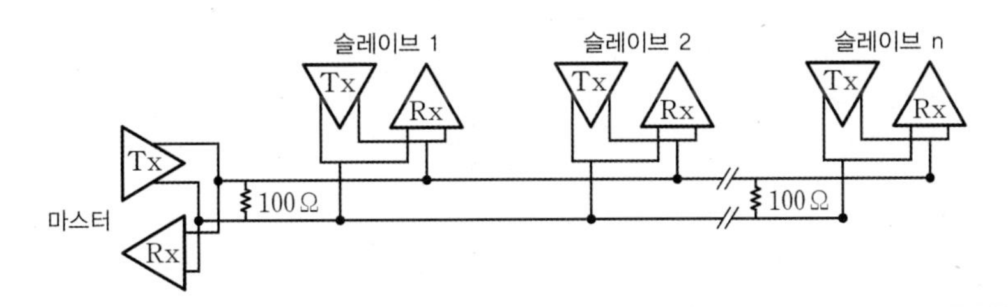

[그림 9-5] RS485 통신의 멀티드롭 방식의 연결

RS422/485 통신선로에 종단저항이 필요한 이유

RS232 통신과는 달리, RS422/485 통신에는 통신선로의 양단 끝에 '종단저항'을 붙여야 한다. 종단저항을 연결하는 이유는 노이즈가 통신선로에 영향을 끼쳐서 데이터 오류가 발생하는 현상을 방지하기 위함이다. 송수신 장치가 가까운 거리일 때에는 종단저항이 없어도 대부분의 경우에 통신이 이루어지지만, 통신선로의 길이가 길고, 통신선로의 구성이 복잡하거나 전기 노이즈가 발생하는 장소라면 반드시 종단저항을 설치해야 한다. 통신장비에 따라 종단저항으로 100 ~ 140Ω의 저항을 사용하는데, 정확한 저항 크기는 사용하는 장비의 매뉴얼을 참고한다.

통신선로의 양 끝단에 종단저항을 설치하면, 송수신 장치에서는 종단저항 양단에 걸리는 전압의 크기를 측정해서 데이터의 송수신 유무를 확인한다. 이때 송수신 데이터의 전기신호는 해당 종단저항에 전압을 발생시킬 수 있는 충분한 크기의 전압과 전류를 흐르게 하지만, 전기 노이즈는 아주 미약한 전류를 흐르게 해서 종단저항 양단에 전압을 발생시킬 수 없기 때문에, 종단저항이 전기 노이즈를 차단하는 효과를 나타낸다. 더불어 종단저항은 종단반사[1]를 예방할 수 있으므로 통신선로에는 종단저항을 반드시 설치하도록 한다.

9.1.4 PLC 통신의 종류

PLC에서는 앞에서 학습한 RS232와 RS485 통신 방식을 이용한 시리얼 통신을 사용하지만, 대부분의 경우에는 손쉽게 사용할 수 있으면서도 통신 중에 발생할 수 있는 여러 가지의 문제점을 해결하고 통신의 신뢰성을 높이기 위해 통신 프로토콜(또는 통신규약)을 정해서 사용하고 있다. 통신 프로토콜은 통신케이블에 연결된 장비 사이에 주고받는 데이터의 양식과 순서를 정한 체계로, 신호체계, 인증, 오류 감지 및 수정 기능을 포함한다. 앞에서 언급한 RS232와 RS485는 통신선에 전달하는 신호체계만 정해진 통신 방식인 반면, PLC 통신은 기존 신호체계에서 장비들 사이에 데이터를 교환하는 프로토콜을 정한 통신을 의미한다. 이를 필드버스 통신이라 한다.

[표 9-3]은 국내에서 많이 사용되는 PLC의 필드버스 통신의 명칭을 시리얼 통신의 종류에 따라 구분해 놓은 것이다. 모드버스 통신은 현재 슈나이더가 저작권을 가지고 있으며 무료로 사용할 수 있는 개방형 통신 방식이고, 통신 방법이 간단하기 때문에 PLC와 제어기기 사이에 가장 많이 사용되는 필드버스 통신 방식이다.

[표 9-3] PLC 필드버스 통신의 종류

RS232C	RS485	ETHERNET
Modbus-RTU(슈나이더) Modbus-ASCII(슈나이더)	CC-Link(미쓰비시) ProfiBus-DP(지멘스) Devicenet(AB) Modbus-RTU(슈나이더) Modbus-ASCII(슈나이더)	CC-Link/IE(미쓰비시) Profinet(지멘스) Ethernet/IP(AB) EtherCAT(오므론 등) Modbus-TCP/UDP(슈나이더)

1 끝단이 절단된 형태로 되어 있는 통신케이블에 높은 주파수 신호를 흐르게 했을 때, 절단면에서 반사된 신호와 원래의 신호가 섞여 신호를 구분할 수 없게 되는 현상

9.2 시리얼 통신 데이터 확인하기

통신으로 송수신되는 데이터는 육안으로 확인할 수 없고, 평소에 익숙하게 사용하는 멀티미터 또는 오실로스코프 같은 계측기로도 확인하기 어렵기 때문에, 통신에 문제가 발생하면 해결방법을 찾기가 쉽지 않다. 하지만 통신으로 송수신되는 데이터를 육안으로 확인하고 점검할 수 있다면 통신상의 문제점을 해결하는 데 큰 도움이 될 것이다. PLC 통신을 학습하기 전에 PC를 사용해 시리얼 통신으로 송수신되는 데이터가 어떻게 전송되고 수신되는지를 육안으로 확인하는 방법을 먼저 살펴보자.

9.2.1 시리얼 통신 프로토콜 분석을 위한 프로그램 설치

시리얼 통신의 송수신 데이터를 육안으로 확인하는 방법에는 여러 가지가 있지만, 돈들이지 않고 별도의 계측기 없이 누구나 가지고 있는 PC에 시리얼 통신 프로토콜 분석용 프로그램을 설치해서 사용하는 방법이 있다. 바로 컴파일테크놀리지(www.comfile.co.kr)에서 공개한 시리얼 통신용 프로그램인 'CFTerm'을 사용하여 시리얼 통신으로 송수신되는 데이터를 확인하는 방법이다. 이 책에서 사용하는 CFTerm 대신 다른 분석기를 사용하려면, 구글링을 통해 본인에게 적합한 시리얼 통신 프로토콜 분석용 프로그램을 검색하여 PC에 설치하면 된다.

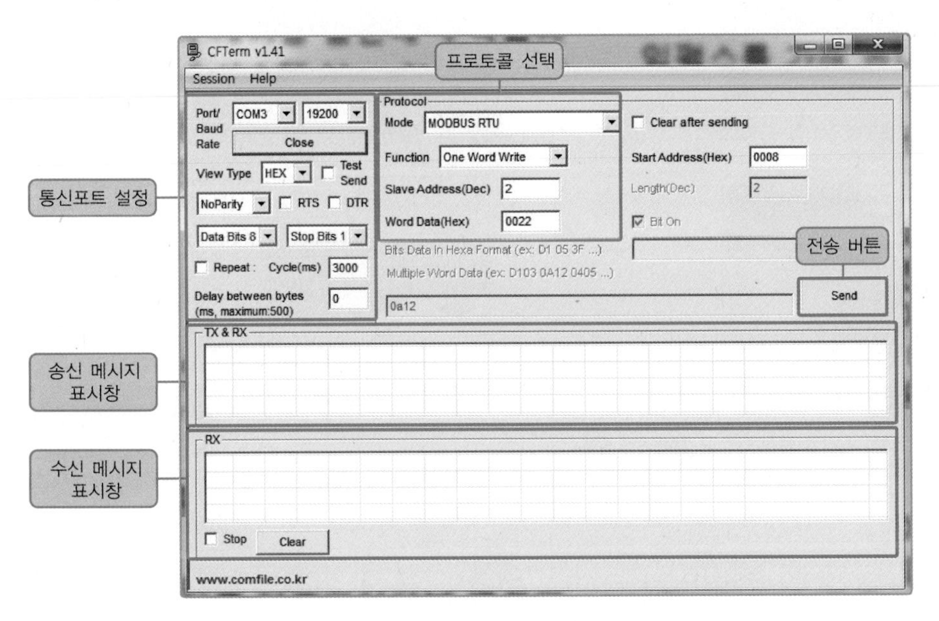

[그림 9-6] CFTerm의 실행화면

[그림 9-6]은 CFTerm의 실행화면으로, 통신포트 설정을 위한 창과, 송수신 데이터 표시창, 통신 프로토콜 선택과 송신할 데이터를 설정하는 창으로 구성된다. 통신포트 설정

과 통신 프로토콜을 선택하고, 송신할 데이터를 설정한 후에 전송버튼을 누르면, 설정한 데이터가 지정된 통신포트를 통해 상대 기기에 전송된다.

9.2.2 시리얼 통신 컨버터와 RS-232C 통신케이블 제작

시리얼 통신모듈이 장착된 제어장치와 PC 간의 통신을 위해서는 서로를 연결할 수 있는 통신케이블이 필요하다. 일반 시중에 판매하는 케이블도 있지만, 시간 여유가 있다면 이 책을 보고 케이블을 만들어보자. 데스크 탑 PC의 후면을 살펴보면, 시리얼 통신포트가 설치되어 있을 수도 있고 없을 수도 있다. 요즘 나오는 노트북에는 당연히 시리얼 포트가 없다. 따라서 실습에 사용하는 PC 또는 노트북에 시리얼 포트가 없는 독자는 USB 포트를 시리얼(RS232)로 변환해주는 컨버터와, RS485 통신을 위한 컨버터를 준비해야 한다.

시리얼 통신 컨버터를 구매할 때에는 다소 비싸더라도 신뢰성 있는 회사의 제품을 선택하기 바란다. 특히 해외 제품의 경우에는 제품에 문제가 발생했을 때 기술지원을 받을 수 없기 때문에 가급적 국내 제품을 사용하기 바란다.

(a) PC 뒷면의 시리얼 통신포트

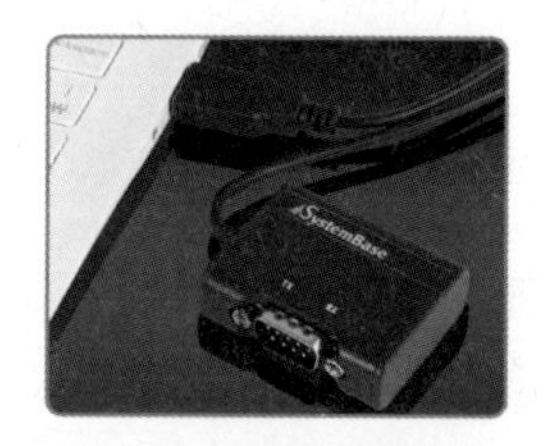

(b) USB ↔ 시리얼 통신(RS232) 컨버터

(c) USB ↔ 시리얼 통신(RS422/485) 컨버터

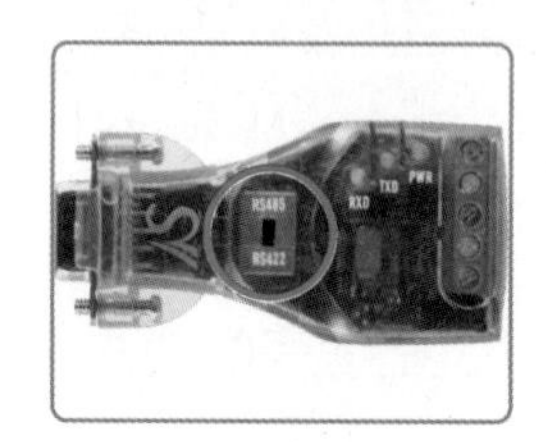

(d) RS232 ↔ RS422/485 컨버터

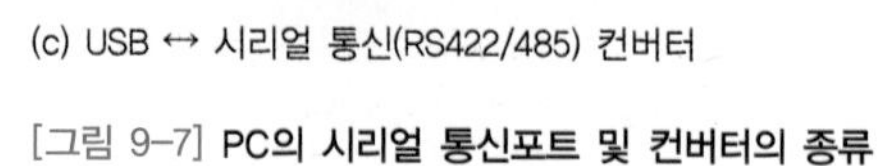

[그림 9-7] **PC의 시리얼 통신포트 및 컨버터의 종류**

USB ↔ RS232 컨버터의 COM 번호와 통신 속성 설정

USB ↔ RS232 통신 컨버터를 PC의 USB 포트에 연결하고, 컨버터 업체에서 제공한 컨버터 드라이브를 설치한 후에, [표 9-4]와 같은 순서로 컨버터에 할당된 PC의 COM 포트번호와 시리얼 통신을 위한 보레이트, 데이터 비트 수, 정지비트 수 등을 설정한다.

[표 9-4] USB ↔ 시리얼 통신 컨버터의 설정 순서

실행 순서	실행 내용	작업화면
1	차례로 [윈도우 버튼] → [제어판] → [하드웨어 및 소리] → [장치 관리자]를 선택한다.	컴퓨터 제어판 장치 및 프린터 기본 프로그램 도움말 및 지원 하드웨어 및 소리 장치 및 프린터 보기 장치 추가 프로그램 프로그램 제거
2	'장치 관리자' 창에서 '포트(COM & LPT)'를 클릭하여, USB Serial Port에 설정된 COM 번호를 확인한다.	포트(COM & LPT) USB Serial Port(COM3) 프로세서 휴먼 인터페이스 장치
3	실행 순서 2에서 시리얼 통신에 사용하고자 하는 포트 번호(USB Serial Port(COM3))를 더블클릭해서 시리얼 포트의 속성을 설정한다. 이 속성은 시리얼 통신을 하고자 하는 상대 기기와 동일하게 설정한다.	USB Serial Port(COM3) 속성 일반 | 포트 설정 | 드라이버 | 자세히 비트/초(B): 19200 데이터 비트(D): 8 패리티(P): 없음 정지 비트(S): 1 흐름 제어(F): 없음 고급(A)... 기본값 복원(R) 확인 취소

통신케이블 제작

[그림 9-7]을 살펴보면, PC측의 RS-232C 포트(이하 COM 포트라고 함)는 D-SUB 9P male 타입의 커넥터를 사용하고, C24N의 CH1 측의 COM 포트는 D-SUB 9P female 타입의 커넥터를 사용하고 있다. 따라서 통신케이블 제작에 필요한 부품으로는 [그림 9-8]과 같이 통신 전용 케이블과 D-SUB 9P 커넥터 male, female 등이 있다. 시리얼 통신에 필요한 통신케이블과 통신 테스트용 커넥터를 만들어보자.

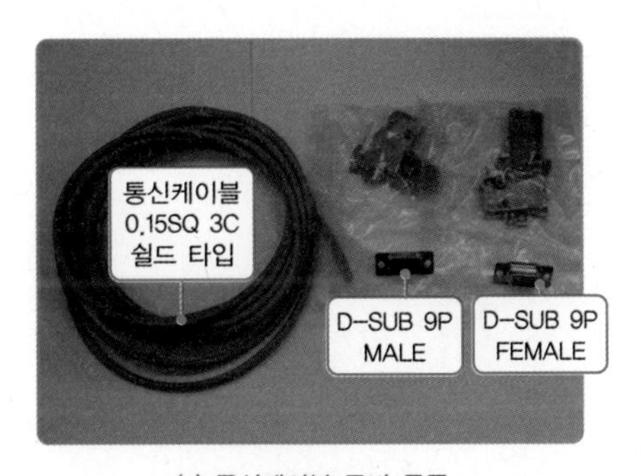

(a) 통신케이블 준비 물품

(b) D-SUB 9P male 커넥터

(c) D-SUB 9P female 커넥터

[그림 9-8] **시리얼 통신케이블 제작 부품**

1 시리얼 통신 테스트를 위한 통신커넥터 제작

시리얼 통신에 사용할 컨버터 또는 PC의 COM 포트의 정상 동작을 확인하기 위한 통신 테스트용 커넥터를 제작해보자.

RS232 통신에 사용할 컨버터의 테스트 방법은 의외로 간단하다. [그림 9-9(b)]와 같이 COM 포트에 연결할 D-SUB 9P female 커넥터의 2번 ↔ 3번 핀을 서로 연결하면 된다. 2번 핀은 데이터를 수신하는 RXD이고, 3번 핀은 데이터를 송신하는 TXD이다. 이 두 개의 핀을 연결했다는 것은 자신의 송신한 데이터를 자신이 수신한다는 의미이다.

(a) 테스트용 통신커넥터 제작된 모습

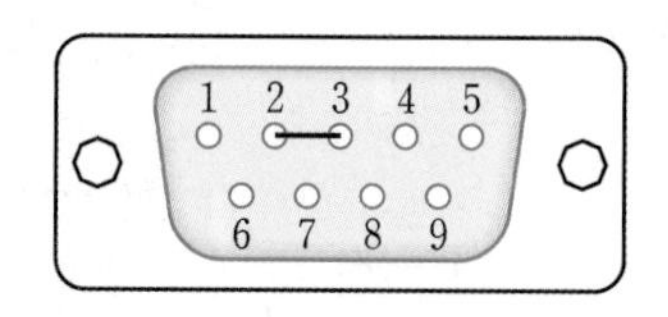

(b) 테스트용 통신커넥터 결선도

[그림 9-9] RS232 통신 테스트용 통신커넥터 제작

2 멜섹 Q PLC의 C24N과 PC 간의 연결용 통신케이블 제작

시리얼 통신의 최종 목적은 멜섹 Q PLC의 시리얼 통신모듈인 C24N과 다른 제어장치와의 통신이다. 통신의 종류에 따라 통신케이블의 결선 방법이 각각 다른데, 여기서는 PC를 이용해서 C24N의 동작상태를 모니터링하기 위해 사용할 통신케이블을 [그림 9-10]과 같이 만들어보자. 특히 통신케이블을 만들 때 커넥터의 암수 구분에 주의하자. QJ71C24N 측은 male 타입, PC 측은 female 타입이다.

QJ71C24 측	
신호명	핀 번호
CD	1
RD(RXD)	2
SD(TXD)	3
DTR(ER)	4
SG	5
DSR(DR)	6
RS(RTS)	7
CS(CTS)	8
RI(CI)	9

PC(상대 기기 측)	
핀 번호	신호명
1	DCD
2	RXD
3	TXD
4	DTR
5	SG
6	DSR
7	RTS
8	CTS
9	RI

[그림 9-10] C24N ↔ PC 간의 RS232C 통신케이블 결선도

9.2.3 PC의 COM 포트 동작 확인하기

이 책에서 설명한 방법대로 따라했는데도 통신이 되지 않으면, 장비 잘못으로 인한 것인지, 설정이 잘못된 것인지, 아니면 프로그램이 잘못된 것인지를 파악하기가 어렵다. 따라서 통신 실습에 사용할 장비를 미리 점검하여 문제 발생 원인을 줄이면, 실제 문제가 발생했을 때 그 원인을 쉽게 파악할 수 있다.

시리얼 통신을 위해서는 PC의 COM 포트가 정상적으로 동작해야 한다. PC에 COM 포트가 없는 경우에는 USB ↔ RS232 통신 컨버터를 사용하는데, 이 컨버터의 동작 상태를 확인해보자. 먼저 PC에서 시리얼 프로토콜 분석용 프로그램 CFTerm을 실행하고, PC의 [제어판 장치 관리자]에서 시리얼 통신포트에 대한 설정을 [표 9-4]의 순서대로 [그림 9-11]과 같이 설정한다.

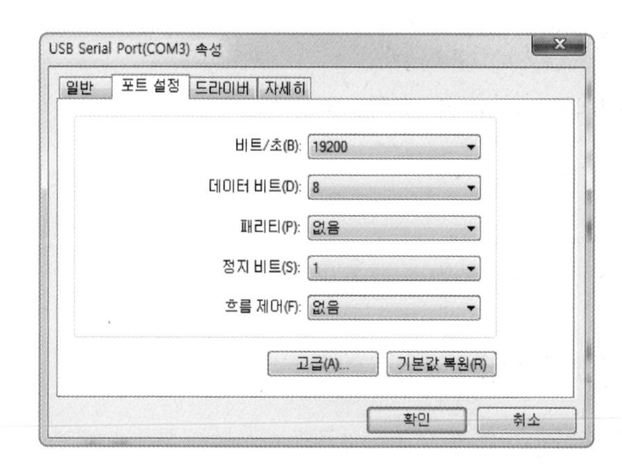

[그림 9-11] PC의 COM3 포트 설정

통신포트에 대한 설정을 마쳤으면, [표 9-5]와 같은 순서로 작업하여 COM 포트의 동작을 확인한다. [그림 9-11]의 절차를 거치지 않고도 [표 9-5]의 작업순서 2번에서 CFTerm에서 사용할 통신포트의 설정이 가능하다.

키보드로 입력한 송신 데이터가 수신된 데이터와 일치하면 PC의 COM 포트 또는 USB에 연결된 컨버터는 정상 동작하는 것이다. 송수신 데이터가 일치하지 않거나 나타나지 않으면, [표 9-4]와 [표 9-5]의 COM 포트 설정, 통신케이블 결선, 컨버터 순서로 이상 유무를 확인한다.

[표 9-5] PC의 COM 포트 동작 확인 방법

작업 순서	작업 내용	작업화면
1	D-SUB 9P female 커넥터의 2번과 3번을 연결한 후, PC 또는 시리얼 컨버터의 COM 포트에 연결한다.	
2	CFTerm을 실행해서 시리얼 통신 파라미터를 설정한다. • COM Port : COM3(PC에서 확인) • Baud Rate : 19200bps • View Type : HEX • NoParity 선택 • [Open] 버튼을 눌러 통신 연결	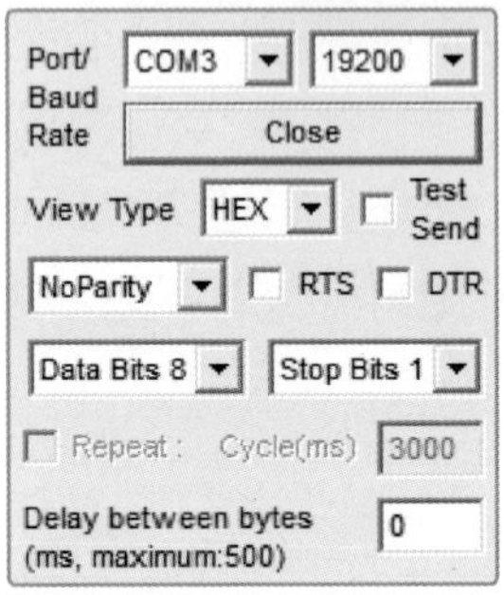
3	프로토콜 모드로 Key Stroke를 선택한다.	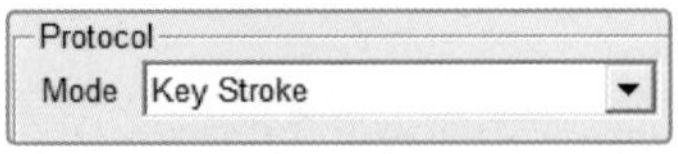
4	키보드에서 송신할 데이터를 입력한다.	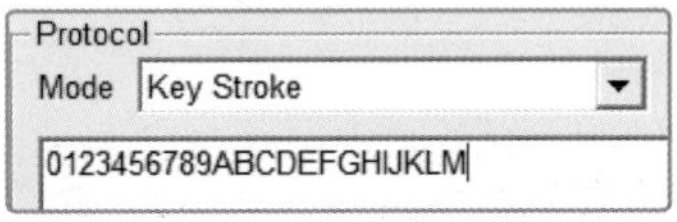
5	CFTerm의 송신 및 수신 표시창에 키보드에서 입력한 데이터가 표시되는지 확인한다.	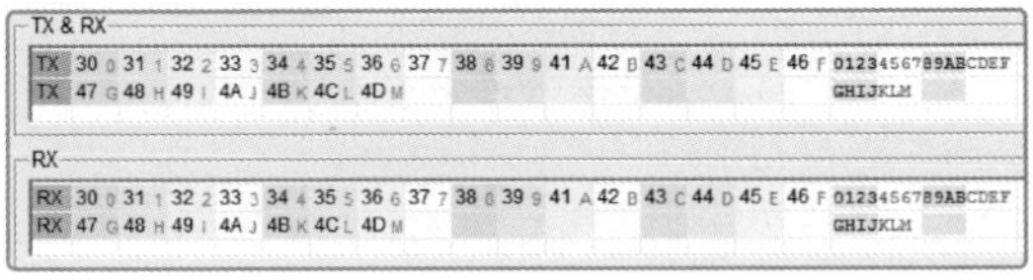

9.2.4 COM Port ↔ COM Port 간의 통신 테스트

2개의 USB ↔ RS232 통신 컨버터를 사용하여 [그림 9-10]과 같이 만든 통신케이블의 이상 유무를 체크하는 방법에 대해 살펴보자.

타입 변환용 젠더

시리얼 통신의 연결 케이블을 사용하다 보면, 케이블의 결선 방법은 동일한데 커넥터의 타입이 변경되어야 하는 경우가 있다. 이런 경우에는 케이블을 새롭게 만들기보다는 [그림 9-12]와 같은 타입 변환용 젠더를 사용한다.

(a) female → male 변환 젠더

(b) male → female 변환 젠더

[그림 9-12] 커넥터 타입 변환용 젠더

테스트 순서

2개의 USB ↔ RS232 컨버터를 이용해서 통신케이블의 이상 유무를 점검해보자. 통신을 할 때에는 통신에 사용할 주변장치와 케이블에 대한 점검을 철저하게 해야 한다. 통신에서 발생하는 문제의 해결은 쉽지 않기 때문에 사소한 것도 시시콜콜 따져가면서 점검함으로써 행여 발생할지도 모를 문제를 미연에 방지하는 것이다.

[그림 9-13]과 같이 두 개의 USB ↔ RS232 컨버터를 1대의 PC에 설치한 후에, 앞에서 만든 시리얼 통신케이블을 사용해서 2개의 컨버터 사이를 연결한다. 이때 C24N에 연결할 커넥터 타입이 다르기 때문에 타입 변환용 젠더를 사용해서 연결한다.

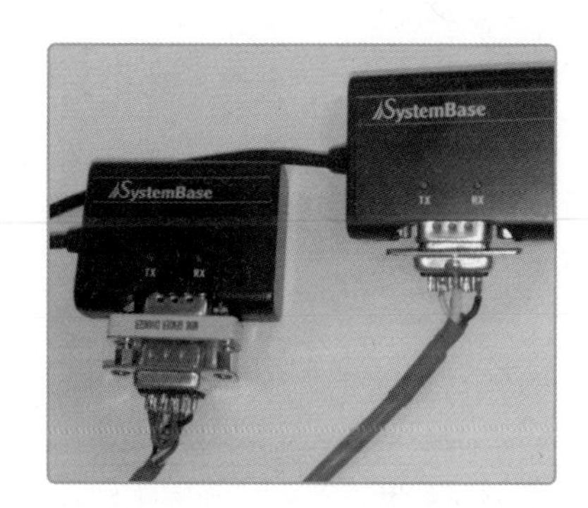

[그림 9-13] 2개의 컨버터로 수행하는 통신케이블 테스트

[표 9-6]과 같은 순서로 2개의 CFTerm의 설정을 끝낸 후, COM3으로 설정된 CFTerm에서 키보드로 전송할 데이터를 입력하여, COM4의 수신 데이터 표시화면에 COM3에서 전송한 데이터가 표시되는지 확인한다. COM4에서도 동일한 방법으로 COM3으로 전송된 데이터가 표시되는지 확인한다.

[표 9-6] 통신 케이블 테스트를 위한 컨버터 설정 순서

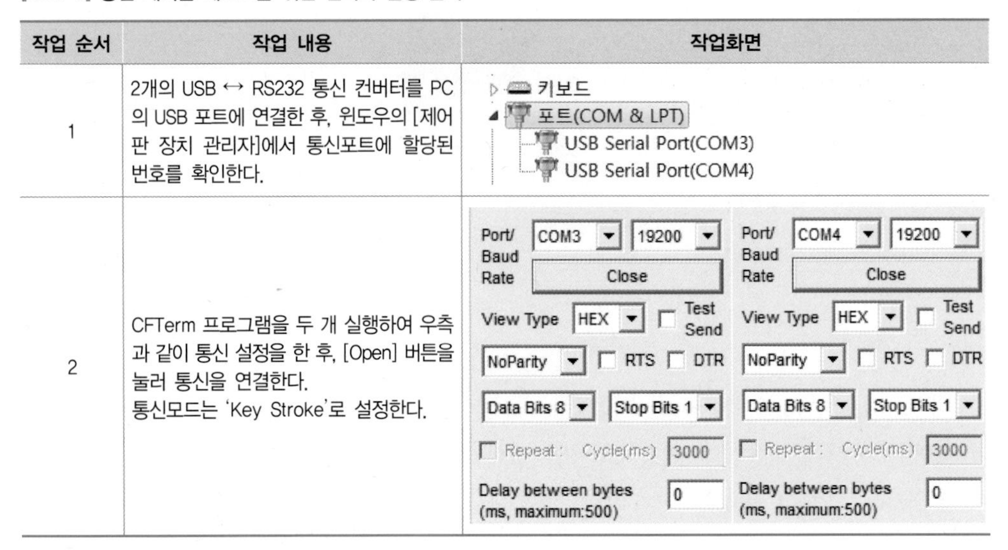

작업 순서	작업 내용	작업화면
1	2개의 USB ↔ RS232 통신 컨버터를 PC의 USB 포트에 연결한 후, 윈도우의 [제어판 장치 관리자]에서 통신포트에 할당된 번호를 확인한다.	키보드 포트(COM & LPT) USB Serial Port(COM3) USB Serial Port(COM4)
2	CFTerm 프로그램을 두 개 실행하여 우측과 같이 통신 설정을 한 후, [Open] 버튼을 눌러 통신을 연결한다. 통신모드는 'Key Stroke'로 설정한다.	Port/ Baud Rate COM3 19200 Close / View Type HEX Test Send / NoParity RTS DTR / Data Bits 8 Stop Bits 1 / Repeat : Cycle(ms) 3000 / Delay between bytes (ms, maximum:500) 0 Port/ Baud Rate COM4 19200 Close / View Type HEX Test Send / NoParity RTS DTR / Data Bits 8 Stop Bits 1 / Repeat : Cycle(ms) 3000 / Delay between bytes (ms, maximum:500) 0

[그림 9-14]처럼 통신 데이터 표시화면에 송수신 데이터가 정상적으로 표시되면, 통신 케이블의 결선과 시리얼 컨버터의 동작이 정상인 것이다. 만약 송수신이 제대로 안 된다면, 앞에서 언급한 방법으로 각각의 COM 포트의 상태를 확인한다.

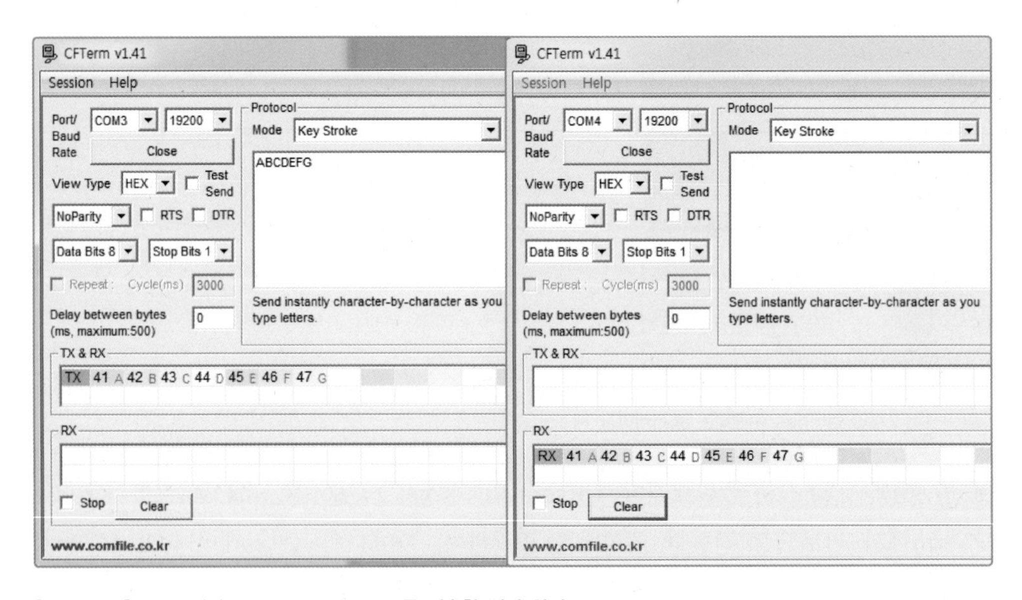

[그림 9-14] COM3에서 COM4로 'ABCDEFG'를 전송한 결과 화면

이번 장까지의 테스트는 PLC와 통신 테스트를 수행할 PC의 COM 포트와 통신케이블의 상태를 확인한 것이다. 이제부터는 PLC와 PC 간의 시리얼 통신 테스트에 대해 살펴보자.

Chapter 10

QJ71C24N 통신모듈

멜섹Q PLC의 시리얼 통신은 QJ71C24N 통신모듈을 사용한다. 이 통신모듈은 RS232, RS422/485 통신을 지원한다. 10장에서는 시리얼 통신모듈의 종류, 단자의 기능, 버퍼 메모리의 종류와 기능, 입출력 번지의 기능, 시리얼 통신 전용 명령어에 대해 학습한다. 또한 학습한 내용을 바탕으로 GX Works2에서 통신을 위한 파라미터 설정과 통신 프로그램 작성법에 대해 살펴본다.

10.1 QJ71C24N 종류와 통신 채널의 구성

멜섹Q PLC에서 시리얼 통신은 QJ71C24N(이하 C24N)의 명칭을 가진 통신모듈을 사용한다. 이 책의 실습에 사용할 C24N 모듈의 종류와 사용 방법에 대해 살펴보자.

10.1.1 C24N의 종류

C24N 모듈에는 세 종류가 있으며, 사용자의 사용 환경에 맞게 모듈을 선택해 사용한다. 이 책에서는 QJ71C24N 모듈을 사용한다. 여기서는 실습에 필요한 사항만 설명하기 때문에 C24N에 대한 자세한 사항은 미쓰비시에서 출판한 『Q 대응 시리얼 커뮤니케이션 모듈 사용자 매뉴얼』을 참고하기 바란다.

[표 10-1] **시리얼 통신모듈의 종류와 명칭**

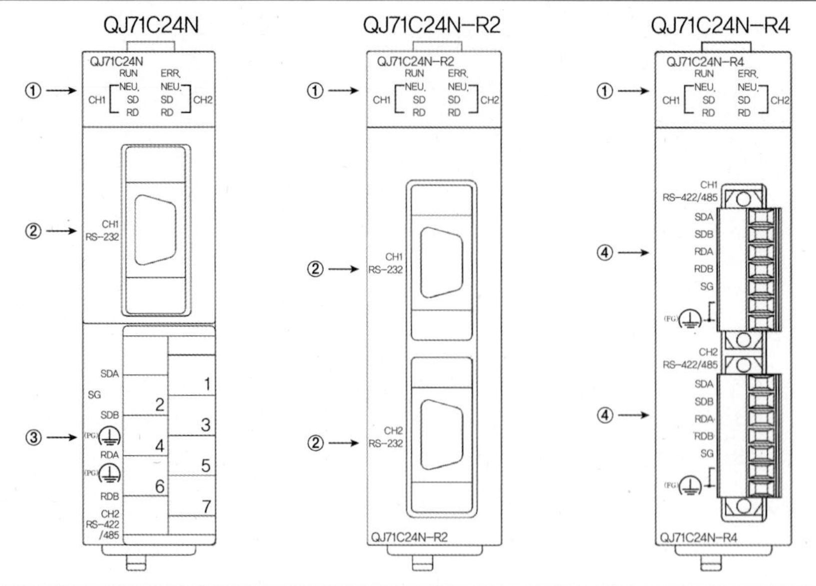

구분	명칭	내용
①	표시 LED	C24의 동작상태를 나타내는 표시 LED
②	RS-232C	RS-232C D-SUB 9P 커넥터
③	RS-422/485	RS-422/485 2-piece 단자대
④	RS-422/485	RS-422/485 2-piece 플러그인 단자대

10.1.2 C24N의 통신 커넥터

이 책에서 사용하는 C24N은 2개의 시리얼 통신 채널로 구성되어 있는데, 이 중 채널 1번은 RS232 통신, 채널 2번은 RS422/485 통신을 지원한다.

채널 1 : RS232 통신

시리얼 통신모듈의 CH1은 RS-232C 통신을 지원하는 채널로, [표 10-2]와 같이 D-SUB 커넥터 female 타입 9핀으로 되어있다.

[표 10-2] C24의 CH1의 핀 명칭 및 배치

커넥터 형상	핀 번호	신호 기호	신호 명칭	신호 방향 C24 ↔ 상대 기기
	1	CD	수신 캐리어 검출	←
	2	RD(RXD)	수신 데이터	←
	3	SD(TXD)	송신 데이터	→
	4	DTR(ER)	데이터 터미널 Ready	→
	5	SG	신호 그라운드	↔
	6	DSR(DR)	데이터 세트 Ready	←
	7	RS(RTS)	송신 요구	→
	8	CS(CTS)	송신 가능	←
	9	RI(CI)	모뎀신호 표시	←

채널 2 : RS422/485 통신 커넥터

CH2는 RS-422/485 통신을 지원하는 채널로, 나사식 단자대로 구성되어 있다.

[표 10-3] C24의 CH2의 핀 명칭 및 배치

투피스 단자대 형상	신호 기호	신호 명칭	신호 방향 C24 ↔ 상대 기기
	SDA	송신 데이터(+)	→
	SDB	송신 데이터(−)	→
	RDA	수신 데이터(+)	←
	RDB	수신 데이터(−)	←
	SG	신호 그라운드	↔
	FG	프레임 그라운드	↔
	FG	프레임 그라운드	↔

10.1.3 C24N의 통신상태 표시 LED

시리얼 통신모듈의 상단에 위치한 LED 표시등을 통해 모듈의 상태를 파악할 수 있다. 통신모듈이 정상상태이면 RUN 램프가 점등된다.

[표 10-4] C24의 표시 LED 내용

<table>
<tr><th rowspan="2">LED 명칭</th><th rowspan="2">표시 내용</th><th rowspan="2">● : 점등/점멸</th><th rowspan="2">○ : 소등</th><th colspan="3">대응 프로토콜</th></tr>
<tr><th>MC</th><th>무순</th><th>쌍방</th></tr>
<tr><td>RUN</td><td>정상 운전 표시</td><td>정상</td><td>이상 , 리셋</td><td colspan="3" rowspan="2">유효</td></tr>
<tr><td>ERR</td><td>에러 표시</td><td>에러 발생</td><td></td></tr>
<tr><td>NEU</td><td>중립상태 표시</td><td>MC 커맨드 수신 대기</td><td>MC 커맨드 수신 중</td><td>유효</td><td colspan="2">무효</td></tr>
<tr><td>SD</td><td>송신상태 표시</td><td>데이터 송신 중</td><td>데이터 미송신</td><td colspan="3" rowspan="2">유효</td></tr>
<tr><td>RD</td><td>수신상태 표시</td><td>데이터 수신 중</td><td>데이터 미수신</td></tr>
</table>

10.1.4 C24N의 입출력 번지

멜섹Q PLC에서 C24N 모듈은 인텔리전트 모듈에 해당된다. 인텔리전트 모듈은 자체 CPU를 가지고 있기 때문에 PLC CPU의 도움 없이도 데이터 송수신을 할 수 있다. 그러나 PLC에 사용되는 모든 인텔리전트 모듈은 PLC CPU의 출력신호 지령을 받아서 동작하도록 구성되어 있으며, 동작의 결과는 입력신호를 통해 PLC CPU에 보고된다.

C24N에 할당된 입출력 번지의 크기는 32비트로, 비트별로 할당된 기능을 [표 10-5]에 나타내었다. 표의 입출력 번지는 슬롯 0번지를 기준으로 작성된 것이므로, 독자들의 PLC 시스템 구성에 맞게 C24N에 할당된 입출력 번지로 변경해서 참고하기 바란다. 이 책의 실습에 사용되는 C24N 모듈은 베이스 모듈의 슬롯 4번에 위치하고, C24N에 할당되는 입출력 번지는 **X60 ~ X7F/Y60 ~ Y7F**이다. 이 책의 PLC 프로그램에서 [표 10-5]의 **X1E**(C24 Ready 신호)는 **X7E**로 사용된다.

[표 10-5] C24의 입출력 신호

<table>
<tr><th>입력 번호</th><th>신호 내용</th><th>출력 번호</th><th>신호 내용</th></tr>
<tr><td>X00</td><td>CH1 송신 정상 완료</td><td>Y00</td><td>CH1 송신 요구</td></tr>
<tr><td>X01</td><td>CH1 송신 이상 완료</td><td>Y01</td><td>CH1 수신 읽기 완료</td></tr>
<tr><td>X02</td><td>CH1 송신 처리</td><td>Y02</td><td>CH1 모드 전환 요구</td></tr>
<tr><td>X03</td><td>CH1 수신 읽기 요구</td><td>Y03</td><td rowspan="4">사용 금지</td></tr>
<tr><td>X04</td><td>CH1 수신 고장 검출</td><td>Y04</td></tr>
<tr><td>X05</td><td>시스템용</td><td>Y05</td></tr>
<tr><td>X06</td><td>CH1 모드 전환</td><td>Y06</td></tr>
<tr><td>X07</td><td>CH2 송신 정상 완료</td><td>Y07</td><td>CH2 송신 요구</td></tr>
<tr><td>X08</td><td>CH2 송신 이상 완료</td><td>Y08</td><td>CH2 수신 읽기 완료</td></tr>
<tr><td>X09</td><td>CH2 송신 처리</td><td>Y09</td><td>CH2 모드 전환 요구</td></tr>
</table>

(계속)

입력 번호	신호 내용	출력 번호	신호 내용
X0A	CH2 수신 읽기 요구	Y0A	사용 금지
X0B	CH2 수신 고장 검출	Y0B	
X0C	시스템용	Y0C	
X0D	CH2 모드 전환	Y0D	
X0E	CH1 에러 발생	Y0E	CH1 에러 정보 초기화 요구
X0F	CH2 에러 발생	Y0F	CH2 에러 정보 초기화 요구
X10	모뎀 초기화 완료	Y10	모뎀 초기화 요구
X11	다이얼링	Y11	회선 접속 요구
X12	회선 접속	Y12	회선 차단 요구
X13	초기화 회선 접속 실패	Y13	사용 금지
X14	회선 중단 완료	Y14	통지 발행 요구
X15	보고 정상 완료	Y15	사용 금지
X16	보고 이상 완료	Y16	
X17	플래시 ROM 읽기 완료	Y17	플래시 ROM 읽기 요구
X18	플래시 ROM 쓰기 완료	Y18	플래시 ROM 쓰기 요구
X19	플래시 ROM 시스템 설정 완료	Y19	플래시 ROM 시스템 설정 요구
X1A	CH1 글로벌 신호	Y1A	사용 금지
X1B	CH2 글로벌 신호	Y1B	
X1C	시스템 설정 디폴트 완료	Y1C	시스템 설정 디폴트 요구
X1D	시스템용	Y1D	사용 금지
X1E	QJ71C24 Ready 신호	Y1E	
X1F	워치독 타이머 에러	Y1F	

10.1.5 C24N의 버퍼 메모리 기능

인텔리전트 기능 모듈은 할당된 입출력 번지와 함께 버퍼 메모리를 통해 PLC CPU와 데이터를 교환한다. C24N은 511바이트 크기의 송신용 및 수신용으로 구분된 버퍼 메모리를 가지고 있다.

PLC CPU가 송신용 버퍼 메모리에 상대 기기에 전송하고자 하는 데이터를 등록한 후 전송 요청을 하면(Y60 : CH1 송신 요구 신호를 ON), 지정된 통신 채널을 통해 송신 버퍼 메모리에 등록된 데이터가 상대 기기에 전송된다. 수신 동작은, 외부 기기에서 데이터 신호가 입력되면 수신용 버퍼 메모리에 수신 데이터를 수신 순서대로 저장하다가, 수신이 종료되면 PLC CPU에 읽기 요구 신호(X63 : CH1 수신 읽기 요구 신호)를 보내고, PLC CPU는 수신 버퍼 메모리의 내용을 확인하는 형태로 동작한다.

따라서 C24N에는 송수신용 버퍼 메모리 이외에도 통신을 위한 다양한 조건 설정과 동작 상태를 확인하기 위한 버퍼 메모리가 존재한다. PLC CPU와 시리얼 통신모듈 간의 동작 상태를 제어하기 위해서는 C24N의 버퍼 메모리의 용도를 파악해야 한다. 이 책에서는 그러한 버퍼 메모리 중에서 무수순 통신[1]을 위한 버퍼 메모리와 그 용도만을 살펴본다. 버퍼 메모리의 용도에 대해 자세한 내용을 알고 싶다면, 미쓰비시에서 발행한 『**Q 대응 시리얼 커뮤니케이션 모듈 사용자 매뉴얼(기본편)**』을 참조하기 바란다.

무수순 통신을 위한 버퍼 메모리는 CH1과 CH2를 각각 구분해서 사용한다. [표 10-6]에 무수순 통신에 사용되는 버퍼 메모리를 나타내었다. [표 10-6]의 버퍼 메모리 150번지는 전송 데이터의 단위가 바이트 단위인지, 또는 워드 단위인지를 설정하기 위한 것이다. 해당 번지의 설정값이 0이면 워드 단위, 1이면 바이트 단위의 전송이 이루어지게 된다. 따라서 시리얼 통신 시작 전에 데이터의 송수신 조건에 따른 버퍼 메모리의 설정이 먼저 이루어져야 한다.

[표 10-6] **무수순 통신을 위한 공통 버퍼 메모리**

기능	CH1 버퍼 메모리 번지	CH2 버퍼 메모리 번지
워드/바이트 단위 지정	150(96H)	310(136H)
송신용 버퍼 메모리 선두번지 지정	162(A2H)	332(142H)
송신용 버퍼 메모리 길이 지정	163(A3H)	323(143H)
수신용 버퍼 메모리 선두번지 지정	166(A6H)	326(146H)
수신용 버퍼 메모리 길이 지정	167(A7H)	327(147H)

10.1.6 C24N의 전용 명령어

상대 기기와의 데이터 송수신을 위해 C24N에서 사용할 수 있는 전용 명령어는 다양하다. 그 중에서 RS232 통신 실습에 필요한 2개의 전용 명령어는 [표 10-7]과 같다.

[표 10-7] **C24의 전용 명령어**

용도	명령	기능
무수순 프로토콜 통신용	G(P).OUTPUT	지정한 데이터를 송신한다.
	G.INPUT	수신한 데이터를 읽어온다.

1 송신과 수신을 위한 통신 방식이 사전에 정해져 있지 않은 상태에서 통신을 하고자 하는 상대방이 정한 통신 방법과 순서에 맞추어 통신하는 방식을 의미한다.

INPUT 명령

INPUT 명령어는 무수순 통신에서 사용자가 지정한 데이터 형식에 따라 데이터를 수신할 때 사용하는 명령이다. INPUT 명령의 지령은 상승펄스 또는 하강펄스를 사용할 수 없는 명령어이다.

[표 10-8] **INPUT 명령어의 형식과 설정 항목**

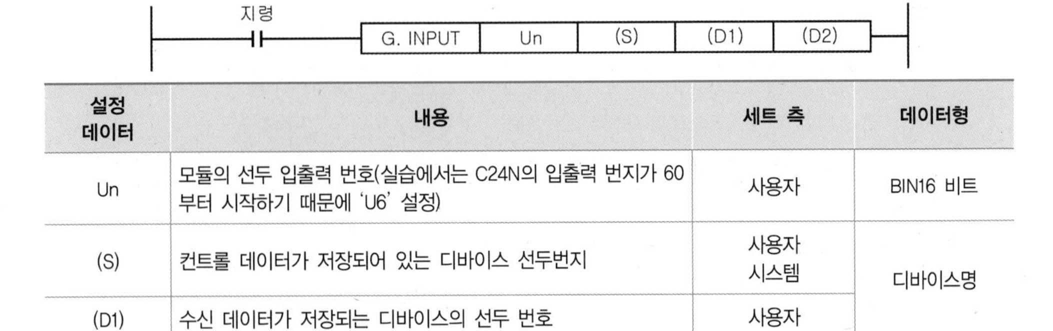

설정 데이터	내용	세트 측	데이터형
Un	모듈의 선두 입출력 번호(실습에서는 C24N의 입출력 번지가 60부터 시작하기 때문에 'U6' 설정)	사용자	BIN16 비트
(S)	컨트롤 데이터가 저장되어 있는 디바이스 선두번지	사용자 시스템	디바이스명
(D1)	수신 데이터가 저장되는 디바이스의 선두 번호	사용자	
(D2)	실행 완료 시에 ON되는 비트 디바이스 번호	시스템	비트

INPUT 명령어의 실행을 위해서는 [표 10-8]과 같이 4개의 항목에 대한 설정이 이루어져야 한다. 그 중에서 두 번째 항목인 컨트롤 데이터(S)는 [표 10-9]와 같이 4개의 데이터 레지스터를 사용한다.

[표 10-9] **컨트롤 데이터의 설정 항목**

디바이스	항목	설정 데이터	설정 범위	세트 측
(S)+0	수신 채널	• 수신 채널 설정 1 : 채널1(CH1 측) / 2 : 채널2(CH2 측)	1, 2	사용자
(S)+1	수신 결과	• INPUT 명령에 의한 수신 결과 0 : 정상 / 0 이외 : 에러 코드	–	시스템
(S)+2	수신 데이터 수	• 수신한 데이터 수가 저장됨	–	시스템
(S)+3	수신 데이터 허용 수	• (D1)에 저장할 수 있는 수신 데이터의 허용 워드(바이트) 수를 설정	1 이상	사용자

OUTPUT 명령어

OUTPUT 명령어는 무수순 프로토콜에서 사용자가 지정한 데이터 전송 형식으로 데이터를 송신할 때 사용하는 명령어이다.

[표 10-10] **OUTPUT 명령어의 형식과 설정 항목**

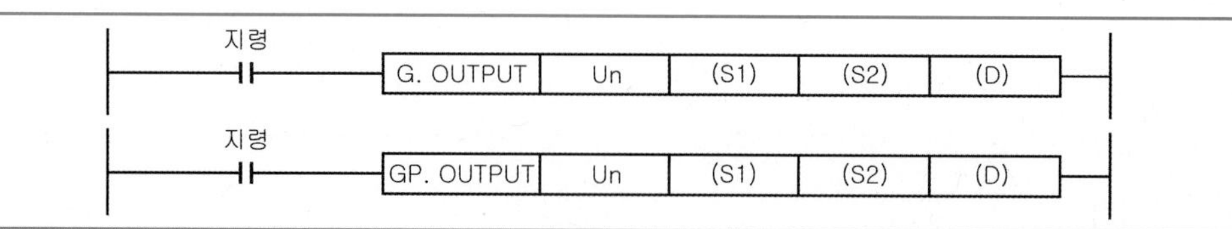

설정 데이터	내용	세트 측	데이터형
Un	모듈의 선두 입출력 번호(실습에서는 C24N의 입출력 번지가 60부터 시작하기 때문에 'U6' 설정)	사용자	BIN16 비트
(S1)	컨트롤 데이터가 저장되어 있는 디바이스 선두번지	사용자 시스템	디바이스명
(S2)	송신 데이터가 저장되는 디바이스의 선두 번호	사용자	
(D)	실행 완료 시에 ON되는 비트 디바이스 번호	시스템	비트

OUTPUT 명령어의 실행을 위해서는 [표 10-10]과 같이 4개의 항목에 대한 설정이 이루어져야 한다. 그 중에서 두 번째 항목인 컨트롤 데이터(S)는 [표 10-11]과 같이 3개의 데이터 레지스터를 사용한다.

[표 10-11] **컨트롤 데이터의 설정 항목**

디바이스	항목	설정 데이터	설정 범위	세트 측
(S)+0	송신 채널	• 송신 채널 설정 1: 채널1(CH1 측) / 2: 채널2(CH2 측)	1, 2	사용자
(S)+1	송신 결과	• OUTPUT 명령에 의한 송신 결과 저장 0: 정상 / 0 이외: 에러 코드	–	시스템
(S)+2	송신 데이터 수	• 송신하는 데이터 수 설정	1 이상	사용자

10.2 C24N을 이용한 PC와의 시리얼 통신 실습

C24N을 사용한 시리얼 통신 실습을 통해 PLC 통신을 위한 준비사항과 PLC 프로그램 작성 방법을 살펴보자.

10.2.1 PC와 PLC 간의 시리얼 통신 실습

C24N의 CH1 ↔ PC의 COM 포트와의 시리얼 통신을 시작하기 전에 송신 측과 수신 측 모두 동일한 방식으로 통신을 설정한다.

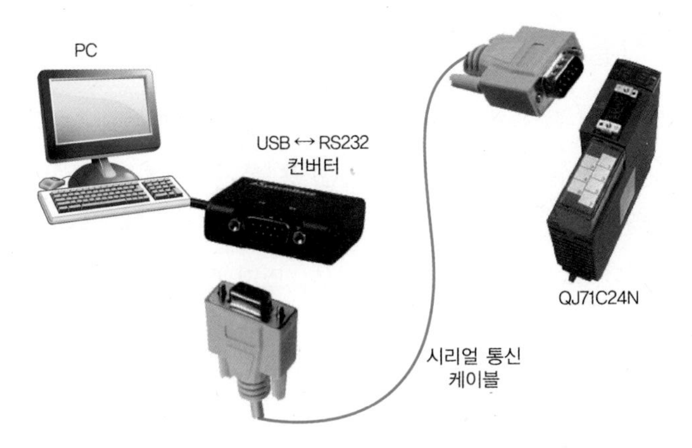

[그림 10-1] PC ↔ C24N의 통신 결선도

[표 10-12]는 시리얼 통신을 위한 설정을 나타낸 것이다.

[표 10-12] C24N CH1 ↔ PC 간의 시리얼 통신 설정

통신 방법	통신속도(bps)	데이터 비트	패리티 비트	스톱(정지) 비트
RS232C	19200	8	없음	1

10.2.2 PC의 COM 포트 통신 설정

PC에서는 USB 포트를 RS232로 변환하는 컨버터를 사용해서 C24N과 시리얼 통신을 한다. 따라서 PC의 USB 포트에 연결한 컨버터의 COM 포트 번호를 확인하고, 해당 COM 포트의 통신 설정을 [그림 10-2]와 동일하게 한다.

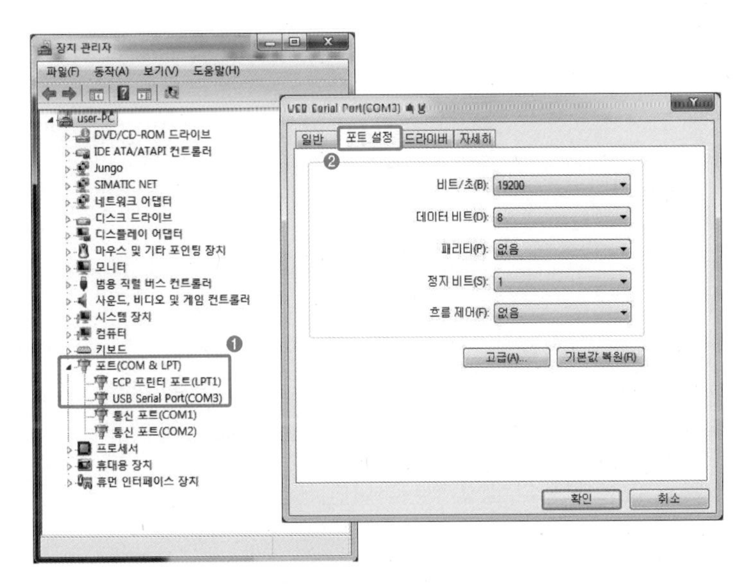

[그림 10-2] PC의 USB 포트에 삽입된 컨버터의 COM 포트 번호 및 시리얼 통신 설정

10.2.3 C24N의 시리얼 통신을 위한 스위치 설정

C24N은 네 종류의 시리얼 통신 방식(MC 프로토콜, 쌍방향, 무수순, 사전 정의 프로토콜)과 다양한 통신속도를 적용할 수 있는 인텔리전트 모듈이지만, 사용 통신 환경에 맞추어 통신 방식과 통신속도 등을 프로그램 실행 전에 설정해놓아야 한다. 이러한 사용 환경 설정은 스위치 설정을 통해 이루어진다. 스위치 설정을 위해서는 먼저 C24N이 설치된 PLC의 슬롯번지와 입출력 번지를 확인해야 한다. PLC 실습장치의 입출력 할당번지의 구성을 살펴보면 [그림 10-3]과 같다. C24N에 할당된 입출력 번지는 '**X060 ~ X07F / Y060 ~ Y06F**'이다.

전원 모듈 Q61P	CPU 모듈 Q02H	슬롯 0	슬롯 1	슬롯 2	슬롯 3	슬롯 4
		INPUT (QX42) 32점 X00~X1F	OUTPUT (QY42P) 32점 Y20~Y3F	A/D (Q64AD) 16점 X40~X4F Y40~Y4F	D/A (Q64DA) 16점 X50~X5F Y50~Y5F	통신 (C24N) 32점 X60~X7F X70~Y7F

[그림 10-3] **실습에 사용되는 PLC의 구성**

C24N의 통신 채널 CH1의 RS232C와 PC 간의 통신을 위해 GX Works2를 실행시켜 C24N의 통신 설정을 위한 스위치를 설정한다. GX Works2에서는 두 가지 방법으로 스위치를 설정할 수 있다. 첫 번째 방법은 기존의 GX Developer에서 설정하던 방법과 동일한 방법이며, 두 번째 방법은 GX Works2의 인텔리전트 모듈의 설정을 이용하는 것이다.

GX Developer에서 사용하던 방법으로 스위치 설정하기

GX Work2 이전의 프로그램 작성 툴인 GX Developer에서 사용했던 설정방법을 다시 생각해보자. 이 방법은 PLC의 인텔리전트 모듈의 스위치 설정을 통해 동작모드를 지정하는 방식으로, 아래와 같은 순서로 진행한다.

❶ Navigation 창에서 [PLC Parameter]를 선택한다.

❷ Parameter Setting 창에서 [I/O Assignment] 탭을 클릭한다.

❸ [Read PLC Data] 버튼을 클릭한다.

❹ I/O 할당에 PLC에 설치된 각종 모듈의 정보가 나타나면, [Switch Setting] 버튼을 클릭한다.

❺ 스위치 설정창이 나타나면 QJ71C24N 모듈이 장착된 위치의 스위치 값을 다음과 같이 설정한다.

스위치 1 : 07C2,　스위치 2 : 0006,　스위치 5 : 0000

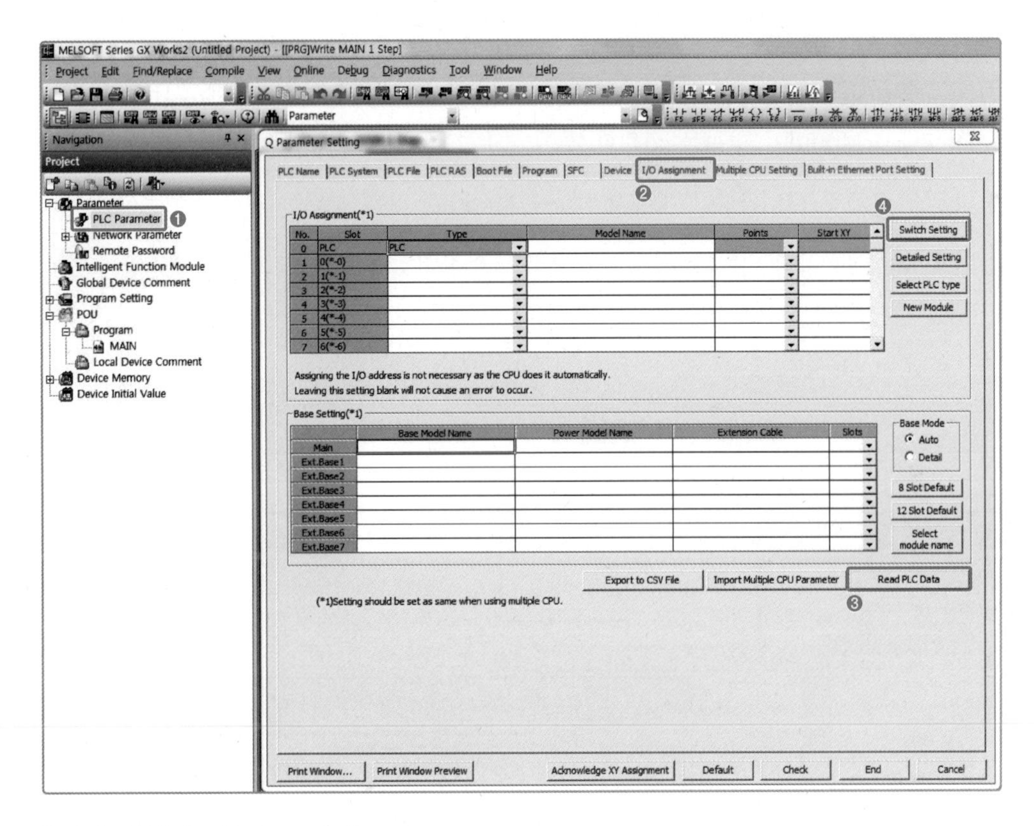

[그림 10-4] **I/O 할당(Assignment) 창**

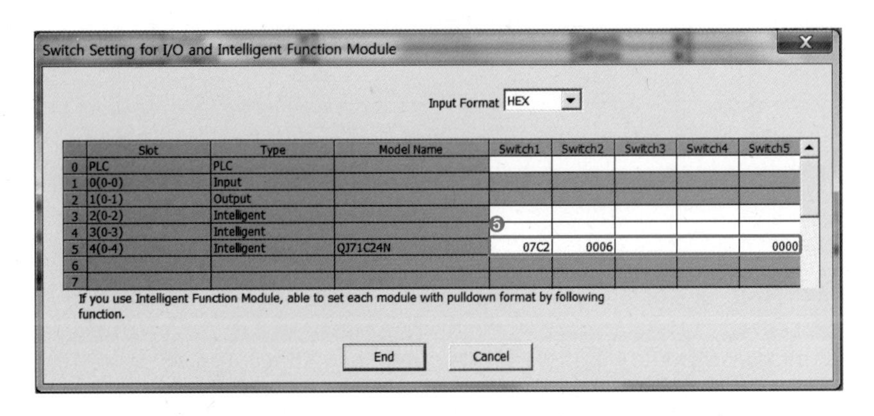

[그림 10-5] **스위치 설정창**

GX Works2에서 스위치 설정하기

GX Work2에서는 C24N 모듈의 통신 설정을 위한 스위치 설정 절차가 여러 단계를 거치도록 되어있지만, 스위치 설정 내역이 직접 확인 가능한 방식으로 변경되었다.

■ C24N 모듈 설치하기

❶ [GX Works2]에서 '프로젝트를 새로 만들기' 한 후, Navigation 창에서 [Intelligent Function Module] 항목을 선택한 후에 마우스를 우클릭한다.

❷ 마우스 우클릭으로 나타난 창에서 [New Module...]을 선택한다.

❸ New Module 창이 나타나면, C24N 모듈의 슬롯번호와 입출력 번지의 선두번지 '60'을 설정한 후에 [OK] 버튼을 클릭한다.

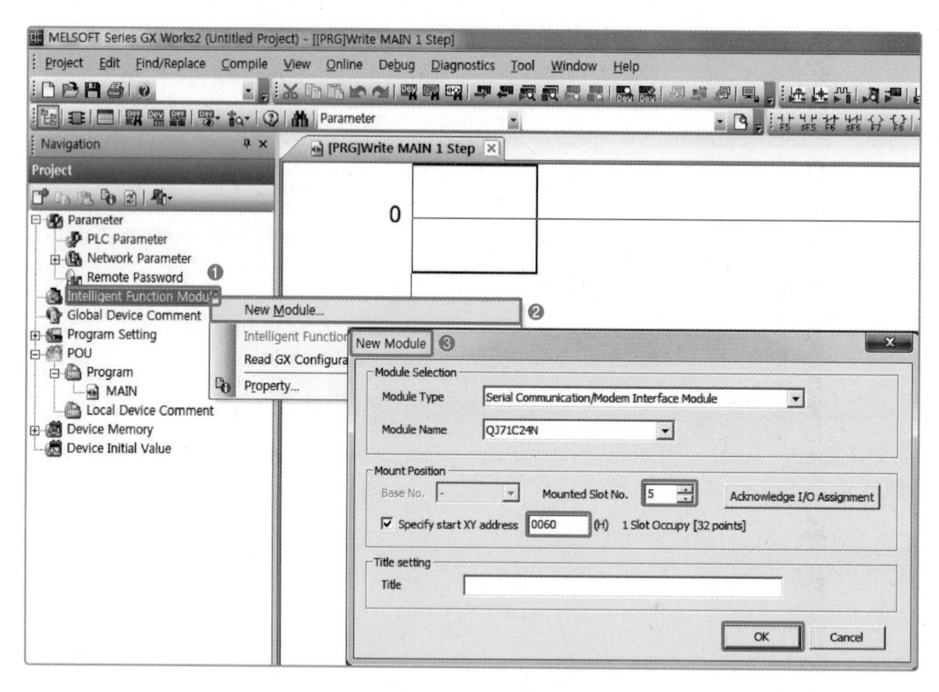

[그림 10-6] GX Works2에서의 C24N 모듈 설치하기

■ 채널별 통신모드(스위치) 설정하기

❶ [Intelligent Function Module] 폴더를 열어서 [Switch Setting] 항목을 클릭한다.

❷ Switch Setting 창에서 CH1의 설정값을 [그림 10-7]과 동일하게 설정하고, [OK] 버튼을 클릭한다. PLC 파라미터 설정에서 [그림 10-8]과 같이 스위치의 설정값이 설정되어 있음을 확인할 수 있다.

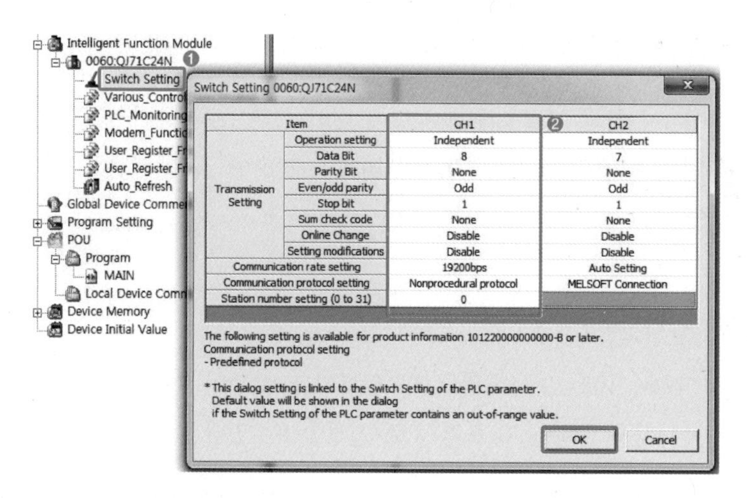

[그림 10-7] **C24N의 통신 설정**

	Slot	Type	Model Name	Switch1	Switch2	Switch3	Switch4	Switch5
0	PLC	PLC						
1	0(0-0)	Input						
2	1(0-1)	Output						
3	2(0-2)	Intelligent						
4	3(0-3)	Intelligent						
5	4(0-4)	Intelligent	QJ71C24N	07C2	0006	0000	0000	0000
6								

[그림 10-8] **GX Works2에서 C24N의 스위치 설정 결과**

10.2.4 C24N의 스위치 설정에 대한 세부사항

C24N은 5개의 스위치 설정을 통해 CH1과 CH2의 다양한 통신 설정이 가능하도록 구성되어 있다. [표 10-13]처럼 스위치1과 2는 채널 1번의 설정 항목이고, 스위치3과 4는 채널 2번의 설정 항목이다. 또한 스위치1과 3은 상위 8비트, 하위 8비트로 구부하여 전송방법과 통신속도를 설정하도록 되어 있다.

[표 10-13] **통신 채널 1번과 2번의 통신 설정을 위한 스위치의 구성**

스위치 번호	내용															
스위치1	CH1 통신속도 설정								CH1 전송 설정							
	b15	b14	b13	b12	b11	b10	b9	b8	b7	b6	b5	b4	b3	b2	b1	b0
스위치2	CH1 통신 프로토콜 지정															
스위치3	CH2 통신속도 설정								CH2 전송 설정							
	b15	b14	b13	b12	b11	b10	b9	b8	b7	b6	b5	b4	b3	b2	b1	b0
스위치4	CH2 통신 프로토콜 지정															
스위치5	국번 설정															

스위치1과 스위치3의 설정

스위치1, 3은 [표 10-13]과 같이 통신 채널 CH1, CH2에 대한 설정으로, 상위 8비트는 CH1, CH2의 통신속도를, 하위 8비트는 CH1, CH2의 데이터 전송에 관해 설정하도록 구분되어 있다.

■ 하위 8비트의 CH1, CH2 전송 설정

스위치1, 3의 하위 8비트의 경우, [표 10-14]와 같이 비트별로 각각의 기능이 정해져 있는데, 사용자는 해당 기능의 사용 여부를 0 또는 1로 설정할 수 있다.

[표 10-14] **통신 설정을 위한 스위치1, 3의 하위 8비트의 비트별 기능**

비트	내용	OFF(0)	ON(1)	비고
b0	동작 설정	독립	연동	CH1 측은 반드시 OFF로 설정
b1	데이터 비트	7	8	패리티 비트 포함하지 않음
b2	패리티 비트	없음	있음	수직 패리티
b3	홀수/짝수 패리티	홀수	짝수	패리티 비트가 있을 때 유효
b4	스톱 비트	1	2	–
b5	체크섬[2]	없음	있음	–
b6	RUN 실행 중 쓰기	금지	허가	–
b7	설정 변경	금지	허가	–

❶ b0 : 동작 설정

C24N은 2개의 채널을 각각 독립적으로, 또는 연동해서 사용할 수 있는데, 어떤 조건으로 사용할지를 설정하는 비트이다.

❷ b5 : 섬 체크 코드 설정

MC 프로토콜, 쌍방향 프로토콜의 데이터를 송수신할 때, 섬 체크 코드의 사용 여부를 설정하는 비트이다.

❸ b6 : RUN 실행 중 쓰기 설정

MC 프로토콜로 상대 기기에서 PLC CPU에 데이터를 '쓰기'할 경우, RUN 실행 중에 쓰기 여부를 설정하는 비트이다.

❹ b7 : 설정 변경

C24N의 동작 중에 스위치 설정값 변경 또는 플래시 ROM에 데이터의 쓰기 여부를 설정하는 비트이다.

2 체크섬(checksum)은 통신에서 송수신 데이터의 오류를 검출하기 위해 사용하는 여러 종류의 에러 검출방법 중 하나로, 송수신 데이터의 16진수 값을 더하여 바이트 크기의 합을 구해서 비교하는 방법이다.

앞에서 언급한 CH1 ↔ PC 간의 통신을 위해 통신속도는 19200bps, 데이터 비트는 8비트, 패리티 비트는 '없음', 스톱 비트는 1비트로 설정할 때, 스위치 1의 하위 8비트는 [표 10-15]와 같이 설정한다.

[표 10-15] **채널 1번의 통신 설정(데이터 8비트, 패리티 없음, 스톱 1비트)**

b7	b6	b5	b4	b3	b2	b1	b0
1	1	0	0	0	0	1	0
설정값 : 0xC2							

■ 상위 8비트의 CH1, CH2 통신속도 설정

상위 8비트의 통신속도는 [표 10-16]의 '통신속도'에 해당하는 16진수 값으로 설정한다.

[표 10-16] **통신속도 설정**

설정값	0x0F	0x00	0x01	0x02	0x03	0x04	0x05
통신속도	50	300	600	1200	2400	4800	9600
설정값	0x06	0x07	0x08	0x09	0x0A	0x0B	-
통신속도	14400	19200	28800	38400	57600	115200	-

PC ↔ C24N 간의 통신속도가 19200bps이기 때문에 스위치 1의 상위 8비트 설정값은 0x07이 된다.

스위치2, 4의 설정

스위치2는 통신 채널 CH1, CH2의 통신 프로토콜을 설정하는 부분으로, 실습에서는 무수순 프로토콜을 사용하기 때문에 0x0006을 설정한다.

[표 10-17] **통신 채널별 프로토콜 설정 내용**

설정값	**설정 내용**		**설정값**	**설정 내용**
0x0000	GPPW 접속		0x0006	무수순 프로토콜
0x0001	MC 프로토콜	형식1	0x0007	쌍방향 프로토콜
0x0002		형식2	0x0008	연동 설정용
0x0003		형식3	0x0009	프로토콜에 의한 통신
0x0004		형식4	0x000E	ROM / RAM / 스위치 테스트
0x0005		형식5	0x000F	개체 진단 테스트

스위치5의 설정

MC 프로토콜에 의한 통신용 설정이다. 멀티 드롭 접속 등으로 동일 회선상에 복수의 C24N 시리즈가 접속되어 있을 때, 상대 기기가 송신 프레임의 데이터 항목 중에서 국번호로 지정하여 설정한다. 0x0000 ~ 0x001F까지 설정 가능하며, 기본으로는 0x0000으로 설정한다.

10.2.5 PC로 데이터를 송신하는 PLC 프로그램 작성

스위치 설정이 끝난 후에 해당 설정을 PLC로 전송하면, C24N을 이용한 시리얼 통신을 위한 준비를 마친 것이다. 이제부터는 실제로 데이터 송수신을 위한 PLC 프로그램을 작성해보자. PLC 프로그램에서 송신과 수신을 각각 분리하여 설명한다.

전송 문자열을 ASCII 코드로 변환

C24N에서 PC로 데이터를 송신하는 PLC 프로그램을 작성해보자. 송신하는 내용은 "Hello PLC World!"라는 문자열이다.

[표 10-18] **ASCII 코드표**

Dec	Hx	Oct	Char		Dec	Hx	Oct	Char	Dec	Hx	Oct	Chr	Dec	Hx	Oct	Char
0	00	000	NUL	(null)	32	20	040	Space	64	40	100	@	96	60	140	'
1	01	001	SOH	(start of heading)	33	21	041	!	65	41	101	A	97	61	141	a
2	02	002	STX	(start of text)	34	22	042	"	66	42	102	B	98	62	142	b
3	03	003	ETX	(end of text)	35	23	043	#	67	43	103	C	99	63	143	c
4	04	004	EOT	(end of transmission)	36	24	044	$	68	44	104	D	100	64	144	d
5	05	005	ENQ	(enquiry)	37	25	045	%	69	45	105	E	101	65	145	e
6	06	006	ACK	(acknowledge)	38	26	046	&	70	46	106	F	102	66	146	f
7	07	007	BEL	(bell)	39	27	047	'	71	47	107	G	103	67	147	g
8	08	010	BS	(backspace)	40	28	050	(	72	48	110	H	104	68	150	h
9	09	011	TAB	(horizontal tab)	41	29	051	)	73	49	111	I	105	69	151	i
10	0A	012	LF	(NL line feed, new line)	42	2A	052	*	74	4A	112	J	106	6A	152	j
11	0B	013	VT	(vertical tab)	43	2B	053	+	75	4B	113	K	107	6B	153	k
12	0C	014	FF	(NP form feed, new page)	44	2C	054	'	76	4C	114	L	108	6C	154	l
13	0D	015	CR	(carriage return)	45	2D	055	–	77	4D	115	M	109	6D	155	m
14	0E	016	SO	(shift out)	46	2E	056	.	78	4E	116	N	110	6E	156	n
15	0F	017	SI	(shift in)	47	2F	057	/	79	4F	117	O	111	6F	157	o
16	10	020	DLE	(data link escape)	48	30	060	0	80	50	120	P	112	70	160	p
17	11	021	DC1	(device control 1)	49	31	061	1	81	51	121	Q	113	71	161	q
18	12	022	DC2	(device control 2)	50	32	062	2	82	52	122	R	114	72	162	r
19	13	023	DC3	(device control 3)	51	33	063	3	83	53	123	S	115	73	163	s
20	14	024	DC4	(device control 4)	52	34	064	4	84	54	124	T	116	74	164	t
21	15	025	NAK	(negative acknowledge)	53	35	065	5	85	55	125	U	117	75	165	u
22	16	026	SYN	(synchronous idle)	54	36	066	6	86	56	126	V	118	76	166	v
23	17	027	ETB	(end of trans. block)	55	37	067	7	87	57	127	W	119	77	167	w
24	18	030	CAN	(cancel)	56	38	070	8	88	58	130	X	120	78	170	x
25	19	031	EM	(end of medium)	57	39	071	9	89	59	131	Y	121	79	171	y
26	1A	032	SUB	(substitute)	58	3A	072	:	90	5A	132	Z	122	7A	172	z
27	1B	033	ESC	(escape)	59	3B	073	;	91	5B	133	[	123	7B	173	{
28	1C	034	FS	(file separator)	60	3C	074	〈	92	5C	134	\	124	7C	174	|
29	1D	035	GS	(group separator)	61	3D	075	=	93	5D	135	]	125	7D	175	}
30	1E	036	RS	(record separator)	62	3E	076	〉	94	5E	136	^	126	7E	176	~
31	1F	037	US	(unit separator)	63	3F	077	?	95	5F	137	_	127	7F	177	DEL

PLC에서 PC로 **"Hello PLC World!"**를 어떻게 전송할까? PLC나 PC는 0과 1로 구성된 2진수만을 인식하도록 되어 있다. 그럼 문자는 어떻게 인식할까? [표 10-18]과 같이 7비트 크기의 2진수를 이용해서 문자표를 만들어 놓은 것을 ASCII 코드라 한다. 따라서 문자를 송신할 때에는 ASCII 코드표에 등록된 문자에 해당하는 16진수 값을 전송하고, 수신하는 쪽에서 이를 ASCII 코드표와 대조하여 수신한 문자가 무엇인지를 판별한다.

송수신 쪽에서는 전송하는 데이터가 16진수의 숫자값인지, 아니면 ASCII 코드값인지를 사전에 알고 있어야, 수신한 데이터를 문자로 판독할 것인지, 16진수의 값으로 판독할 것인지를 결정할 수 있다. 예를 들어 알파벳 'H'는 ASCII 코드로 16진수 '0x48'에 해당하지만, 한편 0x48은 십진수 72에 해당하는 값이다. 따라서 0x48의 값을 ASCII 코드로 판별할 것인지, 아니면 단순하게 숫자로 판별할 것인지에 따라 그 해석이 완전히 달라진다. 시리얼 통신에서는 ASCII 코드 또는 16진수로 표기된 숫자를 송수신 데이터로 취급한다.

이제 PLC에서 PC로 전송할 **"Hello PLC World!"**가 ASCII 코드로 어떻게 표현되고, 전송되는 데이터는 어떤 형식을 갖추어 전송되는지를 살펴보자. [표 10-19]를 살펴보면, 문자열 끝에 C_R, L_F가 첨부되었음을 알 수 있다. C_R은 'Carriage return'의 약자로, ASCII 코드로 '0D'에 해당된다. L_F는 'Line feed'의 약자로, ASCII 코드로 '0A'에 해당된다. 이 C_R, L_F는 수신종료 코드이다. 즉 문자열을 시리얼 통신으로 전송받을 때 C_R, L_F를 수신하면, 해당 데이터의 수신이 종료되었음을 확인할 수 있다.

[표 10-19] "Hello PLC World!"의 ASCII 코드 변환 및 문자열 끝 C_R과 L_F 첨부

바이트 개수	1	2	3	4	5	6	7	8	9	10	11	12	13	14	15	16	17	18
전송 데이터	H	e	l	l	o		P	L	C		W	o	r	l	d	!	C_R	L_F
ASCII 코드	48	65	6C	6C	6F	20	50	4C	43	20	57	6F	72	6C	64	21	0D	0A

문자열을 ASCII 코드로 변환하는 $MOV 명령어

시리얼 통신으로 문자열을 전송할 때마다 [표 10-19]처럼 ASCII 코드로 변환해서 데이터를 전송해야 한다면, 이는 상당히 번거로운 작업이 될 것이다. PLC에는 문자열을 ASCII 코드로 변환하여 지정한 메모리 번지에 순차적으로 저장하는 명령어가 있는데, 바로 $MOV 명령어이다. 멜섹의 명령어 중에서 앞에 $의 첨두어가 붙어 있는 것은 문자열을 처리하는 명령어이다.

■ $MOV 명령어 사용법

문자열 전송 명령어 $MOV의 사용법은 [그림 10-9]와 같다. Ⓢ는 전송 문자열 또는 문자열이 저장되어 있는 메모리의 선두번지를 설정하는 부분이고, Ⓓ는 전송 문자열의 ASCII 코드 변환값이 저장되는 메모리의 선두번지를 설정하는 부분이다.

[그림 10-9] **$MOV 명령어 형식**

■ $MOV를 사용한 PLC 프로그램

[그림 10-10]과 같은 프로그램을 작성해서 입력 X0을 ON한 후에 D10과 D11의 메모리 번지에 저장된 값을 확인하면, [그림 10-11]과 같이 0xFFFF, 0xFFFF가 저장되어 있음을 확인할 수 있다.

[그림 10-10] **$MOV 명령어의 사용**

Device	F	E	D	C	B	A	9	8	7	6	5	4	3	2	1	0	
D10	1	1	1	1	1	1	1	1	1	1	1	1	1	1	1	1	FFFF
D11	1	1	1	1	1	1	1	1	1	1	1	1	1	1	1	1	FFFF
D12	0	0	0	0	0	0	0	0	0	0	0	0	0	0	0	0	0000

[그림 10-11] **D10과 D11의 메모리 번지 설정값의 모니터링 결과**

이 상태에서 입력 X1을 ON하면, 문자열 'AB'의 ASCII 코드값인 16진수 '0x4241'이 D10에 저장되고, 문자열의 끝을 나타내는 NULL에 해당되는 16진수 '0x0000'의 값이 D11에 저장되는 것을 확인할 수 있다.

Device	F	E	D	C	B	A	9	8	7	6	5	4	3	2	1	0	
D10	0	1	0	0	0	0	1	0	0	1	0	0	0	0	0	1	4241
D11	0	0	0	0	0	0	0	0	0	0	0	0	0	0	0	0	0000
D12	0	0	0	0	0	0	0	0	0	0	0	0	0	0	0	0	0000

[그림 10-12] **D10과 D11의 메모리 번지 설정값 모니터링 결과**

이번에는 문자열 'ABC'를 전송해보자. X1이 ON되었을 때 실행되는 명령을 [$DMOV "ABC" D10]으로 변경한 후에 X1을 ON하면, [그림 10-13]과 같이 D10과 D11에 문자열이 저장된다. D11에는 AB에 해당되는 아스키 코드값이 저장되고, D11의 하위 8비트에는 C에 해당되는 아스키 코드값, 그리고 상위 8비트(Device 비트 번지 8 ~ F)에는 문자열 끝을 나타내는 NULL의 ASCII 코드 '0x00'이 저장된다.

Device	F	E	D	C	B	A	9	8	7	6	5	4	3	2	1	0	
D10	0	1	0	0	0	0	1	0	0	1	0	0	0	0	0	1	4241
D11	0	0	0	0	0	0	0	0	0	1	0	0	0	0	1	1	0043
D12	0	0	0	0	0	0	0	0	0	0	0	0	0	0	0	0	0000

[그림 10-13] **문자열 'ABC'를 ASCII 코드로 변환한 경우, D10과 D11에 저장되는 데이터 형식**

이처럼 $MOV 명령을 사용해서 문자열을 ASCII 코드로 변환할 때, 문자열의 크기가 짝수인 경우에는 2바이트, 홀수인 경우에는 1바이트 크기의, 문자열 끝을 나타내는 '0x00'이 추가됨을 기억하자. 이는 NULL에 해당되는 ASCII 코드의 변환이다.

OUTPUT 명령을 이용한, PLC에서 PC로의 데이터 전송 절차

[표 10-20]은 C24N의 전용 명령어 OUTPUT을 사용하여 상대 기기에 데이터를 전송하는 절차를 나타낸 것이다. PLC는 상대 기기로 전송할 데이터의 바이트 개수를 알고 있기 때문에, 전송할 데이터의 개수와 데이터를 C24N의 버퍼 메모리에 등록한 후 OUTPUT 명령을 실행해 버퍼 메모리에 설정한 데이터를 상대 기기에 전송한다.

[표 10-20] **OUTPUT 명령어를 이용한 데이터 송신 절차**

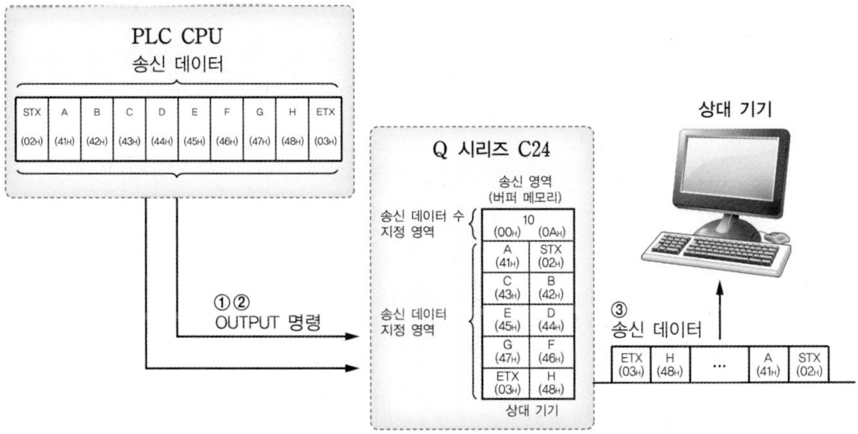

(계속)

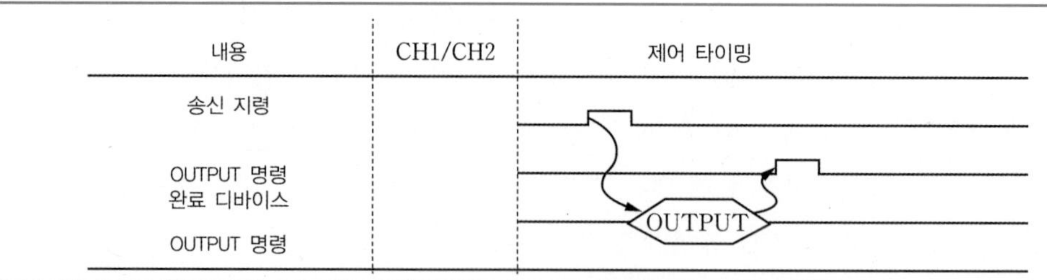

동작 순서	동작 내용
①	상대 기기로 송신할 데이터를 PLC의 내부 데이터 레지스터에 저장한다.
②	PLC CPU는 시리얼 통신 전용 명령어인 OUTPUT 명령어를 사용하기 위한 컨트롤 데이터를 설정한다.
③	OUTPUT 명령을 실행하면, 지정된 데이터 수만큼 상대 기기로 데이터를 송신한다.

정해진 데이터 송신용 PLC 프로그램 작성

[그림 10-14]는 OUTPUT 명령을 사용해서 PLC에서 PC로 "Hello PLC World!"라는 문자열을 전송하기 위한 PLC 프로그램이다.

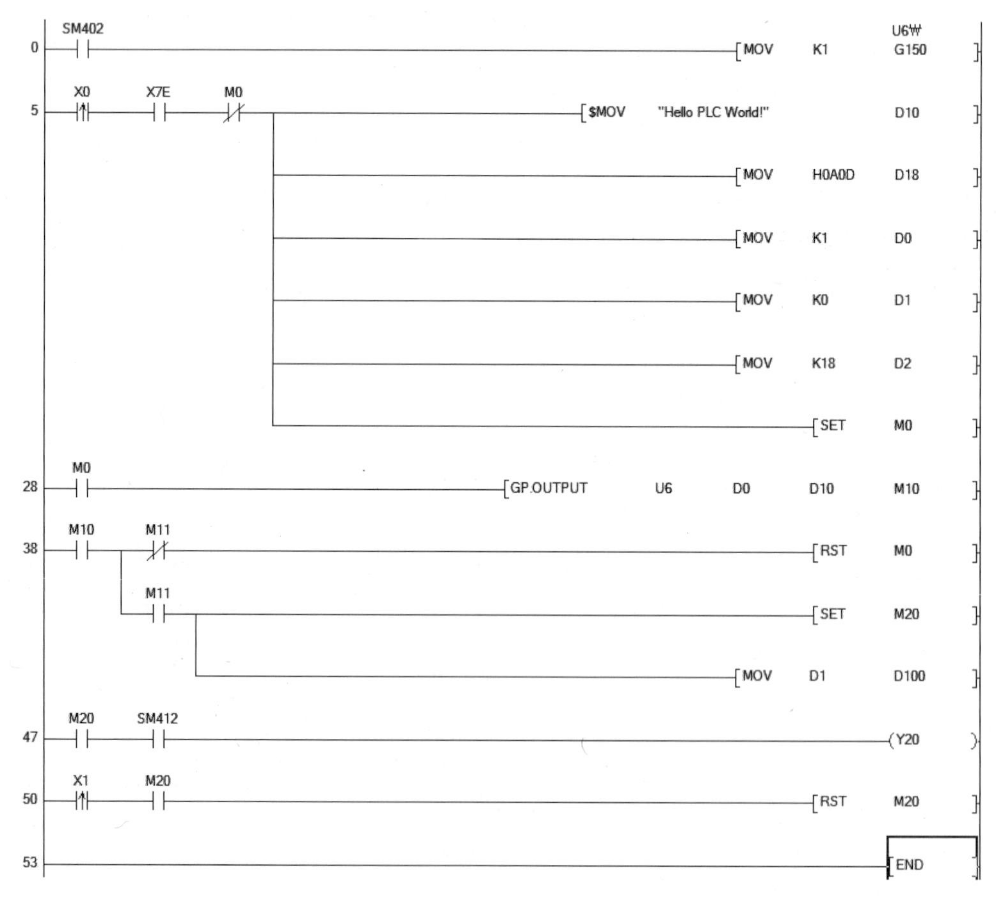

[그림 10-14] OUTPUT 명령어를 이용한, 데이터 송신을 위한 PLC 프로그램

PC에서 CFTerm을 실행해서 PLC로부터 COM3 포트로 송신된 문자열 "Hello PLC World"를 수신해보자. 먼저 CFTerm에서 통신 프로토콜을 [그림 10-15]처럼 'Detail'로 설정한다. 통신 설정은 '19200, 8, N, 1'이다.

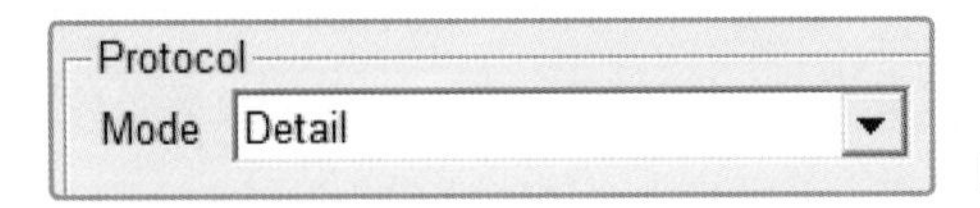

[그림 10-15] CFTerm의 통신 프로토콜 설정

CFTerm에서 통신 설정과 프로토콜 설정을 마쳤으면, PLC의 입력 X0 버튼을 눌러보자. CFTerm의 수신화면에 "Hello PLC World!"라는 문자열과 C_R, L_F의 ASCII 코드가 [그림 10-16]과 같이 표시되는지 확인한다. 만약 ASCII 코드가 나타나지 않거나 이상한 문자가 나타난다면, CFTerm의 설정이 잘못되었거나 PLC의 파라미터 설정 및 PLC 프로그램에 문제가 있어서 통신에 문제가 발생한 것이다. 앞에서 설명했던 내용들을 자세히 살펴보고 잘못된 부분을 수정해서 새로 실행해보자.

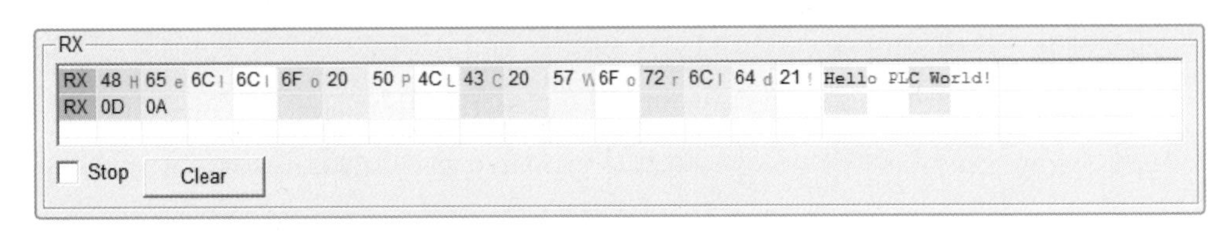

[그림 10-16] PLC에서 PC로 송신한 문자열을 CFTerm에서 수신한 결과

[그림 10-16]의 ASCII 코드와 [표 10-19]의 ASCII 코드값이 일치하는지 확인해보자. 전부 18바이트 크기의 데이터를 PLC에서 PC로 전송하였다. PLC에서 어떤 절차를 거쳐서 데이터가 PC로 전송됐는지를 살펴보자.

[그림 10-14]의 프로그램 라인 0번은 데이터 송신을 바이트 단위로 설정하기 위해 C24N의 버퍼 메모리의 150번시의 설정값을 1로 설정하는 부분이다. 프로그램 라인 5번은 라인 28번의 OUTPUT 명령을 이용한 데이터 송신을 위해 송신 데이터 컨트롤 데이터를 설정하는 부분이다. 입력 X0 버튼이 눌리면, C24N의 'QJ71C24 Ready 신호'가 ON 상태, M0 비트가 OFF 상태일 때 OUTPUT 명령에 필요한 컨트롤 데이터와 송신 데이터가 설정된다.

OUTPUT 명령어는 [그림 10-17]처럼 4개의 설정 항목을 필요로 한다. OUTPUT 명령어의 각 설정 항목에 대해 살펴보자.

[GP.OUTPUT	U6	D0	D10	M10]
	❶	❷	❸	❹

[그림 10-17] OUTPUT 명령어 구성

❶ **C24N의 입출력 선두번지 설정**

PLC 슬롯에 여러 개의 C24N 모듈이 장착될 수 있기 때문에 어떤 슬롯에 장착된 C24N에서 실행할 명령어인지를 지정해주는 C24N의 입출력 선두번지가 설정되어야 한다. 실습에 사용하는 PLC의 시스템 구성에서 C24N의 입출력 선두번지는 60부터 시작하기 때문에 최하단의 1자리 번지를 제외한 6이 설정된다. 인텔리전트 모듈의 입출력 번지 앞에는 식별자 'U'가 함께 사용된다. 따라서 'U6'이 설정된다.

❷ **컨트롤 데이터 설정 선두번지**

시리얼 전송에 필요한 컨트롤 데이터는 3개의 데이터 레지스터를 필요로 하므로, 연속된 3개의 데이터 레지스터 선두번지를 기재한다. [그림 10-17]에서는 컨트롤 데이터의 선두번지를 D0로 지정했기 때문에, D0, D1, D2가 컨트롤 데이터로 사용된다. 첫 번째 D0에는 통신에 사용할 통신 채널의 번호를 설정하는데, 실습에서 통신 채널 1번을 사용하기 때문에 1을 설정한다. D1은 OUTPUT 명령어가 실행되었을 때 에러가 발생한 경우에 에러 코드가 저장되는 컨트롤 데이터 번지이다. 프로그램에서는 이 부분에 대한 설정이 빠져도 무관하지만, 사용되는 데이터 번지를 명확하게 표기하기 위해 [MOV K0 D1]의 명령어를 사용해서 D1을 0으로 설정해둔다. 에러가 발생했을 때 D1번지에는 0이 아닌 다른 값이 저장되는데, 이 값이 에러 코드이다. D2는 전송할 데이터의 바이트 개수를 나타낸다. [그림 10-14]의 프로그램에서는 18바이트의 데이터를 전송하기 때문에 D2의 설정값은 18이 된다.

❸ **송신 데이터 설정 선두번지**

시리얼 통신을 통해 상대 기기에 전송할 데이터가 등록된 메모리의 선두번지를 설정한다. [그림 10-14]의 프로그램에서 입력 X0가 ON되면, D10번지에 전송할 데이터 "Hello PLC World!"는 공백을 포함해서 총 16바이트이다. 따라서 16비트 워드 디바이스 D10 ~ D17에 이 데이터를 ASCII 코드로 변환하여 저장하고, 문자열 송신종료 코드인 C_R, L_F는 MOV 명령을 사용하여 D18에 저장한다.

이와 같이 송신할 데이터가 저장될 메모리의 선두번지로 D10을 설정하면, ❷의 컨트롤 데이터의 D2에 설정된 18바이트(16진수로 표현하면 0x12) 크기의 데이터가 D10 ~ D18까지 채널 1번을 통해서 상대 기기에 전송된다. ❸ 항목의 송신 데이터가 설정된 D10 ~ D18까지의 데이터는 C24N의 버퍼 메모리 400H ~ 5FFH번지에 복사된 후에 송신된다. 그중에서 버퍼 메모리 400H번지는 송신할 데이터의 개수를 설정하는 번지이다.

[표 10-21] PLC 메모리에서 C24N의 버퍼 메모리로 전송할 데이터의 전달 결과

데이터 메모리 번지	설정 데이터			C24N 버퍼 메모리 번지	설정 데이터	
D2	0x00	0x12	→	0x400	0x00	0x12
D10	0x65(e)	0x48(H)	→	0x401	0x65(e)	0x48(H)
D11	0x6C(l)	0x6C(l)	→	0x402	0x6C(l)	0x6C(l)
D12	0x20( )	0x6F(0)	→	0x403	0x20( )	0x6F(0)
D13	0x4C(L)	0x50(P)	→	0x404	0x4C(L)	0x50(P)
D14	0x20( )	0x43(C)	→	0x405	0x20( )	0x43(C)
D15	0x6F(o)	0x57(W)	→	0x406	0x6F(o)	0x57(W)
D16	0x69(I)	0x72(r)	→	0x407	0x69(I)	0x72(r)
D17	0x21(!)	0x64(d)	→	0x408	0x21(!)	0x64(d)
D18	0x0A(L_F)	0x0D(C_R)	→	0x409	0x0A(L_F)	0x0D(C_R)

❹ OUTPUT 명령어 실행 결과 표시용 비트 선두번지

OUTPUT 명령어의 정상 실행 여부를 확인하기 위한 비트 번지를 설정한다. 인텔리전트용 명령어는 2개의 비트를 사용해서 1스캔타임 동안 해당 명령어의 실행 여부를 표시한다. [그림 10-14]에서 M10을 사용했기 때문에 M10과 M11 비트가 사용된다. OUTPUT 명령어가 정상 실행되면 M10=1, M11=0의 상태가, 또는 비정상 실행되어 에러가 발생하면 M10=1, M11=1의 상태가 OUTPUT 명령어 실행 후 1스캔 동안 유지된다. 따라서 설정한 비트를 검사하면 손쉽게 명령어의 정상 동작을 확인할 수 있다. 또, 다른 OUTPUT 명령어를 실행하기 위한 시작신호로 명령어 실행 결과 표시용 비트를 사용할 수 있다.

프로그램 라인 28번은 프로그램 5번 라인에서 설정한 설정값 및 송신 데이터를 C24N의 버퍼 메모리에 복사한 후에 상대 기기에 전송한다. 송신 명령 OUTPUT이 정상적으로 실행되면 1스캔타임 동안 M10=1, M11=0이 되고, 비정상이면 M10=1, M11=1이 된다.

프로그램 라인 38번은 OUTPUT 명령이 정상적으로 실행되면 M0을 리셋하고, 비정상적으로 실행되면 에러 번호를 D100에 저장하고 Y20 출력을 0.5초 간격으로 ON/OFF한다. 프로그램 라인 50번은 X01이 눌리면 에러를 강제 해제한 후, Y20 출력도 OFF한다.

10.2.6 문자열 수신 PLC 프로그램 작성

PC에서 PLC로 전송한 데이터를 수신하는 PLC 프로그램을 작성해보자. 데이터를 송신하는 기기에서는 자신이 송신해야 할 데이터의 타입(ASCII 코드 또는 바이너리)과 송신할 데이터의 바이트 개수를 알고 있지만, 데이터를 수신하는 기기에서는 이를 미리 알 수는 없기 때문에, 송신과 수신 양측은 사전에 약속을 정해서 데이터를 송수신해야 한다.

C24N에서 상대 기기로부터 데이터를 수신하는 방법에는, 가변 길이의 데이터를 송수신하기 위해 사전에 설정된 특정 코드를 수신하면 수신이 종료되는 '**수신종료 코드에 의한 수신방법**'과, 수신할 데이터의 개수를 미리 알고 있어서 정해진 개수만큼의 데이터만을 수신하는 '**수신 데이터의 개수에 의한 수신방법**'이 있다. 데이터를 수신하기 위한 수신종료 코드, 수신종료 데이터 수는 [표 10-22]와 같이 지정된 버퍼 메모리에 사용자가 설정한 값에 의해 결정된다.

[표 10-22] **수신종료 방법을 설정하기 위한 버퍼 메모리**

설정 데이터	디폴트 값	변경 가능 범위	버퍼 메모리 번지		비고
			CH1	CH2	
수신종료 데이터 수	511(0x1FF)	511 이하	164번지 (0xA4)	324번지 (0x144)	
수신종료 코드	0x0D0A(C_RL_F)	0x0000 ~ 0xFFFF	165번지 (0xA5)	325번지 (0x145)	임의 코드 설정 시
		0xFFFF			수신종료 코드가 없을 때

수신종료 코드에 의한 수신용 PLC 프로그램 작성

[표 10-23]은 수신종료 코드에 의한 데이터 수신 방법을 나타낸 것으로, 수신 데이터 중에서 ASCII 코드 '**ETX**'가 수신되면, 상대 기기로부터 데이터의 수신이 완료된 것으로 판단한다. 그 즉시 C24N의 입력신호(CH1: X63, CH2: X6A)를 통해서 PLC CPU에 데이터가 수신되었음을 알린다.

PLC CPU는 C24N의 입력번지 X63이 ON되는 조건에서 수신 버퍼 메모리에 저장된 데이터를 읽어서 상대 기기에서 전송한 데이터를 수신한다. 그렇다면 C24N은 수신종료 코드가 '**ETX**'임을 어떻게 알까? [표 10-22]에 나타낸 버퍼 메모리에 수신종료 코드를 프로그래머가 사전에 설정해두어야 한다. 시리얼 통신모듈은 수신된 데이터가 버퍼 메모리에 설정된 수신종료 코드와 일치하면 수신이 종료된 것으로 판단하는 것이다. 수신종료 코드에 의한 데이터를 수신하기 위해서는 수신종료 데이터 수를 수신하는 전체 데이터의 개수보다 큰 값으로 버퍼 메모리 164번지에 설정해야 한다.

[표 10-23] INPUT 명령어를 이용한 데이터 수신 절차

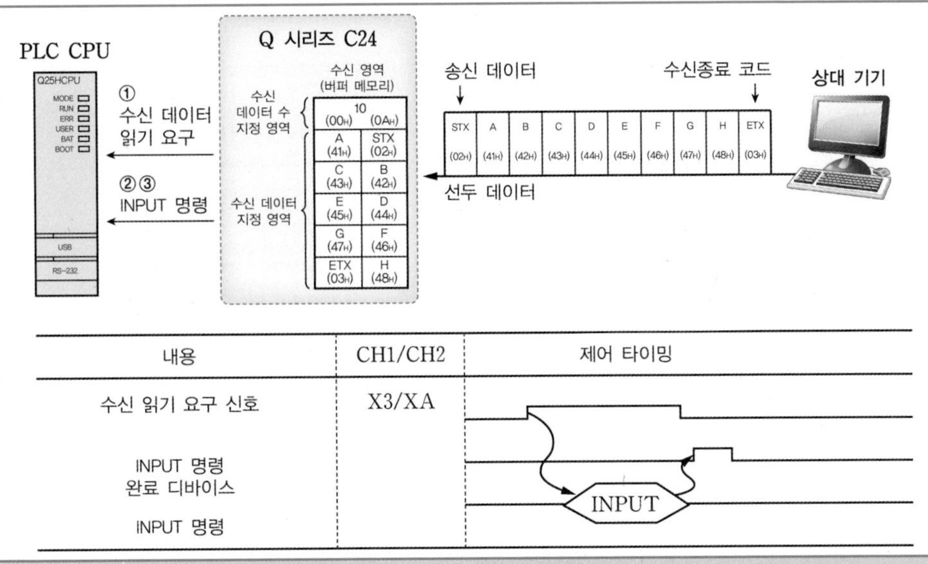

동작 순서	동작 내용
①	상대 기기로부터 전송된 데이터를 지정된 수신 영역 버퍼 메모리에 저장한다. 수신종료 코드 'ETX'가 수신되면, CH1의 X63의 입력신호를 ON해서 시리얼 모듈에서 데이터가 수신되었음을 CPU에 알린다.
②	PLC CPU는 시리얼 통신 전용 명령어 INPUT 명령어를 사용하기 위한 컨트롤 데이터를 설정한다.
③	INPUT 명령어를 실행하면, 수신 영역의 버퍼 메모리에 저장된 데이터를 PLC CPU의 내부 데이터 메모리로 읽어온다.

수신종료 코드에 의한 데이터 수신 실습용 PLC 프로그램에서는 수신종료 코드로 '0x0D0A(C_R, L_F)'를 사용한다. PC에서 PLC로 "Hello PLC World!"라는 문자열과 함께 문자열 끝 부분에 수신종료 코드인 '0x0D0A(C_R, L_F)'를 추가해서 전송했을 때, PLC에서는 문자열을 어떻게 수신하는지를 살펴보자. C24N에서는 수신된 데이터를 수신 영역의 버퍼 메모리에 순서대로 저장한다. 수신 영역의 버퍼 메모리는 수신 데이터 수를 저장하는 버퍼 메모리와 수신 데이터를 저장하는 버퍼 메모리로 구분된다. 채널 1번의 수신 버퍼 메모리는 0x600 ~ 0x7FF까지 총 511바이트 크기를 가지고 있다. 여기서 0x600번지는 수신 데이터 수를 저장하는 번지이다.

[그림 10-18]과 동일한 PLC 프로그램을 GX Works2에서 작성하고 PLC로 전송한 후에 CPU을 리셋한다. 그 이유는 프로그램 라인 0번의 SM402가 PLC의 전원이 OFF → ON 되는 첫 번째 스캔타임만 ON되기 때문이다. PLC의 프로그램을 모니터링 상태로 한 다음, PC에서 CFTerm을 실행한 후에 통신 프로토콜은 'Detail'로 설정하고 통신 설정은 '19200, 8, N, 1'로 한다. [그림 10-19]처럼 "Hello PLC World!" + C_R, L_F의 총 18바이트 크기의 ASCII 코드를 CFTerm에서 PLC로 송신한다.

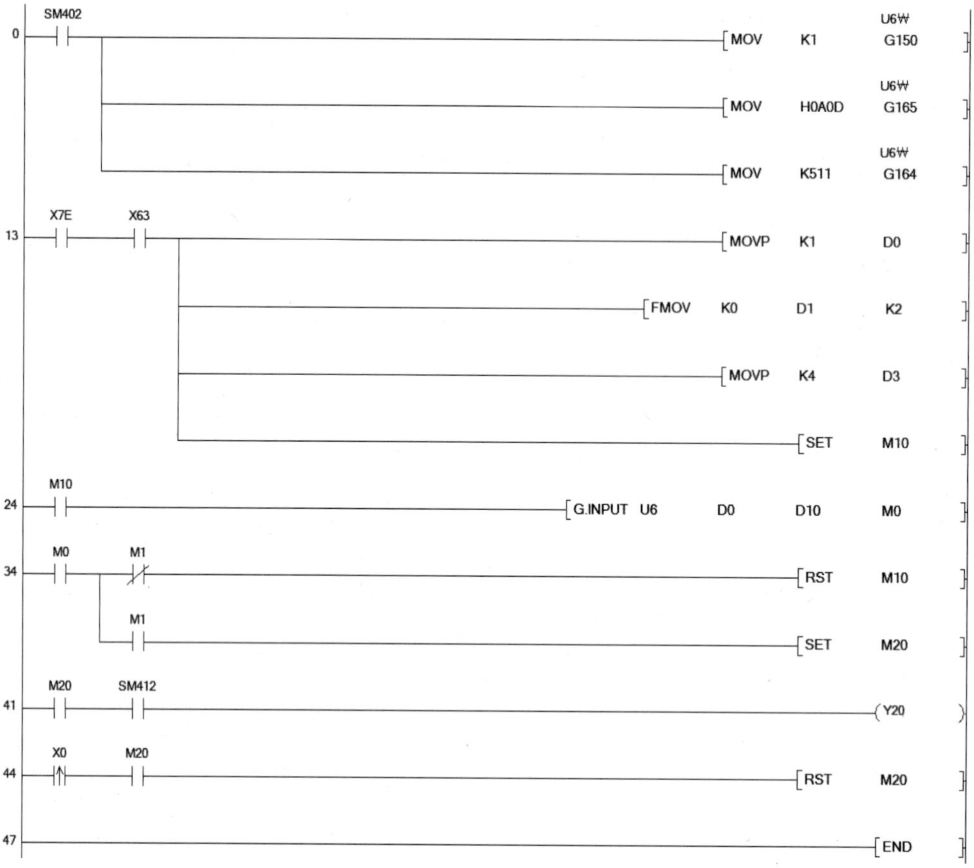

```
     SM402                                                            U6\
0  ---| |----+-------------------------------------------[MOV   K1     G150   ]
             |                                                        U6\
             +-------------------------------------------[MOV   H0A0D  G165   ]
             |                                                        U6\
             +-------------------------------------------[MOV   K511   G164   ]
     X7E      X63
13 ---| |------| |----+------------------------------------[MOVP  K1     D0     ]
                      |
                      +-----------------------[FMOV  K0     D1     K2     ]
                      |
                      +------------------------------------[MOVP  K4     D3     ]
                      |
                      +------------------------------------------[SET    M10    ]
     M10
24 ---| |--------------------------------[G.INPUT  U6    D0     D10    M0     ]
     M0       M1
34 ---| |--+---|/|-------------------------------------------------[RST    M10    ]
           |  M1
           +---| |-------------------------------------------------[SET    M20    ]
     M20      SM412
41 ---| |------| |----------------------------------------------------------(Y20 )
     X0       M20
44 ---|↑|------| |-------------------------------------------------[RST    M20    ]

47 ----------------------------------------------------------------------[END    ]
```

[그림 10-18] PC에서 PLC로 전송한 문자열 수신을 위한 PLC 프로그램

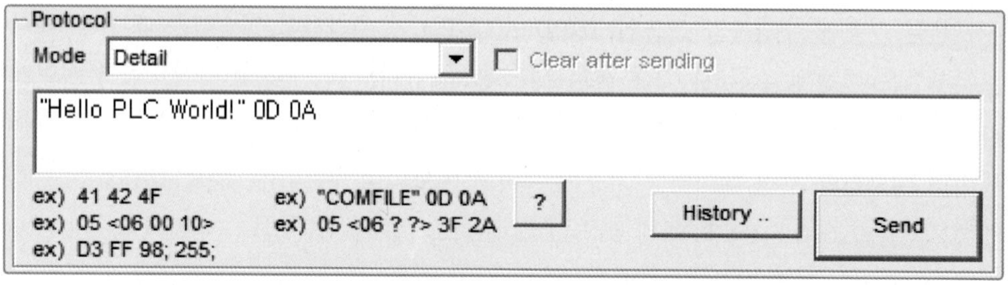

Protocol
Mode: Detail ☐ Clear after sending
"Hello PLC World!" 0D 0A
ex) 41 42 4F ex) "COMFILE" 0D 0A ?
ex) 05 <06 00 10> ex) 05 <06 ? ?> 3F 2A History .. Send
ex) D3 FF 98; 255;

[그림 10-19] CFTerm에서 PLC로 전송할 문자열 등록

[그림 10-18]의 PLC 프로그램이 어떻게 동작하는지 살펴보자. 프로그램 라인 1번은 통신을 위한 버퍼 메모리의 설정을 나타낸 것이다. 첫 번째 MOV 명령에서 버퍼 메모리 150번지에 1을 설정하는 이유는, 바이트 단위로 수신된 데이터의 개수를 버퍼 메모리 1536(0x600)번지에 저장하기 위함이다. 만약 150번지에 0이 설정되어 있으면, 워드 단위로 수신된 데이터의 개수가 버퍼 메모리 1536(0x600)번지에 저장된다. 두 번째 MOV 명령은 버퍼 메모리에 수신종료 코드 '0x0D0A(C_R, L_F)'를 저장한다. 세 번째 MOV 명령은

수신 데이터의 개수에 의한 종료값을 가장 큰 값인 511로 설정한다. 즉 이 프로그램에 따르면, 수신하는 데이터의 바이트 개수가 511보다 작고, 수신종료 코드 '0x0D0A(C_R, L_F)'를 수신하면 데이터의 수신이 자동으로 종료된다.

프로그램 라인 13번은 'G.INPUT' 명령을 사용하기 위한 데이터를 설정하는 부분이다. INPUT 명령어의 사용법은 앞에서 살펴본 OUTPUT 명령어와 비슷하다.

[G.INPUT	U6	D0	D10	M10]
	❶	❷	❸	❹

[그림 10-20] INPUT 명령어 구성

❶ C24N의 입출력 선두번지 설정

INPUT 명령어가 실행될 C24N의 입출력 선두번지를 설정한다.

❷ 컨트롤 데이터가 저장되어 있는 선두번지

INPUT 명령어 사용에 필요한 컨트롤 데이터가 저장되어 있는 선두번지로, 총 4개의 워드 크기 메모리를 사용한다. 선두번지로 D0번지를 지정했기 때문에 D0, D1, D2, D3이 사용된다. D0은 수신채널을 지정한다. 따라서 채널 1번을 사용하기 때문에 D0에는 1을 설정한다. D1에는 INPUT 명령의 실행 결과가 저장된다. 수신이 정상으로 종료되면 0이 저장되고, 에러가 발생하면 에러 코드 번호가 저장된다. D2에는 C24N의 수신버퍼에서 읽어온 바이트 단위의 데이터의 개수가 저장된다. [그림 10-18]의 프로그램을 실행하면 D2에는 8이 저장된다. D3는 수신 데이터의 허용 개수를 설정하는 버퍼 메모리이다. D3에 설정된 값에 의해 C24N의 수신 버퍼 메모리에서 읽어올 데이터의 개수가 워드 단위로 설정된다. 프로그램에서 D3에 4가 설정되기 때문에 총 8바이트(4워드 크기)의 C24N의 수신 버퍼 메모리의 값은 CPU 메모리 D10 ~ D13에 저장한다.

❸ 수신 데이터가 저장되는 CPU의 메모리의 선두번지

C24N의 수신 버퍼 메모리에 수신된 데이터를 PLC CPU로 복사해오기 위한 CPU의 메모리 선두번지를 설정한다. D3에서 4를 설정했기 때문에 통신을 통해 수신된 데이터가 저장되어 있는 버퍼 메모리로부터 4워드 크기의 데이터를 복사해서 D10 ~ D13에 저장한다.

❹ INPUT 명령어 실행 결과 표시용 비트의 선두번지

INPUT 명령어의 정상 실행 여부를 확인하기 위해 2개의 비트 번지를 사용한다. 정상 실행 때에는 M10=1, M11=0이고, 실행 에러일 때에는 M10=1, M11=1로, 명령 실행 후 1스캔타임 동안 M10과 M11의 실행결과가 유지된다. 1스캔타임 이후에는 M10=0, M11=0이 된다.

[그림 10-21]에 INPUT 명령어 실행 후에 D0부터 D15까지의 모니터링 결과를 나타내었다. 앞에서 설명한 내용과 [그림 10-21]의 모니터링 결과를 비교하면, INPUT 명령어가 어떻게 동작하는지 파악할 수 있을 것이다.

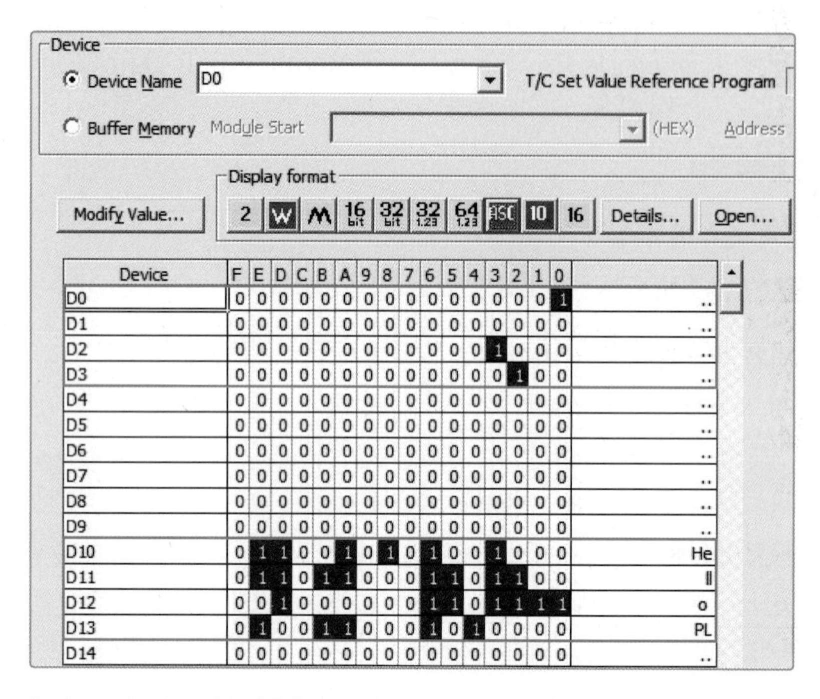

[그림 10-21] INPUT 명령 실행 후 D0~D15의 메모리 모니터링 결과

PLC CPU 메모리 및 버퍼 메모리 모니터링 방법

PLC 프로그램에서 사용되는 모든 명령어는 CPU의 메모리와 인텔리전트 모듈의 버퍼 메모리의 값을 조작한다. 따라서 해당 명령어가 실행되었을 때, 그에 따라 메모리에 저장되는 값들이 어떻게 변화하는지를 모니터링하면, 프로그램의 실행을 좀 더 세밀하게 따져 볼 수 있다. 메모리를 모니터링하기 위해서는 [그림 10-22]와 같은 순서로 ❶ [Online] → ❷ [Monitor] → ❸ [Device/Buffer Memory Batch] 메뉴를 선택한다.

모니터링 화면이 나타나면 [그림 10-23]과 같이 ❶ [Device Name]에 모니터링하고자 하는 버퍼 메모리 번지 'U6₩G1536(0x600)'을 입력하고, ❷ [Details...] 버튼을 선택한다. Display Format 창에서 표시하고자 하는 데이터 형식으로 ❸ [Display]에서 'ASCII'를 선택한 후에 ❹ [OK] 버튼을 누른다.

[그림 10-22] PLC의 메모리 모니터링 방법

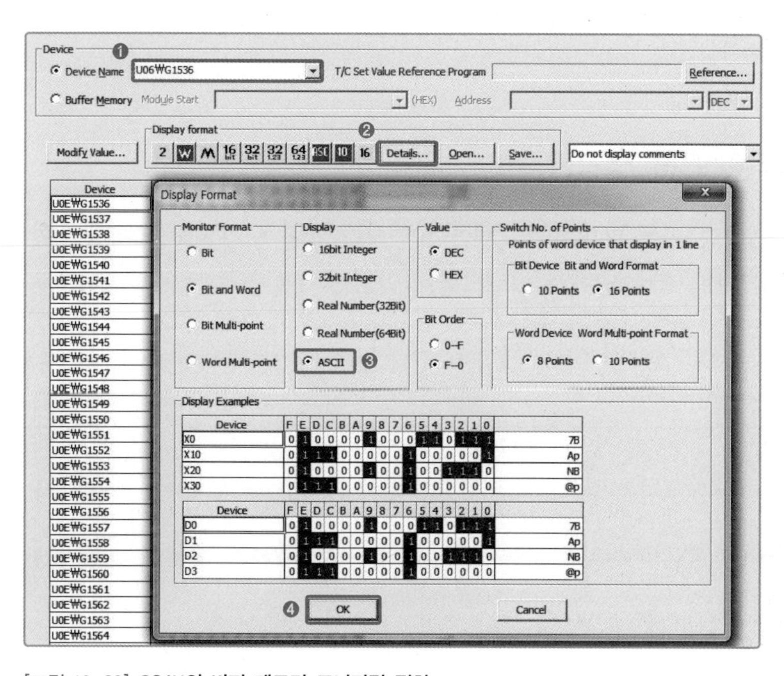

[그림 10-23] C24N의 버퍼 메모리 모니터링 절차

[그림 10-24]는 C24N의 수신 버퍼 메모리 1536(600H)번지를 모니터링한 결과이다. 1536번지에는 십진수 18(0x0012)가 저장되어 있다. PC에서 송신한 데이터인 "Hello PLC World!"의 문자열 16바이트에, 수신종료 코드 '0x0D0A(C_R, L_F)'를 포함해서, 수신한 데이터의 바이트 수는 총 18바이트 크기이다. 버퍼 메모리 1537(601H)번지부터는

수신한 데이터가 저장된다. 수신한 문자 H에 해당되는 ASCII 코드값 0x48이 하위 바이트, e에 해당되는 ASCII 코드값 0x65가 상위 바이트에 저장된다. 버퍼 메모리를 모니터링했을 때 메모리의 우측에 나타나는 ASCII 문자는 사용자가 확인하기 쉽게 상위와 하위 바이트의 값의 자리가 바뀌어 표시되므로 착오 없기 바란다.

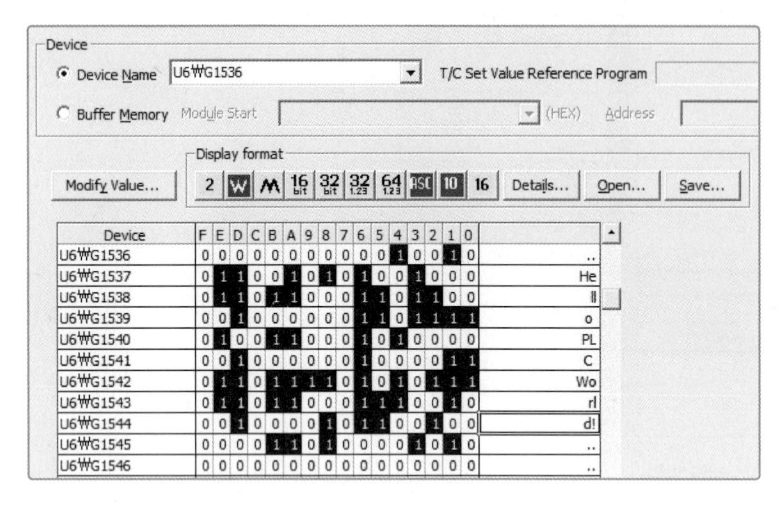

[그림 10-24] **C24N의 수신용 버퍼 메모리 모니터링 결과**

수신 데이터 개수에 의한 수신용 PLC 프로그램

수신 데이터 개수에 의한 수신용 PLC 프로그램은 앞에서 학습한 수신종료 코드에 의한 수신용 PLC 프로그램 [그림 10-18]에서 프로그램 라인 0번 부분을 [그림 10-25]처럼 수정하면 된다.

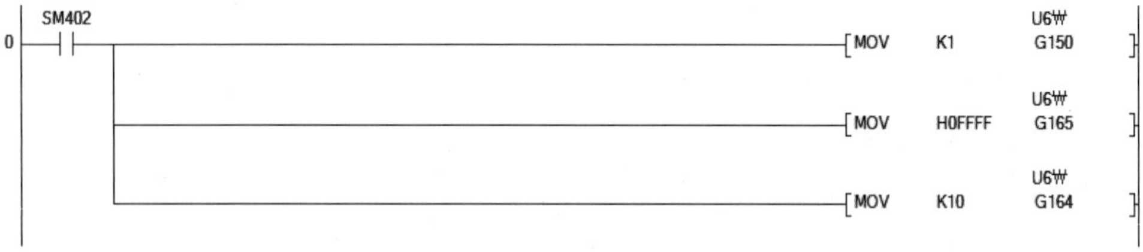

```
   SM402
0 ─┤ ├─┬──────────────────────[MOV   K1      U6₩G150 ]
       ├──────────────────────[MOV   H0FFFF  U6₩G165 ]
       └──────────────────────[MOV   K10     U6₩G164 ]
```

[그림 10-25] **수신 데이터 개수의 의한 데이터 수신용 PLC 프로그램**

[그림 10-18]의 프로그램에서 [그림 10-25]의 내용을 수정하고 PLC로 전송한다. 그리고 CPU를 리셋한 후에 CFTerm에서 **"Hello PLC World!"**라는 문자열을 전송한다. 이때 문자열 끝에 L_F, C_R를 첨부하지 않는다. 문자열을 전송한 후에 C24N의 버퍼 메모리 'U6\G1536'을 모니터링해보면 [그림 10-26]과 같을 것이다.

"Hello PLC World!"라는 문자열은 빈 공백 문자까지 포함해서 총 16바이트이다. [그림 10-26]에서 수신 데이터 개수를 10개로 설정했기 때문에 수신한 데이터가 10바이트 크기보다 클 때에는 수신 데이터를 10으로 나눈 나머지의 값에 해당되는 문자열만 C24N의 수신용 버퍼 메모리에 저장된다. [그림 10-26]에서도 수신 문자열의 개수를 표시하는 버퍼 메모리 1536번지에 6이 설정되어 있다. 그 이유는 수신한 문자열이 총 16바이트인데, 첫 번째 10바이트를 수신해서 INPUT 명령에 의해 CPU의 D10번지부터 "Hello PLC"를 복사해 놓은 다음, 그 이후에 전송되는 "World!"를 새롭게 수신하기 때문이다. 따라서 C24N의 버퍼 메모리를 모니터링하면, 수신 문자열은 총 16바이트 중에서 먼저 수신한 10바이트를 제외한 6바이트가 된다. 버퍼 메모리에는 "World!"가 보관되고, 그 이후에 앞에서 수신한 문자열의 값이 남아서 [그림 10-26]처럼 나타나게 된다.

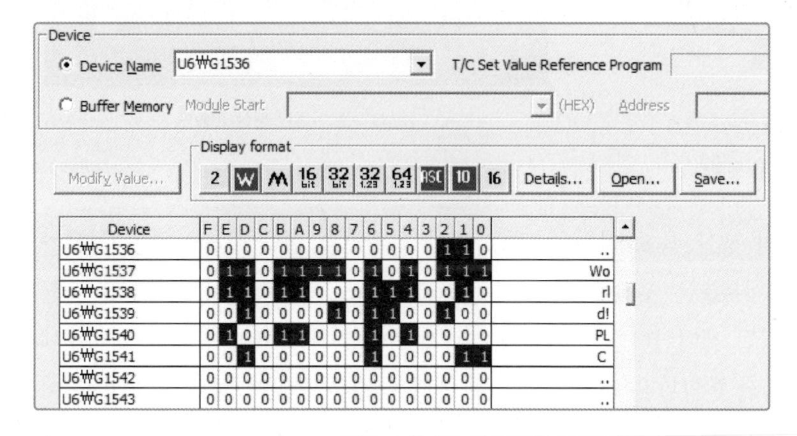

Device	F	E	D	C	B	A	9	8	7	6	5	4	3	2	1	0	
U6₩G1536	0	0	0	0	0	0	0	0	0	0	0	0	0	1	1	0	..
U6₩G1537	0	1	1	0	1	1	1	1	0	1	0	1	0	1	1	1	Wo
U6₩G1538	0	1	1	0	1	1	0	0	0	1	1	1	0	0	1	0	rl
U6₩G1539	0	0	1	0	0	0	0	1	0	1	1	0	0	1	0	0	d!
U6₩G1540	0	1	0	0	1	1	0	0	0	1	0	1	0	0	0	0	PL
U6₩G1541	0	0	1	0	0	0	0	0	0	1	0	0	0	0	1	1	C
U6₩G1542	0	0	0	0	0	0	0	0	0	0	0	0	0	0	0	0	..
U6₩G1543	0	0	0	0	0	0	0	0	0	0	0	0	0	0	0	0	..

[그림 10-26] **수신 개수에 따른 설정에 의한 C24N의 수신 버퍼 메모리 모니터링 결과**

수신 데이터 개수에 의한 통신 프로그램을 작성할 때에는, 수신 데이터의 개수가 설정된 데이터 개수보다 많은 경우에 앞에서 언급한 문제점이 발생하므로 주의해야 한다.

이상으로 C24N을 사용한 무수순 프로토콜에 의한 데이터의 송수신 방법에 대해 살펴보았다. 이제부터는 실제로 산업현장에서 주로 사용되는 디지털 기기와 RS-232 통신을 하는 방법에 대해 살펴보겠다.

→ 실습과제 10-1 시리얼 통신을 이용한 생산 현황판 만들기

시리얼 통신을 사용하여 FND에 생산 현황을 표시할 수 있는 생산 현황판 만들기 실습과제를 수행하면서 시리얼 통신을 위한 시스템의 구성 방법과 PLC 프로그램 작성법에 대해 학습한다.

시리얼 LED 모듈(이하 SGN)은 컴파일테크놀리지(www.comfile.co.kr)에서 만들어 시판하는 제품으로, RS232 통신으로 FND에 숫자를 표시할 수 있는 표시장치이다.

(a) 시리얼 통신을 이용한 FND 모듈

02월02일 생산현황 20시23분

LINE	금일목표	현재목표	현재실적	달성율(%)	가 동
1-2라인	1000	114	140	122.8	
3-4라인	3000	52	50	96.1	
조 립	6000	16	10	62.5	

(b) FND를 이용한 생산 현황판

[그림 10-27] **FND 모듈과 생산 현황판**

산업현장에는 작업장의 생산 목표 달성을 위해 생산 현황판을 만들어 사용하는 경우가 있다. 생산 현황판의 대부분은 숫자를 표시하는 FND 모듈로 만들어지는데, FND 모듈을 PLC를 이용하여 직접 제어한다면 단순한 FND 제어에 많은 출력이 필요하기 때문에 비효율적이다. 또한 생산 현황판은 대부분 천장에 매다는 경우가 많기 때문에, PLC를 이용하여 직접 제어하기보다는 앞에서 설명한 숫자 표시용 모듈 등을 이용하여 RS232 또는 RS422/485 통신으로 제어하는 경우가 많다. 이번 실습에서는 시리얼 LED 모듈로 만들어진 생산 현황판을 C24N의 RS232 통신으로 제어하는 방법에 대해 살펴보자.

SGN 모듈

SGN 모듈은 마이크로프로세서와 연동해서 작동하는 것을 전제로 만들어졌기 때문에 동작전압이 DC 5V이므로, DC 5V 전원을 별도로 준비해야 한다. SGN의 특징을 살펴보면 다음과 같다.

- RS232 통신을 통하여 FND에 영문자 또는 숫자 표시가 가능하다.
- 프로토콜(9600bps, 8, N, 1)

• 딥 스위치dip switch[3] 조정으로 16개의 SGN 모듈이 사용 가능하다.
• 특정 위치의 자릿수 제어가 가능하다.
• BCD, HEX 숫자, 영문자, 특수기호, DOT 표시가 가능하다.
• 특정 위치의 FND를 점멸할 수 있다.

■ SGN 모듈의 ID 번호 설정 방법

SGN 모듈의 PCB 뒷면에 부착되어 있는 4개의 딥 스위치를 통해 모듈 각각을 구분할 수 있는 16개의 식별번호(SGN ID)를 설정할 수 있다. 따라서 시리얼 통신으로 총 16개의 모듈과 통신이 가능하다.

[표 10-24] SGN 모듈의 ID 번호

SGN ID	딥 스위치	SGN ID	딥 스위치
HE0	0000	HE8	1000
HE1	0001	HE9	1001
HE2	0010	HEA	1010
HE3	0011	HEB	1011
HE4	0100	HEC	1100
HE5	0101	HED	1101
HE6	0110	HEE	1110
HE7	0111	HEF	1111

■ SGN 모듈의 제어를 위한 데이터 전송 형식

SGN 모듈을 제어하기 위해 시리얼 통신으로 전달되는 데이터의 형식이 어떤 형태로 구성되어 있는지 살펴보자.

❶ FND에 숫자를 표시하기 위한 데이터 전송 형식

FND에 숫자를 표시하기 위한 데이터 전송 형식은 세 개의 바이트로 구성되어 있다. 첫 번째는 SGN 모듈을 구분하기 위한 ID, 두 번째는 FND의 위치, 세 번째는 표시할 숫자에 해당되는 ASCII 코드가 위치한다. [그림 10-28]과 같은 형태의 데이터를 SGN으로 전송하면, ID가 E0로 설정된 SGN 모듈의 세 번째 위치의 FND에 '3'이 표시된다.

3 딥 스위치는 여러 개의 ON/OFF 스위치가 나열된 형태로 만들어진 스위치로 주로 PCB 기판에 부착되어 동작모드나 특정한 기능을 설정할 때 사용하는 스위치이다.

1Byte	2Byte	3Byte
HE0	H03	H33

(a) SGN으로 전송한 데이터 형식

위치1 위치2 위치3 위치4 위치5

(b) 명령어 실행 결과

[그림 10-28] **데이터 전송 형식**

❷ SGN 모듈의 모델 결정 명령 형식

SGN 모듈의 모델 결정을 위한 명령어는 2바이트로 구성되어 있다. 그리고 이 명령어는 이후 학습할 '❸ n진법 변환 표시 명령'의 사용 시에 SGN 모델의 FND 개수가 몇 개인지를 SGN 모듈에 알려주는 역할을 한다. n진법 명령을 사용하지 않는다면 이 명령도 사용하지 않는다.

ID	모델 번호 코드
HE0	HA5

(a) FND 5개 모델 지정 명령 형식

모델 번호

HA4 : FND 4자리
HA5 : FND 5자리

(b) 모델 번호

[그림 10-29] **SGN 모듈의 모델 결정용 명령 형식**

❸ n진법 변환 표시 명령

이 명령은 어떤 숫자를 SGN 모듈로 보내면, SGN 모듈에서 이를 자동적으로 10진 또는 16진으로 변환해서 표시해주는 명령이다. 예를 들어 FND 5자리용 SGN 모듈에 '32768'을 표시하고자 할 때, 3바이트의 데이터 전송 형식을 사용하면 다섯 번에 걸쳐 FND 각각의 위치에 표시할 숫자에 해당되는 ASCII 코드를 전송해야 한다. 십진수 '32768'을 16진수로 표현하면 'H8000'이다. 16진수 값을 SGN 모듈에 전송하면, SGN 모듈에서는 H8000을 16진수 4자리 형식의 '8000'으로 표시할지, 아니면 H8000에 해당되는 '32768'로 표시할지를 명령에 따라 정한다.

[표 10-25] **SGN 모듈의 n진법 변환 표시 명령 형식**

ID	표시 방법 코드	표시할 숫자(16진수 형식)		FND 표시 결과
		상위 바이트	하위 바이트	
HE0	HFA	H80	H00	FND에 '1000' 16진수 표시
HE0	HFB	H80	H00	FND에 '32768' 10진수 표시

❹ FND 점멸 동작 명령

특정 위치의 FND에 표시된 숫자를 일정한 시간 간격으로 점멸 표시하는 명령이다.

[표 10-26] SGN 모듈의 점멸 동작 명령 형식

ID	점멸 동작 코드	FND 표시 결과
HE0	HF0	전체 점멸
HE0	HFF	점멸 정지
HE0	HF1	1번 FND 점멸(HF1,HF2, HF3, HF4, HF5로 위치 지정)

⑤ DOT 제어 명령

특정 위치의 FND에 있는 DOT를 ON 또는 OFF하거나 FLASH할 때 사용하는 명령이다.

[표 10-27] SGN 모듈의 Dot 제어 명령 형식

ID	DOT ON 코드	FND 표시 결과
HE0	HD0	전체 DOT OFF
HE0	HD1	1번 DOT ON(HD1,HD2, HD3, HD4, HD5로 위치 지정)
HE0	HDF	DOT 점멸 정지
HE0	HD6	1번 DOT 점멸(HD6, HD7, HD8, HD9, HDA로 위치 지정)

⑥ C24N 모듈과 SGN 모듈과의 연결

SGN 모듈은 DC 5V로 동작되는 모듈이기 때문에 DC 24V를 DC 5V로 변환하거나 또는 별도의 DC 5V 전원을 SGN 모듈에 연결해야 한다. 그리고 SGN 모듈은 C24에서 전송하는 데이터를 받아서 FND에 숫자로 표시하기 때문에, SGN 모듈에는 C24에서 전송하는 데이터를 수신하기 위한 통신 단자만 있다. 따라서 C24 모듈의 CH1 9핀 단자의 3번 핀과 SGN 모듈의 ERX 단자를 연결하면 통신 결선이 이루어진다.

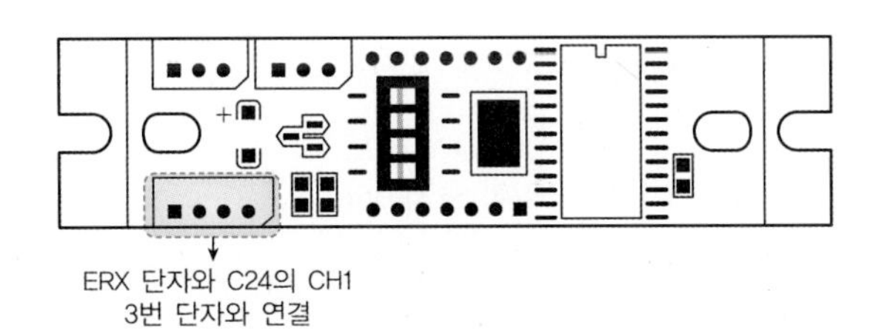

[그림 10-30] 통신 커넥터의 ERX 단자

SGN 모듈에 숫자 표시하기

한 개의 SGN 모듈을 이용하여 0.1초 단위로 숫자를 카운팅하는 전광판을 만들어보자. 시스템의 구성은 [그림 10-31]과 같다.

(a) 조작 패널

입력	기능
X00	설정
X01	리셋
X02	증가
X03	감소
X04	시작
X05	정지

(b) 입출력 할당

[그림 10-31] **생산 현황판 조작 패널**

동작 조건

❶ 시스템에 전원이 공급되면 SGN 모듈에는 '□□□□0'이 표시된다.

❷ 설정 버튼을 한 번 누르면 설정모드가 되고, 또 한 번 누르면 설정모드가 해제된다. 설정모드 상태에서는 리셋, 증가, 감소버튼이 동작한다. 설정모드가 선택되면 SGN 모듈의 숫자가 점멸하고, 해제되면 점멸이 중지된다.

❸ 설정모드 상태에서 리셋 버튼을 누르면 SGN 모듈에 '□□□□0'이 표시된다.

❹ 설정모드 상태에서 증가버튼을 누르면 SGN 모듈의 숫자가 1씩 증가하며, 최대 10000까지 증가한다.

❺ 설정모드 상태에서 감소버튼을 누르면 SGN 모듈의 숫자가 1씩 감소하며, 0까지 감소한다.

❻ 설정모드 해제 상태에서 시작버튼을 누르면, 0.1초 간격으로 SGN 모듈의 숫자가 1씩 증가하다 숫자 값이 10,000이 되면 다시 0부터 시작한다.

❼ 설정모드 해제 상태에서 정지버튼을 누르면 숫자 증가 동작이 중지된다.

❽ 시작버튼을 눌러 숫자 증가 동작 중에 설정버튼이 눌리면 숫자 증가 동작을 중지하고 설정모드 상태가 된다.

PLC 프로그램 작성법

■ DC 24V의 전원을 DC 5V로 변환하기

SGN 모듈은 PLC와 다르게 DC 5V의 전원을 사용한다. 별도의 DC 5V 전원을 준비하는 것보다는 DC-DC 컨버터를 사용해서 SGN 구동에 필요한 DC 5V 전원을 공급한다.

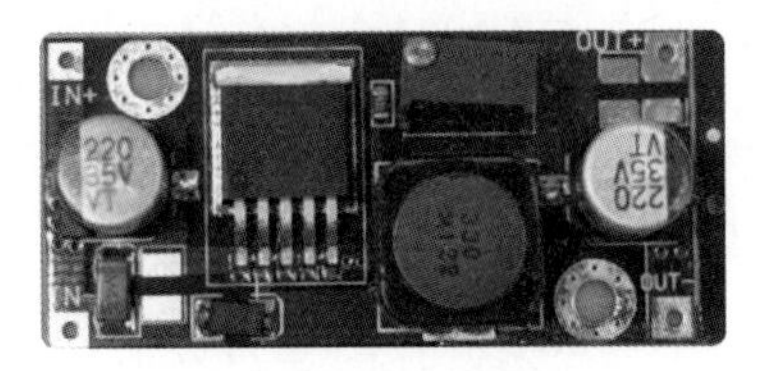

(a) DC-DC 컨버터 외형

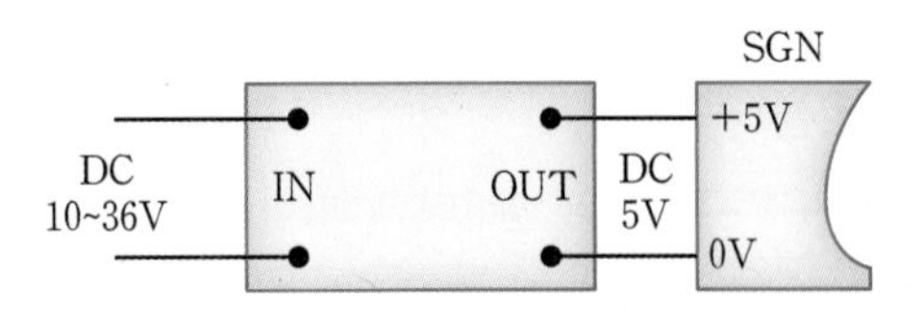

(b) DC-DC 컨버터 결선도

[그림 10-32] **DC-DC 컨버터**

■ C24와 SGN 모듈의 통신선로 연결

SGN 모듈은 C24에서 전송하는 통신 데이터를 수신하여 FND에 표시하는 기능을 가지고 있다. 따라서 SGN에는 시리얼 통신의 송수신 신호 단자 중에서 수신용 단자만 있다.

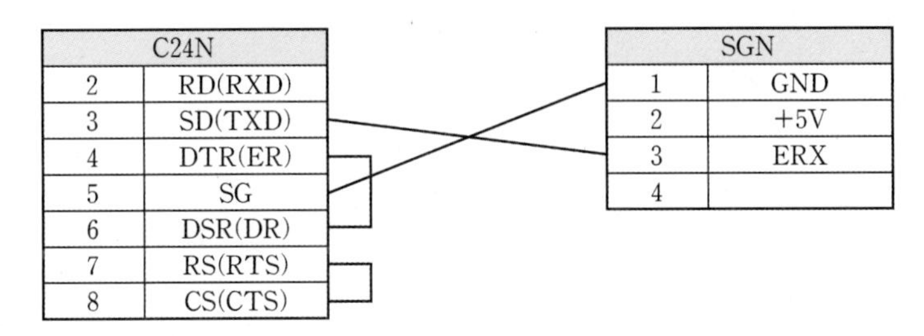

[그림 10-33] **통신 연결 결선도**

■ C24와 통신 파라미터 설정

C24N의 CH1 RS232 통신의 파라미터는 [그림 10-34]처럼 통신속도는 '9600', 패리티는 '사용하지 않음', 데이터는 '8'비트, 스톱비트는 '1'비트로 설정한다.

Item		CH1
Transmission Setting	Operation setting	Independent
	Data Bit	8
	Parity Bit	None
	Even/odd parity	Odd
	Stop bit	1
	Sum check code	None
	Online Change	Disable
	Setting modifications	Disable
Communication rate setting		9600bps
Communication protocol setting		Nonprocedural protocol
Station number setting (0 to 31)		0

[그림 10-34] **C24N 통신 설정**

■ PC ↔ SGN 모듈의 통신 테스트

SGN 모듈을 C24N에 연결하여 통신 실습 전에 PC를 통한 통신이 정상적으로 이루어지는지 확인을 해보자. 먼저 SGN 모듈의 통신 규격은 '9600bps, 8, N, 1'이다. 이 조건에 맞게 PC의 RS232 컨버터의 파라미터를 맞추어야 한다. CFTerm에서도 RS232 컨버터의 COM 포트 번호와 통신속도를 SGN 모듈에 맞추고 [Open] 버튼을 클릭한다.

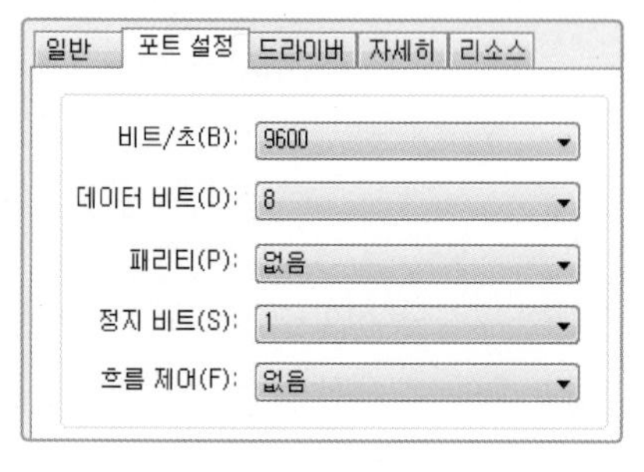

(a) PC의 통신 파라미터 설정

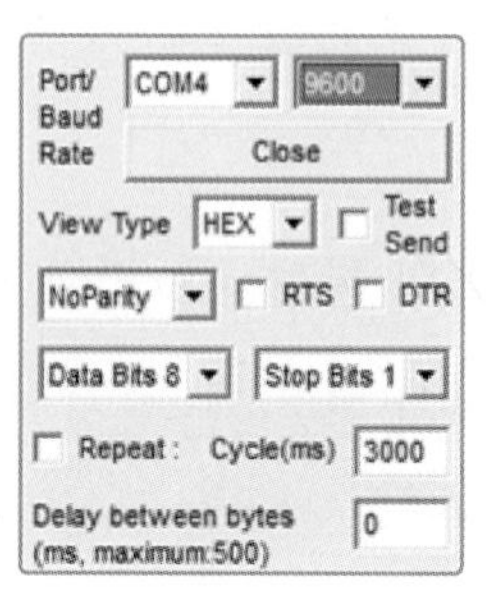

(b) CFTerm의 통신 파라미터 설정

[그림 10-35] **통신 설정**

CFTerm의 모드로 'Detail'을 선택하면 16진수를 전송할 수 있다. SGN 모듈에 숫자를 디스플레이하기 위해 전송해야 할 데이터는 3바이트로, 'E0 01 31'을 설정한 후에 [Send] 버튼을 클릭하면, SGN 모듈의 제일 좌측 FND에 '1'이 표시된다.

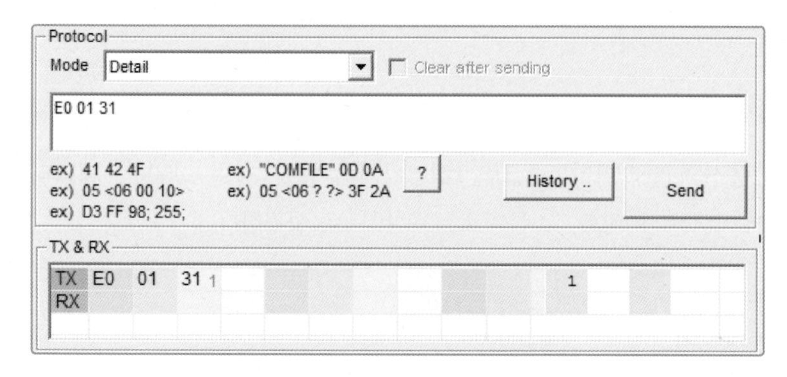

[그림 10-36] **SGN 모듈에 데이터 전송**

숫자를 표시할 FND 위치 번호와, 표시할 숫자에 대한 ASCII 코드값을 전송하면, 해당 FND에 숫자를 표시할 수 있다. 예를 들어 'E0 FA 80 00'을 전송하면 FND에는 16진수 8000이 표시되고, 'E0 FB 80 00'을 전송하면 FND에는 10진수 32768이 표시된다. 이처럼 FND에 숫자를 표시할 때 16진수 표기법이나 10진수 표기법을 선택해서 사용한다.

통신 테스트가 정상적으로 이루어지면 SGN 모듈과 C24N을 연결한다.

■ 리틀 엔디안과 빅 엔디안

PLC에서 사용하는 데이터의 종류는 비트, 니블, 바이트, 워드, 더블워드이다. 데이터를 저장하는 메모리는 1차원 공간에 연속적으로 바이트 단위로 배열되어 있는데, 워드 및 더블워드의 데이터를 저장하는 방법을 엔디안endian이라 한다. 엔디안은 다시 빅 엔디안big endian과 리틀 엔디안little endian으로 구분된다. 예를 들어 32비트 크기의 더블워드 메모리에 16진수 데이터 0x12345678을 저장해보자.

메모리 주소	0	1	2	3
데이터	0x78	0x56	0x34	0x12

(a) 리틀 엔디안 방식의 데이터 저장

메모리 주소	0	1	2	3
데이터	0x12	0x34	0x56	0x78

(b) 빅 엔디안 방식의 데이터 저장

[그림 10-37] **리틀 엔디안 및 빅 엔디안 방식의 데이터 저장**

리틀 엔디안의 경우, 32비트 크기 데이터의 저장 순서는 **낮은 주소**little**에 하위 바이트**endian(0x00 주소에 0x78 저장)를, 높은 주소에 상위 바이트(0x03 주소에 0x12 저장)를 저장하는 것이다. 반면 빅 엔디안은 낮은 주소에 상위 바이트(0x00 주소에 0x12 저장)를, **높은 주소**big**에 하위 바이트**endian(0x03 주소에 0x78)를 저장하는 형태이다.

멜섹Q PLC에서는 데이터를 저장할 때 리틀 엔디안 방식을 사용한다. 빅 엔디안 방식은 지멘스 PLC에서 사용하는 방식이다. 이러한 데이터 저장방식이 서로 다르면 통신 시에 문제가 발생할 수 있다. 같은 회사의 PLC끼리 통신할 때에는 아무런 문제가 없지만, 다른 제조사의 PLC나 다른 제어기기와 통신을 할 때에는 서로의 데이터 저장 방식을 확인해야 한다.

예를 들어 멜섹Q PLC에서 통신으로 데이터 0x12345678을 상대 기기에 전송한다고 해보자. 리틀 엔디안 방식으로 저장된 데이터를 낮은 메모리 번지에 저장된 데이터부터 전송하면, 상대 기기에서는 0x78563412라는 형태의 데이터를 수신하게 된다.

0	1	2	3
0x78	0x56	0x34	0x12

(a) 리틀 엔디안 데이터

0x12	0x34	0x56	0x78
④	③	②	①

(b) 데이터 전송 순서

0	1	2	3
0x78	0x56	0x34	0x12

(c) 전송 받은 데이터 저장

[그림 10-38] **데이터 전송 순서**

즉 리틀 엔디안으로 저장된 데이터를 통신으로 상대 기기에 전송하면, 상대 기기에서 수신된 데이터의 저장 형태도 리틀 엔디안 방식인 것이다. 통신하는 기기의 데이터 저장 방식이 서로 다르면, 수신한 데이터를 그대로 사용할 수 없다. 따라서 전송하는 쪽의 데이터를 수신 측의 엔디안 방식으로 변경해서 전송하거나, 또는 수신 측에서 수신한 데이터를 다시 자신의 엔디안 방식으로 변경하는 방법을 사용해야 한다.

C24N에서 SGN 모듈의 숫자 표시를 점멸하기 위해 전송하는 데이터가 16진수 'E0F0' 형태일 때 PLC의 워드 디바이스에 저장되어 있는 형태를 먼저 살펴보자.

[그림 10-39]의 D200에 저장한 'E0F0'의 데이터를 SGN 모듈에 전송하면, SGN 모듈은 F0부터 수신하게 된다. SGN 모듈은 항상 SGN 모듈을 식별할 수 있는 ID 코드인 E0이 먼저 수신되어야 하는데, F0부터 수신되므로 SGN 모듈에 오류가 생기거나 또는 아무런 반응이 없게 된다. 따라서 E0부터 데이터가 수신되기 위해서는 D200에 데이터를 저장할 때 상위와 하위 바이트의 자리를 교환해야 한다.

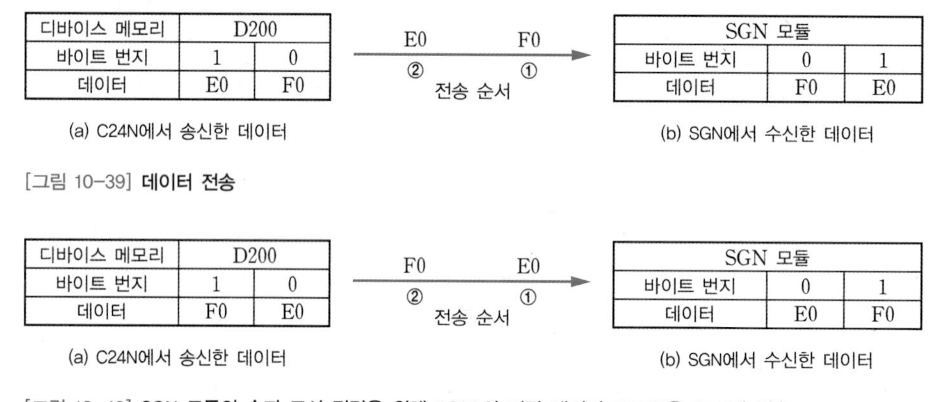

[그림 10-39] **데이터 전송**

[그림 10-40] **SGN 모듈의 숫자 표시 점멸을 위해 D200의 저장 데이터 'F0E0'을 SGN에 전송**

■ 리틀 엔디안으로 저장된 데이터를 빅 엔디안으로 변경하기

그렇다면 리틀 엔디안으로 저장되어 있는 데이터를 빅 엔디안 방식으로 변경하려면 어떻게 해야 할까? SGN 모듈처럼 C24N에서 전송할 데이터의 크기가 크지 않을 때에는 수작업으로 값을 설정해도 큰 부담이 없겠지만, 많은 양의 데이터를 전송하는 경우에는 문제가 될 수 있다. 리틀 엔디안 방식으로 더블워드 메모리에 '0x12345678'의 데이터가 저장되어 있을 때, 이 데이터를 빅 엔디안으로 변경하는 방법을 살펴보자.

[그림 10-41]처럼 리틀 엔디안 데이터를 빅 엔디안으로 변경하려면 우선 워드 단위로 저장되어 있는 데이터에서 상위와 하위 바이트를 교환한다. 그 다음, 워드 단위로 상위와 하위 워드를 교환하면 빅 엔디안으로 데이터의 배열이 변경된다.

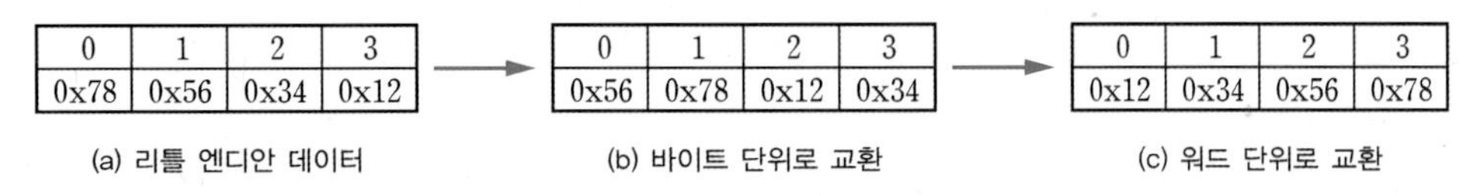

[그림 10-41] **리틀 엔디안 형식을 빅 엔디안 형식으로 변경**

■ SWAP 명령어

SWAP 명령어는 16비트 워드 메모리 D200에 저장된 데이터 'E0F0'을 바이트 단위로 상위와 하위 데이터를 교환해 'F0E0'으로 변환하는 명령어이다.

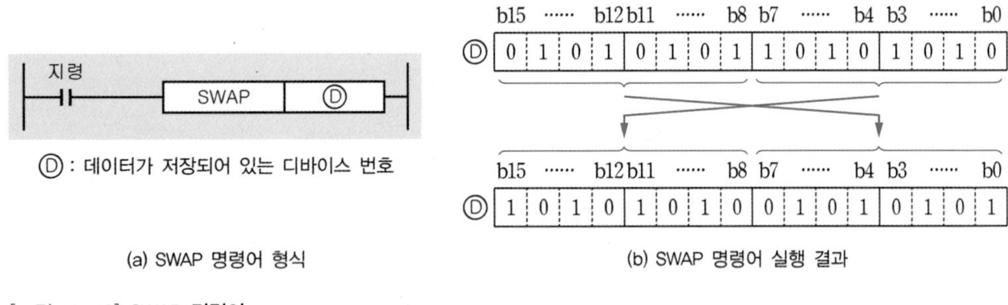

[그림 10-42] **SWAP 명령어**

■ XCH 명령어

XCH 명령어는 16비트 워드 단위로 상위와 하위 데이터를 교환하는 명령어이다.

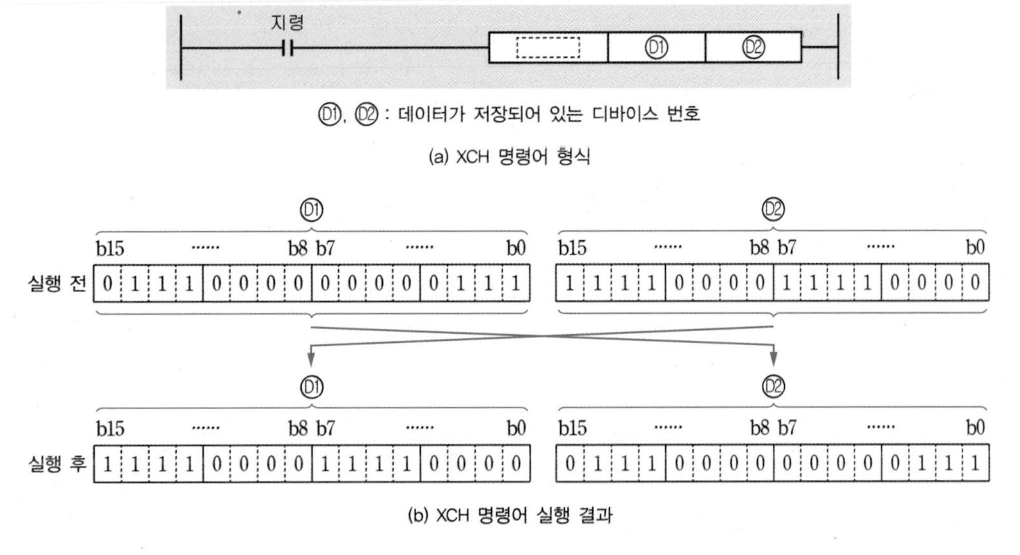

[그림 10-43] **XCH 명령어**

PLC 프로그램

```
컴파일테크롤리지 SGN모듈 제어 프로그램

PLC의 전원 OFF -> ON, CPU리셋, 리셋 버튼이 눌러졌을 때
C24N모듈의 채널 및 송수신 방법, SGN모듈에 숫자 "   0"을 표시
                                                   <송수신을 바이트 단위로 설정          >
       SM402                                                          U6₩
   0 ---|↑|---+-------------------------------------[MOV     K1        G150      ]
              |                                    <C24N 송신채널 1번 설정        >
              +-------------------------------------[MOV     K1        D100      ]
              |
              +-------------------------------------[MOV     K0        D101      ]
              |                                    <송신 데이터 2바이트 설정      >
              +-------------------------------------[MOV     K2        D102      ]
              |                                    <SGN모델 번호 지정            >
              +-------------------------------------[MOV     H0A5E0    D200      ]
              |                                    <설정내용 송신                >
              +-------------------------------------------[SET     M100      ]
점멸동작 중지 지령
                                                   <점멸동작 중지 데이터 설정     >
       M110
 164 ---|↑|-----------------------------------------[MOV     H0FFE0    D200      ]
SGN에 숫자 0을 표시하기 위한 지령
                                                   <송신 데이터 4바이트          >
       M120
 194 ---|↑|---+-------------------------------------[MOV     K4        D102      ]
              |                                    <SGN에 10진수 형태로 표시      >
              +-------------------------------------[MOV     H0FBE0    D200      ]
              |                                    <SGN 표시 0을 위한 설정값 H0000 >
              +-------------------------------------[MOV     H0        D201      ]
초기화를 위해 SGN모델명, 점멸 중지, 숫자 0표시를 위한 송신
                                                   <설정한 데이터 송신            >
       M100      M130
 263 ---| |---+---|/|----------[GP.OUTPUT    U6     D100     D200     M10       ]
       M110   |
     ---| |---+
       M120   |
     ---| |---+
초기화(채널 설정 및 SGN모델설정) 정상종료
                                                   <SGN모듈의 모델번호 지정 완료  >
       M100      M10       M11
 319 ---| |-------| |-------|/|---+-----------------------[RST     M100      ]
                                  |                <연속 송신시 0.01초 시간 대기  >
                                  +-----------------------[SET     M130      ]
                                  |                <점멸 동작 중지를 위한 송신 지령 >
                                  +-----------------------[SET     M110      ]
```

(계속)

```
초기화(점멸 동작) 정상 종료
                                                              <점멸 동작 중지 송신 완료        >
      M110    M130    M10     M11
398 ──┤├──────┤/├─────┤├──────┤/├──┬──────────────────────────[RST      M110        ]
                                   │                          <연속 송신시 0.01초 시간 대기  >
                                   ├──────────────────────────[SET      M130        ]
                                   │                          <SGN에 숫자 0표시 송신 지령    >
                                   └──────────────────────────[SET      M120        ]

연속 송신 시 송신 간 0.01초 대기 시간
                                                              <SGN에 숫자 0표시 완료         >
      M120    M130    M10     M11
466 ──┤├──────┤/├─────┤├──────┤/├──┬──────────────────────────[RST      M120        ]
                                   │                          <연속 송신시 0.01초 시간 대기  >
                                   └──────────────────────────[SET      M130        ]
                                                               H        K1
      M130
522 ──┤├──────────────────────────────────────────────────────(T0                   )
      T0
527 ──┤├──────────────────────────────────────────────────────[RST      M130        ]

설정모드 시작
      X0
529 ──┤↑├─────────────────────────────────────────────────────[FF       M200        ]

설정모드 시작(SGN모듈 점멸 시작)
                                                 <SGN점멸을 위한 2바이트 전송 설정    >
      M200
541 ──┤↑├──┬─────────────────────────────────────[MOV      K2        D102        ]
           │                                              <SGN 점멸 코드          >
           ├─────────────────────────────────────[MOV      H0F0E0    D200        ]
           │                                     <점멸동작을 위한 송신 지령       >
           └──────────────────────────────────────────────[SET      M201        ]

설정모드 종료(SGN모듈 점멸 중지)
                                                 <SGN점멸 중지를 위한 2바이트 전송    >
      M200
608 ──┤↓├──┬─────────────────────────────────────[MOV      K2        D102        ]
           │                                          <SGN점멸 중지 코드          >
           ├─────────────────────────────────────[MOV      H0FFE0    D200        ]
           │                                            <점멸 중지 지령          >
           └──────────────────────────────────────────────[SET      M202        ]

설정모드에서 증가 버튼이 눌러질 때 마다 D0을 1씩 증가
      X1      X2      M200
671 ──┤↑├─────┤/├─────┤├──[<    D0    K10000  ]──────────[+        K1        D0          ]

설정모드에서 감소 버튼이 눌러질 때 마다 D0을 1씩 감소
      X2      X1      M200
709 ──┤↑├─────┤/├─────┤├──[>    D0    K0      ]──────────[-        K1        D0          ]
```

(계속)

```
설정모드에서 증가, 감소, 리셋 동작을 위한 송신지령
                                                        <SGN에 숫자 표시 4바이트 전송      >
       X1
 781 ──|↑|──┬──────────────────────────────────[MOV    K4       D102   ]
            │                                  <SGN에 10진수 형태로 숫자 표시      >
       X2   │
     ──|↑|──┼──────────────────────────────────[MOV    H0FBE0   D200   ]
       X3   │
     ──|↑|──┼──────────────────────────────────[MOV    D0       D1     ]
            │                                       <상하위 바이트 위치 교환      >
            ├──────────────────────────────────────────[SWAP   D1     ]
            │                                  <숫자값 전송을 위해 D201에 저장      >
            └──────────────────────────────────[MOV    D1       D201   ]
설정모드에서 증가, 감소, 리셋의 통신 개시 지령
       X1      M204    M205
 886 ──|↑|─────|/|─────|/|─────────────────────────[SET    M203   ]
       X2      M203    M205
 916 ──|↑|─────|/|─────|/|─────────────────────────[SET    M204   ]
       X3      M203    M204
 920 ──|↑|─────|/|─────|/|─────────────────────────[SET    M205   ]
설정모드 통신 실행
       M201
 924 ──| |──┬───────────────[GP.OUTPUT    U6    D100    D200    M20   ]
       M202 │
     ──| |──┤
       M203 │
     ──| |──┤
       M204 │
     ──| |──┤
       M205 │
     ──| |──┘
설정모드 통신 정상 종료
       M201      M20     M21
 950 ──| |──┬────| |─────|/|──┬────────────────────[RST    M201   ]
       M202 │                 │
     ──| |──┤                 ├────────────────────[RST    M202   ]
       M203 │                 │
     ──| |──┤                 ├────────────────────[RST    M203   ]
       M204 │                 │
     ──| |──┤                 ├────────────────────[RST    M204   ]
       M205 │                 │
     ──| |──┘                 └────────────────────[RST    M205   ]
시작 버튼이 눌러지면 0.1초 단위로 숫자값 증가
       X4      M200
 976 ──|↑|─────|/|─────────────────────────────────[SET    M300   ]
```

(계속)

```
0.1초 단위로 송신을 위한 데이터 설정
                                                                  <0.1초 단위로 숫자 증가              >
      M300     SM410
1004 ─┤ ├──────┤↑├──┬──────────────────────────────────[+          K1          D0    ]
                    │
                    ├─[>      D0       K10000  ]────────[MOV        K0          D0    ]
                    │                                  <전송 데이터 4바이트 설정          >
                    ├──────────────────────────────────[MOV        K4          D102  ]
                    │                                  <SGN에 10진수 형태로 숫자표시      >
                    ├──────────────────────────────────[MOV        H0FBE0      D200  ]
                    │
                    ├──────────────────────────────────[MOV        D0          D1    ]
                    │                                  <상하위 바이트 위치교환            >
                    ├────────────────────────────────────────[SWAP            D1    ]
                    │
                    ├──────────────────────────────────[MOV        D1          D201  ]
                    │
                    └────────────────────────────────────────[SET             M301  ]
0.1초 단위의 송신지령 실행
      M301
1104 ─┤ ├──────────────────────────[GP.OUTPUT     U6      D100      D200      M10   ]
송신 정상 완료
      M301      M10      M11
1130 ─┤ ├──────┤ ├──────┤/├──────────────────────────────────[RST             M301  ]
송신 에러
      M20      M21
1144 ─┤ ├──────┤ ├──┬────────────────────────────────────────[SET             M0    ]
                    │
                    └──────────────────────────────────[MOV        D101        D300  ]
정지 또는 설정 버튼이 눌러지면 숫자 증가 중지
      X5       M200      M300
1156 ─┤↑├──────┤/├──┬───┤ ├──────────────────────────────────[RST             M300  ]
      M200          │
     ─┤↑├───────────┘

1186 ─────────────────────────────────────────────────────────────────[END          ]
```

[그림 10-44] **SGN 모듈을 이용한 생산 현황판 프로그램**

실습과제 10-2 SGN 모듈의 설정값 변경

시리얼 통신으로 SGN 모듈의 점멸 동작과 설정값을 변경하는 방법에 대한 프로그램 작성법을 살펴보자.

[실습과제 10-1]에서는 증가 및 감소버튼을 사용해서 원하는 설정값이 될 때까지 스위치를 반복적으로 눌러야 했다. 설정값이 작을 때는 괜찮지만, 설정값이 일정 이상이 되면 스위치를 눌러야 하는 횟수가 커지면서 문제가 된다. 설정값을 변경하고자 하는 해당 자리수를 선택한 다음, 증가 버튼을 누르면 해당 자리의 숫자만 변경되는 기능의 PLC 프로그램을 작성해보자.

(a) 조작 패널

입력	기능
X00	설정
X01	FND 선택
X02	증가
X03	시작
X04	정지

(b) 입출력 할당

[그림 10-45] **생산 현황판 조작 패널**

동작 조건

❶ 시스템의 전원이 ON되면 SGN 모듈에 '□□□□0'이 표시된다.

❷ 설정값을 변경하기 위해서는 설정 버튼을 눌러야 한다. 이때 설정모드임을 표시하기 위해 FND5의 Dot가 점등된다.

❸ 설정모드에서 FND 선택 버튼을 누를 때마다 'FND5 → FND4 → FND3 → FND2 → FND1 → …'의 순으로 표시 상태가 순환 반복하면서 Dot가 점등된다.

❹ 설정모드 상태에서 증가버튼을 누를 때마다 점등 상태에 있는 FND의 설정값이 1씩 증가하고, 설정값이 9이면 0부터 다시 순차적으로 증가한다.

❺ 설정모드가 해제된 상태에서 시작버튼을 누르면, 설정된 값에서 0.1초 간격으로 1씩 증가하다 9999가 되면 0부터 새로 증가한다.

❻ 설정값 증가 동작 중에 정지 버튼을 누르면 설정값 증가 동작이 중지된다.

■ 제로 블랭크

SGN 모듈은 제로 블랭크zero blank 기능을 가지고 있다. 제로 블랭크란 여러 개의 FND를 연결하여 숫자를 표시할 때, 최하위 FND를 제외한 나머지 FND에는 '0' 표시를 하지 않는 기능을 의미한다. 즉 SGN 모듈에 '0'을 표시하면, FND 전체에 '00000'으로 5개의 '0'이 표시되지 않고 제일 우측의 FND에만 '0'이 표시된다.

(a) 제로 블랭크 기능이 없는 경우

(b) 제로 블랭크 기능이 있는 경우

[그림 10-46] **제로 블랭크 기능**

■ 설정값을 표시하는 방법

설정 버튼을 눌러서 FND를 선택한 후에 증가버튼을 누르면 해당 위치의 FND 숫자가 증가해야 한다. 이런 조건의 경우에는 프로그램을 작성하는 사람마다 그 해결 방법이 다르겠지만, 필자는 나눗셈 연산과 덧셈 연산을 이용한다. 예를 들어 현재 SGN 모듈에 표시된 숫자가 12345일 때, 설정값을 조작하는 방법을 살펴보자.

[표 10-28] **설정값을 변경하는 방법**

단계	동작	설명
1단계	SGN 설정값 [12345] → 만 단위 [1], 천 단위 [2], 백 단위 [3], 십 단위 [4], 일 단위 [5]	정수형 나눗셈 연산을 통해서 만, 천, 백, 십, 일 단위의 숫자를 별도로 구분한다.
2단계	[1] *10000 → [10000] [2] *1000 → [2000] [3] *100 → [300] [4] *10 → [40] [5] *1 → [5] → (증가버튼) → [10000 * 10000] [2000 * 1000] [300 * 100] [40 * 10] [5 * 1]	만, 천, 백, 십, 일 단위로 구분한 숫자에 단위를 곱한 후에, 해당 단위의 증가버튼이 눌리면 해당 단위에 값을 더해주고, 조건 비교를 통해서 해당 단위가 초과할 경우엔 0으로 재설정한다.
3단계	[20000] + [3000] + [4000] + [50] + [6] → SGN 설정값 [23456]	증가버튼의 의해 각 단위별로 설정된 값 전체를 덧셈 연산으로 구하고, 그 결과값을 SGN 설정값으로 사용한다.

곱셈 연산의 경우, 결과값은 32비트 더블워드 디바이스에 저장된다. 하지만 0 ~ 32767 범위 값의 경우, 32비트 더블워드 디바이스의 상위 16비트 워드 디바이스에는 0의 값이 저장되고, 하위 워드 디바이스에는 0 ~ 32767 범위의 값이 저장됨을 염두에 두고 프로그램을 살펴보기 바란다.

PLC 프로그램

```
컴파일테크롤리지 SGN모듈 제어 프로그램

PLC의 전원 OFF -> ON, CPU리셋, 리셋 버튼이 눌러졌을 때
C24N모듈의 채널 및 송수신 방법, SGN모듈에 숫자 "  0"을 표시
                                                  <송수신을 바이트 단위로 설정      >
       SM402                                                          U6₩
  0 ───┤↑├───┬──────────────────────────────────[MOV    K1      G150   ]
             │                                    <C24N 송신채널 1번 설정   >
             ├──────────────────────────────────[MOV    K1      D100   ]
             │
             ├──────────────────────────────────[MOV    K0      D101   ]
             │                                    <송신 데이터 2바이트 설정  >
             ├──────────────────────────────────[MOV    K2      D102   ]
             │                                    <SGN모델 번호 지정        >
             ├──────────────────────────────────[MOV    H0A5E0  D200   ]
             │                                    <설정내용 송신            >
             └──────────────────────────────────────[SET       M100   ]
Dot표시 중지 지령
                                                  <점멸동작 중지 데이터 설정  >
       M110
164 ───┤↑├──────────────────────────────────────[MOV    H0D0E0  D200   ]
SGN에 숫자 0을 표시하기 위한 지령
                                                  <송신 데이터 4바이트      >
       M120
193 ───┤↑├───┬──────────────────────────────────[MOV    K4      D102   ]
             │                                    <SGN에 10진수 형태로 표시  >
             ├──────────────────────────────────[MOV    H0FBE0  D200   ]
             │                                    <SGN 표시 0을 위한 설정값 H0000 >
             └──────────────────────────────────[MOV    H0      D201   ]
초기화를 위해 SGN모델명, Dot중지, 숫자 0표시를 위한 송신
                                                  <설정한 데이터 송신       >
       M100     M130
262 ───┤ ├───┬───┤/├────────────[GP.OUTPUT    U6     D100    D200    M10   ]
       M110  │
    ───┤ ├───┤
       M120  │
    ───┤ ├───┘
```

(계속)

```
초기화(채널 설정 및 SGN모델설정) 정상종료
                                                             <SGN모듈의 모델번호 지정 완료      >
      M100     M10      M11
317 ──┤ ├──────┤ ├──────┤/├───┬─────────────────────────────[RST      M100    ]
                              │                              <연속 송신시 0.01초 시간 대기   >
                              ├─────────────────────────────[SET      M130    ]
                              │                              <점멸 동작 중지를 위한 송신 지령 >
                              └─────────────────────────────[SET      M110    ]
초기화(점멸 동작) 정상 종료
                                                             <점멸 동작 중지 송신 완료      >
      M110     M130     M10      M11
396 ──┤ ├──────┤/├──────┤ ├──────┤/├───┬────────────────────[RST      M110    ]
                                       │                     <연속 송신시 0.01초 시간 대기   >
                                       ├────────────────────[SET      M130    ]
                                       │                     <SGN에 숫자 0표시 송신 지령    >
                                       └────────────────────[SET      M120    ]
연속 송신 시 송신 간 0.01초 대기 시간
                                                             <SGN에 숫자 0표시 완료         >
      M120     M130     M10      M11
464 ──┤ ├──────┤/├──────┤ ├──────┤/├───┬────────────────────[RST      M120    ]
                                       │                     <연속 송신시 0.01초 시간 대기   >
                                       └────────────────────[SET      M130    ]
0.01초 대기시간을 위한 타이머 동작
      M130                                                   H        K1
520 ──┤ ├───────────────────────────────────────────────────(T0               )
      T0
545 ──┤ ├───────────────────────────────────────────────────[RST      M130    ]
설정모드 버튼이 눌러지면 설정모드 동작
설정모드 선택 시 FND5번의 위치를 기억하기 위한 D10을 1로 기억
      X0
547 ──┤↑├───┬───────────────────────────────────────────────[FF       M1      ]
            └──────────────────────────────────────[MOV      K1       D10     ]
설정모드가 선택되었을 때 Dot표시 해제 후 다시 FND5번 DOt표시
      M1
607 ──┤↑├───┬──────────────────────────────────────[MOV      K2       D102    ]
      M6    │
    ──┤↑├───┼──────────────────────────────────────[MOV      H0D0E0   D200    ]
            ├───────────────────────────────────────────────[SET      M2      ]
            └───────────────────────────────────────────────[RST      M6      ]
설정모드 해제시 Dot표시 해제
      M1
648 ──┤↓├───┬──────────────────────────────────────[MOV      K2       D102    ]
            ├──────────────────────────────────────[MOV      H0D0E0   D200    ]
            └───────────────────────────────────────────────[SET      M5      ]
설정모드에서 FND선택 버튼이 눌러질 때 마다 FND위치 번호 증가
      M1       X1
671 ──┤ ├──────┤↑├───┬─────────────────────────────[+        K1       D10     ]
                     └[>    D10    K5   ]──────────[MOV      K1       D10     ]
```

(계속)

설정모드 선택 시 또는 선택모드에서 FND선택 버튼이 눌러질 때
해당 FND의 Dot점등을 위한 SGN전송 데이터 설정

```
       M1     X1
714 ──┤ ├────┤↑├──┬─[= D10 K1 ]──────────────────[MOV  H0D5E0  D1  ]
                  │
       M4         │
    ──┤↑├─────────┼─[= D10 K2 ]──────────────────[MOV  H0D4E0  D1  ]
                  │
                  ├─[= D10 K3 ]──────────────────[MOV  H0D3E0  D1  ]
                  │
                  ├─[= D10 K4 ]──────────────────[MOV  H0D2E0  D1  ]
                  │
                  ├─[= D10 K5 ]──────────────────[MOV  H0D1E0  D1  ]
                  │
                  ├──────────────────────────────[MOV  K2      D102]
                  │
                  └──────────────────────────────[MOV  D1      D200]
```

714번에서 설정한 데이터를 전송하기 이전에 Dot점등 해제
DOt가 해제되면 M4의 ON신호에 의해 변경된 FND의 Dot점등

```
       M1     X1
809 ──┤ ├────┤↑├─────────────────────────────────[SET  M6]

       M2     M4      M3     M23
872 ──┤ ├────┤/├──┬──┤/├────┤/├──────[GP.OUTPUT  U6  D100  D200  M10]
                  │
       M4     M2  │
    ──┤ ├────┤/├──┤
                  │
       M5         │
    ──┤ ├─────────┤
                  │
       M20    M22 │
    ──┤ ├────┤/├──┤
                  │
       M22    M20 │
    ──┤ ├────┤/├──┘
```

DOt해제가 정상 완료되면, 0.01초 대기 후, 설정한 위치 DOt점등

```
                                                  <Dot해제 완료        >
       M2     M10     M11
895 ──┤ ├────┤ ├────┤/├──┬────────────────────────[RST  M2]
                         │                        <0.01초 타이머 동작  >
                         ├────────────────────────[SET  M3]
                         │                        <설정한 위치 Dot점등 지령 >
                         └────────────────────────[SET  M4]
```

FND선택 스위치 눌림에 의해 선택한 FND의 Dot점등 전송 완료

```
       M4     M3      M10    M11
970 ──┤ ├────┤/├────┤ ├────┤/├──┬─────────────────[RST  M4]
                                │                 <0.01초 타이머 동작  >
                                └─────────────────[SET  M3]
```

설정모드 해제시 Dot점등 해제 전송 완료

```
       M5     M10     M11
1019 ─┤ ├────┤ ├────┤/├───────────────────────────[RST  M5]
```

(계속)

```
설정모드에서 증가버튼이 눌러졌을 때 해당 FND숫자 증가 전송 완료
        M20       M10       M11
 1045 --| |-------| |-------|/|-----------------------------------------[RST    M20    ]

시작 버튼이 눌러져 0.01초 단위로 숫자 증가 전송 완료
        M22       M10       M11
 1083 --| |-------| |-------|/|---+-------------------------------------[RST    M22    ]
                                  |                                     <0.01초 타이머 동작 지령  >
                                  +-------------------------------------[SET    M23    ]

0.01초 타이머 동작
        M23                                                              H      K10
 1131 --| |--------------------------------------------------------------(T3            )

        T3
 1148 --| |-------------------------------------------------------------[RST    M23    ]

0.01초 타이머 동작
        M3                                                               H      K10
 1150 --| |--------------------------------------------------------------(T2            )

        T2
 1167 --| |-------------------------------------------------------------[RST    M3     ]

GP.OUTPUT전송명령 에러 발생
        M10       M11
 1169 --| |-------| |----+----------------------------------------------[SET    M0     ]
                         |
                         +----------------------------------[MOV    D101   D300   ]

        M1        X2
 1190 --| |-------|↑|----+--------------------------[/      D500   K10000  D400   ]
                         +--------------------------[/      D401   K1000   D401   ]
                         +--------------------------[/      D402   K100    D402   ]
                         +--------------------------[/      D403   K10     D403   ]
                         +--------------------------[BMOV   D400   D410    K5     ]
                         +--------------------------[*      D410   K10000  D420   ]
                         +--------------------------[*      D411   K1000   D421   ]
                         +--------------------------[*      D412   K100    D422   ]
                         +--------------------------[*      D413   K10     D423   ]
                         +----------------------------------[MOV    D414   D424   ]

설정모드에서 증가버튼이 눌러지면 선택된 FND의 숫자 증가
                                                                        <1의 자리 숫자 증가   >
        M1        X2
 1222 --| |-------|↑|--[=    D10    K1   ]--+---------------[+      K1     D424   ]
                       |                    |
                       |                    +-[>  D424  K9 ]-[MOV    K0     D424   ]
```

(계속)

```
                                                        <10의 자리 숫자 증가          >
[=   D10   K2   ]─┬──────────────────────────[+      K10      D423   ]
                  │
                  └[>   D423   K90     ]─────[MOV    K0       D423   ]
                                                        <100의 자리 숫자 증가         >
[=   D10   K3   ]─┬──────────────────────────[+      K100     D422   ]
                  │
                  └[>   D422   K900    ]─────[MOV    K0       D422   ]
                                                        <천의 자리 숫자 증가          >
[=   D10   K4   ]─┬──────────────────────────[+      K1000    D421   ]
                  │
                  └[>   D421   K9000   ]─────[MOV    K0       D421   ]
                                                        <만의 자리 숫자 증가          >
[=   D10   K5   ]─┬──────────────────────────[+      K10000   D420   ]
                  │
                  └[>   D420   K20000  ]─────[MOV    K0       D420   ]
                                                        <1과 10의 자리를 덧셈         >
├────────────────────────────────[+    D424     D423     D430   ]
                                                        <1, 10, 100의 자리 덧셈       >
├────────────────────────────────[+    D422     D430     D430   ]
                                                        <1, 10, 100, 1000의 자리 덧셈 >
├────────────────────────────────[+    D421     D430     D430   ]
                                                        <만단위 까지 덧셈             >
├────────────────────────────────[+    D420     D430     D430   ]

├─────────────────────────────────────────[MOV    D430     D500   ]
                                                        <전송 데이터 4바이트          >
├─────────────────────────────────────────[MOV    K4       D102   ]
                                                        <SGN모듈에 10진수 형태 표시   >
├─────────────────────────────────────────[MOV    H0FBE0   D200   ]
                                                        <SGN표시할 숫자값             >
├─────────────────────────────────────────[MOV    D500     D501   ]
                                                        <전송할 숫자값 바이트 위치교환 >
├──────────────────────────────────────────────────[SWAP     D501   ]
                                                        <위치교환 데이터 전송         >
├─────────────────────────────────────────[MOV    D501     D201   ]
                                                        <전송지령                     >
└──────────────────────────────────────────────────[SET      M20    ]
```

(계속)

```
시작과 정비 버튼의 동작
                                                          <0.1초 단위로 숫자 증가      >
        M1      X3
1533 ───┤/├─────┤↑├──────────────────────────────────[SET      M21    ]
             │                                            <숫자 증가 정지          >
             │  X4
             └──┤↑├──────────────────────────────────[RST      M21    ]

0.1초 단위로 숫자 증가
                                                          <설정값에다 1을 더함     >
        M21     SM410
1578 ───┤ ├─────┤↑├───┬──────────────────────────[+        K1      D500   ]
                      │
                      ├[>   D500   K29999 ]──────[MOV      K0      D500   ]
                      │                                   <전송 데이터 4바이트     >
                      ├──────────────────────────[MOV      K4      D102   ]
                      │                                   <SGN에 10진수 형태 표시  >
                      ├──────────────────────────[MOV      H0FBE0  D200   ]
                      │
                      ├──────────────────────────[MOV      D500    D501   ]
                      │                                   <전송값 상하위 바이트 교환 >
                      ├──────────────────────────────[SWAP     D501   ]
                      │
                      ├──────────────────────────[MOV      D501    D201   ]
                      │                                   <전송지령                >
                      └──────────────────────────────[SET      M22    ]

1675 ────────────────────────────────────────────────────[END    ]
```

[그림 10-47] SGN 모듈을 이용한 생산 현황판 설정 프로그램

실습과제 10-3 전자저울의 측정값 읽어오기

C24과 전자저울을 시리얼 통신으로 연결해서 전자저울에서 계측되는 무게를 실시간으로 PLC CPU로 읽어오는 PLC 프로그램 작성법에 대해 학습한다.

앞의 두 실습과제에서는 C24N 모듈의 송신 기능을 이용하여 SGN 모듈에 숫자를 표시하는 방법에 대해서 학습했다. 이번 [실습과제 10-3]에서는 C24N 모듈의 수신 기능에 대해 학습한다. 이번 실습에서는 정밀한 무게 측정 시에 주로 사용하는 전자저울의 측정값을 수신하는 방법에 대해 살펴보자.

제품을 생산하는 자동화 장치에서는 무게를 측정하여 불량 여부를 판정할 때 전자저울을 많이 사용한다. 특히 포장 공정에서 무게를 측정하는 경우가 많다. 예를 들어 약품 포장용기에 알약이 100개가 들어간다고 하자. 알약 100개의 무게와 포장용기의 무게를 사전에 측정한 다음, 포장된 약품의 무게를 검사하면, 자동으로 포장된 약품의 알약 개수가 정량인지를 측정할 수 있다. 이러한 무게 공정에 사용되는 전자저울의 대부분은 RS232 통신 기능을 가지고 있어, 필요할 때 전자저울에서 측정된 무게를 통신을 통해 PLC에서 확인할 수 있다.

실습에 사용할 전자저울의 사양

실습에 사용할 전자저울은 한국 A&D[4]에서 시판하는 산업용 전자저울 GF 시리즈로, RS-232 포트가 표준으로 내장되어 있는 타입이다. 이 회사 제품뿐만 아니라 다른 회사의 전자저울의 사용방법에도 별 차이가 없으므로, 다른 전자저울이라도 이 책에서 사용하는 방법에, 통신 관련 파라미터 변수만 변경해서 적용하면 된다. 전자저울의 파라미터 설정과 관련한 내용은 해당 제품의 매뉴얼을 참고하기 바란다.

■ 전자저울의 통신용 커넥터 규격

전자저울의 뒷면을 살펴보면 [그림 10-48]과 같이 D-SUB 25핀 Female 규격의 커넥터가 위치해 있는데, 이 커넥터를 통해 RS232 신호와 전자저울의 동작을 제어하는 신호를 입출력할 수 있다.

4 에이엔디 주식회사(www.andk.co.kr)

(a) 전자저울 외형

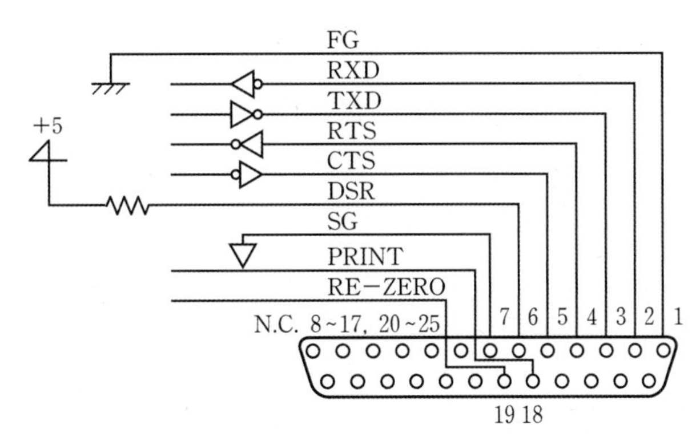

(b) 전자저울의 RS232C 통신 커넥터 핀 배치도

[그림 10-48] **전자저울의 외형과 통신 커넥터 핀 배치도**

[표 10-29]는 커넥터의 핀 배치에 따른 신호 명칭을 나타낸 것이다. RS232 통신에 필요한 커넥터 핀은 2, 3, 7핀이다. 커넥터의 핀 18, 19번은 PRINT, RE-ZERO라는 명칭을 가진 신호 입력으로, [그림 10-49]에 신호 결선방법을 나타내었다.

[표 10-29] **전자저울의 RS323C 통신 커넥터 핀 배치도**

핀 번호	신호명	방향	의미
1	FG	–	프레임 그라운드
2	RXD	입력	수신 데이터
3	TXD	출력	송신 데이터
4	RTS	입력	송신 요구
5	CTS	출력	송신 허가
6	DSR	출력	Data Set Ready
7	SG	–	시그널 그라운드
8~17	–	–	N.C.
18	PRINT	입력	PRINT 입력
19	RE-ZERO	입력	RE-ZERO 출력
20~25	–	–	N.C.

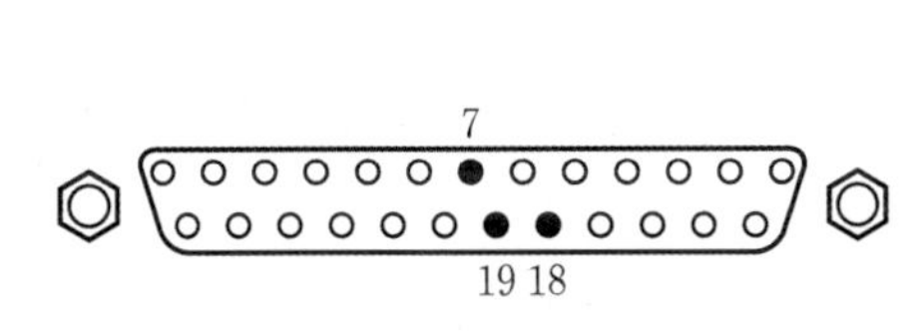

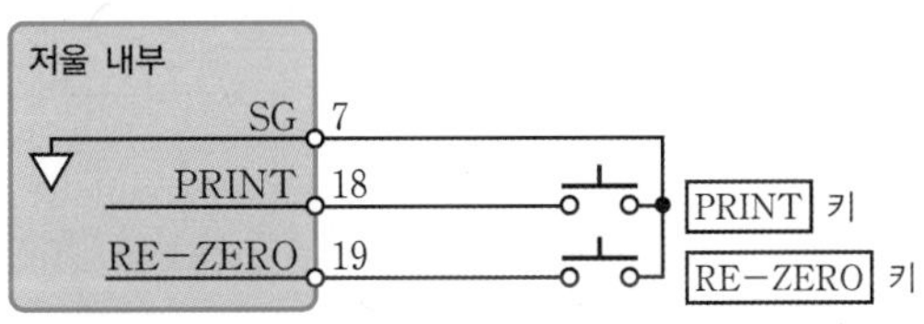

[그림 10-49] **RS232 통신 핀 배치 및 신호 결선도**

RE-ZERO 신호는 전자저울의 현재 계측값을 강제로 '0'으로 설정하는 입력이다. PRINT 신호는 전자저울의 측정값을 RS232 통신을 통하여 외부로 출력하고자 할 때 사용하는 제어신호로, 전자저울의 측정값이 안정된 상태에서만 동작하는 입력신호이다. 두 개의 신호입력이 정상 동작하기 위해서는 입력시간이 최소 100ms 이상 ON되어야 한다.

■ 전자저울의 RS232 신호 규격

전자저울의 RS232 통신은 비동기식, 양방향, 반이중 전송 형식을 지원한다. RS232 통신을 위한 세부 통신 사양은 전자저울의 파라미터에서 설정한다. 전자저울과 C24N과 통신을 위해서는 통신 방식을 서로 일치시켜야 하므로, 전자저울의 파라미터 설정에서 [표 10-30]과 같이 RS232 통신 방식을 설정한다.

[표 10-30] **전자저울의 RS232C 통신 설정**

명칭	설정값	전자저울 설정값
통신속도	9600BPS	4
데이터 길이	8비트	2
스톱 비트	1비트	–
종료 코드	C_R, L_F	0

■ 전자저울의 데이터 형식

A&D의 전자저울이 RS232 통신을 통해 다른 디지털 기기에 측정된 무게값을 송신할 수 있는 데이터 형식은 6종류가 있다. 본 실습에서는 단순히 수치만 출력하는 NU 형식을 이용하여 전자저울의 측정된 무게값을 확인할 것이다. NU 전송 형식은 무게 측정값을 ASCII 코드 9자리(종료 문자 미포함)의 고정 데이터로 전송하는 데이터 형식인데, 이는 부호를 나타내는 ASCII 코드 1자리와, 수치를 나타내는 ASCII 코드 8자리로 구성된다. 무게 측정값이 제로인 경우 (+) 부호를 가진다.

[표 10-31] **전자저울의 무게 측정값 통신 데이터 형식**

+	0	0	0	1	2	7	.	8	C_R	L_F
부호	수치 데이터(8자리)								종료 문자	

■ 전자저울 ↔ C24 모듈 간의 통신 케이블 제작

전자저울과 C24N 간의 RS232 통신을 위한 통신 케이블을 제작해보자. 통신 케이블 제작에 필요한 부품을 살펴보면, D-SUB 25핀 male 타입과 D-SUB 9핀 male 타입의 커넥터와 통신 케이블이 필요하다. 그리고 필요시에 전자저울의 측정 데이터를 읽기 위해서는 2개의 스위치를 이용해 PRINT와 RS-ZERO 입력의 ON/OFF를 제어해야 한다.

[그림 10-50]은 C24N 모듈과 전자저울의 통신 케이블 결선도와, PRINT와 RE-ZERO 신호를 ON/OFF하기 위한 결선도이다. 전자저울의 PRINT와 RE-ZERO 신호는 PLC의 출력신호를 이용하여 릴레이를 제어하면 동작하도록 회로를 구성하였다. 또한 수작업으로 PRINT와 RE-ZERO 신호를 발생하기 위한 스위치도 함께 구성하였다.

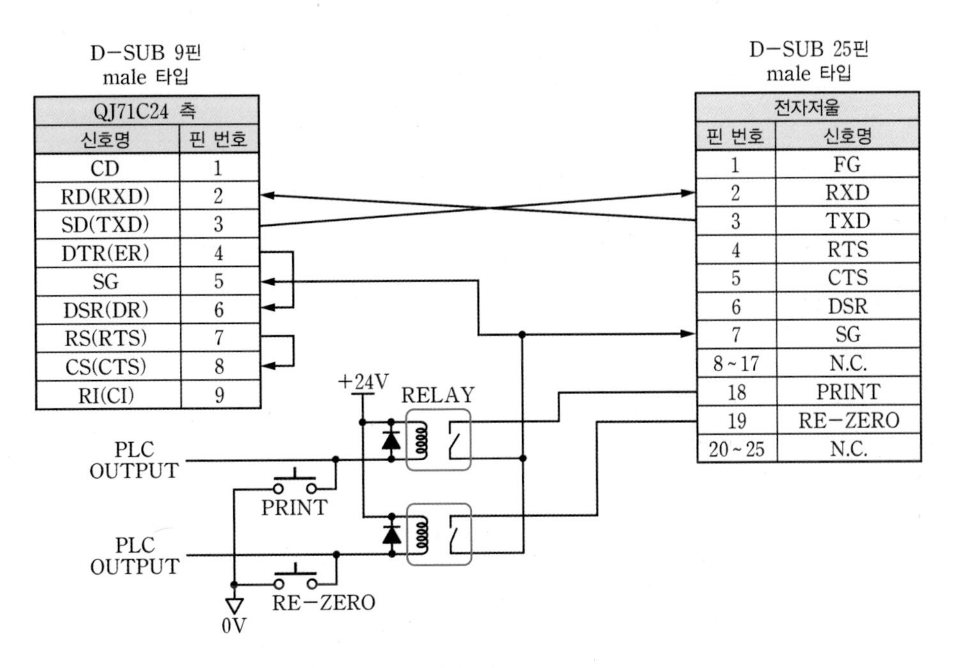

[그림 10-50] C24N ↔ 전자저울의 RS232 통신 결선도

전자저울의 측정값을 C24N에서 수신하는 방법은 두 가지가 있다. 첫 번째 방법은 외부에서 PRINT 신호를 제어하여 측정된 값을 수신하는 방법이다. 이 방법은 전자저울의 계측값이 안정된 상태에서만 계측값의 출력이 가능하기 때문에 PLC에서 필요할 때 즉시 계측값을 받기는 쉽지 않다. 진동이 발생하거나 바람이 영향을 주는 장소 등에서는 전자저울의 계측값이 수시로 변동하기 때문에 PRINT 신호 입력을 ON해도 계측값이 안정되지 않아서 C24N으로 송신할 수 없다. 따라서 이 방법은 수작업으로 무게를 측정하는 경우에 주로 사용하는 방법이다.

두 번째 방법은 전자저울의 측정값을 일정한 시간 간격으로 상대 기기에 전송하는 방법이다. 이 방법은 전자저울의 계측값이 안정화되지 않았기 때문에 오차가 발생할 수 있다는 문제점이 있지만, PLC에서 필요시에 전자저울의 계측값을 사용할 수 있다는 건 장점이다. 두 번째 방법을 사용하기 위해서는 전자저울의 파라미터를 [표 10-32]를 참고해서 설정한다.

[표 10-32] **전자저울에서 데이터 출력을 위한 파라미터 설정**

분류 항목	설정 항목	설정값	설정 내용	비고
환경 · 표시	표시 변환 주기	0	5회/초	표시의 갱신주기 초깃값 : 0
		1	10회/초	
데이터 출력	데이터 출력모드	0	키 모드	초깃값 : 0
		1	오토프린터 A모드	
		2	오토프린터 B모드	
		3	스트림 모드	

실습을 위해서 데이터 출력모드는 스트림 모드로 설정한다. 스트림 모드로 변경하면, 표시 변환 주기 파라미터 설정에 따라 전자저울의 계측값을 1초에 5번 또는 10번 상대 기기에 송신할 수 있다. 전자저울의 파라미터가 정확하게 설정되었는지를 확인하기 위해 PC에서 CFTerm을 실행시켜 전자저울과의 통신이 정상적으로 이루어지는지 확인해보자.

■ 하이퍼터미널을 이용한 전자저울 송신 데이터 확인

전자저울과 PC의 COM 포트를 케이블과 연결한 다음, CFTerm을 실행한다. 그리고 실습에 사용하는 USB 컨버터의 통신포트 번호 확인과 통신 설정을 한다.

실습에 사용하는 USB → RS232 컨버터의 통신포트는 COM5로 되어있다. 해당 통신포트 번호를 더블클릭해서 통신포트의 속성을 [그림 10-51]과 같이 '비트/초: 9600bps, 데이터 비트: 8비트, 패리티 비트: 없음, 정지 비트: 1비트, 흐름 제어: 없음'으로 설정한다.

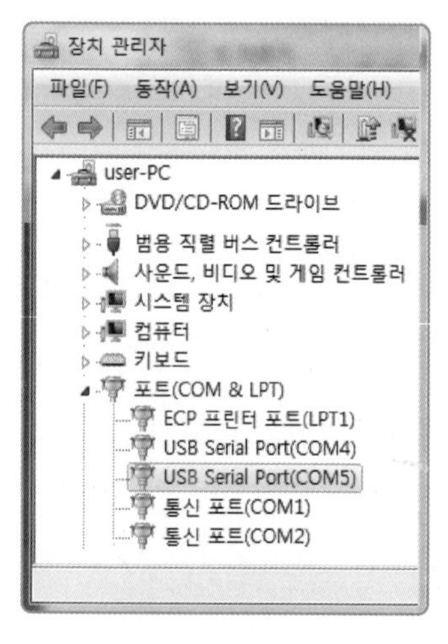

(a) 통신포트 번호 확인(COM5)

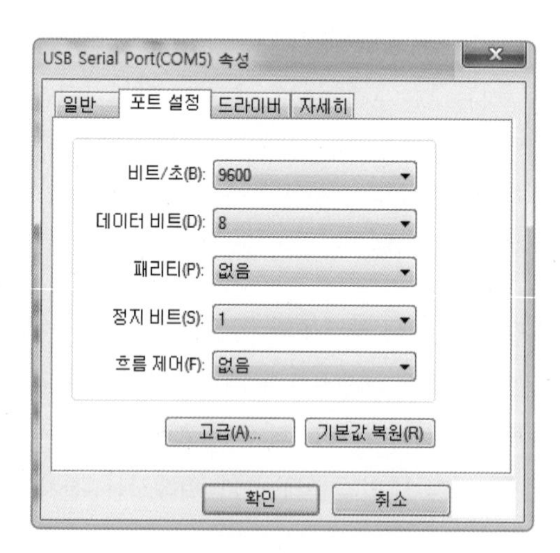

(b) 통신포트(COM5) 속성 설정

[그림 10-51] **통신포트 속성 설정**

CFTerm을 실행한 후에 통신포트 COM5, 보레이트는 9600, 프로토콜은 String으로 설정한다. 그 다음으로 [Open] 버튼을 클릭하면, PLC는 [그림 10-52]처럼 전자저울에서 송신하는 무게 측정값을 1초에 5회 수신한다.

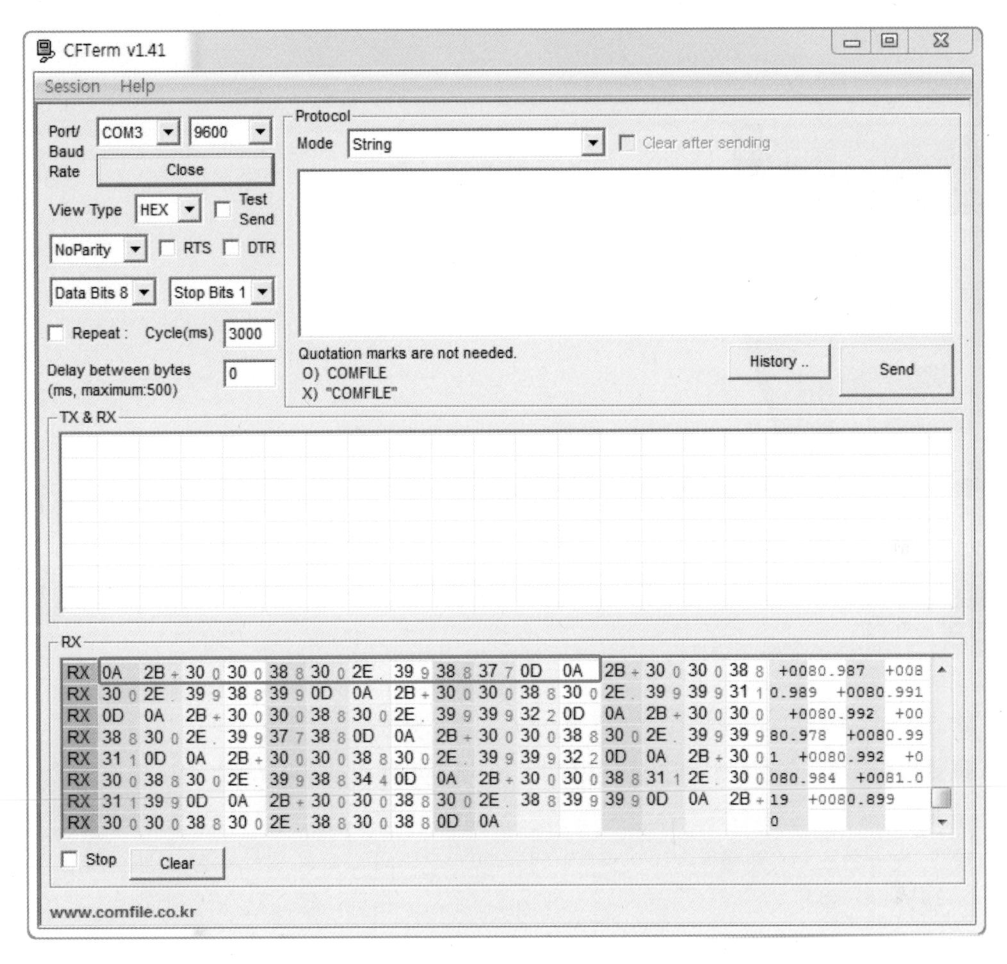

[그림 10-52] CFTerm에서 전자저울의 무게 측정 데이터 수신

수신한 데이터는 NU 형식이기 때문에 총 11바이트(수신종료 문자 2바이트 포함)의 ASCII 코드를 수신한다.

[표 10-33] 수신한 ASCII 코드 형식의 데이터

수신 데이터 (ASCII 코드)	2B	30	30	30	2E	30	34	39	0D	0A
의미	+	0	0	0	.	0	4	9	LF	CR

전자저울 계측값을 FND 모듈에 표시하는 PLC 프로그램 작성

CFTerm을 사용해 RS232 통신으로 전자저울의 무게 측정 데이터의 수신을 확인했다. 이제부터 PLC의 C24N 모듈을 통해 수신된 무게 데이터를 FND 모듈에 표시하는 프로그램을 작성해보자.

[그림 10-53] **전자저울 무게 측정**

동작 조건

❶ 시스템에 전원이 공급되면 FND 모듈에는 전자저울의 무게 측정값이 표시된다.

❷ 무게 측정값은 소수점 한자리까지 표현된다. FND에 1234가 표시되어 있으면, 실제 무게 측정값은 123.4g을 의미한다.

❸ FND 모듈은 PLC의 출력 Y20 ~ Y2F에 연결되고, C24N의 CH1의 통신 속성 설정은 [그림 10-54]와 같다.

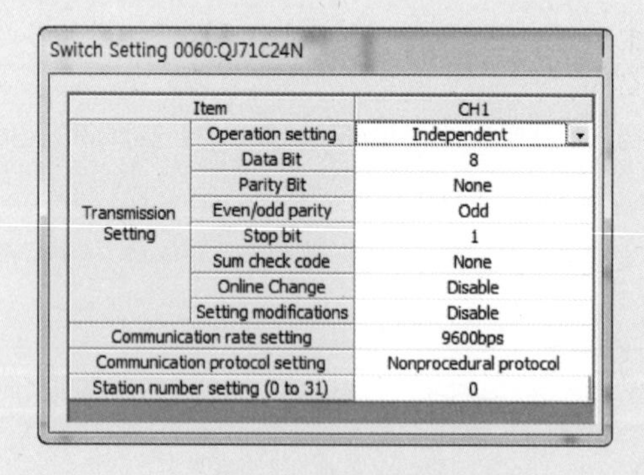

Switch Setting 0060:QJ71C24N

Item		CH1
Transmission Setting	Operation setting	Independent
	Data Bit	8
	Parity Bit	None
	Even/odd parity	Odd
	Stop bit	1
	Sum check code	None
	Online Change	Disable
	Setting modifications	Disable
Communication rate setting		9600bps
Communication protocol setting		Nonprocedural protocol
Station number setting (0 to 31)		0

[그림 10-54] **C24N의 CH1의 통신 속성 설정**

소수점이 포함된 ASCII로 표현된 문자열을 BIN으로 변환하기

통신을 사용해서 데이터를 송수신할 때 사용하는 데이터의 기본 단위는 바이트이다. 바이트 단위의 데이터의 표현은 16진수를 사용하거나, 또는 16진수를 ASCII 코드로 변환해서 사용한다. 예를 들어 10진수 12345를 통신으로 상대 기기에 송신한다고 가정하면, [그림 10-55]처럼 16진수 또는 ASCII 코드로 변환된 값이 전송된다.

10진수 표현	12345	
16진수 표현	0x30	0x39

(a) 16진수 표현

10진수 표현	1	2	3	4	5
ASCII 표현	0x31	0x32	0x33	0x34	0x35

(b) ASCII 표현

[그림 10-55] **10진수 12345에 대한 16진수 표현 및 ASCII 표현**

실습에 사용할 전자저울은 무게의 측정값을 ASCII 코드로 변환해서 C24N으로 송신한다. 따라서 C24N에서 수신한 ASCII 코드를 FND에 표시하기 위해서는 BIN 또는 BCD 값으로 변경해야 한다. 멜섹Q PLC에는 ASCII 코드를 다른 형식의 데이터로 변경하는 다양한 명령어가 준비되어 있는데, 그 중에서 소수점이 포함된 ASCII 코드를 BIN으로 변경하는 VAL 명령어를 사용한다.

VAL 명령어

이 명령어는 ASCII 코드로 표현된 소수점이 포함된 문자열을 BIN으로 변경하는 명령어이다.

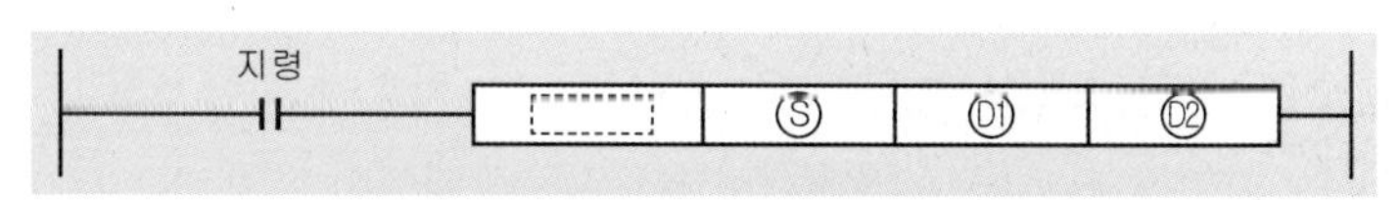

Ⓓ : 문자열이 저장되어 있는 디바이스 선두 번호
Ⓓ1 : 변환 후 정수의 개수 및 소수점 이하 숫자의 개수
Ⓓ2 : 변환된 BIN의 데이터 저장 디바이스 선두 번호

(a) VAL 명령어 형식

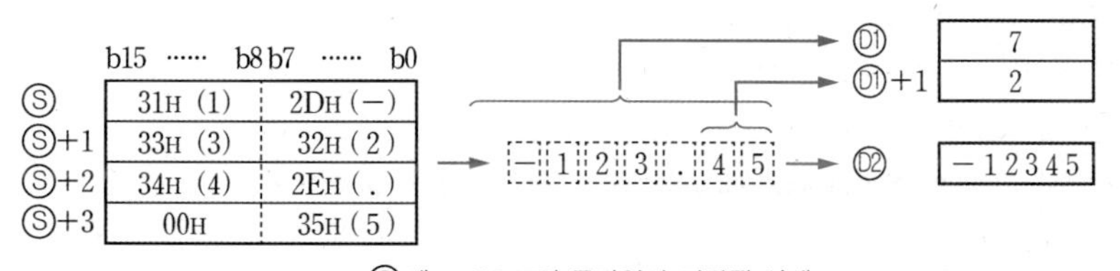

Ⓢ에 −123.45의 문자열이 저장된 사례

(b) VAL 명령어 실행 결과

[그림 10-56] **VAL 명령어**

■ VAL 명령어 사용 시 주의사항

❶ Ⓢ로 지정된 문자열의 모든 문자수는 3 ~ 8문자(최대 8바이트)이다.

❷ Ⓢ로 지정된 문자열 가운데 소수에 해당되는 문자는 0 ~ 5문자이고, 모든 '문자열 수 – 3'을 한 결과값 이내에 소수부의 문자열만 허용한다.

❸ BIN으로 변환할 수 있는 수치의 문자열의 범위는 소수점을 무시한 값으로 –32768 ~ 32767(예를 들면 –327.68 ~ 327.67) 이내이다.

❹ 부호에서 '+'에는 '20H'를 설정하고, '–'에는 '2DH'를 설정한다.

❺ 소수점에는 '2EH'를 설정한다.

■ VAL 명령어 사용법

[그림 10-60]은 ASCII로 표현된 '+123.45'의 값을 VAL 명령을 사용해서 BIN 값으로 변경하는 PLC 프로그램이다.

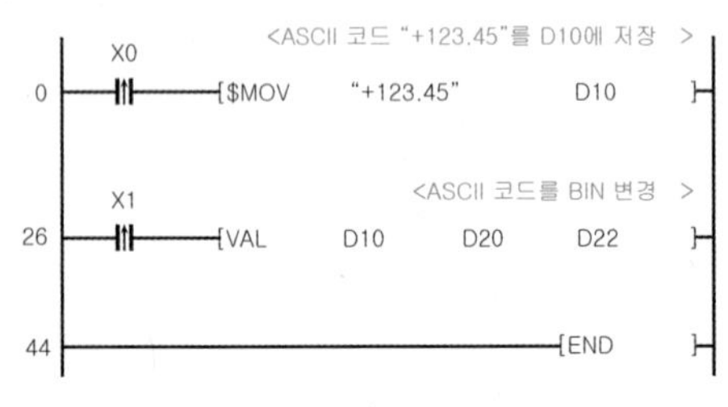

(a) VAL 명령어 테스트 프로그램

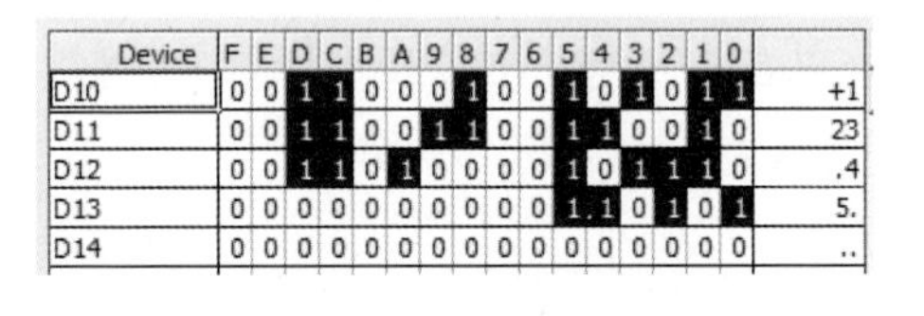

Device	F	E	D	C	B	A	9	8	7	6	5	4	3	2	1	0	
D10	0	0	1	1	0	0	0	1	0	0	1	0	1	0	1	1	+1
D11	0	0	1	1	0	0	1	1	0	0	1	1	0	0	1	0	23
D12	0	0	1	1	0	1	0	0	0	0	1	0	1	1	1	0	.4
D13	0	0	0	0	0	0	0	0	0	0	1	1	0	1	0	1	5.
D14	0	0	0	0	0	0	0	0	0	0	0	0	0	0	0	0	..

(b) $MOV 명령어 실행 결과

[그림 10-57] **VAL 명령어 테스트**

[그림 10-57(a)]에서 입력 X0을 누르면, $MOV 명령에 의해 '+123.45'에 대한 ASCII 코드 문자열이 [그림 10-57(b)]와 같이 D10부터 저장된다. '+' 기호에 대한 ASCII 코드는 '0x2B(0010 1011)'로 표현된다. '+' 기호를 0x2B로 둔 상태에서 입력 X1을 ON 해서 VAL 명령어를 실행하면 CPU 에러가 발생하는데, 이는 VAL 명령어에서 '+' 기호를 0x20으로 인식하기 때문이다. 따라서 입력된 D10의 '+' 기호에 대한 값을 '0x2B → 0x20'으로 변경해야 한다. $MOV에 의해 D10 ~ D13에 저장된 '+123.45'의 내용을 살펴보면 [표 10-34]와 같다.

[표 10-34] **D13 ~ D10에 저장된 '+123.45'에 대한 ASCII 코드 문자열**

디바이스 번지	D13		D12		D11		D10	
기호	₩0	5	4	.	3	2	1	+
ASCII 코드	0x00	0X35	0x34	0x2E	0x33	0x32	0x31	0x2B

[표 10-34]를 보면 '+' 기호는 D10에 저장되어 있으며, 이를 ASCII 코드로 표현하면 0x2B이다. 이를 VAL 명령에서 '+' 기호로 인식하기 위해서는 0x20으로 변경해야 하는데, 이를 위해서는 WAND와 WOR 명령을 사용한다. [표 10-35]는 이러한 변경 절차를 나타낸 것이다.

[표 10-35] **명령어 실행 결과**

D10에 저장된 데이터			설명
ASCII 표현	1	+	D10에 저장된 데이터를 ASCII 코드와 BIN 값으로 표현한 내용이다.
ASCII	0x31	0x2B	
BIN 표현	0011 0001	0010 1011	
BIN 표현	0011 0001	0010 1011	**[WAND D10 H0FF00 D10]** D10의 내용(0x312B)과 0xFF00의 값과 AND 연산을 실행하면 결과값 0x3100을 구할 수 있다.
BIN 표현	1111 1111	0000 0000	
WAND	0011 0001	0000 0000	
BIN 표현	0011 0001	0000 0000	**[WOR D10 H0020 D10]** D10의 내용(0x3100)과 0x0020의 값과 OR 연산을 실행하면 결과값 0x3120을 구할 수 있다.
BIN 표현	0000 0000	0010 0000	
WOR	0011 0001	0010 0000	

D10에 저장된 데이터 중에서 '+'의 ASCII 값을 [표 10-35]의 절차대로 0x2B에서 0x20으로 변환했으면, 이제 VAL 명령어를 실행시켜보자.

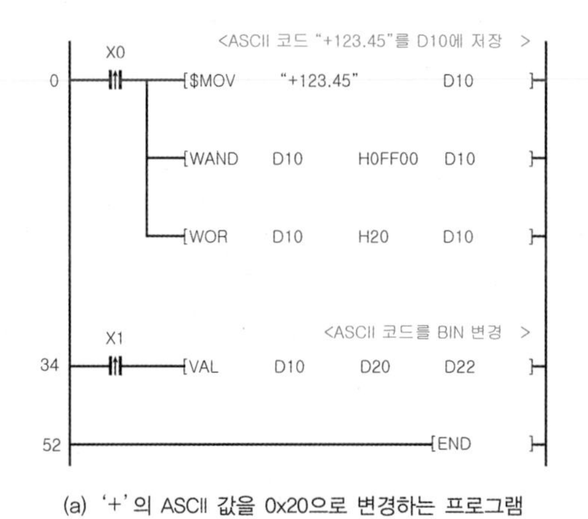

(a) '+'의 ASCII 값을 0x20으로 변경하는 프로그램

Device	F	E	D	C	B	A	9	8	7	6	5	4	3	2	1	0	
D10	0	0	1	1	0	0	0	1	0	0	1	0	0	0	0	0	1
D11	0	0	1	1	0	0	1	1	0	0	1	1	0	0	1	0	23
D12	0	0	1	1	0	1	0	0	0	0	1	0	1	1	1	0	.4
D13	0	0	0	0	0	0	0	0	0	0	1	1	0	1	0	1	5.
D14	0	0	0	0	0	0	0	0	0	0	0	0	0	0	0	0	..

(b) WAND, WOR 명령어 실행 결과

Device	F	E	D	C	B	A	9	8	7	6	5	4	3	2	1	0	
D20	0	0	0	0	0	0	0	0	0	0	0	0	0	1	1	1	7
D21	0	0	0	0	0	0	0	0	0	0	0	0	0	0	1	0	2
D22	0	0	1	1	0	0	0	0	0	0	1	1	1	0	0	1	12345
D23	0	0	0	0	0	0	0	0	0	0	0	0	0	0	0	0	0

(c) VAL 명령어 실행 결과

[그림 10-58] **VAL 명령어 실행 결과**

VAL 명령어 실행 결과를 살펴보면, D20에는 VAL 명령의 실행에 사용된 ASCII 코드의 개수가 저장되고, D21에는 ASCII 코드에서 소수점 이하의 숫자의 개수를 나타낸 값, 그리고 D22에는 소수점이 생략된 ASCII로 나타낸 숫자값에 대한 BIN 형태의 값이 저장되어 있음을 확인할 수 있다.

[표 10-36] VAL 명령어 실행 결과의 표현 방법

ASCII 코드	+	1	2	3	.	4	5
ASCII 개수	①	②	③	④	⑤	⑥	⑦
소수점 이하 개수						①	②

■ 전자저울에서 수신한 데이터를 FND에 표시하는 방법

전자저울에서 C24N으로 송신되는 무게에 대한 데이터는 총 11바이트이다. 예를 들어 전자저울에서 계측된 무게가 234.567g이면, C24N에서 수신한 데이터는 [표 10-37]과 같다.

[표 10-37] 전자저울에서 송신한 무게값의 ASCII 코드의 표현 방법

수신 데이터	0x2B	0x30	0x32	0x33	0x34	0x2E	0x35	0x36	0x37	0x0D	0x0A
ASCII 표현	+	0	2	3	4	.	5	6	7	C_R	L_F

C24N에서 수신한 데이터가 D200부터 저장된다면, [표 10-38]과 같은 형태로 저장된다.

[표 10-38] 전자저울에서 수신한 데이터의 저장 상태

번지	D205		D204		D203		D202		D201		D200	
ASCII		L_F	C_R	7	6	5	.	4	3	2	0	+
16진수	0x00	0x0A	0x0D	0x37	0x36	0x35	0x2E	0x34	0x33	0x32	0x30	0x2B

D200 ~ D205에 수신한 데이터 중에서 소수점 1자리까지의 데이터만 사용한다면 D204 ~ D205에 저장된 데이터는 필요 없다. 따라서 D200 ~ D203의 4개 워드 데이터를 BMOV 명령어로 D300으로 복사한 후, D300의 하위 바이트에 저장된 '+' 기호의 ASCII 코드 0x2B를 0x20으로 변경한다. 그 다음, D303의 상위 바이트에 저장된 소수 둘째 자리에 해당되는 ASCII 코드 0x36을 문자열의 마지막을 나타내는 0x00으로 변경하는 작업을 한다.

[그림 10-59(b)]에서 D300의 하위 바이트와 D303의 상위 바이트의 값을 변경할 때 WAND 명령을 사용하는 방법을 잘 살펴보기 바란다. VAL 명령어 실행으로 구한 D312에 저장된 값은 소수점 첫째 자리까지의 값에 해당되는 BIN 값이다. 이 값을 BCD 명령어를 사용해서 BCD 코드로 변경한 다음, Y3F ~ Y30에 연결되어 있는 FND 모듈에 표시한 후에 1의 자리를 표시하는 FND의 Dot를 점등시키면, 전자저울의 무게값이 표시될 것이다.

[BMOV D200 D300 K4]

번지	상위	하위
D300	0x30	0x2B
D301	0x33	0x32
D302	0x2E	0x34
D303	0x35	0x35

(a) BMOV 명령어 실행

[WAND D300 HFFF0 D300]
[WAND D303 H00FF D303]

번지	상위	하위
D300	0x30	0x20
D301	0x33	0x32
D302	0x2E	0x34
D303	0x00	0x35

(b) WAND 명령어 실행

[VAL D300 D310 D312]

번지	상위	하위
D310	K7	
D311	K1	
D312	K2345	

(c) VAL 명령어 실행

[그림 10-59] VAL 명령어 실행을 위한 사전처리 과정

■ VAL 명령어로 구한 BIN 값에서 소수점 이하의 자리 구하기

전자저울에서 전송된 값을 VAL 명령을 사용해서 BIN 값으로 변환하면, 소수점 이하의 자리까지 포함한 10진 정수 형태의 값이 도출된다. 이 값에서 소수점 이하의 숫자를 구하려 하면 D311의 값을 참고한다. D311에는 소수점 이하의 몇째 자리까지의 값을 10진 정수로 변경했는지 그 자릿수를 저장하고 있다. 따라서 D311의 값이 1이기 때문에 D312의 값을 10으로 나누면 정수와 소수점 이하의 값을 구분할 수 있다.

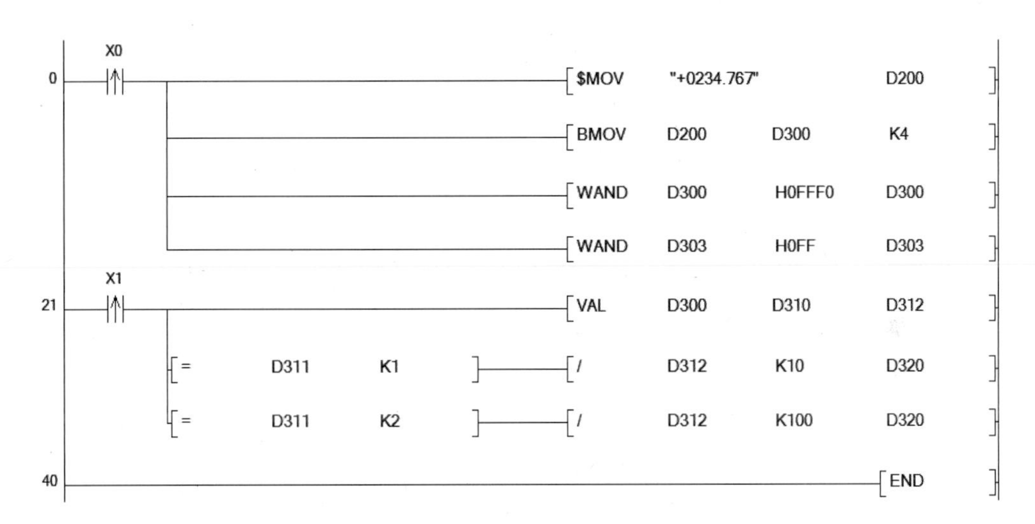

[그림 10-60] 나눗셈 명령을 사용해서 소수점 이하의 값을 구하는 테스트 프로그램

PLC 프로그램

```
전자저울 무게 측정값 수신 프로그램

PLC의 전원이 ON되면 C24N CH1통신 설정
                                                   <송수신 데이터 바이트 단위 설정   >
      SM402                                                            U6₩
  0 ──┤ ├──┬──────────────────────────────────────[MOV    K1        G150   ]
           │                                       <수신종료 코드(LF CR) 설정   >
           │                                                           U6₩
           ├──────────────────────────────────────[MOV    H0A0D     G165   ]
           │                                       <수신버퍼메모리 크기 설정   >
           │                                                           U6₩
           └──────────────────────────────────────[MOV    K511      G164   ]

채널 1번의 수신 읽기 요구 신호 ON
                                                   <수신 채널 1번 설정   >
      X63
104 ──┤↑├──┬──────────────────────────────────────[MOV    K1        D100   ]
           │
           ├─────────────────────────────[FMOV    K0      D101      K2     ]
           │                                       <수신데이터 5워드 복사   >
           ├──────────────────────────────────────[MOV    K5        D103   ]
           │
           └──────────────────────────────────────────────[SET      M10    ]

INPUT명령 실행
      M10
158 ──┤ ├────────────────────────[G.INPUT  U6      D100    D200      M0     ]

      M0       M10      M11
178 ──┤ ├──────┤ ├──────┤/├──┬────────────────────────────[RST      M10    ]
                             │                     <수신데이터 D300으로 복사   >
                             ├───────────────[BMOV    D200    D300      K4     ]
                             │                     <전자저울 +부호 변경   >
                             ├────────────────────────[WAND    H0FF20    D300   ]
                             │                     <전자저울 마지막 데이터 "00"변경   >
                             ├───────────────[WAND    H0FF    D303      D303   ]
                             │                     <ASCII코드를 바이너리로 변환   >
                             └───────────────[VAL     D300    D310      D312   ]

전자저울 측정값을 FND모듈에 표시
      SM400
257 ──┤ ├─────────────────────────────────────────[BCD    D312      K4Y20  ]

279 ──────────────────────────────────────────────────────────────[END    ]
```

[그림 10-61] **전자저울 무게 측정값 표시 프로그램**

Chapter 11

모드버스 통신

모드버스는 PLC를 최초로 만든 모디콘(Modicon)에서 PLC와 제어기기 간의 통신에 사용할 목적으로 만든 시리얼 통신 프로토콜이다. 11장에서는 모드버스 통신을 위한 프로토콜의 구성과 통신 방법을 학습한다. 그리고 C24N의 모드버스 통신 방식인 '통신 프로토콜에 의한 데이터 통신'을 사용하여 미쓰비시의 FR-E700 인버터 제어 실습을 진행함으로써 산업현장에서 사용하는 통신을 이용한 제어 방법을 학습한다.

11.1 모드버스 통신 개요

11.1.1 모드버스 통신의 특징

모드버스는 마스터와 슬레이브 기반의 프로토콜로, 마스터의 요청에 대한 슬레이브의 응답이라는 단순한 절차로 장비 제어와 모니터링에 필요한 기능을 수행할 수 있다. 또한 모드버스의 프로토콜이 오픈되어 자동화 산업에서 널리 사용되면서 표준 프로토콜의 지위를 얻게 되었다. 현재는 RS232, RS422/485 통신을 기반으로 한 모드버스 ASCII와 RTU 프로토콜뿐만 아니라 이더넷 통신을 기반으로 하는 모드버스 TCP/IP 통신 프로토콜까지 발전하였다.

모드버스 통신의 특징은 다음과 같다.

❶ **마스터-슬레이브 프로토콜**

단일 네트워크에서 오직 1개의 마스터만 사용 가능하고, 1개의 마스터에 최대 247개까지의 슬레이브가 연결 가능하다. 다만 통신 장비에 따라 연결 가능한 슬레이브의 개수가 각기 다르기 때문에 사용할 통신 장비의 매뉴얼을 참고한다.

❷ **통신모드**

- 유니캐스트 모드 : 마스터의 요청에 대해 해당 국번의 슬레이브가 응답하는 형식(슬레이브 국번은 1 ~ 247)
- 브로드캐스트 모드 : 마스터의 요청에 대해 모든 슬레이브가 실행한다(메시지에서 국번은 0번으로 설정).

❸ **통신속도** : 1200, 2400, 4800, 9600, 19200, 56000, 115200bps

❹ **최대 통신거리** : 1000m

11.1.2 슬레이브의 메모리 번지 기능

모드버스 프로토콜의 기본 기능은 마스터에서 국번으로 지정한 슬레이브의 입출력 메모리 또는 내부 메모리를 읽거나 쓰는 것이다. 모드버스 프로토콜에서는 모든 슬레이브의 메모리 용도와 번지를 표준화시켜 놓았기 때문에, 마스터에 연결되는 슬레이브 장치가 달라도 마스터에서 읽고 쓰기 위한 메모리 번지는 동일하다. 슬레이브의 메모리는 비트 단위의 읽기 전용 입력 메모리와, 읽고 쓰기가 가능한 출력 메모리, 16비트 크기의 워드 단위로 읽기 전용의 모니터링용 메모리, 읽고 쓰기 가능한 제어용 메모리로 구분된다.

[표 11-1] **모드버스 통신을 위한 입출력 메모리 번지**

메모리 번지	기능
0x00001 ~ 0x10000	읽고 쓰기 가능한 비트 단위의 메모리 번지
0x10001 ~ 0x20000	읽기 전용 비트 단위의 메모리 번지
0x30001 ~ 0x40000	읽기 전용 16비트 크기의 메모리 번지
0x40001 ~ 0x50000	읽고 쓰기 가능한 16비트 크기의 메모리 번지

11.1.3 모드버스 통신의 송수신 절차

모드버스의 경우, [그림 11-1]과 같이 마스터에서 슬레이브에 ❶ 요청 메시지 프레임frame을 보내면, 슬레이브는 요청한 일에 대한 처리 결과인 ❷ 응답 메시지 프레임을 마스터에게 보내는 절차로 통신이 이루어진다. 모드버스는 마스터/슬레이브 기반의 프로토콜이기 때문에, 마스터에서 요청 메시지를 전송한 경우에 한해서 해당 국번의 슬레이브가 응답 메시지를 전송할 수 있다.

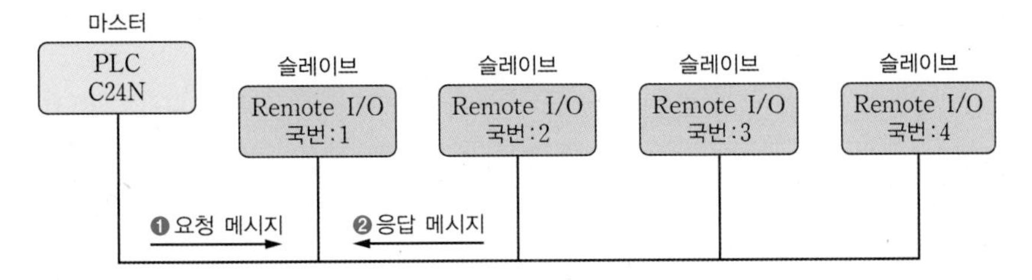

[그림 11-1] **모드버스 송수신 절차**

[그림 11-2]의 요청 메시지 프레임의 구성을 살펴보자. 먼저 ❶ 요청 메시지를 수신할 슬레이브의 국번을 설정한다. ❷ 슬레이브 메모리를 읽거나 쓰기 위한 사전에 정해진 기능코드를 설정한 후, ❸ 슬레이브 메모리 번지와 메모리에 설정한 데이터, 또는 읽어올 데이터의 개수를 설정한다. ❹ 에러 체크를 통해 송수신할 때 발생할 수 있는 전기 노이즈 등에 의한 데이터 손상을 확인하기 위한 CRC[1]를 설정한다.

이제 마스터의 요청 메시지에 대한 응답 메시지 프레임을 살펴보자. 요청 메시지의 ❺ 국번과 ❻ 기능코드는 그대로 복사하고, 요청한 결과의 ❼ 데이터(마스터에서 요청한 슬레이브 메모리의 데이터)와 ❽ 에러 체크로 응답한다. 요청 메시지 프레임의 잘못된 설정으로(없는 국번 또는 기능코드 설정) 해당 요청을 수행할 수 없는 경우에는 응답 메시지의 ❻ 기능코드 Bit7의 값을 1로 설정(0x80)하고, ❼ 데이터에는 에러코드를 설정해서 응답한다.

요청 메시지 프레임
❶ 국번(예 0x01)
❷ 기능코드(예 0x03)
❸ 데이터
❹ 에러 체크

요청 메시지 →

← 응답 메시지

응답 메시지 프레임
❺ 0x01
❻ 0x03 (에러 : 0x83)
❼ 데이터
❽ 에러 체크

[그림 11-2] **요청과 응답 메시지 프레임**

11.1.4 MODBUS ASCII / RTU 통신모드의 메시지 프레임

모드버스의 프로토콜 메시지 프레임 형식은 MODBUS ASCII와 MODBUS RTU로 구분된다.

1 CRC(Cyclic Redundancy Check) : 우리말로는 순환 중복 검사라 한다. 네트워크 등을 통해 데이터를 전송할 때 전송된 데이터에 에러가 있는지를 확인하기 위해 사용하는 데이터 검사방법으로, 다항식을 이용한 수신 데이터로부터 CRC 값을 구하고, 수신된 CRC 값을 비교해서 에러 유무를 검출한다.

MODBUS ASCII

[표 11-2]는 MODBUS ASCII 통신모드의 메시지 프레임 형식이다. 이 통신모드의 특징은 다음과 같다.

- ASCII 코드를 사용하여 통신한다.
- 시작 문자로 콜론(;)을 사용한다.
- LRC를 사용하여 통신 데이터의 에러를 체크한다(LRC 계산 범위는 국번, 기능코드, 데이터를 모두 더한 값을 2의 보수로 변경한 후, 그 결과를 ASCII 코드로 변경한 값이다).

[표 11-2] MODBUS ASCII 통신모드 메시지 프레임

구분	시작	국번	기능코드	데이터	LRC	종료
값	;	××	××	×…×	HI_LO	C_RL_F
바이트 크기	1	2	2	N	2	2

MODBUS RTU

[표 11-3]은 MODBUS RTU 통신모드의 메시지 프레임 형식이다. 이 통신모드의 특징은 다음과 같다.

- 16진수 데이터를 사용하여 통신한다.
- 시작과 끝은 공백시간(≥3.5문자 전송시간)으로 구분한다.
- CRC를 사용하여 데이터의 에러를 체크(국번, 기능코드, 데이터)한다.

[표 11-3] MODBUS RTU 통신모드 메시지 프레임

구분	시작	국번	기능코드	데이터	CRC	종료
값	3.5문자 전송시간	××	××	×…×	LO_HI	3.5문자 전송시간
바이트 크기		1	1	N	2	

모드버스 통신모드 메시지 프레임의 구성

모드버스 통신이 RTU와 ASCII 통신모드로 구분되고, 통신모드에 따른 메시지 프레임도 각각 다르게 구성되어 있는 것처럼 보이지만, 시작과 종료 방법을 제외하면 실은 동일한 형태로 구성되어 있다. 모드버스 통신의 메시지 프레임은 [그림 11-3]과 같다.

시작	국번	기능코드	데이터	CRC	종료

[그림 11-3] **모드버스 통신모드의 메시지 기본 프레임**

❶ **시작과 종료** : 메시지 프레임의 송수신 시작과 종료를 구분하기 위해 사용하는 것으로, ASCII 모드에서는 시작으로 세미콜론(;), 종료로 종료문자(C_RL_F)를 사용하고, RTU 모드에서는 시작과 종료로 3.5개 문자를 전송할 만큼의 대기시간을 사용한다. 만약 RTU 모드에서 대기시간을 두지 않고 메시지를 연속으로 전송하면 메시지 프레임을 구분할 수 있는 방법이 없기 때문에 통신 에러가 발생한다.

❷ **국번** : 마스터의 요청 메시지를 처리할 슬레이브의 국번을 지정한다. 슬레이브 국번은 1 ~ 247까지 사용할 수 있다. 마스터의 요청 메시지의 국번이 0번인 경우에는 마스터에 연결된 모든 슬레이브가 해당 메시지를 수신한다. 그러나 이 경우, 슬레이브에서 마스터로의 응답 메시지는 없다. 요청 메시지를 수신한 모든 슬레이브가 동시에 응답할 수는 없기 때문이다.

❸ **기능코드** : 기능코드function code는 마스터가 요청하는 메시지를 수신한 슬레이브가 처리해야 할 일을 특정한 숫자로 정해놓은 것이다. 마스터의 요청 메시지는 슬레이브의 메모리를 읽거나 쓰기하려는 것이다. 비트 메모리를 비트 단위로 읽거나 쓰기할 것인지, 아니면 여러 개의 비트를 한꺼번에 읽거나 쓰기할 것인지, 그 동작을 숫자로 정해 놓은 것이 기능코드이다. 자주 사용하는 기능코드를 [표 11-4]에 나타내었다. 색칠한 기능코드는 이 책의 실습에서 사용하는 것들이다.

[표 11-4] **모드버스 기능코드**

기능코드		비트/워드 구분	기능	해당 메모리 번지
10진수	16진수			
01	0x01	비트	비트 단위 출력 읽기 동작	00001~10000
02	0x02	비트	비트 단위 입력 읽기 동작	10001~20000
05	0x05	비트	비트 단위 출력 쓰기 동작	00001~10000
15	0x0F	비트	바이트 단위 출력 쓰기 동작	00001~10000
03	0x03	워드	워드 단위 메모리 연속 읽기 동작	40001~50000
04	0x04	워드	워드 단위 메모리 읽기 동작	30001~40000
06	0x06	워드	워드 단위 메모리 쓰기 동작	40001~50000
16	0x10	워드	워드 단위 메모리 연속 쓰기 동작	40001~50000
08	0X08	워드	자기 진단용	

❹ **데이터** : 기능코드에 의해 처리되어야 할 슬레이브의 메모리 번지와 해당 메모리 번지에 쓰기 또는 읽기할 데이터를 의미한다. [표 11-4]와 같이 기능코드의 기능에 따라 데이터의 크기는 각각 다르게 구성될 수 있다. 기능코드에 따른 요청과 응답 메시지의 데이터 내용은 이후 [실습과제 11-3]에서 확인할 수 있다.

❺ LRC/CRC : 메시지 프레임이 송수신될 때 노이즈로 인해 데이터에 에러가 발생할 수 있기 때문에 에러 검출을 위해 특정한 에러 검출용 값을 설정한 부분이 LRC/CRC이다. 모드버스 ASCII와 RTU 모드의 에러 검출 방법은 각기 다르다.

11.2 모드버스 통신을 이용한 인버터 제어

실습에 사용하는 FR-E700 인버터에는 RS485 통신포트가 내장되어 있으며, 미쓰비시 전용 통신 프로토콜과 모드버스 RTU 프로토콜을 사용한 인버터 제어가 가능하다. 이 책에서는 모드버스 RTU 프로토콜을 이용한 인버터 제어 방법에 대해 살펴본다.

11.2.1 인버터 통신포트 및 파라미터 설정

[표 11-5]에 FR-E700 인버터의 RS485 통신포트 위치와 커넥터의 핀 명칭을 나타내었다. 랜포트와 동일한 RJ45 커넥터로 통신포트가 만들어져 있어 랜선을 이용해 쉽게 결선할 수 있다. 하지만 랜카드와 인버터를 랜선으로 연결하면 랜카드 또는 RS485 통신포트가 파손될 수 있다.

[표 11-5] **인버터의 통신포트**

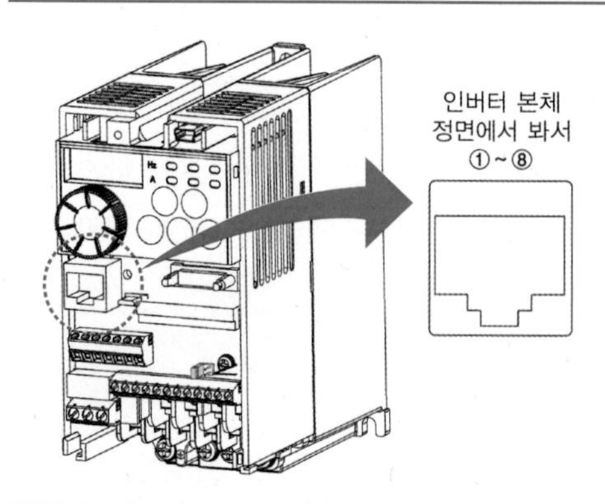

RJ45 커넥터 핀 번호	명칭	내용
①	SG	신호 접지
②	-	PU 유닛 전원
③	RDA	인버터 수신+
④	SDB	인버터 송신-
⑤	SDA	인버터 송신+
⑥	RDB	인버터 수신-
⑦	SG	신호 접지
⑧	-	PU 유닛 전원

[표 11-5]에서 알 수 있듯이 4개의 통신선이 존재하므로, 통신 결선 방법은 4선식 방식과 2선식 방식 중에 선택해서 사용할 수 있다.

4선식 결선 방식

4선식 결선 방식은 송신과 수신을 각각 구분하여 결선하는 방식을 의미한다. 송신선 및 수신선이 각각 구분되어 있기 때문에 송신과 수신이 동시에 이루어지는 전이중 방식의 통신을 할 수 있다. 그러나 모드버스 RTU 프로토콜은 반이중 방식의 통신을 하기 때문에 모드버스 통신인 경우에는 2선식 결선 방식을 사용한다. [그림 11-4]는 1대 또는 여러 대의 인버터를 연결할 때의 결선도이다. 1대 이상의 인버터를 연결할 때에는 송신선에 약 100Ω 크기의 종단저항을 설치한다. 종단저항이 없는 경우에는 전송거리에 따라 통신 반사파에 의해 통신 에러가 발생할 수 있다.

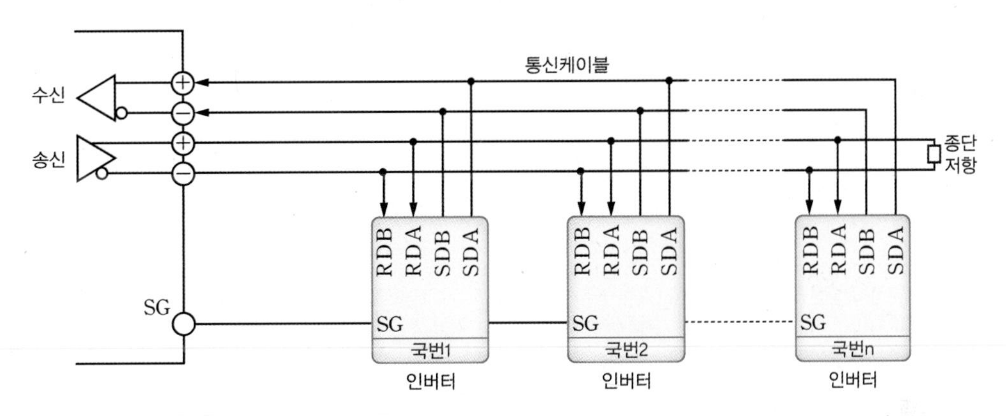

[그림 11-4] **4선식 방식으로 인버터 연결**

2선식 결선 방식

송수신을 구분하지 않고 2개의 통신 전선을 송신 및 수신에 교대로 사용하는 반이중 통신 방식의 결선이다. 4선식에 비해 고가의 통신 전선 설치 비용이 절감되는 효과와 함께, 모드버스 RTU 프로토콜 자체가 반이중 통신이기 때문에 2선식 결선 방식이 효과적이다.

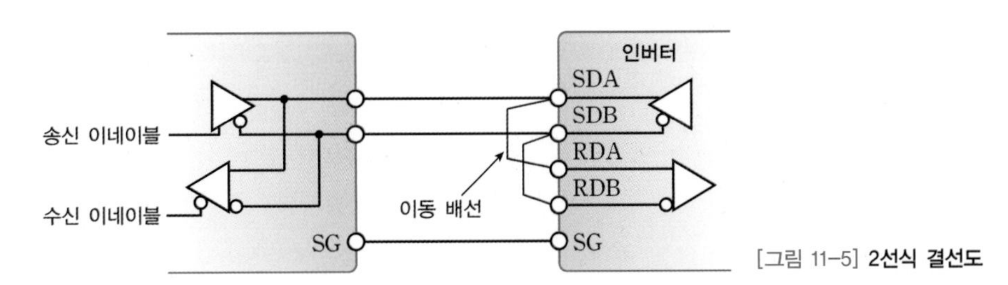

[그림 11-5] **2선식 결선도**

모드버스 통신 사양

[표 11-6]은 FR-E700 인버터에서 지원하는 모드버스의 통신 사양을 나타낸 것이다. 실습에 사용하는 인버터 FR-E700에서는 모드버스 RTU 프로토콜만 지원한다.

[표 11-6] **FR-E700 인버터의 통신 사양**

<table>
<tr><th>항목</th><th>내용</th><th colspan="2">항목</th><th colspan="2">내용</th></tr>
<tr><td>통신 프로토콜</td><td>MODBUS-RTU</td><td rowspan="5">통신
사양</td><td>데이터</td><td colspan="2">Binary (8bit 고정)</td></tr>
<tr><td>통신 규격</td><td>EIA-485(RS485)</td><td>스타트 비트</td><td colspan="2">1bit</td></tr>
<tr><td>통신 속도</td><td>4800/9600/19200/38400</td><td rowspan="2">스톱/패리티</td><td rowspan="2">2bit/없음
1bit/홀수
1bit/짝수</td><td rowspan="2">3종류 중에
1종류 선택</td></tr>
<tr><td>제어 순서</td><td>비동기 방식</td></tr>
<tr><td>통신 방법</td><td>반이중 방식</td><td>에러 체크</td><td colspan="2">CRC 코드</td></tr>
</table>

모드버스 통신을 위한 인버터의 파라미터 설정

[표 11-7] **모드버스 통신을 위한 인버터 파라미터 설정**

파라미터 번호	명칭	초기 설정값	설정 범위	내용	설정값
79	운전모드 선택	0	0～7	외부/PU 절환모드	0
340	통신 시작모드	0	0, 1, 10	NET 운전모드 시작/절환	10
117	PU 통신 국번	0	0	브로드캐스터 통신	1
			1～247	인버터 통신 국번 지정	
118	PU 통신 속도	96	48, 96, 192, 384	설정치×100bps	384
120	스톱/패리티 선택	2	0	2bit/없음	0
			1	1bit/홀수	
			2	1bit/짝수	
122	PU 통신 체크 시간 간격	0	0	RS485 통신 기능	9999
			0.1～999.9s	단선 검출 시간 설정	
			9999	통신선 단선 검출 없음	
343	통신 에러 횟수	0	–	읽기 전용	–
502	통신 이상 시 정지모드 선택	0	0, 3	프리 런 정지	0
			1	감속 정지(이상 해결 정지)	
			2	감속 정지(이상 해결 기동)	
549	프로토콜 선택	0	0	미쓰비시 프로토콜	1
			1	모드버스 RTU 프로토콜	
550	NET 모드 조작권 선택	9999	0	통신 옵션 유효	2
			2	RS485 통신 유효	
			9999	통신 옵션 자동 인식	

인버터는 파라미터 설정을 통해 사용자 환경에 맞는 제어동작을 구현하도록 되어 있다. 따라서 모드버스 통신을 위해서는 [표 11-7]처럼 해당 파라미터의 설정 내용을 변경해야 한다. [표 11-7]과 같이 인버터의 파라미터를 설정하는 순서는 다음과 같다.

① PU 유닛을 조작해서 Pr79의 설정값을 0으로 한다. PU 램프가 점등된다.
② [표 11-7]과 같이 인버터의 파라미터의 설정값을 변경한다.
③ 인버터의 전원을 OFF한 후에 ON한다. NET 램프가 점등된다.
④ PU 유닛에 있는 PU/EXT 버튼을 누를 때마다 NET → PU → JOG → NET의 순서로 동작모드가 변경된다. 따라서 PU/EXT 버튼을 조작해서 PU 모드를 선택한 후에 파라미터를 변경할 수 있다.
⑤ 파라미터 550번의 NET 모드 조작권 선택은, 사용하는 인버터에 별도의 통신 옵션보드(CC-Link 통신)가 장착되어 있는 경우 RS485 통신 기능 사용을 위해 설정한다.

11.2.2 모드버스 통신을 위한 인버터의 내부 메모리 번지와 기능

모드버스 프로토콜에서는 슬레이브 메모리의 용도에 따라 번지가 정해져 있다. FR-E700 인버터는 40000번지 대역의 16비트의 워드 메모리를 사용해서 제어한다. 실제로 메시지 프레임에 사용하는 메모리 번지는 [표 11-8]처럼 '**실제 번지 - 40001**'의 결과를 통신용 번지로 설정하도록 되어 있다.

[표 11-8] **인버터 제어용 메모리 번지**

유지 레지스터 번지		정의	읽기(R) 쓰기(W)	비고
실제 번지	통신용 번지			
40002	0001	인버터 리셋	W	임의값 사용
40003	0002	파라미터 클리어	W	0x965A 설정
40004	0003	파라미터 올 클리어	W	0x99AA 설정
40006	0005	파라미터 클리어	W	0x5A96 설정
40007	0006	파라미터 올 클리어	W	0xAA99 설정
40009	0008	인버터 상태/제어 입력	R/W	[표 11-9] 참조
40010	0009	운전모드/인버터 설정	R/W	
40014	0013	운전 주파수(RAM)	R/W	
40015	0014	운전 주파수(EEPROM)	W	

[표 11-9]는 [표 11-8]의 40009번지의 인버터 제어 및 상태를 모니터링하기 위한 메모리를 비트 단위의 기능으로 정리한 것이다. 인버터에 정회전 지령을 내리기 위해 40009번지에 비트 1번지의 설정을 1로 하면, 인버터는 정회전 운전 상태가 된다.

[표 11-9] **메모리 번지 40009의 비트별 읽기 및 쓰기 기능**

비트	정의		비트	정의	
	제어 입력 명령	인버터 상태		제어 입력 명령	인버터 상태
0	정지 지령	RUN(인버터 운전 중)	8	AU(전류 입력 선택)	0
1	정회전 지령	정회전 중	9	0	0
2	역회전 지령	역회전 중	10	MRS(출력 정지)	0
3	RH(고속 지령)	SU(주파수 도달)	11	0	0
4	RM(중속 지령)	OL(과부하)	12	RES(리셋)	0
5	RL(저속 지령)	0	13	0	0
6	0	FU(주파수 검출)	14	0	0
7	RT(제2 기능 선택)	ABC(이상)	15	0	이상 발생

인버터의 리얼타임 모니터링 메모리 번지

[표 11-10]은 인버터의 동작상태를 실시간으로 모니터링할 수 있는 메모리 번지를 나타낸 것이다.

[표 11-10] **인버터 동작상태 모니터링 메모리 번지**

유지 레지스터 번지		내용	단위	유지 레지스터 번지		내용	단위
실제	통신용			실제	통신용		
40201	0200	출력 주파수	0.01Hz	40216	0215	출력단자 상태	-
40202	0201	출력전류	0.01A	40220	0219	적산 통전 시간	1h
40203	0202	출력전압	0.1V	40223	0222	실가동 시간	1h
40205	0204	주파수 설정치	0.01Hz	40224	0223	모터 부하율	0.1%
40207	0206	모터 토크	0.1%	40225	0224	적산전력	1kWh
40208	0207	컨버터 출력전압	0.1V	40252	0251	PID 목표치	0.1%
40209	0208	회생 브레이크	0.1%	40253	0252	PID 측정치	0.1%
40210	0209	서멀 부하율	0.1%	40254	0253	PID 편차	0.1%
40212	0211	출력전류 피크치	0.01A	40261	0260	모터 서멀 부하	0.1%
40214	0213	출력전력	0.01kW	40262	0261	인버터 서멀 부하	0.1%
40215	0214	입력단자 상태	-	40263	0262	전산전력2	0.01kWh

인버터의 파라미터 설정용 메모리 번지

인버터는 파라미터 설정을 통해 사용자 환경에 맞게 제어할 수 있도록 구성되어 있다. 인버터의 파라미터 설정도 통신으로 가능하다. 인버터의 '**파라미터 번호 + 41000**'이 레지스터 번지가 된다. [표 11-11]과 같이 모드버스 통신에서 사용하고자 하는 파라미터로 통신용 번지를 사용한다.

[표 11-11] **인버터의 파라미터 메모리 번지**

파라미터 번호	기능	설정 범위	단위	유지 레지스터 번지	
				실제 번지	통신용 번지
4	3속 설정(고속)	0 ~ 400Hz	0.01Hz	41004	1003
5	3속 설정(중속)	0 ~ 400Hz	0.01Hz	41005	1004
6	3속 설정(저속)	0 ~ 400Hz	0.01Hz	41006	1005

11.2.3 인버터의 모드버스 RTU 프로토콜의 메시지 프레임

메시지 프레임 송수신 절차

FR-E700 인버터의 모드버스 통신이 어떤 절차로 실행되는지 살펴보자. 마스터의 역할을 하는 C24N에서 요청 메시지Query Message를 인버터(슬레이브)에 전달하면, 응답시간 지연 후에 응답 메시지Response Message가 전달된다.

❶ 마스터에서 슬레이브가 수행할 요청 메시지를 전송한다.

❷ 연속적으로 메시지를 전송할 경우, 메시지를 구분하기 위한 대기시간을 가진 후에 다음 메시지를 전송한다.

❸ 슬레이브에서는 마스터가 요청한 작업을 처리하기 위한 응답시간을 필요로 한다. 요청한 내역에 따른 응답시간은 [표 11-12]의 우측에 표시되어 있다.

❹ 마스터에서 요청한 작업이 완료되면, 슬레이브는 마스터로 요청한 메시지에 대한 응답 메시지를 전송한다.

모드버스 통신에서는 위와 같은 순서의 반복 동작을 통해 마스터에서 슬레이브로 지정된 인버터를 제어하게 된다.

[표 11-12] **모드버스 메시지 송수신 절차**

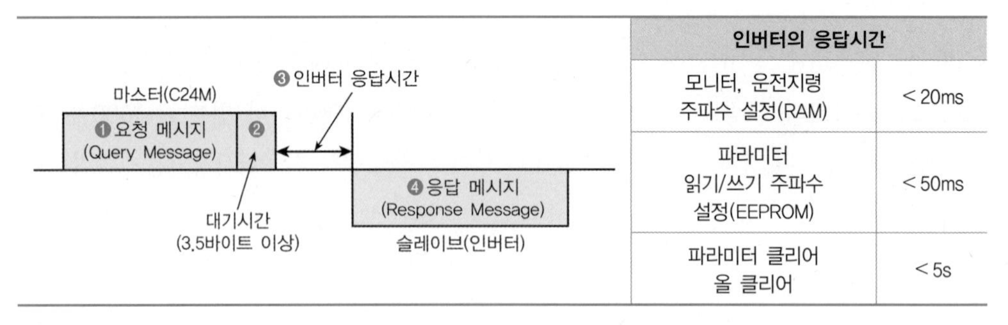

인버터의 응답시간	
모니터, 운전지령 주파수 설정(RAM)	< 20ms
파라미터 읽기/쓰기 주파수 설정(EEPROM)	< 50ms
파라미터 클리어 올 클리어	< 5s

인버터의 파라미터 설정값을 읽기 위한 요청 메시지 형식

인버터의 파라미터 설정값을 읽기 위한 요청 메시지는 어떻게 구성되는지 살펴보자. [표 11-11]처럼 인버터의 파라미터 Pr.4 ~ Pr.6에는 다단 속도제어에 필요한 고속, 중속, 저속의 운전 주파수가 설정되어 있다. 또한 파라미터는 16비트 크기의 워드 메모리 41004 ~ 41006번지까지 순서대로 구성되어 있다. 따라서 16비트 크기의 연속으로 나열된 메모리의 내용을 읽기 위해서는 [표 11-4]의 모드버스 기능코드에서 0x03(워드 단위 메모리 연속 읽기 동작)을 사용한다.

실습을 하기 전에 인버터의 파라미터를 공장 초깃값으로 초기화시켰다면 Pr.4=6000, Pr.5=3000, Pr.6=1000의 값이 설정되어 있을 것이다. 모드버스 RTU 프로토콜로 파라미터의 설정값을 읽어오기 위한 요청 메시지의 형식은 [표 11-13]과 같다.

[표 11-13] **모드버스 기능코드 0x03의 요청 메시지 형식**

국번 (Slave Address)	기능코드 (Function Code)	시작번지 (Starting Address)		읽어올 데이터 개수 (No. of Point)		에러 체크 (CRC Check)	
0x01	0x03	0x03	0xEB	0x00	0x03	0x75	0xBB

❶ **국번** : 파라미터를 읽어올 인버터의 국번을 지정한다.

❷ **기능코드** : 인버터에서 데이터를 읽어오기 위한 기능코드로 0x03을 설정한다.

❸ **시작 번지** : 파라미터를 읽어올 시작번지를 설정한다. Pr3의 번지는 41004이다. 이 번지에서 40001을 빼면 1003이 되고, 이 값을 16진수로 변환하면 0x03EB이다.

❹ **읽어올 데이터 개수** : Pr.4 ~ Pr.6까지 총 3개의 16비트 워드 데이터를 읽어온다.

❺ **에러 체크** : 모드버스 통신용 CRC를 구해야 한다. 이 CRC는 인터넷에 공개된, CRC를 구하는 프로그램으로 계산한다.

[표 11-13]의 송신 메시지에 대한 응답 메시지는 [표 11-14]와 같은 형식으로 슬레이브에서 마스터로 전송된다.

[표 11-14] **모드버스 기능코드 0x03의 응답 메시지 형식**

국번 (Slave Address)	기능코드 (Function Code)	바이트 카운트 (Byte Count)	데이터 (Data)						에러 체크 (CRC Check)	
0x01	0x03	0x06	0x17	0x70	0x0B	0xB8	0x03	0xE8	0xE1	0x26

모드버스 RTU 프로토콜에서 요청 메시지에 대한 응답 메시지는, 국번과 기능코드가 요청 메시지의 내용을 그대로 복사한 형태가 된다. 따라서 [표 11-14]의 응답 메시지의 국번과 기능코드는 [표 11-13]과 동일하다. '바이트 카운트'의 6은 6개의 바이트, 즉 3개의 워드 값을 읽어왔다는 뜻이고, '데이터'는 Pr.4 ~ Pr.6에 설정된 값이다. 0x1770은 십진수로 6000이다. Pr.4에 설정된 값은 60.00Hz가 등록되어 있다는 뜻이고, Pr.5는 0x0BB8(30.00Hz), Pr.6은 0x03EB(10.00Hz)의 설정값이 등록되어 있다는 뜻이다.

에러 체크를 위한 CRC 구하는 방법

모드버스 프로토콜 RTU에서는 송수신 메시지의 에러를 검출하기 위해 CRC를 사용한다. CRC는 단순한 계산으로도 구할 수 있지만, 복잡한 계산을 거쳐야만 하는 경우도 있어 실습에서는 인터넷에 공개된 CRC 계산기를 이용해서 CRC 값을 계산해보겠다. [표 11-13]에서 CRC를 제외하고 인버터로 전송할 메시지를 16진수로 나열해보면 '010303EB0003'이다.

[표 11-15] **CRC 계산**

"010303eb0003" (hex)	
1 byte checksum	245
CRC-16	0xA075
❹ CRC-16 (Modbus)	0xBB75
CRC-16 (Sick)	0xA251
CRC-CCITT (XModem)	0x500D
CRC-CCITT (0xFFFF)	0x5E1D
CRC-CCITT (0x1D0F)	0x6133
CRC-CCITT (Kermit)	0xB62E
CRC-DNP	0xFAA1
CRC-32	0x1335C9C3
❷ 010303eb0003	❸ Calculate CRC
❶ Input type: ○ASCII ◉Hex	

CRC 계산기 조작 순서
❶ 데이터 타입을 Hex로 지정.
❷ CRC 계산을 위한 데이터 입력.
❸ [계산(Calculate CRC)] 버튼 클릭.
❹ 계산된 CRC 값 확인. Modbus용 CRC-16의 결과값.

CRC 결과값은 온라인 CRC 계산을 통해 확인할 수 있다. 다음 홈페이지에서 CRC 계산기의 입력값을 설정하면, 그에 따른 CRC 결과값을 구할 수 있다.

https://www.lammertbies.nl/comm/info/crc-calculation.html

[표 11-13]의 에러 검출을 위한 CRC의 설정값은 0xBB75이다. [표 11-13]의 메시지 형식에서 CRC는 상위 바이트와 하위 바이트의 값이 위치가 변경되어 설정되어야 한다. 따라서 [표 11-12]에 설정되는 CRC 값은 0x75BB가 된다.

인버터 제어를 위한 메시지 프레임의 종류

■ 기능코드 0x03 : 워드 단위 메모리의 데이터 연속 읽기

[표 11-13]과 [표 11-14]의 메시지 프레임으로, 인버터의 16비트 크기의 워드 단위 메모리에 저장된 데이터를 연속으로 읽어오기 위한 것이다. 연속으로 읽어올 수 있는 메모리의 최대 개수는 125이다.

■ 기능코드 0x06 : 워드 단위 메모리의 데이터 쓰기

인버터의 16비트 크기의 1개 메모리에 데이터를 쓰기할 때 사용하는 메시지 프레임이다. 쓰기할 메모리 번지와 데이터는 16비트 크기이고, 16진수의 상위(H)와 하위(L) 바이트로 구분한다.

[표 11-16] **기능코드 0x06의 요청 메시지 프레임**

국번 (Slave Address)	기능코드 (Function Code)	메모리 번지 (Register Address)		설정값 (Preset Data)		에러 체크 (CRC Check)	
1Byte	0x06	H	L	H	L	L	H

기능코드 0x06에 의한 응답 메시지는 요청 메시지와 동일한 형식으로 슬레이브에서 마스터로 전송된다.

[표 11-17] **기능코드 0x06의 응답 메시지 프레임**

국번 (Slave Address)	기능코드 (Function Code)	메모리 번지 (Register Address)		설정값 (Preset Data)		에러 체크 (CRC Check)	
1Byte	0x06	H	L	H	L	L	H

■ 기능코드 0x08 : 기능 진단

통신의 이상 유무를 확인할 때 사용하는 메시지 프레임으로, 요청 메시지와 동일한 응답 메시지를 반환한다. 보조 기능코드는 0x0000으로 설정하고, 설정 데이터는 0x0000 ~ 0xFFFF의 범위 내에서 임의의 값으로 설정한다.

[표 11-18] 기능코드 0x08의 요청 메시지 프레임

국번 (Slave Address)	기능코드 (Function Code)	보조 기능코드 (Subfunction)		설정 데이터 (Data)		에러 체크 (CRC Check)	
1Byte	0x08	0x00	0x00	H	L	L	H

[표 11-19] 기능코드 0x08의 응답 메시지 프레임

국번 (Slave Address)	기능코드 (Function Code)	보조 기능코드 (Subfunction)		설정 데이터 (Data)		에러 체크 (CRC Check)	
1Byte	0x08	0x00	0x00	H	L	L	H

■ 기능코드 0x10 : 연속 메모리에 데이터 쓰기

기능코드 0x10은 번지가 연속된 연속 메모리에 데이터를 쓰기 위해 사용하는 메시지 프레임이다. 인버터의 파라미터 설정값을 변경할 때 주로 사용한다. 연속으로 쓰기 가능한 워드 메모리 개수는 최대 125이다. 바이트 카운터에는 '쓰기 개수×2'의 값을 설정한다.

[표 11-20] 기능코드 0x10의 요청 메시지 프레임

국번 (Slave Address)	기능코드 (Function Code)	시작번지 (Starting Address)		쓰기 개수 (No. of Registers)		Byte count	데이터 (Data)			에러 체크 (CRC Check)	
1Byte	0x10	H	L	H	L	1Byte	H	L	n×2Byte	L	H

[표 11-21] 기능코드 0x10의 응답 메시지 프레임

국번 (Slave Address)	기능코드 (Function Code)	시작번지 (Starting Address)		쓰기 개수 (No. of Registers)		에러 체크 (CRC Check)	
1Byte	0x10	H	L	H	L	L	H

■ 에러 응답 메시지 프레임

마스터에서 슬레이브에 전송한 메시지 프레임의 기능코드나 데이터(시작번지, 쓰기 개수, 설정 데이터에 해당)에 에러가 있는 경우에 에러 응답 메시지 프레임은 [표 11-22]와 같다.

[표 11-22] **에러 응답 메시지 프레임**

국번 (Slave Address)	기능코드 (Function Code)	에러코드 (Exception Code)	에러 체크 (CRC Check)	
1Byte	H80 + 기능코드	1Byte	L	H

에러 응답 메시지 프레임에 포함된 에러코드를 통해 [표 11-23]과 같이 3개 항목의 에러 가운데 어떤 에러가 발생했는지를 판별할 수 있다.

[표 11-23] **에러코드에 따른 에러 발생 내용**

코드	에러 항목	에러 내용
0x01	기능코드 에러	슬레이브에서 취급할 수 없는 기능코드 사용
0x02	메모리 번지 에러	인버터에 없는 메모리 번지 사용
0x03	설정 데이터 에러	인버터에 설정할 수 없는 설정값 사용

11.2.4 PC를 이용한 인버터 테스트 운전

PLC에서 모드버스 통신으로 인버터를 제어하기 위해서는 앞에서 살펴본 요청과 응답 메시지 프레임을 송수신한다. 만약 응답 메시지를 전송했는데 그에 대한 인버터의 반응이 없으면, 어떤 원인으로 응답이 없는지를 판별하는 데 오랜 시간이 걸릴 수 있다. 따라서 PLC로 인버터를 제어하기 전에 PC에서 통신 시뮬레이터 프로그램인 CFTerm을 사용하여 테스트해 볼 필요가 있다. PC와 인버터를 RS485 통신으로 연결한 후에, 송수신되는 메시지 프레임이 PLC의 프로그램의 메시지 프레임 구성에 맞는지 확인해보자.

PC와 인버터의 연결

■ RS485 컨버터

PC에 내장된 기본 통신포트는 USB이다. 따라서 앞에서 실습에 사용했던 USB ↔ RS232C 컨버터에 RS232C ↔ RS422/485 컨버터를 연결해서 인버터의 RS485 통신포트와 연결한다. 실습에 사용한 컨버터는 시스템 베이스 제품이다.

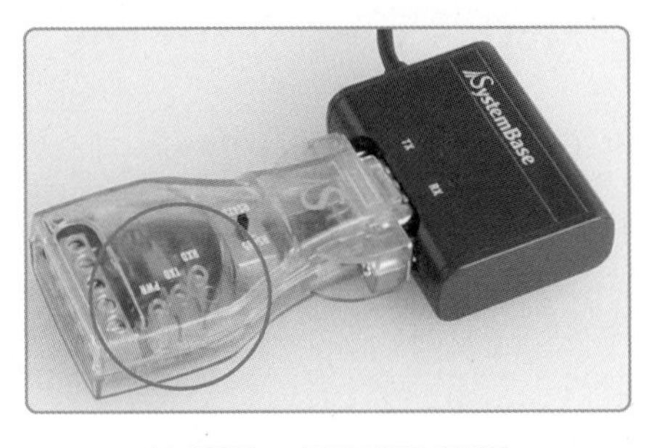

(a) RS232 ↔ RS422/485 컨버터

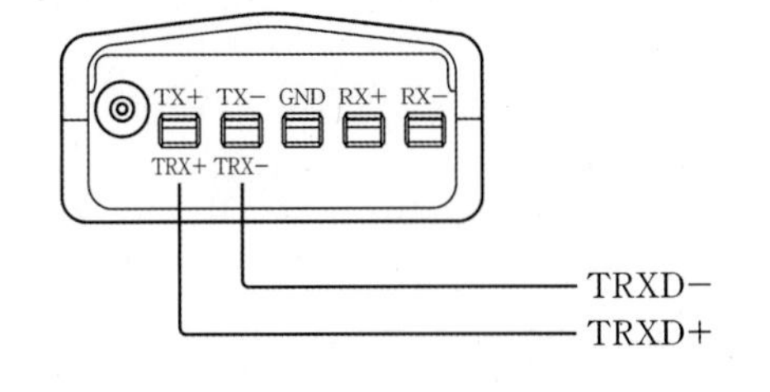

(b) RS485 컨버터 결선도

[그림 11-6] **RS485 컨버터와 RS232 컨버터의 연결 모습과 RS485 통신 결선**

■ RS485 컨버터와 인버터의 통신포트 연결

시중에서 판매하는 다이렉트 랜 케이블을 필요한 길이의 2배로 구매한 후, 절반을 절단하면 2개의 인버터 연결 케이블을 만들 수 있다. [표 11-24]와 같이 RS485 통신 컨버터와 인버터 사이에 2선식 방식의 케이블 결선을 한다. 그리고 RS422/485 컨버터의 통신 선택 스위치를 RS485 모드에 위치시킨다.

[표 11-24] **인버터와 RS485 컨버터의 통신선 결선방법**

인버터 통신포트				결선방법	RS485 컨버터
번호	기능		선 색		
1	SG		White/Orange		
2	−		Orange		
3	RDA	수신+	White/Green		TX+/TRX+
4	SDB	송신−	Blue		TX−/TRX−
5	SDA	송신+	White/Blue		GND
6	RDB	수신−	Green		RX+
7	SG		White/Brown		RX−
8	−		Brown		

■ 인버터의 파라미터 설정

인버터와 PC 간의 통신케이블 결선을 마치면, 이제는 모드버스로 통신하기 위한 인버터의 파라미터를 설정해야 한다. 인버터의 PU 유닛을 이용하여 인버터의 파라미터를 공장 초깃값으로 초기화한 후에 [표 11-7]처럼 파라미터 설정을 한다. 그 다음, 인버터의 전원을 OFF한 후에 다시 ON하면 인버터의 동작모드가 네트워크 모드가 된다. 이때 인버터의 PU 유닛의 NET 램프가 점등된다.

CFTerm을 이용한 메시지 프레임 전송 절차

인버터의 결선과 인버터의 파라미터 설정이 끝나면, CFTerm을 이용해서 인버터 테스트 운전에 필요한 모드버스 통신 프레임에 맞는 메시지를 전송해보자.

■ USB ↔ RS232 컨버터 속성 설정

윈도우의 [장치 관리자]에서 [그림 11-7]처럼 PC의 COM 포트 설정을 통신 속도 38400bps, 데이터 8비트, 패리티 없음, 스톱 2비트로 설정한다. PC의 COM 포트 설정은 [표 11-7]의 인버터의 파라미터의 통신 설정과 동일해야 한다.

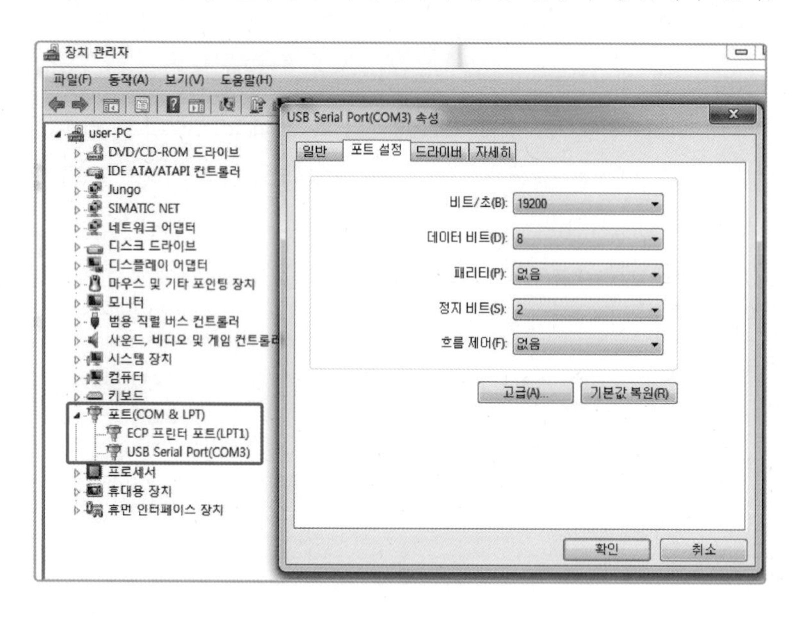

[그림 11-7] RS232 통신포트 설정

■ CFTerm에서 모드버스 RTU 프로토콜 설정

CFTerm은 모드버스 RTU 프로토콜을 사용할 수 있는 환경을 제공한다. 모드버스의 기능코드를 사용해서 인버터를 제어하는 방법에 대해 살펴보자. 기능코드 0x03은 인버터의 16비트 크기의 워드 메모리의 내용을 마스터로 읽어오는 기능을 가지고 있다. [표 11-13]의 인버터 파라미터 설정값 읽어오기 메시지 프레임을 CFTerm에서 설정하는 방법을 [그림 11-8]에 나타내었다.

CFTerm에서 프로토콜 모드는 모드버스 RTU로 선택한 후에 기능코드를 선택한다. 기능코드 선택에 따라 활성화되는 설정창의 내용이 다르다. [그림 11-8]에서는 기능코드 0x03에 맞는 설정창의 내용만 활성화되고 있다. 인버터 Pr.4의 메모리 번지는 [표 11-11]에 의해

41004이다. 따라서 모드버스 RTU 통신으로 지정될 실제의 시작번지는 '41004−40001=1003'이 된다. 1003을 16진수의 값으로 변경하면 0x03EB가 된다. 읽어올 파라미터의 개수는 Pr3, Pr.4, Pr.5로 세 개이기 때문에 0x0003이 된다. 그리고 메시지 프레임의 에러 체크 CRC 값은 별도로 계산하지 않아도 CFTerm에서 자동으로 계산한다.

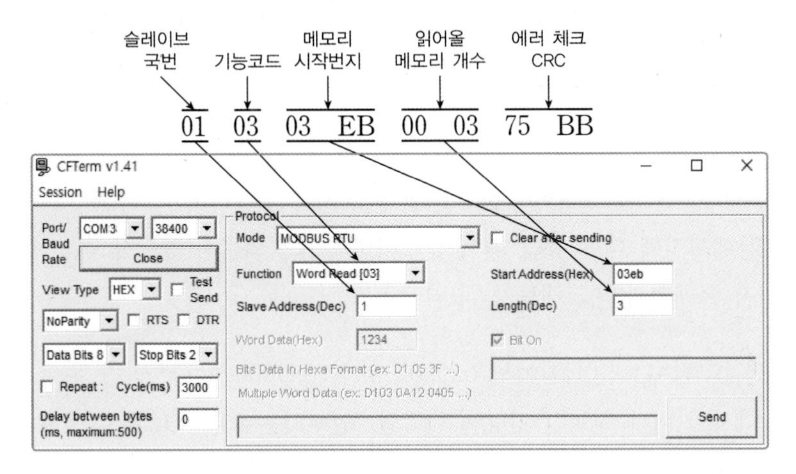

[그림 11-8] CFTerm에서 메시지 프레임 설정 방법

[그림 11-9]에서 마스터에서 슬레이브로 보낸 송신 메시지 내용이 "01 03 03 EB 00 03 75 BB"일 때 슬레이브의 응답 메시지는 "01 03 06 17 70 0B B8 03 E8 E1 26"이다. 이 내용이 [표 11-9]와 동일함을 확인할 수 있다.

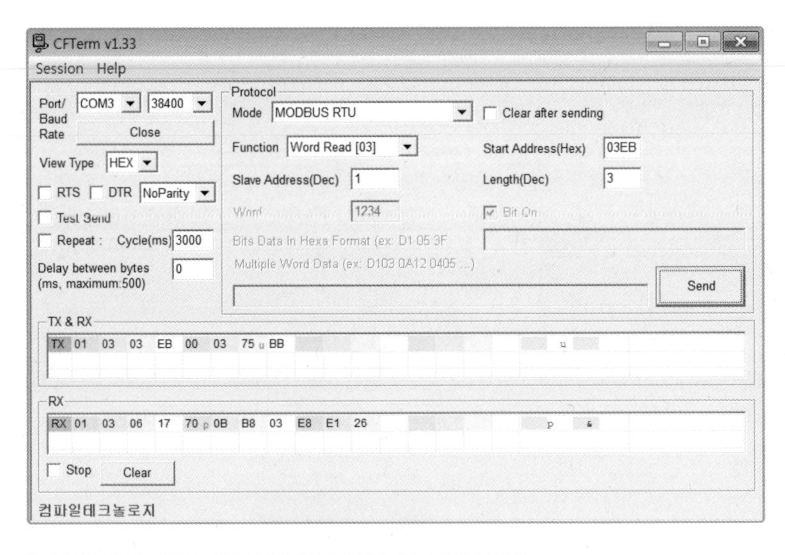

[그림 11-9] 기능코드 03의 인버터 파라미터 설정값 읽어오기

■ 기능코드 0x06을 이용한 인버터 동작제어

기능코드 0x06은 인버터의 동작을 제어하는 설정값을 쓰기 위한 것이다. 인버터의 정회

전 동작은 메모리 번지 40009에 0x0002를 설정하면 되고, 정지 동작은 동일한 메모리 번지에 0x0000을 설정하면 된다. 인버터에 연결된 유도 전동기의 회전속도를 설정하기 위한 운전 주파수의 경우, 메모리 번지 40014에 5000에 해당되는 16진수 0x1388을 설정하면 전동기가 50.00Hz로 동작한다. CFTerm을 이용해서 인버터를 제어해보자. 인버터 정회전를 위한 시작번지는 '40009-40001=8'이고, 16진수로는 0x0008이다. 운전 주파수 설정용 번지는 '**40014-40001=13**'이고, 16진수로는 0x000D이다.

[그림 11-10]은 모드버스 프로토콜 RTU의 기능코드를 사용해서 인버터에 연결된 유도 전동기를 운전 주파수 50.00Hz로 정회전시키기 위한 메시지를 CFTerm으로 인버터에 전송한 결과이다. 요청 메시지에 대한 응답 메시지가 어떻게 구성되는지 앞에서 학습한 기능코드에 따른 메시지 프레임과 비교해보기 바란다.

인버터를 정지시키려면 [그림 11-10(a)]에서 0x0002 대신 0x0000을 설정하면 된다. 인버터 정지상태에서 다시 인버터 정회전 지령을 내리면, 인버터는 50.00Hz의 운전 주파수로 동작한다. 그 이유는 앞에서 설정한 운전 주파수의 설정값이 RAM 메모리상에 남아 있기 때문이다. 만약 인버터의 전원을 OFF한 후에 ON하면, RAM에 설정된 운전 주파수 값이 삭제되어 운전 주파수가 0.00Hz로 설정된 상태일 것이기 때문에, 정회전 지령을 받아도 유도 전동기는 동작하지 않는다. 이 상태에서 다시 운전 주파수를 설정하면 유도 전동기는 설정된 운전 주파수에 의해 동작하게 된다.

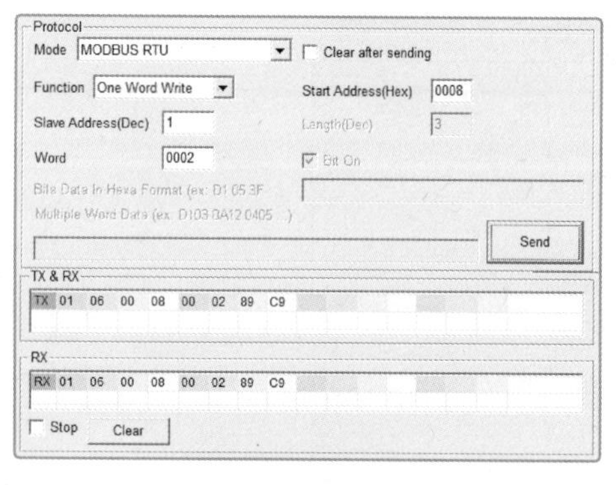

(a) 인버터 정회전 지령

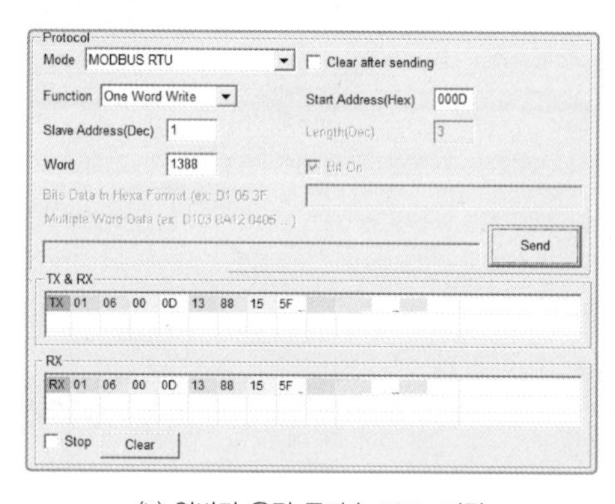

(b) 인버터 운전 주파수 50Hz 지령

[그림 11-10] **인버터의 제어 지령**

■ 슬레이브 국번을 0으로 설정한 브로드캐스트 통신

여러 대의 인버터를 마스터에 연결해서 사용할 경우에 브로드캐스트 통신모드를 이용해서 전체 인버터를 동시에 ON/OFF하거나 동일한 운전 주파수를 설정할 수 있다.

[그림 11-11]을 참고하여 여러 대의 인버터를 RS485 통신 2선식 방식으로 연결하고, [표 11-7]과 같이 인버터의 파라미터를 설정한다. 단, 파라미터 Pr.117의 PU 통신 국번은 [그림 11-11]에 나타낸 것처럼 각각 다른 국번으로 설정한다. 설정이 끝나면 CFTerm을 사용해서 브로드캐스트 통신모드로 4대의 인버터를 동시에 제어해보자.

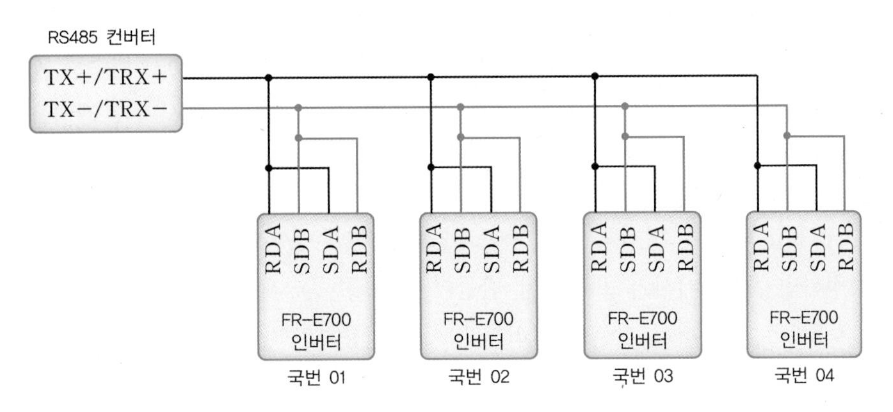

[그림 11-11] **2선식 방식으로 여러 대의 인버터 연결**

[그림 11-12]의 슬레이브 국번Slave Address(Dec)이 0으로 설정되어 있다. 국번이 0으로 설정되면, 마스터에서 보낸 요청 메시지를 모든 슬레이브에서 수신하게 된다. 따라서 국번을 0으로 설정한 후에 정회전 지령을 보내면, [그림 11-11]의 모든 인버터가 동시에 정회전 상태가 된다. 이 상태에서 운전 주파수 60.00Hz에 해당되는 16진수 0x1770을 전송하면, 인버터는 60Hz의 운전 주파수로 동작하게 된다. 정지할 때에는 정회전 지령 대신 0x0000을 전송하면 된다. [그림 11-12]에서 브로드캐스트로 전송한 요청 메시지에 대해 응답 메시지가 없음을 확인할 수 있다.

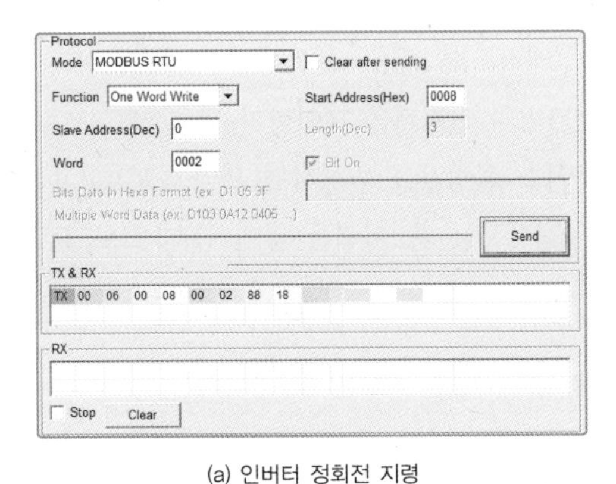

(a) 인버터 정회전 지령

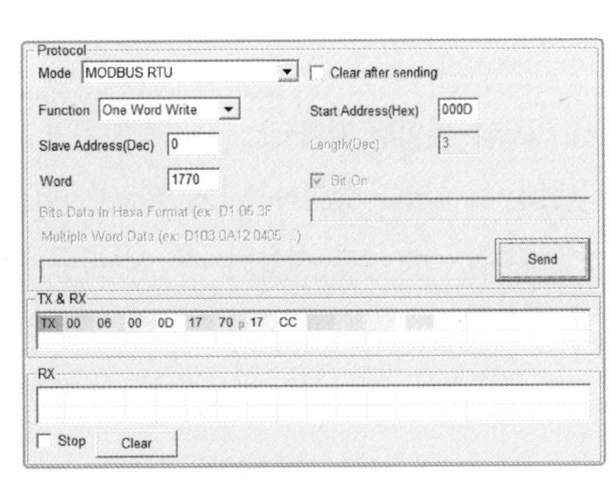

(b) 인버터 운전 주파수 60Hz 지령

[그림 11-12] **브로드캐스트 통신모드로 인버터의 제어 지령**

11.3 C24N을 이용한 인버터 제어

지금까지 PC에서 CFTerm을 이용하여 인버터를 제어하기 위한 요청과 응답 메시지의 설정 방법에 대해 살펴보았다. 앞에서 살펴보았지만 모드버스 프로토콜 RTU는 기능코드에 따라 요청과 응답 메시지의 형식이 지정되어 있다. CFTerm의 사용방법처럼 기능코드에 따른 요청과 응답 메시지 프레임을 선택하고, 메시지 프레임에서 설정할 값을 변수로 지정한 후에, 그 값을 메시지 프레임 형식에 맞게 조합하면 손쉽게 요청 메시지 프레임을 구성할 수 있다.

C24N에서도 CFTerm과 같은 방식의 메시지 프레임을 사전에 등록한 후, 사용자가 필요한 내용만 설정하면 요청 메시지 프레임이 만들어지는 기능을 제공하고 있다. 그리고 CRC 계산도 자동으로 처리하기 때문에 이러한 방식을 사용하면 어렵지 않게 통신을 위한 PLC 프로그램을 작성할 수 있다.

11.3.1 통신 프로토콜에 의한 데이터 통신

앞에서도 살펴보았지만 상대 기기와의 통신을 위해서는 사전에 정해진 메시지 형식에 필요한 데이터만 변경하면 된다. C24N에서는 정해진 프로토콜을 이용해서 통신하는 방식을 '**통신 프로토콜에 의한 데이터 통신**'이라 한다.

[표 11-25]는 기능코드 0x06의 인버터 제어를 위한 메시지 형식이다. [표 11-25]의 메시지로 다른 인버터를 제어하기 위해서는 메시지 형식은 변경하지 않고 그 속의 데이터만 변경한다. 예를 들어 [표 11-25]처럼 국번, 레지스터 번지, 설정값에 해당되는 부분을 PLC의 데이터 디바이스에 지정해두면, 국번 3번의 인버터를 제어하기 위해 PLC 프로그램에서 국번을 설정하는 D10의 데이터 디바이스 설정값을 변경하면 된다. 그리고 에러 체크가 자동으로 계산되므로, 프로그래머 입장에서는 큰 어려움 없이 통신 프로그램을 작성할 수 있다.

C24N에서는 인버터 제어에 필요한 메시지 형식과 해당 메시지의 데이터를 설정하는 PLC의 데이터 디바이스 번지를 지정한 후에 C24N에 미리 등록한다. PLC 프로그램에서 인버터 제어에 필요한 C24N에 등록된 메시지 형식을 사용할 때, 사전에 지정된 데이터 디바이스에 값을 설정한 후에 메시지를 전송하면, CRC 값이 자동으로 계산되어 송수신할 수 있다. 이러한 기능을 통신 프로토콜에 의한 데이터 통신이라 한다.

[표 11-25] **통신 프로토콜에 의한 데이터 통신의 사전 등록 메시지 형식**

국번 (Slave Address)	기능코드 (Function Code)	레지스터 번지 (Register Address)		설정값 (Preset Data)		에러 체크 (CRC Check)	
1byte	**0x06** 1Byte	H 1Byte	L 1Byte	H 1Byte	L 1Byte	L 1Byte	H 1Byte
D10 디바이스	**고정**	D11 디바이스		D12 디바이스		자동 계산	

통신 프로토콜에 의한 데이터 통신 기능은 모든 C24N에서 사용할 수 있는 것이 아니기 때문에 해당 기능을 지원하는 C24N의 제품 시리얼 번호와, 사용하는 GX Works2의 버전을 확인해야 한다. 통신 프로토콜에 의한 데이터 통신 시 다음 사항에 주의하자.

❶ **C24N의 시리얼 번호 확인** : C24N의 우측면에 부착되어 있는 명판 또는 전면 하단에 표시된 시리얼 번호의 상위 5자리가 '11062…' 이상, 그리고 기능 버전이 B 이상 되는 제품에 한해 이 책에서 사용하는 기능을 사용할 수 있다.

❷ **GX Works2의 버전 확인** : 실습에서와 같은 기능을 사용하기 위해서는 GX Works2가 버전 1.25B 이상인 소프트웨어를 사용해야 한다.

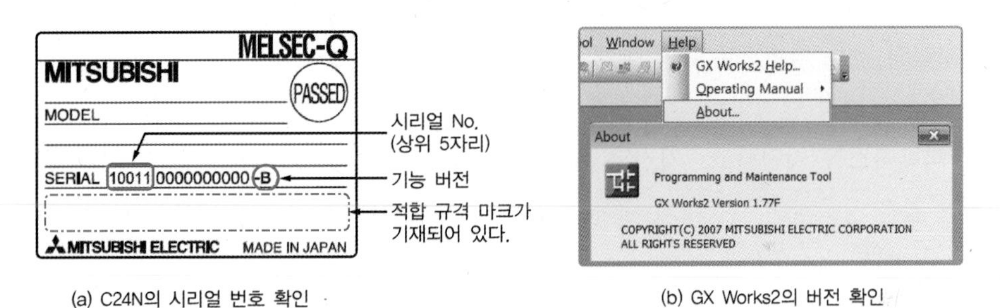

(a) C24N의 시리얼 번호 확인

(b) GX Works2의 버전 확인

[그림 11-13] **통신 프로토콜에 의한 데이터 통신을 위한 시리얼 번호와 버전 확인**

❸ **등록 가능한 프로토콜 및 패킷 개수** : 통신 프로토콜에 의한 데이터 통신에서 프로토콜이란 외부 기기와의 통신에 사용하는 메시지 형식을 의미한다. 이러한 메시지는 패킷 포맷(구성 요소), 패킷 데이터, 통신 타입(송신 전용, 수신 전용, 송수신 겸용)의 정보로 구성된다. 등록 가능한 프로토콜은 최대 128, 패킷 수는 최대 256개이다.

앞에서 언급한 대로 모드버스의 통신 방식은 ASCII 방식과 RTU 방식으로 구분된다. 이는 모드버스가 2종류의 프로토콜을 가지고 있다는 의미이다. 따라서 C24N에서 모드버스 통신을 하려면 사용할 프로토콜을 등록해야 하는데, 통신 방식을 모드버스 RTU로 한다면 1개의 프로토콜이 등록된다는 의미이다. 모드버스 RTU 통신 방식에도 기능코드에 따른 다양한 메시지 형식이 존재하는데, 이러한 메시지 프레임을 패킷이라 한다. C24N에서는 각각 다른 프로토콜을 128개까지 등록 가능하고, 1개의 프로토콜에 256개의 메시지 프레임을 등록해서 사용할 수 있다.

11.3.2 GX Works2에서의 통신 프로토콜 등록

GX Works2가 나오기 이전에는 C24N에 통신 프로토콜을 등록하는 별도의 소프트웨어인 GX Configurator-SC가 있었지만, GX Works2에는 기존의 PLC 프로그램 작성과 관련된 모든 소프트웨어 툴이 통합되어 있다. 하지만 인텔리전트 모듈은 사용자의 PLC 사용 환경에 따라 사용 여부가 결정되기 때문에, GX Works2에서 별도로 지정해야 해당 인텔리전트 모듈에 필요한 소프트웨어 툴을 사용할 수 있는 구조로 되어 있다.

통신 프로토콜 등록 방법

통신은 서로 정해진 메시지 프레임 내에서의 요청과 응답으로 이루어진다. 슬레이브의 메모리의 값을 읽어오는 요청 메시지 프레임인 [표 11-26]을 살펴보면, 항상 고정된 값과 조건에 따라 변경되는 값이 존재한다. 조건에 따라 변하는 값들이 저장될 PLC의 데이터 디바이스를 지정하고, 지정된 데이터 디바이스에 데이터를 요청하는 메시지 형식에 맞는 값을 등록하면, 한 개의 메시지를 가지고 슬레이브 메모리의 내용을 자유롭게 읽어올 수 있다.

[표 11-26] 기능코드 0x03의 메시지 프레임에 PLC의 데이터 레지스터 지정

국번 (Slave Address)	기능코드 (Function Code)	시작번지 (Starting Address)	읽어올 데이터 개수 (No. of Point)	에러 체크 (CRC Check)
D100	H03	D101	D102	C24N에서 계산

요청 메시지에 대해 인버터는 2종류의 응답 메시지(정상 응답 메시지와 에러 응답 메시지) 중에서 조건에 맞는 응답 메시지를 마스터(여기서는 C24N)로 전송하게 된다. 응답 메시지 형식도 고정값과 조건에 따라 변경되는 값으로 구분되는데, 특히 데이터의 개수는 요청 메시지에 따라 1워드에서 최대 125워드(250바이트)까지를 읽어오게 된다. 따라서 데이터를 저장할 PLC의 데이터 레지스터로 125워드를 설정하면, 1개 워드 단위의 데이터부터 125개 워드의 데이터까지 모두 저장할 수 있다. 그리고 읽어온 데이터 개수를 알 수 있기 때문에 메시지의 끝 부분의 CRC 값이 어떤 데이터 레지스터에 저장되는지를 계산할 수 있다.

[표 11-27] 기능코드 0x03에 대한 정상 응답 메시지

국번 (Slave Address)	기능코드 (Function Code)	바이트 카운트 (Byte Count)	데이터(Data)	에러 체크 (CRC Check)
D110	H03	D111	D112-D236	C24N에서 계산

[표 11-28] 기능코드 0x03에 대한 에러 응답 메시지

국번 (Slave Address)	기능코드 (Function Code)	에러코드 (Exception Code)	에러 체크 (CRC Check)
D120	**H83**	D121	C24N에서 계산

통신 프로토콜에 의한 데이터 통신은 사전에 정해진 메시지 형식을 C24N 모듈에 등록해 놓은 상태에서, 지정된 PLC의 데이터 레지스터 번지에 전송할 데이터 값을 설정한 후, 전용 명령어를 사용해서 통신하는 방식을 의미한다.

통신 프로토콜 등록 순서

1 C24N 모듈의 등록

GX Works2를 실행한 후, 인텔리전트 모듈 C24N을 사용하기 위한 등록 절차를 거친다.

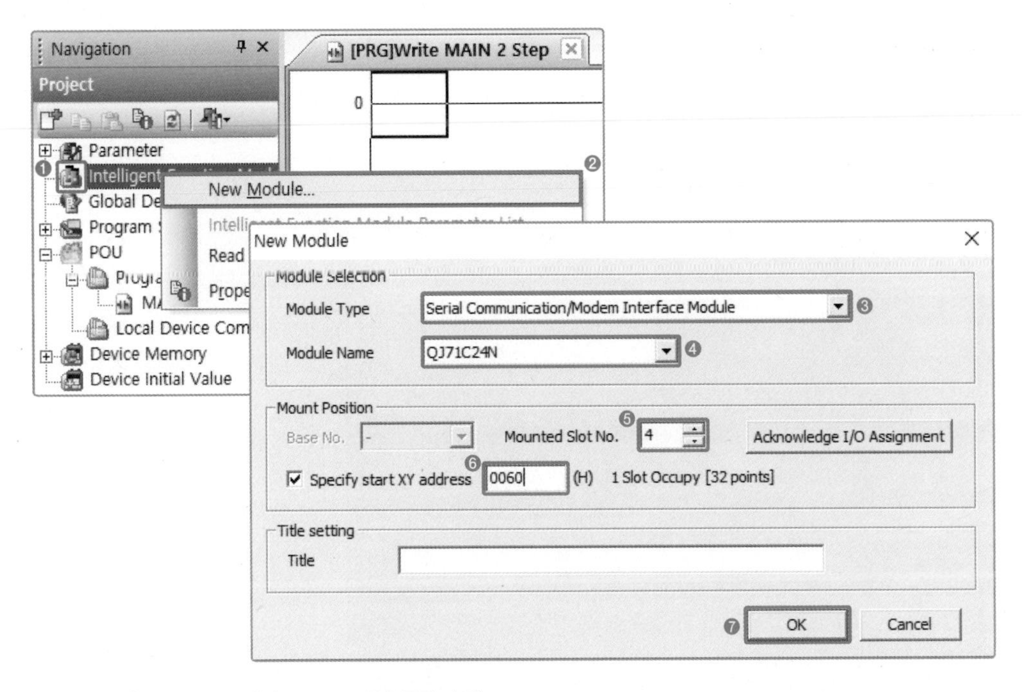

[그림 11-14] GX Works2에서 C24N 모듈의 등록 순서

❶ Navigation 창에서 [Intelligent Function Module]을 선택한 마우스 우클릭을 한다.
❷ [New Module...]을 선택한다.
❸ New Module 창의 [Module Type]에서 'Serial Communication'을 선택한다.
❹ 사용하는 C24N 모듈의 타입(QJ71C24N)을 선택한다.
❺ C24N 모듈이 위치한 PLC의 슬롯번호를 설정한다.
❻ C24N 모듈의 입출력 선두번지를 설정한다.
❼ [OK] 버튼을 누른다.

2 GX Configurator-SC의 실행

GX Works2에서 C24N 모듈의 등록을 마치면, 이제는 C24N 모듈에 통신 프로토콜을 등록하기 위한 별도의 소프트웨어 툴을 실행시켜야 한다. 이 툴이 GX Developer에서 사용하던 C24N의 설정용 소프트웨어인 GX Configurator-SC를 별도로 실행하는 동작이다.

[그림 11-15]처럼 GX Works2의 메인 메뉴인 ❶ [Tool]을 클릭한 후, 정해진 순서로 메뉴를 선택하면 [그림 11-16]과 같은 창이 별도로 생성된다.

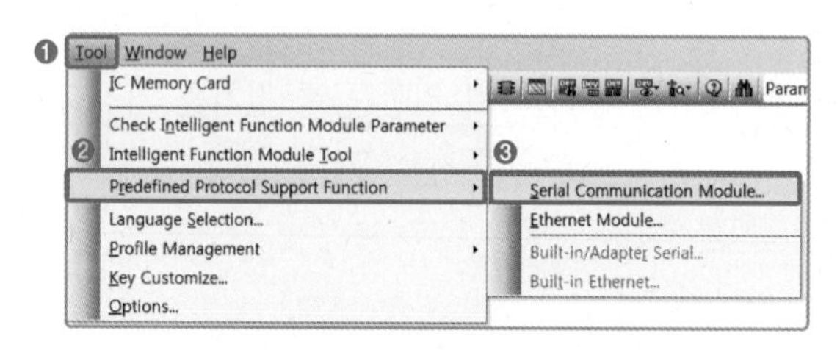

[그림 11-15] **프로토콜 등록을 위한 전용 프로그램 실행**

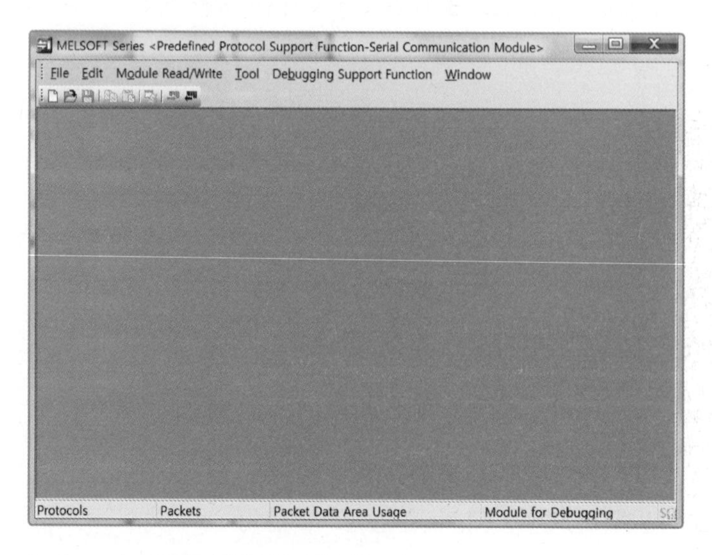

[그림 11-16] **프로토콜 등록 프로그램 실행 모습**

3 통신 프로토콜 등록 방법

[그림 11-16]의 화면에서 통신 프로토콜을 등록하는 순서를 살펴보자.

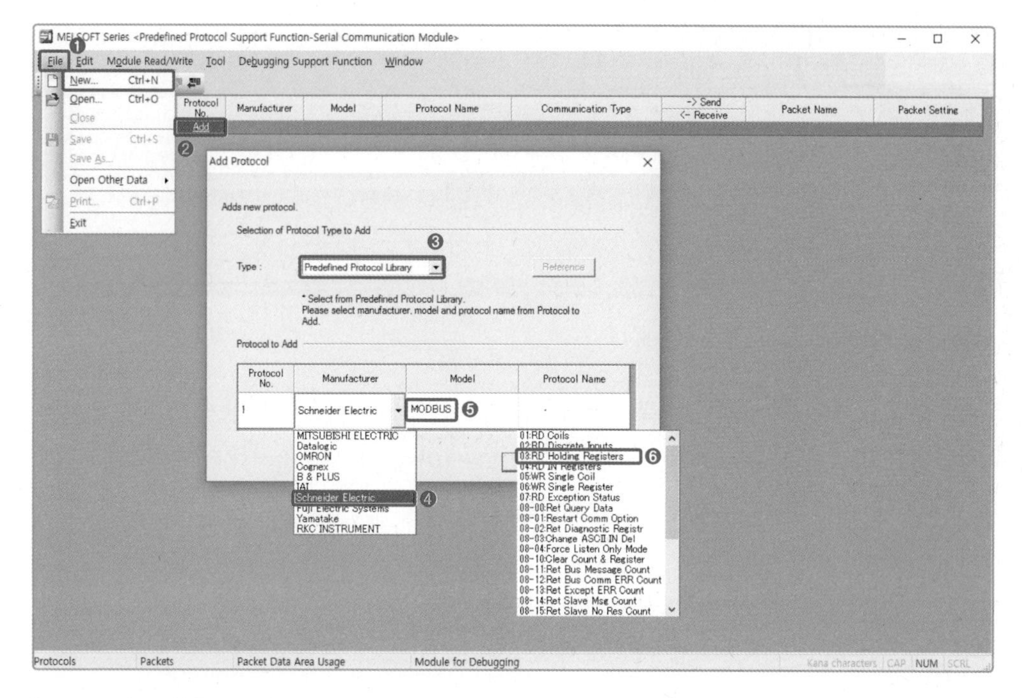

[그림 11-17] **프로토콜 등록 순서**

❶ [File] → [New]를 선택한다.

❷ 프로토콜 등록 리스트에서 [Add]를 마우스 커서로 선택한 후에 클릭한다.

❸ 프로토콜 등록 화면에서 미리 사전에 설정되어 있는 [프로토콜 라이브러리] 항목을 선택한다.

❹ 제조사의 항목에 있는 화살표를 클릭하면 PLC 관련 통신에 사용되는 다양한 회사의 프로토콜 종류가 나타나는데, 우리는 모드버스를 사용하므로 모드버스의 프로토콜 제조사인 [슈나이더(Schneider Electric)]를 선택한다.

❺ [Model] 항목을 클릭해서 [모드버스(MODBUS)]를 선택한다.

❻ [Protocol Name] 항목에서 등록하고자 하는 메시지의 종류를 선택한다.

4 메시지 등록

[그림 11-17]에서 기능코드 0x03을 사용하는 슬레이브의 유지 레지스터 읽어오기 메시지 형식을 선택했기 때문에, [표 11-26]에 나타낸 마스터에서 슬레이브 전송 메시지와,

[표 11-27], [표 11-28]의 두 종류의 응답 메시지를 포함해서 총 3종류의 메시지 형식이 [그림 11-18]과 같이 표시된다.

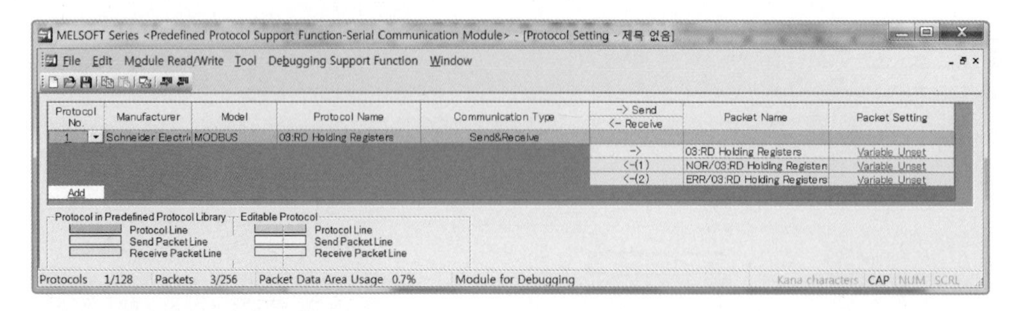

[그림 11-18] **모드버스 기능코드 0x03의 등록**

[패킷 셋팅(Packet Setting)] 항목에서 각각의 송수신 메시지 형식에 맞게 PLC의 데이터 레지스터를 등록한다. 메시지의 등록은 [그림 11-19]에 나타낸 순서대로 작업하고, 3개의 메시지에 대해 PLC의 데이터 레지스터를 등록한다.

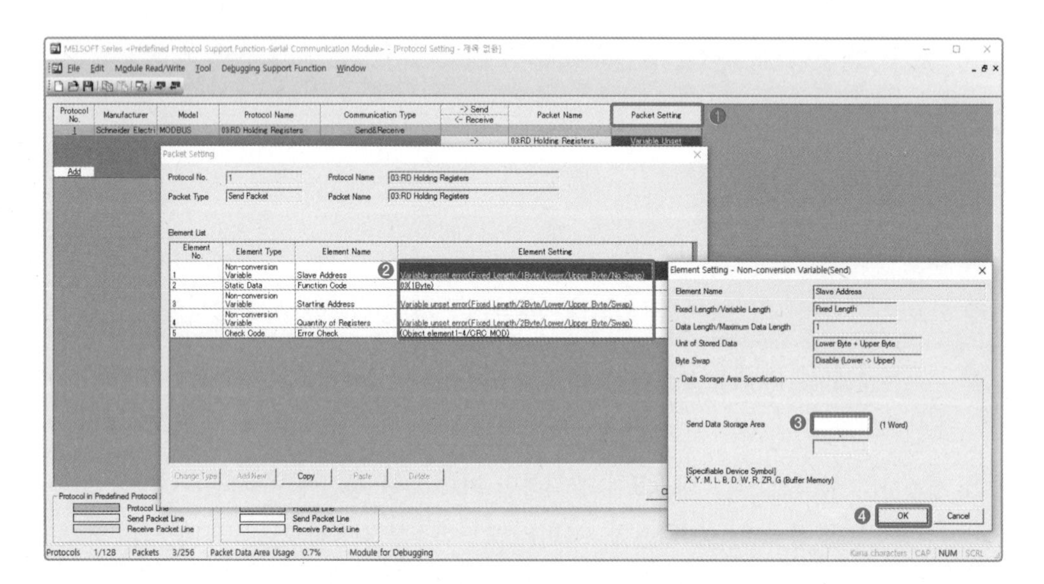

[그림 11-19] **모드버스 기능코드 0x03의 요청 메시지 등록 순서**

❶ PLC 데이터 디바이스 번지를 설정할 패킷을 선택한다.

❷ 선택한 패킷에서 Element List 번호 1, 3, 4번의 순서대로 선택한다.

❸ Element Setting 창에서 등록할 PLC의 데이터 디바이스 번지를 등록한다.

❹ [OK] 버튼을 누른다.

[그림 11-19]의 순서대로 작업한 후, [표 11-29]와 같이 기능코드 0x03의 요청 메시지에 대한 5개의 Element No. 1, 3, 4번에 대해 PLC의 데이터 디바이스 번지를 설정하면 요청 메시지가 완성된다.

[표 11-29] **모드버스 기능코드 0x03의 요청 메시지에 대한 PLC의 데이터 레지스터 등록**

Packet Setting

Protocol No. 1 Protocol Name 03:RD Holding Registers

Packet Type Send Packet Packet Name 03:RD Holding Registers

Element List

Element No.	Element Type	Element Name	Element Setting
1	Non-conversion Variable	Slave Address	Variable unset error(Fixed Length/1 Byte/Lower/Upper Byte/No Swap)
2	Static Data	Function Code	03(1 Byte)
3	Non-conversion Variable	Starting Address	Variable unset error(Fixed Length/2Byte/Lower/Upper Byte/Swap)
4	Non-conversion Variable	Quantity of Registers	Variable unset error(Fixed Length/2Byte/Lower/Upper Byte/Swap)
5	Check Code	Error Check	(Object element1-4/CRC MOD)

Change Type Add New Copy Paste Delete Close

Element No.	Element Name	설정 레지스터 번지	기능
1	Slave Address	D100	국번 설정
2	Function Code	0x03	모드버스 기능코드(고정값)
3	Starting Address	D101	시작번지
4	Quantity of Register	D102	읽어올 데이터 개수
5	Error Check	C24N 자동 계산	CRC-16(Modbus)

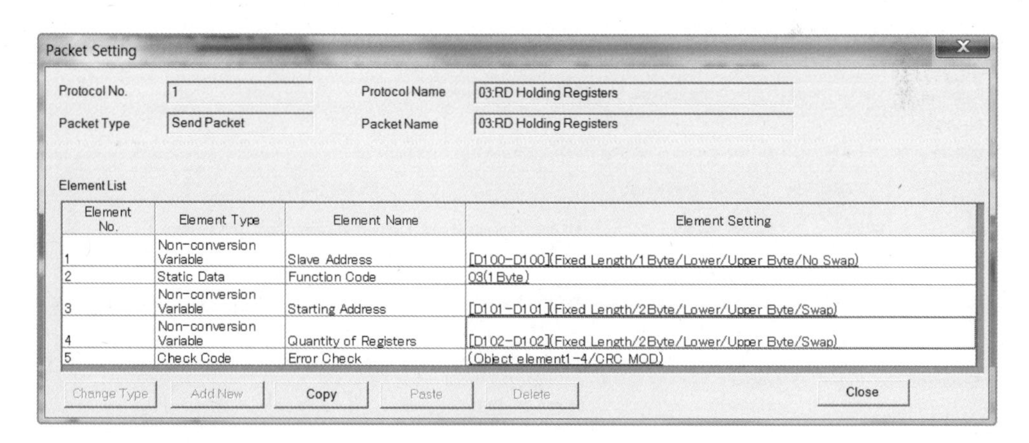

Packet Setting

Protocol No. 1 Protocol Name 03:RD Holding Registers

Packet Type Send Packet Packet Name 03:RD Holding Registers

Element List

Element No.	Element Type	Element Name	Element Setting
1	Non-conversion Variable	Slave Address	[D100-D100](Fixed Length/1 Byte/Lower/Upper Byte/No Swap)
2	Static Data	Function Code	03(1 Byte)
3	Non-conversion Variable	Starting Address	[D101-D101](Fixed Length/2Byte/Lower/Upper Byte/Swap)
4	Non-conversion Variable	Quantity of Registers	[D102-D102](Fixed Length/2Byte/Lower/Upper Byte/Swap)
5	Check Code	Error Check	(Object element1-4/CRC MOD)

Change Type Add New Copy Paste Delete Close

[그림 11-20] **기능코드 0x03의 요청 메시지 프레임 완성 모습**

[표 11-29]의 요청 메시지에 대한 응답 메시지 프레임을 등록한다. 응답 메시지도 Element No. 1, 3, 4번에 대해 PLC의 데이터 디바이스 번지를 설정하면 요청 메시지가 완성된다.

[표 11-30] **모드버스 기능코드 0x03의 응답 메시지에 대한 PLC의 데이터 레지스터 등록**

Packet Setting

Protocol No. 1 Protocol Name 03:RD Holding Registers

Packet Type Receive Packet Packet Name NOR/03:RD Holding Registers

Packet No. 1

Element List

Element No.	Element Type	Element Name	Element Setting
1	Non-conversion Variable	Slave Address	Variable unset error(Fixed Length/1Byte/Lower/Upper Byte/No Swap)
2	Static Data	Function Code	03(1Byte)
3	Length	Byte Count	(Object element4-4/HEX/1Byte)
4	Non-conversion Variable	Register Value	Variable unset error(Variable Length/250Byte/Lower/Upper Byte/Swap)
5	Check Code	Error Check	(Object element1-4/CRC MOD)

Change Type Add New Copy Paste Delete Close

Element No.	Element Name	설정 레지스터 번지	기능
1	Slave Address	D110	국번 설정
2	Function Code	0x03	모드버스 기능코드(고정값)
3	Byte Count	D111	응답 데이터의 바이트 개수
4	Register Value	D112	응답 데이터
5	Error Check	C24N 자동 계산	CRC-16(Modbus)

[표 11-29]의 요청 메시지에 대한 에러 메시지 프레임을 등록한다. 에러 메시지는 Element No. 1, 3번에 대해 PLC의 데이터 디바이스 번지를 설정하면 된다.

[표 11-31] **모드버스 기능코드 0x03의 에러 메시지에 대한 PLC의 데이터 레지스터 등록**

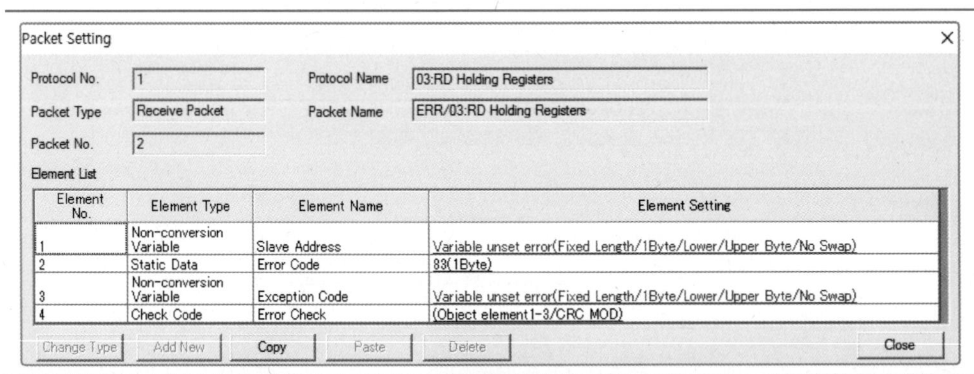

Element No.	Element Name	설정 레지스터 번지	기능
1	Slave Address	D120	국번 설정
2	Error Code	0x83	에러 발생(고정값)
3	Exception Code	D112	에러코드
4	Error Check	C24N 자동 계산	CRC-16(Modbus)

1개의 기능코드를 사용하기 위해서는 3개의 패킷을 등록해야 한다. 우선 마스터에서 슬레이브로 전송하는 요청 메시지 패킷과, 요청에 대한 슬레이브의 응답 메시지 패킷, 그리고 에러 메시지 패킷을 등록하면 해당 기능코드를 사용할 수 있다. 요청 메시지의 설정이 끝났으면 해당 프로토콜을 C24N 모듈에 등록하는 방법을 살펴보자.

5 완성된 프로토콜을 플래시 ROM에 저장

완성된 프로토콜은 C24N 모듈의 RAM에 저장된다. 저장된 프로토콜을 계속 사용하기 위해서는 RAM이 아닌 ROM에 등록해야 하는데, 그 등록 절차를 살펴보자.

[표 11-32] **완성한 메시지 프레임을 ROM에 등록하는 절차**

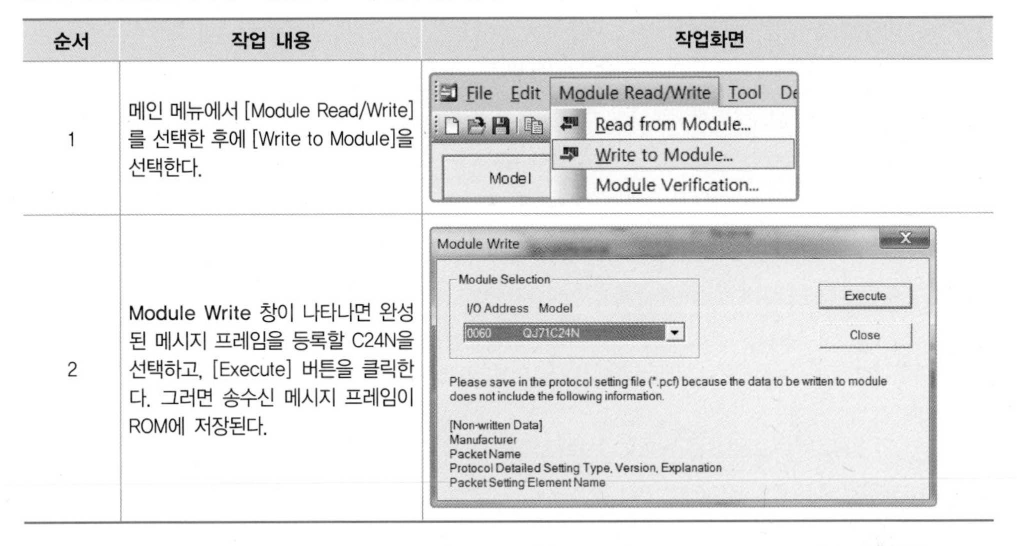

순서	작업 내용	작업화면
1	메인 메뉴에서 [Module Read/Write]를 선택한 후에 [Write to Module]을 선택한다.	
2	Module Write 창이 나타나면 완성된 메시지 프레임을 등록할 C24N을 선택하고, [Execute] 버튼을 클릭한다. 그러면 송수신 메시지 프레임이 ROM에 저장된다.	

→ 실습과제 11-1 모드버스 프로토콜로 인버터 제어하기

C24N 모듈의 통신 프로토콜에 의한 데이터 통신 기능을 사용하기 전에 모드버스 프로토콜을 파일 레지스터에 등록해, GP.OUTPUT 명령어로 인버터의 동작을 ON/OFF하는 프로그램 작성법에 대해 학습해보자.

(a) 인버터 조작 패널

입력	기능
X00	인버터 운전
X31	인버터 정지

(b) 인버터 제어 입출력 리스트

[그림 11-21] **인버터 제어 조작 패널**

[표 11-33] **3단 속도제어를 위한 인버터 입력 조건과 파라미터**

RH	RM	RL	기능	파라미터 번호	설정값
0	0	0	인버터 정지	-	-
0	0	1	다단 속도 3단	Pr.6	6000

동작 조건

❶ PLC의 입력 X00에 연결된 버튼을 누르면, [표 11-33]과 같이 인버터가 다단 속도 3단의 속도로 회전한다.

❷ PLC의 입력 X01에 연결된 버튼을 누르면 인버터는 정지한다.

❸ 모드버스 통신 프로토콜 기능코드 0x06을 사용하고, 해당 프로토콜을 파일 레지스터에 등록한 후, 인덱스 레지스터를 사용해서 인버터를 제어한다.

PLC 프로그램 작성법

■ 인버터의 다단 속도제어를 위한 제어용 메모리

인버터의 제어를 위해서는 두 종류의 제어신호를 PLC에서 인버터로 전송해야 한다. 첫 번째는 운전 지령 신호로, 인버터에 연결된 전동기를 정회전(STF) 또는 역회전(STR)시키는 제어신호이다. 두 번째는 속도제어 신호이다. 속도제어 신호에는 다단 속도제어 신호와 주파수 설정을 통한 속도제어가 있다. 실습과제에서 다단 속도를 사용하기 때문에 RH, RM, RL 신호를 사용하여 1 ~ 7단의 속도제어가 가능하다. [표 11-8]에서 살펴본 인버터 제어용 메모리 40009번지에 [표 11-34]처럼 인버터 제어에 관련된 제어신호 비트별 기능이 부여되어 있다.

[표 11-34] 인버터 제어용 메모리 40009번지 비트별 기능

비트 번호	15	14	13	12	11	10	9	8	7	6	5	4	3	2	1	0
쓰기 기능	–	–	–	리셋	–	출력 정지	–	AU 전류 입력	RT 기능 선택	–	RL 저속지령	RM 중속지령	RH 고속지령	역회전 지령	정회전 지령	정지 지령
읽기 기능	이상 발생	–	–	–	–	–	–	–	–	PU 주파수 검출	–	OL 과부하	주파수 도달	역회전 동작	정회전 동작	인버터 운전 중

예를 들어 인버터가 3단의 속도로 정회전하기 위해서는 40009번지에 설정될 값이 [표 11-35]처럼 0x0022가 되어야 한다.

[표 11-35] 3단 속도로 인버터를 제어하기 위해 40009번지에 설정될 값

비트 번호	15	14	13	12	11	10	9	8	7	6	5	4	3	2	1	0
2진수	0	0	0	0	0	0	0	0	0	0	1	0	0	0	1	0
16진수	0				0				2				2			

인버터의 운전을 제어하기 위해 모드버스 통신으로 전송해야 할 통신 데이터의 형식은 [표 11-36]처럼 기능코드 0x06을 사용한다.

[표 11-36] 인버터를 제어하기 위한 기능코드 0x06의 전송 메시지 프레임

국번 (Slave Address)	기능코드 (Function Code)	레지스터 번지 (Register Address)		설정값 (Preset Data)		에러 체크 (CRC Check)	
1byte	0x06 1Byte	H 1Byte	L 1Byte	H 1Byte	L 1Byte	L 1Byte	H 1Byte

국번 1번의 인버터를 3단의 속도로 제어하기 위한 모드버스 프로토콜 기능코드 0x06의 전송 메시지를 완성하면 [표 11-37]처럼 0x0106000800228811로, 총 8바이트로 구성된다. 8바이트로 구성된 전송 메시지 데이터를 파일 레지스터에 등록한다.

[표 11-37] 인버터를 3단의 속도로 제어하기 위한 기능코드 0x06의 전송 메시지

국번 (Slave Address)	기능코드 (Function Code)	레지스터 번지 (Register Address)		설정값 (Preset Data)		에러 체크 (CRC Check)	
0x01	0x06	0x00	0x08	0x00	0x22	0x88	0x11

[표 11-37]의 데이터 형식을 파일 레지스터 R0 ~ R4에 데이터를 순차적으로 저장하면 어떤 순서로 저장되는지 살펴보자. 데이터는 국번부터 시작해서 에러 체크 코드까지 순서대로 전송된다. 파일 레지스터는 16비트 크기로 2개의 바이트가 1개의 파일 레지스터에 저장되기 때문에 저장되는 순서가 중요하다.

[표 11-38] 인버터 3단 속도로 제어하기 위한 전송 데이터 형식

전송 순서	1	2	3	4
파일 레지스터 번지	R0	R1	R2	R3
설정값	0x0601	0x8000	0x2200	0x1188

R0에 설정된 값을 살펴보면 0x0106이 아니라 0x0601로 되어있다. 이는 16바이트 크기의 데이터를 통신으로 전송할 때 하위 바이트부터 먼저 전송해야 하기 때문이다. 따라서 첫 번째로 전송되어야 할 데이터가 국번에 해당되는 0x01의 값이기 때문에, 16비트 크기의 파일 레지스터에 통신 데이터를 설정할 때 전송 순서에 맞게 상위 바이트와 하위 바이트를 교환해서 저장한다. [표 11-39]는 인버터를 정지시키기 위한 전송 데이터를 파일 레지스터에 등록한 형식을 나타낸 것이다.

[표 11-39] 인버터 정지를 위한 전송 데이터 형식

전송 순서	1	2	3	4
파일 레지스터 번지	R10	R11	R12	R13
설정값	0x0601	0x8000	0x0000	0x0808

■ 파일 레지스터에 인버터로 전송할 데이터를 설정하는 방법

파일 레지스터의 장점은 CPU 모듈에 내장된 배터리에 의해 PLC의 전원이 차단되어도 데이터가 보존된다는 것이다. 따라서 영구적으로 사용할 데이터 또는 PLC의 전원에 관계없이 보존되어야 할 데이터는 파일 레지스터에 저장한다. 인버터 제어를 위한 데이터를 파일 레지스터에 등록해보자.

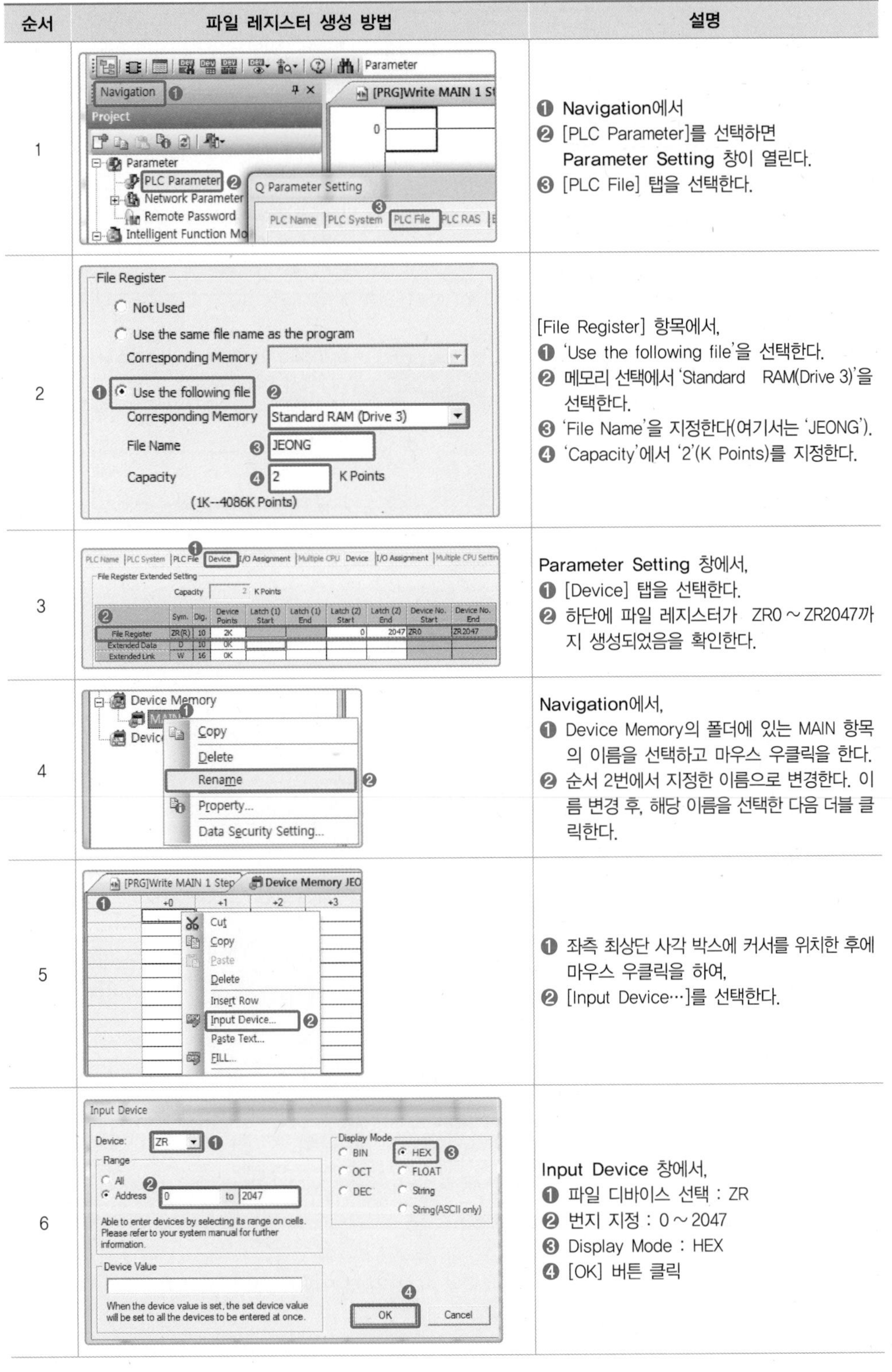

[표 11-40] **인버터로 전송할 데이터를 파일 레지스터에 등록하는 방법**

순서	파일 레지스터 생성 방법	설명
1		❶ Navigation에서 ❷ [PLC Parameter]를 선택하면 Parameter Setting 창이 열린다. ❸ [PLC File] 탭을 선택한다.
2		[File Register] 항목에서, ❶ 'Use the following file'을 선택한다. ❷ 메모리 선택에서 'Standard RAM(Drive 3)'을 선택한다. ❸ 'File Name'을 지정한다(여기서는 'JEONG'). ❹ 'Capacity'에서 '2'(K Points)를 지정한다.
3		Parameter Setting 창에서, ❶ [Device] 탭을 선택한다. ❷ 하단에 파일 레지스터가 ZR0 ~ ZR2047까지 생성되었음을 확인한다.
4		Navigation에서, ❶ Device Memory의 폴더에 있는 MAIN 항목의 이름을 선택하고 마우스 우클릭을 한다. ❷ 순서 2번에서 지정한 이름으로 변경한다. 이름 변경 후, 해당 이름을 선택한 다음 더블 클릭한다.
5		❶ 좌측 최상단 사각 박스에 커서를 위치한 후에 마우스 우클릭을 하여, ❷ [Input Device…]를 선택한다.
6		Input Device 창에서, ❶ 파일 디바이스 선택 : ZR ❷ 번지 지정 : 0 ~ 2047 ❸ Display Mode : HEX ❹ [OK] 버튼 클릭

(계속)

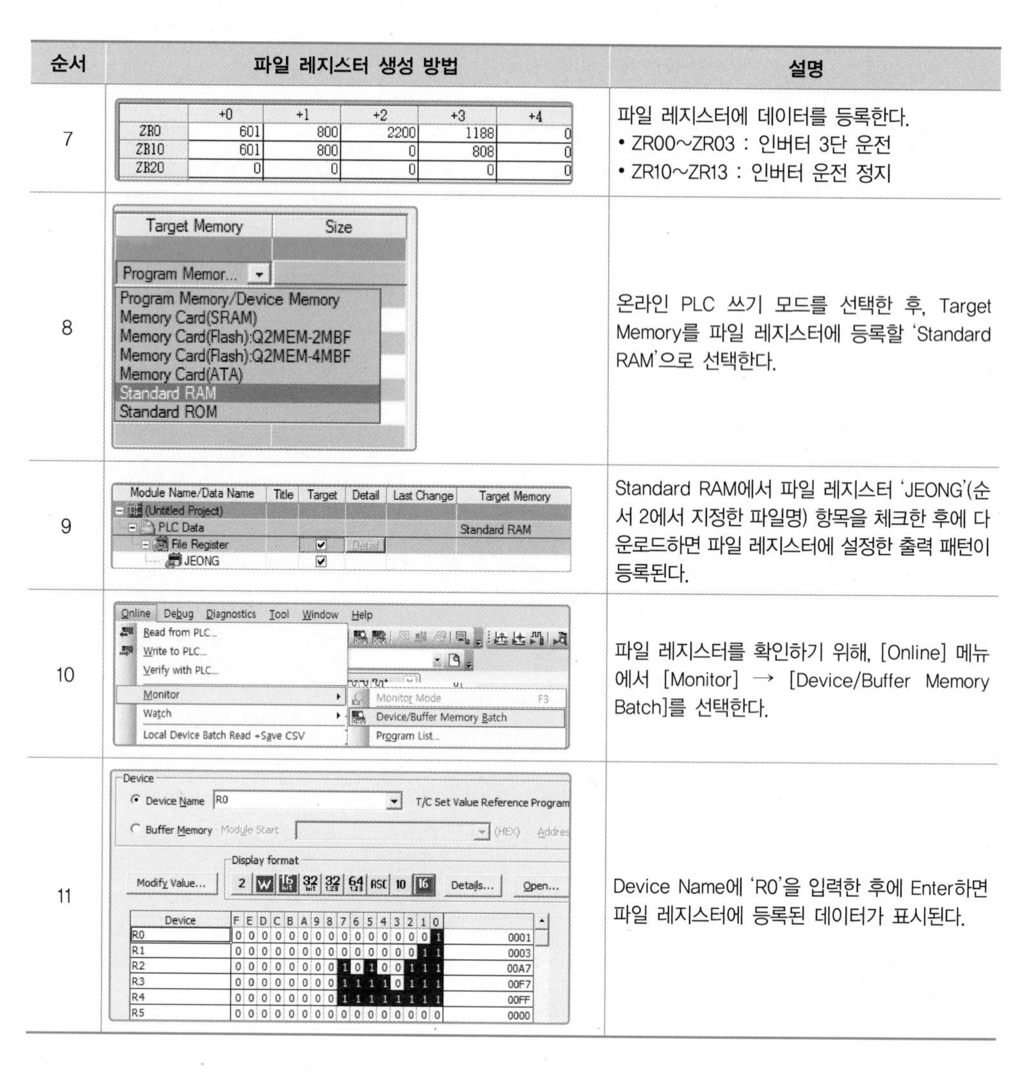

순서	파일 레지스터 생성 방법	설명
7		파일 레지스터에 데이터를 등록한다. • ZR00~ZR03 : 인버터 3단 운전 • ZR10~ZR13 : 인버터 운전 정지
8		온라인 PLC 쓰기 모드를 선택한 후, Target Memory를 파일 레지스터에 등록할 'Standard RAM'으로 선택한다.
9		Standard RAM에서 파일 레지스터 'JEONG'(순서 2에서 지정한 파일명) 항목을 체크한 후에 다운로드하면 파일 레지스터에 설정한 출력 패턴이 등록된다.
10		파일 레지스터를 확인하기 위해, [Online] 메뉴에서 [Monitor] → [Device/Buffer Memory Batch]를 선택한다.
11		Device Name에 'R0'을 입력한 후에 Enter하면 파일 레지스터에 등록된 데이터가 표시된다.

인버터를 제어하기 위해 [표 11-38]과 [표 11-39]의 데이터를 파일 레지스터에 등록한 모습을 [그림 11-22]에 나타내었다. 파일 레지스터에 등록한 데이터가, C24N 모듈의 통신채널 2번에 RS485 통신으로 연결된 국번 1번의 인버터로 전송되면, 인버터에 연결된 유도전동기는 60.00Hz의 운전 주파수로 회전하게 된다.

	+0	+1	+2	+3	+4
ZR0	601	800	2200	1188	0
ZR10	601	800	0	808	0
ZR20	0	0	0	0	0

[그림 11-22] **파일 레지스터에 등록된 인버터 제어 데이터**

파일 레지스터에 설정한 데이터를 전송하는 PLC 프로그램을 작성해보자.

PLC 프로그램

```
C24N모듈을 이용한 인버터 제어
채널 2번 (통신속도 : 38400, 데이터 : 8, 패리티 : N, 스톱 : 2)

                                                        <전송단위 바이트 설정          >
       SM402                                                                  U6￦
  0 ───┤ ├───┬──────────────────────────────────────[MOV     K1          G310      ]
             │                                          <전송데이터 8바이트            >
             │                                                                U6￦
             ├──────────────────────────────────────[MOV     K8          G324      ]
             │                                          <수신데이터 크기에 의한 종료    >
             │                                                                U6￦
             └──────────────────────────────────────[MOV     H0FFFF      G325      ]

인버터 3단 운전을 위한 전송 데이터 설정
                                                        <인덱스레지스터에 0설정        >
        X0      X0FE
107 ───┤↑├─────┤ ├───┬──────────────────────────────[MOV     K0          Z0        ]
                     │                                  <R0번지부터 4워드 D10으로 복사  >
                     ├──────────────────────────[BMOV    R0Z0    D10     K4        ]
                     │                                  <전송개시                      >
                     └──────────────────────────────────────────[SET     M1        ]

인버터 정지를 위한 전송 데이터 설정
                                                        <인덱스레지스터 10을 설정      >
        X1      X0FE
176 ───┤↑├─────┤ ├───┬──────────────────────────────[MOV     K10         Z0        ]
                     │                                  <R10번지에서 4워드 D10으로 복사 >
                     ├──────────────────────────[BMOV    R0Z0    D10     K4        ]
                     │                                  <전송개시                      >
                     └──────────────────────────────────────────[SET     M1        ]

인버터로 데이터 전송을 위한 설정
                                                        <통신채널 2번 지정             >
        M1
245 ───┤ ├───┬──────────────────────────────────────[MOV     K2          D0        ]
             │
             ├──────────────────────────────────────[MOV     K0          D1        ]
             │                                          <전송데이터 8바이트 지정       >
             ├──────────────────────────────────────[MOV     K8          D2        ]
             │                                          <전송명령 실행                 >
             ├──────────────────────────────────────────────[SET     M10       ]
             │                                          <전송을 위한 설정완료          >
             └──────────────────────────────────────────────[RST     M1        ]
```

(계속)

[그림 11-23] **파일 레지스터를 이용한 인버터 제어**

실습과제 11-2 인버터의 다단 속도제어 1

파일 레지스터에 인버터를 제어하기 위한 모드버스 통신 프로토콜의 데이터를 등록해서 다단 속도로 제어하는 프로그램 작성법에 대해 학습해보자.

[실습과제 11-1]에서는, 모드버스 통신 프로토콜의 전송 메시지 데이터를 파일 레지스터에 등록한 후에, GP.OUTPUT 명령어로 데이터를 인버터로 전송함으로써 인버터에 연결된 전동기의 회전속도를 제어하는 프로그램 작성법에 대해 살펴보았다. 이제는 일상생활에서 사용하는 선풍기의 동작을 인버터로 구현해보자.

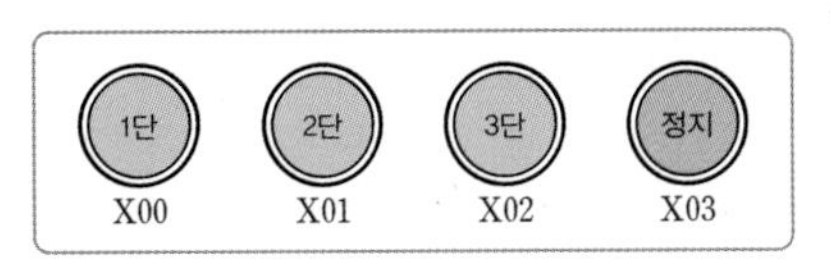

[그림 11-24] **인버터 조작 패널**

[표 11-41] **1~3단의 속도제어를 위한 인버터 입력조건과 파라미터**

RH	RM	RL	기능	파라미터 번호	설정값
0	0	0	인버터 정지	–	–
1	0	0	다단 속도 1단	Pr.4	1000
0	1	0	다단 속도 2단	Pr.5	3000
0	0	1	다단 속도 3단	Pr.6	6000

동작 조건

❶ X00 버튼을 누르면 인버터는 1단의 속도인 10.00Hz로 운전한다.

❷ X01 버튼을 누르면 인버터는 2단의 속도인 30.00Hz로 운전한다.

❸ X02 버튼을 누르면 인버터는 3단의 속도인 60.00Hz로 운전한다.

❹ X03 버튼을 누르면 인버터는 정지한다.

PLC 프로그램 작성법

■ 인버터의 다단 속도제어를 위한 파일 레지스터에 등록할 데이터

파일 레지스터에 인버터 제어를 위한 모드버스 통신용 데이터를 등록해야 한다. 인버터를 1 ~ 3단의 속도로 제어하기 위해 파일 레지스터에 등록할 데이터는 [표 11-34]의 인버터 제어용 메모리 40009번지의 비트별 기능을 이용해서 값을 구할 수 있다. [표 11-42]에 파일 레지스터에 등록할 데이터의 구성을 나타내었다.

[표 11-42] 1~3단의 속도제어를 위해 파일 레지스터에 등록할 데이터

단수 구분	번지	0	1	2	3
1단 데이터	ZR00	0x0601	0x0800	0x0A00	0x0F88
2단 데이터	ZR10	0x0601	0x0800	0x1200	0x0588
3단 데이터	ZR20	0x0601	0x0800	0x2200	0x1188
정지 데이터	ZR30	0x0601	0x0800	0x0000	0x0808

PLC 프로그램

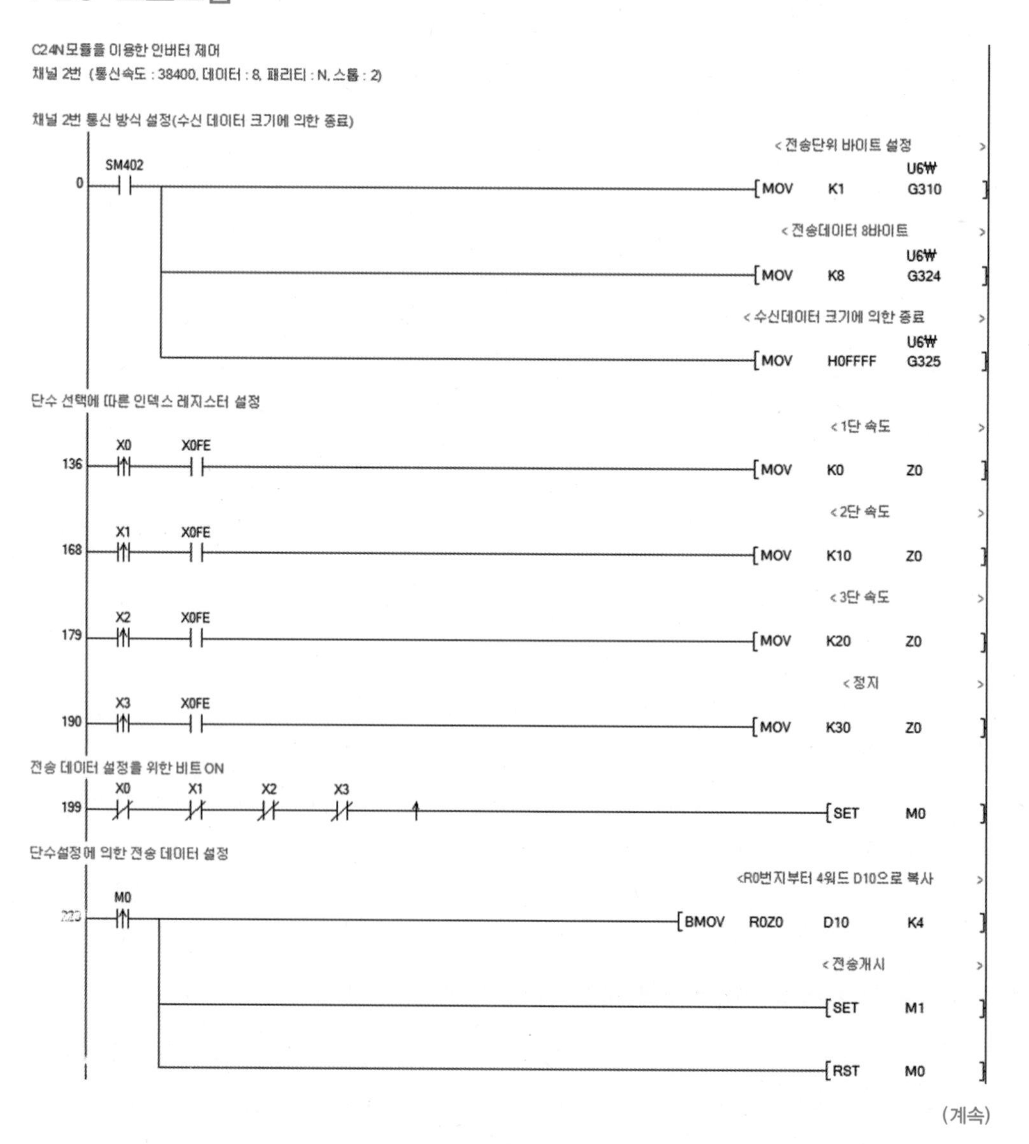

(계속)

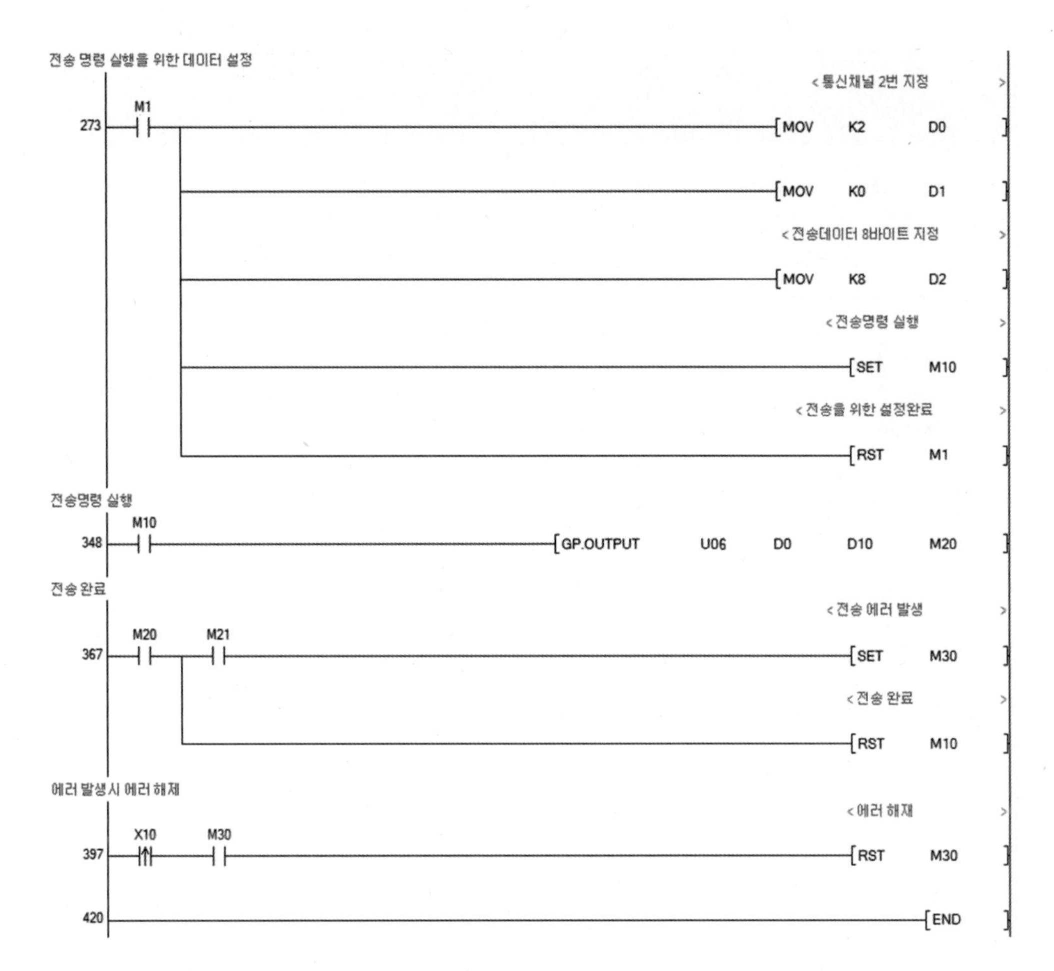

[그림 11-25] **파일 레지스터를 이용한 인버터 다단 속도제어**

실습과제 11-3 인버터의 다단 속도제어 2

C24N 모듈에 통신 프로토콜을 등록하여 모드버스 통신으로 인버터에 연결된 유도 전동기의 회전속도를 1~7단까지 설정할 수 있는 프로그램 작성법에 대해 학습한다.

(a) 인버터 단수 설정 조작 패널

입력	기능
X00	단수 증가
X01	단수 확인
출력	증가
X23 ~ Y20	단수 표시 FND
Y30	인버터 동작 중
Y31	통신 에러

(b) 인버터 단수 설정 입출력 리스트

[그림 11-26] **인버터 제어 조작 패널**

동작 조건

❶ 시스템의 전원이 ON되면, 단수 표시 FND에 '0'이 표시된다.

❷ 단수 증가버튼을 누를 때마다 단수가 1씩 증가하고, 단수가 7로 설정되어 있을 때 단수 증가버튼을 누르면 0이 된다. 즉 단수는 0 → 1 → 2 → ··· → 7 → 0 → 1 → ···의 순서로 증가한다.

❸ 단수를 설정한 상태에서 단수 확인 버튼을 누르면, 설정된 단수로 인버터가 동작한다. 만약 단수를 변경한 후에 5초 이내에 단수 확인 버튼을 누르지 않으면, 현재 FND에 표시된 단수는 무시되고 이전의 단수가 FND에 표시된다.

❹ 단수 표시가 0인 상태에서 단수 확인 버튼을 누르면 인버터는 동작을 정지한다.

❺ 인버터가 동작 중일 때는 인버터의 동작상태를 통신으로 확인해서 '인버터 동작 중' 램프를 점등한다. 인버터 정지 시에는 소등한다. 단, 인버터에서 알람이 발생한 경우, 램프는 1Hz 간격으로 점멸동작한다.

❻ 통신 에러가 발생하면 통신 에러 램프가 1Hz 간격으로 점멸동작한다.

PLC 프로그램 작성법

■ 인버터의 다단 속도제어를 위한 모드버스 송수신 프로토콜

[실습과제 11-1]과 [실습과제 11-2]에서 인버터의 다단 속도를 제어하기 위해 인버터

의 제어용 메모리 40009번지의 비트별 기능을 사용하기 위한 데이터 설정방법을 학습했다. 해당 데이터를 파일 레지스터에 등록한 다음, GP.OUTPUT 명령어를 사용하여 C24N의 채널 2번의 RS485 통신에 연결된 인버터로 해당 데이터를 전송하면, 인버터에 연결된 전동기는 1 ~ 3단의 설정된 속도로 회전된다. 이제는 파일 레지스터에 통신 프로토콜 데이터를 등록해서 인버터를 제어하는 방식이 아닌, C24N에 통신 프로토콜의 송수신 형식을 등록한 후에 인버터를 제어하는 방법에 대해 살펴보자.

[표 11-43] **인버터 제어용 메모리 40009번지의 비트별 기능**

비트 번호	15	14	13	12	11	10	9	8	7	6	5	4	3	2	1	0
쓰기 기능	–	–	–	리셋	–	출력 정지	–	AU 전류 입력	RT 기능 선택	–	RL 저속 지령	RM 중속 지령	RH 고속 지령	역회전 지령	정회전 지령	정지 지령
1단 정회전 설정값 (2진수)	0	0	0	0	0	0	0	0	0	0	0	0	1	0	1	0
1단 정회전 설정값 (16진수)	0				0				0				A			

모드버스 통신으로 인버터를 1단으로 제어하기 위해 전송할 데이터는 [표 11-43]처럼 제어용 메모리 40009번지에 0x000A를 설정하면 된다. 제어용 메모리 40009번지에 데이터를 쓰기 위해서는 기능코드 0x06을 사용한다. 인버터에 연결된 전동기를 1단의 설정속도로 회전시키고 정지하기 위한 모드버스 통신 프로토콜을 살펴보면 [표 11-44]처럼 구성된다.

[표 11-44] **제어용 메모리 40009번지의 기능 설정을 위한 모드버스 통신 프로토콜**

기능	국번	기능코드	레지스터 번지		설정값		에러 체크	
1단 정회전(전송)	0x0001	**0x0006**	0x00	0x08	0x00	0x0A	0x88	0x0F
1단 정회전(응답)	0x0001	**0x0006**	0x00	0x08	0x00	0x0A	0x88	0x0F
정지(전송)	0x0001	**0x0006**	0x00	0x08	0x00	0x00	0x08	0x08
정지(응답)	0x0001	**0x0006**	0x00	0x08	0x00	0x00	0x08	0x08

인버터가 동작하면 동작상태를 모니터링하기 위해 레지스터 40009의 설정 내용을 읽어온다. 인버터가 1단 정회전으로 동작하고 있을 때, 레지스터 40009의 상태를 확인하기 위한 송신 및 응답 메시지는 [표 11-45], [표 11-46]과 같다.

[표 11-45] **인버터 동작상태를 읽어오기 위한 모드버스 송신 프로토콜**

기능	국번	기능코드	시작번지		데이터 개수		에러 체크	
1단 정회전	0x0001	**0x0003**	0x00	0x08	0x00	0x01	0x05	0xC8

[표 11-46] **인버터 동작상태를 읽어오기 위한 모드버스 송신에 대한 응답 프로토콜**

기능	국번	기능코드	데이터 개수	데이터		에러 체크	
1단 정회전	0x0001	**0x0003**	0x01	0x00	0X4B	0xF8	0x73

[표 11-46]의 응답 프로토콜로 읽어온 데이터의 개수는 바이트 단위를 사용한다. 읽어온 데이터의 값이 0x004B인 경우를 분석해보면, 이 데이터는 [표 11-47]처럼 PU 주파수 검출, 주파수 도달, 정회전 동작, 인버터 운전 중이라는 의미이다.

[표 11-47] **모드버스 레지스터 40009의 응답 메시지 내용**

비트 번호	15	14	13	12	11	10	9	8	7	6	5	4	3	2	1	0
2진수	0	0	0	0	0	0	0	0	0	1	0	0	1	0	1	1
16진수	0				0				4				B			
읽기 기능	이상 발생	–	–	–	–	–	–	–	–	PU 주파수 검출	–	OL 과부하	주파수 도달	역회전 동작	정회전 동작	인버터 운전 중

■ C24N의 ROM에 인버터의 제어를 위한 프로토콜 등록

인버터를 제어하기 위해 필요한 모드버스 프로토콜을 C24N의 ROM에 등록해보자. 등록할 프로토콜은 인버터 제어를 위한 기능코드 0x06의 송신 및 응답, 0x03의 송신 및 응답 프로토콜이다. 기능코드 0X06과 0x03에 대한 프로토콜을 [그림 11-27]처럼 등록한다.

Device	Protocol No.	Protocol Name	Packet No.	Packet Name	Element No.	Element Name
D100-D100	1	06:WR Single Register	Send	06:WR Single Register	1	Slave Address
D101-D101	1	06:WR Single Register	Send	06:WR Single Register	3	Register Address
D102-D102	1	06:WR Single Register	Send	06:WR Single Register	4	Register Value
D110-D110	1	06:WR Single Register	Receive(1)	NOR/06:WR Single Register	1	Slave Address
D111-D111	1	06:WR Single Register	Receive(1)	NOR/06:WR Single Register	3	Register Address
D112-D112	1	06:WR Single Register	Receive(1)	NOR/06:WR Single Register	4	Register Value
D120-D120	1	06:WR Single Register	Receive(2)	ERR/06:WR Single Register	1	Slave Address
D121-D121	1	06:WR Single Register	Receive(2)	ERR/06:WR Single Register	3	Exception Code
D130-D130	2	03:RD Holding Registers	Send	03:RD Holding Registers	1	Slave Address
D131-D131	2	03:RD Holding Registers	Send	03:RD Holding Registers	3	Starting Address
D132-D132	2	03:RD Holding Registers	Send	03:RD Holding Registers	4	Quantity of Registers
D140-D140	2	03:RD Holding Registers	Receive(1)	NOR/03:RD Holding Registers	1	Slave Address
D141-D266	2	03:RD Holding Registers	Receive(1)	NOR/03:RD Holding Registers	4	Register Value
D300-D300	2	03:RD Holding Registers	Receive(2)	ERR/03:RD Holding Registers	1	Slave Address
D301-D301	2	03:RD Holding Registers	Receive(2)	ERR/03:RD Holding Registers	3	Exception Code

[그림 11-27] **모드버스 통신을 위한 프로토콜 등록 리스트**

모드버스 통신의 경우, 마스터(여기서는 C24N)에서 슬레이브(여기서는 인버터)에 요청한 메시지에 대해 슬레이브는 정상 응답과 에러 응답 메시지 중 하나를 선택해서 마스터로 응답 메시지를 전송한다. [그림 11-28]을 살펴보면 1개의 Send 메시지에 대해 정상 응답 메시지 Receive(1)과 에러 응답 메시지 Receive(2)가 등록되어 있음을 확인할 수 있다.

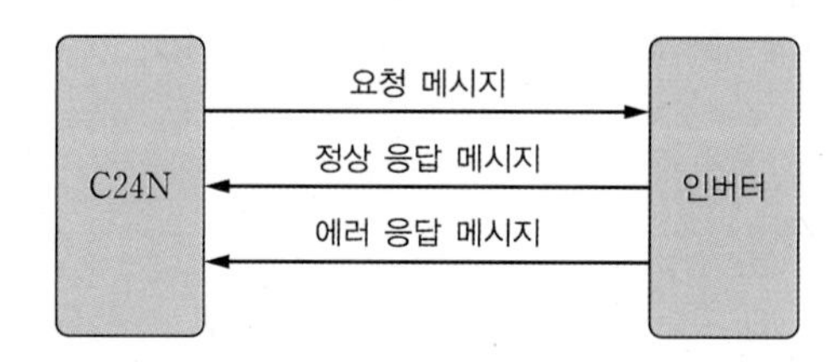

[그림 11-28] **모드버스 통신 방식**

■ 통신 프로토콜 전용 명령어

[표 11-48]은 C24N의 ROM에 등록한 프로토콜을 실행하는 전용 명령어이다. C24N의 ROM에 등록된 프로토콜을 사용하기 위해서는 CPRTCL이라는 전용 명령어를 사용한다. 모든 C24N에서 CPRTCL 명령어를 사용할 수 있는 것은 아니며, C24N의 출시년도에 따라 그 지원 여부가 다르다. 이 명령어를 사용하려면 C24N의 측면에 표기되어 있는 제품 시리얼 번호의 상위 5자리의 숫자가 10122 이상의 제품이어야 한다. 따라서 해당 명령을 사용하기 전에 C24N의 시리얼 번호를 반드시 확인해야 한다.

[표 11-48] **CPRTCL 명령어의 형식과 설정 항목**

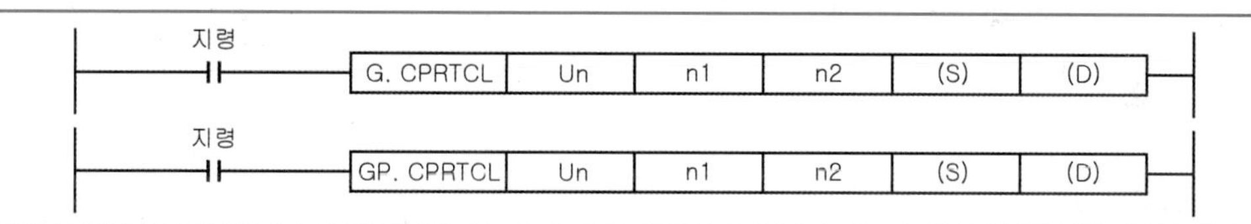

설정 데이터	내용	세트 측	데이터형
Un	모듈의 선두 입출력 번호(실습에서는 C24N의 입출력 번지가 60부터 시작하기 때문에 "**06**" 설정)	사용자	BIN 16비트
n1	상대 기기와의 통신 채널 1: 채널1 / 2: 채널2	사용자	BIN 16비트 디바이스
n2	프로토콜의 연속 실행 개수(1 ~ 8)	사용자	BIN 16비트 디바이스
(S)	컨트롤 데이터가 저장되는 디바이스의 선두번호	사용자 시스템	디바이스
(D)	실행 완료 시에 ON되는 비트 디바이스 번호	시스템	비트

[표 11-49] **컨트롤 데이터의 설정 항목**

디바이스	항목	설정 데이터	설정 범위	세트 측
(S)+0	실행 결과	실행결과 저장 0: 정상 / 0 이외: 에러코드		사용자
(S)+1	수신 결과	프로토콜의 실행 개수가 저장된다.	1~8	시스템
(S)+2 ~ (S)+9	실행 프로토콜 번호 지정	실행할 프로토콜의 번호를 지정한다.	1~128 201~207	사용자
(S)+10 ~ (S)+17	대조 일치 수신 패킷 번호	실행한 프로토콜의 패킷번호를 저장한다.	0, 1~16	시스템

CPRTCL 명령어의 컨트롤 데이터는 18개의 워드 메모리를 사용한다. 18개의 워드 중에서 사용자가 설정할 컨트롤 데이터는, (S)+2 ~ (S)+9에 n2에서 지정한 프로토콜의 연속 실행 개수에 해당되는 만큼 실행 순서에 맞게 프로토콜 번호를 순차적으로 등록하면 된다. CPRTCL 명령어는 메모리가 많이 사용되는 만큼 PLC 프로그램에서 사용하는 다른 메모리와 번지가 충돌하지 않도록 주의해야 한다.

■ C24N의 파라미터 설정

C24N의 채널 2번의 RS485 통신 파라미터와 통신 결선을 [그림 11-29]와 같이 설정한다. 이 파라미터는 인버터의 통신 파라미터와 동일하게 설정한다.

Item		CH2
Transmission Setting	Operation setting	Independent
	Data Bit	8
	Parity Bit	None
	Even/odd parity	Odd
	Stop bit	2
	Sum check code	None
	Online Change	Disable
	Setting modifications	Disable
Communication rate setting		38400bps
Communication protocol setting		Predefined protocol
Station number setting (0 to 31)		

(a) C24N CH2의 파라미터 설정

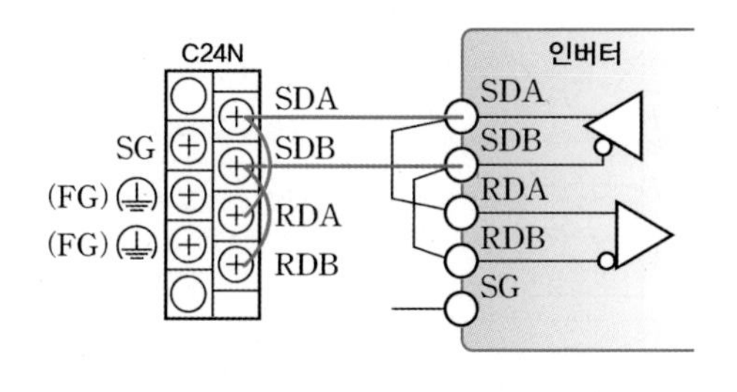

(b) C24N의 CH2와 인버터 간의 통신 결선

[그림 11-29] **C24N의 파라미터 설정과 RS485 통신 결선 방법**

■ RS422/485 통신의 에코 백 허가 및 금지

에코 백eco back이란 RS422/485 통신에서 [그림 11-29(b)]와 같이 2선식 결선으로 데이터 통신을 하는 경우, C24N의 송신채널(SDA, SDB)로 송신한 데이터가 C24N의 수신채널 RDA, RDB로 수신되는 기능을 의미한다. 에코 백 허가 및 금지는 송신 데이터의 반환을 송신측에서 수신할지, 또는 수신하지 않고 파기할 것인지를 지정하는 기능이다. 모드버스 통신처럼 통신 프로토콜을 사용하는 경우에는 반드시 "에코 백 금지"를 설정해야 통신이 가능하다. 에코백 허가 및 금지는 C24N의 버퍼 메모리 450(0x1C2)의 설정값에 의해 결정된다.

[표 11-50] **C24N 버퍼 메모리 450번지 설정 내용**

설정값	내용
0	에코 백 허가
1	에코 백 금지

■ 통신 테스트 PLC 프로그램

다단 속도제어 프로그램을 작성하기 전에 CPRTCL 명령을 사용해서 인버터를 제어하는 간단한 테스트 프로그램을 [그림 11-31]과 같이 작성해보자. C24N의 ROM에 등록된 프로토콜 1번은 기능코드 0x06으로, D100에 국번 설정, D101에 레지스터 번지, D102에 레지스터 등록 설정값을 기재함으로써 인버터의 동작을 제어한다. PLC의 입력에서 X0 버튼을 누르면 [표 11-51]의 통신 데이터가 인버터로 전송되어 1단으로 동작하고, X1 버튼을 누르면 인버터의 동작이 정지한다.

[표 11-51] **제어용 메모리 40009번지의 기능 설정을 위한 모드버스 통신 프로토콜**

기능	국번	기능코드	레지스터 번지		설정값		에러 체크	
X0가 ON되면 전송	0x0001	**0x0006**	0x00	0x08	0x00	0x0A	0x88	0x0F
X1이 ON되면 전송	0x0001	**0x0006**	0x00	0x08	0x00	0x00	0x08	0x08

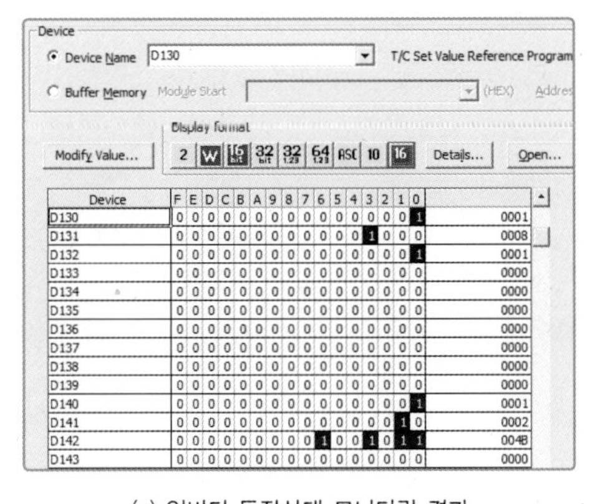

(a) 인버터 동작상태 모니터링 결과

☞ 기능코드(0x03) 송신 데이터
D130 : 국번
D131 : 읽기용 레지스터 번지
D132 : 읽기용 데이터 개수

☞ 기능코드(0x03) 수신 데이터
D140 : 국번
D141 : 읽어온 데이터 개수
D412 : 읽어온 데이터 내용

(b) 데이터 레지스터 기능

[그림 11-30] **인버터의 동작상태 모니터링 결과**

인버터가 1단으로 동작하는 중에 X2 버튼을 누르면 인버터의 동작상태를 모니터링할 수 있다. 사전에 등록된 프로토콜로 CPRTCL 명령을 실행하면, D140 ~ DD141번지에 인버터의 동작 상태가 저장된다. [그림 11-30]과 같이 데이터 레지스터 D130번지부터 모니터링해보자. 데이터 레지스터 D142에 저장된 데이터를 살펴보면 0x004B로, [표 11-51]의 내용과 일치함을 확인할 수 있다. 한편 프로그램 라인 0번의 에코 백 금지를 삭제한 후에 X2 버튼을 눌러보면 에러가 발생함을 확인할 수 있다. 그 이유는 데이터 전송 후에 인버터로부터 데이터를 수신해야 하는데, 에코 백으로 인해 전송 데이터를 먼저 수신해서 CRC 에러가 발생하기 때문이다.

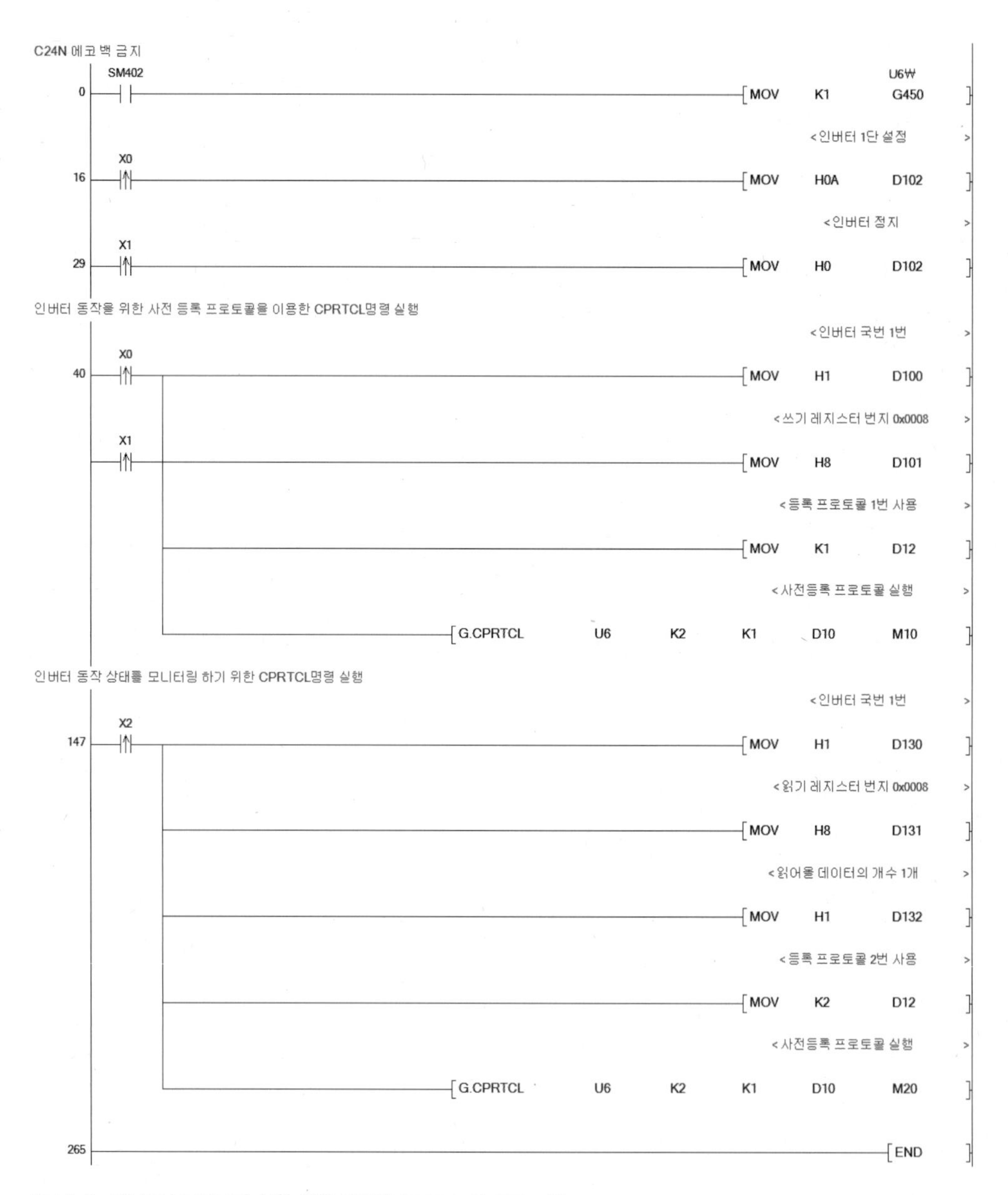

[그림 11-31] **통신 프로토콜 사용 전용 명령어 CPRTCL의 프로그램**

PLC 프로그램

```
모드버스 통신으로 인버터 다단속도 제어

C24N의 RS422/485통신의 에코백 허가 금지
데이터 레지스터 초기화
                                                                          <C24N의 에코 백 금지 설정   >
        SM402                                                                           U6₩
   0 ──┤ ├──┬──────────────────────────────────────────────────[MOV    K1      G450  ]
            │
            └─────────────────────────────────────────[FMOV   K0     D0      K2    ]

C24N모듈 정상 상태 확인(M200 = ON)
        X7E       X7D       X7F
  84 ──┤ ├──────┤ ├──────┤/├─────────────────────────────────────────────────( M200  )

인버터 설정단수 FND에 표시
        SM400
 108 ──┤ ├─────────────────────────────────────────────────────[MOV    D0      K1Y20 ]

단수증가 버튼
단수증가 버튼이 눌러질 때 마다 단수 증가(0 ~ 7)
        X0
 128 ──┤↑├──┬──────────────────────────────────────────────────[+      K1      D0    ]
            │
            ├─[>     D0     K7   ]─────────────────────────────[MOV    K0      D0    ]
            │
            └─────────────────────────────────────────────────────────[SET     M1    ]

단수증가 버튼이 눌러질 때 마다 5초 타이머 동작하고
5초 이내에 단수확인 버튼이 눌러지지 않으면 이전의 단수 설정
        M1        X0                                                                 K50
 176 ──┤ ├──┬───┤/├──────────────────────────────────────────────────────────( T1    )
            │
            │     T1
            └───┤ ├──┬─────────────────────────────────────────[MOV    D1      D0    ]
                     │
                     └────────────────────────────────────────────────[RST     M1    ]

단수확인 버튼
        X1
 248 ──┤↑├──┬─────────────────────────────────────────────────────────[SET     M30   ]
            │
            └─────────────────────────────────────────────────[MOV    D0      D1    ]

D1의 설정값에 따른 인버터 단수 구분
                                                                              <1단   >
 261 ─[=     D1     K1    ]──────────────────────────────────────────────────( M11   )
                                                                              <2단   >
 289 ─[=     D1     K2    ]──────────────────────────────────────────────────( M12   )
                                                                              <3단   >
 297 ─[=     D1     K3    ]──────────────────────────────────────────────────( M13   )
                                                                              <4단   >
 305 ─[=     D1     K4    ]──────────────────────────────────────────────────( M14   )
```

(계속)

```
                                                                              <5단        >
313 [=     D1    K5   ]----------------------------------------------------(M15      )
                                                                              <6단        >
321 [=     D1    K6   ]----------------------------------------------------(M16      )
                                                                              <7단        >
329 [=     D1    K7   ]----------------------------------------------------(M17      )
1 ~ 7단이 설정되었을 때 인버터 STF신호 ON
337 [>     D1    K0   ]----------------------------------------------------(D102.1   )
인버터 다단속도 RH신호 ON
      M11    M15    M16    M17
364 --|/|----|/|----|/|----|/|----/-------------------------------------(D102.3   )
인버터 다단속도 RM신호 ON
      M12    M14    M16    M17
385 --|/|----|/|----|/|----|/|----/-------------------------------------(D102.4   )
인버터 다단속도 RL신호 ON
      M13    M14    M15    M17
406 --|/|----|/|----|/|----|/|----/-------------------------------------(D102.5   )
단수확인 버튼이 눌러지면 설정된 단수의 데이터를 인버터로 전송
설정된 단수를 인버터로 전송하기 위한 CPRTCL명령 파라미터 설정
                                                          <통신 프로토콜 1번 사용   >
      M30    M200   M2     M4
427 --| |----| |----|/|----|/|----+-------------------[MOV    K1      D12      ]
                                  |                       <인버터 국번 1번        >
                                  +-------------------[MOV    H1      D100     ]
                                  |                       <인버터 레지스터 번지 0x0008 >
                                  +-------------------[MOV    H8      D101     ]
                                  |                       <송신을 위한 CPRTCL실행  >
                                  +--------------------------[SET    M2       ]
                                  |
                                  +--------------------------[RST    M30      ]
단수설정을 위한 CPRTCL명령어 실행
      M2     M4
559 --| |----|/|------------------[GP.CPRTCL   U6    K2    K1    D10    M20   ]
      M20    M21
592 --| |----|/|-----------------------------------------------[RST    M2       ]
0.2초 주기로 인버터의 동작 상태 모니터링
                                                          <통신 프로토콜 2번        >
      SM411  M30    M2     M4
595 --|↑|----|/|----|/|----|/|----+-------------------[MOV    K2      D12      ]
                                  |                       <인버터 국번 1번        >
                                  +-------------------[MOV    H1      D130     ]
```

(계속)

```
                                                   <데이터 레지스터 번지 0x0008        >
                                                   [MOV      H8          D131    ]
                                                        <읽어올 데이터 1개 설정     >
                                                   [MOV      K1          D132    ]
                                                      <송신을 위한 CPRTCL실행       >
                                                           [SET         M4       ]
인버터 모니터링을 위한 CPRTCL명령어 실행
       M4      M2
697 ---| |-----|/|-----------[GP.CPRTCL   U6    K2    K1    D10    M22 ]
       M22     M23
734 ---| |-----|/|-------------------------------------[RST         M4       ]
CPRTCL명령어 실행에 에러 발생
       M20     M21
737 ---| |-----| |---+---------------------------------[SET         M31      ]
       M22     M23   |
    ---| |-----| |---+
인버터의 문제로 인해 통신에 대한 응답이 1.5초 이상 없으면 에러
       M2                                                           K15
760 ---| |---+----------------------------------------------(T1          )
       M4    |
    ---| |---+
       T1
800 ---| |-------------------------------------------------[SET         M32      ]
인버터 이상 발생시 인버터 동작중 램프 점멸
       D142.F  SM412
802 ---| |-----| |-----------------------------------------(M33         )
인버터 동작 중 램프
       D142.0
829 ---| |---+----------------------------------------------(Y30         )
       M33   |
    ---| |---+
통신에러 램프 점멸
       M31      SM412
844 ---| |---+---| |---------------------------------------(Y31         )
       M32   |
    ---| |---+
860 -------------------------------------------------------[END         ]
```

[그림 11-32] **모드버스 통신을 이용한 인버터 다단 속도제어 프로그램**

실습과제 11-4 인버터의 운전 주파수 제어

모드버스 통신으로 인버터의 운전 주파수를 로터리 엔코더 스위치를 사용하여 설정하고, 인버터의 출력 주파수, 전압, 전류값을 모니터링하는 프로그램 작성법을 살펴보자.

(a) 인버터 주파수 설정 조작 패널

입력	기능
X10	로터리 엔코더 A_PLS
X11	로터리 엔코더 B_PLS
X12	로터리 엔코더_스위치
출력	기능
Y2F~Y20	설정 주파수 FND
Y30	통신 에러 램프
데이터 레지스터	기능
D50	인버터 출력 주파수
D51	인버터 출력전압
D52	인버터 출력전류

(b) 인버터 주파수 설정 입출력 리스트

[그림 11-33] **인버터 주파수 설정 조작 패널**

동작 조건

❶ C24N 모듈에서 통신 채널 2번의 RS485 통신으로 설정된 주파수로 인버터를 제어할 수 있도록 한다.

❷ 로터리 엔코더 스위치를 좌우로 회전하면 설정 주파수가 1의 단위로 증가 또는 감소한다. 주파수는 0000~1200까지 설정할 수 있고, 1200은 120.0Hz를 의미한다. 설정된 주파수를 FND 모듈에 표시한다.

❸ 로터리 엔코더 스위치의 버튼을 눌렀을 때, 설정된 주파수로 인버터가 동작한다.

❹ 설정 주파수가 0인 상태에서 설정 버튼을 누르면 인버터는 동작을 정지한다.

❺ 인버터가 동작 중일 때는 인버터의 동작상태를 통신으로 확인해서 인버터 동작 중 램프를 점등한다. 인버터 정지 중에는 소등한다.

❻ 인버터의 출력 주파수, 출력전압, 출력전류의 모니터링 값을 데이터 레지스터에 각각 저장한다.

■ 인버터 제어를 위한 모드버스 레지스터

주어진 동작 조건에서 모드버스 통신을 이용해 인버터를 제어하기 위해서는 통신으로 데이터를 읽거나 쓸 수 있는 모드버스 레지스터가 어떤 것이 있는지 확인해야 한다. 로터리 엔코더 스위치로 설정한 주파수로 인버터를 운전하기 위해서는 [표 11-52]와 같은 모드버스 유지 레지스터가 필요하다. 유지 레지스터 40009는 운전지령(STF)을, 40014는 인버터 운전 주파수를 설정하기 위한 레지스터이다.

[표 11-52] **인버터 제어용 메모리 번지**

유지 레지스터 번지		정의	읽기(R) 쓰기(W)	비고
실제 번지	통신용 번지			
40009	0008	인버터 상태/제어 입력	R/W	[표 11-9] 참조
40014	0013	운전 주파수(RAM)	R/W	

■ 인버터 모니터링을 위한 모드버스 레지스터

인버터의 동작상태를 모니터링하기 위해 주파수, 전류, 전압을 관찰하려면, [표 11-53]과 같은 모드버스 유지 레지스터에 저장된 값을 CPU로 읽어와야 한다.

[표 11-53] **인버터 동작상태 모니터링 메모리 번지**

유지 레지스터 번지		내용	단위
실제	통신용		
40201	0200	출력 주파수	0.01Hz
40202	0201	출력전류	0.01A
40203	0202	출력전압	0.1V

■ 인버터 제어와 모니터링을 위한 모드버스 프로토콜

인버터 제어와 모니터링을 위한 모드버스 프로토콜은 [실습과제 11-3]의 [그림 11-27]에서 등록한 프로토콜을 사용하면 된다. [그림 11-27]에서 등록한 프로토콜 1번은 인버터 제어지령을 위한 기능코드 0x06으로 등록한 프로토콜이고, 프로토콜 2번은 인버터 모니터링을 위한 기능코드 0x03으로 등록한 프로토콜이다.

[표 11-54] **인버터 제어지령을 위한 모드버스 통신 프로토콜**

기능	국번	기능코드	레지스터 번지		설정값		에러 체크	
정회전 지령(전송)	0x0001	**0x0006**	0x00	0x08	0x00	0x02	0x89	0xC9
주파수(60Hz) 지령(전송)	0x0001	**0x0006**	0x00	0x0D	0x17	0x70	0x16	0x1D

[표 11-55] **인버터 모니터링을 위한 모드버스 통신 프로토콜**

기능	국번	기능코드	레지스터 번지		데이터 개수		에러 체크	
주파수, 전류, 전압	0x0001	**0x0003**	0x00	0xC8	0x00	0x03	0x84	0x35

PLC 프로그램

```
모드버스 통신으로 인버터 운전주파수 제어

C24N의 RS422/485통신의 에코백 허가 금지
                                                    <C24N의 에코 백 금지 설정   >
      SM402                                                          U6₩
  0 ──┤ ├──┬──────────────────────────────────[MOV    K1          G450   ]
           │                                        <데이터 레지스터 초기화   >
           └──────────────────────────────[FMOV   K0     D0     K2     ]
C24N모듈 정상 상태 확인(M200 = ON)
      X7E      X7D      X7F
 85 ──┤ ├──────┤ ├──────┤/├────────────────────────────────────(M200    )
인버터 설정 운전주파수 FND에 표시
      SM400
109 ──┤ ├─────────────────────────────────────[MOV    D0          K4Y20  ]
로터리엔코드 스위치에 의한 주파수 설정
      X10      X11
132 ──┤ ├──────┤↑├──[<     D0     K1200  ]──────[+      K10         D0     ]
      X10      X11
162 ──┤/├──────┤↑├──[>     D0     K0     ]──────[-      K10         D0     ]
주파수 설정값을 비교해서 인버터 STF지령 신호 판별
170 [=     D0     K0     ]────────────────────[MOV    K0          D1     ]
202 [>     D0     K0     ]────────────────────[MOV    H2          D1     ]
주파수 설정 버튼
주파수 설정 버튼이 눌러지면 STF신호 전송을 위한 데이터 설정
                                                    <통신 프로토콜 1번 사용   >
      X12      M200
207 ──┤↑├──────┤ ├──┬─────────────────────────[MOV    K1          D12    ]
                    │                               <인버터 국번 1번   >
                    ├─────────────────────────[MOV    H1          D100   ]
                    │                               <인버터 레지스터 번지 0x0008   >
                    └─────────────────────────[MOV    H8          D101   ]
```

(계속)

```
                                                              <STF신호                >
        ─────────────────────────────────────────[MOV    D1        D102   ]
                                                 <송신을 위한 CPRTCL실행   >
        ─────────────────────────────────────────[SET    M2               ]

STF신호를 전송하기 위한 CPRTCL명령어 실행
      M2     M200    M4     M6
322 ─┤ ├────┤ ├────┤/├────┤/├──────[GP.CPRTCL   U6   K2   K1   D10   M20  ]

STF신호 전송을 위한 CPRTCL명령이 정상 실행되면 다음 동작 실행
      M20    M21
361 ─┤ ├────┤/├──┬──────────────────────────────[RST    M2               ]
                 └──────────────────────────────────────────(M3          )

운전주파수 전송을 위한 데이터 설정
                                                 <통신 프로토콜 1번 사용   >
      M3     M200
398 ─┤↑├────┤ ├──┬──────────────────────────[MOV    K1        D12    ]
                 │                               <인버터 국번 1번          >
                 ├──────────────────────────[MOV    H1        D100   ]
                 │                               <인버터 레지스터 번지 0x000D >
                 ├──────────────────────────[MOV    H0D       D101   ]
                 │                               <설정운전주파수에 10을 곱함 >
                 ├──────────────────────[*      D0     K10       D2     ]
                 │                               <최종 운전주파수값 설정   >
                 ├──────────────────────────[MOV    D2        D102   ]
                 │                               <송신을 위한 CPRTCL실행   >
                 └──────────────────────────[SET    M4               ]

운전주파수 전송을 위한 CPRTCL명령어 실행
      M4     M200    M2     M6
516 ─┤ ├────┤ ├────┤/├────┤/├──────[GP.CPRTCL   U6   K2   K1   D10   M22  ]

운전주파수 전송 CPRTCL명령이 정상 실행되면 다음 동작 실행
      M22    M23
555 ─┤ ├────┤/├──┬──────────────────────────────[RST    M4               ]
                 └──────────────────────────────────────────(M5          )

인버터의 동작 상태를 모니터링 하기 위한 데이터 설정
                                                 <통신 프로토콜 2번 사용   >
      M5                         M200
590 ─┤↑├──────────────────────┬─┤ ├──┬──────[MOV    K2        D12    ]
                              │      │           <인버터 국번 1번          >
     SM411   M2     M4     M6 │      ├──────[MOV    H1        D130   ]
    ─┤↑├────┤/├────┤/├────┤/├─┘      │           <인버터 레지스터 번지 0x00C8 >
                                     ├──────[MOV    H0C8      D131   ]
                                     │           <읽어올 데이터 개수 설정  >
                                     └──────[MOV    H3        D132   ]
```

(계속)

```
                                                        <송신을 위한 CPRTCL실행         >
                                                                    [SET      M6       ]
인버터 동작 상태를 모니터링 하기 위한 CPRTCL명령어 실행
       M6     M200    M2     M4
702 ──┤ ├───┤ ├───┤/├───┤/├────[GP.CPRTCL   U6   K2   K1   D10   M24 ]
모니터링 결과값
       M24    M25
748 ──┤ ├───┤/├──┬─────────────────────────────[RST      M6       ]
                 │                          <인버터 운전 주파수       >
                 ├──────────────────────[MOV   D142     D50      ]
                 │                          <인버터 출력 전류         >
                 ├──────────────────────[MOV   D143     D51      ]
                 │                          <인버터 출력 전압         >
                 └──────────────────────[MOV   D144     D52      ]
CPRTCL명령어 에러 발생
       M20    M21
802 ──┤ ├───┤ ├──┬─────────────────────────────[SET      M7       ]
       M22    M23 │
    ──┤ ├───┤ ├──┤
       M24    M25 │
    ──┤ ├───┤ ├──┘
통신에러 램프
       M7     SM412
825 ──┤ ├───┤ ├─────────────────────────────────────(Y30      )

837 ───────────────────────────────────────────────[END      ]
```

[그림 11-34] **인버터 주파수 설정 프로그램**

➔ 실습과제 11-5 온도제어기의 모니터링

모드버스 통신을 사용해서 온도조절기(오토닉스 TK4 시리즈)의 온도설정 및 현재 측정된 온도를 읽어오는 통신 프로그램 작성법에 대해 학습해보자.

온도조절기

온도조절기는 '일정한 온도를 유지시켜주는 시스템'으로, 일상생활에서 사용하는 전기장판 등의 온도를 사용자가 설정한 온도로 일정하게 유지시켜주는 역할을 한다. 산업용으로 사용하는 온도조절기는 공장 자동화 설비, 각종 환경설비, 저온 저장설비 등에 필수적으로 사용되는 제어기기이다.

[그림 11-35]는 산업용으로 사용되는 온도조절 시스템의 기본적인 구성을 나타낸 것이다. 시스템은 온도조절기, 조작기, 제어 대상, 측온체로 구성된다.

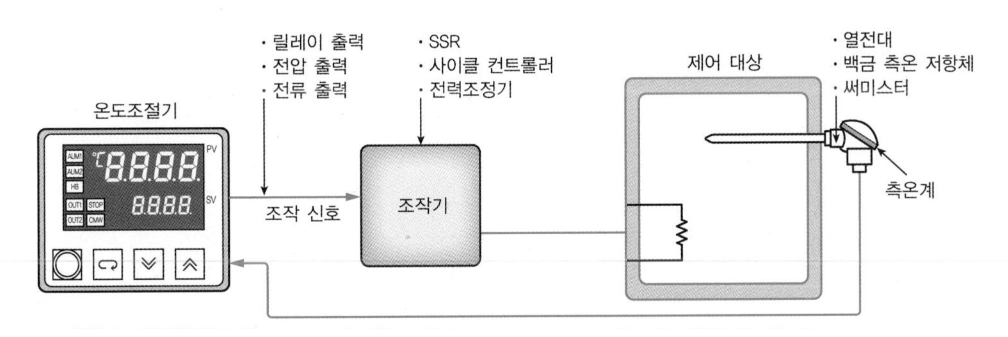

[그림 11-35] **온도조절을 위한 시스템의 구성**

- **온도조절기** : 온도조절기는 측온체(온도 센서)의 온도 변화에 따른 전기신호를 받아 이를 설정온도와 비교하여 조작기에 조작 신호를 보내는 제어기기이다.
- **조작기** : 전기로 등을 가열하거나 냉각하는 조작기기로, 히터에 공급하는 전류를 단속하는 전자 개폐기, 연료를 공급하는 솔레노이드 밸브가 조작기에 해당된다.
- **측온체(온도 센서)** : 온도를 전기적인 신호로 변환시키는 소자를 금속관으로 보호하는 구조로 되어 있으며, 이 소자를 일정한 온도를 유지하고 싶은 부분에 설치하여 사용한다. 현장에서는 백금 측온 저항체 Pt 100 Ω을 주로 사용한다.

실습에 사용하는 온도조절기는 오토닉스에서 시판하는 TK4 시리즈로, RS485 통신 기능을 내장하고 있는 타입이다. 오토닉스에 판매하는 온도조절기에는 다양한 옵션이 있기 때문에 해당 제품을 구매할 때에는 반드시 옵션을 확인해서 RS485 통신 기능이 있는 온도조절기를 선택해야 한다.

■ 통신 사양 및 통신 연결

실습에 사용하는 온도조절기의 RS485 통신 사양과 통신 연결 방법은 [그림 11-56]과 같다. PLC의 통신 모듈 C24N의 RS485 통신 연결과 함께 RS232 → RS485 컨버터를 병렬로 연결하면, PC에서 CFTerm을 실행시켜 PLC와 온도조절기 간의 통신 프로토콜의 내용을 확인할 수 있다. 온도조절기와 C24N과의 통신 연결이 끝나면, 이제는 모드버스 통신을 위한 조절기 및 C24N의 파라미터 설정을 살펴보자.

[표 11-56] **온도조절기와 PLC 간의 RS485 통신 결선 방법**

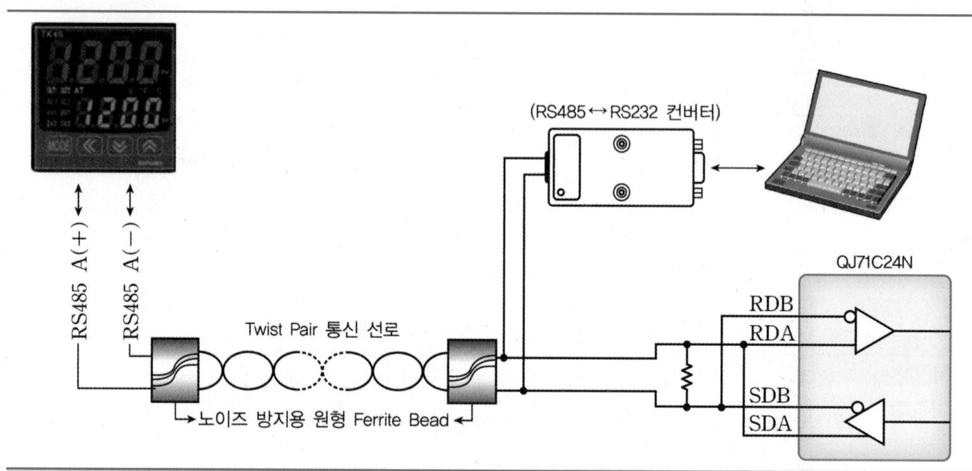

항목	설명	항목	설명
적용 규격	EIA RS485 준거	통신 속도	4800, 9600, 19200, 38400
최대 접속수	31대(국번 : 01 ~ 99)	통신 응답시간	5 ~ 99ms
통신 방법	2선식 반이중	통신 시작 비트	1비트(고정)
통신 동기 방식	비동기식	데이터 비트	8비트(고정)
통신 유효거리	최대 800m 이내	통신 스톱 비트	1, 2비트
프로토콜	Modbus RTU	통신 패리티 비트	None, Even, Odd

■ 통신을 위한 온도조절기의 파라미터 설정 항목

실습에 사용하는 온도조절기의 RS485 통신을 위해 파라미터를 설정해야 한다. 통신 파라미터는 파라미터 그룹 4번에 위치하며, 해당 제품의 매뉴얼을 참고하여 통신 파라미터를 설정한다. 통신 파라미터는 [표 11-57]과 같은 순서로 설정한다.

[표 11-57] **온도조절기의 통신 파라미터 설정 방법**

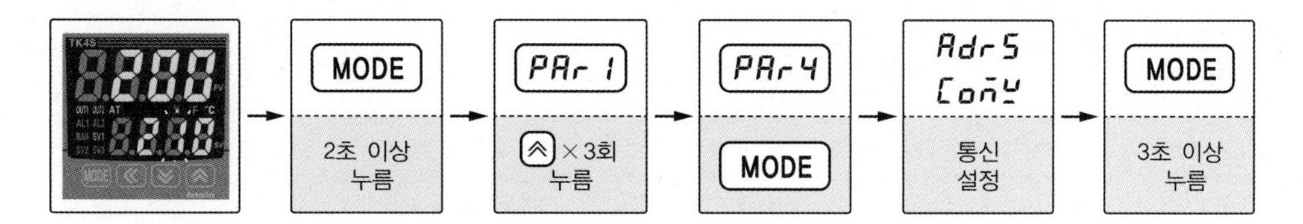

① 운전모드 상태에서 모드 버튼을 길게 눌러서 파라미터 설정모드로 변경한다.
② 증가버튼을 눌러서 파라미터 4번 모드를 선택한다.
③ 모드 버튼을 누를 때마다 파라미터 4의 설정 항목이 순차적으로 변경된다.
④ 통신 설정 항목인 AdrS ~ CoMW 항목을 아래 표와 같이 설정한다.
⑤ 모든 설정이 끝나면 모드 버튼을 3초 이상 눌러 운전모드로 변경한다.

설정 그룹	파라미터	설정 범위	설정 내용	단위	기능
PRr4	AdrS	01 ~ 99	01		통신 국번 설정
	bPS	48/96/192/384	384	bps	통신 속도 설정
	PrtY	nonE/EvEN/odd	nonE		통신 패리티
	StP	1/2	2	bit	통신 스톱 비트 설정
	rSWt	05 ~ 99	20	ms	통신 응답시간 설정
	CoMW	En.R/diS.A	En.R		통신 쓰기 허가/금지

■ 레지스터

실습에 사용하는 온도조절기에는 파라미터 설정부터 다양한 모드 지원을 위한 많은 레지스터들이 존재하는데, 이 실습에서는 현장에서의 모니터링과 설정을 위한 필요 레지스터만 살펴본다.

[표 11-58]에 모드버스 기능코드 0x05를 사용하는 제어 출력 운전/정지, 오토튜닝 운전/정지의 설정값이 0000과 FF00으로 구분되어 있다. 제어 출력 운전상태가 ON이면 온도조절기의 전면에 OUT1 표시가 ON되고, OFF 상태이면 설정온도 표시 부분에 Stop 문자와 설정온도가 점멸되면서 표시된다. 그리고 오토튜닝 운전/정지의 경우, 운전상태이면 온도조절기의 전면에 'AT' 표시가 ON되고, 정지 상태가 되면 'AT' 표시가 소등된다.

[표 11-58] **온도조절기에서 사용할 레지스터**

레지스터 번호	모드버스 번지	모드버스 번지 단위	모드버스 통신		용도	설정 범위
			기능 코드	구분		
301001	0x03E8	16비트	0x04	R	현재 온도 측정값	-1999 ~ 9999
400001	0x0000	16비트	0x03	R	온도 설정값 읽기	L-Sv ~ H-Sv 범위 내
			0x06	W	온도 설정값 쓰기	L-Sv ~ H-Sv 범위 내
100004	0x0003	1비트	0x02	R	제어 출력 표시 램프	0 : OFF, 1 : ON
000001	0x0000	1비트	0x01	R	제어 출력 상태 표시	0 : RUN, 1 : STOP
			0x05	W	제어 출력 운전/정지	0000 : RUN, FF00 : STOP
000002	0x0001	1비트	0x01	R	오토튜닝 상태 표시	0 : OFF, 1 : ON
			0x05	W	오토튜닝 운전/정지	0000 : OFF, FF00 : ON

온도조절기의 현재 온도 모니터링과 제어 출력 및 오토튜닝 제어

앞에서 살펴본 온도조절기의 현재 온도, 설정온도를 모니터링하고, 제어 출력과 오토튜닝 동작을 ON/OFF할 수 있는 프로그램 작성법에 대해 살펴보자.

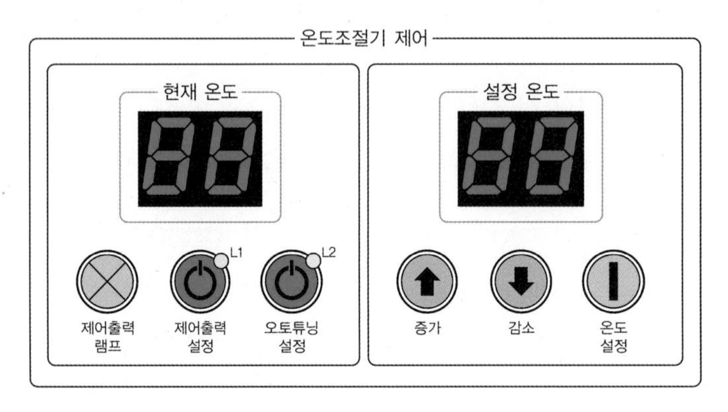

[그림 11-36] **온도조절기 조작 패널**

[표 11-59] **PLC 입출력 리스트**

(a) **입력 리스트**

입력	기능
X00	제어 출력 설정
X01	오토튜닝 설정
X02	증가
X03	감소
X04	온도 설정

(b) **출력 리스트**

출력	기능
Y2F ~ Y28	현재 온도
Y27 ~ Y20	설정 온도
Y30	제어 출력 램프
Y31	L1: 제어 출력 운전
Y32	L2 : 오토튜닝 ON

동작 조건

❶ 시스템의 전원이 ON되면 온도조절기의 현재 온도와 설정 온도가 FND 모듈에 표시된다.

❷ 증가와 감소버튼을 누를 때마다 설정 온도는 1씩 증가 또는 감소하고 0 ~ 99의 범위 내에서 변경된다. 설정 온도를 변경한 후 5초 이내에 온도 설정 버튼이 눌리면, 온도조절기의 설정 온도가 변경된다. 단, 5초 이내에 온도 설정 버튼이 눌리지 않으면 이전의 설정 온도가 표시된다. 오토튜닝 모드 ON 상태에서는 설정 온도를 변경할 수 없다.

❸ 제어 출력 및 오토튜닝 버튼을 누를 때마다 제어 출력과 오토튜닝 모드의 동작 조건이 변경된다. 이때 제어 출력과 오토튜닝의 동작 상태 표시 램프는 온도조절기의 해당 비트의 내용을 읽어서 표시한다.

PLC 프로그램 작성법

■ 모드버스 통신 프로토콜

모드버스의 통신 프로토콜에서 중요한 것은 기능코드이다. 비트와 워드 단위의 레지스터 읽기 및 쓰기의 기능코드가 각각 구분되어 있기 때문에 레지스터의 읽기와 쓰기용 기능코드에 해당되는 통신 데이터의 포맷이 어떻게 구성되어 있는지 살펴보아야 한다. 실습에서 사용하는 기능코드를 살펴보자.

1 기능코드 0x01(Read Coils)

이 코드는 온도조절기의 비트 단위의 레지스터 중에서 출력에 해당되는 비트의 ON/OFF 상태를 읽기 위한 것이다. 제어 출력과 오토튜닝의 상태를 읽어오기 위한 송수신 데이터 포맷은 다음과 같다.

• 송신 : PLC → 온도조절기

국번	기능코드	시작번지		읽어올 데이터 개수		CRC 체크	
		HI (상위)	LO (하위)	HI (상위)	LO (하위)		
0x01	0x01	0x00	0x00	0x00	0x01	0xFD	0xCA

• 기능코드 0x01에 대한 송수신 데이터

송신 데이터	→	수신 데이터(오토 ON, 제어 OFF)
TX 01 01 00 00 00 01 FD CA	←	RX 01 01 01 00 51 88

수신 데이터는 1바이트 크기로, 바이트의 값에 따라 제어 출력과 오토튜닝 상태가 결정된다. 제어 출력 상태가 OFF되면 오토튜닝 상태는 강제로 OFF된다.

읽어온 데이터	오토튜닝 상태	제어출력 상태
0x00	OFF	ON
0x01	OFF	OFF
0x02	ON	ON

2 기능코드 0x02(Read Input Status)

이 코드는 온도조절기의 0x1****로 시작하는 모드버스 레지스터 번지의 비트 단위의 데이터를 읽기할 때 사용한다. 제어 출력 표시 램프 레지스터 0x100004의 내용을 읽기 위한 형식이다.

• 송신 : PLC → 온도조절기

국번	기능코드	시작번지		읽어올 데이터 개수		CRC 체크	
		HI (상위)	LO (하위)	HI (상위)	LO (하위)		
0x01	0x02	0x00	0x03	0x00	0x01	0x49	0xCA

• 기능코드 0x02에 대한 송수신 데이터

송신 데이터	→	수신 데이터(제어 출력 OUT1 램프 ON)
TX 01 02 00 03 00 01 49 CA	←	RX 01 02 01 01 60 48

3 기능코드 0x05(Write Single Coil)

이 코드는 온도조절기의 비트 단위의 레지스터 중에서 제어 출력 및 오토튜닝의 ON/OFF 상태를 쓰기 위한 것이다.

• 송신 : PLC → 온도조절기(제어 출력 OFF)

국번	기능코드	시작번지		쓰기할 데이터		CRC 체크	
		HI (상위)	LO (하위)	HI (상위)	LO (하위)		
0x01	0x05	0x00	0x00	0xFF	0x00	0x8C	0x3A

• 기능코드 0x05에 대한 송수신 데이터(제어 출력 OFF의 수신 데이터)

송신 데이터	→	수신 데이터(제어 출력 OFF)
TX 01 05 00 00 FF 00 8C 3A	←	RX 01 05 00 00 FF 00 8C 3A

4 기능코드 0x03(Read Holding Registers)

이 코드는 온도조절기의 0x4****로 시작하는 모드버스 레지스터 번지의 16비트 워드 단위의 데이터를 읽어올 때 사용한다. 설정 온도의 레지스터 0x40001의 내용을 읽기 위한 형식이다.

• 송신 : PLC → 온도조절기

국번	기능코드	시작번지		읽어올 데이터 개수		CRC 체크	
		HI (상위)	LO (하위)	HI (상위)	LO (하위)		
0x01	0x03	0x00	0x00	0x00	0x01	0x84	0x0A

• 기능코드 0x03에 대한 송수신 데이터

송신 데이터	→	수신 데이터(설정 온도 100℃)
TX 01 03 00 00 00 01 84 0A	←	RX 01 03 02 00 64 d B9 AF

5 기능코드 0x04(Read Input Register)

이 코드는 온도조절기의 0x3****로 시작하는 모드버스 레지스터 번지의 16비트 워드 단위의 데이터를 읽어올 때 사용한다. 현재 온도의 레지스터 0x301001의 내용을 읽기 위한 형식이다.

• 송신 : PLC → 온도조절기(제어 출력 ON)

국번	기능코드	시작번지		쓰기할 데이터		CRC 체크	
		HI (상위)	LO (하위)	HI (상위)	LO (하위)		
0x01	0x04	0x03	0xE8	0x00	0x01	0xB1	0xBA

• 기능코드 0x04에 대한 송수신 데이터

송신 데이터	→	수신 데이터(현재 온도 16℃)
TX 01 04 03 E8 00 01 B1 BA	←	RX 01 04 02 00 10 B8 FC

6 기능코드 0x06(Preset Single Registers)

이 코드는 온도조절기의 0x4****로 시작하는 모드버스 레지스터 번지의 16비트 워드 단위의 데이터를 쓰기할 때 사용한다. 설정온도의 레지스터 0x40001의 내용을 쓰기 위한 형식이다.

• 송신 : PLC → 온도조절기(설정온도는 48℃로 설정)

국번	기능코드	시작번지		쓰기용 데이터		CRC 체크	
		HI(상위)	LO(하위)	HI(상위)	LO(하위)		
0x01	0x06	0x00	0x00	0x00	0x30	0x89	0xDE

• 기능코드 0x06에 대한 송수신 데이터

송신 데이터	→	수신데이터(설정온도 48℃)
TX 01 06 00 00 00 30 0 89 DE	←	RX 01 06 00 00 00 30 0 89 DE

■ CFTerm을 이용한 통신 프로토콜 확인

CFTerm을 이용해서 통신 프로토콜을 확인해보자. 온도조절기의 통신 설정은 통신속도 38400bps, 데이터 8bit, 패리티는 사용하지 않음, 스톱 비트 1bit로 설정한다.

1 기능코드 0x01을 이용하여 제어 출력과 오토튜닝 상태 읽어오기

[그림 11-37]에서 수신된 데이터를 분석해보면, 수신 데이터는 1바이트이고 수신 데이터는 0x00이다. 따라서 오토튜닝은 OFF, 제어 출력은 ON 상태임을 의미한다.

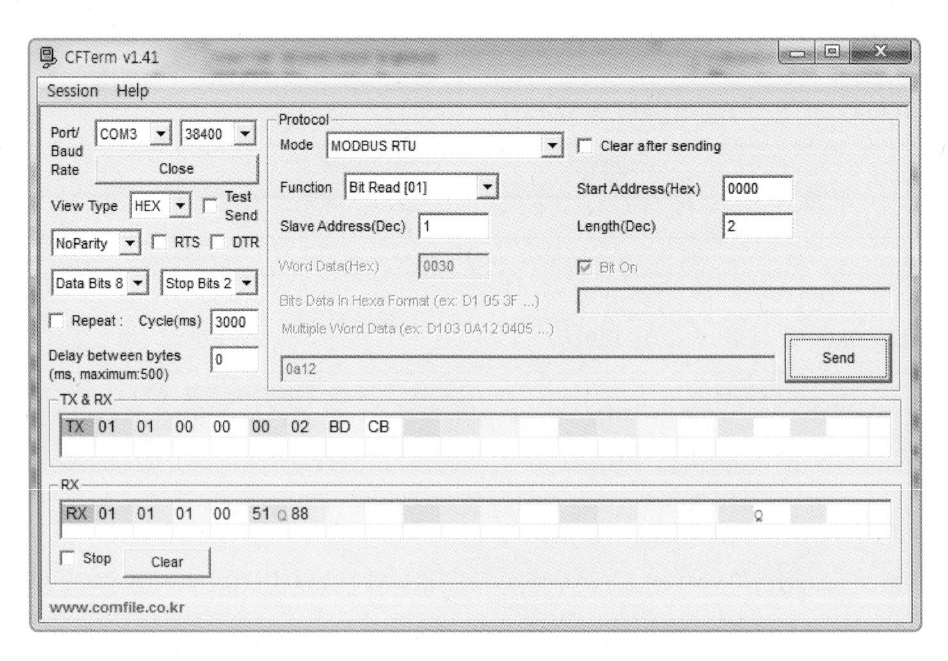

[그림 11-37] CFTerm에서 모드버스 기능코드 0x01을 송수신한 결과

2 기능코드 0x05를 이용하여 제어 출력 OFF로 만들기

CFTerm에서 기능코드 0x05(One Bit Write)를 선택하고, [그림 11-38]처럼 'Bit On'

항목을 체크한 후에 [Send] 버튼을 눌러준다. [그림 11-38]과 같은 통신 데이터를 송신하면, 제어 출력이 OFF되어 설정 온도 표시창에서 Stop과 설정온도가 번갈아 가면서 표시된다.

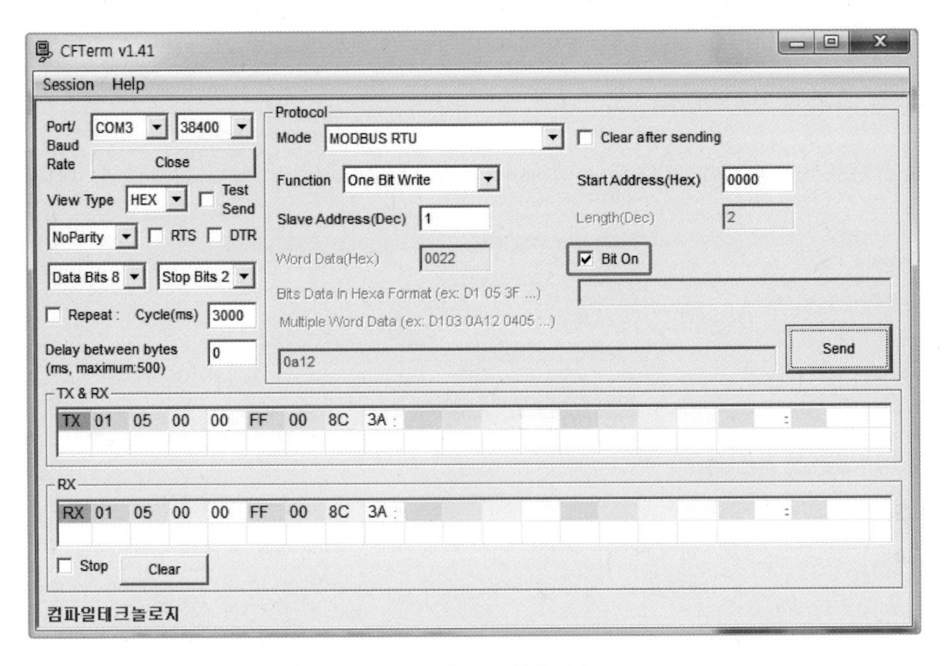

[그림 11-38] CFTerm에서 모드버스 기능코드 0x01을 송수신한 결과

■ C24N에 모드버스 통신 프로토콜 등록

C24N에는 인버터를 제어하기 위한 통신 프로토콜 1번에 기능코드 0x06, 2번에 기능코드 0x03이 등록되어 있다. 온도조절기와 모드버스 통신을 위해 기능코드 0x01, 0x02, 0x03, 0x04, 0x05, 0x06까지 6개가 필요하다. 그 중에서 0x03과 0x06은 인버터 제어용으로 C24N에 등록되어 있기 때문에, 등록되어 있지 않는 4개의 기능코드에 해당되는 프로토콜을 추가로 등록해야 한다.

1 프로토콜 형식 변경하기

프로토콜의 형식은 사전에 정해져 있는데, 그에 따르면 수신 데이터 메모리의 크기가 필요 이상으로 큰 메모리를 요구하는 경우가 있다. 이런 경우에는 송수신 형식에 맞게 데이터 크기를 변경할 수 있다.

❶ 프로토콜 번호 선택 후 마우스 우클릭하고, [Change to Editable Protocol]을 클릭한다.

❷ 프로토콜 변경 경고창에서 [예(Y)] 버튼을 클릭한다.

(a) 프로토콜 형식 변경 메뉴 선택

MELSOFT Series Communication Protocol Support Function

Change to Editable Protocol. Are you sure you want to continue?

Protocol No. : 4
Model Name : MODBUS
Protocol Name : 02:RD Discrete Inputs

예(Y) 아니요(N)

(b) 프로토콜 변경 경고창

[그림 11-39] **프로토콜 형식 변경 방법**

❸ 해당 프로토콜의 패킷 번호를 선택하면 [그림 11-40]처럼 형식을 변경할 수 있다.

Element Name	Input Status
Fixed Length/Variable Length	Variable Length
Data Length/Maximum Data Length	2 [Setting Range] 1 to 2048
Unit of Stored Data	Lower Byte + Upper Byte
Byte Swap	Disable (Lower -> Upper)

[그림 11-40] **프로토콜 변경 내용**

[그림 11-41]은 C24N에 등록한 모드버스 프로토콜이다. 프로토콜 1번과 2번은 인버터 제어에 사용하는 것으로, 모드버스 기능코드 0x06과 0x03이 등록되어 있고, 온도조절기와의 모드버스 통신에 필요한 기능코드 0x01, 0x02, 0x05, 0x04는 프로토콜 4 ~ 6번까지 등록되어 있다. 프로토콜 번호와 모드버스 기능코드는 별도로 구분되어 있다.

Protocol No.	Manufacturer	Model	Protocol Name	Communication Type	-> Send <- Receive	Packet Name	Packet Setting
1	Schneider Electric	MODBUS	06:WR Single Register	Send&Receive			
					->	06:WR Single Register	Variable Set
					<-(1)	NOR/06:WR Single Register	Variable Set
					<-(2)	ERR/06:WR Single Register	Variable Set
2	Schneider Electric	MODBUS	03:RD Holding Registers	Send&Receive			
					->	03:RD Holding Registers	Variable Set
					<-(1)	NOR/03:RD Holding Registers	Variable Set
					<-(2)	ERR/03:RD Holding Registers	Variable Set
3	Schneider Electric	MODBUS	01:RD Coils	Send&Receive			
					->	01:RD Coils	Variable Set
					<-(1)	NOR/01:RD Coils	Variable Set
					<-(2)	ERR/01:RD Coils	Variable Set
4	Schneider Electric	MODBUS	02:RD Discrete Inputs	Send&Receive			
					->	02:RD Discrete Inputs	Variable Set
					<-(1)	NOR/02:RD Discrete Inputs	Variable Set
					<-(2)	ERR/02:RD Discrete Inputs	Variable Set
5	Schneider Electric	MODBUS	05:WR Single Coil	Send&Receive			
					->	05:WR Single Coil	Variable Set
					<-(1)	NOR/05:WR Single Coil	Variable Set
					<-(2)	ERR/05:WR Single Coil	Variable Set
6	Schneider Electric	MODBUS	04:RD IN Registers	Send&Receive			
					->	04:RD IN Registers	Variable Set
					<-(1)	NOR/04:RD IN Registers	Variable Set
					<-(2)	ERR/04:RD IN Registers	Variable Set

[그림 11-41] **C24N에 등록된 프로토콜 전체 내역**

[그림 11-41]의 C24N 모듈에 등록된 프로토콜 번호 중에서 2번, 3번, 4번, 6번은 프로토콜의 형식을 변경하였다. 원래는 해당 프로토콜의 수신 데이터의 크기가 250바이트 크기로 지정되어 있었으나, 이를 4 ~ 8바이트 크기로 변경한 것이다. 등록된 프로토콜에

대한 상세한 설정 내역을 검토하고, C24N 모듈에 프로토콜을 등록한 후에 프로그램을 실행한다.

[표 11-60] **프로토콜 1번(모드버스 기능코드 0x06)**

Device	Protocol No.	Protocol Name	Packet No.	Packet Name	Element No.	Element Name
D100–D100	1	06:WR Single Register	Send	06:WR Single Register	1	Slave Address
D101–D101	1	06:WR Single Register	Send	06:WR Single Register	3	Register Address
D102–D102	1	06:WR Single Register	Send	06:WR Single Register	4	Register Value
D110–D110	1	06:WR Single Register	Receive(1)	NOR/06:WR Single Register	1	Slave Address
D111–D111	1	06:WR Single Register	Receive(1)	NOR/06:WR Single Register	3	Register Address
D112–D112	1	06:WR Single Register	Receive(1)	NOR/06:WR Single Register	4	Register Value
D120–D120	1	06:WR Single Register	Receive(2)	ERR/06:WR Single Register	1	Slave Address
D121–D121	1	06:WR Single Register	Receive(2)	ERR/06:WR Single Register	3	Exception Code

[표 11-61] **프로토콜 2번(모드버스 기능코드 0x03)**

Device	Protocol No.	Protocol Name	Packet No.	Packet Name	Element No.	Element Name
D130–D130	2	03:RD Holding Registers	Send	03:RD Holding Registers	1	Slave Address
D131–D131	2	03:RD Holding Registers	Send	03:RD Holding Registers	3	Starting Address
D132–D132	2	03:RD Holding Registers	Send	03:RD Holding Registers	4	Quantity of Registers
D140–D140	2	03:RD Holding Registers	Receive(1)	NOR/03:RD Holding Registers	1	Slave Address
D141–D266	2	03:RD Holding Registers	Receive(1)	NOR/03:RD Holding Registers	4	Register Value
D300–D300	2	03:RD Holding Registers	Receive(2)	ERR/03:RD Holding Registers	1	Slave Address
D301–D301	2	03:RD Holding Registers	Receive(2)	ERR/03:RD Holding Registers	3	Exception Code

[표 11-62] **프로토콜 3번(모드버스 기능코드 0x01)**

Device	Protocol No.	Protocol Name	Packet No.	Packet Name	Element No.	Element Name
D400–D400	3	01:RD Coils	Send	01:RD Coils	1	Slave Address
D401–D401	3	01:RD Coils	Send	01:RD Coils	3	Starting Address
D402–D402	3	01:RD Coils	Send	01:RD Coils	4	Quantity of Coils
D410–D410	3	01:RD Coils	Receive(1)	NOR/01:RD Coils	1	Slave Address
D411–D414	3	01:RD Coils	Receive(1)	NOR/01:RD Coils	4	Coil Status
D420–D420	3	01:RD Coils	Receive(2)	ERR/01:RD Coils	1	Slave Address
D421–D421	3	01:RD Coils	Receive(2)	ERR/01:RD Coils	3	Exception Code

[표 11-63] 프로토콜 4번(모드버스 기능코드 0x02)

Device	Protocol No.	Protocol Name	Packet No.	Packet Name	Element No.	Element Name
D430-D430	4	02:RD Discrete Inputs	Send	02:RD Discrete Inputs	1	Slave Address
D431-D431	4	02:RD Discrete Inputs	Send	02:RD Discrete Inputs	3	Starting Address
D432-D432	4	02:RD Discrete Inputs	Send	02:RD Discrete Inputs	4	Quantity of Inputs
D440-D440	4	02:RD Discrete Inputs	Receive(1)	NOR/02:RD Discrete Inputs	1	Slave Address
D441-D444	4	02:RD Discrete Inputs	Receive(1)	NOR/02:RD Discrete Inputs	4	Inputs Status
D450-D450	4	02:RD Discrete Inputs	Receive(2)	ERR/02:RD Discrete Inputs	1	Slave Address
D451-D451	4	02:RD Discrete Inputs	Receive(2)	ERR/02:RD Discrete Inputs	3	Exception Code

[표 11-64] 프로토콜 5번(모드버스 기능코드 0x05)

Device	Protocol No.	Protocol Name	Packet No.	Packet Name	Element No.	Element Name
D460-D460	5	05:WR Single Coil	Send	05:WR Single Coil	1	Slave Address
D461-D461	5	05:WR Single Coil	Send	05:WR Single Coil	3	Output Address
D462-D462	5	05:WR Single Coil	Send	05:WR Single Coil	4	Output Value
D470-D470	5	05:WR Single Coil	Receive(1)	NOR/05:WR Single Coil	1	Slave Address
D471-D471	5	05:WR Single Coil	Receive(1)	NOR/05:WR Single Coil	3	Output Address
D472-D472	5	05:WR Single Coil	Receive(1)	NOR/05:WR Single Coil	4	Output Value
D480-D480	5	05:WR Single Coil	Receive(2)	ERR/05:WR Single Coil	1	Slave Address
D481-D481	5	05:WR Single Coil	Receive(2)	ERR/05:WR Single Coil	3	Exception Code

[표 11-65] 프로토콜 6번(모드버스 기능코드 0x04)

Device	Protocol No.	Protocol Name	Packet No.	Packet Name	Element No.	Element Name
D490-D490	6	04:RD IN Registers	Send	04:RD IN Registers	1	Slave Address
D491-D491	6	04:RD IN Registers	Send	04:RD IN Registers	3	Starting Address
D492-D492	6	04:RD IN Registers	Send	04:RD IN Registers	4	Quantity of Input Registers
D500-D500	6	04:RD IN Registers	Receive(1)	NOR/04:RD IN Registers	1	Slave Address
D501-D504	6	04:RD IN Registers	Receive(1)	NOR/04:RD IN Registers	4	Input Registers
D510-D510	6	04:RD IN Registers	Receive(2)	ERR/04:RD IN Registers	1	Slave Address
D511-D511	6	04:RD IN Registers	Receive(2)	ERR/04:RD IN Registers	3	Exception Code

PLC 프로그램

[그림 11-42]의 온도조절기 프로그램은 상당히 길게 작성되었다. CPRTCL 명령의 중복되는 부분을 삭제하면 좀 더 짧은 프로그램으로 작성할 수 있지만, 시리얼 통신에 처음

입문하는 사람을 위해 순차적으로 프로그램을 작성했다. 프로그램은 크게 5개 부분으로 구분해서 작성되어 있다.

❶ 온도조절기 상태 모니터링

PLC 전원이 ON되면 SM403 비트를 이용해서 온도조절기의 상태를 모니터링한다.

> 현재 온도 → 설정 온도 → 오토튜닝 및 제어 출력 동작상태 → 제어 출력 상태

❷ 설정 온도 변경 부분

증가 또는 감소버튼을 눌러서 설정 온도를 변경한 후에 온도 설정 버튼을 누르면 설정 온도가 변경된다.

❸ 제어 출력 동작 상태 변경

제어 출력 설정 버튼이 눌릴 때마다 제어 출력 동작을 ON/OFF한다.

❹ 오토튜닝 동작 상태 변경

오토튜닝 설정 버튼이 눌릴 때마다 제어출력 동작을 ON/OFF한다.

❺ 평상시 현재 온도, 제어 출력, 오토튜닝 상태 모니터링

0.5초 간격으로 현재 온도, 제어 출력, 오토튜닝의 변경 상태를 모니터링한다.

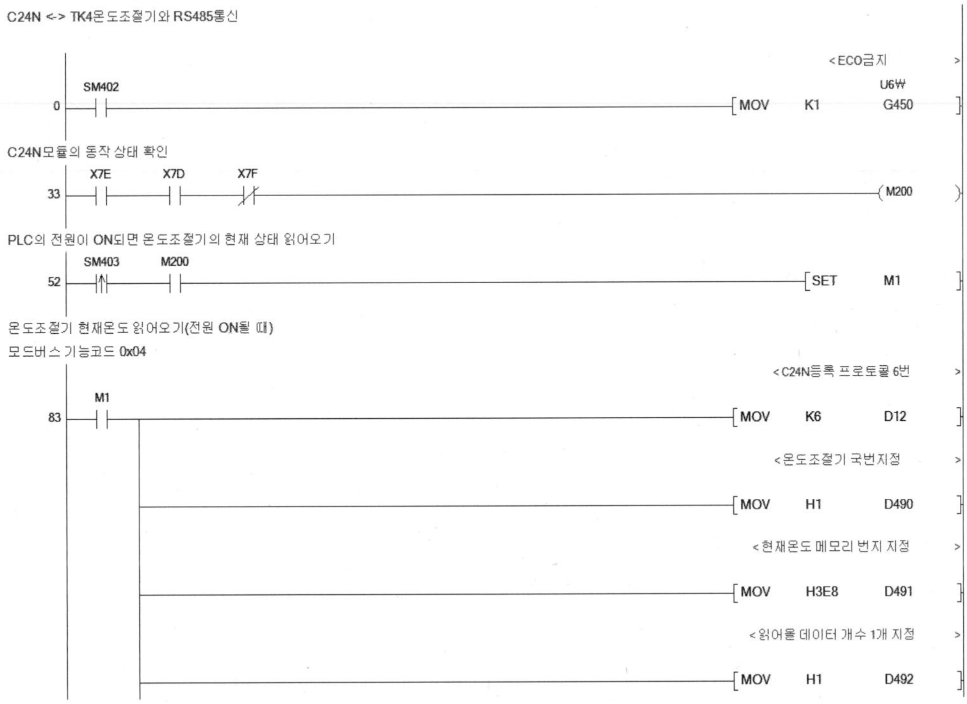

```
C24N <-> TK4온도조절기와 RS485통신
                                                              <ECO금지         >
      SM402                                                          U6￦
 0  ──┤ ├──────────────────────────────────────────────[MOV    K1    G450     ]

C24N모듈의 동작 상태 확인
      X7E      X7D      X7F
33  ──┤ ├──────┤ ├──────┤/├────────────────────────────────────────( M200     )

PLC의 전원이 ON되면 온도조절기의 현재 상태 읽어오기
      SM403    M200
52  ──┤↑├──────┤ ├────────────────────────────────────────[SET    M1          ]

온도조절기 현재온도 읽어오기(전원 ON될 때)
모드버스 기능코드 0x04
                                                        <C24N등록 프로토콜 6번   >
      M1
83  ──┤ ├──┬───────────────────────────────────────────[MOV    K6    D12      ]
           │                                            <온도조절기 국번지정     >
           ├───────────────────────────────────────────[MOV    H1    D490     ]
           │                                            <현재온도 메모리 번지 지정 >
           ├───────────────────────────────────────────[MOV    H3E8  D491     ]
           │                                            <읽어올 데이터 개수 1개 지정 >
           └───────────────────────────────────────────[MOV    H1    D492     ]
```

(계속)

```
                                                            -[SET    M2    ]
                                                            -[RST    M1    ]
현재온도 읽어오기 위한 CPRTCL명령 실행
     M2
188 -| |-----------------[GP.CPRTCL   U6   K2   K1   D10   M20   ]
     M20    M21
223 -| |----|/|--+----------------------------------[RST    M2    ]
                 |                          <현재온도 D0에 저장      >
                 +-----------------------[MOV    D502    D0     ]
                 +----------------------------------[SET    M3    ]
온도조절기 설정온도 읽어오기(전원 ON될 때)
모드버스 기능코드 0x03
                                            <C24N등록 프로토콜 2번   >
     M3
241 -| |--+------------------------------[MOV    K2      D12    ]
          |                                 <온도조절기 국번지정     >
          +------------------------------[MOV    H1      D130   ]
          |                                 <설정온도 메모리 번지 지정 >
          +------------------------------[MOV    H0      D131   ]
          |                                 <읽어올 데이터 개수 1개 지정 >
          +------------------------------[MOV    H1      D132   ]
          +-----------------------------------------[SET    M4    ]
          +-----------------------------------------[RST    M3    ]
설정온도 읽어오기 위한 CPRTCL명령 실행
     M4
346 -| |-----------------[GP.CPRTCL   U6   K2   K1   D10   M22   ]
     M22    M23
381 -| |----|/|--+----------------------------------[RST    M4    ]
                 |                          <설정온도 D1 저장        >
                 +-----------------------[MOV    D142    D1     ]
                 +-----------------------[MOV    D142    D5     ]
                 +----------------------------------[SET    M5    ]
온도조절기의 오토튜닝 및 제어출력 상태 읽어오기(전원 ON될 때)
모드버스 기능코드 0x01
                                            <C24N 등록 프로토콜 3번  >
     M5
399 -| |--+------------------------------[MOV    K3      D12    ]
          |                                 <온도조절기 국번지정     >
          +------------------------------[MOV    H1      D400   ]
```

(계속)

```
                                                        <오토 및 제어 메모리 번지 지정        >
          ├────────────────────────────────────────────[MOV    H0      D401    ]
                                                        <읽어올 데이터 개수 2개 지정          >
          ├────────────────────────────────────────────[MOV    H2      D402    ]
          ├────────────────────────────────────────────────[SET    M6          ]
          └────────────────────────────────────────────────[RST    M5          ]
오토튜닝 및 제어출력 상태 읽기위한 CPRTCL명령 실행
      M6
516 ──┤ ├──────────────────[GP.CPRTCL   U6    K2    K1    D10    M24   ]
      M24     M25
557 ──┤ ├─────┤/├──┬───────────────────────────────────[RST    M6          ]
                   │                                    <오토 및 제어 상태 D2저장      >
                   ├───────────────────────────────[MOV    D412    D2      ]
                   └───────────────────────────────────[SET    M7          ]
제어출력 상태 확인
모드버스 기능코드 0x02
                                                        <C24N등록 프로토콜 4번        >
      M7
578 ──┤ ├──┬───────────────────────────────────────[MOV    K4      D12     ]
           │                                            <온도조절기 국번 지정          >
           ├───────────────────────────────────────[MOV    H1      D430    ]
           │                                            <메모리 번지 지정              >
           ├───────────────────────────────────────[MOV    H3      D431    ]
           │                                            <읽어올 데이터 개수 1개        >
           ├───────────────────────────────────────[MOV    H1      D432    ]
           ├───────────────────────────────────────────[SET    M8          ]
           └───────────────────────────────────────────[RST    M7          ]
제어출력 상태 확인을 위한 CPRTCL명령 실행
      M8
666 ──┤ ├──────────────────[GP.CPRTCL   U6    K2    K1    D10    M26   ]
      M26     M27
702 ──┤ ├─────┤/├──┬───────────────────────────────────[RST    M8          ]
                   │                                    <오토 및 제어 상태            >
                   └───────────────────────────────[MOV    D442    D3      ]
PLC전원이 ON될 때 온도조절기 상태 확인 종료

설정온도 변경 시작
설정온도 증가
      X2      M12
718 ──┤↑├─────┤/├──[<    D5    K100  ]────────────[+      K1      D5      ]
```

(계속)

```
설정온도 감소
        X3       M12
 773 ---|↑|------|/|----[>    D5    K0  ]--------------------------------[-     K1     D5   ]

증가 및 감소 버튼 눌러지면 5초 시간 측정
        X2
 790 ---| |--+---------------------------------------------------------[SET   M15        ]
        X3   |
     ---| |--+

        M15      X2       X3                                                     K50
 816 ---| |------|/|------|/|----------------------------------------------(T1         )

5초 이내에 온도설정 버튼이 눌러지지 않으면
이전의 온도설정값으로 전환
        T1
 823 ---| |--+---------------------------------------------------[MOV    D1     D5   ]
             |
             +---------------------------------------------------------[RST   M15    ]

5초 이내에 온도설정 버튼이 눌러지면 설정온도 변경
        X4       M15
 867 ---|↑|------| |--+--------------------------------------------------[SET   M100   ]
                      |
                      +----------------------------------------------[MOV    D5     D1   ]
                      |
                      +--------------------------------------------------[RST   M15    ]

설정온도 변경
모드버스 기능코드 0x06
                                                          <C24N 등록 프로토콜 1번        >
        M100
 900 ---| |--+---------------------------------------------------[MOV    K1     D12  ]
             |                                            <온도조절기 통신 국번          >
             +---------------------------------------------------[MOV    H1     D100 ]
             |                                              <메모리 번지 지정            >
             +---------------------------------------------------[MOV    H0     D101 ]
             |                                             <쓰기할 데이터 지정           >
             +---------------------------------------------------[MOV    D5     D102 ]
             |
             +-------------------------------------------------------[SET   M101       ]
             |
             +-------------------------------------------------------[RST   M100       ]

설정온도 변경을 위한 CPRTCL명령 실행
        M101     M120
 984 ---| |------|/|-------------[GP.CPRTCL    U6     K2     K1     D10     M28   ]

        M28      M29
1019 ---| |------|/|-----------------------------------------------------[RST   M101  ]

설정온도 변경 종료
```

(계속)

```
제어출력 상태 변경
제어출력 상태가 ON상태인 경우 OFF상태로 변경
        X0      M10
1022 ---|↑|-----| |--------------------------------[MOV   H0FF00   D6   ]
             |        |
             |  M12   |
             +--| |---+--------------------------------[SET   M102   ]

제어출력 상태가 OFF인 경우 ON상태로 변경
        X0      M11
1080 ---|↑|-----| |--------------------------------[MOV   H0      D6   ]
                      |
                      +--------------------------------[SET   M102   ]

모드버스 기능코드 0x05
                                                   <C24N등록 프로토콜 5번      >
        M102
1108 ---| |-----+----------------------------------[MOV   K5      D12  ]
                |                                  <온도조절기 국번 설정       >
                +----------------------------------[MOV   H1      D460 ]
                |                                  <메모리 번지 지정           >
                +----------------------------------[MOV   H0      D461 ]
                |                                  <쓰기할 데이터 지정         >
                +----------------------------------[MOV   D6      D462 ]
                |
                +--------------------------------------[SET   M103   ]
                |
                +--------------------------------------[RST   M102   ]

제어출력 상태 변경을 위한 CPRTCL명령 실행
        M103    M120
1182 ---| |-----|/|-----------[GP.CPRTCL   U6   K2   K1   D10   M30   ]

        M30     M31
1219 ---| |-----|/|--------------------------------------[RST   M103   ]

오토튜닝 설정
오토튜닝이 ON상태이면 OFF로 전환
오토튜닝이 OFF상태이면 ON으로 전환
        X1      M12
1222 ---|↑|--+--| |--------------------------------[MOV   H0      D7   ]
             |  M12
             +--|/|--------------------------------[MOV   H0FF00  D7   ]
             |
             +-----------------------------------------[SET   M104   ]

오토튜닝 동작모드 변경
모드버스 기능코드 0x05
                                                   <C24N 등록 프로토콜 5번 사용 >
        M104
1281 ---| |-----+----------------------------------[MOV   K5      D12  ]
                |                                  <온도조절기 국번 지정       >
                +----------------------------------[MOV   H1      D460 ]
                |                                  <메모리 번지 지정           >
                +----------------------------------[MOV   H1      D461 ]
```

(계속)

```
                                                              <쓰기할 데이터 지정          >
        |---------------------------------------------------[MOV    D7       D462    ]
        |---------------------------------------------------------[SET      M105    ]
        |---------------------------------------------------------[RST      M104    ]
오토튜닝 동작모드 제어를 위한 CPRTCL명령 실행
      M105    M120
1372 -| |-----|/|-----------------[GP.CPRTCL    U6     K2     K1     D10     M32    ]
      M32     M33
1411 -| |-----|/|-------------------------------------------------[RST      M105    ]
평상시 0.5초 간격으로 온도조절기 상태 확인
현재온도, 제어출력, 오토튜닝, 제어출력 동작
      SM400   M103    M101    M105    T11                                    K5
1414 -| |-----|/|-----|/|-----|/|-----|/|-----------------------------------( T10   )
      T10                                                                    K5
1471 -| |-------------------------------------------------------------------( T11   )
      T10     M106    M101    M103    M105
1476 -|↑|-----|/|-----|/|-----|/|-----|/|--+----------------------[SET      M106    ]
                                           +----------------------[SET      M120    ]
평상시 현재온도 읽어오기
모드버스 기능코드 0x04
현재온도 읽어오기
                                                              <C24N등록 프로토콜 6번      >
      M106
1483 -| |--+----------------------------------------------[MOV    K6       D12     ]
           |                                              <온도조절기 국번지정         >
           +----------------------------------------------[MOV    H1       D490    ]
           |                                              <현재온도 메모리 번지 지정    >
           +----------------------------------------------[MOV    H3E8     D491    ]
           |                                              <읽어올 데이터 개수 1개 지정  >
           +----------------------------------------------[MOV    H1       D492    ]
           +---------------------------------------------------[SET      M107    ]
           +---------------------------------------------------[RST      M106    ]
      M107
1590 -| |-----------------------------[GP.CPRTCL    U6     K2     K1     D10     M34    ]
      M34     M35
1603 -| |-----|/|--+--------------------------------------------[RST      M107    ]
                   |                                      <현재온도 D0에 저장          >
                   +--------------------------------------[MOV    D502     D0      ]
                   +--------------------------------------------[SET      M108    ]
```

(계속)

```
모드버스 기능코드 0x01
제어출력 및 오토튜닝 동작 모드 상태 읽어오기
                                                              <C24N 등록 프로토콜 3번      >
      M108
1621 ─┤ ├─┬──────────────────────────────────────────────[MOV    K3      D12    ]
          │                                                   <온도조절기 국번지정         >
          ├──────────────────────────────────────────────[MOV    H1      D400   ]
          │                                                   <오토 및 제어 메모리 번지 지정 >
          ├──────────────────────────────────────────────[MOV    H0      D401   ]
          │                                                   <읽어올 데이터 개수 2개 지정  >
          ├──────────────────────────────────────────────[MOV    H2      D402   ]
          ├──────────────────────────────────────────────────────[SET    M109   ]
          └──────────────────────────────────────────────────────[RST    M108   ]
      M109
1730 ─┤ ├──────────────────────[GP.CPRTCL    U6    K2    K1    D10    M36     ]
      M36    M37
1743 ─┤ ├────┤/├─┬───────────────────────────────────────────[RST    M109   ]
                 ├───────────────────────────────────────────[SET    M110   ]
                 │                                            <오토 및 제어 상태 D2저장    >
                 └───────────────────────────────────────[MOV    D412    D2     ]

모드버스 기능코드 0x02
제어출력 상태 읽어오기
      M110
1764 ─┤ ├─┬──────────────────────────────────────────────[MOV    K4      D12    ]
          ├──────────────────────────────────────────────[MOV    H1      D430   ]
          ├──────────────────────────────────────────────[MOV    H3      D431   ]
          ├──────────────────────────────────────────────[MOV    H1      D432   ]
          ├──────────────────────────────────────────────────────[SET    M111   ]
          └──────────────────────────────────────────────────────[RST    M110   ]
      M111
1803 ─┤ ├──────────────────────[GP.CPRTCL    U6    K2    K1    D10    M38     ]
      M38    M39
1816 ─┤ ├────┤/├─┬───────────────────────────────────────────[RST    M111   ]
                 │                                            <오토 및 제어 상태           >
                 ├───────────────────────────────────────[MOV    D442    D3     ]
                 └───────────────────────────────────────────[RST    M120   ]
```

(계속)

```
현재 및 설정온도 표시 및 제어, 오토 튜닝 동작 램프 표시
                                                            <현재온도 FND모듈에 표시      >
       SM400
1833 ──┤ ├──┬───────────────────────────────────[BCD    D0      K2Y28   ]
            │                                       <설정온도 FND모듈에 표시      >
            ├───────────────────────────────────[BCD    D5      K2Y20   ]
            │
            ├[=    D2    K0  ]──────────────────────────────────(M10     )
            │
            ├[=    D2    K1  ]──────────────────────────────────(M11     )
            │
            ├[=    D2    K2  ]──────────────────────────────────(M12     )
            │                                              <제어출력 확인        >
            └[=    D3    K1  ]──────────────────────────────────(M13     )
                                                           <제어출력 램프        >
       M13
1927 ──┤ ├──────────────────────────────────────────────────(Y30     )
                                                         <제어출력 운전램프      >
       M10
1938 ──┤ ├──┬───────────────────────────────────────────────(Y31     )
       M12  │
     ──┤ ├──┘
                                                         <오토튜닝 운전 램프     >
       M12
1952 ──┤ ├──────────────────────────────────────────────────(Y32     )

1966 ──────────────────────────────────────────────────────[END     ]
```

[그림 11-42] **온도조절기 제어용 프로그램**

찾아보기

찾아보기